基础化学与生活

（第6版）

Introductory Chemistry, Sixth Edition

［美］　Nivaldo J. Tro　著

王毕魁　傅　姗　译

电子工业出版社

Publishing House of Electronics Industry

北京·BEIJING

内 容 简 介

化学与人类活动和生命本身息息相关。本书结构严谨，层次清晰，内容全面，结合生活中的常见现象，描述了化学规律与知识。全书共 19 章，主要内容包括化学世界，测量与问题求解，物质与能量，原子和元素，分子和化合物，化学组成，化学反应，化学反应中的计量，原子中的电子与元素周期表，化学键，气体，液体、固体和分子间作用力，溶液，酸和碱，化学平衡，氧化和还原，放射性与核化学，有机化学，生物化学。本书的设计编排独具一格，每章都提供章节目录、例题、技能训练、概念检查点、化学在日常生活中的应用等内容，且在文中穿插了大量插图、表格。

书中大量引人入胜的图片和案例，增强了全书的可读性，对培养读者的化学思维深有裨益，可作为化学入门或对化学充满兴趣的读者的案头书，对国内中学生而言，本书也不失为开拓视野、开启思维、训练能力的辅助读物。

版权贸易合同登记号　图字：01-2018-2392

图书在版编目（CIP）数据

基础化学与生活：第 6 版/（美）尼瓦尔多・J. 特罗（Nivaldo J. Tro）著；王毕魁，傅姗译.
北京：电子工业出版社，2021.11
书名原文：Introductory Chemistry, Sixth Edition
ISBN 978-7-121-42195-2

Ⅰ．①基…　Ⅱ．①尼…　②王…　③傅…　Ⅲ．①化学－普及读物　Ⅳ．①O6-49

中国版本图书馆 CIP 数据核字（2021）第 207211 号

责任编辑：谭海平
印　　刷：北京市大天乐投资管理有限公司
装　　订：北京市大天乐投资管理有限公司
出版发行：电子工业出版社
　　　　　北京市海淀区万寿路 173 信箱　　　邮编：100036
开　　本：787×1092　1/16　印张：29.75　字数：1007 千字
版　　次：2021 年 11 月第 1 版（原著第 6 版）
印　　次：2024 年 7 月第 9 次印刷
定　　价：139.00 元

凡所购买电子工业出版社图书有缺损问题，请向购买书店调换。若书店售缺，请与本社发行部联系，联系及邮购电话：（010）88254888，88258888。

质量投诉请发邮件至 zlts@phei.com.cn，盗版侵权举报请发邮件至 dbqq@phei.com.cn。
服务咨询热线：（010）88254552，tan02@phei.com.cn。

译 者 序

　　本书终于与国内读者见面了，这其实已经是本书英文版的第 6 版。作者 Nivaldo J. Tro 是美国韦斯特蒙特学院的一名化学教授，除了科研成绩优秀，Tro 教授还一直是该校深受学生喜爱的教师，曾三次被评为韦斯特蒙特学院年度杰出教师。自问世以来，本书就一直是美国最受大学生欢迎的化学启蒙书籍之一，这主要得益于作者在教学实践中的总结和每个版本的不断修订。全书各章节既相互联系，又相互独立，方便其他使用本书的教师自由决定教学内容的顺序；本书内容详实、严谨且又生动有趣，既保证了化学基础知识的全方位覆盖，又不显枯燥。作者引入了大量包含相应化学知识的生活例子，并且插入了大量形象的图片，使读者在阅读中能够联系实际生活，加深对知识的思考和记忆，建立起宏观世界和微观世界是如何联系起来的生动化学观。此外，作者希望通过本书培养读者求解问题的逻辑能力，不仅仅是解决化学问题，还能使读者收获化学之外的技能。

　　由于语言种类、书写习惯和中外化学发展历史的不同，我在翻译过程中遇到了很多难题。为了保证一些专有名词既能保有英文原义，又能与中文化学内容契合，我翻阅了大量资料并请教了很多专业人士。尽管如此，我仍然耗费了一年多的时间才将本书以中文的方式呈现给读者。

　　在此，首先要感谢电子工业出版社的编辑给我这次翻译机会，这是我的第一次尝试；其次，要感谢傅姗女士、吴广先生与张碧玉女士，他们帮助我整理了部分译稿，使得我可以以节省大量时间，从而全心全意地对中文内容进行斟酌完善。最后要特别感谢傅姗女士，她扎实的英语翻译功底和整个工作进程中对我的激励鼓舞，让我得以坚持下来。

　　最后声明，尽管我很努力，并有以上贵人相助，但限于自身水平、体力和时间，翻译中必定会存在一些问题，万望读者朋友批评指正！

王毕魁

1281145380@qq.com

本书旨在帮助读者学习化学课程。撰写本书的目的有二：将化学视为此前从未涉足过的东西；培养在化学中成功求解问题的技能。希望读者能以一种全新的方式来体验化学。

每章的内容都会告诉读者，化学不止发生在实验室中，化学无时无刻不发生在我们身边。一些杰出的艺术家帮助我制作了一些图片，这些图片可帮助读者将分子世界形象化。从最开始的示例到最后的章节，读者会发现化学，看到化学。我希望读者在结束这门课程时，能够理解身边一切事物中分子之间的运动，进而对现实世界有不同的思考。

前面说过，目标之二是希望读者培养求解问题的能力。没有求解问题的能力，就不可能在化学或生活中获得成功。我不能为读者提供求解所有化学问题的万全之策，但是我能给读者提供一些基本方法，帮助读者形成理解化学逻辑的直觉。

本书旨在帮助读者掌握求解问题的技巧，具体如下。

1. 四步法（分类整理、制定策略、求解问题、检查答案），旨在帮助读者学习求解问题的方法。
2. 转换图，一种帮助读者找到正确方法并求解问题的可视图。
3. 两列例题，左列用简洁清晰的语言解释右列每个求解步骤的目的。
4. 三列例题，描述求解问题的过程，同时演示如何将其应用于两个不同的例题。

我希望通过本书可以告诉读者，化学知识不仅存在于那些超高智商的人身上，只要足够努力，加上正确的引导，任何人就都能掌握化学。

本版的新颖之处

相较于之前的版本，本书经过了广泛的修订，最重要的变化如下。

- 增加了 13 个新的概念检查站。
- 更新了整本书的数据，以反映最新的测量和发展。
- 对几章章首的图片做了替换或修改。
- 增加了 2.8 节和新的例题。
- 在元素周期表中添加了 113 号、115 号、117 号和 118 号元素的临时符号。

学习原则

化学基本原理的发展，如原子结构、化学键、化学反应和气体定律是本书的主要目标之一。读者必须牢牢掌握这些原则，以便在进一步的学习或支撑关联健康课程的化学课程中取得成功。为此，本书综合了定性和定量材料，并从具体的概念发展到更抽象的概念。

本版的框架

教授化学入门和预备课程的教师在主题排序上的主要分歧是，电子结构和化学键应处的位置。这些主题是在讨论原子模型的时候提早出现，还是在学生接触到化合物和化学反应后出现？提前给读者安排一个理论框架，让读者可以理解化合物和反应，同时在读者理解为什么它们是必要的之前，向读者展示抽象模型。我选择了靠后的位置。尽管如此，我也知道每门课程都是独一无二的，每位教师都会按照自己的方式选择主题。因此，本书中的每章在主题排序中都具有最大的灵活性。

致谢

本书是集体努力的结果，这里要感谢所有帮助过我的人。感谢责任编辑斯考特·达斯顿、策划编辑艾琳·穆里根、营销编辑杰基·雅各布、市场经理伊丽莎白·埃尔斯沃斯，以及培生出版公司其他人员为本书做出的努力。

感谢同事艾伦·西村、大卫·马滕、斯蒂芬·康塔克斯、克里斯蒂·拉扎尔、凯莉·希尔、迈克尔·埃佛勒斯、阿曼达·西尔·伯斯坦和海蒂·赫内斯·凡伯根的帮助；特别感谢迈克尔·特罗，在过去的六年里，他一直在帮助我准备、校对、整理手稿，跟踪章末内容的变化；感谢同事迈克尔·埃佛勒斯和汤姆·格林鲍，他们和我一起设计了一些章末的习题。

感谢那些在我撰写本书时提供帮助的人，包括我的妻子和孩子，他们的笑脸和对生活的热爱一直激励着我。我来自古巴的一个大家庭，大多数人都羡慕他们之间的亲密和相互支持。感谢我的父母尼瓦尔多和萨拉，感谢我的兄弟姐妹莎莉塔、玛丽和豪尔赫及他们的配偶杰夫、娜琪、凯伦和约翰；感谢我的侄子和侄女杰曼、丹尼、莉塞特、萨拉和肯尼。

最后，感谢本书各版本的审读人员，他们的观点纠正了我的错误，并且启发了我，让我能够更敏锐地思考如何更好地教授化学这门学科。

Nivaldo J. Tro
tro@westmont.edu

目 录

第 1 章 化学世界

想象力比知识更重要。

——阿尔伯特·爱因斯坦（1879—1955）

1.1 沙粒与水

▲ 理查德·费曼（1918—1988），诺贝尔奖得主、物理学家、加州理工大学著名教授

我喜欢海滩，但是厌恶沙子，沙子无处不在，甚至还会跟着我们回家。沙子一点儿都不讨喜，因为沙粒太小了，很容易粘到我们的手上和脚上，甚至会附在我们午餐想吃的任何食物上。但是，相较于组成沙粒的粒子，沙粒的小不值一提。沙粒与其他物质一样，都由原子构成。原子小得难以想象，一颗沙粒包含的原子数比最大海滩上面的沙粒数还要多。

物质是由微小粒子组成的这一观点的提出，是人类最伟大的发现之一。诺贝尔奖得主理查德·费曼（1918—1988）在给加州理工大学物理专业新生的一次演讲中提到：人类知识中的一个最重要的观点就是，一切物质都是由原子构成的。为什么这个观点如此重要？因为它促进了我们对身边事物的性质的理解。要理解物质是如何运动的，就必须理解构成该物质的粒子是如何运动的。

原子和它们所构成的分子决定了物质的表现形式，如果原子和分子不同，那么它们构成的物质也不同。例如，水分子的性质决定了水的形态。如果水分子不同，即使不同的程度很小，水也会变成不同类型的物质。譬如，我们都知道水分子是由两个氢原子和一个氧原子结合形成的，形状如下图所示：

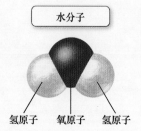

水分子

氢原子　氧原子　氢原子

◀ 一颗沙粒所含的原子数比整个海滩的沙粒数还要多

如果水分子的形状不同，那么水会有什么不同？

如果氢原子与氧原子结合形成一个线性水分子而非一个弯曲的分子呢？

假想的线性水分子

　　答案并不简单，因为我们不知道假想的线性水分子是如何运动的，但是它肯定与正常的水分子不一样。例如，线性水的沸点可能要比普通水的沸点低得多。事实上，在室温下，它甚至可能是一种气体（而不是液体）。想象一下，如果水在室温下是一种气体，那么我们的世界又会变成什么样呢？世界上不会再有河流、湖泊、海洋，甚至可能不会有人类（毕竟液态水是构成人类的重要组分）。

　　原子和分子的世界与我们每天经历的现实世界有着直接的联系（▼图 1.1），化学家的职责就是探索并试图理解这些联系。化学是一门通过研究原子和分子的运动来试图理解物质运动的科学，这是对化学的一个较好的、简单的定义。

▲ 图 1.1　我们周围的一切都是由化学物质组成的

1.2　化学物质构成一般事物

▶ 认识到化学物质实际上构成了我们在世界上所能接触到的一切事物。

　　我们刚刚看到化学家对沙子和水等物质很感兴趣。但是，沙子和水都是化学物质吗？当然，实际上我们接触到的一切东西都是由化学物质构成的。然而，大多数人一想到化学物质，就会想到自家车库里的油漆稀释剂，或者回想到一则标题——"某河流被化学废弃物污染"。但是，化学物质也构成许多普通的事物。例如，空气、饮用水、牙膏、止痛药和纸巾等都是由化学物质构成的，实际上，我们所能接触到的一切事物都是由化学物质构成的。化学帮助我们理解构成物质的分子，从而在最广泛的层面上解释该物质的性质与行为。

▲ 化学家们感兴趣的是像水这样的物质为什么会是这种状态。当化学家看到一罐水时，就会想到构成水的分子，以及这些分子如何决定水的性质

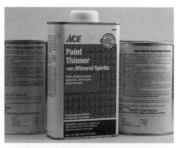

▲ 人们对化学物质的看法往往很狭隘，认为它们只是危险的有毒物质或污染物

当我们体验周围的世界时，是分子的相互运动创造了现实环境。想象一下正在看日落的情形，此时分子参与了整个过程。空气中的分子与阳光相互作用，散射蓝光和绿光，保留红光和橙光，从而形成我们看到的颜色，我们眼中的分子会吸收这些光线，然后以某种方式转换并给大脑传递一个信号，大脑中的分子对这个信号进行解释并产生图像和情绪。整个过程以分子为媒介，让我们得到了一次令人回味的观赏日落的经历。

化学家对于物质的行为很感兴趣。为何水是液态的？为何苏打水会起泡？为何日落是红色的？通过本书，读者会得到这些问题甚至更多问题的答案，还会了解物质的行为与组成物质的粒子结构之间的联系。

1.3 科学方法

▶ 识别并理解科学方法的关键要素：观察，形成假设，通过实验检验假设，形成定律或理论。

化学家使用科学方法来理解世界。科学方法是一种强调观察和实验的学习方法，它与古希腊哲学中强调用理性来理解世界的方法形成了鲜明对比。尽管科学方法不是一种自动得出明确答案的严格程序，但它的确有别于其他学习方法的关键特征。这些特征包括观察、形成假设、通过实验验证假设、形成定律或理论。

获得科学知识的第一步（▼图 1.2）通常是对自然界的某个方面进行观察和测量。

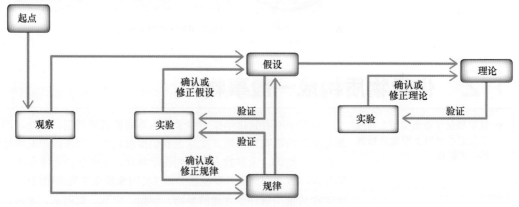

▲ 图1.2 科学方法

有些观察比较简单，用肉眼就可看见，而有些观察则要使用精密仪器。有时，重要的观察完全是偶然发生的。例如，亚历山大·弗莱

明（1881—1955）观察到培养皿中偶然生长的霉菌周围出现了一个不含细菌的圆环，从而发现了青霉素。无论这些观察是如何发生的，它们通常都涉及对物质世界某方面的测量和描述。例如，法国化学家安东尼·拉瓦锡（1743—1794）通过在密封容器中燃烧物质来研究燃烧原理。在燃烧实验前后，他仔细地测量了容器和内容物的质量，并注意到燃烧过程中质量并未改变。拉瓦锡对物质世界进行了观察。

观察往往会导致科学家提出假设，即对观察的初步预测或解释。拉瓦锡假设物质需要与空气中的某种成分相结合才能燃烧，以此来解释他对燃烧的观察。一个好的假设是可以被检验的，这也意味着进一步的检验有可能证明它是错误的。通过实验可以检验假设的真伪。实验结果可能证明假设正确，也可能证明假设错误。在后一种情况下，化学家就需要修改假设，甚至摒弃并提出新的假设。无论如何，新的假设或者修正后的假设也都必须通过进一步的实验进行检验。

有时，大量相同的观察结果会导致形成一般性的科学规律，科学规律是一种简短的概述，是对过去的观察结果的总结，也能预测未来的观察结果。例如，拉瓦锡通过对燃烧实验进行观察，确立了质量守恒定律。该定律源于拉瓦锡的观察实验，也能预测任何类似的化学反应实验的结果。定律同样需要实验来验证真伪。

一个或多个确立的假设可能是构成科学理论的基础。科学理论是对观察和定律更为广泛和深入的解释。它们是对大自然的客观表述，预测的行为往往超出了它们赖以建立的观察和定律。例如，约翰·道尔顿（1766—1844）的原子理论。道尔顿解释了质量守恒定律以及其他定律与观察结果，他提出所有物质都是由微小的、不可毁灭的原子构成的。道尔顿的原子学说是关于物质世界的理论典范，超越了当时用来解释这些规律和观察结果的任何理论。

▶（左）法国化学家安东尼·拉瓦锡和他的妻子玛丽。（右）英国化学家约翰·道尔顿创立了原子理论

科学理论也需要通过实验验证。需要注意的是，科学方法始于观察，在观察的基础上提出假设，得出规律，形成理论。实验就是严格控制的观察，它决定了定律、假设和理论的有效性。如果一条定律、假设或者理论与实验结果不一致，就需要对它进行修正，并实施新的实验来验证修正。随着时间的推移，科学家会摒弃不完善的科学理论，保留那些与实验结果一致的理论。具有可靠实验支持的既定理论是最

有力的科学知识。不熟悉科学的人有时会说"这只是一个理论",好像理论只是一种推测。然而,经过充分检验的理论与我们在科学中得到的真理一样值得信任。例如,所有物质都由原子构成的观点只是一个理论,但是这个理论不仅有 200 年的实验证据支持它,还有最近对原子本身的成像(◀图 1.3)支持它。已确立的科学理论不应该被轻视,它们是科学认知的颠峰。

◀ 图 1.3 原子是真实存在的吗?原子理论有 200 年的实验证据来支持它,包括最近的这幅图片——原子。这幅图片展示了用单个铁原子在铜表面上书写的汉字"原子"

日常化学

燃烧与科学方法

早期化学理论试图解释一些普遍现象,例如燃烧。为什么东西可以燃烧?一些被烧的东西能不能不燃烧?化学家通过燃烧不同的物质进行观察,试图找出这些问题的答案。他们观察到,将物质置于一个封闭的容器内,物质会停止燃烧。他们还发现许多金属燃烧会生成白色粉末,他们称之为"金属灰"(我们知道这些白色粉末是金属的氧化物),且将木炭与"金属灰"一起加热又会重新生成该金属,就好像金属没有燃烧过。

18 世纪初的化学家提出了一种解释燃烧过程的理论。该理论认为,燃烧涉及一种最基本的要素——燃素。该物质存在于任何可以燃烧的物质中,在燃烧时就会释放出来。可燃物能够燃烧,就是因为它们含有燃素。物质在密闭容器内燃烧时间不长,是因为释放的燃素在容器内已饱和。

在开放条件下,物质会持续燃烧,直到物质内的燃素全部释放。燃素说还解释了燃烧过的金属怎样变成不再燃烧的金属。他们认为木炭是一种富含燃素的物质——因为木炭燃烧得久。当木炭与某种燃素已释放完毕的金属灰烬相混合时,木炭会将燃素转移到金属灰烬中,从而使金属回到未被燃烧过的形态。燃素说与当时的所有观察结果一致,也被广泛接受。

和其他理论一样,燃素说不断经过了实验的检验。18 世纪中期,路易斯·伯纳德·盖伊托德·莫弗(1737—1816)做了一组实验——测量金属燃烧前后的质量。在每次实验中,金属燃烧后都会变重,该实验结果与燃素说不一致。根据燃素说,金属在燃烧过程中释放燃素,金属的质量应该减少。显然,燃素说需要修正。

首次修正提出,燃素是一种很轻的物质,它实际上使含有燃素的物质"上浮"。因此当燃素释放时,物质反而变重了。修正后的燃素说看起来和观察结果一致,但是似乎有些牵强附会。安东尼·拉瓦锡提出了一种更有可能的解释,设计了一种全新的燃烧学说。拉瓦锡提出,当某种物质燃烧时,实际上结合了空气中的某种成分,当它不再燃烧时,又会释放这种成分。拉瓦锡认为物质燃烧时会结合空气中的某种"固定气体",不燃烧时又会释放该气体。在一次证明实验中(▼图 1.4),拉瓦锡用一个巨大的燃烧镜聚焦阳光,来烘烤金属灰和木炭的混合物,拉瓦锡发现在这个过程中释放了大量的"固定气体"。科学的方法起作用了,燃素说被证明是错误的,一个新的理论取代了它,经过一些改进,该理论今天仍然有效。

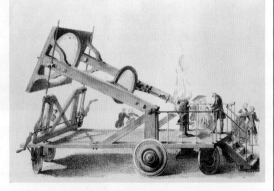

▲ 图 1.4 聚光燃烧(美国科学院的大燃烧透镜)。拉瓦锡在 1777 年使用了类似的透镜来说明金属灰(金属氧化物)和木炭的混合物在加热时释放出大量固定体积的空气

1.4 数据分析与解释

▶ 识别数据的规律并解释图表。

前面介绍了拉瓦锡、道尔顿等科学家是如何在一系列相关测量实验中发现规律的。多次测量构成了科学数据，学会分析和解释数据是一项很重要的科学技能。

1.4.1 识别数据中的规律

假定你现在是一位早期的化学家，试图了解水的组分。你知道水是由氢元素和氧元素组成的，于是你做了几组实验，将不同的水样分解成氢和氧，得到以下结果：

样 本	水样质量	得到的氢气质量	得到的氧气质量
A	20.0 g	2.2 g	17.8 g
B	50.0 g	5.6 g	44.4 g
C	100.0 g	11.1 g	88.9 g

你发现这些数据中的规律了吗？第一个明显的规律就是氢与氧的质量之和总是等于水的质量。例如，在样本 A 中，2.2 g 氢 ＋ 17.8 g 氧 ＝ 20.0 g 水；样本 B、C 同样如此。另一个较难发现的规律是，每个样本中氧与氢的质量之比总是固定的。

样 本	得到的氢气质量	得到的氧气质量	氧气质量 氢气质量
A	2.2 g	17.8 g	8.1
B	5.6 g	44.4 g	7.9
C	11.1 g	88.9 g	8.01

该比值是 8（细微的变化由实验误差导致，在实验中比较常见）。

发现数据中的规律是一个创造性的过程，不仅要求我们将实验数据制成图表，更要去发现深层次的关系，最好的科学家善于发现别人忽略的规律。在这门课程中，学习和解释数据要有创造力，要尝试用新的方式看待数据。

1.4.2 解释图表

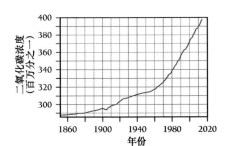

▲ 图 1.5　1860 年—2020 年二氧化碳浓度的变化

◀图 1.5 中显示了 1860—2020 年地球大气中二氧化碳浓度的变化。二氧化碳是一种温室气体，由于化石燃料（汽油、煤炭等）的燃烧，二氧化碳不断增加。当你看到这种图表时，首先要检查 x 轴和 y 轴，明确它们分别代表什么。然后要检查坐标轴的数值范围。在图中，为了更好地呈现变化，y 轴上的数值不从 0 开始。假如 y 轴的数值是从 0 而不是从 290 开始的，该图表又会有什么不同呢？还要注意，在该图表中，随着时间的推移，二氧化碳的增长并不恒定。从 1960 年开始，增长率（线条的斜率）不断增加。

1.5 化学家的成功之道

假如你现在是一名刚入门的化学爱好者，可能这是你的第一节化学课，但绝不会是你的最后一节化学课。要想成为一名成功的化学家，需要记住以下几点。首先，要保持好奇心和想象力。如果你很容易就对知识满足，比如你知道天空是蓝色的，但是却不在意它为什么是蓝色的，那么你可能需要重拾好奇心。我说"重拾"，是因为孩童时代的人都具有这种好奇心。为了成为一名成功的化学家，必须拥有孩子般的好奇心和想象力——渴求一切现象的成因。

其次，化学需要计算。这门课程要求你计算答案和量化信息。量化是观察的一部分，是科学最重要的工具之一。量化不仅会让你知道物体的冷热，而且会在数值上更为精确地加以区分。例如，有两杯水，用手去感觉可能一样烫，但是当你测量温度时，可能会发现一杯的温度是 40℃，而另一杯的温度是 44℃。在计算和实验中，即使很小的区别也很重要，所以在化学中将数字应用到观察中并对这些数字进行研究是十分重要的。

最后，化学需要投入。要想在这门课程中取得成功，就必须致力于化学学习。1981 年诺贝尔化学奖获得者罗尔德·霍夫曼（1937—）曾说：我喜欢人类可以做任何他们想做的事的想法，虽然他们有时需要训练，需要老师来唤醒他们内心的智慧。但是我很高兴地说成为一名化学家其实不需要任何天赋，只要付出努力，任何人就都能做到。

霍夫曼教授说得极为正确，这门课程成功的关键在于努力，在于投入。你必须定期且认真地做你的工作，这样你才会获得成功，获得回报，看到一个新的世界，一个原子和分子的世界，它存在于我们遇到的一切事物的表面下。

▲ 要想成为一名成功的科学家，你必须有孩子般的好奇心

第2章 测量与问题求解

科学中重要的事情不是获得新的事实，而是发现思考这些事实的新方法。

——威廉·劳伦斯·布拉格爵士（1890—1971）

2.1 价值 1.25 亿美元的单位误差

▶ 单位是一种用公认的数量来衡量其他数量的标准。

　　1998 年 12 月 11 日，美国航空航天局发射了火星气候探测器，该探测器将成为除地球外的行星的第一颗气象卫星。探测器的任务是监测火星上的大气状况，并作为火星极地着陆器的通信中继，跟随轨道器并在三周后降落于行星表面。遗憾的是，任务以失败告终。原因是计量单位出错使得探测器进入大气层的高度太低，探测器未能稳定地进入轨道，导致探测器解体。这次失败损失了约 1.25 亿美元。

　　后续调查表明，探测器最后距离火星表面的高度过低，只有 57 千米。火星探测器上的飞行系统软件使用公制单位（牛顿/秒）计算推进器动力，而地面技术人员则使用英制单位（磅/秒）输入推进器参数。英制单位与公制单位并不相等（1 磅 = 4.45 牛顿），所以地面技术人员输入的参数缩小为原定的 1/4.45，导致推进器动力不足，探测器无法达到足够高度。如同太空探索，化学中的单位同样至关重要（见 2.5 节），一旦出错，后果就可能是灾难性的。

2.2 科学记数法

▶ 用科学记数法表示非常大和非常小的数。

　　科学不断拓展着极大和极小的边界。例如，我们现在可以测量短于 0.000000000000001 秒的时间周期和高达 14000000000 光年的距离。但是这些数中的零太多了，书写很麻烦，所以我们使用科学记数法来简化

▲ 这样的激光器可以测量短至 1×10^{-15} 秒的时间周期

这些数。使用科学记数法时，0.000000000000001 可写为 1×10^{-15}，14000000000 可写为 1.4×10^{10}。用科学记数法表示的数由小数部分和指数部分组成，小数部分通常是 1 和 10 之间的数字，指数部分是 10 的 n 次幂：

$$1.2 \, 3 \quad 10^{-10} \leftarrow \text{指数} (n)$$

小数部分　　指数部分

正指数（$n \geqslant 0$）表示 1 乘以 10 的 n 次幂：

$$10^0 = 1$$
$$10^1 = 1 \times 10 = 10$$
$$10^2 = 1 \times 10 \times 10 = 100$$
$$10^3 = 1 \times 10 \times 10 \times 10 = 1000$$

负指数（$-n$）表示 1 除以 10 的 n 次幂：

$$10^{-1} = \frac{1}{10} = 0.1$$
$$10^{-2} = \frac{1}{10 \times 10} = 0.01$$
$$10^{-3} = \frac{1}{10 \times 10 \times 10} = 0.001$$

运用科学记数法表示数时，首先移动小数点（根据需要左移或右移），得到一个 1 到 10 之间的数字，然后将该数字（小数部分）乘以以 10 为底的指数，以抵消小数点的移动。例如，用科学记数法表示 5983 时，首先将小数点左移三位，得到小数 5.983（该数字大于或等于 1，小于或等于 10），然后用该数字乘以 1000 即 10^3，用以补偿移动的小数位：

$$5983 = 5.983 \times 1000$$

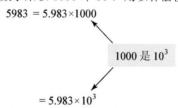
1000 是 10^3

$$= 5.983 \times 10^3$$

也可以一步完成：移动小数点得到一个 1 到 10 之间的小数，然后乘以 10 的 n 次方，n 的数值为移动的小数位数：

$$5983 = 5.983 \times 10^3$$

3 2 1

根据以上例子可以得出以下规律：小数点左移，指数为正（$n > 0$），小数点右移，指数为负（$n < 0$）：

$$0.00034 = 3.4 \times 10^{-4}$$

1 2 3 4

用科学记数法表示数值的步骤小结如下：

1. 移动小数点得到一个 1 和 10 之间的数字。
2. 用该小数乘以 10 的 n 次方，n 的数值等于移动的小数位数：
   - 小数点左移，指数为正。
   - 小数点右移，指数为负。

注意：大数改写后指数为正，小数改写后指数为负。

例题 2.1　科学记数法

2016 年美国人口估测为 323000000 人，用科学记数法表示该数。

要获得一个 1 和 10 之间的数字，需要将小数点左移 8 位，所以指数为 8，因为小数点左移，所以指数为正。	解 323000000 人 = 3.23×10^8 人

▶ **技能训练 2.1**

2016 年美国国债总额约为 18416000000000 美元，用科学记数法表示该数。

例题 2.2　科学记数法

碳原子的半径约为 0.000000000070 米，请用科学记数法表示该数。

要获得一个 1 和 10 之间的数字，需要将小数点右移 11 位，所以指数为 11，因为小数点右移，所以指数为负。	解 0.000000000070 米 = 7.0×10^{-11} 米

▶ **技能训练 2.2**

用科学记数法表示 0.000038。

概念检查站 2.1

灰尘颗粒的半径是 4.5×10^{-3} mm。这个数在十进制记数法（即不使用科学记数法来表示这个数）下的正确值是多少？

(a) 4500 mm；(b) 0.045 mm；(c) 0.0045 mm；(d) 0.00045 mm。

2.3　有效数字

▶ 写出测量数据的正确位数。
▶ 判断数字中的哪些位数是有效的。

"气候变化"已成为一个家喻户晓的词语，农业、天气、海平面上升都受全球气候变化的影响。科学家对全世界上千个测温站的数据进行了分析并得出结论——全球气温正在上升。自 1880 年以来，全球气温平均增长 0.7℃。

注意科学家是如何报告这个数的。例如，科学家有时在这个数后面添几个零，如 0.70 和 0.700℃；又如，他们在对许多测量数据进行平均后，计算机显示的数是 0.68759824℃。这些数表达的信息一致吗？答案是"不一致"。科学家报告数据有一套标准的方法：位数越多，精度越高；位数越少，精度越低。报告数的最后一位表明该数字的不确定性。例如，科学家报告温度增长了 0.7℃，也就是温度为 0.7 ± 0.1℃（±表示加减）。温度可能增长了 0.8℃，也可能增长了 0.6℃。这种特定测量的确定性程度十分关键，因为它会影响到与人们的生活直接相关的决策。

报告测量数据时，除了最后一位，其他数位的数字都是确定的。例如，某报告数据如下：

该数的前四位数字是确定的，最后一位数字是估计的。数位的数量取决于测量设备的精度，如下图中直尺的测量：

用上图中的直尺测量 25 美分硬币的宽度时，应该如何读取数？直尺的最小刻度为 1 mm，可以确定该硬币的宽度在 24 mm 和 25 mm 之间。然后精确到 0.1 mm 来估测剩下的宽度，将 24 mm 和 25 mm 之间的区域等分为十份，再估测硬币边界大概在哪条线的位置上。可以看到这条线稍稍超过 24 mm 和 25 mm 两个刻度之间的一半，所以可以读出数为 24.6 mm，可能另一个人会读为 24.7 mm 或 24.5 mm（两个读数都在直尺的精度范围内）。但是，读为 24.60 mm 是不正确的，因为用四位数而非三位数来表示测量数据时，超出了测量装置的精度。

在用最小刻度值为 1 g 的天平称量某物体的质量时，指针指在 1 g 和 2 g 之间（▼图 2.1），但是指针更接近 1 g 的刻度。要读出该测量数据，首先要将 1 g 和 2 g 刻度之间的区域等分为十份，然后估测指针的位置。如图所示，指针大约指在 1.2 g 的位置。我们可以写出测量数据 1.2 g，其中数字"1"是确定的，".2"是估计的。

如果用最小刻度值为 0.1 g 的天平称量物体，那么测量结果需要再多一位小数。例如，一个更加精确的天平的指针指在 1.2 g 和 1.3 g 之间（▼图 2.2），我们再次将刻度 1.2 和 1.3 之间的区域等分为十份，然后估测指针的具体位置。如下图所示，读取的数据为 1.26 g。数字天平通常会显示读数，可以直接读取这个数据作为正确的质量数据。

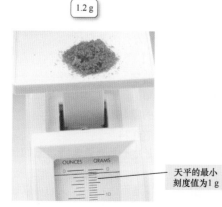

▲ 图 2.1　**估读 0.1 g**。该天平的最小刻度值为 1 g，所以估计到十分位。为了估计刻度之间的距离，将相邻刻度之间的区域等分为十份，从而估计最后一位。正确读数为 1.2 g

▲ 图 2.2　**估读 0.01 g**。因为该天平的最小刻度值为 0.1 g，所以要估计到百分位。正确读数为 1.26 g

▼图 2.3 中体重秤的最小刻度值为 1 lb（磅），请正确读数。

▲ 图 2.3   体重秤的读数

解

因为指针指在 147 lb 和 148 lb 之间，所以把这一磅等分为十份，以估读下一个数字。于是，读取结果应该为 147.7 lb。

如果估读为 147.6 lb 呢？ 一般来说，最后一个数字有点差别是可以接受的，因为不同的人估读的最后一个数字可能会有所不同。但是，如果估读为 147.2 lb，那么显然是错的。

▶ **技能训练 2.3**

使用温度计测量家里浴缸中的热水温度，温度计显示如▶图 2.4 所示，请正确读数。

◀ 图 2.4   温度计

2.3.1   统计有效数字

测量中的估计数字是有效数字（或有效位数）。众所周知，这些有效数字代表了测量数据的精度——有效数字的数量越多，测量的精度就越高。我们可以相当容易地确定一个数的有效数字的数量；然而，如果数中包含零，就必须区分有效数字零和标记小数点的零。例如数 0.002，前面的"0"用来标记小数点，并未增加测量的精度；而数 0.00200 后面的"0"就增大了测量的精度。

要测定一个数的有效数字的数量，需要遵循以下几个规则：

1. 所有的非零数字都是有效数字：

$$\underline{1.05} \qquad 0.0\underline{110}$$

2. 内部零（两个非零数字之间的零）为有效数字：

$$4.\underline{0}208 \qquad 50.1$$

3. 小数点后面的零（非零数字右边的零）是有效数字：

$$5.1\underline{0} \qquad 3.\underline{00}$$

4. 在小数点前面且在非零数字后面的零是有效数字：

$$5\underline{0}.00 \qquad 17\underline{0}0.24$$

> 当一个数用科学记数法表示时，所有的尾随零都是有效数字。

5. 前导零（第一个非零数字左边的零）不是有效数字，它们只用于定位小数点。

6. 隐形小数点前、数字后面的尾随零是不确定的，我们可以通过科学记数法来避免这种情况。

> 有些书中,在一个或多个尾随零后加一个小数点,这些零被认为是有效数字。本书中没有相关内容,但要注意这一点。

例如，350 这个数的有效数字是两位还是三位，是不确定的。可以用科学记数法来确定该情况，将其写成 3.5×10^2 表明有效数字为两位，将其写成 3.50×10^2 表明有效数字为三位。

2.3.2 真实数字

真实数字的有效数字的数量是无限的。真实数字的来源有三个方面：

- 独立物体的真实计算。例如，10 支铅笔是 10.0000...支铅笔；3 个原子是 3.00000...个原子。
- 定义的量。例如，厘米和米的关系，因为 100 厘米就是 1 米：

  100 cm = 1 m，也可以说 100.00000 cm = 1.0000000 m

  注意这种关系转换（见 2.6 节）是对数的定义，和其他情况不同。
- 等式中的整数。例如，在等式"半径＝直径/2"中，数字 2 是真实数字，因此有效数字的数量是无限的。

例题 2.4	确定一个数中的有效数字的数量

下面每个数中的有效数字有多少位？

(a) 0.0035；(b) 1.080；(c) 2371；(d) 2.97×10^5；(e) 1 打 ＝ 12；(f) 100.00；(g) 100000。

	解
3 和 5 是有效数字（规则 1）。前面的 0 只用于标记小数点的位置，不是有效数字。	(a) 0.0035 有 2 位有效数字。
内部 0（规则 2）和尾随 0（规则 3）是有效数字，1 和 8 也是有效数字（规则 1）。	(b) 1.080 有 4 位有效数字。
所有数字均为有效数字（规则 1）。	(c) 2371 有 4 位有效数字。
小数部分的数字都为有效数字（规则 1）。	(d) 2.97×10^5 有 3 位有效数字。
定义数是精确数字，因此有效数字有无数位。	(e) 1 打 ＝ 12 有无数位有效数字。
1 是有效数字（规则 1），小数点前的尾随 0 是有效数字（规则 4），小数点后的尾随 0 也是有效数字（规则 3）。	(f) 100.00 有 5 位有效数字。
该数的有效数字位数不确定。写成 1×10^5 表明有效数字只有 1 位，写成 1.00000×10^5 表明有效数字有 6 个。	(g) 100000 的有效数字位数不确定。

▶ 技能训练 2.4

下列每个数的有效数字位数有几位？

(a) 58.31；(b) 0.00250；(c) 2.7×10^3；(d) 1 cm = 0.01 m；(e) 0.500；(f) 2100。

媒体中的化学

宇宙背景探测卫星及解释了宇宙的过去的高精度测量

很早之前，人们就想知道地球的起源。科学家探索这个问题并提出了地球和宇宙是如何形成的相关假说，其中最广为接受的假说是宇宙大爆炸。根据该假说，宇宙起源于 137 亿年前的一次巨大爆炸且从那时起就不断膨胀，并且提出宇宙爆炸后残留了一种可以测量的"背景辐射"。这个残留辐射体现了宇宙当前温度的特征。当大爆炸发生时，宇宙的温度很高，相关的辐射很强。而 137 亿年后的今天，宇宙的温度很低，背景辐射也很微弱。

20 世纪 60 年代初，普林斯顿大学的罗伯特·迪克·皮布尔斯与其同事开始建立一个可以探测背景辐射的装置，该装置可让他们直接观测到宇宙的过去并为宇宙大爆炸假说提供证据。与此同时，贝尔实验室的阿尔诺·彭齐亚斯和罗伯特·威尔逊在实验室中测量了某颗通信卫星的无线电噪声。最后发现，该噪声就是普林斯顿大学科学家一直在寻找的背景辐射。这两个小组在

1965 年一起发表了论文，报告了他们的发现及宇宙的当前温度，大约为热力学温度 3 K（开尔文）。在第 3 章中，我们将学习温度测量单位的定义，现在只需知道 3 K 是一个极低的温度即可（相当于零下 454℉）。

1989 年，美国航空航天局戈达德太空飞行中心发射了宇宙背景探测卫星（COBE），以便更为精确地探测宇宙背景辐射。该探测卫星测定宇宙背景辐射的温度为 2.735 K，注意该数与上文测量结果中的有效数字的差别。

该探测器现在仍在继续测量宇宙背景辐射的细微波动，温度误差约为十万分之一。这些波动虽然很小，但是对于宇宙大爆炸假说却是一些重要的支撑数据。科学家宣布，宇宙背景探测卫星为宇宙起源假说——宇宙大爆炸提供了迄今为止最有力的证据。这就是科学家工作的方法。测量和测量精度对于理解这个世界十分重要，所以本章中的大部分内容都是与测量有关的。

概念检查站 2.2

好奇号火星表面探测器测量的温度为-65.19℃，其中隐含的实际温度范围为多少？

(a) -65.190℃～-65.199℃；　　　(b) -65.18℃～-65.20℃；

(c) -65.1℃～-65.2℃；　　　(d)正好是-65.19℃。

2.4　计算中的有效数字

▶ 四舍五入确定正确的有效数字位数。
▶ 确定乘除运算中结果的有效数字位数。
▶ 确定加减运算中结果的有效数字位数。
▶ 确定加减乘除多重运算中结果的有效数字位数。

当我们使用测量数据进行计算时，计算结果必须反映测量的精度。在进行数学运算时，不应该改变数的精度。

2.4.1　乘法和除法

在乘法中，结果的有效数字位数要与有效数字最少的数保持一致。例如，

$$5.02 \times 89.665 \times 0.10 = 45.0118 = 45$$
（3位有效数字）（5位有效数字）（2位有效数字）　　　　（2位有效数字）

将蓝色部分的结果四舍五入为 2 位有效数字，使其与最小精度的数的有效数字位数保持一致，即 0.10，只有 2 位有效数字。

在除法中，遵循同样的原则：

$$5.892 \div 6.10 = 0.96590 = 0.966$$
（4位有效数字）（3位有效数字）　　（3位有效数字）

将蓝色部分的结果四舍五入为 3 位有效数字，使其与精度最小的数 6.10 保持一致。

2.4.2　四舍五入

将结果四舍五入为正确的有效数字：如果需要保留有效数字的最后一位数（或拟舍去数字的最左一位数）小于或等于 4，就舍去该数字；如果大于或等于 5，就进一位。

例如，将下列数四舍五入为只有两位有效数字：

2.33 四舍五入为 2.3

2.37 四舍五入为 2.4

在决定四舍五入的方向时，只考虑拟舍去的最左边的数字，而忽略

其右边的所有数字。例如，要将 2.349 四舍五入为两位有效数字，只有百分位的 4（2.349）决定向哪个方向四舍五入，后面的 9 无关紧要：

$$2.349 \text{ 四舍五入为 } 2.3$$

对于涉及多个步骤的计算，我们只对最后的结果进行四舍五入，而不对中间结果进行四舍五入，从而避免四舍五入引起的误差影响最终结果。

例题 2.5　乘、除法中的有效数字

计算并确定结果的有效数字。

(a) 1.01×0.12×53.51÷96；(b) 56.55×0.920÷34.2585。

	解
将蓝色部分的数字四舍五入为两位有效数字，与有效数字最少的 0.12 和 96 保持一致。	(a) 1.01×0.12×53.51÷96 = 0.067556 = 0.068
将蓝色部分的数字四舍五入为三位有效数字，与有效数字最少的 0.920 保持一致。	(b) 56.55×0.920÷34.2585 = 1.51863 = 1.52

▶ 技能训练 2.5

计算并确定计算结果的有效数字。

(a) 1.10×0.512×1.301×0.005÷3.4；(b) 4.562×3.99870÷89.5。

2.4.3　加法和减法

在加法中，结果的小数位数要与小数位数最少的数位保持一致。例如，

$$
\begin{array}{r}
5.74 \\
0.823 \\
+\ 2.651 \\
\hline
9.214 = 9.21
\end{array}
$$

有时，可以在小数位数最少的数的右边画一条竖线帮助我们进行判断，这条线表明了结果中应该包含的小数位数。将蓝色部分的结果四舍五入，使其小数位数与小数位数最少的5.74保持一致，即最后结果为两位小数位数

将蓝色部分的结果四舍五入，使其小数位数与小数位数最少的 5.74 保持一致，即最终结果为两位小数位数。

在减法中，我们也遵循上述规则。例如，

$$
\begin{array}{r}
4.8 \\
-\ 3.965 \\
\hline
0.835 = 0.8
\end{array}
$$

将蓝色部分的数字四舍五入，使其小数位数与 4.8 的一致，因为 4.8 的小数位数最少，只有一位。

注意：在乘、除法中，有效数字最少的数决定最终结果的有效数字位数；在加、减法中，小数位数最少的数决定最终结果的小数位数。在乘、除法中，我们着重看有效数字，而在加、减法中，我们着重看小数位数。在加、减法中，最终结果的有效数字和原数的有效数字在数量上可能不同，例如，

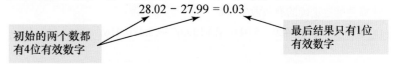

$$28.02 - 27.99 = 0.03$$

初始的两个数都有4位有效数字　　　最后结果只有1位有效数字

虽然等式中两个原数都有 4 位有效数字，但最终结果只有 1 位有效数字。

例题 2.6　加、减法中的有效数字

计算并确定正确的有效数字位数。

$$
\begin{array}{cc}
\qquad 0.987 & \qquad 0.765 \\
\text{(a)} \ +125.1 & ; \ \text{(b)} \ -3.449 \\
\qquad -1.22 & \qquad -5.98
\end{array}
$$

将蓝色部分四舍五入，使其小数位数与小数位数最小的数 125.1 保持一致，即得到 124.9。注意：125.1 并不是有效数字位数最少的数，它有 4 位，而其他数字有 3 位，但是因为它的小数位数最少，所以最终结果的小数位数要与它保持一致。	解 (a) $\begin{array}{r} 0.987 \\ +125.1 \\ -1.22 \\ \hline 124.8 \vert 67 = 124.9 \end{array}$
将蓝色部分四舍五入，使其小数位数与小数位数最少的数 5.98 保持一致，即得到-8.66。	(b) $\begin{array}{r} 0.765 \\ -3.449 \\ -5.98 \\ \hline -8.6 \vert 64 = -8.66 \end{array}$

▶ 技能训练 2.6

计算并确定正确的有效数字位数。

$$
\begin{array}{ll}
\text{(a)} \quad 2.18 & \text{(b)} \qquad 7.876 \\
\qquad +5.621 & \qquad -0.56 \\
\qquad +1.5870 & \quad +123.792 \\
\qquad -1.8 &
\end{array}
$$

2.4.4　涉及加减乘除的多重运算

涉及加减乘除的多重运算时，我们先进行括号里面的运算，然后确定中间结果的有效数字位数，最后完成剩下的步骤。例如，

$$3.489 \times (5.67 - 2.3)$$

首先，计算括号里面的减法：

$$5.67 - 2.3 = 3.37$$

运用减法规则确定中间结果 3.37 有 1 位有效小数。为了避免出现误差，这时不四舍五入，而在 3.37 的有效小数位数下方画一条横线：

$$= 3.489 \times 3.\underline{3}7$$

然后继续进行乘法运算：

$$3.489 \times 3.\underline{3}7 = 11.758 = 12$$

根据乘法规则，将结果 11.758 四舍五入为 2 位有效数字（12），因为 3.37 实际上只有 2 位有效数字，是有效数字位数最少的数。

例题 2.7　加减乘除运算中的有效数字

计算并确定正确的有效数字位数。
(a) $6.78 \times 5.903 \times (5.489 - 5.01)$；(b) $19.667 - (5.4 \times 0.916)$。

| 首先进行括号中的计算。根据减法规则将 0.479 标记为两位小数，因为 5.01 是括号中小数位数最少的数字，只有两位小数位数。
然后进行乘法运算，四舍五入得到 2 位有效数字，因为有效数字最少的那个数是两位。 | 解
(a) 6.78×5.903×(5.489 − 5.01)
　　= 6.78×5.903×(0.479)
　　= 6.78×5.903×0.4$\underline{7}$9
　　6.78×5.903×0.4$\underline{7}$9 = 19.1707
　　= 19 |
| 首先进行括号中的计算。得到的结果中的有效数字位数要与小数位数最少的 5.4 保持一致，所以在结果 4.9464 下面标记有效数字为两位。
然后计算减法，将得到的结果四舍五入，得到一位小数位数，因为上述结果中小数位数最少的只有一位。 | (b) 19.667 − (5.4×0.916)
　　= 19.667 − (4.9464)
　　= 19.667 − 4.$\underline{9}$464
　　19.667 − 4.$\underline{9}$464 = 14.7206
　　= 14.7 |

▶ **技能训练 2.7**

计算并确定正确的有效数字的位数。

(a) 3.897×(782.3 − 451.88)；(b) (4.58÷1.239) − 0.578。

概念检查站 2.3

下列哪个计算结果有更多的有效数字？

(a) 3 + (15/12)；(b) (3 + 15)/12。

2.5　测量的基本单位

▶ 认识并学会使用国际基本单位、乘数前缀以及导出单位。

　　数字本身是没有意义的。读一下这句话："当我儿子 7 时，他走了 3，当他 4 时，能够把棒球扔到 8 外，能告诉我们他到学校有 5 的路程。"这句话读起来让人因惑，我们不知道这些数字的意思，因为它们没有单位。如果在这些数字后面加上缺失的单位，意思就清晰了："当我儿子 7 个月时，他走了 3 步，当他 4 岁时，能够把棒球扔到 8 尺外，能告诉我们他到学校有 5 分钟的路程。"这就是单位的作用，在化学中，单位十分重要。光写一个数字，不添加相关的单位，就会和先前的句子一样让人摸不着头脑。

　　英制单位和公制单位是两种最常用的单位制，美国使用英制单位，其余一些国家使用公制单位。英尺、码、磅等都属于英制单位，而厘米、米、千克等都属于公制单位。基于公制单位且对科学测量最方便的单位制称为国际单位制（International System/SI units）。国际单位制是全世界科学家一致认可的一系列单位标准。

▲ 科学家使用仪器进行测量。每台仪器都有刻度和单位，如果没有单位，仪器也就没有用处

表2.1	一些常用的国际单位	
量	单位	表示符号
长度	米	m
质量	千克	kg
时间	秒	s
温度	开尔文	K

温度单位在第3章中讨论。

2.5.1 基本单位

表 2.1 中列出了一些常用的国际单位，包括长度的基本单位米（m）、质量的基本单位千克（kg）、时间的基本单位秒（s）。每个基本单位的定义都很明确。1 米等于光在 1/299792458 秒内所走的路程（▼图 2.5，光速为 $3.0×10^8$ m/s）。1 千克等于保存在法国赛思勒国际度量局中的一块金属的质量（▼图 2.6）。秒通过原子钟来定义（▼图 2.7）。

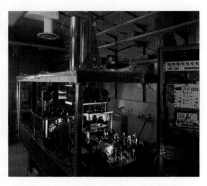

▲ 图 2.5 长度的基本单位。1983 年国际认可的关于 1 米的定义：1 米等于光在真空中运动 1/299792458 秒的距离。为什么需要这样一个精确的标准？

▲ 图 2.6 质量的基本单位。这是国际基本千克的复制品，称为"千克 20"，现存于美国华盛顿旁国家标准技术局内

▲ 图 2.7 时间的基本单位。使用原子钟定义单位秒，原子铯 133 裂变释放射线 9192631770 个周期所持续的时间是 1 秒

由于用来定义"1 千克"的一块金属的质量随年份的变化发生轻微变化，所以科学家现在正在寻找另一种方式来定义"千克"。

大多数人都熟悉的时间国际基本单位"秒"。然而，如果你住在美国，就可能不熟悉"米"和"千克"。1 米比 1 码稍长一些（1 码是 36 英寸，1 米为 39.37 英寸）。足球场的长度 100 码等于 91.4 米。

千克是测量质量的单位，质量与重量不同。物体的质量是对其内部物质数量的量度，而物体的重量是对其受到的引力的量度。因此，重量与重力有关，而质量与重力无关。例如，我们在火星上所受到的重力就要比在地球上受到的重力小得多，一个在地球上重量为 150 磅的人在火星上的重量只有 57 磅。但是，人的质量，即他/她本身的物质数量，是保持不变的。在地球上，1 千克的质量相当于 2.205 磅的重量，也就是说，一个 150 磅的人约为 68 千克。第二个常见的质量单位是克（g），如下所示：

$$1000 \text{ g} = 10^3 \text{ g} = 1 \text{ kg}$$

2.5.2 乘数前缀

国际单位制结合使用乘数前缀（表 2.2）与基本单位。这些乘数前缀使用 10 的幂次来改变单位的值。例如，千米（kilometer/km）的乘数前缀是 kilo-，即 1000/10^3。因此，

$$1 \text{ km} = 1000 \text{ m} = 10^3 \text{ m}$$

同样，毫秒（millisecond/ms）的乘数前缀是 milli-，即 0.001 或 10^{-3}，因此，

$$1 \text{ ms} = 0.001 \text{ s} = 10^{-3} \text{ s}$$

乘数前缀可以帮助我们在更大的范围内使用与测量值接近的单位。特定的测量需要使用最方便的乘数前缀。例如，测量一枚硬币的直径时，我

1枚镍币(5美分)的质量约为5克

们可能使用厘米或毫米，因为硬币的直径为 1～3 厘米（10～30 毫米）。厘米是常见的公制单位，1 厘米相当于小指的宽度（2.54 厘米 = 1 英寸）。使用毫米表示硬币的直径也很方便，但是使用千米就不太合适。如果使用千米作为单位，那么一个硬币的直径就是 0.000010～0.000030 千米。测量时，我们选择一个大小接近（或小于）测量值的单位。例如，要表示一个短至 $1.2×10^{-10}$ m 的化学键的长度，应使用哪个乘数前缀比较合适？最合适的单位应是皮米（picometer，pico 表示 10^{-12}）。化学键的长度约为 120 皮米。

表 2.2　乘数前缀

前　缀	表示符号	意　义	乘　数	
tera-	T	万亿	1000000000000	(10^{12})
giga-	G	十亿	1000000000	(10^{9})
mega-	M	百万	1000000	(10^{6})
kilo-	k	千	1000	(10^{3})
hecto-	h	百	100	10^{2}
deca-	da	十	10	10^{1}
deci-	d	十分之一	0.1	(10^{-1})
centi-	c	百分之一	0.01	(10^{-2})
milli-	m	千分之一	0.001	(10^{-3})
micro-	μ	百万分之一	0.000001	(10^{-6})
nano-	n	十亿分之一	0.000000001	(10^{-9})
pico-	p	万亿分之一	0.000000000001	(10^{-12})
femto-	f	千万亿分之一	0.000000000000001	(10^{-15})

表 2.3　常用单位及其换算

长度

1 千米（km）= 0.6214 英里（mi）

1 米（m）= 39.37 英寸（in）

　　　　 = 1.094 码（yd）

1 英尺（ft）= 30.48 厘米（cm）

1 英寸（in）= 2.54 厘米（cm）

　　　　　　　　（精确）

质量

1 千克（kg）= 2.205 磅（lb）

1 磅（lb）= 453.59 克（g）

1 盎司（oz）= 28.35 克（g）

体积

1 升（L）= 1000 毫升（mL）

　　　　 = 1000 立方厘米（cm³）

1 升（L）= 1.057 夸脱（qt）

1 美加仑（gal）= 3.785 升（L）

2.5.3　导出单位

导出单位是从其他单位派生的。例如，测量空间的体积单位，很多都是导出单位。取任何一个长度单位的立方，得出的就是体积单位。因此，立方米（m^3）、立方厘米（cm^3）、立方毫米（mm^3）都属于体积单位。一个有三间卧室的房子，体积约为 630 m^3；一罐苏打水的体积约为 350 cm^3；一粒大米的体积约为 3 mm^3。我们也使用升（L）和毫升（mL）作为体积单位（这两个单位不是导出单位）。1 加仑（gallon）等于 3.785 升（L）。1 毫升等于 1 立方毫米。表 2.3 中列出了常用单位及其换算。

概念检查站 2.4

脊髓灰质炎病毒的直径约为 $2.8×10^{-8}$ m，用下列哪个单位表示最方便？

(a) Mm；(b) mm；(c) μm；(d) nm。

2.6　问题求解和单位换算

▶ 单位换算。

学会求解问题是你在这节课中获得的最重要的技能之一。这个技能不仅能帮助你在化学学习中取得成功，而且能让你学会如何批判性地思考问题，这在每个知识领域都很重要。

当我的女儿还是高一新生时，她问了我一个代数问题，问题如下：

萨姆和沙拉的家相距 11 英里。萨姆以 6 英里/小时的速度从家里出发去莎拉家。莎拉以 3 英里/小时的速度往山姆的家走，请问萨姆和沙拉多久之后会相遇？

求解这个问题需要建立方程 $11 - 6t = 3t$。虽然我的女儿能够很容易地求解这个方程，但是由问题得到这个方程却是另外一回事，而这个过程就是我们思考的过程，也是我们需要从问题求解中获得的一项技能。如果没有形成批判性的思维能力，就不可能在化学或生活中取得成功，而学习如何求解化学问题就是帮助我们形成这样的技能。

尽管没有适用于所有问题的简单方程，但是我们可以学习求解问题的逻辑方法，并且形成一些化学直觉。我们可以思考本书中的各个问题，如单位换算问题——给出一些已知数，要求你将它们换算为不同的单位。另外一些问题则需要使用特殊的方程来得到所需的信息。在接下来的章节中，我们会学到帮助我们求解这两类问题的方法。当然，许多问题都包含单位换算和列方程，需要结合这两种方法去求解问题，有些问题求解会使用完全不同的方法，但在这里学到的基本技能适用于这些问题。

2.6.1　单位换算

使用单位作为求解问题的向导称为量纲分析。

单位在计算中至关重要。在计算中，知道如何使用并巧妙地处理单位是问题求解的一个关键部分，且单位有助于验证结果的正确性。在进行计算时，也应包含单位，学会单位换算。与其他代数问题一样，我们要对单位进行乘、除运算，甚至约掉单位。

注意：
1. 任何数都有相应的单位，永远不要忽略单位，它们十分重要。
2. 计算时，必须包含单位，计算代数时也要对单位进行乘、除运算。单位不可能突然出现或消失，一个数的单位必须自始至终地跟在该数的后面，要符合逻辑。

例如，将 17.6 in 换成 cm。从表 2.3 可知 1 in 等于 2.54 cm。为了求 17.6 in 等于多少厘米，我们进行下列转换：

$$17.6 \text{ in} \times \frac{2.54 \text{ cm}}{1 \text{ in}} = 44.7 \text{ cm}$$

对单位约分，最后剩下厘米作为最终结果的单位。2.54 cm ÷ 1 in 的得数是英寸和厘米两个单位之间的换算因子，即厘米和英寸的比值。

大多数换算问题都会给我们一个已知单位，要求我们换算为另外一个单位。这类计算通常采取以下形式：

$$已知信息 \times 换算因子 = 所求信息$$

$$已知单位 \times \frac{所求单位}{已知单位} = 所求单位$$

我们可以由任意两个已知相等的量建立换算因子，例如，2.54 cm 等于 1 in，所以可以在该等式两边都除以 1 in，并对单位进行约分，最后获得一个换算因子：

$$2.54 \text{ cm} = 1 \text{ in}, \quad \frac{2.54 \text{ cm}}{1 \text{ in}} = \frac{1 \text{ in}}{1 \text{ in}}, \quad \frac{2.54 \text{ cm}}{1 \text{ in}} = 1$$

其中 $\frac{2.54 \text{ cm}}{1 \text{ in}}$ 等于 1，我们可以使用它作为英寸和厘米的换算因子。

如果将厘米转换成英寸，又该怎么做？这时如果仍使用与之前相同的换算因子，那么单位之间就不能正确地进行约分：

$$44.7 \text{ cm} \times \frac{2.54 \text{ cm}}{1 \text{ in}} = \frac{114 \text{ cm}^2}{\text{in}}$$

这个答案的单位和数值都是不正确的。cm^2/in 这个单位是错误的，厘米比英寸小，所以 44.7 cm 肯定不等于 114 in。在求解问题时，要经常检查最后的单位是否正确，并思考结果的数值是否合理。在上述情况中，换算因子是错误的，所以需要反过来：

$$44.7 \text{ cm} \times \frac{1 \text{ in}}{2.54 \text{ cm}} = 17.6 \text{ in}$$

我们可颠倒厘米和英寸，因为它们的比值是 1，1 的倒数还是 1：

$$\frac{1}{1} = 1$$

因此，

$$\frac{2.54 \text{ cm}}{1 \text{ in}} = 1 = \frac{1 \text{ in}}{2.54 \text{ cm}}$$

我们可以使用图解法来进行单位换算。转换图是显示求解问题的方法的可视图。对于单位换算，该图主要表示如何从一个单位换算到另一个单位。将英寸转换为厘米的转换图如下：

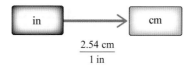

将厘米转换成英寸的转换图如下：

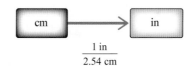

单位换算图中的每个箭头都对应着相应的换算因子，换算因子是由前面的单位做分母、后面的单位做分子所构成的一个新的数。对于一步就能求解的问题，转换图只提供适当的帮助。但是，对于需要多步求解的问题，转换图就成为寻找问题的求解方法的强大手段。在接下来的章节中，我们将学习到如何使用转换图来求解问题。

概念检查站 2.5

将 4 ft 转换为英寸时，应该使用下列哪个换算因子（12 in = 1 ft）？

(a) $\frac{12 \text{ in}}{1 \text{ ft}}$；(b) $\frac{1 \text{ ft}}{12 \text{ in}}$；(c) $\frac{1 \text{ in}}{12 \text{ ft}}$；(d) $\frac{12 \text{ ft}}{1 \text{ in}}$。

2.6.2　一般问题的求解方法

在本书中，我们使用标准化的求解问题的步骤，这些步骤适用于化学中的问题或其他地方遇到的许多问题。求解问题本质上要求我们评估问题所给的已知条件，设计出一种方法得到所求的信息，步骤如下：

• 确定问题起点（已知信息）。

- 确定问题终点（所求信息）。
- 利用已知条件和所能查找到的信息设计一个从问题起点到问题终点的方法。我们可以使用转换图表示根据已知条件获得所求信息的步骤。

转换图的形式如下：

已知信息　→　转换图　→　所求信息

初学者常常不知道如何开始求解一个化学问题。虽然没有任何一种问题求解方法适用于所有问题，但是接下来的四步法能够帮助你求解在化学中遇到的大多数数学问题：

1. 信息分类。求解问题的第一步是从整理信息开始。已知信息（已知量）通常是问题提供的一个或多个带有单位的基本数据，已知信息就是问题的起点。所求信息（所求量）表示我们要求得的信息，即问题的终点。

2. 制定策略。这通常是问题求解中最难的一步。在这个过程中，我们必须创建一个转换图——能够帮助我们从已知信息获得所求信息的一系列步骤。我们已知简单的单位转换图，其中的每个箭头都代表数学计算步骤。箭头左边是计算之前的数，箭头右边是计算之后得到的数，箭头下面是两个数的单位之间的转换关系。该转换关系常用换算因子或等式表示。这些转换关系可能是已知的，所以在这种情况下我们可将该转换关系写在第一步的"已知"下面。但是，我们通常还需要其他信息，如物理常数、公式或换算因子等，以帮助我们从已知信息获得所求的信息。我们可以从所学知识中回顾这些信息，或者在本书的图表中查找这些信息。在某些情况下，我们可能会在求解方法这一步卡住。若无法弄清楚如何从已知信息获得所求的信息，则可以试着反向推导。例如，我们可从所求信息的单位出发，找到相应的换算因子，进而得出已知信息的单位。尝试结合这些方法，从前推、从后推或者两者同时使用。坚持下去就会形成一种求解问题的思路。

3. 求解问题。这是问题求解最直截了当的部分。一旦正确提出问题并设计出转换图，跟着转换图就能求解问题。要根据需要进行计算（计算时注意有效数字的规则）并消掉单位。

4. 检查结果。初学者往往会忽略掉此步骤。有经验的人求解问题时经常会想，答案是否合理、单位和数字的有效数字位数是否正确等。在求解多重步骤问题时，很容易犯错误。简单检查一下就会发现大多数错误。例如，假设我们正在计算一个金币中的原子数量，得到的结果是 1.1×10^{-6} 个。一个金币由百万分之一个原子构成，你认为这可能吗？

在例题 2.8 和例题 2.9 中，我们可以看到在单位换算问题中如何运用以上步骤求解问题。如图所示，左列小结了求解过程，中间和右边两列是应用该过程求解问题的两个示例，这种三列式会在本文中的一些例题中出现。我们会看到该求解过程是如何运用到两个不同的问题中的。首先从头到尾求解第一个问题，然后用同样的步骤求解另一个问题，认识到问题之间的共性和差异是求解问题的关键。

问题求解步骤	例题 **2.8**	例题 **2.9**
	单位换算 将 7.8 千米转换成英里。	单位换算 将 0.825 米转换成毫米。
信息分类 分类整理已知信息。	已知：7.8 km 求：mi	已知：0.825 m 求：mm
制定策略 画转换图。由已知量开始，每一步都由一个箭头表示；在箭头下面写下该步骤的换算因子；最后以所求量结束（在这些例子中，所用的换算因子都在转换图下方）。	转换图 $km \rightarrow mi$ $\dfrac{0.6214 \text{ mi}}{1 \text{ km}}$ 所用关系式 $$1 \text{ km} = 0.6214 \text{ mi}$$ （该换算因子来自表 2.3）	转换图 $m \rightarrow mm$ $\dfrac{1 \text{ mm}}{10^{-3} \text{ m}}$ 所用关系式 $$1 \text{ mm} = 10^{-3} \text{ m}$$ （该换算因子来自表 2.2）
求解问题 按转换图求解问题。从已知量开始，与正确的换算因子相乘，消掉多余的单位，得到所求结果。将所得结果四舍五入到正确的有效数字位数（换算因子应尽可能地得到足够的有效数字位数，以便不会限制最终结果的有效数字位数）。	解 $7.8 \text{ km} \times \dfrac{0.6214 \text{ mi}}{1 \text{ km}} = 4.84692 \text{ mi}$ $4.84692 \text{ mi} = 4.8 \text{ mi}$ 已知量的有效数字只有两位，因此最终结果要四舍五入到两位有效数字。 单位正确，大小合理。	解 $0.825 \text{ m} \times \dfrac{1 \text{ mm}}{10^{-3} \text{ m}} = 825 \text{ mm}$ $825 \text{ mm} = 825 \text{ mm}$ 已知量的有效数字只有三位且转换关系为定义式，转换关系对最终结果的有效数字位数没有限制。综上，最终结果的有效数字位数为 3 位。 单位正确，大小合理。
检查结果 检查答案的单位是否正确，大小是否合理。	1 英里比 1 千米要长，因此该结果以英里为单位时的数值要小于以千米为单位时的数值。	1 毫米比 1 米要短，因此该结果以毫米为单位时的数值要大于以米为单位时的数值。
	▶ **技能训练 2.8** 将 56.0 厘米转换成英寸。	▶ **技能训练 2.9** 将 5678 米转换成千米。

概念检查站 2.6

将米转换成千米应该使用下列哪个换算因子？

(a) $\dfrac{1 \text{ m}}{10^3 \text{ km}}$；(b) $\dfrac{10^3 \text{ m}}{1 \text{ km}}$；(c) $\dfrac{1 \text{ km}}{10^3 \text{ m}}$；(d) $\dfrac{10^3 \text{ km}}{1 \text{ m}}$。

2.7 求解多步单位换算问题

▶ 单位换算。

求解多步单位换算问题时，同样要按照先前的求解过程进行，但要在转换图中多加几个步骤。转换图中的每一步都有一个换算因子——转换前的单位作为分母，转换后的单位作为分子。例如，假设我们要将 194 厘米转换成英尺。转换图从厘米开始，首先使用 2.54 cm = 1 in 将厘米转换成英寸，然后使用关系式 12 in = 1 ft 就可将该结果转换成英尺。

转换图

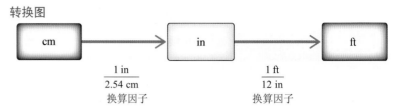

$$\frac{1 \text{ in}}{2.54 \text{ cm}}$$
换算因子

$$\frac{1 \text{ ft}}{12 \text{ in}}$$
换算因子

解

$$194 \text{ cm} \times \frac{1 \text{ in}}{2.54 \text{ cm}} \times \frac{1 \text{ ft}}{12 \text{ in}} = 6.3648 \text{ ft}$$

然后将该结果四舍五入到正确的有效数字位数——在该情况下，有效数字为 3 位（因为 194 cm 有 3 位有效数字）：

$$6.3648 \text{ ft} = 6.36 \text{ ft}$$

该结果的单位（英尺）正确，大小合理。1 英尺大于 1 厘米，所以该数值以英尺为单位时要比以厘米为单位时小。

例题 2.10 求解多步单位换算问题

制作奶油意面酱需要 0.75 升奶油，用杯计量，应该用多少杯奶油？（4 杯＝1 夸脱）

信息分类 分类整理已知信息。	已知：0.75 L 求：杯数
制定策略 建立转换图。从已知量开始，每个步骤都由相应的箭头表示，在箭头下面写出该步骤的换算因子，转换图的最终结果即为所求量。	转换图 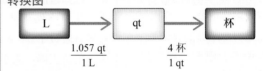 $$\frac{1.057 \text{ qt}}{1 \text{ L}} \qquad \frac{4 \text{ 杯}}{1 \text{ qt}}$$ 所用关系式 1.057 qt = 1 L（来自表 2.3） 　　4 杯 = 1 qt（由已知得）
求解问题 按照转换图求解问题。用已知量 0.75 升与正确的换算因子相乘，消除单位升并得到以夸脱为单位的结果，再继续与下一个换算因子相乘，最终得到以杯为单位的结果。 将结果四舍五入，获得正确的有效数字位数。在该情况下，已知量的有效数字为 2 位，因此最终结果的有效数字也应为 2 位。	解 $$0.75 \text{ L} \times \frac{1.057 \text{ qt}}{1 \text{ L}} \times \frac{4 \text{ 杯}}{1 \text{ qt}} = 3.171 \text{ 杯}$$ $$3.171 \text{ 杯} = 3.2 \text{ 杯}$$
检查结果 检查结果的单位是否正确，大小是否合理。	单位正确，大小合理。1 杯小于 1 升，所以最终结果 3.2 比 0.75 要大。

▶ 技能训练 2.10

做某菜肴需要 1.2 杯油，那么需要多少升油？

例题 2.11 求解多步单位换算问题

某跑道一圈的长度是 255 米。跑 10 千米，需要跑多少圈？

信息分类 将问题中的信息分类：已知量和所求量。已知量的单位是千米，所求量的单位是圈。已知每圈的长度是 255 米，那么米和圈间的关系式是什么？	已知：10.0 km； 　　　255 m = 1 圈 求：圈数

制定策略	转换图
建立从千米到圈的转换图，同时注意单位换算。	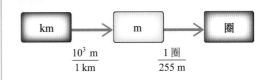 所用关系式 $1 \text{ km} = 10^3 \text{ m}$（来自表 2.2） $1 \text{ 圈} = 255 \text{ m}$（由已知得）
求解问题 按照转换图求解问题。将已知量 10 千米与正确的换算因子相乘，消掉单位千米得到单位米。然后，与第二个换算因子相乘，最终得到以圈为单位的结果。由于已知量 10.0 千米有 3 位有效数字，因此要将蓝色部分的结果四舍五入为 3 位有效数字，即 39.2 圈。	**解** $$10.0 \text{ km} \times \frac{10^3 \text{ m}}{1 \text{ km}} \times \frac{1 \text{ 圈}}{255 \text{ m}} = 39.216 \text{ 圈} = 39.2 \text{ 圈}$$
检查结果 检查结果的单位和大小是否正确合理。	单位正确，大小合理。一圈的长度是 255 米，4 圈的长度约为 1 千米，所以约 40 圈跑完 10 千米是合理的。

▶ **技能训练 2.11**
一个跑道一圈的长度为 1056 英尺，要跑 15.0 千米，需要跑多少圈？（1 英里 = 5280 英尺）

▶ **技能巩固**
某小岛离海岸线有 5.72 海里，该岛离海岸线有多少米？（1 海里 = 1.151 英里）

2.8 分子和分母的单位换算

▶ 分数中分子和分母的单位换算。

有些单位换算问题需要转换分数中分子和分母的单位。例如，根据环保局估计，丰田普锐斯每加仑汽油可行驶 48.0 英里。在欧洲，汽油的售出单位是升，路程的单位为千米。如何将普锐斯的油耗里程单位从英里/加仑转换为千米/升呢？要得到该结果，需要使用两个换算因子，一个是英里和千米的转换，另一个是加仑和升的转换：

$$1 \text{ mi} = 1.609 \text{ km}$$

$$1 \text{ gal} = 3.785 \text{ L}$$

从 48.0 英里/加仑开始，写出正确的换算因子并正确地消去单位。首先，将分子转换成千米，然后将分母转换成升。

转换图

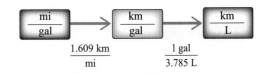

解

$$48.0 \frac{\text{mi}}{\text{gal}} \times \frac{1.609 \text{ km}}{\text{mi}} \times \frac{1 \text{ gal}}{3.785 \text{ L}} = 20.4 \frac{\text{km}}{\text{L}}$$

注意，在将分母由加仑转换为升时，换算因子应由加仑作分子，升作分母。

例题 2.12 分子和分母的单位换算

某处方药要求每千克体重摄入 11.5 毫克。求每磅体重需要摄入多少克药物，并求一个 145 磅的病人需要摄入多少克该药物。

信息分类	
首先将信息分类：已知量和所求量。已知药物剂量的单位是 mg/kg，而病人的体重单位是 lb，则需要先得到以 g/lb 为单位的药物剂量是多少，然后求 145 磅病人需要摄入多少克药物。	已知： $11.5 \dfrac{\text{mg}}{\text{kg}}$ $\qquad$ 145 lb 求： $\dfrac{\text{g}}{\text{lb}}$ ；用 g 表示剂量

制定策略

转换图分两步。在第一步中，首先将单位 mg/kg 转换成 g/lb；然后，由第一步的结果得出 145 磅病人所需的正确摄入量。

转换图

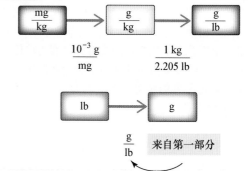

所用关系式

$1 \text{ mg} = 10^{-3} \text{ g}$（来自表 2.2）

$1 \text{ kg} = 2.205 \text{ lb}$（来自表 2.3）

求解问题

根据转换图求解问题。在第一步中，首先将 11.5 mg/kg 与两个换算因子相乘，得到以 g/lb 为单位的结果。已知量的有效数字位数为 3，所以最终结果的有效数字位数也为 3。

在第二步中，用 145 lb 与第一步的结果相乘，并将结果四舍五入到正确的有效数字位数，即 3 位有效数字。

解

$$11.5 \frac{\text{mg}}{\text{kg}} \times \frac{10^{-3} \text{ g}}{\text{mg}} \times \frac{1 \text{ kg}}{2.205 \text{ lb}} = 0.0052\underline{1}5 \frac{\text{g}}{\text{lb}}$$

$$145 \text{ lb} \times \frac{0.0052\underline{1}5 \text{ g}}{\text{lb}} = 0.75617 \text{ g} = 0.756 \text{ g}$$

检查结果

检查答案的单位是否正确，大小是否合理。

单位正确，大小合理。药物剂量可在一定范围内变化，但在多数情况下，药物剂量在 0 克和 1 克之间。

▶ **技能训练 2.12**

某汽车以 65 千米/小时的速度行驶，转换成米/秒后，该汽车的速度为多少？

2.9 单位升幂

▶ 单位的升幂。

当转换的已知量的单位带有幂次方时，如立方厘米（cm^3），就必须将换算因子也乘以同样的幂次方。例如，摩托车发动机的体积为 1255 cm^3，假设我们要将该数字转换成立方英寸。我们知道，

$$2.54 \text{ cm} = 1 \text{ in}$$

大多数单位换算图表不包含立方单位的转换，但是我们可以由基本单位的关系衍生得到相应的关系转换式。将等式两边同时取立方，得到合适的换算因子：

$$(2.54\ cm)^3 = (1\ in)^3$$
$$(2.54)^3\ cm^3 = 1^3\ in^3$$
$$16.387\ cm^3 = 1\ in^3$$

在分数形式中，也可以如下处理：

$$\frac{1\ in}{2.54\ cm} = \frac{(1\ in)^3}{(2.54\ cm)^3} = \frac{1\ in^3}{16.387\ cm^3}$$

转换图

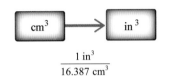

$$\frac{1\ in^3}{16.387\ cm^3}$$

解

$$1255\ cm^3 \times \frac{1\ in^3}{16.387\ cm^3} = 76.5851\ in^3 = 76.59\ in^3$$

化学与健康

药物剂量

药物剂量的规定单位是毫克。一瓶阿司匹林、泰诺或者其他普通药物都会在外包装上列出每粒药片的有效成分的毫克数，以及每次服药的药片数。下表中介绍了某些止痛药的每粒药片中有效成分的质量，均以毫克为单位。药片中其余的含量是由纤维素、淀粉等构成的非活性成分。

对成年人来说，建议每4～8小时服用1～2粒止痛药片（具体情况取决于疼痛程度）。注意，每种止痛药的加强版只比常规版多含一些相同的有效成分。对于下表中的止痛药，3粒常规药片和2粒加强版药片的效果一样（价格可能更低）。

表中的药物虽然品牌不同，但是每种药物的剂量都是相对标准的。常规药效的布洛芬有多种

不同品牌，一些以通用名称销售，另一些则以品牌名称销售（如艾德维尔）。然而，如果仔细看药品标签，就会发现这些药都含有200毫克的布洛芬。所含有效成分并无区别，但是这些止痛药的价格却大不相同。因此，可以选择最便宜的，为什么要多花些钱买同样的东西呢？

B2.2　你能回答吗？将表中的每个药物剂量转换成盎司，思考为什么药物剂量的单位不用盎司。

常用止痛药每粒药片的含药量	
止痛药	每粒药片中有效成分的含量
阿司匹林	325 mg
强效阿司匹林	500 mg
布洛芬（艾德维尔）	200 mg
强效布洛芬	300 mg
对乙酰氨基酚（泰诺）	325 mg
强效对乙酰氨基酚	500 mg

例题 2.13 | 单位带有幂次方的数

某个圆圈的面积为 2659 cm²，它的面积是多少平方米？

信息分类	已知：2659 cm²
已知以平方厘米为单位的面积，求以平方米为单位的面积。	求：m²

制定策略	转换图
建立从 cm² 到 m² 的转换图。注意换算因子也要取平方。	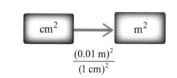 $\dfrac{(0.01\ m)^2}{(1\ cm)^2}$ 所用关系式 1 cm = 0.01 m（来自表 2.2）

求解问题	解
按照转换图求解问题。计算时将换算因子取平方（数值和单位都要取平方）。 已知量的有效数字为 4 位，所以结果要四舍五入为 4 位有效数字。换算因子是确定的，因此对有效数字的位数没有限制。	$$2659\ cm^2 \times \frac{(0.01\ m)^2}{(1\ cm)^2} = 2659\ cm^2 \times \frac{10^{-4}\ m^2}{1\ cm^2}$$ $$= 0.265900\ m^2$$ $$= 0.2659\ m^2$$

检查结果	单位正确，大小合理。1 平方米比 1 平方厘米大得多，因此该结果以平方米为单位时的数值要比以平方厘米为单位时的小得多。
检查结果的单位是否正确，大小是否合理。	

▶ 技能训练 2.13

某汽车发动机的排量为 289.7 立方英寸，该排量是多少立方厘米？

例题 2.14 | 求解多步带有幂次方单位的换算问题

美国平均每年每人原油消耗量为 15615 dm³，转换成立方英寸是多少？

信息分类	已知：15615 dm³
已知量的体积单位为立方分米，将其转化为立方英寸。	求：in³

制定策略	转换图
建立从 dm³ 到 in³ 的转换图，由于所有单位都是立方次幂，所以换算因子也要取立方。	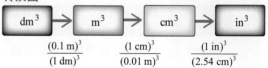 $\dfrac{(0.1\ m)^3}{(1\ dm)^3}$ $\dfrac{(1\ cm)^3}{(0.01\ m)^3}$ $\dfrac{(1\ in)^3}{(2.54\ cm)^3}$ 所用关系式 1 dm = 0.1 m（来自表 2.2） 1 cm = 0.01 m（来自表 2.2） 2.54 cm = 1 in（来自表 2.3）

求解问题	解
按照转换图求解问题。将已知量与换算因子相乘，得到以立方英寸为单位的数。在计算过程中，要确保每个换算因子都取立方。 已知量 15615 dm³ 有 5 位有效数字，因此要将所得结果四舍五入为 5 位有效数字。所有换算因子都是确定的，对数值的有效数字位数无限制。	$$15615\ dm^2 \times \frac{(0.1\ m)^3}{(1\ dm)^3} \times \frac{(1\ cm)^3}{(0.01\ m)^3} \times \frac{(1\ in)^3}{(2.54\ cm)^3}$$ $$= 9.5289 \times 10^5\ in^3$$

检查结果	单位正确，大小合理。1 立方英寸小于 1 立方分米，
检查结果的单位是否正确，大小是否合理。	因此以立方英寸为单位时的该数值大于以立方分米为单位时的数值。

▶ 技能训练 2.14

3.25 yd^3 是多少立方英寸？

概念检查站 2.7

1 码是 3 ft，那么 1 立方码是多少立方英尺？

(a) 3；(b) 6；(c) 9；(d) 27。

2.10 密度

▶ 计算物质的密度。
▶ 使用密度作为换算因子。

▲ 由于钛的低密度和高强度，高端自行车车架由钛制成。钛的密度为 4.50 g/cm^3，铁的密度为 7.86 g/cm^3

表 2.4	常见物质的密度
物　质	密度（g/cm^3）
木炭，橡木	0.57
乙醇	0.789
冰	0.92
水	1.0
玻璃	2.6
铝	2.7
钛	4.50
铁	7.86
铜	8.96
铅	11.4
金	19.3
铂	21.4

为什么有些人会花 3000 美元买一辆钛金属做的自行车，而不买一辆便宜的钢架自行车？两辆自行车的区别在于其质量不同——钛制自行车要更轻一些。体积一定时，钛比钢的质量要小，因为钛的密度比钢的密度小。物质的密度等于其质量与体积之比：

$$密度 = \frac{质量}{体积} \quad 或者 \quad d = \frac{m}{V}$$

密度是一种物质区别于其他物质的基本性质。密度的单位是质量的单位除以体积的单位，常用的单位有克/立方厘米（g/cm^3）或克/毫升（g/mL）。表 2.4 中列出了一些常见物质的密度。由表可知，金属铝是密度最小的金属，其密度为 2.70 g/cm^3，铂的密度最大，为 21.4 g/cm^3，金属钛的密度为 4.50 g/cm^3。

2.10.1 密度的计算

计算物质的密度时，可以使用已知物质的质量除以体积。例如，某液体样本的体积为 22.5 mL，质量 27.2 g，求该液体的密度。我们用公式 $d = m/V$ 并代入数值即可求出：

$$d = \frac{m}{V} = \frac{27.2 \text{ g}}{22.5 \text{ mL}} = 1.21 \text{ g/mL}$$

我们可以使用转换图来求解该等式，但是转换图与一般的单位转换图在形式上有一些区别。转换图如下图所示，当问题涉及公式时，要由已知量获得所求量，都应有相应的公式参与：

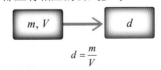

$$d = \frac{m}{V}$$

该转换图的已知量是 m 和 V，将数值代入公式，就可求出密度 d。

例题 **2.15**	密度的计算

某珠宝商卖给一名女士一枚戒指，并告诉她这是铂金的。女士注意到这枚戒指有点儿轻，于是决定做个实验来测定戒指的密度。她将戒指放到天平上，质量读数为 5.84 克。然后将戒指放入水中，戒指的排水量为 0.556 cm^3。由这些数据可以知道戒指是铂金的吗？金属铂的密度为 21.4 g/cm^3（0.556 cm^3 的排水量是指将物体浸入装满水的容器中，有 0.556 cm^3 的水溢出，故该物体的体积是 0.556 cm^3）。

信息分类 已知戒指的质量和体积，求戒指的密度。	已知：$m = 5.84\ g$ $V = 0.556\ cm^3$ 求：用 g/cm^3 表示的密度
制定策略 如果该戒指是铂金戒指，那么密度应与金属铂的密度一致，建立从已知质量和体积到所求密度的转换图。与单位换算问题不同，箭头下面应写出关系式而非换算因子。	转换图 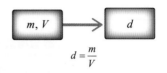 所用关系式 $d = \dfrac{m}{V}$ （密度公式）
求解问题 按照转换图求解问题，将已知量的数值代入公式并进行计算，得到密度。 由于已知量的有效数字为 3 位，所以将该数值精确到 3 位有效数字。 戒指的密度比铂的低得多，因此该戒指是假的。	解 $$d = \frac{m}{V} = \frac{5.84\ g}{0.556\ cm^3} = 10.5\ g/cm^3$$
检查结果 检查结果的单位是否正确，大小是否合理。	单位正确，大小合理。由表 2.4 可知液体或固体的密度范围是从小于 1 g/cm^3 到略大于 20 g/cm^3。

▶ 技能训练 2.15

该女士拿着戒指回到了珠宝店，珠宝商感到十分抱歉。他称不小心搞错了，该戒指是银戒指而不是铂金戒指。珠宝商又重新给了该女士一枚戒指，并保证这枚戒指是铂金戒指。这一次她检测密度时，测得戒指的质量为 9.67 克，体积为 0.452 g/cm^3。该戒指是铂金的吗？

▲ 在实验室中用量筒来测量液体的体积

2.10.2 将密度作为换算因子

我们可将物质的密度作为物质质量和体积之间的换算因子。例如，假设我们需要密度为 1.32 g/cm^3 的某液体 68.4 克，用量筒（用来测量体积的实验玻璃器皿）测量正确的体积，应该量取多少体积？

从液体的质量开始，将密度作为换算因子，把质量转换成体积。但是，我们要把密度 1.32 g/cm^3 倒置为 1 cm^3/1.32 g。因为"g"要进行转换，所以要放在底部作为分母；"cm^3"是要转换的结果，所以放在顶部作为分子。转换图如下所示。

转换图

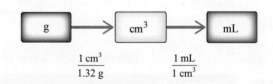

解

$$68.4\ g \times \frac{1\ cm^2}{1.32\ g} \times \frac{1\ mL}{1\ cm^3} = 51.8\ mL$$

我们应量取 51.8 mL，即 68.4 g 该液体。

某汽车油箱中有汽油 60.0 kg，其密度为 0.752 g/cm³。该汽油有多少 cm³？

信息分类	已知：60.0 kg
已知质量为 60.0 kg，求用立方厘米表示的体积。密度是质量和体积的换算因子。	密度 = 0.752 g/cm³ 求：用 cm³ 表示体积。

制定策略	转换图
建立从质量 kg 到体积 cm³ 的转换图。使用密度的倒数将 g 转换成 cm³。	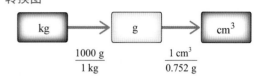 所用关系式 0.752 g/cm³（由已知得） 1000 g = 1 kg（来自表 2.2）

求解问题	解
按照转换图求解问题。已知量的有效数字为 3 位，因此最终结果四舍五入为 3 位有效数字。	$$60.0 \text{ kg} \times \frac{1000 \text{ g}}{1 \text{ kg}} \times \frac{1 \text{ cm}^3}{0.752 \text{ g}} = 7.98 \times 10^4 \text{ cm}^3$$

检查结果	单位正确；大小合理，因为其密度比 1 g/cm³ 小，所以 60.0 kg 汽油的体积应比 60.0×10³ cm³ 大。
检查答案的单位是否正确，大小是否合理。	

▶ 技能训练 2.15

一滴丙酮（指甲油清洗剂）的质量为 35 mg，密度为 0.788 g/cm³，其体积用立方厘米表示时是多少？

▶ 技能巩固

钢瓶的容积为 246 cm³，密度为 7.93 g/cm³，它的质量用千克表示时是多少？

化学与健康

密度、胆固醇与心脏病

胆固醇是脂肪类物质，常见于牛肉、鸡蛋、鱼肉、家禽等动物类食物及奶制品中。胆固醇在人体中发挥着一些作用，但是，如果由于基因或者饮食引起血液中的胆固醇过多，那么可能会导致动脉壁上的胆固醇沉淀，引起动脉硬化或血管阻塞。它会抑制血液流到重要器官，进而导致心脏病和中风。血液中胆固醇的含量增加，中风和心脏病发作的风险也增加（表 2.5）。胆固醇的载体是血液中的一种称为脂蛋白的物质，脂蛋白一般通过密度来进行分类和分离。

胆固醇的主要载体是低密度脂蛋白（LDL），其密度为 1.04 g/cm³，通常被认为对人体有害。低密度脂蛋白之所以有害，是因为它们总是将胆固醇沉积在动脉壁上，增大了患中风和心脏病的风险。另一种载体是高密度脂蛋白（HDL）。高密度脂蛋白也称有益脂蛋白，其密度为 1.13 g/cm³。高密度脂蛋白将胆固醇输送到肝脏，加速排毒过程，因此高密度蛋白有助于减少动脉壁上的胆固醇，所以高密度脂蛋白含量过低（低于 35 mg/100 mL）也是心脏病的风险因素。运动和低脂肪饮食相结合，有助于提高高密度脂蛋白的水平，同时降低低密度脂蛋白的水平。

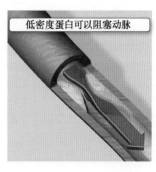
低密度蛋白可以阻塞动脉

B2.3 你能回答吗？长为 1.25 cm、直径为 0.50 cm 的圆柱体所含的低密度脂蛋白是多少？（圆柱体的体积由公式 $V = \pi r^2 \ell$ 给出，其中 r 是圆柱体的半径，ℓ 是圆柱体的长度）。

表 2.5 中风和心脏病发作的风险与血液中胆固醇水平的关系

风险水平	血液中的总胆固醇含量（mg/100 mL）	LDL（mg/100 mL）
低	< 200	< 130
临界值	200～239	130～159
高	> 240	> 160

2.11 数学问题的求解策略和转换图

在本章中，我们学习了一些例题，这些例题告诉了我们如何求解数学问题。在 2.6 节中，我们首先学习了单位换算问题的求解步骤，然后学习了如何修改该过程以求解多重单位换算问题，以及涉及关系式的问题。本节小结这些求解步骤并给出两个例题。与 2.6 节中的例题一样，左列是求解数学问题的一般步骤，中间和右边两列是展示了应用求解步骤的两个例题。

求解数值问题	例题 2.17	例题 2.18
	单位换算 一名化学家需要 23.5 kg 的乙醇用于某大规模化学反应。该化学家需要使用多少升酒精？酒精的密度是 0.789 g/cm³。	**带有公式的单位换算** 一名质量为 55.9 kg 的人沉入水罐中后，排水量为 57.2 L。这个人的密度是多少 g/cm³？
1. 信息分类 • 浏览问题中的数值与其单位。这些数值是计算的起点，将其写在"已知"的旁边。 • 浏览问题确定所求量。有时，所求信息的单位是隐含信息；也可能是详细说明的，将所求信息的数值和单位写在"求"的旁边。	已知：23.5 kg 酒精 　　　密度 = 0.789 g/cm³ 求：用 L 表示的体积	已知：m = 55.9 kg 　　　V = 57.2 L 求：用 g/cm³ 表示的密度
2. 制定策略 • 只涉及单位换算问题时，要注意单位是否正确。转换图表明了如何从已知量得到所求量。 • 对于涉及关系式的问题，我们还要注意关系式。转换图表明了关系式如何帮助我们从已知量获得所求量。 • 有些问题可能同时涉及单位换算和关系式，在这种情况下，转换图要兼顾以上两点。	**转换图** kg → g → cm³ → mL → L $\dfrac{1000\ g}{1\ kg}$　$\dfrac{1\ cm^3}{0.789\ g}$　$\dfrac{1\ mL}{1\ cm^3}$　$\dfrac{1\ L}{1000\ mL}$ **所用关系式** 0.789 g/cm³（由已知得） 1000 g = 1 kg（来自表 2.2） 1000 mL = 1 L（来自表 2.2） 1 mL = 1 cm³（来自表 2.3）	**转换图** m, V → d $d = \dfrac{m}{V}$ **所用关系式** $d = \dfrac{m}{V}$（密度公式）

3. 求解问题 • 只涉及单位换算时，将已知量与正确的换算因子相乘并简化单位，最后获得所求量。 • 对于涉及关系式的问题，解答关系式就能得到所求量（使用代数重新调整等式，使得所求的结果单独位于等式的一侧）。然后，确定每个要代入等式的数的正确单位（若有必要，使用额外的转换图进行单位换算，以获得正确的单位）。最后，将已知量的数值和单位代入关系式中并计算结果。 • 将结果四舍五入到正确的有效数字位数。详见 2.3 节和 2.4 节的有效数字规则。	解 $23.5 \text{ kg} \times \dfrac{1000 \text{ g}}{1 \text{ kg}} \times \dfrac{1 \text{ cm}^3}{0.789 \text{ g}} \times$ $\dfrac{1 \text{ mL}}{1 \text{ cm}^3} \times \dfrac{1 \text{ L}}{1000 \text{ mL}} = 29.7845 \text{ L}$ $29.7845 \text{ L} = 29.8 \text{ L}$	解出等式得到结果，再把质量单位从千克转换成克： $m = 55.9 \text{ kg} \times \dfrac{1000 \text{ g}}{1 \text{ kg}}$ $= 5.59 \times 10^4 \text{ g}$ 将体积单位升转换成立方厘米： $V = 57.2 \text{ L} \times \dfrac{1000 \text{ mL}}{1 \text{ L}} \times \dfrac{1 \text{ cm}^3}{1 \text{ mL}}$ $= 57.2 \times 10^3 \text{ cm}^3$ 计算密度： $d = \dfrac{m}{V} = \dfrac{55.9 \times 10^3 \text{ g}}{57.2 \times 10^3 \text{ cm}^3}$ $= 0.9772727 \dfrac{\text{g}}{\text{cm}^3}$ $= 0.977 \dfrac{\text{g}}{\text{cm}^3}$
4. 检查结果 • 结果的单位是否正确，大小是否合理？	单位正确，大小合理。因为密度小于 1 g/cm³，所以计算得到的体积在数值上要大于质量。	单位正确。因为质量的单位是千克，体积的单位是升，而其在数值上也很接近，所以其密度接近 1 g/cm³。
	▶ **技能训练 2.17** 一根纯金棒的排水量为 0.82 L，求该棒的质量（单位为 kg），金的密度为 19.3 g/cm³。	▶ **技能训练 2.18** 某条小溪中有一块金色的鹅卵石，其质量为 23.2 mg，体积为 1.20 mm³，求其密度（单位为 g/cm³），这块鹅卵石是金子吗？金的密度为 19.3 g/cm³。

关键术语

换算因子	指数部分	米	SI 单位
小数部分	国际单位制	公制单位	有效数字
密度	千克	乘数前缀	转换图
英制单位	升	科学记数法	单位
指数	质量	秒	体积

技能训练答案

技能训练 2.1............. $\$1.8416 \times 10^{13}$

技能训练 2.2............. 3.8×10^{-5}

技能训练 2.3............. 103.4℉

技能训练 2.4............. (a) 4 位有效数字

(b) 3 位有效数字

(c) 2 位有效数字

(d) 无限位有效数字

(e) 3 位有效数字

(f) 不确定位数

技能训练 2.5............. (a) 0.001 或 1×10^{-3}

	(b) 0.204
技能训练 2.6.............	(a) 7.6
	(b) 131.11
技能训练 2.7.............	(a) 1288
	(b) 3.12
技能训练 2.8.............	22.0 in
技能训练 2.9.............	5.678 km
技能训练 2.10...........	0.28 L
技能训练 2.11...........	46.6 圈

技能巩固	1.06×10^4 m
技能训练 2.12...........	18 m/s
技能训练 2.13...........	4747 cm^3
技能训练 2.14...........	1.52×10^5 in^3
技能训练 2.15...........	是的，密度是 21.4 g/m^3
技能训练 2.16...........	5.678 km
技能巩固	1.95 kg
技能训练 2.17...........	16 kg
技能训练 2.18...........	19.3 g/m^3，与黄金密度一致

概念检查站答案

2.1 (c)。乘以10^{-3}等于把小数点左移三位。

2.2 (b)。最后一位数的误差为±1。

2.3 (b)。(a)的计算结果为 4；(b)的计算结果为 1.5。

2.4 (d)。直径为 28 nm。

2.5 (a)。单位（ft）应在分母中；(c)中的换算系数

错误（1 in ≠ 12 ft）。

2.6 (c)。千米须在分子中，米须在分母中；(d)中的换算系数错误（10^3km ≠ 1 m）。

2.7 (d)。3 ft×3 ft×3 ft = 27 ft^3。

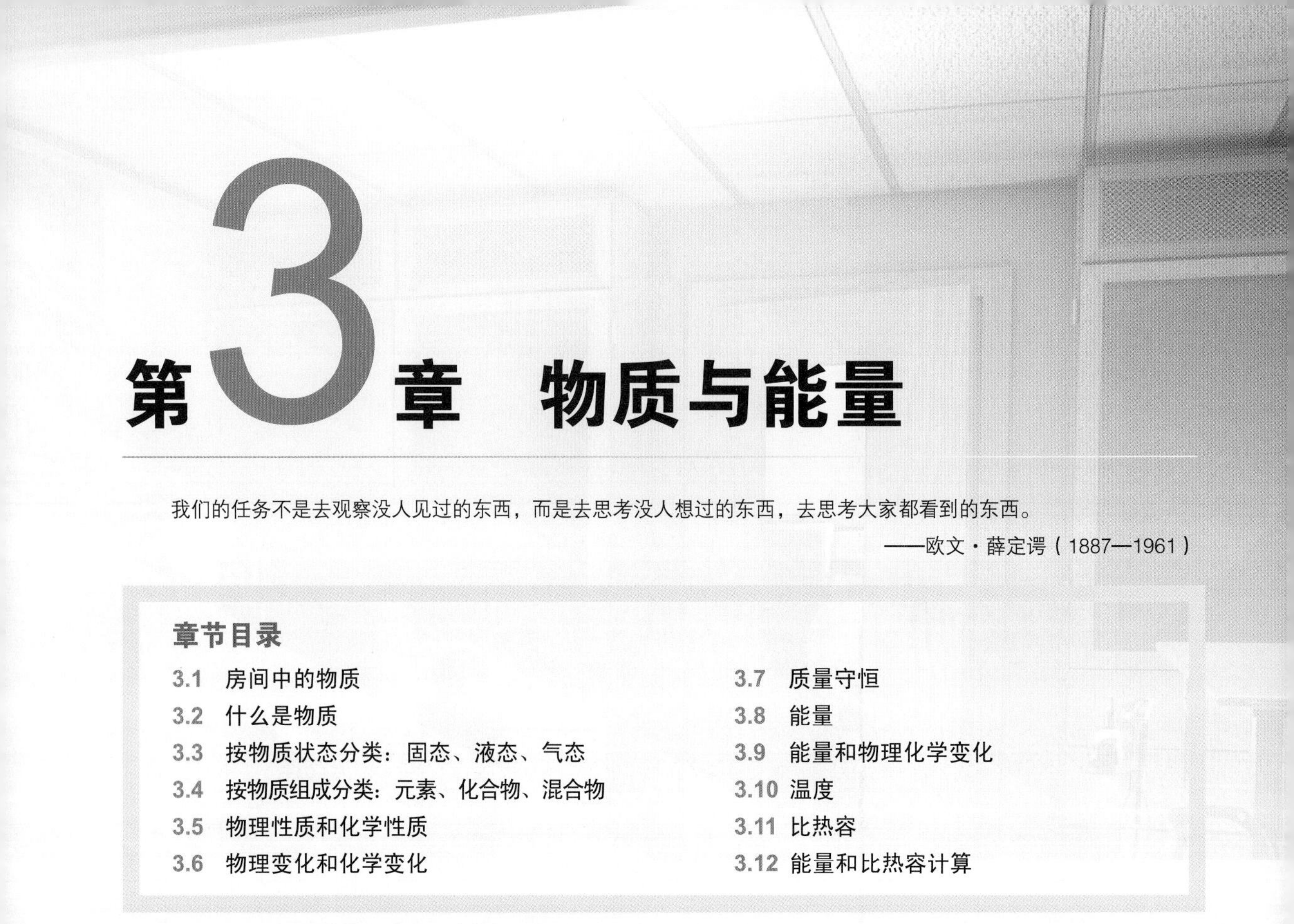

第3章 物质与能量

我们的任务不是去观察没人见过的东西，而是去思考没人想过的东西，去思考大家都看到的东西。

——欧文·薛定谔（1887—1961）

3.1 房间中的物质

环顾你所在的房间，你能看到什么？你可能会看到书桌、床、水杯；通过房间的窗子，你还可能看到树木、草丛和群山。你肯定能看到本书，甚至可能看到本书所在的桌面。这些东西是什么构成的？它们都是由物质构成的，我们马上就会了解物质的详细定义。现在，我们要知道我们所能看到的一切都是物质——书桌、床、水杯、树木、草丛、群山、本书。而有些我们无法看到的东西也是由物质构成的。例如，我们呼吸的空气也是物质；当我们的皮肤感觉到了风，也就感觉到了空气中的物质。事实上，一切事物都是由物质构成的。

不同物质之间是存在差异的，例如空气与水不同，水与木头不同。学习物质最重要的任务是了解不同物质之间的相似性和差异性。糖和盐为什么如此相似？空气和水又为什么不同？为什么糖水混合物和盐水混合物很相似，但是却和沙水混合物不同？作为化学的学习者，我们尤其要了解不同物质之间的相似性和差异性。我们要力图理解宏观世界与分子（微观）世界的联系。

◀房间里能看到的一切都是物质。作为化学的学习者，我们尤其要了解不同物质之间的相似性和差异性，以及这些物质是如何反映构成它们的分子与原子的相似性和差异性的。章首图的左侧是水分子结构，右侧是石墨的碳原子结构

3.2　什么是物质

▶ 定义物质、原子和分子。

我们将有一定体积和质量的事物定义为物质。物质的某些种类用肉眼很容易看到，如钢、水、木头和塑料等；而像空气、微尘等则很难用肉眼看到。物质有时候看起来是一个连续的整体，但是实际上并非如此。物质本质上由原子和亚微观粒子组成，亚微观粒子是物质的基本组成单位（▼图 3.1a）。在许多情况下，原子结合在一起形成分子，即两个或多个原子结合在一起，并以特定的几何排列呈现（▼图 3.1b）。显微技术的进步让我们可以将组成物质的原子（▼图 3.2）和分子（▼图 3.3）拍成图像，并且有时候非常清晰。

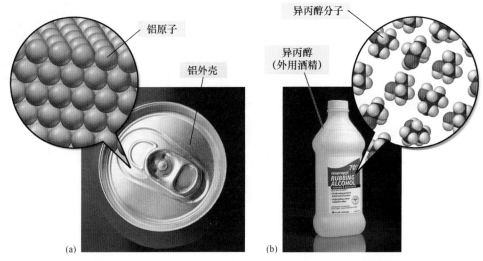

▲ 图 3.1　原子和分子。所有物质都由原子组成。(a)有些物质如金属铝的原子是以单个粒子存在的；(b)异丙醇等物质是由几个原子结合在一起形成的结构明确的分子

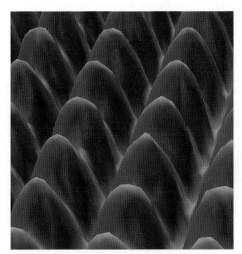

▲ 图 3.2　扫描隧道显微镜下的镍原子图像。扫描隧道显微镜（STM）通过扫描带有原子尺寸尖端的表面来生成图像。该图像可以区分单个原子，如图中的蓝色凸起部分

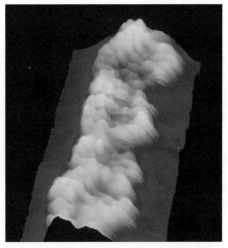

▲ 图 3.3　扫描隧道显微镜下的 DNA 分子图像。DNA 是一种遗传物质，为生物体中大多数细胞编码操作指令。在该图中，黄色部分是 DNA 分子，DNA 的双重结构也能清晰地识别

3.3 按物质状态分类：固态、液态、气态

▶ 区分物质的固态、液态、气态。

物质的常见状态有固态、液态和气态（▼图 3.4）。在固态物质中，原子或分子的位置固定且紧密地靠在一起。尽管相邻的原子或分子可能会振动或抖动，但是它们不会分开，因为固态物质的体积和形状都是固定的。

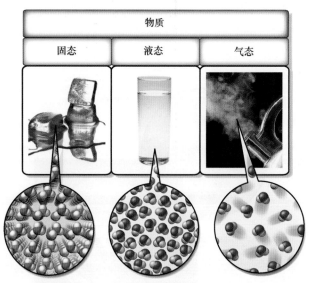

▶ 图 3.4 **物质的三态**。水以固态冰、液态水和气态水蒸气三种形式存在。固态冰中的水分子靠得很近，尽管它们有时会在固定点抖动，但是相对来说不会移动。液态水中的水分子也靠得很近，但是可以自由移动。气态水蒸气中的水分子距离很远，分子之间不会互相吸引

冰块、钻石和金属铁等都是固态物质。固态物质可能是晶体状，此时原子或分子长程有序排列成几何形状（◀图 3.5a）；或者是非晶体状，此时原子或分子长程无序排列（◀图 3.5b）。晶形固态物质有盐和钻石（▼图 3.6）；有序几何排列的盐（氯化钠）和钻石等晶体，其原子也是有序几何排列的。非晶形固态物质有玻璃、橡胶和塑料等。

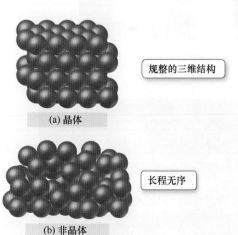

规整的三维结构

(a) 晶体

长程无序

(b) 非晶体

▲ 图 3.5 **固态物质的种类**。(a)在晶体物质中，原子或分子的位置特定，形成有序的三维结构；(b)在非晶体物质中，原子或分子无序排列

▲ 图 3.6 **氯化钠：一种晶体物质**。氯化钠是晶体的典型例子，因为组成它的原子呈有序立方体排列

液态物质中的原子或分子和固体中的原子或分子一样紧密结合，但是在液态物质中，它们能够自由移动。和固态物质一样，液体也有固定的体积，因为它们的原子或分子是紧密结合的。

然而，与固体不同的是，液体要装在容器中才有形状，因为液体的

固态——不可压缩

气态——可压缩

▲ 图 3.7 气体可被压缩。由于组成气体的原子或分子彼此不接触，因此可被压缩

原子或分子是可以自由移动的。水、汽油、汞等都是液态物质。

气态物质的原子或分子之间的距离很远，且可以自由移动。因为组成气体的原子或分子不是紧密结合的，所以气体可被压缩（◀图 3.7）。例如，当我们给自行车轮胎充气时，就是在将更多的原子或分子注入同一个空间，并且不断地压缩该空间，使得轮胎变得更加坚硬。气体也要在容器中才有形状。氧气、氢气、二氧化碳等都是气体。表 3.1 中小结了固体、液体和气体的性质。

表 3.1 固体、液体和气体的性质				
状 态	原子/分子运动	原子/分子间距	形 态	体 积	可压缩性
固态	基于定点振动/抖动	紧密	确定	确定	不可压缩
液态	自由的相对运动	紧密	不确定	确定	不可压缩
气态	自由的相对运动	远离	不确定	不确定	可压缩

概念检查站 3.1

下列哪幅图像最能代表物质的气体状态？

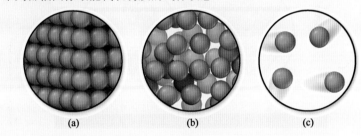

(a)　　　　　(b)　　　　　(c)

3.4 按物质组成分类：单质、化合物、混合物

▶ 将物质区分为单质、化合物或混合物。

除了根据状态对物质分类，还可根据组成成分对物质分类（▼图 3.8）。物质分为两种：纯净物——只由一种原子或分子组成；混合物——由两种或多种原子或分子按不同的比例结合而成。

纯净物是只由一种原子或分子组成的物质。氦气和水都是纯净物，组成氦气的原子都是氦原子，组成水的分子都是水分子，没有其他的原子或分子混合。

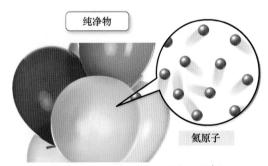

纯净物

氦原子

▲ 氦气是一种仅由氦原子组成的纯净物

纯净物分为两种：单质和化合物。例如，金属铜属于单质，单质不能再分解成更简单的物质。铅笔中的石墨也属于单质——碳单质。没有任何化学转化能够将石墨分解成其他更简单的物质，石墨就是纯净的碳单质。所有已知单质都列在元素周期表中。

纯净物还可以是化合物，即由两种或多种元素按一定的比例组成。化合物比纯单质更常见，因为大多数纯单质都容易发生化学反应，与其他单质结合形成

化合物是由不同的原子化学结合而成的。混合物是由不同的物质组成的，这些物质在化学上没有结合，只是简单地混合在一起。

化合物。例如，水、食盐和糖都是化合物；它们都能分解成更简单的物质。如果将糖放入器皿中加热，糖就会分解成碳（碳单质）和气态水（另一种化合物）。加热后，留在盘子里的黑色物质就是碳，而水则变成水蒸气跑到了空气中。

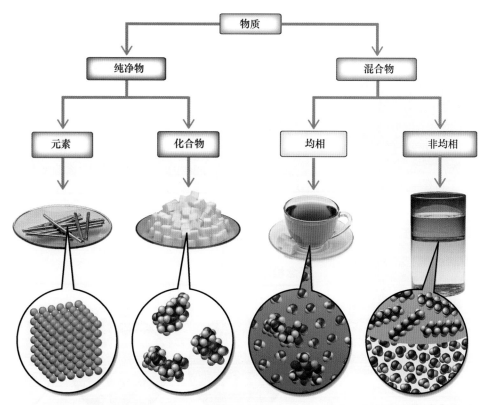

```
                        物质
            ┌────────────┴────────────┐
         纯净物                      混合物
      ┌─────┴─────┐            ┌──────┴──────┐
    元素        化合物         均相         非均相
```

▲ 图 3.8　**物质的分类。**物质分为纯净物和混合物。纯净物可能是一种单质（如金属铜），也可能是一种化合物（如糖）；混合物可能是均相混合物（如甜茶），也可能是非均相混合物（如汽油和水的混合物）

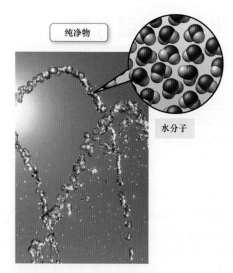

纯净物

水分子

▲ 水是纯净物，只由水分子组成

我们接触的大多数物质都是以混合物的形式存在的。苹果汁、沙拉酱和土壤等都是混合物，它们都是由几种不同比例的物质混合形成的。其他的常见混合物还有空气、海水、黄铜等。空气主要由氮气和氧气组成；海水主要由盐和水组成；黄铜主要由铜和锌组成。这些混合物的组成成分的含量比例各不相同。例如，冶金学家通过调整黄铜中铜和锌的相对比例，可使金属性质符合使用目的——锌相对于铜的比例越高，黄铜就越脆。

我们也可根据物质混合是否均匀将混合物分成两类：非均相混合物，如油和水混合，两种成分分布在两个区域；均相混合物，如盐水混合物或甜茶，成分分布均匀，处处都是一样的。均相混合物之所以是均匀的，是因为组成它们的原子或分子混合均匀了。记住，物质的性质由组成它们的原子或分子决定。

因此，我们可以小结如下（▲图 3.8）：

- 物质可以是纯净物，也可以是混合物。
- 纯净物可以是单质或者化合物。
- 混合物可分成均相混合物和非均相混合物。
- 混合物可能由两种或多种元素组成，也可能由两种或多种化合物组成，或者由两者结合组成。

空气和海水都是混合物

▲空气和海水是混合物的典型例子。空气中主要含氮气和氧气；海水中主要含盐和水

氧气
氮气
水
盐

例题 **3.1**　　物质分类

将下列物质分类为纯净物或混合物。如果是纯净物，则将该物质分类为单质或化合物；如果是混合物，则将该物质分类为均相混合物或非均相混合物。

(a) 铅制砝码；(b) 海水；(c) 蒸馏水；(d) 意大利沙拉酱。

解

首先，查阅元素表。若该物质出现在元素表中，则是纯净物，也是一种单质。若未出现在元素表中，但是一种纯净物，则该物质是一种化合物。若该物质不是纯净物，则是混合物。此时，需要根据生活经验分辨该物质是属于均相混合物还是属于非均相混合物。

(a) 铅在元素表中能找到，所以是一种纯净物，也是一种元素。

(b) 海水由几种物质组成，包括盐和水；因此海水是混合物。海水成分混合均匀，属于均相混合物。

(c) 蒸馏水不在元素表中，但是它属于纯净物（水）。因此，蒸馏水是一种化合物。

(d) 意大利沙拉酱中包含许多物质，属于混合物。沙拉酱往往至少会分离成两个不同的区域，属于非均相混合物。

▶ 技能训练 3.1

将下列物质分类为纯净物或混合物。若是纯净物，则将该物质分类为单质或化合物；若是混合物，则将该物质分类为均相混合物或非均相混合物。

(a) 温度计中的汞；(b) 呼出的气体；(c) 鸡肉面汤；(d) 糖。

概念检查站 3.2

下面哪幅图描述的是纯净物？

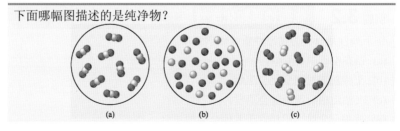

(a)　　　　(b)　　　　(c)

3.5　物理性质和化学性质

▶ 区分物理性质和化学性质。

用来区分某种物质与另一种物质的特征被称为性质。不同的物质都有其独特的性质，该性质用以描述该物质的特征并与其他物质进行区分。例如，根据气味的不同，我们可以分辨酒和水；根据颜色的不同，我们可以分辨金和银。

在化学中，性质分为两类：物理性质和化学性质。物理性质是指不改变成分时物质表现出来的特征。化学性质是指改变成分时物质表现出来的性质。例如，汽油的味道特征就属于物理性质——汽油散发气味，但未改变成分。相反，汽油的可燃性就属于化学性质——汽油燃烧时改变了成分。

当物质显示物理性质时，物质的原子或分子不会改变。例如，水的沸点是 100℃，这是物理性质。

当水沸腾时，水从液体变成气体，但是该气体依然是水（▼图 3.9）。相反，金属铁易生锈就属于化学性质——铁会变成三价的氧化铁（▼图 3.10）。物理性质包括气味、味道、颜色、外表、熔点、沸点和密度等。化学性质包括腐蚀性、可燃性、酸性和毒性等。

蒸汽中的水分子和水中的水分子是一样的

▲ 图 3.9　**一种物理性质**。水的沸点是一种物理性质，沸腾是一种物理变化。当水沸腾时，会变成气体，但是液态水和气态水中的水分子是一样的

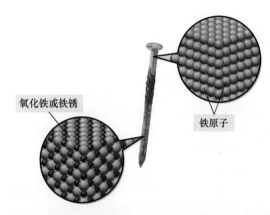

氧化铁或铁锈

铁原子

▲ 图 3.10　**一种化学性质**。铁对锈蚀的敏感性是一种化学性质，锈蚀是一种化学变化。铁生锈时，由铁变成氧化铁

例题 3.2　物理性质和化学性质

将下列性质分类为物理性质或化学性质。

(a) 铜在空气中易变绿。

(b) 车漆随着时间变化会生锈。

(c) 汽油溢出后很快就会蒸发。

(d) 体积一定时，铝相对于其他金属要更轻一些。

解

(a) 铜会变绿是因为它和空气中的气体反应生成物质，因此这是化学性质。

(b) 时间久了车漆会生锈，即车漆会褪色或分解，主要有两个原因——阳光曝晒或与氧气反应。不管是哪种情况，都属于化学性质。

(c) 汽油蒸发快是由于汽油的沸点低，该性质属于物理性质。

(d) 体积一定时，铝相对于其他金属的质量更小，因为铝的密度低，因此属于物理性质。

▶ 技能训练 3.2

对下列性质进行分类。

(a) 氢气的爆炸性。

(b) 金属铜的青铜色。

(c) 银的闪亮光泽。

(d) 干冰的升华（由固态直接转化成气态）。

3.6 物理变化和化学变化

在日常生活中，我们经常看到物质的变化：冰融化、铁生锈、水果成熟等。当物质变化时，组成它们的分子或原子又会发生什么变化呢？回答该问题要看变化的种类。在物理变化中，物质只改变外表而不改变成分。例如，冰融化会变成水，水和冰的形状不一样，但是成分是一样的。固态冰和液态水都是由水分子组成的，因此融化属于物理变化。同样，玻璃碎了后形状变得不同，但是成分不变，还是玻璃，所以还是物理变化。然而，在化学变化中，物质的成分确实会发生变化。例如，铜长时间暴露于空气中会变绿，这是因为铜会与空气中的气体反应生成新的物质。该变化属于化学变化。物质发生化学变化的原因是发生了化学反应。在化学反应中，发生化学变化之前的物质称为反应物，发生化学变化之后生成的物质称为生成物：

$$反应物 \longrightarrow 生成物$$
$$化学变化$$

> 状态变化，即物质从一种状态（如固态或液态）转变为另一种状态，一般是物理变化。

化学反应将在第 7 章中详细介绍。

物理变化和化学变化的区别有时候并不明显，只有对变化前后的物质进行化学检查才能证实变化是物理的还是化学的。但是在大多数情况下，我们可以基于自己对变化的知识来分辨是物理变化还是化学变化。状态的变化，如融化、沸腾，或者只涉及外形变化，如切断、压扁等，都属于物理变化。通常发生热交换或颜色变化的变化是化学变化。

化学变化和物理变化的主要区别与分子和原子的变化有关。在物理变化中，组成物质的原子不改变它们的基本组合，即使物质可能改变它的外观。在化学变化中，原子会改变原子之间的基本联系，使得物质产生新的特性。物理变化是同一物质的形式变化，而化学变化则是新物质的生成。

液态丁烷常用作打火机的燃料，下面来看看其物理变化和化学变化。在许多打火机中，我们可以通过打火机的塑料壳看到里面的液态丁烷。如果按下打火机的按钮却没有点燃打火石，那么一些液态丁烷会汽化，即从液体变成气体。我们看不到气态丁烷，但是，如果仔细听，就可以听到丁烷泄漏时发出的嘶嘶声（▼图 3.11）。由于液态丁烷和气态丁烷都是由丁烷分子组成的，所以这种变化是物理变化。另一方面，如果按下按钮并转动打火石产生火花，就会发生化学变化。丁烷分子与氧气分子反应生成了新的分子——二氧化碳和水（▼图 3.12）。由于燃烧改变了分子的成分，所以该变化属于化学变化。

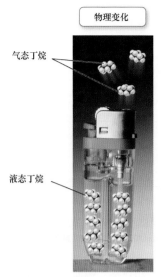

气态丁烷

液态丁烷

二氧化碳和水分子

液态丁烷

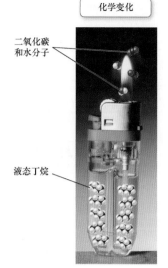

▲ 图 3.11　**蒸发：一种物理变化。** 在不转动打火石的情况下按下打火机上的按钮，一些液态丁烷会蒸发成气态丁烷。由于液态和气态丁烷都由丁烷分子组成，所以这是物理变化

▲ 图 3.12　**燃烧：一种化学变化。** 按下按钮并转动打火石，产生火花，就会发生化学变化。丁烷分子与氧气分子反应生成了新物质——二氧化碳和水。该变化属于化学变化

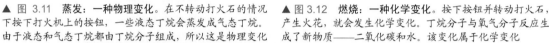

例题 **3.3**　　物理变化和化学变化

将下列变化分类为物理变化或化学变化。
(a) 铁生锈。
(b) 指甲油清除剂（丙酮）蒸发。
(c) 煤炭燃烧。
(d) 多次日晒后地毯褪色。

解
(a) 铁生锈是因为铁与空气中的氧气反应生成了三价的氧化铁，因此该变化属于化学变化。
(b) 指甲油清洗剂（丙酮）蒸发后从液体变成气体，但仍然是丙酮，因此属于物理变化。
(c) 煤炭燃烧——煤炭与氧气反应生成二氧化碳，属于化学变化。
(d) 多次日晒之后的地毯会褪色是因为地毯的颜色分子被阳光分解，因此属于化学变化。

▶ 技能训练 3.3
将下列变化进行分类为物理变化或化学变化。
(a) 将金属铜放在无色的硝酸溶液中，溶液变蓝。
(b) 火车将轨道上的一美分硬币压扁。
(c) 冰融化成液态水。
(d) 火柴点燃烟花。

概念检查站 3.3

在下图中，液态水蒸发成蒸汽。

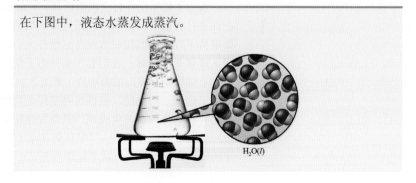

$H_2O(l)$

下列哪幅图最能代表蒸汽中的分子？

(a)

(b)

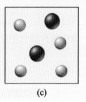
(c)

3.6.1　通过物理变化分离混合物

化学家经常要将混合物的成分分离出来。这些分离有的简单，有的复杂，具体取决于混合物的成分。一般来说，混合物可分离是因为不同的成分具有不同的性质。我们可以利用这些不同使用各种各样的器具来实现分离。例如，油和水互不相溶（无法混合），密度不同。根据该原理，油浮在水的上面，我们可将上层的油小心地倒入另一个容器，从而分离油和水。我们可以通过蒸馏法将相溶的液体分离，首先加热该混合液体，更易挥发的液体汽化，然后使用冷凝管将其冷却成液体，并收集在一个分离的烧瓶内（▼图 3.13）。如果是固体和液体的混合物，那么我们可以通过过滤来实现分离。例如，将混合物倒入有滤纸的漏斗来进行过滤（▼图 3.14）。

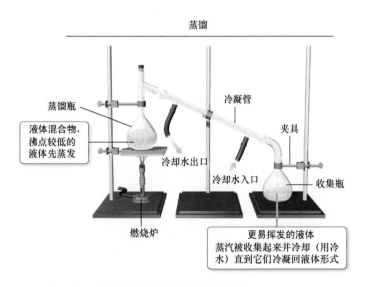

▲ 图 3.13　用蒸馏法将两种液体的混合物分离

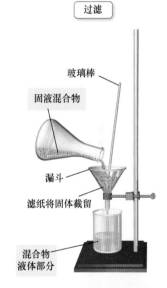

▲ 图 3.14　通过过滤将固体和液体分离

3.7　质量守恒

▶ 应用质量守恒定律。

这个定律有点过于简化。在第 17 章所述的核反应中，可以发生显著的质量变化。然而，在化学反应中，这些变化非常微小，可以忽略不计。

人体、空气和我们所在的星球，都是由物质组成的。物理变化和化学变化既不会毁灭物质，又不会凭空创造新的物质。回想第 1 章中关于燃烧，安东尼·拉瓦锡提出的质量守恒定律：

化学反应中物质不会凭空产生，也不会凭空消失。

在物理变化和化学变化中，物质的总量保持不变。例如，当我们燃烧打火机中的丁烷时，丁烷会慢慢消失。丁烷与氧气结合生成了二氧化碳和水，跑到了周围的空气中。二氧化碳和水的质量的确等于丁烷和氧气结合的质量。

第 8 章中将介绍化学反应中的定量关系。

假设我们燃烧了 58 g 丁烷，与 208 g 氧气反应生成了 176 g 二氧化碳和 90 g 水：

$$丁烷 + 氧气 \longrightarrow 二氧化碳 + 水$$
$$58\ g + 208\ g \qquad\qquad 176\ g + 90\ g$$
$$\boxed{266\ g} \qquad\qquad\qquad \boxed{266\ g}$$

丁烷和氧气的质量之和为 266 g，它等于二氧化碳和水的质量之和 266 g。与其他所有化学反应一样，该化学反应的物质是守恒的。

例题 3.4 **质量守恒**

某化学家将 3.9 g 钾和 12.7 g 碘结合，反应生成 16.6 g 碘化钾，证明该反应遵守质量守恒定律。

解

钾和碘的总质量为

$$3.9\ g + 12.7\ g = 16.6\ g$$

钾和碘的总质量等于产物碘化钾的质量，因此该反应遵守质量守恒定律。

▶ **技能训练 3.4**

假设 12 g 天然气燃烧消耗了 48 g 氧气，该化学变化生成了 33 g 二氧化碳，求生成了多少克水。

概念检查站 3.4

设想一下，在烧瓶中放入一滴水，用盖子密封，加热直到水珠蒸发。加热后容器和水的质量是否不同？

3.8 能量

▶ 认识能量的形式。

构成世界的两种主要成分是物质和能量，能量即做功的能力。力在力的方向上作用一定的距离，称为做功。例如，若我们将桌子上的书推动一定的距离，则可以说我们做了功。可能你刚开始会认为在化学中我们只学习物质即可，但是物质的行为很大程度上都是由能量推动的，所以理解能量对于理解化学至关重要。和物质一样，能量也是守恒的。能量守恒定律认为能量不会凭空产生，也不会凭空消失。能量总量是恒定的；能量可从一种形式转化成另一种形式，或者从一个物体传递到另一个物体，但是不会凭空产生，也不会凭空消失。

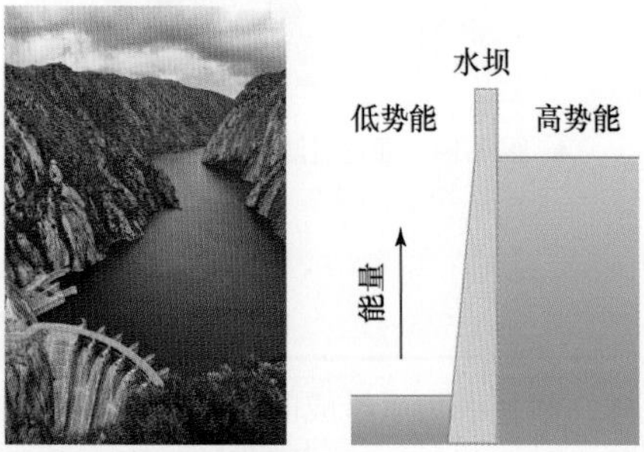

水坝后面的水具有势能

实际上，所有物质都有能量。物质的总能量是其动能（与其运动有关的能量）和势能（与其位置或组成有关的能量）之和。例如，一个正在移动的台球有动能，因为它以一定的速度在球桌上移动；大坝后的水有势能，因为大坝使水具有一定的高度，当水从更高的位置流到更低的位置时，在地球引力的作用下，会推动涡轮产生电能。电能是与电荷流动有关的能量。热能是物质中原子和分子的随机运动所产生的能量，物体的温度越高，其所含的热能就越多。

化学系统具有化学能——与组成化学系统的粒子的位置有关的能量。例如，构成汽油的分子就含有巨大的化学能，这些分子与大坝上的水有点儿类似，燃烧汽油和释放大坝后的水有异曲同工之妙。燃烧时，汽油内的化学能就会释放。开车时，我们使用化学能推动车子前进；加热房间时，我们使用天然气中的化学能产生热量并使房间变得温暖。

环境中的化学

能量无中生有？

能量守恒定律在能量使用方面有重要的启示。我们能做的就是保持能量使用平衡（不过这几乎不可能）；不给装置注入能量，我们就不可能持续地从该装置中获得能量。没有能量注入却能不断产生能量的装置被称为永动机（▶图3.15）。根据能量守恒定律，这样的机器是不存在的。偶尔，媒体会报道或推测发现了一个系统，它产生的能量似乎比消耗的能量要多。例如，我曾听过一个关于能源和汽油成本的广播谈话节目。记者建议我们简单地设计一款电动汽车，它可以在行驶过程中自动充电，电动汽车的动力来自电池，而电池在运行过程中会像传统汽车的电池一样充电。虽然人们对这样的机器已经梦想了几十年，但这种想法违反了能量守恒定律，因为它们不需要任何能量输入就能产生能量。在上述永动电动汽车的例子中，问题在于驾驶电动汽车可以给电池充电。传统汽车的电池可以充电，因为汽油燃烧产生的能量被转换成电能，然后给电池充电。电动汽车需要能量才能前进，电池在提供能量时最终会放电。混合动力汽车（电动和汽

油动力），如丰田普锐斯，可以从刹车过程中获取有限的能量，并使用这些能量给电池充电。然而，如果不加燃料，它们绝对跑不了多长时间。我们的社会对能源的需求是持续的，随着现有能源的减少，我们需要新的能源。遗憾的是，这些资源也必须遵循能量守恒定律，能量必须守恒。

▲ 图3.15 据说滚动的球可以使轮子一直旋转。你能解释为什么这行不通吗？

你能回答吗？朋友让你投资他发明的不需要电池的新手电筒，在写支票之前，你应该问什么？

3.8.1 能量的单位

我们通常使用不同的能量单位。能量的国际单位是焦耳（J），它是以英国科学家詹姆斯·焦耳（1818—1889）的名字命名的。焦耳提出，只要总能量保持恒定，能量就可由一种形式转换为另一种形式。第二个能量单位是卡路里（cal），1卡路里等于1克水升高1℃所需的能量。1卡路里比1焦耳大：1 cal = 4.184 J。一个相关的单位是营养值单位，即大写C的大卡（Cal），1 Cal等于1000 cal。电费常以另一个能量单位——千瓦时（kWh）来计算，美国居民电费的单价平均约为0.12美元/千瓦时。表3.2中列出了各种能量转换关系式，表3.3中列出了不同情况下所需的总能量。

表3.2 各种能量转换关系式

1卡路里（cal）= 4.184焦耳（J）

1大卡（千卡）= 1000卡（千卡）

1千瓦时 = 3.60×10^6焦耳（J）

表 3.3　不同情况下所需的总能量

单　位	使 1 g 水升温 1℃ 所需的能量	点亮 100 瓦灯泡 1 小时所需的能量	美国公民平均每天 使用的总能量
焦耳	4.18	$3.6×10^5$	$9.0×10^8$
卡路里（卡）	1.00	$8.60×10^4$	$2.2×10^8$
大卡（千卡）	0.00100	86.0	$2.2×10^5$
千瓦时	$1.16×10^{-8}$	0.100	$2.50×10^2$

例题 3.5　能量单位的换算

一个糖果棒含有 225 Cal 的营养值，换算成焦耳是多少？

信息分类 首先将问题中的信息进行分类：已知能量单位为大卡（Cal），所求能量单位为焦耳（J）。	已知：225 Cal 求：J
制定策略 建立一个从 Cal 转换到 J 的转换图。	**转换图** Cal → cal → J $\dfrac{1000\ cal}{1\ Cal}$　$\dfrac{4.184 J}{1\ cal}$ **所用关系式** 1000 cal = 1 Cal（来自表 3.2） 4.184 J = 1 cal（来自表 3.2）
求解问题 按照转换图求解该问题。乘以相应的换算因子，最终得到单位 J。将结果四舍五入为正确的有效数字位数，由于 225 Cal 有 3 位有效数字，所以最终结果的有效数字也为 3 位。	**解** $225\ Cal×\dfrac{1000\ cal}{1\ Cal}×\dfrac{4.184\ J}{1\ cal}=9.41×10^5\ J$
检查结果 检查结果的单位是否正确，大小是否合理。	结果的单位 J 是所求单位；因为 1 J 比 1 Cal 小，以 J 为单位时的数值比以 Cal 为单位时的数值大，所以结果的大小也合理。

▶ **技能训练 3.5**
一根木火柴完全燃烧后释放 512 cal 的热量，换算成千焦是多少？

▶ **技能巩固**　将 $2.75×10^4$ kJ 换算为卡路里。

概念检查站 3.5

一名销售人员想让一台设备看起来尽可能高效。在下列哪些单位中，设备的年能耗数值最低，因此看起来效率最高？

(a) J；(b) cal；(c) Cal；(d) kWh。

3.9　能量和物理化学变化

▶ 区分放热反应和吸热反应。

3.6 节中讨论的物理变化和化学变化通常伴随着能量变化。例如，当水从皮肤表面蒸发（一种物理变化）时，水分子吸收能量，使皮肤降温。当我们在炉子上燃烧天然气（一种化学变化）时，能量被释放，加热正

在讨论能量传递时，我们通常将研究对象（如一个发生化学反应的烧瓶）定义为系统。然后，系统与周围环境交换能量。换句话说，我们把能量的变化视为系统与环境之间的能量交换。

▲ 图 3.16 高处砝码的势能。从地面上升起的重物势能很大，它倾向于向地面坠落，以降低其势能

在烹饪的食物。

化学反应中能量的释放类似于重物落地时能量的释放。当我们举起重物时，就提高了其势能；当我们扔掉它时，就释放了其势能（◀图 3.16）。具有高势能的系统，比如增加的重量，往往会以降低势能的方式改变，因此，具有高势能的物体或系统往往是不稳定的。从地面升起几米的重物是不稳定的，因为它含有很大的重力势能。除非受到约束，否则重物会下降，进而降低其势能。

有些化学物质就像增加的重量。例如，组成 TNT（三硝基甲苯）的分子具有相对较高的势能，能量集中在它们身上，就像能量集中在增加的重量上一样。因此，TNT 分子往往会发生快速的化学变化，进而降低势能，这就是 TNT 具有爆炸性的原因。释放能量的化学反应，如 TNT 爆炸，是放热的。

有些化学反应则正好相反，它们从周围的环境中吸收能量，这种反应是吸热的。化学冰袋中发生的反应是吸热反应的一个很好的例子。当我们打破化学冰袋中反应物之间的屏障时，这些物质混合、反应并从周围环境中吸收热量，使得周围的环境变得更冷。

我们可用能量图来表示化学反应过程中的能量变化，如图 3.17 所示。在放热反应中（▼图 3.17a），反应物比生成物具有更大的能量，并且随着反应的发生，能量被释放。在吸热反应中（▼图 3.17b），生成物比反应物有更大的能量，因此在反应发生时吸收能量。

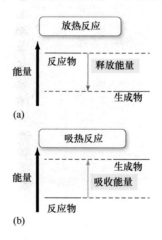

◀ 图 3.17 放热反应和吸热反应。(a)在放热反应中，能量被释放；(b)在吸热反应中，能量被吸收

若某个特定的反应或过程是放热的，则相反的过程一定是吸热的。例如，皮肤上的水蒸发是吸热的（因此会感到凉爽），但皮肤上的水凝结是放热的（这就是为什么蒸汽灼伤会如此痛苦的原因）。

例题 3.6　放热和吸热过程

将下列变化分类为放热变化和吸热变化。
(a) 木柴在火中燃烧；(b) 冰融化。

解

(a) 当木柴燃烧时，它向周围释放热量。因此，这个过程是放热的。

(b) 当冰融化时，它从周围吸收热量。例如，当冰在一杯水中融化时，融化的冰吸收水中的热量，使水变冷。因此，这个过程是吸热的。

3.10 温度

▶ 华氏、摄氏和开氏温标之间的换算。

构成物质的原子和分子处于恒定的随机运动中，这种运动含有热能，物质的温度是热能的量度单位。物体的温度越高，组成它的原子和分子的随机运动就越快，温度也就越高，但必须注意不要混淆温度和热。热以能量为单位，是由温差引起的热能的转移或交换。例如，将冰块放入一杯温水，能量就会以热量的形式从水转移到冰块上，导致水变冷。相比之下，温度是物质热能的量度（而不是热能的交换）。

在美国，人们最熟悉的温标是华氏（℉）温标。在华氏温标中，水在 32℉ 结冰，在 212℉ 沸腾，室温约为 72℉。华氏温标的零度最初设为浓盐水的冰点 0℉，正常体温为 96℉（现在人们知道体温是 98.6℉）。

科学家使用的温标是摄氏（℃）温标。在这个温标中，水在 0℃ 结冰，在 100℃ 沸腾，室温约为 22℃。

华氏温标和摄氏温标的刻度在度数和零度上都有所不同（▼图 3.18）。华氏温标和摄氏温标都包含负温度。第三种温标是开尔文/开氏（K）温标，它将 0 K 指定为可能的最冷温度，即热力学零度来避免出现负温度。热力学零度（−273.15℃ 或 −459.7℉）是分子运动实际上停止的温度，没有更低的温度。开氏度或开尔文（K）与摄氏度的大小相同，唯一的区别是指定为零的刻度不同。

▶ 图 3.18 华氏、摄氏和开氏温标的比较。华氏度是摄氏度的 5/9，摄氏度和开氏度一样大

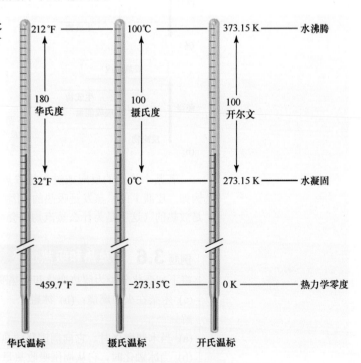

华氏温标	摄氏温标	开氏温标	
212℉	100℃	373.15 K	水沸腾
180 华氏度	100 摄氏度	100 开尔文	
32℉	0℃	273.15 K	水凝固
−459.7℉	−273.15℃	0 K	热力学零度

我们可以用下列公式在这些温标之间转换：

$$K = ℃ + 273.15$$
$$℃ = \frac{℉ - 32}{1.8}$$

在日常生活中，通常使用摄氏度与华氏度而非开尔文作为温度的符号。

例如，假设要将 212 K 转换成摄氏度。遵循求解数值问题的过程（2.6 节），我们首先对问题陈述中的信息进行分类整理。

已知：212 K

求：℃

然后，我们通过构建转换图来制定策略。

转换图

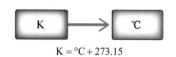

$$K = ℃ + 273.15$$

所用关系式

$K = ℃ + 273.15$ ［将已知量（K）与所求量（℃）联系起来］

解

最后，根据转换图进行求解。箭头下方的方程显示了 K 与 ℃ 的关系，但未解出正确的变量。在使用方程之前，我们必须解出 ℃：

$$K = ℃ + 273.15$$
$$℃ = K - 273.15$$

现在可将给定的值代入 K 并算出正确的有效数字：

$$℃ = 212 - 273.15$$
$$= -61℃$$

例题 **3.7** 华氏、摄氏和开氏温标之间的换算

将 −25℃ 换算为开氏度。

信息分类 给定一个以摄氏度为单位的温度，求以开尔文为单位的温度值。	已知：−25℃ 求：K
制定策略 画出转换图。利用开氏度和摄氏度的关系式将给定的量转化为想求的量。	转换图 ℃ → K $K = ℃ + 273.15$ 所用关系式 $K = ℃ + 273.15$（本节介绍）
求解问题 根据转换图，将正确的值用 ℃ 表示出来，并计算正确的有效数字的答案。	解 $K = ℃ + 273.15$ $K = -25℃ + 273.15 = 248$ K 有效数字仅限于个位，因为给定的温度（−25℃）只针对个位。记住，对于加法和减法，已知量中最小的小数位数决定了结果的小数位数。
检查结果 检查结果的单位是否正确，大小是否合理。	单位（K）正确。答案合理，因为开氏度值应比摄氏度值更大。

▶ 技能训练 3.7

将 358 K 转换为摄氏度。

例题 **3.8**	华氏、摄氏和开氏温标之间的换算

把 55℉ 换算成摄氏度。

信息分类 给定一个以华氏度为单位的温度，求以℃为单位的温度值。	已知：55 ℉ 求：℃
制定策略 画出转换图，使用表明已知量（℉）和所求量（℃）之间关系的方程。	转换图 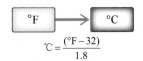 $$℃ = \frac{(℉ - 32)}{1.8}$$ 所用关系式 $$℃ = \frac{(℉ - 32)}{1.8} \quad （本节介绍）$$
求解问题 将给定的值代入方程，算出正确的有效数字数的答案。	解 $$℃ = \frac{(℉ - 32)}{1.8}$$ $$℃ = \frac{(55 - 32)}{1.8} = 12.778℃ = 13℃$$
检查结果 检查结果的单位是否正确，大小是否合理。	单位（℃）正确，答案的值（13℃）比华氏度值小。对于正温度，因为华氏度小于摄氏度，所以以摄氏度为单位的温度值总小于以华氏度为单位的温度值，华氏温标要被抵消 32 度（图 3.18）。

▶ **技能训练 3.8**
将 139℃ 转换成华氏度。

例题 **3.9**	华氏、摄氏和开氏温标之间的换算

把 310 K 转换成华氏度。

信息分类 给定一个以 K 为单位的温度，求以℉为单位的温度值。	已知：310 K 求：℉
制定策略 构建转换图需要两个步骤：第一步，将开氏度转换为摄氏度；第二步，将摄氏度转换为华氏度。	转换图 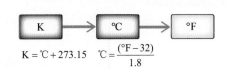 $$K = ℃ + 273.15 \qquad ℃ = \frac{(℉ - 32)}{1.8}$$ 所用关系式 $$K = ℃ + 273.15 （本节介绍）$$ $$℃ = \frac{(℉ - 32)}{1.8} （本节介绍）$$
求解问题 解第一个方程求出℃的值，将已知量代入 K，将其转化为℃。再解第二个方程求出℉的值，将已知量代入℃（从上一步中得到），将其转换为℉，并把答案四舍五入为正确的有效数字位数。	解 $$K = ℃ + 273.15$$ $$℃ = K - 273.15$$ $$℃ = 310 - 273.15 = 36.85℃$$ $$℃ = \frac{(℉ - 32)}{1.8}$$

	$1.8(℃) = (℉ - 32)$
	$℉ = 1.8(℃) + 32$
	$℉ = 1.8(36.85) + 32 = 98.33℉ = 98℉$
检查结果 检查结果的单位是否正确，大小是否合理。	单位（℉）正确。要判断答案的大小是否合理有点儿困难。在这个温度范围内，华氏度确实应小于开氏度。然而，因为华氏度较小，所以华氏度要比开氏度大575℉。

▶ **技能训练 3.9**
将-321℉换算为开氏度。

概念检查站 3.6

下列哪个温度在摄氏温标和华氏温标上是相同的?
(a) 100°；(b) 32°；(c) 0°；(d) -40°。

3.11 比热容

▶ 将能量、温度变化和比热容联系起来。

所有物质受热时，温度都会发生变化，但是在一定的热量下，它们的变化量因物质的不同而有很大的差异。例如，如果把一口钢锅放到火焰上，那么它的温度会迅速上升；然而，如果在平底锅里放一些水，那么温度上升的速度就会慢一些。为什么？第一个原因是，当你加水时，等量的热能必须加热更多的物质，所以温度上升较慢。第二个更有趣的原因是，水比钢更耐温度变化，因为水有更高的比热容。比热容是指改变 1 g 物质 1℃所需的热量（通常用 J 表示）。比热容的单位是焦耳每克每摄氏度（J/g℃），表 3.4 中列出了常见物质的比热容。

表 3.4 常见物质的比热容	
物质	比热容（J/g℃）
铅	0.128
金	0.128
银	0.235
铜	0.385
铁	0.449
铝	0.903
乙醇	2.42
水	4.184

注意，水的比热容在表中是最高的，改变水的温度需要大量热量。如果从内陆地区旅行到沿海地区并感受到了气温的下降，那么你就受到了水的高比热容的影响。例如，在加利福尼亚的夏日，萨克拉门托（内陆城市）和旧金山（沿海城市）之间的温差可达 30℉（17℃）。旧金山的温度是 68℉（20℃），而萨克拉门托的温度接近 100℉（37℃），然而，这两个城市的日照强度是一样的。为什么温差这么大？这种差异是由于太平洋的存在，太平洋实际上包围了旧金山。一方面，海水有很高的比热容，吸收了太阳的大部分热量，而温度没有大幅上升，使旧金山保持凉爽。另一方面，萨克拉门托周围土地的比热容较低，如果温度没有大幅上升，就不能吸收大量的热量。如果温度没有大幅上升，吸收热量的能力就较低。

同样，美国只有两个州的气温从未超过 37℃，其中的一个州是阿拉斯加。那里太靠近北极，不可能有那么热。然而，另一个州夏威夷可能会让人感到惊讶。环绕夏威夷州的海水使得其温度有所下降，导致夏威夷州不会变得太热。

▲ 得益于周围海洋的高比热容，旧金山夏季的天气甚至也很凉爽

每日化学

冷却器、露营及水的比热容

你 是否有将冰箱装满冰块，然后向其中放室温饮料的经历？如果有，那么你会发现冰很快会融化。相反，如果在冰箱里放冰饮料，那么冰可以持续几小时不化。为何有这样的差异？答案与饮料中水的高比热容有关。如前所述，水必须吸收大量的热量来提高其温度，必须释放大量的热量来降低其温度。将热饮料放入冰中时，它们会释放热量，融化冰；然而，冰饮料本身就很冷，因此不会释放太多的热量。最好是在冰箱里放冰饮料，这样冰就可以放上一整天。

你能回答吗？ 假设你在寒冷的天气露营，决定加热一些东西，并将它们放入睡袋来增加热量。你把一壶水和一块同等质量的石头放在靠近火的地方。随着时间的推移，石头和水壶都会被加热到 38℃（100 °F）。如果睡袋中只能放入一个水壶，那么哪个能让你更暖和？为什么？

▲ 装有冷饮的冷却器中的冰块，要比装有热饮的冷却器中的冰块保存的时间长得多。你能解释为什么吗？

概念检查站 3.7

如果你想在一定的能量输入下将金属板加热到尽可能高的温度，应该用什么金属？（假设所有金属板的质量相同。）

(a) 铜；(b) 铁；(c) 铝；(d) 没有区别。

3.12 能量和比热容计算

▶ 进行涉及热量传递和温度变化的计算。

℃中的 ΔT 与 K 中的 ΔT 相等，但与 °F 中的 ΔT 不相等。

当一种物质吸收热量（用符号 q 表示）时，其温度变化（用 ΔT 表示）与吸收的热量成正比：

$$\xrightarrow{q}\ \boxed{\text{系统}}\ \Delta T$$

换句话说，吸收的热量越多，温度变化越大。我们可用物质的比热容来量化这种定量物质所吸收的热量与升高的温度之间的关系。这些量之间的关系式是

$$\begin{array}{cccc}\text{热量} = \text{质量} \times & \text{比热容} \times & \text{温度变化} \\ q = m & \times\ C\ \times & \Delta T\end{array}$$

其中，q 是热量，单位是焦耳；m 是物质的质量，单位是克；C 是比热容，单位是焦耳每克每摄氏度；ΔT 是温度变化量，单位是摄氏度；符号 Δ 表示变化量，所以 ΔT 表示温度变化量。例如，假设我们要泡一杯茶，想知道 235 g 水从 25℃ 加热到 100.0℃（沸腾）需要多少热能。

我们首先对问题陈述中的信息进行分类整理。

已知：235 g 水（m）

$$25\text{℃初始温度（}T_i\text{）}$$
$$100.0\text{℃最终温度（}T_f\text{）}$$

求：所需热量（q）

然后，构建转换图来制定策略。

转换图

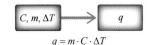

$$q = m \cdot C \cdot \Delta T$$

除了 m 和 ΔT，这个方程还需要 C，即水的比热容。下一步是确定方程所需的所有量（C 和 m）的正确单位：

$$C = 4.18 \text{ J/g℃}$$

$$m = 235 \text{ g}$$

我们需要的另一个量是 ΔT。温度的变化量是最终温度（T_f）和初始温度（T_i）之差：

$$\Delta T = T_f - T_i = 100.0\text{℃} - 25\text{℃} = 75\text{℃}$$

解

最后，我们解这个问题。将正确的值代入等式，并算出具有正确有效数字位数的答案：

$$q = m \cdot C \cdot \Delta T$$
$$= 235 \text{ g} \times 4.18 \frac{\text{J}}{\text{g℃}} \times 75\text{℃}$$
$$= 7.367 \times 10^4 \text{ J} = 7.4 \times 10^4 \text{ J}$$

最重要的是，在计算时也将每个变量的正确单位代入方程，并在计算答案的过程中消去单位。如果在这个过程中发现其中一个变量的单位不正确，就可用在第 2 章中学到的方法将其换算为正确的单位。注意，物质的温度上升（热量进入物质）时，q 的符号为正（+），物质的温度下降（热量离开物质）时，q 的符号为负（−）。

例题 3.10　热能和温度变化之间的联系

镓在室温下是固态金属，但在 29.9℃时会融化。如果把镓握在手里，它会因体温而融化。2.5 g 镓需要从手上吸收多少热量才能将其温度从 25.0℃提高到 29.9℃？镓的比热容为 0.372 J/g℃。

信息分类 已知镓的质量、初始温度和最终温度，以及比热容，要求求出镓吸收的热量。	**已知**：2.5 g 镓（m） $T_i = 25.0$℃ $T_f = 29.9$℃ $C = 0.372$ J/g℃ **求**：q
制定策略 把已知量和所求量联系起来的方程是比热容方程。转换图表明，这个方程会从已知量求得所求量。	**转换图** $q = m \cdot C \cdot \Delta T$ **所用关系式** $q = m \cdot C \cdot \Delta T$（本节介绍）
求解问题 在求解问题之前，必须收集必要的量 C、m 和 ΔT，以及它们的正确单位。	**解** $C = 0.372$ J/g℃ $m = 2.5$ g

将 C、m 和 ΔT 代入方程, 消去单位, 计算出正确有效数字位数的答案。	$\Delta T = T_f - T_i = 29.9℃ - 25.0℃ = 4.9℃$ $q = m \cdot C \cdot \Delta T$ $= 2.5 \text{ g} \times 0.372 \dfrac{1}{\text{g}℃} \times 4.9℃ = 4.557 \text{ J} = 4.6 \text{ J}$
检查结果 检查结果的单位是否正确, 大小是否合理。	单位 (J) 正确。答案的大小合理, 因为加热 2.5 g 金属样品 1℃ 需要近 1 J 的热量; 因此, 将样品加热 5℃ 需要约 5 J 的能量。

▶ **技能训练 3.10**

你在雪地里发现并拾取了一枚 1979 年的铜币 (1982 年以前的铜币几乎都是纯铜的)。从雪的温度 -5.0℃ 到身体的温度 37.0℃, 硬币能吸收多少热量? 假设 1 便士是纯铜的, 质量为 3.10 g, 铜的比热容见表 3.4。

▶ **技能巩固**　当钓鱼用铅块吸收 11.3 J 热量后, 其温度从 26℃ 上升到 38℃。钓鱼用铅块的质量是多少克?

例题 3.11　热能和温度变化之间的联系

一名学化学的学生发现了一块闪闪发光的石头, 她怀疑它是金子。她在天平上称这块石头的质量, 测得质量是 14.3 g。然后, 她发现岩石的温度在吸收 174 J 热量后从 25℃ 上升到 52℃。求这块岩石的比热容, 判断其值是否与黄金的比热容一致 (见表 3.4)。

信息分类 已知 "金" 岩石的质量、吸收的热量及初始温度和最终温度, 求岩石的比热容。	已知: 14.3 g 　　　吸收 174 J 热量 　　　$T_i = 25℃$ 　　　$T_f = 52℃$ 求: C
制定策略 转换图显示了比热容方程是如何将已知量和所求量联系起来的。	转换图 $\boxed{m, q, \Delta T} \longrightarrow \boxed{C}$ $q = m \cdot C \cdot \Delta T$ 所用关系式 $q = m \cdot C \cdot \Delta T$ (本节介绍)
求解问题 在求解问题之前, 收集必要的量 q、m 和 ΔT, 以及它们的正确单位。 然后将正确的变量代入方程, 解 C 的方程。最后, 得出有效数字位数正确的答案。	解 $m = 14.3 \text{ g}$, $q = 174 \text{ J}$ $\Delta T = 52℃ - 25℃ = 27℃$ $q = m \cdot C \cdot \Delta T$ $C = \dfrac{q}{m \cdot \Delta T} = \dfrac{174 \text{ J}}{143 \text{ g} \times 27℃} = 0.4507 \dfrac{\text{J}}{\text{g}℃} = 0.45 \dfrac{\text{J}}{\text{g}℃}$ 比较表 3.4 中金的比热容 (0.128 J/g℃) 与计算值 (0.45 J/g℃), 得出岩石不是纯金的。
检查结果 检查结果的单位是否正确, 大小是否合理。	答案的单位是比热容的单位, 正确。答案的大小在表 3.4 中给出的比热容范围内, 比热容值如果远超这个范围, 就应马上怀疑所得到的值。

▶ **技能训练 3.11**

一个 328 g 的水样品吸收了 5.78×10^3 J 热量, 计算水温变化。如果水的初始温度是 25.0℃, 它的最终温度是多少?

概念检查站 3.8

物质 A 的比热容是物质 B 的两倍。如果两种质量相等的物质吸收了相同的热量，哪种物质的温度变化大？

关键术语

非晶的	蒸馏	千瓦时	纯净物
原子	电能	动能	反应物
卡路里	单质	能量守恒定律	固体
大卡	吸热	比热容	摄氏度
能量	液体	化学变化	放热
物质	物质状态	化学能	华氏度
混合物	温度	化学性质	过滤
分子	热能	化学反应	气体
物理变化	挥发性	化合物	热量
物理性质	功	可压缩的	非均相混合物
势能	结晶的	均相混合物	生成物

技能训练答案

技能训练 3.1.............. (a) 纯净物，单质
　　　　　　　　　　　(b) 混合物，均相
　　　　　　　　　　　(c) 混合物，非均相
　　　　　　　　　　　(d) 纯净物，化合物
技能训练 3.2.............. (a) 化学
　　　　　　　　　　　(b) 物理
　　　　　　　　　　　(c) 物理
　　　　　　　　　　　(d) 物理
技能训练 3.3.............. (a) 化学
　　　　　　　　　　　(b) 物理
　　　　　　　　　　　(c) 物理
　　　　　　　　　　　(d) 化学

技能训练 3.4.............. 27 g
技能训练 3.5.............. 2.14 kJ
技能巩固　　.......... 6.57×10^6 cal
技能训练 3.6.............. (a) 放热
　　　　　　　　　　　(b) 放热
技能训练 3.7.............. 85℃
技能训练 3.8.............. 282℉
技能训练 3.9.............. 77 K
技能训练 3.10............ 50.1 J
技能巩固　　.......... 7.4 g
技能训练 3.11............ $\Delta T = 4.21℃$，$T_f = 29.2℃$

概念检查站答案

3.1 (c)。这些粒子相距很远，且彼此相对运动。

3.2 (a)。这种物质只由一种粒子组成（尽管每个粒子由两种不同类型的原子组成），所以它是一种纯物质。

3.3 (a)。汽化是一种物理变化，因为水分子在沸腾前后是相同的。

3.4 否。在蒸发过程中，液态水变成气态水，但其质量不变。像化学变化一样，物理变化也遵循质量守恒定律。

3.5 (d)。千瓦时是所列的 4 个单位中最大的，因此以千瓦时表示的年能耗数是最低的。

3.6 (d)。可以将每个华氏度代入 3.10 节中的方程并求解摄氏度来确认。

3.7 (a)。因为铜的比热容在三种金属中最低，所以在给定的能量输入下，其温度变化最大。

3.8 物质 B 的比热容较低，因此其温度变化较大。比热容较低的物质对温度变化的抵抗力较小。

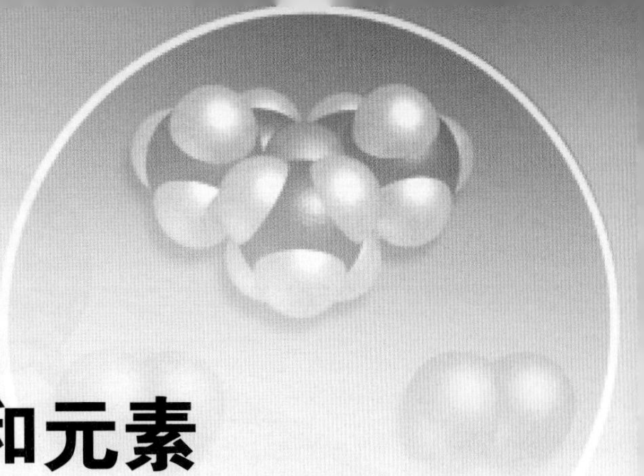

第 4 章　原子和元素

除原子和虚空外别无他物，其他一切都只是看法。

——德谟克利特（公元前 460—公元前 370）

4.1　在蒂伯龙体验原子

我和妻子最近去了加州北部的海滨小镇蒂伯龙，玩得很开心。蒂伯龙紧邻旧金山湾，可以欣赏到旧金山市、水及周围的山脉。当我们沿海边的小路散步时，我能感觉到风吹过海湾，我能听到水溅到岸边的声音，还能闻到海边的空气。能拥有这些感觉的原因是什么？答案很简单，原子。

因为所有的物质都是由原子构成的，所以原子是我们感觉的基础。原子是我们听到、感觉到、看到和经历的一切事物的基本组成。当你感觉到风吹到皮肤上时，就感觉到了原子；当你听到声音时，从某种意义上说，你就是在听原子；当你触摸岸边的岩石时，触摸的是原子；当你闻到海洋的空气时，闻到的是原子。

> 第 3 章说过，许多原子不是作为自由粒子存在的，而是作为结合在一起形成分子的原子团存在的。但是，所有物质最终都是由原子构成的。

你吃原子，呼吸原子，排泄原子。原子是构成物质的基石，是构成自然的基本单位。它们无处不在，构成了一切，包括我们的身体。

原子非常小。海岸线上的一颗小石子所包含的原子数也是数不清的。一块鹅卵石中的原子数量远超旧金山湾海底的鹅卵石数量。要了解原子有多小，可以想象一下：如果鹅卵石中的每个原子都和鹅卵石本身一样大，那么这块鹅卵石的大小将超过珠穆朗玛峰（▼图 4.1）。原子虽小，却构成了一切。

◀ 海边的岩石通常由硅酸盐、硅化合物和氧原子组成。海边的空气和所有空气一样，都含有氮和氧分子，还经常含有称为胺类的物质。这里出现的胺是三乙胺，它由腐烂的鱼发出，叔丁胺是造成海边鱼腥味的化合物之一

▲ 图 4.1　原子的大小。如果一块鹅卵石内的每个原子都有鹅卵石本身那么大，那么这块鹅卵石将比珠穆朗玛峰还大

自然产生的元素的确切数量是有争议的，因为一些以前被认为是合成的元素实际上可能在自然界中以非常少的数量出现。

连接微观世界与宏观世界的关键是原子。原子组成物质，原子的性质决定物质的性质。原子是元素的最小可识别单位。回顾 3.4 节可知，元素是一种不能分解为更简单物质的物质。自然界中约有 91 种不同的元素，因此也约有 91 种不同元素的各种各样的原子。此外，科学家还成功地制造了 20 多种合成元素（自然界中没有）。

本章研究原子是由什么组成的，它们之间有什么不同，以及它们是如何构成的，还研究由原子组成的元素及这些元素的一些属性。

4.2　原子理论

▶ 认识到所有物质都是由原子组成的。

▲ 狄奥奇尼斯和德谟克利特斯，由一位中世纪艺术家想象并绘出。德谟克利特斯是有记录以来第一个假设物质是由原子组成的人

如果我们观察物质，即使是在显微镜下，也不能明显地看出物质是由微小的粒子组成的。事实上，情况恰好相反。如果我们将一种物质的样本分成越来越小的碎片，那么似乎可以永远分割下去。从我们的角度来看，物质似乎是连续的。最早认同这种观点的人是利乌西普斯（公元前 5 世纪，确切日期不详）和德谟克利特斯（公元前 460—公元前 370）。这些希腊哲学家认为物质最终是由小的、不可分割的粒子组成的。德谟克利特斯认为，若把物质分成越来越小的部分，最终会得到微小的、不可摧毁的粒子，也就是原子。原子一词的意思是 "不可分割的"。

利乌西普斯和德谟克利特斯的观点并未被人们广泛接受。直到 1808 年，也就是 2000 多年后，约翰·道尔顿才正式确立了一个被广泛接受的原子理论。道尔顿的原子理论有三部分：

1. 每种元素都是由不可摧毁的小粒子——原子组成的。
2. 一种元素的所有原子都具有相同的质量和其他性质，以区别于其他元素的原子。
3. 原子以简单的、整数的比例组合形成化合物。

现在，原子理论的证据是确切的。显微镜的最新发展使得科学家不仅能够成像单个原子，而且能够组合或移动它们（▼图 4.2），证明物质确实是由原子组成的。

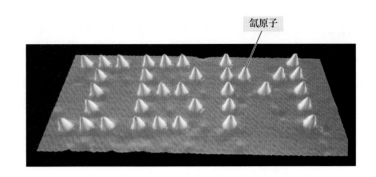

▶ 图 4.2 用原子写下 IBM 的科学家使用一种特殊显微镜——扫描隧道显微镜（STM）来移动氙原子，形成字母 I、B 和 M。这些原子的锥形形状由仪器的特性导致，原子一般来说是球形的

氙原子

4.3 原子核

▶ 解释汤姆森和卢瑟福的实验是如何导致原子核理论的发展的。

电荷在 4.4 节中有更全面的定义。现在，将它视为电子的一种固有属性，它会导致电子与其他带电粒子相互作用。

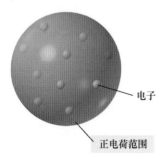

电子

正电荷范围

▲ 图 4.3 原子的枣糕模型。在汤姆森提出的模型中，带负电荷的电子（黄色）被固定在带正电荷的球体（红色）中

到 19 世纪末，科学家开始确信物质是由原子组成的，原子是构建所有物质的永久的、坚不可摧毁的基石。然而，一位名叫汤姆森（1856—1940）的英国物理学家发现了一种更小、更基本的粒子——电子，这使情况变得更加复杂。汤姆森发现电子带有负电荷，它们比原子小得多，而且它们均匀地存在于许多不同种类的物质中。他的实验证明，坚不可摧的原子理论显然可以被"粉碎"。

原子内有带负电荷的粒子这一发现提出了一个平衡正电荷的问题。原子被认为是电中性的，所以人们认为它们必须包含能平衡电子的负电荷的正电荷。但是，原子内的正电荷和负电荷如何结合在一起呢？原子只是一堆更基本的粒子吗？它们是坚实的球体，还是有一些内部结构？汤姆森认为，带负电荷的电子是位于带正电荷的球体内的小粒子。这是当时最流行的模型，被称为枣糕模型（枣糕是一种英国甜点）（◀图 4.3）。对我们这些不熟悉枣糕的人来说，汤姆森提出的原子形状的设想就像蓝莓松饼，其中蓝莓是电子，松饼是带正电荷的球体。

1909 年，在汤姆森手下工作的欧内斯特·卢瑟福（1871—1937）坚持原子的枣糕模型，并进行了实验，以试图证实这一点。但是，他的实验证明枣糕模型是错误的。在实验中，卢瑟福将带正电的粒子——阿尔法粒子引向超薄金箔片（▼图 4.4）。阿尔法粒子的质量约为电子质量的

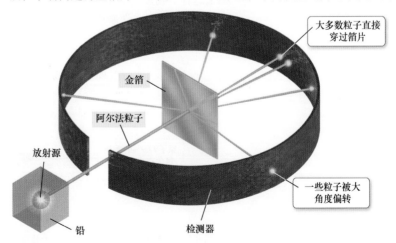

大多数粒子直接穿过箔片

金箔

阿尔法粒子

放射源

铅

检测器

一些粒子被大角度偏转

▲ 图 4.4 卢瑟福的金箔实验。卢瑟福将称为阿尔法粒子的微小粒子对准一张金箔。大多数粒子直接穿过箔片，但有一部分粒子被偏转，并且其中一些的偏转角度很大

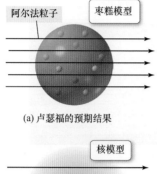

阿尔法粒子

枣糕模型

(a) 卢瑟福的预期结果

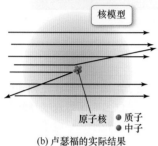

核模型

原子核 ● 质子
● 中子

(b) 卢瑟福的实际结果

▲ 图 4.5 原子核的发现。(a)如果枣糕模型是正确的，阿尔法粒子就会以最小的偏转角直接穿过金箔纸；(b)少量阿尔法粒子被偏转或反弹。解释这种偏转的唯一方法是，原子的大部分质量和所有正电荷必须集中在一个比原子本身小得多的空间（原子核）内。原子核本身由带正电荷的粒子（质子）和中性粒子（中子）组成

7000 倍，并携带正电荷。这些粒子可以作为金属原子结构的探测器。如果金属原子真的像蓝莓松饼或枣糕，那么它们的质量和电荷会扩散到整个原子的体积内——这些加速的探针应以最小的平流穿过金箔。卢瑟福的实验结果并不像他预期的那样。大多数粒子确实直接通过了金箔，但有些粒子被偏转，有些粒子（两万分之一）甚至被反弹回去。卢瑟福感到困惑："就好像你向一张纸巾发射了一个 15 英寸的炮弹，它又回来击中了你，而这也是可信的。"原子必须是什么样的结构才能解释这种奇怪的现象？

卢瑟福创建了一个新模型来解释他的实验结果（◀图 4.5）。他得出的结论是，物质不应该像看上去那么统一。它包含了大面积的空白空间，上面有许多致密物质的小区域。为了解释他所观察到的偏转，他认为一个原子的质量和正电荷都必须集中在一个比原子本身小得多的空间里。基于这一思想，他形成了原子的核理论，该理论有三个基本部分：

1. 原子的大部分质量和所有正电荷都包含在一个被称为原子核的小核中。

2. 原子的大部分体积是空白空间，带负电荷的微小电子分散在这些空白区域。

3. 原子核外有带负电荷的电子数量和原子核内有带正电荷的粒子（质子）数量一样多，所以原子是电中性的。

卢瑟福和其他人后来的研究表明，原子核同时包含带正电荷的质子和被称为中子的中性粒子。致密的原子核占相对原子质量的 99.9% 以上，但只占原子体积的一小部分。电子分布在更大的区域，但质量不大（▼图 4.6）。现在，我们可以认为这些电子类似于组成云的水滴——它们分散在一个大的体积中，但几乎没有重量。

卢瑟福的核理论至今仍然有效。这一理论的革命性部分是，物质的核心远不如看起来统一。如果原子核的大小是点"."的大小，那平均每个电子到这个点的距离约为 10 米。但是，这个点几乎包含原子的全部质量。如果物质是由相互堆在一起的原子核组成的，就像大理石一样，那么这样的物质会非常密集，一粒由固体原子核组成的沙子的质量将为 500 万千克。天文学家认为，黑洞和中子星是由这种极高密度的物质组成的。

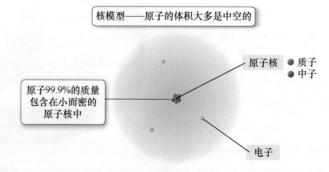

核模型——原子的体积大多是中空的

原子核 ● 质子
● 中子

原子99.9%的质量包含在小而密的原子核中

电子

▲ 图 4.6 原子核。在这个模型中，原子的质量集中在一个包含质子和中子的原子核中。原子核外的电子的数量等于原子核内的质子的数量。在这幅图像中，原子核被放大，电子被绘成粒子

4.4 质子、中子和电子的性质

▶ 描述电子、中子和质子的性质与电荷。

质子和中子的质量基本相同。在国际单位制中，质子的质量为 1.6726×10^{-27} kg，中子的质量接近 1.67493×10^{-27} kg。然而，这些质量的一个更常用的单位是相对原子质量单位（amu），它定义为包含 6 个质子和 6 个中子的碳相对原子质量的 1/12。一个质子的质量为 1.0073 amu，而一个中子的质量为 1.0087 amu。相比之下，电子的质量为 0.00091×10^{-27} kg，或者约为 0.00055 amu，几乎可以忽略不计。

质子和电子都有电荷。质子的电荷是 1+，电子的电荷是 1-。质子和电子的电荷大小相等，符号相反，因此在配对时，两个粒子的电荷完全抵消。中子没有电荷。

什么是电荷？电荷是质子和电子的基本性质，就像质量是物质的基本性质一样。大多数物质是电中性的，因为质子和电子碰撞时，它们的电荷会抵消。然而，在干燥的日子刷牙时，可能会产生静电。刷牙的动作会导致发丝上的电荷积累，然后相互排斥，导致头发末端"直立"。

◀ 如果一个质子的质量有棒球那么重，那么一个电子就是一粒米重。这个质子的质量接近一个电子的 2000 倍

每日化学

固体物质？

如果正如卢瑟福所说的那样，物质真的大部分都是空白区域，那么为什么它看起来那么坚固呢？为什么我们能用指关节敲桌子，还能感到"砰"的撞击声？物质看起来很坚固，是因为密度的变化小到人眼看不见。想象一座有 100 层楼高、足球场大小的丛林体育馆。它的大部分都是空白空间。然而，如果从飞机上看它，就会发现它很坚固。物质也是如此。当我们用指关节敲击桌子时，就像一座巨大的丛林体育馆（手指）撞击另一座体育馆（桌子）。尽管它们大部分是空白空间，但一个不会落入另一个内部。

B4.1 你能回答吗？请用丛林体育馆的类比解释为什么卢瑟福的大多数阿尔法粒子会直接穿过金箔纸，以及为什么有一些粒子会被反弹。注意，金箔纸非常薄。

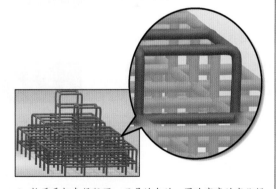

▲ 物质看起来很坚固，且是均匀的，因为密度的变化规模太小，人眼无法看到。就像这个脚手架在远处看起来很坚固一样，物质对我们来说也很坚固

电荷性质小结如下（▼图 4.7）：

• 电荷是质子和电子的基本性质。

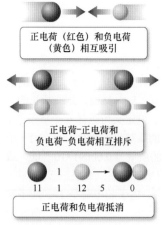

正电荷（红色）和负电荷（黄色）相互吸引

正电荷-正电荷和负电荷-负电荷相互排斥

正电荷和负电荷抵消

▲ 图 4.7　电荷性质

- 正电荷和负电荷相互吸引。
- 同种电荷相互排斥。
- 正电荷和负电荷相互抵消，使质子和电子配对时呈电中性。

注意，由于质子和电子的抵消效应，物质通常是电中性的。当物质的电荷不平衡时，通常会以戏剧性的方式迅速平衡。例如，在干燥的天气里，触摸门把手时受到的电击是在平衡摸地毯时获得的电荷不平衡。闪电是在平衡电子风暴期间形成的电荷不平衡。

如果我们有某种物质的样本，它只由质子或电子组成，甚至是一个小样本，如砂粒，那么该物质周围的力会非常大，且物质也是不稳定的。所幸的是，真实的物质不是这样的，质子和电子同时存在，彼此的电荷相互抵消，使物质的电荷保持中性。表 4.1 中小结了亚原子粒子。

表 4.1　亚原子粒子			
	质量/kg	质量/amu	电荷
质子	$1.67262×10^{-27}$	1.0073	1+
中子	$1.67493×10^{-27}$	1.0087	0
电子	$0.00091×10^{-27}$	0.00055	1−

负电荷积累

电荷平衡

正电荷积累

▶ 物质通常呈电中性，具有相同数量的正电荷和负电荷，可以完全抵消。当物质的电荷平衡受到干扰时，就像在电子风暴中一样，它会迅速重新平衡，通常以戏剧性的方式平衡，如闪电

概念检查站 4.1

下面哪项中，由粒子组成的原子的质量约为 12 amu，且呈电中性？
(a) 6 个质子和 6 个电子。
(b) 3 个质子、3 个中子和 6 个电子。
(c) 6 个质子、6 个中子和 6 个电子。
(d) 12 个中子和 12 个电子。

4.5　元素

▶ 使用周期表确定元素的化学符号和原子序数。

我们已经知道，原子是由质子、中子和电子组成的。然而，一个原子核中的质子数表明它是一种特定的元素。例如，原子核中有 2 个质子的原子是氦原子，原子核中有 13 个质子的原子是铝原子，而原子核中有

92 个质子的原子是铀原子。原子核中的质子数定义了该元素（▼图 4.8）。每个铝原子的原子核中都有 13 个质子，如果它有不同数量的质子，那么它会是不同的元素。原子核中的质子数是该原子的原子序数，并用符号 Z 表示。

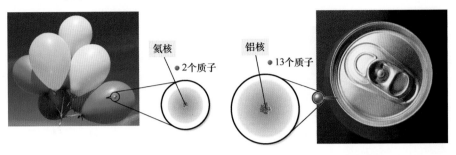

▲ 图 4.8　原子核中的质子数定义了元素

元素周期表（▼图 4.9）根据原子的原子序数列出了所有已知元素。每种元素都由特殊的化学符号表示，元素周期表中原子序数下方的一个或两个字母的缩写就是该元素的化学符号。氦的化学符号是 He，铝的化学符号是 Al，铀的化学符号是 U。化学符号和原子序数总保持一致。如果原子序数为 13，那么化学符号必须为 Al。如果原子序数为 92，那么化学符号必须为 U。这从另一方面说明了质子数定义了元素。

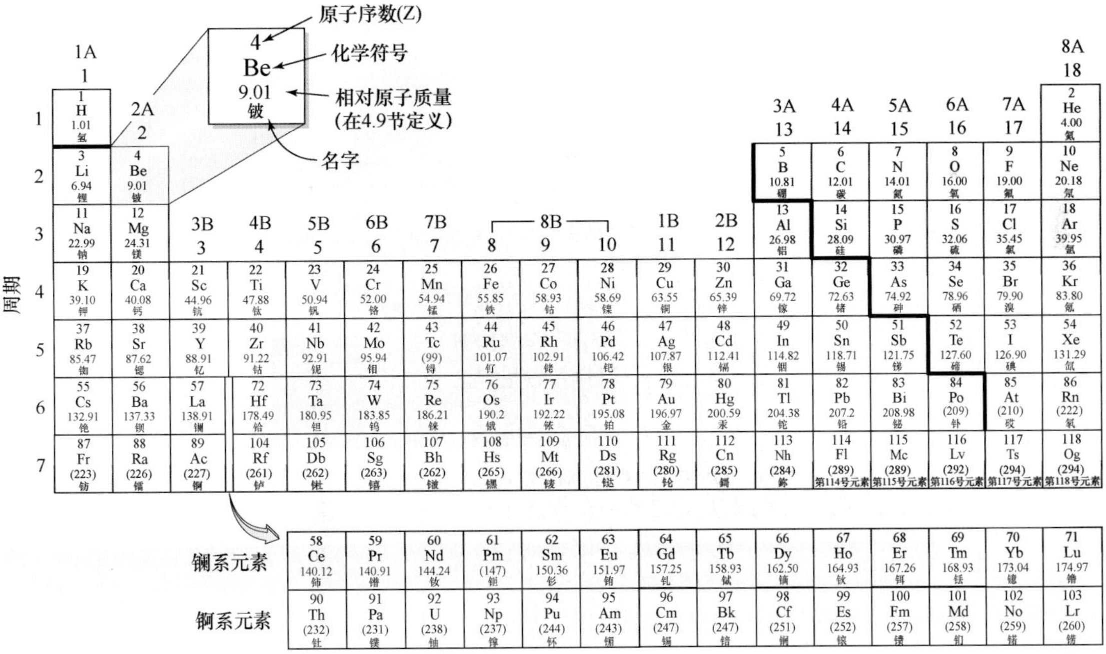

▲ 图 4.9　元素周期表

大多数化学符号都基于元素的英文名称。例如，碳（Carbon）的符号为 C，硅（Silicon）的符号为 Si，溴（Bromine）的符号为 Br。然而，有些元素的化学符号基于其拉丁文名称。例如，钾的符号是 K，来自钾的拉丁文 Kalium，钠的符号是 Na，来自钠的拉丁文 Natrium。基于希腊语或拉丁语名称的化学符号的其他元素包括：

铅	Pb	Plumbum
汞	Hg	Hydrargyrum
铁	Fe	Ferrum
银	Ag	Argentum
锡	Sn	Stannum
铜	Cu	Cuprum

▲ 在这张照片中可以看到溴气是红棕色气体,有强烈的气味

早期的科学家经常根据元素的性质来使命名新发现的元素。例如,氩(Argon)源自希腊语 Argos,意思是"不活跃",指的是氩的化学惰性(与其他元素没有反应)。溴(Bromine)源自希腊语 Bromos,意思是"恶臭",指的是溴有强烈的气味。科学家还以一些国家的名字命名其他元素。例如,钋(Polonium)以波兰(Poland)命名,钫(Francium)以法国(France)命名,镅(Americium)以美国(America)命名。还有一些元素以科学家的名字命名。例如,锔(Curium)以居里夫人的名字(Curie)命名,钔(Mendelevium)是以门捷列夫(Dmitri Mendeleev)的名字命名。我们可在元素周期表和字母列表中找到每种元素的名称、符号和原子序数。

锔
96
Cm
(247)

▲ 锔以玛丽·居里(Marie Curie,1867—1934)的名字命名,居里夫人是一位化学家,她协助发现了放射性,还发现了两种新元素。居里夫人因其贡献获得两项诺贝尔奖

例题 4.1　原子序数、化学符号和元素名称

列出下列元素的符号和原子序数:(a) 硅;(b) 钾;(c) 金;(d) 锑。

解:熟悉元素周期表后,就能快速找到表中的元素。

元　素	化学符号	原子序数
硅	Si	14
钾	K	19
金	Au	79
锑	Sb	51

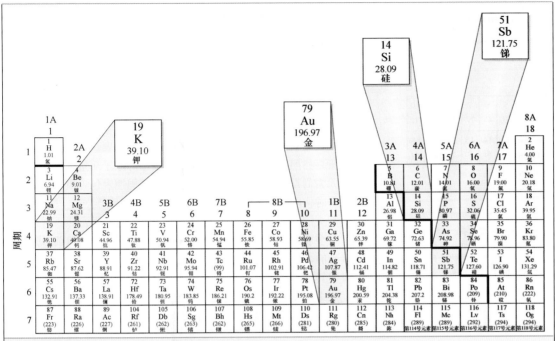

▶ 技能训练 4.1

给出下列元素的化学名称和原子序数：(a) 钠；(b) 镍；(c) 磷；(d) 钽。

4.6 周期规律与周期表

▶ 使用元素周期表按族对元素进行分类。

元素周期表的整理主要归功于俄罗斯化学家德米特里·门捷列夫（1834—1907）的工作；然而，德国化学家朱利叶斯·洛萨·迈耶（1830—1895）提出了另一个类似的系统。

在门捷列夫的时代，化学家发现了约 65 种不同的元素，以及它们的相对原子质量、化学性质和一些物理性质，但是他们并未给出系统的组织方式。

1869 年，门捷列夫注意到某些元素族具有相似的性质。他发现，如果按照相对原子质量增大的顺序排列这些元素，这些类似的性质就会成规律地出现（▼图 4.10）。门捷列夫在周期律中总结了这些观察结果：

当元素按照相对质量增大的顺序排列时，某些属性会周期性地出现。

"周期"是指"定期重复出现"。

▲ 德米特里·门捷列夫，俄罗斯化学教授，他整理了早期的元素周期表

这些元素的属性（颜色）形成一个重复的图案																			
1	2	3	4	5	6	7	8	9	10	11	12	13	14	15	16	17	18	19	20
H	He	Li	Be	B	C	N	O	F	Ne	Na	Mg	Al	Si	P	S	Cl	Ar	K	Ca

▲ 图 4.10　递归性质。这些元素按照原子序数增大的顺序排列（门捷列夫使用相对原子质量排列，两种方法类似）。每种元素的颜色代表其属性。注意，这些元素的属性（颜色）形成了重复模式

门捷列夫将所有的已知元素组织在一个表中，在该表中相对原子质

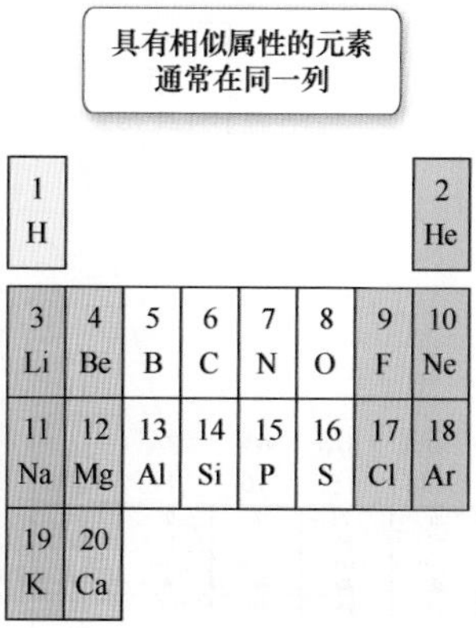

1 H						2 He
3 Li	4 Be	5 B	6 C	7 N	8 O	9 F	10 Ne
11 Na	12 Mg	13 Al	14 Si	15 P	16 S	17 Cl	18 Ar
19 K	20 Ca					

▲ 图 4.11　制作周期表。若把图 4.10 中的元素放在一个表中，就可将它们排列成行，这样，类似的属性就会在相同的竖列中对齐。这类似于门捷列夫的第一个周期

量从左向右增加，具有相似特性的元素排列在同一竖列中（◀图 4.11）。由于许多元素尚未发现，门捷列夫的表中还包含一些空白，这也使得他能够预测尚未发现的元素的存在。例如，门捷列夫预测了一种被他称为准硅（eka-silicon）的元素的存在，这种元素在周期表中硅的下方，介于镓和砷之间。1886 年，德国化学家克莱门斯·温克勒（1838—1904）发现了准硅，且发现它的性质几乎与门捷列夫预测的完全相同。温克勒以其祖国命名了该元素——锗（Germanium）。

门捷列夫最初的列表已演变成了现代元素周期表。在现代元素周期表中，元素是按照原子序数的增加而不是按相对原子质量的增加来排列的。现代元素周期表也比门捷列夫的原始元素周期表包含更多的元素，因为自那个时代以来已发现了更多的元素。

门捷列夫的周期律是基于观察得出的。像所有科学定律一样，周期律总结了许多观察结果，但未给出观察结果的根本成因。目前，周期律是普遍接受的，但在第 9 章中，我们将介绍一个伟大的理论来解释周期律，并说明其根本成因。

周期表中的元素广义上分为金属、非金属和类金属（▼图 4.12）。金属元素占据周期表的左侧，具有类似的性质：良好的热电导体；可被压成平板（可塑性）；可制成导线（延展性）；通常有光泽；发生化学变化时，往往会失去电子。铁、镁、铬和钠等都是金属元素。

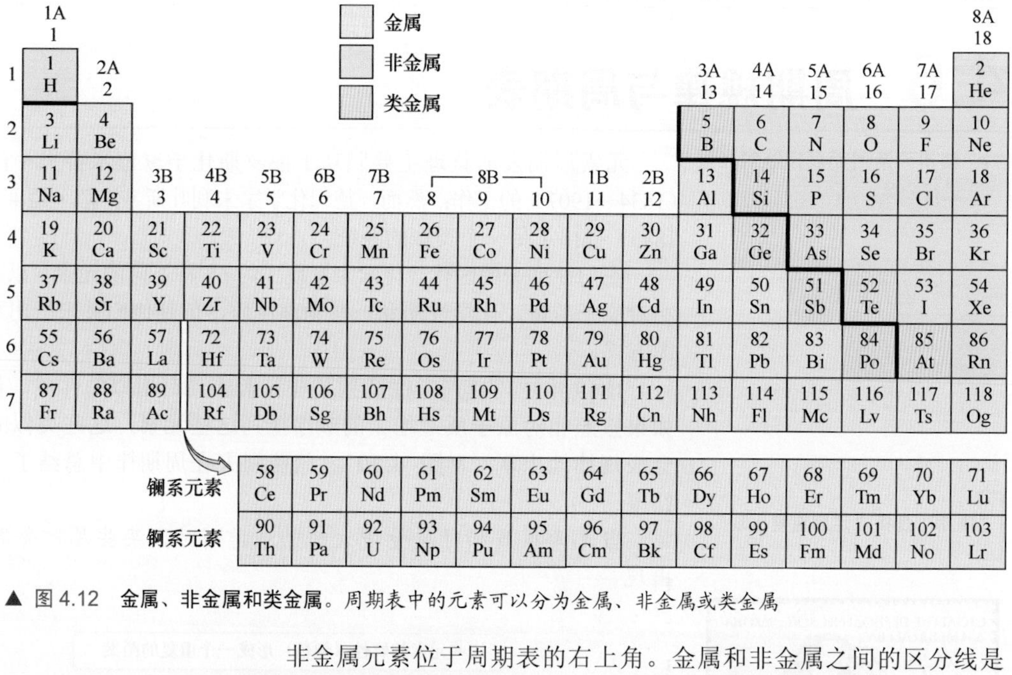

▲ 图 4.12　金属、非金属和类金属。周期表中的元素可以分为金属、非金属或类金属

非金属元素位于周期表的右上角。金属和非金属之间的区分线是图 4.12 中硼元素到砹元素的锯齿对角线。非金属具有更多不同的特性——有些在室温下是固体，有些是气体——但从整体上说，它们往往是较差的热电导体，而且它们在发生化学变化时都会获得电子。氧、氮、氯和碘都是非金属。

大多数沿着划分金属和非金属元素的锯齿形对角线分布的元素都是类金属或半金属，它们表现出了混合的性质。

▲ 硅是一种广泛应用于计算机和电子工业的金属类材料

例题 4.2 将元素分类为金属、非金属或类金属

将下列元素分类为金属、非金属或类金属：(a) 钡；(b) 碘；(c) 氧；(d) 碲。

解

(a) 钡（Barium）在周期表的左侧，是一种金属。

(b) 碘（Iodine）在周期表的右侧，是一种非金属。

(c) 氧（Oxygen）在周期表的右侧，是一种非金属。

(d) 碲（Tellurium）位于周期表的右中位置，沿金属和非金属的分界线，是一种类金属。

▶ **技能训练 4.2**

将下列元素分类为金属、非金属或类金属：(a) S；(b) Cl；(c) Ti；(d) Sb。

　　类金属也称金属半导体，因为它们的电导率可以改变和控制。半导体这一特性十分有益于计算机、手机和其他电子设备的制作。硅、砷和锗等都是类金属。

　　我们还可将周期表划分为主族元素和过渡元素或过渡金属，主族元素根据它们在周期表中的位置可预测其性质。我们还可将元素周期表大致划分为主族元素和过渡元素或过渡金属两大类，主族元素的性质更容易根据其在元素周期表中的位置来预测，而过渡元素或过渡金属的性质很难根据其在元素周期表中的位置来预测（▼图 4.13）。主族元素出现在标有数字和字母 A 的竖列中。过渡元素位于标有数字和字母 B 的竖列中。只有两类的编号系统不使用字母，只使用数字 1～18。

▲ 图 4.13　**主族元素和过渡元素。** 我们将元素周期表大致分为主族元素和过渡元素，主族元素的性质一般可以根据它们的位置来预测，过渡元素的性质往往很难根据它们的位置来预测

概念检查站 4.2

下列哪些元素属于主族元素？

(a) O；(b) Ag；(c) P；(d) Pb。

与其他元素相比，稀有气体为惰性气体（无反应性）。然而，一些稀有气体，特别是较重的气体，在特殊条件下会与其他元素形成有限数量的化合物。

　　元素周期表中的每列都是一族（元素）或一个周期（元素）。主族元素的每族中的元素通常具有相似的属性。例如，8A 族元素即惰性气体，是化学性质不活泼的气体。我们最熟悉的惰性气体可能是氦气，氦气可用来填

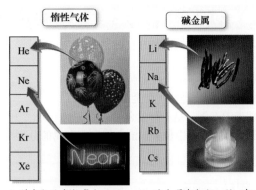

惰性气体
He
Ne
Ar
Kr
Xe

▲ 稀有气体包括氦气（用于气球）、氖气（用于霓虹灯）、氩气、氪气和氙气

碱金属
Li
Na
K
Rb
Cs

▲ 碱金属包括锂、钠、钾、铷和铯

充气球。氦气和其他惰性气体一样，化学性质很稳定，不会与其他元素结合形成化合物，因此充入气球是安全的。其他惰性气体包括：氖，通常用于霓虹灯；氩，占大气层的一小部分；氪和氙。1A 族元素即碱金属，都是具有强烈反应性质的金属。一块大理石大小的钠一旦掉入水中，就会爆炸。锂、钾和铷等也是碱金属。2A 族元素即碱土金属，尽管不像碱金属那样具有活性，但也相当活泼。例如，钙落入水中后反应相当强烈，但不像钠那样容易爆炸。其他碱土金属还有：镁，一种常见的低密度结构金属；锶和钡。7A 族元素即卤族元素（卤素），是化学性质非常活泼的非金属元素。氯气是一种带有刺鼻气味的黄绿色气体，可能是我们最熟悉的卤族元素。由于氯的反应性，人们经常使用氯气作为消毒剂和杀菌剂（它与细菌和其他微生物发生反应并杀死它们）。其他卤族元素包括：溴，一种很容易蒸发为气体的红棕色液体；碘，一种紫色的固体；氟，一种淡黄色的气体。

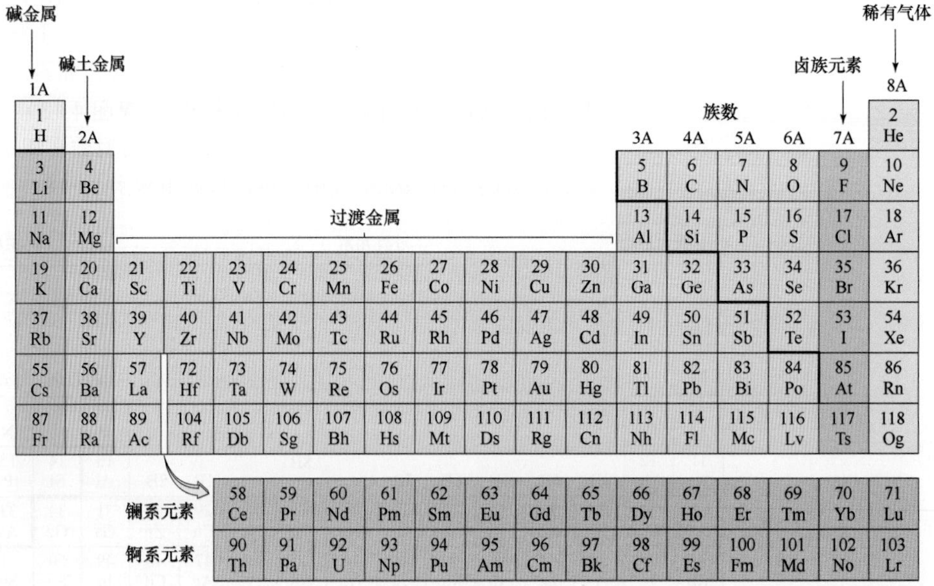

▲ 突出标记了 1A、2A、7A 和 8A 族的元素周期表

例题 **4.3**　元素的族

下列元素分别属于元素周期表中的哪一族？

(a) Mg；(b) N；(c) K；(d) Br。

解

(a) Mg 属于 2A 族，是碱土金属。

(b) N 属于 5A 族。

(c) K 属于 1A 族，是碱金属。

(d) Br 属于 7A 族，是卤族元素。

▶ 技能训练 4.3

下列元素分别属于元素周期表中的哪一族？

(a) Li；(b) B；(c) I；(d) Ar。

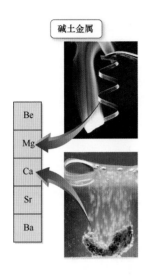

碱土金属

◀ 碱土金属包括铍、镁、钙、锶和钡

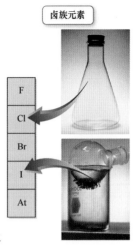

卤族元素

▶ 卤族元素包括氟、氯、溴、碘和砹

概念检查站 4.3

下列表述中，哪项是错误的？

(a) 一种元素既可以是过渡元素，又可以是金属元素。

(b) 一种元素既可以是过渡元素，又可以是类金属元素。

(c) 一种元素既可以是类金属元素，又可以是卤族元素。

(d) 一种元素既可以是主族元素，又可以是卤族元素。

4.7 离子

▶ 由质子数和电子数确定离子的电荷。

▶ 确定离子中的质子数和电子数。

离子的电荷表示在符号的右上角。

在化学反应中，原子经常失去或获得电子，形成称为离子的带电粒子。例如，中性锂原子（Li）包含 3 个质子和 3 个电子；然而，在反应中，锂原子（Li）失去 1 个电子（e^-），形成一个锂离子（Li^+）：

$$Li \longrightarrow Li^+ + e^-$$

锂离子（Li^+）包含 3 个质子，但只有 2 个电子，导致净电荷为 1。我们通常用电荷的大小和符号来书写离子电荷。例如，我们将带两个正电荷写为 2+，将带两个负电荷写为 2-。离子的电荷取决于获得或损失了多少电子，如下式所示：

$$离子电荷 = 质子数 - 电子数$$
$$= \#p^+ - \#e^-$$

式中，p^+ 表示质子，e^- 表示电子。

对于有 3 个质子和 2 个电子的锂离子，其电荷为

$$离子电荷 = 3 - 2 = 1+$$

中性氟（F）原子包含 9 个质子和 9 个电子；然而，在化学反应中，氟原子获得 1 个电子形成氟离子（F^-）：

$$F + e^- \longrightarrow F^-$$

氟离子包含 9 个质子和 10 个电子，产生 1 个负电荷：

$$离子电荷 = 9 - 10 = 1-$$

带正电荷的离子，如锂离子（Li^+），是阳离子，而带负电荷的离子，如氟离子（F^-），是阴离子。一方面，离子的行为与形成它们的原子区别很大。例如，中性钠原子具有强反应性质，与钠原子接触的大多数物质都能剧烈反应。另一方面，钠阳离子（Na^+）的化学性质相对来说较为稳定——我们一直食用氯化钠（食盐）。在自然界中，阳离子和阴离子总在一起，因此物质同样是电中性的。例如，钠阳离子与氯阴离子结合成食盐。

概念检查站 4.4

当氧获得两个电子时，形成的离子的符号是什么？

$$O + 2e^- \longrightarrow ?$$

例题 4.4　根据质子和电子的数量确定离子电荷

确定如下离子的电荷。

(a) 带 10 个电子的镁离子。

(b) 带 18 个电子的硫离子。

(c) 带 23 个电子的铁离子。

解：要确定每个离子的电荷，可以使用离子电荷方程：

$$离子电荷 = \#p^+ - \#e^-$$

已知电子数，可由周期表内元素的原子序数得到质子数。

(a) 镁的原子序数是 12：离子电荷 $= 12 - 10 = 2 + (Mg^{2+})$

(b) 硫的原子序数是 16：离子电荷 $= 16 - 18 = 2 - (S^{2-})$

(c) 铁的原子序数是 26：离子电荷 $= 26 - 23 = 3 + (Fe^{3+})$

▶ 技能训练 4.4

确定如下离子的电荷。

(a) 带 26 个电子的镍离子。

(b) 带 36 个电子的溴离子。

(c) 带 18 个电子的磷离子。

例题 4.5　确定离子中的质子数和电子数

确定钙离子（Ca^{2+}）中质子数和电子数。

元素周期表表明钙的原子序数是 20，所以钙有 20 个质子。我们可用离子电荷方程求电子的数量。	解 离子电荷 $= \#p^+ - \#e^-$ $2+ = 20 - \#e^-$ $\#e^- = 20 - 2 = 18$ 电子数是 18。钙离子（Ca^{2+}）有 20 个质子和 18 个电子。

▶ 技能训练 4.5

求硫离子（S^{2-}）的质子数和电子数。

4.7.1　离子和元素周期表

对于许多主族元素，我们可用元素周期表来预测当特定元素的一个原子变成离子后，会损失或获得多少电子。元素周期表中每个主族列上方与字母 A 排列的数字 1～8，就是该列元素的价电子数量。第 9 章中将更全面地讨论价电子的概念；现在，我们可将价电子视为原子中的最外层电子。氧在 6A 列，可以推断出它有 6 个价电子；镁在 2A 列，可以推断出它有 2 个价电子；以此类推。这个规则的例外是氦，它虽然在 8A 列，但只有 2 个价电子。价电子十分重要，第 10 章中将说明这些电子在化学键中是最重要的电子。

可以预测特定元素在相对于稀有气体的位置电离时获得的电荷。

主族元素倾向于形成与最近的惰性气体有相同价电子数的离子。

例如，离氧最近的惰性气体是氖。当氧电离时，它获得另外两个电子，共 8 个价电子——与氖的价电子数相同。我们可在元素周期表上将元素向前或向后移动来确定最近的惰性气体。例如，离镁最近的惰性气体也是氖，即使氖（原子序数为 10）位于周期表中的镁（原子序数为 12）之前。镁失去 2 个价电子，以获得与氖相同数量的价电子。

根据该原理，碱金属（1A 族）倾向于失去 1 个电子并形成 1 个离子，而碱土金属（2A 族）倾向于失去 2 个电子并形成 2 个离子。卤族元素（7A 族）倾向于获得 1 个电子并形成 1 个离子。元素周期表中可形成可预测离子的族（▼图 4.14）。我们要熟悉这些族及它们形成的离子。第 9 章将介绍能够充分解释这些族形成离子的理论。

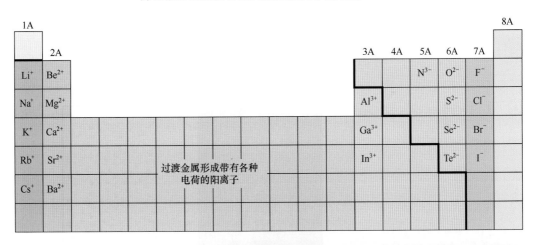

▲ 图 4.14 形成可预测离子的元素

例题 4.6　根据元素在周期表中的位置确定离子电荷

根据钡和碘在元素周期表中的位置，钡和碘往往会形成什么离子？

解：钡属于 2A 族，它往往形成带有 2 个电荷的阳离子（Ba^{2+}）。碘属于 7A 族，它往往形成一个带有 1 个电荷的阴离子（I^-）。

▶ **技能训练 4.6**

根据钾和硒在周期表中的位置，它们会形成什么离子？

概念检查站 4.5

哪对离子具有相同的电子总数？

(a) Na^+ 和 Mg^{2+}；(b) F^- 和 Cl^-；(c) O^- 和 O^{2-}；(d) Ga^{3+} 和 Fe^{3+}。

4.8　同位素

▶ 确定同位素的原子序数、质量数和同位素符号。

▶ 根据同位素符号确定质子数和中子数。

一种给定元素的所有原子都有相同数量的质子，但它们不一定有相同数量的中子。由于中子和质子的质量几乎相同（约为 1 amu），且给定元素的原子中的中子数可以不同，因此给定元素的所有原子都有不同的质量（与约翰·道尔顿在其原子理论中最初提出的相反）。例如，自然界中所有的氖原子都包含 10 个质子，但它们可能有 10 个、11 个或 12 个中子（▼图 4.15）。这三种氖原子都存在，每种原子的质量都略有不同。质子数相同但中子数不同的原子就是同位素。例如，铍（Be）和铝只有一种天然存在的同位素，而氖（Ne）和氯（Cl）有两种或多种同位素。

对于给定的元素，在其天然样本中，每种不同同位素的相对量总是相同的。例如，在任何氖原子的天然原子样本中，90.48% 的原子是含有 10 个中子的同位素，0.27% 的原子是含有 11 个中子的同位素，9.25% 的原子是含有 12 个中子的同位素，如表 4.2 所示。这意味着在 1 万个氖原子的样本中，9048 个氖原子含有 10 个中子，27 个氖原子含有 11 个中子，925 个氖原子含有 12 个中子。这些百分比是同位素的自然丰度百分比。前面的数字只适用于氖，每种元素都有自己的同位素自然丰度百分比。

最近的研究表明，对于某些元素，每种不同同位素的相对量随样本的历史而变化。然而，这些变化通常很小。

% 表示百分比。90.48% 意味着 100 个原子中有 90.48 个原子是含有 10 个中子的同位素。

表 4.2　氖同位素				
符　号	质子数	中子数	A（质量数）	自然丰度百分比
Ne-20 或 $^{20}_{10}$Ne	10	10	20	90.48%
Ne-21 或 $^{21}_{10}$Ne	10	11	21	0.27%
Ne-22 或 $^{22}_{10}$Ne	10	12	22	9.25%

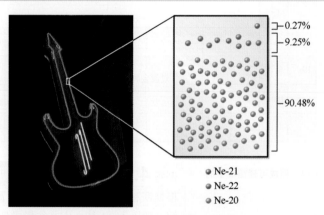

▶ 图 4.15　氖原子同位素自然产生的氖原子含有三种不同的同位素：Ne-20（10 个中子）、Ne-21（11 个中子）和 Ne-22（12 个中子）

一个原子的中子数和质子数之和是该原子的质量数，用符号 A 表示：

$$A = 质子数 + 中子数$$

对于有 10 个质子的氖，三种不同的天然同位素的质量数分别为 20、21 和 22，分别对应于 10、11 和 12 个中子。

我们常用以下方式表示同位素：

其中，X 表示化学符号，A 表示质量数，Z 表示原子序数。

例如，氖同位素的符号是

$$^{20}_{10}\text{Ne} \quad ^{21}_{10}\text{Ne} \quad ^{22}_{10}\text{Ne}$$

注意，化学符号（Ne）和原子序数（10）是冗余的。若原子序数为10，则符号必须为 Ne，反之亦然。然而，质量数是不同的，也反映了每种同位素的中子数。

同位素的第二个常见表示符号是化学符号（或化学名称）后面跟连字符和同位素的质量数：

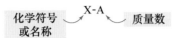

在这种表示符号中，氖同位素是

Ne-20 氖-20

Ne-21 氖-21

Ne-22 氖-22

注意，一种给定元素的所有同位素都有相同的质子数（否则它们将是不同的元素）。还要注意，质量数是质子数和中子数之和。同位素中的中子数是质量数和原子序数之差。

概念检查站 4.6

碳有两种天然同位素：$^{12}_{6}\text{C}$ 和 $^{13}_{6}\text{C}$。请用圆表示质子，用正方形表示中子，绘制每种同位素的原子核。

例题 4.7 原子序数、质量数和同位素符号

求有 7 个中子的碳同位素的原子序数（Z）、质量数（A）和同位素符号。

解：可以确定碳的原子序数（Z）是 6（来自周期表）。这意味着碳原子有 6 个质子。有 7 个中子的同位素的质量数（A）是质子数和中子数之和，即

$$A = 6 + 7 = 13$$

于是，Z = 6，A = 13，所以该同位素的符号为 C-13 或 ^{13}C。

▶ **技能训练 4.7**

求有 18 个中子的氯同位素的原子序数、质量数和同位素符号。

例题 4.8 根据同位素符号确定元素的质子数和中子数

铬同位素 $^{52}_{24}\text{Cr}$ 中有多少质子和中子？

质子数等于 Z（左下数）。	解 $\#p^+ = Z = 24$
中子数等于左上数 A 减去左下数 Z。	$\#n = A - Z$ $= 52 - 24$ $= 28$

▶ **技能训练 4.8**

钾同位素 $^{39}_{19}\text{K}$ 中有多少个质子和中子？

一个质量数为 27 的原子有 14 个中子，它是哪种元素的同位素？
(a) 硅；(b) 铝；(c) 钴；(d)铌。

本书中将原子表示为球体。例如，用一个黑球表示一个碳原子，如图所示。根据原子核理论，当这样表示时，C-12 和 C-13 是否不同？为什么？

 碳

4.9 相对原子质量

▶ 用自然丰度百分比和同位素质量来计算相对原子质量。

道尔顿原子理论的一个重要组成部分是，一种给定元素的所有原子都有相同的质量。但如我们刚刚了解到的，一种给定元素的原子可能有不同的质量（因为同位素）。因此，道尔顿并不完全正确。但是，我们可以计算出每种元素的平均质量，称为相对原子质量。我们可以在元素周期表中元素符号的正下方找到每种元素的相对原子质量；相对原子质量代表组成该元素的原子的平均质量。例如，元素周期表中列出氯的相对原子质量为 35.45 amu。天然氯由 75.77% 的氯-35（质量为 34.97 amu）和 24.23% 的氯-37（质量为 36.97 amu）组成，其相对原子质量为

相对原子质量 = (0.7577×34.97 amu) + (0.2423×36.97 amu)
= 35.45 amu

> 有些书使用平均相对原子质量或原子重量这个术语，而不使用简单的相对原子质量。

注意，氯的相对原子质量更接近 35 而非 37，因为天然氯含有的氯-35 的原子数超过了氯-37 的原子数。还要注意，当我们在这些计算中使用百分比时，最后必须将它们转换为十进制值。要将一个百分比转换为十进制值，可以除以 100。例如，

75.77% = 75.77/100 = 0.7577
24.23% = 24.23/100 = 0.2423

一般来说，我们根据以下方程式来计算相对原子质量：

相对原子质量=(同位素 1 的分数×同位素 1 的质量) +
(同位素 2 的分数×同位素 2 的质量) +
(同位素 3 的分数×同位素 3 的质量) + …

式中，每种同位素的分数是自然丰度百分比转换为其十进制值的数。相对原子质量的用处是，给每种元素分配一个特征质量，且如第 6 章所述，相对原子质量是我们量化某种元素样本中的原子数的工具。

环境中的化学

华盛顿州汉福德的放射性同位素

某种给定元素的同位素的核不都是同样稳定的。例如，天然铅主要由 Pb-206、Pb-207 和 Pb-208 组成。其他铅同位素也存在，但它们的核不稳定。科学家可在实验室中制造一些

其他的同位素，如 Pb-185。然而，在几秒内，Pb-185 的原子会从其原子核中释放一些有能量的亚原子粒子，变成不同元素的不同同位素（它们本身是不稳定的）。这些释放的亚原子粒子被称为核辐

射，我们称释放核辐射的同位素为放射性同位素。核辐射总与不稳定的核有关，对人类和其他生物体有害，因为释放的能量粒子与生物分子相互作用并破坏生物分子。一些同位素，如 Pb-185，只在很短的时间内释放大量的辐射。其他一些同位素可能放射很长一段时间，某些情况下甚至长达数百万年甚至数十亿年。

核能和核武器工业的副产品含有几种不同元素的不稳定同位素。这些同位素在很长一段时间内都会发射核辐射，所以对于这些同位素的处理是一个环境问题。例如，在华盛顿汉福德生产了 50 年的核武器燃料，177 个地下储罐中含有 5500 万加仑的高放射性核废料。在可预见的未来，这些废料中的某些放射性同位素将产生核

辐射。遗憾的是，汉福德的一些地下储罐正在老化，产生泄漏，导致一些废物渗入环境。虽然这种废料短时间暴露产生的危险最小，但废料污染饮用水或食物供应将造成重大的健康风险。因此，汉福德现在是美国历史上最大的环境清理项目所在地，共有 1.1 万名工人参与。美国政府预计该项目将持续几十年，目前成本约为 30 亿美元。

然而，放射性同位素不总是有害的，而且很多放射性同位素都有有益的用途。例如，医生给病人用锝-99（Tc-99）来诊断疾病。锝-99 发出的辐射有助于医生成像内部器官或检测感染。
B4.2 你能回答吗？求以下同位素中的中子数：Pb-206、Pb-207、Pb-208、Pb-185、Tc-99。

◀ 华盛顿汉福德的储罐中含有 5500 万加仑的高放射性核废料。图中的每个储罐中装有 100 万加仑核废料

例题 4.9　计算相对原子质量

镓有两种天然同位素：质量为 68.9256 amu 的 Ga-69，自然丰度百分比为 60.11%；Ga-71，质量为 70.9247 amu，自然丰度百分比为 39.89%。计算镓的相对原子质量。

记住将自然丰度百分比除以 100 转换为十进制形式。	解 $$Ga-69\ 的分数 = \frac{60.11}{100} = 0.6011$$ $$Ga-71\ 的分数 = \frac{39.89}{100} = 0.3989$$
使用同位素的丰度分数和相对原子质量，根据相对原子质量的定义来计算相对原子质量。	相对原子质量 = (0.6011×68.9256 amu) + (0.3989×70.9247 amu) = 41.4312 amu + 28.2919 amu = 69.7231 amu = 69.72 amu

▶ 技能训练 4.9

镁有三种天然同位素，质量分别为 23.99 amu、24.99 amu 和 25.98 amu，自然丰度百分比分别为 78.99%、10.00% 和 11.01%。计算镁的相对原子质量。

概念检查站 4.9

某种虚构的元素由质量分别为 61.9887 amu 和 64.9846 amu 的同位素 A 和 B 组成。该元素的相对原子质量为 64.52。关于这两种同位素的自然

丰度，你能得出什么结论？

(a) 同位素 A 的自然丰度百分比肯定大于同位素 B 的自然丰度百分比。

(b) 同位素 B 的自然丰度百分比肯定大于同位素 A 的自然丰度百分比。

(c) 两种同位素的自然丰度百分比大致相等。

(d) 从已知信息不能得出这两种同位素的自然丰度百分比的结论。

关键术语

碱金属	化学符号	类金属	自然丰度百分比
碱土金属	电子	金属	阴离子
族	中子	周期律	原子
周期	稀有气体	元素周期表	相对原子质量
卤族元素	非金属	质子	相对原子质量单位
离子	核辐射	放射性	原子序数
同位素	原子核理论	半导体	阳离子
主族元素	过渡元素	电荷	质量数
原子核	过渡金属		

技能训练答案

技能训练 4.1 .... (a) 钠，11
(b) 镍，28
(c) 磷，15
(d) 钽，73

技能训练 4.2 .... (a) 非金属
(b) 非金属
(c) 金属
(d) 类金属

技能训练 4.3 .... (a) 碱金属，1A 族
(b) 3A 族

(c) 卤族元素，7A 族
(d) 稀有气体，8A 族

技能训练 4.4 .... (a) 2+
(b) 1–
(c) 3–

技能训练 4.5 .... 16 个质子，18 个电子

技能训练 4.6 .... K^+ 和 Se^{2-}

技能训练 4.7 .... Z = 17，A = 35，Cl-35 和 $^{35}_{17}Cl$

技能训练 4.8 .... 19 个质子，20 个中子

技能训练 4.9 .... 24.31 amu

概念检查站答案

4.1 (c)。amu 中的质量数近似等于质子数加中子数。为了平衡电荷，质子数必须等于电子数。

4.2 (d)。铅是金属（图 4.12），是主族元素（图 4.13）。

4.3 (b)。所有的类金属都是主族元素。

4.4 O^{2-}。

4.5 (a)。这两个离子都有 10 个电子。

4.6

C-12原子核

C-13原子核

4.7 (b)。该原子须有 27 – 14 = 13 个质子；原子序数为 13 的元素是 Al。

4.8 同位素 C-12 和 C-13 在原子的表示上看起来没有什么不同，因为这两种同位素的唯一区别是 C-13 在原子核中有一个额外的中子。这幅插图描绘的是整个原子而不是原子核。原子核比原子本身要小得多，所以多出来的中子不会影响原子的大小。

4.9 (b)。同位素 B 的自然丰度一定大于同位素 A 的自然丰度，因为相对原子质量更接近同位素 B 的质量而非同位素 A 的质量

第 5 章 分子和化合物

生命的所有方面几乎都是在分子水平上设计的，如果不了解分子，那么我们对生命本身只能有一个非常肤浅的了解。

——弗朗西斯·哈里·康普顿·克里克（1916—2004）

5.1　糖和盐

金属钠色泽明亮（◀图 5.1），有毒，极易发生化学反应，暴露在空气中会立刻氧化。如果不小心接触了哪怕一点点钠，也一定要立刻寻求医疗帮助。氯气（▼图 5.2）是一种淡黄色的气体，同样易反应且有毒。但是，由这两种元素形成的化合物氯化钠（▼图 5.3）相对来说是一种无害的增味剂，也就是我们所说的食盐。当元素结合形成化合物时，它们的性质会完全改变。

▲ 图 5.1　**金属钠**。钠是极易反应的金属，在空气中会立刻生锈

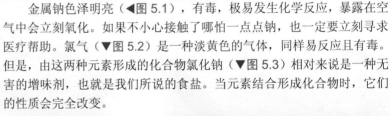

▶ 图 5.2　**元素氯**。氯气是一种带刺激性气味的黄色气体，易反应且有毒

▲ 图 5.3　**氯化钠**。由钠和氯组成的化合物是食盐

◀ 普通食糖是一种被称为蔗糖的化合物。一个蔗糖分子中包含了碳原子、氢原子和氧原子。然而，蔗糖的性质和这些碳原子（如石墨中的碳原子）、氢原子和氧原子的性质十分不同。总体而言，化合物的性质一般与组成它的元素的性质不同

再来看看食糖，食糖是由碳原子、氢原子和氧原子组成的化合物。碳元素是可见于铅笔中的石墨或者珠宝中的钻石；氢气是火箭发动所需的燃料；氧气是组成空气的气体之一。然而，当这三种元素结合时，就会形成带有甜味的白色晶体，也就是食糖。第 4 章中介绍了质子、中子和电子是如何结合形成原子的，每种原子都有各自独特的性质和化学性能。本章介绍这些原子是如何结合形成化合物的，每种化合物都会形成自己的性质和化学性能，各不相同，也与组成它们的原子的性质不同。这就是大自然的伟大奇迹：从最简单的质子、中子和电子，我们能够得到这么复杂的事物，而这些复杂的事物则让我们的生活变得可能。如果 91 种不同的元素不结合形成化合物，生命就无法存在。化合物的多样性最终形成了生命器官。

5.2　恒定的化合物组成

▶ 复习并应用定比定律。

自由原子在自然中非常稀少，我们在第 3 章中学过，化合物和由元素组成的混合物是不一样的。化合物是由固定的元素按比例结合而成的，但混合物中元素的比例不是固定的，而是任意的，如氢气和氧气的混合物（▼图 5.4）与水（▼图 5.5）。在氢气和氧气的混合物中，氧气和氢气的比例可以是任意的；而水是由水分子构成的，水分子由两个氢原子和一个氧原子结合而成。因此，水中氢和氧的比例是确定的。

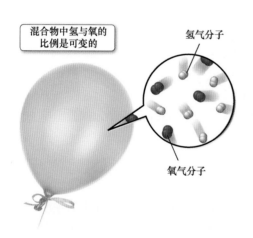

混合物中氢与氧的比例是可变的

氢气分子

氧气分子

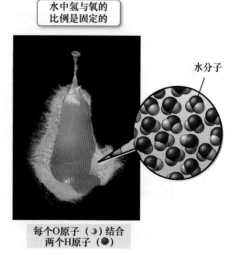

水中氢与氧的比例是固定的

水分子

每个O原子（ ）结合两个H原子（ ）

▲ 图 5.4　混合物。气球内是氢气和氧气的混合物。氢和氧的相对数量是可变的，我们可很容易地将更多的氧气或氢气充入气球

▲ 图 5.5　混合物。气球内是水，水分子中含有固定比例的氢和氧

首次正式提出元素以固定比例结合形成化合物这一想法的化学家是约瑟夫·普劳斯特（1754—1826），他将"定比定律"陈述如下：

一种给定化合物的所有样本都含有相同比例的组成成分。

例如，我们分解 18.0 g 水的样本，会得到 16.0 g 氧气和 2.0 g 氢气，或者说，氧气和氢气的质量比为

$$质量比 = \frac{16.0\ g\ O}{2.0\ g\ H} = 8.0 \quad 或者 \quad 8.0:1$$

这一比例在任何纯净水的样本中都是成立的，无论水的来源是什么。"定比定律"不止适用于水，也适用其他所有化合物。氨气是一种由氮元素和氢元素组成的化合物，如果我们分解 17.0 g 的氨气样本，将得到 14.0 g 氮气和 3.0 g 氢气，或者说氮元素和氢元素的质量比为

> 虽然原子按整数比例结合，但它们的质量比不一定是整数。

$$质量比 = \frac{14.0\ g\ O}{3.0\ g\ H} = 4.7 \quad 或者 \quad 4.7:1$$

同样，该质量比适用于任何纯净的氨气样本。
任何化合物的元素质量比都是恒定的。

例题 5.1 恒定的化合物组成

分解两个来源不同的二氧化碳样本，探究其组成成分。一个样本分解为 4.8 g 氧气和 1.8 g 碳；另一个样本分解为 17.1 g 氧气和 6.4 g 碳。证明这两种情况符合"定比定律"。

计算两种元素的质量比——用质量大的除以质量小的。	解
第一个样本：	$\dfrac{氧气质量}{碳质量} = \dfrac{4.8\ g}{1.8\ g} = 2.7$
第二个样本：	$\dfrac{氧气质量}{碳质量} = \dfrac{17.1\ g}{6.4\ g} = 2.7$

由于这两个样本得出的质量比一样，所以该结果与"定比定律"保持一致。

▶ **技能训练 5.1**
分解两个来源不同的一氧化碳样本，探究其组成成分。一个样本分解为 7.5 g 氧气和 5.6 g 碳，另一个样本分解为 4.3 g 氧气和 3.2 g 碳。证明这两种情况符合"定比定律"。

概念检查站 5.1

由两种元素 A 和 B 组成的化合物的质量比为 3.0。化合物分解后产生 9.0 g 元素 A，元素 B 的质量是多少？
(a) 27.0 g B；(b) 9.0 g B；(c) 3.0 g B；(d) 1.0 g B。

5.3 化学式

▶ 书写化学式。
▶ 计算化学式中每种原子的总数。

我们用化学式来表示化合物，以指出化合物中出现的各种元素及每种元素的相对比例。例如，H_2O 是水的化学式，它指出水是由氢元素和氧元素组成的，其中氢原子和氧原子的比例为 2:1（注意，该比例是化学式中原子的数量比，而不是质量比）。化学式中包含每种元素的符号及元素的原子数——由右下角的一个小数字标记，数字 1 通常省略。

> 化合物的相对质量是恒定的，因为它们由原子按固定比例组成。

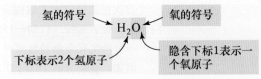

其他普通物质的化学式包括：食盐的化学式 NaCl，表示氯原子和钠

原子的数量比是 1:1；二氧化碳的化学式 CO_2，表示碳原子和氧原子的数量比是 1:2；蔗糖的化学式 $C_{12}H_{22}O_{11}$，表示碳原子、氢原子和氧原子的数量比为 12:22:11。某个化学式的下标也是该化合物定义的一部分，如果下标改变，那么该化学式就不能代表相同的化合物。例如，CO 是一氧化碳的化学式，一氧化碳是对人体有害的气体，一旦被人体吸入，就会阻碍人体血液供氧，存在致命危险；一氧化碳是吸入过多汽车尾气导致人死亡的主要物质。然而，如果将 CO 中 O 的下标由 1 变成 2，就可得到一个完全不同的化合物的化学式，也就是 CO_2。CO_2 是二氧化碳的化学式，它是燃烧和人类呼吸导致的相对无害的产物。我们呼吸时总是吸入少量的 CO_2，没有危害。记住：

化学式中的下标代表一种化合物中每种原子的相对数量，在给定的化合物中不会改变。

化学式中通常将大多数金属元素放在前面。因此，食盐的化学式是 NaCl 而不是 ClNa。在没有金属元素的化合物中，我们将类金属元素放在前面。回顾第 4 章可知，金属元素在元素周期表中的左侧，非金属元素在元素周期表的右上方。在非金属元素中，靠近元素周期表左侧的元素比靠近右侧的元素更趋近于类金属元素，通常该类元素也是排在化学式前面的元素。因此，我们将二氧化碳和一氧化氮的化学式写为 CO_2 和 NO，而不写为 O_2C 和 ON。从元素周期表中的单列来看，下面的元素比上面的元素更趋近于类金属元素，因此二氧化硫的化学式是 SO_2 而不是 O_2S。表 5.1 中列出了非金属元素在化学式中的排列顺序。

有一些历史习惯上的例外，最具金属性质的元素未写在前面，如氢氧根离子，我们将其记为 OH^-。

表 5.1　非金属元素在化学式中的排列顺序									
C	P	N	H	S	I	Br	Cl	O	F

左侧的元素通常写在右侧的元素之前。

例题 **5.2**　书写化学式

写出下列化合物的化学式。

(a) 铝原子和氧原子数量比为 2:3 的化合物。

(b) 氧原子和硫原子数量比为 3:1 的化合物。

(c) 氯原子和碳原子数量比为 4:1 的化合物。

	解
铝是金属元素，所以排在最前面。	(a) Al_2O_3
硫元素在元素周期表中位于氧元素的下方，且在表 5.1 中排在氧元素的前面，所以硫元素排在最前面。	(b) SO_3
碳元素在元素周期表中位于氯元素左侧，且在表 5.1 中排在氯元素的前面，所以碳元素排在最前面。	(c) CCl_4

▶ 技能训练 5.2

写出下列化合物的化学式。

(a) 银原子和硫原子的数量比为 2:1 的化合物。

(b) 氮原子和氧原子的数量比为 2:1 的化合物。

(c) 氧原子与钛原子的数量比为 2:1 的化合物。

5.3.1　化学式中的多原子离子

一些化学式中包含由原子组合为一个单位的原子团。当存在多个同样的原子团时，我们用括号隔开化学式中的原子团，并加下标，以表明该原子团的数量。这些原子团中有许多与它们相关的电荷，称为多原子离子。例如，NO_3^- 是含有一个负电荷的多原子离子。5.5 节中将详细说明多原子离子。

为了确定一个含有括号原子团的化合物中的每种原子的总数，我们将括号内每种原子的下标乘以括号外面的数字，就可得到括号内每种原子的总数。例如，$Mg(NO_3)_2$ 表示该化合物中含有一个镁原子（以正二价的 Mg^{2+} 存在）和两个 NO_3^- 原子团：

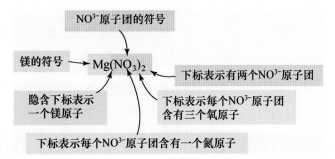

因此，化学式 $Mg(NO_3)_2$ 中每种原子的数量如下：

Mg: 1 个镁原子

N: 1×2 = 2 N（用括号内的 1 乘以括号外的 2）

O: 3×2 = 6 O（用括号内的 3 乘以括号外的 2）

例题 5.3　化学式中每种原子的总数

计算 $Mg_3(PO_4)_2$ 中每种原子的数量

解

Mg: 镁原子的下标为 3，说明该化学式中含有 3 个镁原子（镁原子以 Mg^{2+} 的形式存在）。

P: 共有两个磷原子。将括号外的下标 2 乘以括号内磷原子 P 的下标 1，得出磷原子为 2 个。

O: 共有 8 个氧原子。将括号外的下标 2 乘以括号内氧原子 O 的下标 4，得出氧原子为 8 个。

▶ **技能训练 5.3**

计算 K_2SO_4 中每种原子的数量。

▶ **技能巩固**

计算 $Al_2(SO_4)_3$ 中每种原子的数量。

概念检查站 5.2

以下哪个化学式中的原子总数最多？

(a) $Al(C_2H_3O_2)_3$；　(b) $Al_2(Cr_2O_7)_3$；　(c) $Pb(HSO_4)_4$；

(d) $Pb_3(PO_4)_4$；　(e) $(NH_4)_3 PO_4$。

5.3.2　化学式的种类

　　化学式分为三类：实验式、分子式和结构式。实验式表现了化合物中每种元素的原子数的最简整数比；分子式表现了化合物分子中每种元素的实际原子数。例如，过氧化氢的分子式为 H_2O_2，其实验式为 HO。分子式总是实验式的整数倍，而大多数化合物的分子式和实验式是一样的。

　　例如，水的实验式和分子式都是 H_2O，因为水分子中包含两个氢原子和一个氧原子，而氢原子和氧原子的相对比例已是最简整数比。

　　结构式中使用连线来代表化学键，表示分子中的原子是如何相连的。过氧化氢的结构式为 H—O—O—H。也可使用分子模型（分子的三维表示图）来表示化合物。本书中用到了两种分子模型：球棍模型和空间填充模型。在球棍模型中，球状图代表原子，短棍代表化学键，球棍相连代表分子的形状。球状图是彩色编码的，即给每种元素分配一种颜色，如左图所示。

　　在空间填充模型中，我们可将它放大到可见的尺寸，原子紧密填充彼此之间的空间，使其更贴近我们的想法。甲烷是天然气的主要成分，我们用以下几种方式表示甲烷分子：

- ○ 氢原子
- ● 碳原子
- ● 氮原子
- ● 氧原子
- ○ 氟原子
- ● 磷原子
- ● 硫原子
- ● 氯原子

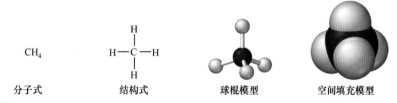

CH_4	H—C—H 结构式	球棍模型	空间填充模型
分子式			

　　甲烷的分子式表明，甲烷是由 1 个碳原子和 4 个氢原子组成的。结构式表明原子之间是如何连接的：每个氢原子与中间的碳原子相连。球棍模型和空间填充模型表示该分子的几何结构：原子之间是如何以三维形态分布的。在本书中，我们会看到图片表现了宏观世界（肉眼可见的世界）、原子和分子的世界（组成物质的微粒世界）以及化学家用来表示分子、原子的符号之间的联系。例如，左图是使用这种图片表示的水。这些图片的主要目的是帮助我们理解本书的主题：了解我们感知到的世界和原子、分子世界之间的联系。

宏观　　　　　分子

H_2O

符号

概念检查站 5.3

写出下面这个空间填充模型代表的化合物的化学式。

5.4　单质和化合物的分子观点

▶ 将单质分类为原子单质或分子单质。

▶ 将化合物分类为离子化合物或分子化合物。

　　回顾第 3 章可知，纯净物分为单质和化合物两类。根据组成单质和化合物的基本单位，我们可进一步对单质和化合物分类（▼图 5.6）。单质还可能是原子或分子，化合物还可能是分子或离子。

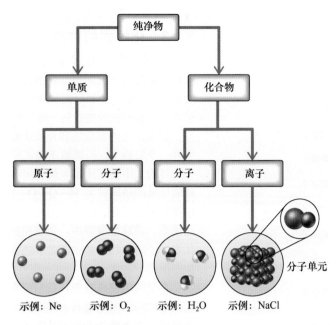

▲ 图 5.6　单质和化合物的分子观点

5.4.1　原子单质

原子单质以单个原子为基本单位，大多数单质都属于原子单质。例如，氦气是由氦原子组成的，铜是由铜原子组成的（▼图 5.7）。

5.4.2　分子单质

分子单质通常不以单个原子作为基本单位存在于自然界。相反，这些单质以双原子分子的形式存在——该元素的两个原子结合在一起，作为它们的基本单位。例如，两个氢原子组成 H_2 分子，两个氧原子组成 O_2 分子，两个氯原子组成 Cl_2 分子（▼图 5.8）。

表 5.2 和▼图 5.9 中列出了以双原子分子形式存在的单质。

少数分子单质是由几个原子组成的，如 S_8 和 P_4。

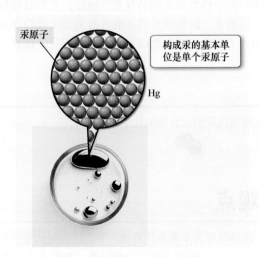

▲ 图 5.7　一种原子单质

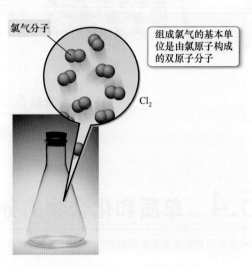

▲ 图 5.8　一种分子单质

表 5.2　以双原子分子形式存在的单质

元素名称	基本单元分子式
氢	H_2
氮	N_2
氧	O_2
氟	F_2
氯	Cl_2
溴	Br_2
碘	I_2

□ 双原子分子形式存在的单质

主族						过渡金属									主族						

元素周期表（部分标记，黄色突出表示以双原子分子形式存在的单质）

	1A 1	2A 2	3B 3	4B 4	5B 5	6B 6	7B 7	8B 8	9	10	1B 11	2B 12	3A 13	4A 14	5A 15	6A 16	7A 17	8A 18
1	1 H																	2 He
2	3 Li	4 Be											5 B	6 C	7 N	8 O	9 F	10 Ne
3	11 Na	12 Mg											13 Al	14 Si	15 P	16 S	17 Cl	18 Ar
4	19 K	20 Ca	21 Sc	22 Ti	23 V	24 Cr	25 Mn	26 Fe	27 Co	28 Ni	29 Cu	30 Zn	31 Ga	32 Ge	33 As	34 Se	35 Br	36 Kr
5	37 Rb	38 Sr	39 Y	40 Zr	41 Nb	42 Mo	43 Tc	44 Ru	45 Rh	46 Pd	47 Ag	48 Cd	49 In	50 Sn	51 Sb	52 Te	53 I	54 Xe
6	55 Cs	56 Ba	57 La	72 Hf	73 Ta	74 W	75 Re	76 Os	77 Ir	78 Pt	79 Au	80 Hg	81 Tl	82 Pb	83 Bi	84 Po	85 At	86 Rn
7	87 Fr	88 Ra	89 Ac	104 Rf	105 Db	106 Sg	107 Bh	108 Hs	109 Mt	110 Ds	111 Rg	112 Cn	113 Nh	114 Fl	115 Mc	116 Lv	117 Ts	118 Og

镧系元素	58 Ce	59 Pr	60 Nd	61 Pm	62 Sm	63 Eu	64 Gd	65 Tb	66 Dy	67 Ho	68 Er	69 Tm	70 Yb	71 Lu
锕系元素	90 Th	91 Pa	92 U	93 Np	94 Pu	95 Am	96 Cm	97 Bk	98 Cf	99 Es	100 Fm	101 Md	102 No	103 Lr

▲ 图 5.9　**以双原子分子形式存在的单质。**在元素周期表上用黄色突出表示的元素通常以双原子分子形式存在。注意这些元素都是非金属元素，包括 4 种卤族元素

5.4.3　分子化合物

分子化合物由两种或以上的非金属元素组成，分子化合物的基本单位是由原子组成的分子。例如，水由 H_2O 分子组成，干冰由 CO_2 分子组成（▼图 5.10），丙酮（指甲抛光剂）由 C_3H_6O 分子组成。

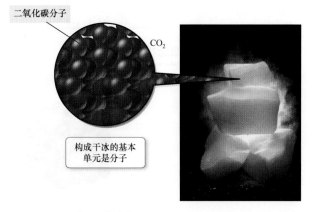

二氧化碳分子

CO_2

构成干冰的基本单元是分子

▲ 图 5.10　一种分子化合物

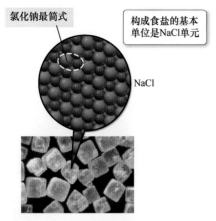

氯化钠最简式

构成食盐的基本单位是NaCl单元

NaCl

▲ 图 5.11 一种离子化合物。与分子化合物不同，离子化合物并不包含单个分子，而由钠离子和氯离子三维交替排列组成

5.4.4 离子化合物

离子化合物由一个或多个阳离子与一个或多个阴离子配对而成。当有失去电子倾向的金属（见 4.6 节）与具有接收电子倾向的非金属结合时，一个或多个电子从金属转移到非金属，产生正离子和负离子，然后相互吸引。我们可以假设由金属和非金属组成的化合物是离子化合物。离子化合物的基本单位是最简式，也就是离子的最小电中性集合。最简式不同于分子，因为它们不是作为离散实体存在的，而是作为更大的三维阵列的一部分存在的。例如，食盐（NaCl）是由 Na^+ 离子和 Cl^- 离子按 1:1 的比例组成的。在食盐中，Na^+ 离子和 Cl^- 离子存在于交替的三维阵列中（◄图 5.11）。然而，任何一个 Na^+ 离子都不与一个特定的 Cl^- 离子配对。有时，化学家将最简式称为分子，但严格来说这是不正确的，因为离子化合物不包含不同的分子。

例题 **5.4** **将物质分类为原子元素、分子元素、分子化合物或离子化合物**

将下列物质分类为原子元素、分子元素、分子化合物或离子化合物。

(a) 氖；(b) $CoCl_2$；(c) 氮；(d) SO_2；(e) KNO_3。

解

(a) 氖在表 5.2 中未被列为双原子元素，因此是原子元素。

(b) $CoCl_2$（二氯化钴）是由元素周期表左侧的一种金属和右侧的一种非金属组成的化合物，因此是离子化合物。

(c) 氮在表 5.2 中被列为双原子元素，因此是分子元素。

(d) SO_2（二氧化硫）是由两种非金属元素组成的化合物，因此是分子化合物。

(e) KNO_3（硝酸钾）是由一种金属元素和两种非金属元素组成的化合物，因此是离子化合物。

▶ 技能训练 5.4

将以下物质分类为原子元素、分子元素、分子化合物或离子化合物。

(a) 氯；(b) NO；(c) Au；(d) Na_2O；(e) $CrCl_3$。

概念检查站 5.4

以下哪幅图像代表分子化合物？

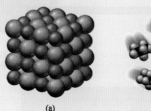

(a) (b)

5.5 离子化合物化学式的书写

▶ 书写离子化合物的化学式。

回顾 4.7 节和图 4.14，复习可形成具有可预测电荷的离子的元素。

由于离子化合物必须是电中性的，且许多元素只形成一种具有可预测电荷的离子，因此我们可以根据它们的组成元素来确定离子化合物的化学式。例如，由钠和氯组成的离子化合物的化学式必须是 $NaCl$，而不是任何其他物质，因为在离子化合物中，Na 总是带一个正电荷，Cl 总是带一个负电荷。为了使化合物是电中性的，每个带正电荷的钠离子都必须与每个带负电荷的氯离子结合。由镁和氯组成的离子化合物的化学式必须是 $MgCl_2$，因为 Mg 总是带两个正电荷，Cl 总是带一个负电荷。为了使化合物是电中性的，带两个正电荷的镁离子必须与两个带负电荷的氯离子结合。小结如下：

- 离子化合物总是含有正负离子。
- 在化学式中，带正电荷的离子（阳离子）的电荷之和总与带负电荷的离子（阴离子）的电荷之和相互抵消。

5.5.1 书写只含单原子离子的离子化合物的化学式

要写出含单原子离子（非多原子离子）的离子化合物的化学式，可以按照以下示例左列中的步骤进行。中间和右边两列提供了如何应用左列步骤的两个例题。

离子化合物化学式的书写	例题 **5.5** 写出由铝和氧形成的离子化合物的化学式。	例题 **5.6** 写出由镁和氧形成的离子化合物的化学式。
1. 首先写出金属及其电荷的符号，以及非金属及其电荷的符号。对于许多元素，我们可以从元素周期表的族号中确定这些电荷（见图 4.14）。	解 Al^{3+} O^{2-}	解 Mg^{2+} O^{2-}
2. 将每个离子上方的电荷大小（无符号）作为另一个离子的下标。	Al^{3+} O^{2-} Al_2O_3	Mg^{2+} O^{2-} Mg_2O_2
3. 可能时，减小两个下标的数字，直至得到一个最小的整数比。	此时，不能进一步减小数字；正确的化学式是 Al_2O_3。	为减小下标的数字，将两个下标的数字同时除以 2： $Mg_2O_2 \div 2 = MgO$
4. 检查答案，确保阳离子的电荷之和正好抵消阴离子的电荷之和。	阳离子：$2(3+) = 6+$ 阴离子：$2(3-) = 6-$ 电荷相互抵消。	阳离子：$2+$ 阴离子：$2-$ 电荷相互抵消。
	▶ 技能训练 5.5 写出由锶和氯形成的化合物的化学式。	▶ 技能训练 5.6 写出由铝和氮形成的化合物的化学式。

5.5.2 书写含多原子离子的离子化合物的化学式

如前所述，一些离子化合物含有多原子离子（离子本身由一组具有总电荷的原子组成）。表 5.3 中列出了一些常见的多原子离子，我们要尽可能熟悉表 5.3 才能识别化学式中的多原子离子。要书写包含多原子离子的离子化合物的化学式，可在例题 5.7 中使用多原子离子的化学式和电荷。

表 5.3　一些常见的多原子离子			
名　称	化学式	名　称	化学式
醋酸根	$C_2H_3O_2^-$	次氯酸根	ClO^-
碳酸根	CO_3^{2-}	亚氯酸根	ClO_2^-
碳酸氢根	HCO_3^-	氯酸根	ClO_3^-
氢氧根	OH^-	高氯酸根	ClO_4^-
硝酸根	NO_3^-	高锰酸根	MnO_4^-
亚硝酸根	NO_2^-	硫酸根	SO_4^{2-}
铬酸根	CrO_4^{2-}	亚硫酸根	SO_3^{2-}
重铬酸根	$Cr_2O_4^{2-}$	亚硫酸氢根	HSO_3^-
磷酸根	PO_4^{3-}	硫酸氢根	HSO_4^-
磷酸氢根	HPO_4^{2-}	过氧根	O_2^{2-}
铵根	NH_4^+	氰酸根	CN^-

例题 5.7　书写含多原子离子的离子化合物的化学式

写出由钙和硝酸根离子形成的化合物的化学式。

	解
1. 首先写出金属离子的符号，然后写出多原子离子及其电荷的符号。我们可从元素周期表的族号推出金属离子的电荷数。对于多原子离子，在表 5.3 中查找电荷和名称。	Ca^{2+}　NO_3^-
2. 将每个离子上方电荷的大小作为另一个离子的下标数字。	$Ca_1(NO_3)_2$
3. 检查下标数字是否可以简化为更简单的整数。下标数字 1 省略，因为它是隐含的。	此时，下标数字不能进一步减小，但可将下标数字 1 省略。 $Ca(NO_3)_2$
4. 确认阳离子的电荷之和正好等于阴离子的电荷之和。	阳离子　　　阴离子 2+　　　　$2(1-) = 2-$

▶ **技能训练 5.7**
写出铝和磷离子形成的化合物的化学式。

▶ **技能巩固**
写出钠和亚硫酸根离子形成的化合物的化学式。

概念检查站 5.5

有些金属可在不同的化合物中形成不同电荷的离子。推导化合物 $Cr(NO_3)_3$ 中 Cr 离子的电荷。

(a) 1+；　(b) 2+；　(c) 3+；　(d) 1−。

5.6　化合物的命名

▶ 区分化合物的常用名称和系统名称。

由于不同的化合物很多，化学家开发了系统的方法来命名它们。这些命名规则可以帮助我们检查化合物的化学式并确定其名称，反之亦然。许多化合物还有一个常用名称。例如，H_2O 的常用名称是水，但是系统名称为一氧化二氢。常用名称就像化合物的昵称，被熟悉的人使用。由于水是人们如此熟悉的化合物，因此每个人都使用它的常用名称，而不使用它的系统名称。下面介绍如何系统地命名简单的离子和分子化合物。然而，人们有时会使用一些化合物的常用名称，而不使用它们的系统名称。常见名称的学习需要熟能生巧。

5.7　离子化合物的命名

▶ 命名含有仅形成一种离子的金属的二元离子化合物。
▶ 命名含有形成一种以上离子的金属的二元离子化合物。
▶ 命名含有多原子离子的离子化合物。

命名离子化合物的第一步是将其视为一个整体。记住，任何时候，当一个化学式中含有一种金属和一种或多种非金属时，可以假设该化合物是离子化合物。离子化合物根据化合物中的金属分为两类（▼图 5.12）。第一种离子化合物（有时称为 I 型）包含一种具有不变电荷的金属——该类金属不因化合物而异。例如，钠在其所有化合物中都带有 1 个正电荷。▼图 5.13 中列出了在不同化合物中电荷不变的金属，大多数金属的电荷可从元素周期表中的序号推断出来（见图 4.14）。

第二种离子化合物（有时称为 II 型）含有的金属，其电荷在不同的化合物中可能不同。换句话说，在离子化合物的第二种类型中，金属在不同的化合物中带不同的电荷，形成不同的离子。例如，铁在某些化合物中带 2 个正电荷，在另一些化合物中带 3 个正电荷。记住这些的最好方法是排除法。为此，我们假设图 5.13 中未突出显示的金属都属于离子化合物的第二种类型。表 5.4 中列出了这类金属的一些例子。形成阳离子的金属，其电荷可在不同的化合物中变化，通常

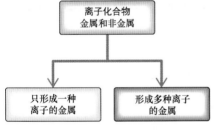

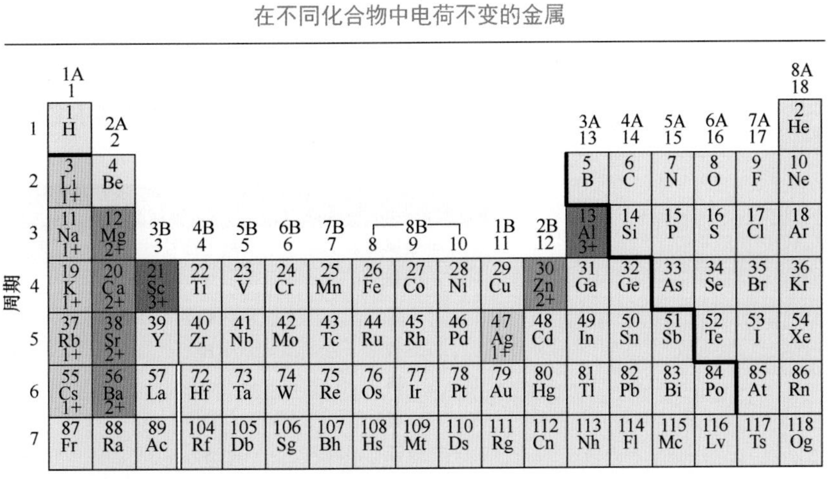

▲ 图 5.12　**离子化合物的分类**。根据化合物中金属电荷的不同，我们将离子化合物分为两类

在不同化合物中电荷不变的金属

（元素周期表）

▲ 图 5.13　**电荷不变的金属**。元素周期表中突出显示的金属在所有化合物中的电荷是不变的

表 5.4 一些形成一种以上离子的金属及它们的常见电荷			
金　属	主要离子电荷	命　名	旧命名
铬	Cr^{2+}	铬(II)	二价铬离子
	Cr^{3+}	铬(III)	三价铬离子
铁	Fe^{2+}	铁(II)	二价铁离子
	Fe^{3+}	铁(III)	三价铁离子
钴	Co^{2+}	钴(II)	二价钴离子
	Co^{3+}	钴(III)	三价钴离子
铜	Cu^{+}	铜(I)	一价铜离子
	Cu^{2+}	铜(II)	二价铜离子
锡	Sn^{2+}	锡(II)	二价锡离子
	Sn^{4+}	锡(IV)	四价锡离子
汞	Hg_2^{2+}	汞(I)	一价汞离子
	Hg^{2+}	汞(II)	二价汞离子
铅	Pb^{2+}	铅(II)	二价铅离子
	Pb^{4+}	铅(IV)	四价铅离子

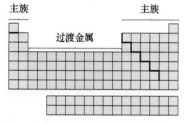

▲ 图 5.14　过渡金属。能形成一种以上离子的金属通常（但不总）是过渡金属

（但不总）存在于元素周期表的过渡金属部分（◀图 5.14）。但是 Zn 和 Ag 例外，它们是过渡金属，它们在所有化合物中都形成电荷相同的阳离子（▲图 5.13）。另外两个例外是 Pb 和 Sn，它们不是过渡金属，但在不同的化合物中形成的阳离子的电荷可能有所不同。

5.7.1　命名含只形成一种阳离子的金属的二元离子化合物

只包含两种不同元素的化合物称为二元化合物。含有只形成一种离子的金属的二元离子化合物的命名形式如下。

由于这类化合物的金属电荷总是相同的，所以不需要在化合物的名称中指定它。例如，NaCl 的名称由阳离子（钠）和阴离子（氯）的基本名称组成，全称是氯化钠：

　　　　NaCl　氯化钠

$CaBr_2$ 的名称由阳离子（钙）的名称和阴离子（溴）的名称组成，其全称是溴化钙：

　　　　$CaBr_2$　溴化钙

表 5.5 中给出了各种非金属的基本名称及其在离子化合物中最常见的电荷。

> 离子化合物中阳离子的名称与金属的名称相同。

表 5.5 各种非金属的基本名称及其在离子化合物中最常见的电荷			
非金属元素	离子符号	基本名称	阴离子名称
氟	F^-	fluor-	氟离子
氯	Cl^-	chlor-	氯离子
溴	Br^-	brom-	溴离子
碘	I^-	iod-	碘离子
氧	O^{2-}	ox-	氧离子
硫	S^{2-}	sulf-	硫离子
氮	N^{3-}	nitr-	氮离子

例题 5.8	命名含只形成一种离子的金属的二元离子化合物
命名化合物 MgF_2。	
解 阳离子是镁，阴离子是氟，变成氟化物后的正确名称是氟化镁。	
▶ **技能训练 5.8** 命名化合物 KBr。	
▶ **技能巩固** 命名化合物 Zn_3N_2。	

5.7.2 命名含形成一种以上离子的金属的二元离子化合物

由于这类化合物中金属阳离子的电荷并不总是相同的，所以必须在金属的名称中指定电荷。我们在金属名称后面用括号内的罗马数字指定电荷。

例如，要区分 Cu^+ 和 Cu^{2+}，我们在铜后面写(I)来代表带一个正电荷，写(II)来代表铜带两个正电荷：

$$Cu^+ \quad 铜(I)$$
$$Cu^{2+} \quad 铜(II)$$

我们可由化合物的化学式确定金属的电荷（所有电荷之和须为零）。例如，铁在 $FeCl_3$ 中的电荷必须为 3 个正电荷，与 3 个带负电荷的氯离子结合，才能使化合物是电中性的。因此，$FeCl_3$ 的名称由阳离子铁的名称、阴离子氯的名称及代表阳离子电荷数的(III)组成，全称为氯化铁(III)：

$$FeCl_3 \quad 氯化铁(III)$$

同样，CrO 的名称由阳离子铬的名称、阴离子氧的名称及代表阳离子电荷数的(II)组成，全称为氧化铬(II)：

$$CrO \quad 氧化铬(II)$$

铬必须带 2 个正电荷，与带 2 个负电荷的氧离子结合，才能使化合物是电中性的。

例题 5.9	命名含形成一种以上离子的金属的二元离子化合物
命名化合物 $PbCl_4$。	
解 $PbCl_4$ 的名称由阳离子铅的名称、阴离子氯的名称和代表阳离子电荷数的(IV)组成，全称是氯化铅(IV)。我们知道 Pb 带 4 个正电荷，因为氯离子带 1 个负电荷。由于有 4 个带负电荷的氯离子，所以铅离子必定是 Pb^{4+}： $\qquad PbCl_4 \quad 氯化铅(IV)$	
▶ **技能训练 5.9** 命名化合物 PbO。	

解释为什么 CaO 不被命名为氧化钙(II)。

5.7.3　命名含多原子离子的离子化合物

我们可用相同的过程来命名含多原子离子的离子化合物，使用多原子离子的名称时可以查表 5.3。例如，要命名 KNO_3，可以使用阳离子（钾）的名称和多原子离子 NO_3^- 的名称硝酸根，因此 KNO_3 的全称为硝酸钾：

KNO_3　　硝酸钾

我们根据 $Fe(OH)_2$ 的阳离子（铁）、多原子离子——氢氧根离子和电荷数(II)来命名它，其全称是氢氧化铁(II)：

$Fe(OH)_2$　　氢氧化铁(II)

如果化合物同时含有多原子阳离子和多原子阴离子，那么使用这两种多原子离子的名称。例如，NH_4NO_3 是硝酸铵：

NH_4NO_3　　硝酸铵

大多数多原子离子是含氧阴离子——含氧酸根离子。注意，在表 5.3 中，当一系列含氧阴离子含有不同数量的氧原子时，要根据离子中氧原子的数量系统地命名它们。

如果这个系列中有两个离子，我们就给带有较少氧原子的离子加前缀"亚"。例如，NO_3^- 是硝酸根，NO_2^- 是亚硝酸根：

NO_3^-　　硝酸根

NO_2^-　　亚硝酸根

如果序列中有两个以上的离子，那么使用"次、亚、高"等前缀，命名 ClO_2^- 为亚氯酸根，"亚"表示氧原子比氯酸根要少；命名 ClO^- 为次氯酸根，"次"表示氧原子比亚氯酸根要少；命名 ClO_4^- 为高氯酸根，"高"表示氧原子比氯酸根要多：

ClO^-　　次氯酸根

ClO_2^-　　亚氯酸根

ClO_3^-　　氯酸根

ClO_4^-　　高氯酸根

例题 5.10　　命名含多原子离子的离子化合物

命名化合物 K_2CrO_4。

解

K_2CrO_4 的名称由阳离子钾的名称和多原子离子铬酸盐的名称组成：

K_2CrO_4　　铬酸钾

▶ 技能训练 5.10

命名化合物 $Mn(NO_3)_2$。

概念检查站 **5.7**

前面将阴离子 ClO_3^- 命名为氯酸根，阴离子 IO_3^- 怎么命名？

每日化学

多原子离子

随意一瞥家用产品上面的标签，就能知晓多原子离子在日常化合物中的重要性。例如，家用漂白剂的活性成分是次氯酸钠，它能分解衣服中形成颜色的分子（漂白作用），杀死细菌（消毒）。小苏打中含有碳酸氢钠，少量使用时能起抗酸作用，在烘焙时也是二氧化碳气体的来源，二氧化碳气体形成的气泡使得烘焙食品蓬松而不扁平。

碳酸钙是许多抗酸剂中的活性成分，如抗酸剂 Tums 和 Alka-Mints，它能中和胃酸，缓解消化不良和胃灼热症状。但是，过量的碳酸钙会引起便秘，因此不应过度使用。亚硝酸钠是一种常见的食品添加剂，常用于保存肉类，如火腿、热狗和腊肠。亚硝酸钠可以抑制细菌的生长，特别是那些导致肉毒杆菌毒素中毒的细菌。肉毒杆菌毒素中毒很常见，是一种致命的食物中毒。

▲含有多原子离子的化合物存在于许多消费品中　▲漂白剂中的有效成分是次氯酸钠

B5.1　你能回答吗？写出下列含有多原子离子的化合物的化学式：次氯酸钠、碳酸氢钠、碳酸钙、亚硝酸钠。

5.8 分子化合物的命名

▶ 命名分子化合物。

命名分子化合物的第一步是将其视为一个整体。记住，几乎所有的分子化合物都由两种或多种非金属元素形成。本节讨论如何命名二元（两种元素）分子化合物。

当书写分子化合物的名称时，就像书写化学式一样，第一个元素是更像金属的元素（见表5.1）。

如果化学式中的第一个元素只有一个原子，那么通常省略"一"。例如，CO_2 的名称是二氧化碳，因为其化学式 CO_2 中以一个碳原子开头，所以"一碳"中的"一"被省略。化学式中氧元素后面有个2，用"二氧"表示2个氧原子。因此，全称为二氧化碳：

　　　CO_2　二氧化碳

化合物 N_2O 又称笑气，其第一个元素为氮元素，下标为2，所以用"二氮"表示有2个氮原子，第二个元素为氧，说明是氧化物，因为只有一个氧原子，所以用"一氧"代表这是"一氧化物"，因此 N_2O 的全称为一氧化二氮：

　　　N_2O　一氧化二氮

例题 5.11　分子化合物的命名

命名下列分子化合物。

(a) CCl_4；(b) BCl_3；(c) $SF6$。

解

(a) 这个化合物的名称由第一个元素的名称"碳"和第二个元素的基本名称"氯"组成，氯的下标是 4，所以用"四氯"表示 4 个氯原子，故该化合物为"四氯化物"，完整名称是四氯化碳：

   CCl_4 四氯化碳

(b) 该化合物的名称由第一个元素硼的名称和第二个元素氯的名称组成，氯的下标是 3，所以用"三氯"表示 3 个氯原子，故该化合物为"三氯化物"，完整名称是三氯化硼：

   BCl_3 三氯化硼

(c) 该化合物的名称由第一个元素的名称硫和第二个元素的基本名称氟组成，氟元素的下标为 6，所以用"六氟"表示 6 个氟原子，故该化合物为"六氟化物"，完整名称是六氟化硫：

   SF_6 六氟化硫

▶ 技能训练 5.11
命名化合物 N_2O_4。

概念检查站 5.8

化合物 NCl_3 被命名为三氯化氮，而 $AlCl_3$ 被命名为氯化铝。为何存在不同？

5.9 酸的命名

▶ 命名二元酸。
▶ 命名含氧阴离子酸。

酸是溶于水时产生 H^+ 离子的分子化合物。该类化合物都含氢元素，通常将 H 元素写在化学式前面，另一个或多个非金属元素通常写在后面。酸的特点是具有酸性和溶解一些金属的能力。例如，HCl(aq)是一种酸，称为盐酸，其中(aq)表示该化合物是"含水的"或"溶解于水的"。HCl(aq)是一种典型的酸，具有酸味。由于 HCl(aq)存在于胃液中，其酸味在呕吐过程中会变得明显。HCl(aq)也能溶解一些金属，如果将锌条置于一杯盐酸中，那么金属锌会慢慢消失，因为酸会和锌金属反应生成 Zn^{2+}。

[HCl(g)表示气体状态的氯化氢分子。]

酸存在于许多食物中，如柠檬和酸橙，同时也存在于一些家用产品中，如马桶清洁剂等。本节只介绍如何命名它们，第 14 章中将介绍酸的更多性质。我们将酸分为两类：二元酸——只含有氢和非金属元素的酸；含氧酸——含有氢、非金属和氧元素的酸（▼图 5.15）。

▶ 图 5.15 **酸的分类**。根据酸中元素的数量，我们将酸分为两类。酸只包含两个元素时，它就是二元酸；酸中含有氧原子时，它就是含氧酸

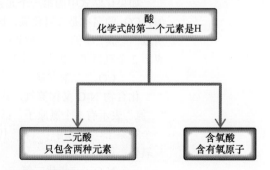

5.9.1 命名二元酸

二元酸由氢和非金属元素组成。
例如，HCl(aq)是氢氯酸，HBr(aq)是氢溴酸：

   HCl(aq) 氢氯酸（盐酸）   HBr(aq) 氢溴酸

例题 **5.12** 酸的命名

命名 $H_2S(aq)$。

| S 的名称是硫，因此该化合物为氢硫酸。 | 解 |
| | $H_2S(aq)$　氢硫酸 |

▶ 技能训练 5.12

命名 $HF(aq)$。

5.9.2 含氧酸的命名

含氧酸是含有含氧酸根离子的酸，含氧酸根离子见多原子离子表（表 5.3）。例如，$HNO_3(aq)$ 含有 NO^{3-} 离子，$H_2SO_3(aq)$ 含有 SO_3^{2-} 离子，H_2SO_4 含有 SO_4^{2-} 离子。

所有这些酸都是由一个或多个 H^+ 离子与含氧酸根离子组成的。氢离子的数量取决于含氧酸根离子的电荷，因此化学式总是电中性的。例如，H_2SO_3 是亚硫酸（含有氧酸根是亚硫酸根），HNO_3 是硝酸（含氧酸根是硝酸根）：

$$H_2SO_3 \quad 亚硫酸 \qquad HNO_3 \quad 硝酸$$

表 5.6 中列出了一些常用含氧酸及其含氧酸根。

例题 **5.13** 含氧酸的命名

命名 $HC_2H_3O_2(aq)$。

| 含氧酸根是乙酸根，因此其名称是乙酸。 | 解 |
| | $HC_2H_3O_2(aq)$　乙酸 |

▶ 技能训练 5.12

命名 $HNO_2(aq)$。

表 5.6　一些常用含氧酸及其含氧酸根

酸的化学式	酸的名称	含氧酸根的名称	含氧酸根的化学式
HNO_2	亚硝酸	亚硝酸根	NO_2
HNO_3	硝酸	硝酸根	NO_3
H_2SO_3	亚硫酸	亚硫酸根	SO_3
H_2SO_4	硫酸	硫酸根	SO_4
$HClO_2$	亚氯酸	亚氯酸根	ClO_2
$HClO_3$	氯酸	氯酸根	ClO_3
$HC_2H_3O_2$	乙酸	乙酸根	$C_2H_3O_2$
H_2CO_3	碳酸	碳酸根	CO_3

5.10 命名方法概述

▶ 识别并命名化合物。

从学术上讲，酸是分子化合物的一个亚类；也就是说，它们是溶解在水中形成 H^+ 离子的分子化合物。

命名化合物需要几个步骤。第一步是，先确定该化合物是离子化合物、分子化合物还是酸。可以通过化学式中金属和非金属元素的存在来识别离子化合物，如通过化学式中的两种或多种非金属元素来识别分子化合物，通过化学式中氢元素（首位）和一种或多种非金属的存在来识别酸。

5.10.1 离子化合物

对于离子化合物，必须确定金属是只形成一种离子还是形成多种离子。1A族（碱）金属、2A族（碱土）金属和铝总是只形成一种离子（见图5.13），大多数过渡金属（Zn、Sc和Ag除外）形成一种以上的离子。一旦确定离子化合物的类型，就可对其命名。如果离子化合物中含有一个多原子离子（我们必须熟悉才能分辨），那么可以插入多原子离子的名称代替金属（正多原子离子）或非金属（负多原子离子）。

5.10.2 分子化合物

前面介绍了如何命名一种类型的分子化合物——二元（双元素）化合物。若将化合物视为分子，那么也可对其命名。

5.10.3 酸

要命名一种酸，首先必须确定它是二元酸（双元素）还是含氧酸（含有氧元素的酸）。二元酸可根据前面的方法命名，而含氧酸则要根据其对应的含氧酸根离子的名称进一步细分。

例题 **5.14** **命名化合物**

命名下列化合物：

CO, CaF_2, $HF(aq)$, $Fe(NO_3)_3$, $HClO_4(aq)$, $H_2SO_3(aq)$。

解

下表说明了得到每个化合物名称的流程。

分子式	命名流程	命名
CO	分子化合物 →	一氧化碳
CaF_2	离子化合物 → 只有一种离子形态 →	氟化钙
$HF(aq)$	酸 → 二元酸 →	氢氟酸
$Fe(NO_3)_3$	一种以上的粒子形态 →	硝酸铁
$HClO_4(aq)$	含氧酸 →	高氯酸
$H_2SO_3(aq)$	含氧酸 →	亚硫酸

5.11 相对分子质量

▶ 计算相对分子质量。

分子质量与分子量这两个术语也常被使用，它们与相对分子质量的含义相同。

第4章中讨论了原子和元素，并将组成元素的原子的平均质量定义为该元素的相对原子质量。同样，本章中介绍分子和化合物，我们将组成化合物的分子（或最简式）的平均质量定义为相对分子质量。

对任何化合物来说，相对分子质量是其化学式中所有原子的原子质量之和：

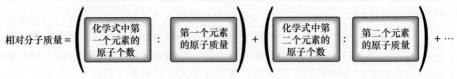

$$相对分子质量 = \begin{pmatrix} 化学式中第 \\ 一个元素的 \\ 原子个数 \end{pmatrix} : \begin{pmatrix} 第一个元素 \\ 的原子质量 \end{pmatrix} + \begin{pmatrix} 化学式中第 \\ 二个元素的 \\ 原子个数 \end{pmatrix} : \begin{pmatrix} 第二个元素 \\ 的原子质量 \end{pmatrix} + \cdots$$

和原子的相对原子质量一样，相对分子质量表征分子或最简式的平

均质量。例如，水（H_2O）的相对分子质量为

$$相对分子质量 = 2×(1.01 \ amu) + 16.00 \ amu$$
$$= 18.02 \ amu$$

氯化钠（NaCl）的相对分子质量为

$$相对分子质量 = 22.99 \ amu + 35.45 \ amu$$
$$= 58.44 \ amu$$

除了给化合物的分子或最简式一个特征质量，相对分子质量（见第 6 章）允许我们量化给定质量的样本中的分子或最简式的数量。

例题 **5.15**　　**相对分子质量的计算**

计算四氯化碳（CCl_4）的相对分子质量。

解

求相对分子质量时，需要将分子式中每个原子的质量相加：

$$相对分子质量 = 1×(C \ 的质量) + 4×(Cl \ 的质量)$$
$$= 12.01 \ amu + 4×(35.45 \ amu)$$
$$= 12.01 \ amu + 141.80 \ amu$$
$$= 153.8 \ amu$$

▶ 技能训练 5.15

计算一氧化二氮/笑气（N_2O）的相对分子质量。

概念检查站 5.9

下列哪种物质有最大的相对分子质量？
(a) O_2；(b) O_3；(c) H_2O；(d) H_2O_2。

关键术语

酸	化学式	分子化合物	多原子离子
原子单质	相对分子质量	分子单质	空间填充模型
球棍模型	最简式	分子式	结构式
二元酸	离子化合物	分子模型	过渡金属
二元化合物	含氧酸	定比定律	含氧酸根离子

技能训练答案

技能训练 5.1.............符合，因为在这两种情况下都有
$$\frac{氧的质量}{碳的质量} = 1.3$$

技能训练 5.2.............(a) Ag_2S
(b) N_2O
(c) TiO_2

技能训练 5.3.............2 个 K 原子，1 个 S 原子，
4 个 O 原子

技能巩固 ....2 个 Al 原子，3 个 S 原子，

12 个 O 原子

技能训练 5.4.............(a) 分子单质
(b) 分子化合物
(c) 原子化合物
(d) 离子化合物
(e) 离子化合物

技能训练 5.5.............$SrCl_4$

技能训练 5.6.............AlN

技能训练 5.7.............$AlPO_4$

概念检查站答案

5.1 (c)。A 和 B 的比值是 3.0，A 的质量为 9.0 g，所以 B 的质量一定是 3.0 g。

5.2 (b)。这个公式表示 2 个 Al 原子 + 3×（2 个 Cr 原子 + 7 个原子）= 29 个原子。

5.3 H_2O_2。

5.4 (b)。该图表示的是一种分子化合物，因为这种化合物是以单个分子的形式存在的。

5.5 (c)。硝酸盐离子带 1 个负电荷，3 个硝酸盐离子一起带 3 个负电荷。因为化合物必须是电中性的，所以 Cr 必须有 3 个正电荷。

5.6 因为钙只形成一种离子（Ca^{2+}），因此离子的电荷不包含在名称中（它总是相同的 2+）。

5.7 碘酸根。

5.8 这个问题解决了命名法的常见错误之一：未能正确地对化合物进行分类。NCl_3 是一种分子化合物（两种或以上的非金属），因此需要用前缀来表示每种原子的数量。$AlCl_3$ 是一种离子化合物（金属和非金属），因此不需要这样的前缀。

5.9 (b)。

Moonlight Diner
Specials

Breakfast Special
Two eggs, Three strips
of bacon, Sausage link,
Toast ,NaCl $5.95

Lunch Special

1500 milligrams a day

Omelettes
Served with side of NaCl
Denver Omelette
BP Delight
Atherosclerosis
Sodium Chloride
Hypertension

142/93 mmHg

Symptoms:

Chest pain
Confusion
Ear noise or buzzing
Irregular heartbeat
Nosebleed
Tiredness

On the Healthy Side
120/80 mmHg

第6章 化学组成

在科学中，你不要问为什么，而要问多少。

——埃尔文·查戈夫（1905—2002）

6.1 钠

钠是一种重要的膳食矿物质，主要作为氯化钠（食盐）和其他食物一起被人们食用。钠有助于调节体液，摄入过量会导致高血压。高血压反过来会增大中风和心脏病发作的风险。因此，高血压患者应限制钠的摄入量。美国食品和药物监督管理局（FDA）建议人体每天摄入的钠要少于 2.4 g（2400 mg）。然而，钠通常是以氯化钠的形式被人体摄入的，所以我们摄入的钠的质量和我们摄入的氯化钠的质量是不一样的。我们每天可以摄入多少克氯化钠，但仍低于美国食品和药物管理局对钠的食用量建议？

要回答这个问题，就需要知道氯化钠的化学成分。从第 5 章开始，我们熟悉了钠的分子式 NaCl，它表示每个氯离子对应一个钠离子。然而，因为钠和氯的质量不同，钠和氯化钠的质量之间的关系仅从化学式来看是不清楚的。本章介绍如何使用化学式中的信息，以及原子和分子式质量，来计算已知化合物量中的组成元素的量（反之亦然）。

化学成分重要的原因，不仅是为了评估食物的摄入量，也是为了解决许多其他问题。例如，某家矿业公司想知道能从一定数量的铁矿石中提取多少铁。作为一种潜在燃料的氢气，我们需要知道从已知量的水中能提取多少氢气。许多环境问题也需要化学方面的知识。臭氧消耗带来的威胁，使得我们需要知道特定数量的氯氟烃如氟利昂-12 中含有多少氯。为了确定这些量，我们必须理解化学式中固有的关系，以及原子或分子的数量与其质量之间的关系。本章研究这些关系。

▲ 铁的开采需要知道已知数量的铁矿石中含有多少铁

◀ 普通食盐是一种称为氯化钠的化合物，氯化钠中的钠与高血压有关。本章介绍如何测定已知量的氯化钠中的钠含量

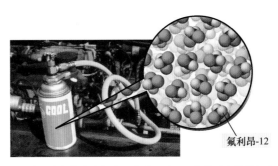

氟利昂-12

▲ 要估计臭氧的消耗量，需要知道已知数量的含氯氟烃中的氯含量

6.2 按磅计数的钉子

▶ 认识到我们要用原子的质量来计数，因为它们太小、太多，无法单独计数。

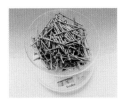

3.4 lb钉子

8.25克碳

▲ 问已知重量的钉子中有多少根钉子，类似于问已知质量的元素中有多少个原子。在这两种情况下，我们通过称重来计数

一些五金店按磅出售钉子，这比按根出售钉子容易，因为顾客通常需要数百根钉子，数钉子花的时间太长。然而，顾客可能仍然想知道已知重量的钉子中包含的钉子数。这个问题类似于问一种元素的已知质量中有多少个原子。对于原子，我们必须用它们的质量来计数，因为原子太小，数量太多，不能单独计数。即使我们能看到原子，并在有生之年每天 24 小时数它们，也很难统计像一粒沙子这样小的东西内的原子数。然而，正如五金店的顾客想知道已知重量下钉子的数量一样，我们也想知道已知质量下原子的数量。这时该怎么做？假设五金店的顾客买了 2.60 lb 中等大小的钉子，1 打钉子的重量是 0.150 lb，顾客买了多少根钉子？这一计算需要两次换算：一次在"磅"和"1 打"之间，另一次在"1 打"和"钉子数"之间。第一次换算的换算因子是每打钉子的重量：

$$0.150 \text{ lb 的钉子} = 1 \text{ 打钉子}$$

第二次换算的换算因子是 1 打钉子的数量：

$$1 \text{ 打钉子} = 12 \text{ 根钉子}$$

求解问题的转换图如下：

从 2.60 lb 开始，以转换图为指导，我们将磅数转换为钉子数：

$$2.60 \text{ lb 钉子} \times \frac{1 \text{ 打钉子}}{0.150 \text{ lb 钉子}} \times \frac{12 \text{ 根钉子}}{1 \text{ 打钉子}} = 208 \text{ 根钉子}$$

顾客买的 2.60 磅钉子中有 208 根钉子，她通过称重钉子来得到钉子的数量。如果顾客购买了不同尺寸的钉子，那么第一个换算因子会改变，但第二个换算因子不会改变，1 打相当于 12 根钉子，而不管它们的大小如何。

概念检查站 6.1

某种钉子每打重 0.50 lb。3.5 lb 钉子中有多少根钉子？
(a) 84；(b) 21；(c) 0.58；(d) 12。

6.3 按克计数的原子

▶ 摩尔数和原子数之间的换算。
▶ 克数和摩尔数之间的换算。
▶ 克数和原子数之间的换算。

测定一定质量样本中的原子数，与测定一定重量样本中的钉子数相似。对于钉子，我们在转换时使用了"1 打"作为方便的数字，但是 1 打太小，不能与原子一起使用。我们需要一个更大的数字，因为原子太小了。化学符号中的"打"称为摩尔（mol），其值为 $6.022×10^{23}$，

$$1 \text{ mol} = 6.022×10^{23}$$

这是阿伏伽德罗常数，是以阿玛迪奥·阿伏伽德罗（1776—1856）的名称命名的。

关于摩尔，要了解的第一件事是，它可作为指定任何物质的阿伏伽德罗常数。1 摩尔任何物质就是 $6.022×10^{23}$ 单位的该物质。例如，1 摩尔大理石对应于 $6.022×10^{23}$ 大理石；1 摩尔沙粒对应于 $6.022×10^{23}$ 沙粒。1 摩尔原子、离子或分子通常能构成合理大小的物体。例如，22 枚铜币含有约 1 摩尔铜（Cu）原子；两个大氦气球中含有约 1 摩尔氦（He）原子。

关于摩尔，要了解的第二件事是，如何得到它的具体值。摩尔的数值定义为 12 g 纯碳-12 中的原子数。

摩尔的这个定义建立了质量（碳的克数）和原子数（阿伏伽德罗常数）之间的关系。如后所述，这种关系允许我们通过称重来对原子计数。

1 mol 铜原子

▲ 22 枚铜币约含 1 摩尔铜原子。在 1982 年前，便士的主要成分是铜，此后，由于铜变得贵重，美国造币厂开始使用带有铜涂层的锌制造便士

1 mol 氦原子

▲ 两个大氦气球中包含约 1 摩尔氦原子

6.3.1 摩尔数和原子数之间的换算

摩尔数和原子数之间的换算类似于"1 打"和"钉子数"之间的换算。为便于在原子的摩尔数和原子数间进行换算，我们使用如下换算因子：

$$\frac{1 \text{ mol}}{6.022×10^{23}\text{个原子}} \quad 或 \quad \frac{6.022×10^{23}\text{个原子}}{1 \text{ mol}}$$

例如，假设要把 3.5 摩尔的氦转换为若干氦原子。此时，我们采用标准的流程求解。

已知：3.5 mol He

求：He 原子数

所用关系式 1 mol He = $6.022×10^{23}$ 个 He 原子

转换图：画图表示从氦的摩尔数到氦原子数的转换。

$$\boxed{\text{mol He}} \longrightarrow \boxed{\text{He原子数}}$$
$$\frac{6.022×10^{23}\text{个He原子}}{1 \text{ mol He}}$$

解

从 3.5 mol He 开始，我们用换算因子得到氦原子数：

$$3.5 \text{ mol He}×\frac{6.022×10^{23}\text{个He原子}}{1 \text{ mol He}} = 2.1×10^{24}\text{个He原子}$$

例题 6.1 摩尔数和原子数之间的换算

一个银戒指中包含 $1.1×10^{22}$ 个银原子，戒指中有多少摩尔银？	
信息分类	已知：$1.1×10^{22}$ 个 Ag 原子
已知银原子数，求摩尔数。	求：Ag 原子的摩尔数

制定策略 画出转换图，从银原子数开始，到摩尔数结束。 换算因子是阿伏伽德罗常数。	转换图 Ag原子 → mol Ag $\dfrac{1\ mol\ Ag}{6.022\times10^{23}\text{个Ag原子}}$ 所用关系式 1 mol Ag = 6.022×10^{23} 个 Ag 原子 （阿伏伽德罗常数）
检查答案 检查答案的单位是否正确，大小是否合理。	单位为 mol Ag，正确。答案的数量级比已知量小几个数量级，因为需要很多原子才能形成 1 摩尔，所以我们期望答案比已知量小几个数量级。

▶ **技能训练 6.1**
含 8.83×10^{-2} mol Au 的纯金戒指中有多少个金原子？

6.3.2　元素质量和摩尔数之间的换算

摩尔数和原子数之间的换算类似于"1 打"和"钉子数"之间的换算。我们还需要一个换算因子来将样本的质量转换成样本中的原子数。对于钉子，我们用了 1 打钉子的重量；对于原子，我们使用 1 摩尔原子的质量。

一种元素 1 摩尔原子的质量就是其摩尔质量。以克/摩尔为单位的元素摩尔质量的数值，等于以原子质量单位表示的元素原子质量。

回顾可知，阿伏伽德罗常数定义为 12 克碳-12 中的原子数。原子质量单位定义为碳-12 原子质量的 1/12，因此任何元素的摩尔质量（以克为单位的 1 摩尔原子质量）都等于以原子质量单位表示的该元素的原子质量。例如，对铜来说，原子质量为 63.55 amu，因此，1 摩尔铜原子的质量为 63.55 g，铜的摩尔质量为 63.55 g/mol。正如 1 打钉子的重量对不同类型的钉子会变化那样，1 摩尔原子质量对不同的元素也是变化的。1 摩尔硫原子（比铜原子轻）的质量为 32.06 g；1 摩尔碳原子（比硫原子轻）的质量为 12.01 g；1 摩尔锂原子（更轻）的质量为 6.94 g：

$$32.06\ \text{g硫} = 1\ mol\ \text{硫} = 6.022\times10^{23}\text{个S原子}$$

$$12.01\ \text{g碳} = 1\ mol\ \text{碳} = 6.022\times10^{23}\text{个C原子}$$

$$6.94\ \text{g锂} = 1\ mol\ \text{锂} = 6.02\times10^{23}\text{个Li原子}$$

原子越轻，1 摩尔原子的质量越小（▼图 6.1）。

| 一打大钉子 | 一打小钉子 | 1摩尔S (32.06 g) | 1摩尔C (12.01 g) |

(a)　　　　　　　　　　　　　　　　　(b)

▲ 图 6.1　**1 摩尔的质量。**(a)图片中显示的钉子数都是 12 根，但 12 根大钉子比 12 根小钉子重，占据更多的空间，原子也是如此；(b)这些样本的原子数相同，都为 6.022×10^{23} 个。因为硫原子比碳原子更大、更重，所以 1 mol S 原子比 1 mol C 原子更重，占据的空间更大

任何元素的摩尔质量都是该元素的克数与该元素的摩尔数之间的换算因子。对碳来说，有

$$12.01 \text{ g C} = 1 \text{ mol C} \quad 或 \quad \frac{12.01 \text{ g C}}{1 \text{ mol C}} \quad 或 \quad \frac{1 \text{ mol C}}{12.01 \text{ g C}}$$

一颗质量为 0.58 g 的钻石约为 3 克拉。

假设我们想计算一颗 0.58 克钻石（纯碳）中碳的摩尔数。我们首先整理问题中的信息。

已知：0.58 g C

求：C 的质量

转换图：然后绘制转换图来制定策略，图中显示了从 C 的克数到 C 的摩尔数的换算。换算因子是碳的摩尔质量。

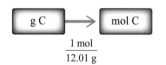

所用关系式

12.01 g C = 1 mol C（元素周期表中碳的摩尔质量）

解

最后，按照转换图求解问题：

$$0.58 \text{ g C} \times \frac{1 \text{ mol C}}{12.01 \text{ g C}} = 4.8 \times 10^{-2} \text{ mol C}$$

例题 **6.2**　质量和摩尔之间的换算

计算 57.8 g 硫中硫的摩尔数。	
信息分类 从整理问题中的信息开始。已知硫的质量，求摩尔数。	已知：57.8 g S 求：S 的摩尔数
制定策略 画出转换图，表示从克到摩尔的换算，换算因子是硫的摩尔质量。	转换图 所用关系式 32.06 g S = 1 mol S（元素周期表中硫的摩尔质量）
求解问题 按照转换图来求解问题。从 57.8 g 硫开始，用换算因子确定硫的摩尔数。	解 $$57.8 \text{ g S} \times \frac{1 \text{ mol S}}{32.06 \text{ g S}} = 1.80 \text{ mol S}$$
检查答案 检查答案的单位是否正确，大小是否合理。	单位为 mol S，正确。大小合理，因为 1 mol S 的质量是 32.06 g，因此 57.8 g 硫应接近 2 mol。

▶ **技能训练 6.2**
计算 2.78 mol 硫中硫的克数。

6.3.3　元素质量和原子数之间的换算

假设我们想知道 0.58 g 钻石中的碳原子数。我们首先将克数换算成

摩尔数，然后将摩尔数换算成原子数。转换图如下：

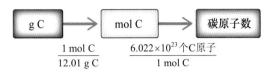

注意，这幅转换图类似于我们用于求解钉子问题的转换图：

从 0.58 g 碳开始，以转换图为指导，换算成碳原子数：

$$0.58 \text{ g C} \times \frac{1 \text{ mol C}}{12.01 \text{ g C}} \times \frac{6.022 \times 10^{23} \text{个C原子}}{1 \text{ mol C}} = 2.9 \times 10^{22} \text{个C 原子}$$

例题 6.3　质量和原子数之间的换算

质量为 16.2 g 的铝罐含有多少个铝原子？

信息分类 已知铝的质量，求铝原子数。	已知：16.2 g Al 求：Al 原子数
制定策略 转换图分两步。第一步，由 g Al 换算为 mol Al。第二步，由 mol Al 换算为铝原子数。所需的换算因子是铝的摩尔质量和阿伏伽德罗常数。	转换图 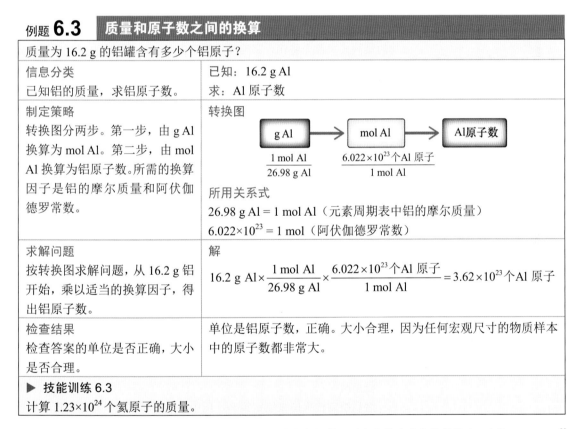 所用关系式 26.98 g Al = 1 mol Al（元素周期表中铝的摩尔质量） 6.022×10^{23} = 1 mol（阿伏伽德罗常数）
求解问题 按转换图求解问题，从 16.2 g 铝开始，乘以适当的换算因子，得出铝原子数。	解 $$16.2 \text{ g Al} \times \frac{1 \text{ mol Al}}{26.98 \text{ g Al}} \times \frac{6.022 \times 10^{23} \text{个Al 原子}}{1 \text{ mol Al}} = 3.62 \times 10^{23} \text{个Al 原子}$$
检查结果 检查答案的单位是否正确，大小是否合理。	单位是铝原子数，正确。大小合理，因为任何宏观尺寸的物质样本中的原子数都非常大。

▶ 技能训练 6.3
计算 1.23×10^{24} 个氢原子的质量。

在继续学习后续内容之前，要注意带有大指数的数字，例如 6.022×10^{23} 大得几乎无法想象。22 枚铜币中含有 6.022×10^{23} 个或 1 摩尔铜原子；6.022×10^{23} 个便士覆盖整个地球表面时，高度可达 300 米。即使按日常标准来看很小的物体，1 摩尔也会占据很大的空间。例如，一颗砂糖晶体的质量小于 1 mg，直径小于 0.1 mm，然而 1 摩尔糖晶体覆盖得克萨斯州后的高度可达几英尺。一个数的指数每增加 1，这个数就增大 10 倍。因此，一个指数为 23 的数是非常大的。1 摩尔必须是一个很大的数，因为原子很小。

概念检查站 6.2

不论样本中存在何种类型的元素，下列哪种说法对原子元素的样本总是正确的？

(a) 若两种不同元素样本含有相同数量的原子，则它们的摩尔数相同。

(b) 若两种不同元素样本的质量相同，则它们的摩尔数相同。

(c) 若两种不同元素样本的质量相同，则它们的原子数相同。

概念检查站 6.3

不做任何计算，确定如下哪种样本中含有最多的原子。

(a) 1 克钴；(b) 1 克碳；(c) 1 克铅。

6.4 按克计数的分子

▶ 在化合物克数和摩尔数之间换算。

▶ 在化合物质量和分子数之间换算。

前面针对原子进行的计算，也适用于共价化合物的分子或离子化合物的最简式。首先将化合物的质量换算为摩尔数，然后由摩尔数算出分子（或最简式）的数量。

6.4.1 化合物克数和摩尔数之间的换算

> 记住，离子化合物不包含单个分子。最小的电中性离子集合是一个最简式。

对于元素，摩尔质量是该元素 1 摩尔原子的质量。对于化合物，摩尔质量是该化合物的 1 摩尔分子或分子式单位的质量。化合物的摩尔质量（克/摩尔）在数值上等于化合物的分子式质量（原子质量单位）。例如，CO_2 的分子质量为

> 记住，化合物的分子式质量是化学式中所有原子的质量之和。

$$分子质量 = 1×(C\ 原子质量) + 2×(O\ 原子质量)$$
$$= 1×(12.01\ amu) + 2×(16.00\ amu)$$
$$= 44.01\ amu$$

因此，CO_2 的摩尔质量为

$$摩尔质量 = 44.01\ g/mol$$

正如元素的摩尔质量是元素克数和摩尔数之间的换算因子一样，化合物的摩尔质量也是化合物克数和摩尔数之间的换算因子。例如，假设我们想求 22.5 g 干冰（固态 CO_2）样本中的摩尔数。我们首先整理信息。

已知：22.5 g CO_2

求：CO_2 摩尔数

转换图

然后绘制转换图来制定策略，图中显示了摩尔质量将化合物的克数换算为化合物的摩尔数。

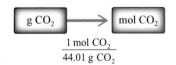

所用关系式

44.01 g CO_2 = 1 mol CO_2（CO_2 的摩尔质量）

解

最后，我们求解问题：

$$22.5 \text{ g} \times \frac{1 \text{ mol CO}_2}{44.01 \text{ g}} = 0.511 \text{ mol CO}_2$$

例题 6.4　化合物克数与摩尔数之间的换算

计算 1.75 mol 水的质量（克）。

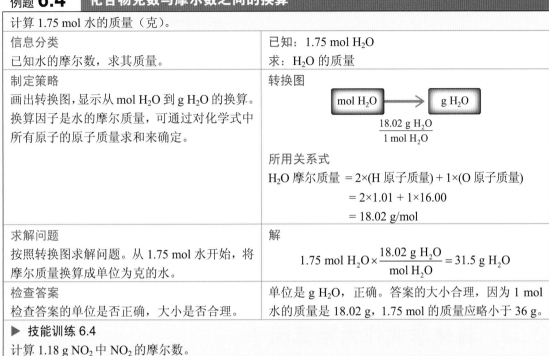

信息分类 已知水的摩尔数，求其质量。	已知：1.75 mol H_2O 求：H_2O 的质量
制定策略 画出转换图,显示从 mol H_2O 到 g H_2O 的换算。换算因子是水的摩尔质量,可通过对化学式中所有原子的原子质量求和来确定。	转换图 mol H_2O ⟶ g H_2O $\dfrac{18.02 \text{ g H}_2O}{1 \text{ mol H}_2O}$ 所用关系式 H_2O 摩尔质量 $= 2\times(\text{H 原子质量}) + 1\times(\text{O 原子质量})$ $\qquad = 2\times1.01 + 1\times16.00$ $\qquad = 18.02 \text{ g/mol}$
求解问题 按照转换图求解问题。从 1.75 mol 水开始,将摩尔质量换算成单位为克的水。	解 $1.75 \text{ mol H}_2O \times \dfrac{18.02 \text{ g H}_2O}{\text{mol H}_2O} = 31.5 \text{ g H}_2O$
检查答案 检查答案的单位是否正确,大小是否合理。	单位是 g H_2O,正确。答案的大小合理,因为 1 mol 水的质量是 18.02 g,1.75 mol 的质量应略小于 36 g。

▶ **技能训练 6.4**

计算 1.18 g NO_2 中 NO_2 的摩尔数。

6.4.2　化合物克数和分子数之间的换算

假设我们想求质量为 22.5 g 的干冰（固态 CO_2）样本中 CO_2 分子的个数,问题的转换图如下:

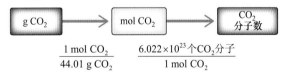

注意,转换图的第一步与求 22.5 g 干冰中 CO_2 的摩尔数的计算相同。转换图的第二步显示了从摩尔数到分子数的换算。根据转换图,计算:

$$22.5 \text{ g CO}_2 \times \frac{1 \text{ mol CO}_2}{44.01 \text{ g CO}_2} \times \frac{6.022\times10^{23} \text{个CO}_2\text{分子}}{\text{mol CO}_2} = 3.08\times10^{23} \text{个CO}_2\text{分子}$$

例题 6.5　化合物质量和分子数之间的换算

4.78×10^{24} 个 NO_2 分子的质量是多少?

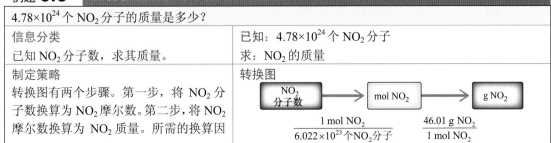

信息分类 已知 NO_2 分子数,求其质量。	已知：4.78×10^{24} 个 NO_2 分子 求：NO_2 的质量
制定策略 转换图有两个步骤。第一步,将 NO_2 分子数换算为 NO_2 摩尔数。第二步,将 NO_2 摩尔数换算为 NO_2 质量。所需的换算因	转换图 NO_2 分子数 ⟶ mol NO_2 ⟶ g NO_2 $\dfrac{1 \text{ mol NO}_2}{6.022\times10^{23} \text{个NO}_2\text{分子}}$ $\quad$ $\dfrac{46.01 \text{ g NO}_2}{1 \text{ mol NO}_2}$

子是 NO_2 摩尔质量和阿伏伽德罗常数。	所用关系式 $6.022×10^{23}$ 个分子 = 1 mol（阿伏伽德罗常数） NO_2 摩尔质量 = 1×(N 原子质量) + 2×(O 原子质量) = 14.01 + 2×16.00 = 46.01 g/mol
求解问题 根据转换图，将 NO_2 分子数乘以适当的换算因子，得到 g NO_2。	解 $4.78×10^{24}$个NO_2分子$×\dfrac{1\ mol\ NO_2}{6.022×10^{23}个NO_2分子}$ $×\dfrac{46.01\ g\ NO_2}{1\ mol\ NO_2}=365\ g\ NO_2$
检查答案 检查答案的单位是否正确，大小是否合理。	单位为 g NO_2，正确。因为 NO_2 分子数大于 1 摩尔，答案应是大于 1 摩尔的质量（大于 46.01 g），因此答案的大小合理。

▶ **技能训练 6.5**
质量为 3.64 g 的水样本中有多少个 H_2O 分子？

概念检查站 6.4

化合物 A 的摩尔质量为 100 g/mol，化合物 B 的摩尔质量为 200 g/mol。如果你有这两种质量相等的化合物样本，哪个样本中包含的分子数更多？

6.5 将化学式作为换算因子

▶ 在化合物的摩尔数和组成元素的摩尔数之间进行转换。

▶ 在化合物的克数和组成元素的克数之间进行转换。

3 片叶子：1 片三叶草

▲ 每根三叶草有 3 片叶子，因此可用 3 片叶子：1 根三叶草的比例来表示

下面求解 6.1 节中提出的钠的问题。为了确定特定化合物（如氯化钠）中特定元素（如钠）的含量，我们必须了解化学式中固有的数值关系。我们可用一个简单的类比来理解这些关系：问已知数量的氯化钠中有多少钠，类似于问已知数量的三叶草上有多少片叶子。例如，假设我们想知道 14 根三叶草上叶子的数量。我们需要叶子和三叶草之间的换算因子。对于三叶草来说，换算因子来自我们的常识——每根三叶草上有 3 片叶子。我们可用三叶草和叶子的比例来表达这种关系：

3 片叶子：1 根三叶草

和其他换算因子一样，这个比例给出了叶子和三叶草的关系。有了这个比例，我们就可写出一个换算因子来确定 14 根三叶草上的叶子数。转换图如下：

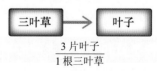

$$\dfrac{3\ 片叶子}{1\ 根三叶草}$$

我们将三叶草数量转换成叶子数，解决了这个问题：

$$14\ 根三叶草×\dfrac{3\ 片叶子}{1\ 根三叶草}=42片叶子$$

类似地，化学式给出了特定化合物的元素和分子之间的比例。例如，二氧化碳（CO_2）的化学式表明，每个 CO_2 分子中有两个氧原子，于是可以写出

2 个 O 原子：1 个 CO_2 分子

如 3 片叶子 : 1 根三叶草也可写成 3 打叶子 : 1 打三叶草那样，对于分子，我们也可写出

$$2 \text{ 打 O 原子} : 1 \text{ 打 } CO_2 \text{ 分子}$$

然而，对于原子和分子，我们通常要以摩尔为单位：

$$2 \text{ mol O} : 1 \text{ mol } CO_2$$

有了这些直接来自化学式的换算因子，我们就可确定已知量的化合物中存在的组成元素的数量。

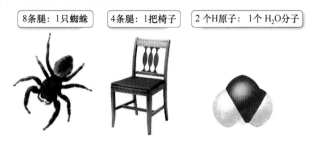

▲ 每幅图都有一个比例

6.5.1 化合物摩尔数和组成元素摩尔数之间的换算

假设我们想知道 18 mol CO_2 中 O 的摩尔数。转换图如下：

$$\boxed{\text{mol } CO_2} \longrightarrow \boxed{\text{mol O}}$$
$$\frac{2 \text{ mol O}}{1 \text{ mol } CO_2}$$

然后就可计算 O 的摩尔数：

$$18 \text{ mol } CO_2 \times \frac{2 \text{ mol O}}{1 \text{ mol } CO_2} = 36 \text{ mol O}$$

例题 6.6 化合物摩尔数和组成元素摩尔数之间的换算

计算 1.7 mol $CaCO_3$ 中氧的摩尔数。

信息分类 已知 $CaCO_3$ 的摩尔数，求 O 的摩尔数。	已知：1.7 mol $CaCO_3$ 求：O 的摩尔数
制定策略 转换图以碳酸钙的摩尔数开始，以氧气的摩尔数结束。由化学式确定换算因子，表示每个 $CaCO_3$ 单位有 3 个 O 原子。	转换图 $\boxed{\text{mol } CaCO_3} \longrightarrow \boxed{\text{mol O}}$ $\frac{3 \text{ mol O}}{1 \text{ mol } CaCO_3}$ 所用关系式 3 mol O : 1 mol $CaCO_3$（来自化学式）
求解问题 按照转换图求解问题。化学式中的下标是精确的数字，所以它们不限制有效数字。	解 $1.7 \text{ mol } CaCO_3 \times \frac{3 \text{ mol O}}{1 \text{ mol } CaCO_3} = 5.1 \text{ mol O}$
检查答案 检查答案的单位是否正确，大小是否合理。	单位为 mol O，正确。大小合理，因为氧的摩尔数应大于碳酸钙的摩尔数（每个碳酸钙单元含有 3 个 O 原子）。

▶ 技能训练 6.6

计算 1.4 mol H_2SO_4 中氧的摩尔数。

概念检查站 6.5

12 mol CH_4 中有多少摩尔 H？

6.5.2 化合物克数和组成元素克数之间的换算

从这一章开始，我们就有了求解钠问题所需的工具。假设我们想知道 15g NaCl 中钠的质量。化学式给出了钠的摩尔数和氯化钠的摩尔数之间的关系：

$$1 \text{ mol Na} : 1 \text{ mol NaCl}$$

要使用这个关系，我们就需要 mol NaCl，但是我们只有 g NaCl。我们可以首先将氯化钠的摩尔质量从 g NaCl 转换为 mol NaCl，然后使用化学式中的换算因子换算成 mol Na，最后使用 Na 的摩尔质量换算成 g Na。转换图如下：

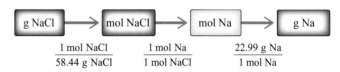

注意，必须少时先将 g NaCl 转换为 mol NaCl，然后才能将化学式作为换算因子。

化学式给出了物质摩尔数之间的关系，而不是克数之间的关系。我们按照转换图来求解问题：

$$15 \text{ g NaCl} \times \frac{1 \text{ mol NaCl}}{58.44 \text{ g NaCl}} \times \frac{1 \text{ mol Na}}{1 \text{ mol NaCl}} \times \frac{22.99 \text{ g Na}}{1 \text{ mol Na}} = 5.9 \text{ g Na}$$

求解已知质量化合物中元素的质量问题的一般形式如下：

化合物质量 → 化合物摩尔数 → 元素摩尔数 → 元素质量

用原子质量或摩尔质量来换算质量和摩尔数，用化学式中固有的关系来进行摩尔数之间的换算（◀图6.2）。

1 mol CCl_4 : 4 mol Cl

▲ 图 6.2 **化学式中的摩尔数关系**。化学式中固有的关系允许我们在化合物的摩尔数和组成元素的摩尔数之间进行转换，反之亦然

例题 6.7 | 化合物克数和组成元素克数之间的换算

香芹酮（$C_{10}H_{14}O$）是留兰香油的主要成分，它带有令人愉快的香味和薄荷味。香芹酮常被添加到口香糖、酒、肥皂和香水中。计算 55.4 g 香芹酮中碳的质量。

信息分类 已知香芹酮的质量，求一种成分的质量。	已知：55.4 g $C_{10}H_{14}O$ 求：C 的克数
制定策略 转换图基于： 　　　克→摩尔→摩尔→克 需要 3 个换算因子。 第一个是香芹酮的摩尔质量。 第二个是分子式中碳摩尔数和香芹酮摩尔数之间的关系。	转换图 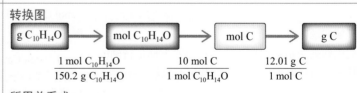 所用关系式

第三个是碳的摩尔质量。	香芹酮摩尔质量 $= 10 \times 12.01 + 14 \times 1.01 + 1 \times 16.00$
	$\qquad\qquad\qquad = 120.1 + 14.14 + 16.00$
	$\qquad\qquad\qquad = 150.2 \text{ g/mol}$
	10 mol C : 1 mol $C_{10}H_{14}O$（来自化学式）
	1 mol C = 12.01 g C（摩尔质量，来自元素周期表）
求解问题 按转换图求解问题，从 g $C_{10}H_{14}O$ 开始，乘以换算因子，得出 g C。	解 $$55.4 \text{ g } C_{10}H_{14}O \times \frac{1 \text{ mol } C_{10}H_{14}O}{150.2 \text{ g } C_{10}H_{14}O}$$ $$\times \frac{10 \text{ mol C}}{1 \text{ mol } C_{10}H_{14}O} \times \frac{12.01 \text{ g C}}{1 \text{ mol C}} = 44.3 \text{ g C}$$
检查答案 检查答案的单位是否正确，大小是否合理。	单位为 g C，正确。大小合理，因为碳和化合物的质量必须小于化合物本身的质量。若得到的碳的质量大于化合物的质量，则答案错误，组成元素的质量不能大于化合物本身的质量。

▶ **技能训练 6.7**

计算 5.8 g 碳酸氢钠（$NaHCO_3$）样本中的氧气质量。

▶ **技能巩固**

计算 7.20 g $Al_2(SO_4)_3$ 样本中的氧气质量。

概念检查站 6.6

在不做任何详细计算的情况下，确定下列哪个样本含有最多的氟原子。

(a) 25 g HF；(b) 1.5 mol CH_3F；(c) 1.0 mol F_2。

6.6 化合物组分质量百分比

▶ 使用质量百分比作为换算因子。

另一种表示元素在已知化合物中的含量的方法是，使用该元素在化合物中的组分质量百分比。一种元素的组分质量百分比或简单的质量百分比，是该元素占化合物总质量的百分比。例如，氯化钠中钠的组分质量百分比为 39%。这一信息告诉我们，100 g 氯化钠样本中含有 39 g 钠。我们可以使用以下公式从实验数据中确定化合物的组分质量百分比：

$$元素 X 的质量百分比 = \frac{化合物样本中元素\ X 的质量}{化合物样本质量} \times 100\%$$

假设 0.358 g 铬样本与氧气反应生成 0.523 g 金属氧化物。那么铬的质量百分比是

$$Cr 的质量百分比 = \frac{Cr\ 的质量}{金属氧化物的质量} \times 100\%$$

$$= \frac{0.358 \text{ g}}{0.523 \text{ g}} \times 100\% = 68.5\%$$

我们可以使用质量百分比作为组成元素克数和化合物克数之间的换算因子。例如，氯化钠中钠的组分质量百分比为 39%，可以写成

39 g 钠 : 100 g 氯化钠

或者以分数形式写为

$$\frac{39\text{ g Na}}{100\text{ g NaCl}} \quad \text{或} \quad \frac{100\text{ g NaCl}}{39\text{ g Na}}$$

如例题 6.8 所示，这些分数是钠和氯化钠之间质量的换算因子。

例题 6.8　使用组分质量百分比作为换算因子

美国食品和药物监督管理局（FDA）建议成人每天摄入的钠少于 2.4 g。你每天能摄入多少克氯化钠并且仍在 FDA 的指导范围内？氯化钠中钠的质量百分比为 39%。

信息分类 已知钠的质量和氯化钠中钠的质量百分比。已知质量百分比后，记为分数。39%的钠表示每 100 克氯化钠中有 39 克钠。求含有已知质量钠的氯化钠的质量。	已知：2.4 g Na $$\frac{39\text{ g Na}}{100\text{ g NaCl}}$$ 求：NaCl 的质量
制定策略 画出转换图，从钠的质量开始，用质量百分比作为换算因子，得到氯化钠的质量。	转换图 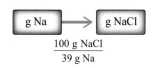 $$\frac{100\text{ g NaCl}}{39\text{ g Na}}$$ 所用关系式 39 g Na : 100 g NaCl（问题中给出）
求解问题 按转换图求解问题，从 g Na 开始，以 g NaCl 结束。你可摄入的盐量仍在 FDA 的指南范围内，即 6.2 g 氯化钠。	解 $$2.4\text{ g Na}\times\frac{100\text{ g NaCl}}{39\text{ g Na}}=6.2\text{ g NaCl}$$
检查答案 检查答案的单位是否正确，大小是否合理。	单位 g NaCl 正确。答案的大小合理，因为 NaCl 的质量应大于 Na 的质量。含有已知质量的特定元素的化合物的质量，总大于元素本身的质量。  ▲ 12.5 包盐中含有 6.2 克氯化钠

▶ 技能训练 6.8

一名妇女消耗了 22 g 氯化钠，她消耗了多少钠？氯化钠中钠的质量百分比为 39%。

6.7 化学式组分质量百分比

▶ 根据化学式确定组分质量百分比。

前一节中介绍了如何根据实验数据计算组分质量百分比，以及如何使用组分质量百分比作为换算因子。我们还可从化合物的化学式中算出化合物中任何元素的质量百分比。根据化学式，化合物中元素 X 的质量百分比为

$$元素X的质量百分比 = \frac{1\text{ 摩尔化合物中元素}X\text{的质量}}{1\text{ 摩尔化合物的质量}}\times 100\%$$

例如，假设我们要计算含氯氟烃 CCl_2F_2 中氯的组分质量百分比。氯的质量百分比由下式给出：

$$CCl_2F2$$

$$Cl\text{的质量百分比} = \frac{2 \times \text{摩尔质量Cl}}{\text{摩尔质量}CCl_2F_2} \times 100\%$$

我们必须将 Cl 的摩尔质量乘以 2，因为化学式中 Cl 的下标为 2，这意味着 1 摩尔 CCl_2F_2 中含有 2 摩尔 Cl 原子。计算 CCl_2F_2 的摩尔质量如下：

$$\text{摩尔质量} = 1 \times 12.01 + 2 \times 35.45 + 2 \times 19.00 = 120.91 \text{ g/mol}$$

所以 CCl_2F_2 中氯的质量百分比是

$$Cl \text{ 的质量百分比} = \frac{2 \times Cl \text{的摩尔质量}}{CCl_2F_2 \text{的摩尔质量}} \times 100\% = \frac{2 \times 35.45 \text{ g}}{120.91 \text{ g}} \times 100\%$$

$$= 58.64\%$$

例题 6.9　组分质量百分比

计算氯在氟利昂-114（$C_2Cl_4F_2$）中的质量百分比。

信息分类 已知氟利昂-114 的分子式，求 Cl 的质量百分比。	已知：$C_2Cl_4F_2$ 求：Cl 的质量百分比
制定策略 将化学式中的信息代入质量百分比方程，得到 Cl 的质量百分比。	转换图 化学式 ⟶ 质量 % Cl $Cl \text{ 的质量百分比} = \frac{4 \times Cl \text{的摩尔质量}}{C_2Cl_4F_2 \text{的摩尔质量}} \times 100\%$ 所用关系式 　元素X的质量百分比 = 　　$\frac{1 \text{摩尔化合物中元素}X\text{的质量}}{1 \text{摩尔化合物的质量}} \times 100\%$ （质量百分比方程，在本节中已介绍）
求解问题 计算氟利昂-114 的摩尔质量，并将值代入方程，求出氯的质量百分比。	解 　$4 \times Cl \text{的摩尔质量} = 4 \times 35.45 \text{ g} = 141.8 \text{ g}$ 　$C_2Cl_4F_2 \text{的摩尔质量} = 2 \times 12.01 + 4 \times 35.45 + 2 \times 19.00$ 　　$= 24.02 + 141.8 + 38.00 = \frac{203.8}{\text{mol}} \text{ g}$ 　$Cl \text{ 的质量百分比} = \frac{4 \times Cl \text{的摩尔质量}}{C_2Cl_4F_2 \text{的摩尔质量}} \times 100\%$ 　　$= \frac{141.8 \text{ g}}{203.8 \text{ g}} \times 100\% = 69.58\%$
检查答案 检查答案的单位是否正确，大小是否合理。	单位为%，正确。答案的大小合理。组分质量百分比不应超过 100%。若大于 100%，则说明答案错误。

▶ 技能训练 6.9

乙酸（$HC_2H_3O_2$）是醋中的活性成分。计算 O 在乙酸中的组分质量百分比。

概念检查站 6.7

哪种化合物中 O 的质量百分比最高？

(a) CrO；(b) CrO_2；(c) Cr_2O_3。

化学与健康

饮用水加氟

20 世纪初，科学家发现，饮用天然含氟离子（F⁻）的水的人比饮用不含氟离子的人蛀牙少。在适当的水平上，氟化物可以强化牙釉质，防止蛀牙。为了改善公众健康，自 1945 年以来，氟化物一直被人工添加到饮用水中。在今天的美国，约 62% 的人口饮用人工氟化的水。美国牙科协会和公共卫生部门估计，水氟化可以减少 40%～65% 的蛀牙。

然而，公共饮用水的氟化通常是有争议的。一些反对者认为氟化物可从其他来源获得，如牙膏、漱口水、滴剂和药丸，因此不应添加到饮用水中。他们认为，任何想要氟化物的人都可从这些可选的来源获得，政府不应将氟化物强加给人们。还有一些反对者认为氟化相关的风险太大。

事实上，过量的氟化物会导致牙齿变为棕色，并且出现斑点，这种情况称为氟斑牙。极高的水平会导致骨骼氟中毒。

科学共识是，像许多矿物质一样，氟化物在一定水平上对健康有一定的好处（成人每天 1～4 mg），但是，摄入过量可能有不利影响。因此，大多数大城市的饮用水的含氟量约为 0.7 mg/L。大多数成年人每天饮用 1～2 L 水，因此他们是从水中获得有益量的氟的。瓶装水通常不含氟化物。

B6.1 你能回答吗？ 氟化物通常以氟化钠（NaF）的形式加入水中。NaF 中 F⁻ 的质量百分比是多少？在 1500 L 水中，必须加入多少克 NaF 才能使其氟化到 0.7 mg F⁻/L 的水平？

6.8 计算化合物的经验式

▶ 根据实验数据确定经验式。
▶ 根据反应数据计算经验式。

6.7 节中介绍了如何根据化学式计算组分质量百分比。我们能由组分质量百分比算出化学式吗？这很重要，因为化合物的实验室分析通常不会直接给出化学式；相反，它们给出的是化合物中每种元素的相对质量。例如，如果在实验室中将水分解成氢和氧，就可测量产生的氢和氧的质量。我们能由这种数据确定水的化学式吗？

▶ 前面介绍了如何从化合物的化学式得到其组分质量百分比。我们能不能换个方式？

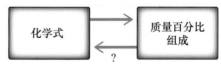

答案是有条件的肯定。我们可以确定一个化学式，但它是经验式，而不是分子式。如 5.3 节所述，经验式给出的是化合物中每种原子的最小整数比，而不是分子中每种原子的具体数量。回顾可知，分子式永远是经验式的整数倍：分子式 = 经验式 × n，$n = 1, 2, 3, \cdots$。

化学式代表原子或原子摩尔数的比例，而不是质量的比例。

例如，过氧化氢的分子式为 H_2O_2，其经验式为 HO：

$$HO \times 2 \longrightarrow H_2O_2$$

6.8.1 由实验数据计算经验式

假设我们在实验室中分解一个水样本，发现它产生了 3.0 g 氢和 24 g 氧。我们如何由这些数据确定经验式？

我们知道经验式代表的是原子的比例或原子摩尔数的比例，但是不代表质量比例。所以首先要做的是把数据从克数转换成摩尔数。分解过

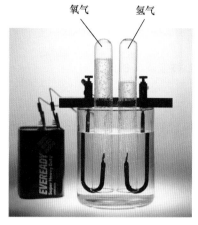

氧气　氢气

▲ 电流将水分解成氢和氧。如何从水的组成元素的质量中找到水的经验式？

程中每种元素形成多少摩尔？为了换算成摩尔数，我们用元素的质量除以其摩尔质量：

$$\text{mol H} = 3.0 \text{ g H} \times \frac{1 \text{ mol H}}{1.01 \text{ g H}} = 3.0 \text{ mol H}$$

$$\text{mol O} = 24 \text{ g O} \times \frac{1 \text{ mol O}}{16.00 \text{ g O}} = 1.5 \text{ mol O}$$

由这些数据，我们知道每 1.5 mol O 就有 3 mol H。现在可以为水写出一个假化学式：

$$H_3O_{1.5}$$

为了得到化学式中的整数下标，我们将所有下标除以最小的下标，在本例中为 1.5：

$$H_{\frac{3}{1.5}}O_{\frac{1.5}{1.5}} = H_2O$$

水的经验式（在这种情况下也是分子式）是 H_2O。下列步骤适用于由实验数据获得任何化合物的经验式。左列概述了过程，中间和右边两列包含了如何应用该过程的两个示例。

由实验数据获得经验式	例题 **6.10**	例题 **6.11**
	在实验室分解一种含氮和氧的化合物，生成了 24.5 g 氮和 70.0 g 氧。计算化合物的经验式。	阿司匹林的实验室分析确定了以下组分质量百分比： C　60.00% H　4.48% O　35.53% 求经验式。
1. 写出（或算出）化合物样本中每种元素的质量。如果给你一个组分的质量百分比，假设有 100 g 的样本，根据已知的百分比计算每种元素的质量。	已知：24.5 g N 70.0 g O 求：经验式	已知：100 g 样本中有 60.00 g C 4.48 g H 35.53 g O 求：经验式
2. 使用每种元素的适当摩尔质量作为换算因子，将步骤 1 中的每个质量转换为摩尔数。	解 $24.5 \text{ g N} \times \dfrac{1 \text{ mol N}}{14.01 \text{ g N}}$ $= 1.75 \text{ mol N}$ $70.0 \text{ g O} \times \dfrac{1 \text{ mol O}}{16.00 \text{ g O}}$ $= 4.38 \text{ mol O}$	解 $60.00 \text{ g C} \times \dfrac{1 \text{ mol C}}{12.01 \text{ g C}} = 4.996 \text{ mol C}$ $4.48 \text{ g H} \times \dfrac{1 \text{ mol H}}{1.01 \text{ g H}} = 4.44 \text{ mol H}$ $35.53 \text{ g O} \times \dfrac{1 \text{ mol O}}{16.00 \text{ g O}} = 2.221 \text{ mol O}$
3. 用每种元素的摩尔数（来自步骤 2）作为下标，写出化合物的假化学式。	$N_{1.75}O_{4.38}$	$C_{4.996}H_{4.44}O_{2.221}$
4. 将化学式中的所有下标除以最小的下标。	$N_{\frac{1.75}{1.75}}O_{\frac{4.38}{1.75}} \longrightarrow N_1O_{2.5}$	$C_{\frac{4.996}{2.221}}H_{\frac{4.44}{2.221}}O_{\frac{2.221}{2.221}} \longrightarrow C_{2.25}H_2O_1$

| 5. 下标不是整数时，将所有下标乘以一个小整数，得到整数下标。 | $N_1O_{2.5} \longrightarrow N_2O_5$

正确的经验式是 N_2O_5。 | $C_{2.25}H_2O_1 \times 4 \longrightarrow C_9H_8O_4$

正确的经验式是 $C_9H_8O_4$。 |
| | ▶ **技能训练 6.10**
一种化合物的样本在实验室中分解，产生 165 g 碳、27.8 g 氢和 220.2 g 氧。计算化合物的经验式。 | ▶ **技能训练 6.11**
布洛芬是阿司匹林的替代品，其组分质量百分比为：C 75.69 %；H 8.80%；O 15.51%。计算布洛芬的经验式。 |

例题 6.12 ▏根据反应数据计算经验式

3.24 g 钛样本与氧气反应生成了 5.40 g 金属氧化物。金属氧化物的经验式是什么？	
已知钛的质量和形成的金属氧化物的质量，要求找到经验式。求解这个问题需要如下步骤。	已知：3.24 g Ti 5.40 g 金属氧化物 求：经验式

1. 写出（或算出）化合物样本中每种元素的质量。此时，已知初始钛样本的质量和样本与氧反应后得到的氧化物的质量。氧的质量是氧化物的质量和钛的质量之差。	解
	3.24 g Ti
	O 的质量 = 氧化物的质量 − 钛的质量
	         = 5.40 g − 3.24 g
	         = 2.16 g O

2. 使用每种元素的摩尔质量作为换算因子，将步骤 1 中的每个质量转换为摩尔数。	$3.24 \text{ g Ti} \times \dfrac{1 \text{ mol Ti}}{47.88 \text{ g Ti}} = 0.0677 \text{ mol Ti}$ $3.16 \text{ g O} \times \dfrac{1 \text{ mol O}}{16.00 \text{ g O}} = 0.135 \text{ mol O}$
3. 使用步骤 2 中得到的每种元素的摩尔数作为下标，写出化合物的假化学式。	$Ti_{0.0677}O_{0.135}$
4. 将假化学式中的所有下标除以最小下标。	$Ti_{\frac{0.0677}{0.0677}}O_{\frac{0.135}{0.0677}}$ TiO_2
5. 下标不是整数时，将所有下标乘以一个小整数，得到整数下标。	由于下标已是整数，所以最后一步不需要。正确的经验式是 TiO_2。

▶ **技能训练 6.12**
1.56 g 铜样本与氧气反应生成了 1.95 g 金属氧化物，金属氧化物的分子式是什么？

6.9 计算化合物的分子式

▶ 根据经验式和摩尔质量计算分子式。

▲ 果糖，水果中发现的一种糖

如果还知道化合物的摩尔质量，就可根据经验式确定化合物的分子式。回忆 6.8 节可知，分子式总是经验式的整数倍：

$$分子式 = 经验式 \times n，\quad n = 1, 2, 3, \cdots$$

假设我们想要根据果糖（在水果中发现的一种糖）的经验式 CH_2O 及其摩尔质量 180.2 g/mol 求出果糖的分子式。我们知道分子式是 CH_2O 的整数倍，即

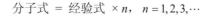
$$分子式 = CH_2O \times n$$

我们还知道摩尔质量是经验式摩尔质量的整数倍，即经验式中所有

原子的质量之和:

$$摩尔质量 = 经验式摩尔质量 \times n$$

对于特定的化合物,两种情况下 n 的值是相同的。因此,我们可以通过计算摩尔质量与经验式摩尔质量之比来求出 n,

$$n = \frac{摩尔质量}{经验式摩尔质量}$$

对于果糖,经验式摩尔质量为

$$1 \times 12.01 + 2 \times 1.01 + 16.00 = 30.03 \text{ g/mol}$$

因此,n 为

$$n = \frac{180.2 \text{ g/mol}}{30.03 \text{ g/mol}} = 6$$

然后可用 n 的这个值来求分子式:

$$分子式 = CH_2O \times 6 = C_6H_{12}O_6$$

例题 6.13 由经验式和摩尔质量计算分子式

萘是一种含碳和氢的化合物,主要用于樟脑丸。其经验式为 C_5H_4,摩尔质量为 128.16 g/mol。它的分子式是什么?

信息分类	已知:经验式 $= C_5H_4$
已知化合物的经验式和摩尔质量,求其分子式。	摩尔质量 $= 128.16$ g/mol 求:分子式
制定策略 第一步,使用摩尔质量(已给出)和经验式摩尔质量(可以根据经验式计算)确定 n(必须乘以经验式才能确定分子式的整数)。 第二步,将经验式中的下标乘以 n,得出分子式。	转换图  $$n = \frac{摩尔质量}{经验式摩尔质量}$$ 分子式 = 经验式 $\times n$
求解问题 先求经验式的摩尔质量。接下来的步骤遵循转换图。将摩尔质量除以经验式摩尔质量,求出 n。将经验式乘以 n,确定分子式。	解 经验式摩尔质量 $= 5 \times 12.01 + 4 \times 1.01$ $= 64.09$ g/mol $$n = \frac{摩尔质量}{经验式质量} = \frac{128.16 \text{ g/mol}}{64.09 \text{ g/mol}} = 2$$ 分子式 $= C_5H_4 \times 2 = C_{10}H_8$
检查答案 检查答案的单位是否正确,大小是否合理。	单位正确。大小合理,因为它是经验式的整数倍。任何包含分数下标的答案都是错误的。

▶ 技能训练 6.13

丁烷是一种含碳和氢的化合物,在丁烷打火机中用作燃料。其经验式为 C_2H_5,摩尔质量为 58.12 g/mol,求其分子式。

▶ 技能巩固

具有以下组分质量百分比的化合物的摩尔质量为 60.10 g/mol,求其分子式。

C   39.97%   H   13.41%   N   46.62%

关键术语

阿伏伽德罗常数	实验式摩尔质量	质量百分比	摩尔
实验式	摩尔质量	分子式	

技能训练答案

技能训练 6.1	5.32×10^{22} 个 Au 原子	技能训练 6.8	8.6 g Na
技能训练 6.2	89.1 g S	技能训练 6.9	53.28% O
技能训练 6.3	8.17 g He	技能训练 6.10	CH_2O
技能训练 6.4	2.56×10^{-2} mol NO_2	技能训练 6.11	$C_{13}H_{18}O_2$
技能训练 6.5	1.22×10^{23} 个 H_2O 分子	技能训练 6.12	CuO
技能训练 6.6	5.6 mol O	技能训练 6.13	C_4H_{10}
技能训练 6.7	3.3 g O	技能巩固	$C_2H_8N_2$
技能巩固	4.04 g O		

概念检查站答案

6.1 (a)。 $3.5 \text{ lb} \times \dfrac{1 \text{打}}{0.50 \text{ lb}} \times \dfrac{12 \text{根钉子}}{\text{打}} = 84 \text{根钉子}$

6.2 (a)。摩尔是计数单位；它代表一个确定的数，即阿伏伽德罗常数，其大小为 6.022×10^{23}。因此，给定数量的原子总是代表精确的摩尔数，而不管涉及什么原子。不同元素的原子质量不同。因此，不同元素的样本质量相同时，它们不包含相同数量的原子或摩尔数。

6.3 (b)。碳的摩尔质量比钴或铅的低，1 g 碳样本比 1 g 钴或铅样本含有更多的原子。

6.4 样本 A 的分子数更多。样本 A 的摩尔质量比样本 B 的低，因此给定质量样本 A 比相同质量样本 B 的摩尔数更多，分子数也更多。

6.5 48 mol H。

6.6 (c)。1.0 mol F_2 含有 2.0 mol F 原子。另外两个选项中都只含有不到 2 mol 的 F 原子。

6.7 (b)。这种化合物的氧原子与铬原子的比例最高，因此氧的质量百分比最高。

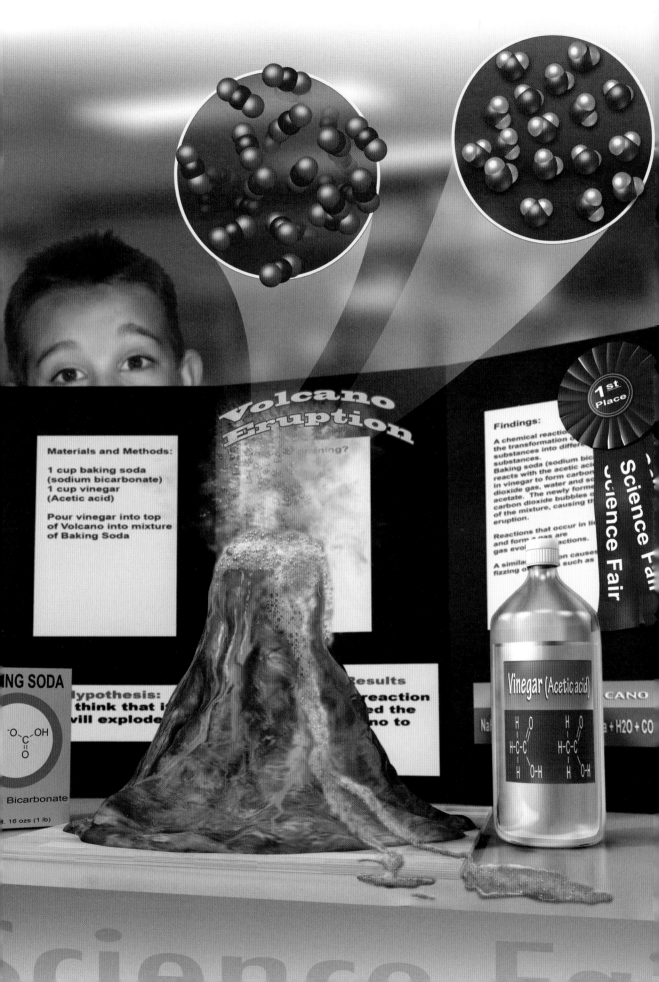

第 **7** 章 化学反应

化学，是涵盖最广泛的科学分支之一，如果没有别的原因，当我们思考事物时，一切都是化学。

——卢西亚诺·卡格里奥蒂（1933—）

7.1 火山、汽车和洗衣液

你在小学念书时是否做过装满醋和小苏打后爆发的黏土火山？你是否踩过汽车的油门，感受到汽车前行时的加速度？你是否想过为什么洗衣液比洗手液更能清洁衣服？这些过程都涉及化学反应——一种或多种物质转化为不同的物质。

在经典的黏土火山实验中，小苏打（碳酸氢钠）与醋中的乙酸反应，生成二氧化碳气体、水和乙酸钠。新生成的二氧化碳混合物起泡，导致喷发。发生在液体中并生成气体的反应是气体析出反应。类似的反应会导致抗酸剂的嘶嘶声。

当你开车时，碳氢化合物如（汽油中的）辛烷与空气中的氧气反应，生成二氧化碳气体和水（▼图 7.1）。

▶ 图 7.1 **汽车发动机中的燃烧反应。** 在汽车发动机中，汽油中的辛烷（C_8H_{18}）等碳氢化合物与空气中的氧气结合，生成二氧化碳和水

辛烷（汽油的一种成分）

二氧化碳

氧气

汽车发动机

水

◀ 小学生有时会通过混合醋和小苏打来制作爆发的黏土火山

纯净水中 硬水中
的肥皂 的肥皂

▲ 图 7.2 肥皂和水。肥皂与纯水（左）形成泡沫，但与硬水（右）中的离子发生反应，形成附着在衣服上的灰色残留物

这种反应产生热量，使汽车发动机的气缸中的气体膨胀。这样的反应——物质与氧气反应放出热量，即生成一种或多种含氧化合物的反应，是燃烧反应。燃烧反应是氧化还原反应的一个子类，其中电子从一种物质转移到另一种物质。铁锈的形成和汽车油漆的变暗是氧化还原反应的其他例子。

洗衣液比洗手液更适合洗衣服的原因是，它含有软化硬水的物质。硬水含有溶解的钙离子（Ca^{2+}）和镁离子（Mg^{2+}）。这些离子与肥皂反应，生成一种被称为凝乳或肥皂泡沫的灰色黏滑物质（◀图 7.2）。如果你用洗手液洗过衣服，就会注意到衣服上有灰色的肥皂泡沫残留物。

洗衣液通过去除水中的 Ca^{2+} 和 Mg^{2+} 来防止凝乳的形成。为什么？因为它们含有与 Ca^{2+} 和 Mg^{2+} 反应的物质。例如，许多洗衣液中含有碳酸根离子。碳酸根离子与硬水中的钙和镁离子反应，生成固体碳酸钙（$CaCO_3$）和固体碳酸镁（$MgCO_3$）。这些固体直接沉淀在洗衣混合物的底部，导致从水中去除了离子。换句话说，洗衣液中含有能与硬水中的离子发生反应并使其固定的物质。诸如此类的反应（在水中生成固体物质）是沉淀反应。沉淀反应也用于去除工业废物中溶解的有毒金属。

化学反应发生在我们周围，甚至发生在人体内。化学反应可以相对简单，如氢和氧结合生成水，也可以很复杂，如由数千个更简单的分子合成为一个蛋白质分子。在某些情况下，比如在游泳池中加入酸来调节水的酸度时，发生的中和反应肉眼是看不到的。在其他情况下，例如在火箭发射过程中，燃烧反应在火箭下面产生烟柱和火柱，这种化学反应非常明显。然而，在所有情况下，化学反应都会改变构成物质的分子和原子的排列。通常，这些分子变化会产生我们可直接体验到的宏观变化。

7.2 化学反应的证据

▶ 化学反应的识别证据。

颜色变化

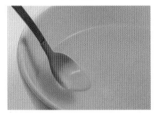

▲ 儿童用的温敏勺子被加热后，由于较高温度引起的反应而变色

回顾 3.9 节可知，放出热量的反应是放热反应，吸收热量的反应是吸热反应。

如果我们能看到组成物质的原子和分子，就能很容易地识别化学反应。原子和其他原子结合会生成化合物吗？新的分子会生成吗？原始的分子会分解吗？一个分子中的原子是否会与另一个分子中的原子发生位置变化？如果其中一个或多个问题的答案是肯定的，那么就说明发生了化学反应。

虽然我们看不见原子，但许多化学反应在发生时确实产生了容易察觉的变化。例如，当颜色鲜艳的衬衫中的致色分子在反复暴露于阳光下分解时，衬衫就会褪色。同样，当儿童用的温敏勺子被加热后，塑料中的分子发生变化时，勺子的颜色也会发生变化。这些颜色的变化是发生化学反应的证据。

识别化学反应的其他变化包括固体的生成（▼图 7.3）或气体的生成（▼图 7.4）。在水中滴入生物碱片，或者将小苏打与醋混合，都是产生气体的化学反应的较好例子——气体在液体中是可见的气泡。

吸热和放热以及发光也是反应的证据。例如，天然气火焰产生热和光。打破分隔两种物质的塑料屏障后，化学冰袋就会变冷。这两种变化都表明化学反应正在发生。

固体形成

▲ 图7.3 沉淀反应。在澄清溶液中生成固体是化学反应的证据

气体形成

▲ 图7.4 析气反应。气体的生成是化学反应的证据

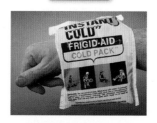

吸热

▲ 吸热或放热导致的温度变化是化学反应的证据。打破分隔两种物质的塑料屏障后，化学冰袋就会变冷

虽然这些变化提供了化学反应的证据，但是它们不是确凿的证据。只有化学分析表明最初的物质已经转化为其他物质，才最终证明发生了化学反应。但是，我们有时也会被愚弄。例如，当水沸腾时，气泡会生成，但是没有发生化学变化。沸腾的水生成气态蒸汽，但水和蒸汽都由水分子组成——没有发生化学变化（▼图 7.5）。另一方面，化学反应可能发生，没有任何明显的迹象，但化学分析可能表明确实发生了反应。原子和分子水平上发生的变化决定了化学反应是否发生。

▲ 图7.5 沸腾：物理变化。水沸腾时，形成气泡（气体），但没有发生化学变化，因为气态水和液态水一样，都由水分子组成

综上所述，以下各项提供了化学反应的证据：

· 颜色变化

· 发光

· 在先前的透明（清晰）溶液中形成固体

· 热量的散发或吸收

· 当我们向溶液中加入物质时，形成了气体

例题 7.1　化学反应的证据

哪些变化涉及化学反应？解释你的答案。

(a) 冰变暖后融化。

(b) 电流通过水，生成氢气和氧气，在水中出现上升的气泡。

(c) 铁生锈。

(d) 打开汽水罐时形成了气泡。

解

(a) 不是化学反应；融化的冰形成水，但冰和水都由水分子组成。

(b) 化学反应；水分解成氢气和氧气，泡沫证明了这一点。

(c) 化学反应；铁变成氧化铁，在这个过程中改变了颜色。

(d) 不是化学反应；即使有气泡，也只是液体中的二氧化碳。

▶ **技能训练 7.1**

哪些变化涉及化学反应？解释你的答案。

(a) 丁烷在打火机中燃烧。

(b) 丁烷从打火机中蒸发。

(c) 木材燃烧。

(d) 干冰升华。

概念检查站 7.1

以下图像描绘了变化前后各种物质的分子视图，确定每种情况下是否发生化学反应。

(a)

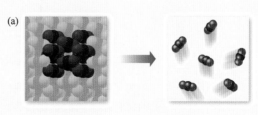

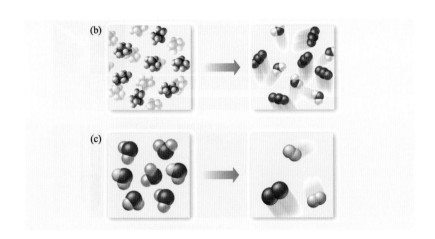

7.3 化学方程式

▶ 确定平衡的化学方程式。

3.6 节使用化学式表示了化学反应。例如，当天然气燃烧时，甲烷（CH_4）与氧气（O_2）反应生成二氧化碳（CO_2）和水（H_2O）。我们用以下化学方程式来表示这个反应：

$$CH_4 + O_2 \longrightarrow CO_2 + H_2O$$
反应物   产物

方程式左侧的物质是反应物，右侧的物质是产物。我们通常在方程式旁边的括号中指定每种反应物或产物的状态。如果在方程中加入状态，它就会变成

$$CH_4(g) + O_2(g) \longrightarrow CO_2(g) + H_2O(g)$$

其中，(g)表示这些物质是气体。表 7.1 中小结了反应物和产物的状态。

下面仔细看天然气燃烧的方程式。方程式两侧各有多少个氧原子？

表 7.1 化学方程式中反应物和产物的状态	
简写	状态
(g)	气体
(l)	液体
(s)	固体
(aq)	水（水溶液）*

*(aq)表示水溶液，即一种物质溶解在水中。当一种物质溶解在水中时，混合物就被称为溶液。

2个O原子   2个O原子 + 1个O原子 = 3个O原子

$$CH_4(g) + O_2(g) \longrightarrow CO_2(g) + H_2O(g)$$

方程式的左侧有两个氧原子，右侧有三个氧原子。由于化学方程式代表真正的化学反应，原子不能简单地出现或消失在化学方程式中，因此，如我们所知的那样，原子不会简单地在自然界中出现或消失。我们必须考虑到方程式两侧的原子。注意，方程式的左侧有四个氢原子，右侧只有两个氢原子：

在化学方程式中，原子不能从一种类型转变为另一种类型，例如，氢原子不能转变为氧原子。原子也不会消失。

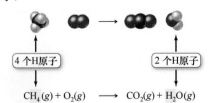

4 个H原子   2 个H原子

$$CH_4(g) + O_2(g) \longrightarrow CO_2(g) + H_2O(g)$$

为了纠正这些问题，我们必须建立一个平衡方程式，其中方程式两侧的每种原子的数量要相等。为了平衡方程式，我们需要在化学方程式

中插入系数（而非下标），使反应物中每种原子的数量等于产物中每种原子的数量。新原子不会在反应过程中生成，原子也不会消失——物质必须是守恒的。

当我们在反应物和产物的前面插入系数来平衡化学方程式时，就会改变方程式中的分子数量，但不会改变分子的种类。例如，为了平衡前面的方程式，我们在反应物中将系数 2 放在 O_2 的前面，在产物中将系数 2 放在 H_2O 的前面：

$$CH_4(g) + 2\,O_2(g) \longrightarrow CO_2(g) + 2\,H_2O(g)$$

方程式现在是平衡的，因为在方程式两侧，每种原子的数量都相等。我们可以通过计算每种原子的总数来验证这一点。

我们将原子的下标乘以化学方程式的系数，来确定化学方程式中特定类型的原子在化学方程式中的数量。如果没有系数或下标，那么隐含为 1。天然气燃烧的平衡方程式是

$$CH_4(g) + 2\,O_2(g) \longrightarrow CO_2(g) + 2\,H_2O(g)$$

反应物	产物
1 个 C 原子（$1 \times \underline{C}H_4$）	1 个 C 原子（$1 \times \underline{C}O_2$）
4 个 H 原子（$1 \times C\underline{H}_4$）	4 个 H 原子（$2 \times \underline{H}_2O$）
4 个 O 原子（$2 \times \underline{O}_2$）	4 个 O 原子（$1 \times C\underline{O}_2 + 2 \times H_2\underline{O}$）

在方程式的两侧，每种类型的原子的数量是相等的，方程是平衡的：

$$CH_4(g) + 2\,O_2(g) \longrightarrow CO_2(g) + 2\,H_2O(g)$$

▶ 平衡化学方程式代表化学反应。在这个方程式中，甲烷与氧气结合形成二氧化碳和水。这张图片显示了燃烧甲烷的炉子及其发生反应的平衡方程式

概念检查站 7.2

在光合作用中，植物用二氧化碳和水制造葡萄糖（$C_6H_{12}O_6$），反应的方程式是

$$6\,CO_2 + 6\,H_2O \longrightarrow C_6H_{12}O_6 + x\,O_2$$

为了平衡此方程式，系数 x 必须是

(a) 3；(b) 6；(c) 9；(D) 12。

7.4 如何书写平衡化学方程式

▶ 写出平衡的化学方程式。

以下过程详细说明了书写平衡化学方程式的步骤。与书中的其他步骤一样，我们在左列给出步骤，在中间和右侧两列中显示应用每个步骤的示例。记住，只改变系数来平衡化学方程式；永远不要改变下标，因为改变下标时改变的是分子的种类，而不是分子的数量。

	例题 7.2	例题 7.3
平衡化学方程式的书写	写出固态二氧化硅和固态碳反应生成固态硅单晶和气态一氧化碳的平衡方程式。	为液态辛烷（C_8H_{18}）和气态氧之间的燃烧反应写一个平衡方程式，液态辛烷是汽油的一种成分，与气态氧反应生成气态二氧化碳和气态水。
1. 为每种反应物和产物写出化学式，首先写出不平衡方程式。查阅第5章中的命名规则（如果问题中提供了不平衡的方程式，那么跳过此步骤，转到步骤2）。	解 $SiO_2(s) + C(s) \longrightarrow SiC(s) + CO(g)$	解 $C_8H_{18}(l) + O_2(g) \longrightarrow CO_2(g) + H_2O(g)$
2. 如果一种元素只出现在方程式两侧的一种化合物中，那么先平衡它。如果有一种以上这样的元素，那么先平衡金属元素，再平衡非金属元素。	从 Si 开始 $SiO_2(s) + C(s) \longrightarrow SiC(s) + CO(g)$ 　1 个 Si 原子 $\longrightarrow$ 1 个 Si 原子 Si 已平衡。 下一步是氧的平衡 $SiO_2(s) + C(s) \longrightarrow SiC(s) + CO(g)$ 　2 个 O 原子 $\longrightarrow$ 1 个 O 原子 为了平衡 O，在 CO(g) 前面加一个 2： $SiO_2(s) + C(s) \longrightarrow SiC(s) + 2\,CO(g)$ 　2 个 O 原子 $\longrightarrow$ 2 个 O 原子	从 C 开始 $C_8H_{18}(l) + O_2(g) \longrightarrow CO_2(g) + H_2O(g)$ 　8 个 C 原子 $\longrightarrow$ 1 个 C 原子 为了平衡 C，在 $CO_2(g)$ 前面加一个 8： $C_8H_{18}(l) + O_2(g) \longrightarrow 8\,CO_2(g) + H_2O(g)$ 　8 个 C 原子 $\longrightarrow$ 8 个 C 原子 下一个平衡 H $C_8H_{18}(l) + O_2(g) \longrightarrow 8\,CO_2(g) + H_2O(g)$ 　18 个 H 原子 $\longrightarrow$ 2 个 H 原子 为了平衡 H，在 $H_2O(g)$ 前面加一个 9： $C_8H_{18}(l) + O_2(g) \longrightarrow 8\,CO_2(g) + 9\,H_2O(g)$ 　18 个 H 原子 $\longrightarrow$ 18 个 H 原子
3. 如果一种元素在化学方程式的两侧都是自由元素（不是化合物的一部分），最后平衡它。始终通过调	C 的平衡 $SiO_2(s) + C(s) \longrightarrow SiC(s) + 2CO(g)$ 1 个 C 原子 $\longrightarrow$ 1 个 C 原子 + 2 个 C 原子 = 3 个 C 原子 为了平衡 C，在 C(s) 前面放一个 3： $SiO_2(s) + 3\,C(s) \longrightarrow SiC(s) + 2\,CO(g)$	平衡 O 原子 $C_8H_{18}(l) + O_2(g) \longrightarrow 8\,CO_2(g) + 9\,H_2O(g)$ 2 个 O 原子 $\longrightarrow$ 16 个 O 原子 + 9 个 O 原子 = 25 个 O 原子 为了平衡 H，在 $O_2(g)$ 前面加一个 $\frac{25}{2}$： $C_8H_{18}(l) + \frac{25}{2}O_2(g) \longrightarrow 8\,CO_2(g) + 9\,H_2O(g)$

整自由元素的系数来平衡自由元素。	3 个 C 原子 —→ 1 个 C 原子 + 2 个 C 原子 = 3 个 C 原子	25 个 O 原子 —→ 16 个 O 原子 + 9 个 O 原子 = 25 个 O 原子
4. 平衡方程式中包含分数形式的系数时，将整个方程式乘以适当的因子，使这些分数变成整数。	在示例中，该步骤不是必需的。继续步骤 5。	$[C_8H_{18}(l) + \frac{25}{2} O_2(g) \longrightarrow 8 CO_2(g) + 9 H_2O(g)] \times 2$ $2 C_8H_{18}(l) + 25 O_2(g) \longrightarrow 16 CO_2(g) + 18 H_2O(g)$
5. 计算方程式两侧每种原子的总数，确认方程式是平衡的。	$SiO_2(s) + 3 C(s) \longrightarrow SiC(s) + 2 CO(g)$ 反应物　　　　　　产　物 1 个 Si 原子 —→ 1 个 Si 原子 2 个 O 原子 —→ 2 个 O 原子 3 个 C 原子 —→ 3 个 C 原子 方程式是平衡的。	$2 C_8H_{18}(l) + 25 O_2(g) \longrightarrow 16 CO_2(g) + 18 H_2O(g)$ 反应物　　　　　　产　物 16 个 C 原子 —→ 16 个 C 原子 36 个 H 原子 —→ 36 个 H 原子 50 个 O 原子 —→ 50 个 O 原子 方程式是平衡的。
	▶ **技能训练 7.2** 写出固态氧化铬与固态碳反应生成固态铬和气态二氧化碳的平衡方程式。	▶ **技能训练 7.3** 写出气态 C_4H_{10} 和气态氧生成气态二氧化碳和气态水的燃烧反应的平衡方程式。

例题 **7.4**　平衡化学方程式

写出固态铝与含水硫酸反应生成硫酸铝和氢气的平衡方程式。

使用在第 5 章中学到的化学术语，写出包含每种反应物和产物的化学反应方程式。在开始平衡方程式之前，每种化合物的公式必须正确。	**解** $Al(s) + H_2SO_4(aq) \longrightarrow Al_2(SO_4)_3(aq) + H_2(g)$
因为 Al 和 H 都以游离元素的形式存在，所以最后平衡它们。S 和 O 只在方程式的两侧各有一种化合物，所以先平衡它们。S 和 O 也是多原子离子的一部分，在方程式的两侧都保持不变。以多原子离子为单位进行平衡。方程式右侧有 3 个 SO_4^{2-} 离子，所以在 H_2SO_4 前面放一个 3。	$Al(s) + 3 H_2SO_4(aq) \longrightarrow Al_2(SO_4)_3(aq) + H_2(g)$
接下来平衡 Al。由于方程式右侧有 2 个 Al 原子，所以在方程左侧 Al 的前面放一个 2。	$2 Al(s) + 3 H_2SO_4(aq) \longrightarrow Al_2(SO_4)_3(aq) + H_2(g)$
接下来平衡 H。因为左侧有 6 个氢原子，所以在右侧 $H_2(g)$ 的前面放一个 3。	$2 Al(s) + 3 H_2SO_4(aq) \longrightarrow Al_2(SO_4)_3(aq) + 3 H_2(g)$
最后，将每侧的原子数相加，确保方程式平衡。	$2 Al(s) + 3 H_2SO_4(aq) \longrightarrow Al_2(SO_4)_3(aq) + 3 H_2(g)$ 反应物　　　　　　产　物 2 个 Al 原子 —→ 2 个 Al 原子 6 个 H 原子 —→ 6 个 H 原子 3 个 S 原子 —→ 3 个 S 原子 12 个 O 原子 —→ 12 个 O 原子

▶ **技能训练 7.4**

写出醋酸铅水溶液与碘化钾水溶液反应生成碘化铅和醋酸钾水溶液的平衡方程式。

例题 **7.5**　平衡化学方程式

平衡化学方程式 $Fe(s) + HCl(aq) \longrightarrow FeCl_3(aq) + H_2(g)$。

由于 Cl 只出现在方程式两侧的一种化合物中,所以先平衡它。方程式左侧有 1 个 Cl 原子,右侧有 3 个 Cl 原子。为了平衡氯,在盐酸前放一个 3。	**解** $$Fe(s) + 3\,HCl(aq) \longrightarrow FeCl_3(aq) + H_2(g)$$
由于 H 和 Fe 是作为自由元素存在的,所以最后要平衡它们。方程式左侧有 1 个 Fe 原子,右侧有 1 个 Fe 原子,所以 Fe 是平衡的。左侧有 3 个 H 原子,右侧有 2 个 H 原子。在 $2H_2$ 前面放一个 3 来平衡 H。	$$Fe(s) + 3\,HCl(aq) \longrightarrow FeCl_3(aq) + \tfrac{3}{2}H_2(g)$$
方程式现在包含一个分数形式的系数,可通过将整个方程式(两侧)乘以 2 来消除它。	$$[Fe(s) + 3\,HCl(aq) \longrightarrow FeCl_3(aq) + \tfrac{3}{2}H_2(g)] \times 2$$ $$2\,Fe(s) + 6\,HCl(aq) \longrightarrow 2\,FeCl_3(aq) + 3\,H_2(g)$$
最后,将每侧的原子数相加,检查方程式是否平衡。	$$2\,Fe(s) + 6\,HCl(aq) \longrightarrow 2\,FeCl_3(aq) + 3\,H_2(g)$$

反应物		产　物
2 个 Fe 原子	$\longrightarrow$	2 个 Fe 原子
6 个 Cl 原子	$\longrightarrow$	6 个 Cl 原子
6 个 H 原子	$\longrightarrow$	6 个 H 原子

▶ **技能训练 7.5**

配平化学方程式 $HCl(g)O_2(g) \longrightarrow H_2O(l) + Cl_2(g)$。

概念检查站 7.3

平衡化学方程式两侧的哪个量必须始终保持相同?

(a) 每种原子的数量。

(b) 每种分子的数量。

(c) 所有系数的总和。

7.5　水溶液和溶解度

▶ 测定化合物是否可溶。

　　上一节中介绍了如何配平代表化学反应的化学方程式,下面介绍几种类型的反应。

7.5.1　水溶液

　　由于反应大多发生在水中,因此我们首先要了解水溶液。在水溶液中发生的反应是最常见和最重要的反应之一。水溶液是一种物质与水的均匀混合物。例如,氯化钠(NaCl)溶液(也称盐水溶液)是由溶解在水中的氯化钠组成的。氯化钠溶液在海洋和活细胞中很常见。我们可在水中加入食盐来形成氯化钠溶液。当我们将食盐加入水中后,它似乎消失了。然而,我们知道食盐仍然在那里,因为如果我们尝一下水,会发现它有咸味。氯化钠如何在水中溶解?

当像氯化钠这样的离子化合物溶于水时，它们通常会分解为它们的组成离子。表示为 NaCl(*aq*)的氯化钠溶液不含任何 NaCl 分子单元，只有溶解的 Na^+离子和 Cl^-离子。

氯化钠在溶液中以独立的钠离子和氯离子形式存在，因为氯化钠溶液导电，而这需要存在自由移动的带电粒子。溶液中完全解离成离子的物质（如 NaCl）是强电解质，所得溶液为强电解质溶液（▼图 7.6）。类似地，以 $AgNO_3$(*aq*)表示的硝酸银溶液，不含任何硝酸银分子单元，只有溶解的 Ag^+离子和 NO_3^-离子。它也是一种强电解质溶液。当含有多原子离子如 NO_3^- 的化合物溶解时，多原子离子作为完整的单元溶解。

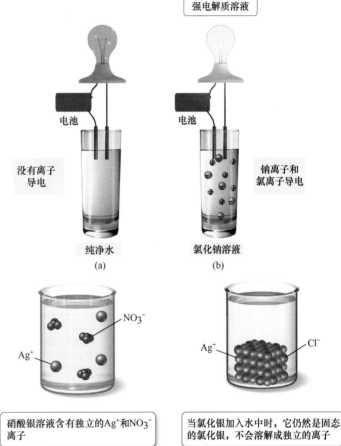

强电解质溶液

电池

电池

没有离子导电

钠离子和氯离子导电

纯净水

氯化钠溶液

(a)

(b)

▶ 图 7.6　**离子作为导体**。(a)纯净水不导电；(b)氯化钠溶液中的离子导电，使灯泡发光. 氯化钠等溶液是强电解质溶液

NO_3^-

Ag^+

Na^+

Cl^-

Ag^+

Cl^-

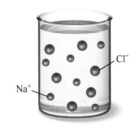

氯化钠溶液含有独立的 Na^+和 Cl^-离子

硝酸银溶液含有独立的 Ag^+和 NO_3^-离子

当氯化银加入水中时，它仍然是固态的氯化银，不会溶解成独立的离子

然而，并非所有离子化合物都能溶于水。例如，AgCl 就不溶于水。如果将 AgCl 加入水中，它仍然是固态的 AgCl，且在烧杯底部呈现为白色固体。

7.5.2　溶解度

一种化合物如果溶解在某种液体中，那么它就是可溶的；一种化合物如果不溶解在某种液体中，那么它就是不可溶的。例如，NaCl 可溶于水。如果将固体氯化钠混合到水中，那么它会溶解并形成强电解质溶液。另一方面，AgCl 不溶于水。如果将固体氯化银混合到水中，那么它仍然以固体的形式存在于液态水中。

没有简单的方法来预测某种化合物是溶于水还是不溶于水。然而，对于离子化合物，经验是从许多化合物的观察中推导出来的。这些溶解度规则总结在表 7.2 和▼图 7.7 中。例如，溶解度规则表明含有锂离子的化合物是可溶的。这意味着 LiBr、LiNO$_3$、Li$_2$SO$_4$、LiOH 和 Li$_2$CO$_3$ 等化合物都能溶于水，形成强电解质溶液。如果化合物含有 Li$^+$，那么它是可溶的。同样，溶解度规则表明，含有 NO$_3^-$ 离子的化合物是可溶的。例如，化合物 AgNO$_3$、Pb(NO$_3$)$_2$、NaNO$_3$、Ca(NO$_3$)$_2$ 和 Sr(NO$_3$)$_2$ 都溶于水，形成强电解质溶液。

溶解度规则还指出，除了某些例外情况，含有 CO$_3^{2-}$ 离子的化合物是不可溶的。例如，化合物 CuCO$_3$、CaCO$_3$、SrCO$_3$ 和 FeCO$_3$ 不溶于水。注意，溶解度规则有许多例外。例如，含有 CO$_3^{2-}$ 离子的化合物与 Li$^+$、Na$^+$、K$^+$ 或 NH$_4^+$ 配对时是可溶的。因此，Li$_2$CO$_3$、Na$_2$CO$_3$、K$_2$CO$_3$ 和(NH$_4$)$_2$CO$_3$ 都是可溶的。

溶解度规则仅适用于化合物在水中的溶解度。

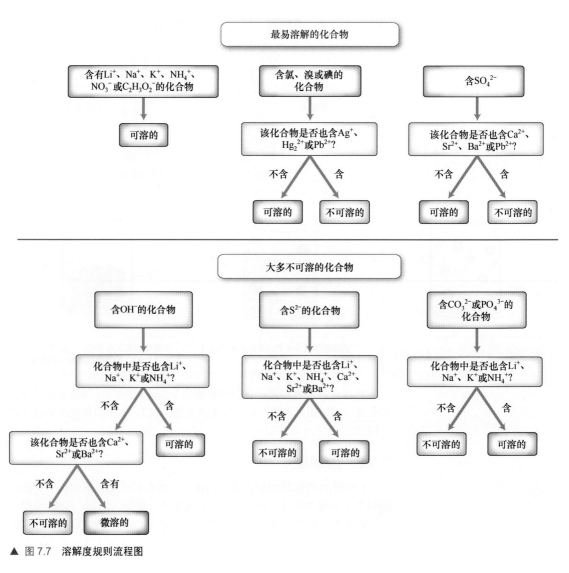

▲ 图 7.7　溶解度规则流程图

表 7.2　溶解度规则		
含有下列离子的化合物大多是可溶的	**例　外**	
Li^+、Na^+、K^+、NH_4^+	无	
NO_3^-、$C_2H_3O_2^-$	无	
Cl^-、Br^-、I^-	当这些离子与 Ag^+、Hg_2^{2+} 或 Pb^{2+} 配对时，化合物是不可溶的	
SO_4^{2-}	当 SO_4^{2-} 与 Ca^{2+}、Sr^{2+}、Ba^{2+} 或 Pb^{2+} 配对时，化合物是不可溶的	
含有下列离子的化合物大多不溶于水	**例　外**	
OH^-、S^{2-}	当这些离子与 Li^+、Na^+、K^+ 或 NH_4^+ 配对时，化合物是可溶的	
	当 S^{2-} 与 Ca^{2+}、Sr^{2+} 或 Ba^{2+} 配对时，化合物是可溶的	
	当 OH^- 与 Ca^{2+}、Sr^{2+} 或 Ba^{2+} 配对时，化合物具有微溶性*	
CO_3^{2-}、PO_4^{3-}	当这些离子与 Li^+、Na^+、K^+ 或 NH_4^+ 配对时，化合物是可溶的	

*出于许多目的，这可被认为是不可溶的。

例题 7.6　确定化合物是否可溶

下列化合物中是可溶的还是不可溶的？

(a) AgBr；(b) $CaCl_2$；(c) $Pb(NO_3)_2$；(d) $PbSO_4$。

解

(a) 不可溶的；含有 Br^- 的化合物通常是可溶的，但 Ag^+ 是个例外。

(b) 可溶的；含有 Cl^- 的化合物通常是可溶的，Ca^{2+} 也不例外。

(c) 可溶的；含有 NO_3^- 的化合物始终是可溶的。

(d) 不可溶的；含有 SO_4^{2-} 的化合物通常是可溶的，但 Pb^{2+} 是个例外。

▶ **技能训练 7.6**

下列化合物是可溶的还是不可溶的？

(a) CuS；(b) $FeSO_4$；(c) $PbCO_3$；(d) NH_4Cl。

概念检查站 7.4

哪张图片最能描述氯化钡（$BaCl_2$）和水的混合物？

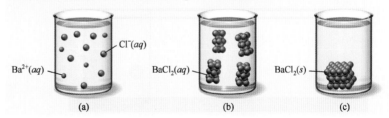

(a)　　　　　(b)　　　　　(c)

7.6　沉淀反应

▶ 预测并写出沉淀反应的方程式。

　　回顾 7.1 节可知，洗衣液中的碳酸钠与溶解的 Mg^{2+} 和 Ca^{2+} 离子反应，生成固体沉淀。这个反应是沉淀反应的一个例子——两种水溶液混合生成固体的反应，称为沉淀反应。

　　沉淀反应在化学中很常见。例如，碘化钾和硝酸铅溶解于水时，都生成无色的强电解质溶液（见 7.5 节中的溶解度规则）。然而，当两种溶液混合时，会生成明亮的黄色沉淀（▼图 7.8）。我们用化学方程式描述

这种沉淀反应:

$$2\,KI(aq) + Pb(NO_3)_2(aq) \longrightarrow PbI_2(s) + 2\,KNO_3(aq)$$

当两种水溶液混合时,沉淀反应并不总是发生。例如,当我们混合 KI(aq)和 NaCl(aq)溶液时,什么也不会发生(▼图 7.9):

$$KI(aq) + NaCl(aq) \longrightarrow 不反应$$

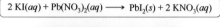

▲ 图 7.8　**沉淀**。混合碘化钾溶液与硝酸铅溶液混合时,会生成明亮的黄色二碘化铅沉淀

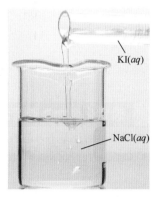

▲ 图 7.9　**不反应**。混合碘化钾溶液和氯化钠溶液混合时,没有反应发生

预测沉淀反应的关键是,理解只有不可溶化合物才能生成沉淀。在沉淀反应中,两种含有可溶化合物的溶液结合,生成一种不可溶化合物沉淀。▲图 7.8 中的沉淀反应为

$$2\,KI(aq) + Pb(NO_3)_2(aq) \longrightarrow PbI_2(s) + 2\,KNO_3(aq)$$

碘化钾和硝酸铅都是可溶的,但沉淀 PbI_2 是不可溶的。混合前,KI(aq) 和 $Pb(NO_3)_2(aq)$在各自的溶液中解离:

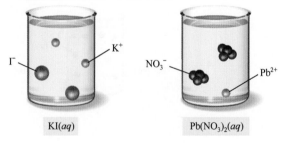

在溶液混合状态下,4 种离子同时存在:

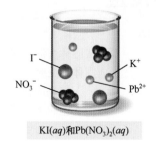

KI(aq)和Pb(NO₃)₂(aq)

然而，现在可能生成了新的不可溶化合物。具体来说，一种化合物的阳离子可与另一种化合物的阴离子配对，生成（可能不可溶的）新产物：

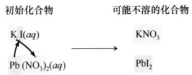

一方面，如果可能不可溶的产物是可溶的，那么不会发生反应。另一方面，如果一种或两种可能不可溶的产物确实是不可溶的，那么会发生沉淀反应。在这种情况下，KNO_3 是可溶的，而 PbI_2 是不可溶的。因此，PbI_2 沉淀：

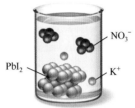

$PbI_2(s)$和$KNO_3(aq)$

为了预测两种溶液混合时是否会发生沉淀反应，并为该反应列写方程式，我们采用例题 7.7 和例题 7.8 中的步骤。通常，步骤在左列中，应用该过程的两个示例在中间列和右列中。

书写沉淀反应的方程式	例题 **7.7** 写出碳酸钠溶液和氯化铜溶液混合时发生的沉淀反应的方程式（如果能发生的话）。	例题 **7.8** 写出硝酸锂和硫酸钠溶液混合时发生的沉淀反应的方程式（如果能发生的话）。
1. 写出化学方程式中作为反应物混合的两种化合物的分子式。	解 $Na_2CO_3(aq) + CuCl_2(aq) \longrightarrow$	解 $LiNO_3(aq) + Na_2SO_4(aq) \longrightarrow$
2. 在方程式下方，写出反应物可能生成的潜在不可溶产物的分子式。通过结合一种反应物的阳离子和另一种反应物的阴离子来获得这些分子式。按照 5.5 节所述，为这些离子化合物写出正确的（电中性）分子式。	$Na_2CO_3(aq) + CuCl_2(aq) \longrightarrow$ 可能存在的不可溶产物 NaCl $CuCO_3$	$LiNO_3(aq) + Na_2SO_4(aq) \longrightarrow$ 可能存在的不可溶产物 $NaNO_3$ Li_2SO_4
3. 使用 7.5 节中的溶解度规则确定潜在的新产物是否是可溶的。	NaCl 是可溶的（含 Cl 的化合物通常可溶，Na^+ 也不例外）。 $CuCO_3$ 是不可溶的（含 CO_3^{2-} 的化合物通常不可溶，Cu^{2+} 也不例外）。	$NaNO_3$ 是可溶的（含 NO_3^- 的化合物是可溶的，Na^+ 也不例外）。 Li_2SO_4 是可溶的（含 SO_4^{2-} 的化合物是可溶的，Li^+ 也不例外）。
4. 如果所有潜在的不可溶产物都是可溶的，就不会有沉淀，在箭头旁写"不反应"。	因为本例中有一种不可溶的产物，需要继续下一步。	$LiNO_3(aq) + Na_2SO_4(aq) \longrightarrow$ 不反应

5. 当一种或两种潜在的不可溶产物不可溶时,将它们的分子式写成反应产物,用(s)表示固体,用(aq)表示可溶性产物,以表示溶于水。	$Na_2CO_3(aq) + CuCl_2(aq) \longrightarrow$ $CuCO_3(s) + NaCl(aq)$	
6. 平衡方程式。记住只调整系数,不要调整下标。	$Na_2CO_3(aq) + CuCl_2(aq) \longrightarrow$ $CuCO_3(s) + 2\,NaCl(aq)$	
	▶ 技能训练 7.7 为氢氧化钾和溴化镍溶液混合时发生的沉淀反应(如果有)书写方程式。	▶ 技能训练 7.8 为氯化铵和硝酸铁溶液混合时发生的沉淀反应(如果有)书写方程式。

例题 **7.9**　**预测并书写沉淀反应的方程式**

为醋酸铅和硫酸钠溶液混合时发生的沉淀反应(如果有)书写方程式。没有反应发生时写"不反应"。

1. 写出作为反应物混合的两种化合物在化学方程式中的化学反应方程式。	解 $Pb(C_2H_3O_2)_2(aq) + Na_2SO_4(aq) \longrightarrow$
2. 在化学反应方程式下方,写出反应物可能生成的潜在不可溶产物的分子式。通过结合一种反应物的阳离子和另一种反应物的阴离子来确定。务必调整下标,使所有化学式都不带电荷。	$Pb(C_2H_3O_2)_2(aq) + Na_2SO_4(aq) \longrightarrow$ 可能存在的不可溶产物 $NaC_2H_3O_2$　　　$PbSO_4$
3. 使用 7.5 节中的溶解度规则确定任何潜在的不可溶产物是否不可溶。	氯化钠是可溶的(含 Na^+ 离子的化合物总是可溶的)。$PbSO_4$ 不可溶(含有 SO_4^{2-} 的化合物通常是可溶的,但 Pb^{2+} 是个例外)。
4. 如果所有潜在的不可溶产物都是可溶的,就不会有沉淀。在箭头旁边写"不反应"。	这个反应有一种不可溶的产物,所以需要进行下一步。
5. 如果一种或两种潜在的不可溶产物是不可溶的,将它们的分子式写为反应产物,用(s)表示固体,用(aq)表示可溶产物。	$Pb(C_2H_3O_2)_2(aq) + Na_2SO_4(aq) \longrightarrow PbSO_4(s) + NaC_2H_3O(aq)$
6. 平衡方程式。	$Pb(C_2H_3O_2)_2(aq) + Na_2SO_4(aq) \longrightarrow PbSO_4(s) + 2\,NaC_2H_3O(aq)$

▶ 技能训练 7.9

为硫酸钾和硝酸锶溶液混合时发生的沉淀反应(如果有)书写方程式。没有反应发生时写"不反应"。

概念检查站 7.5

以下哪个反应导致沉淀物的生成?

(a) $NaNO_3(aq) + CaS(aq)$。

(b) $MgSO_4(aq) + CaS(aq)$。

(c) $NaNO_3(aq) + MgSO_4(aq)$。

7.7 离子方程式

▶ 写出分子方程式、完整的离子方程式和净离子方程式。

思考如下的沉淀反应方程式：

$$AgNO_3(aq) + NaCl(aq) \longrightarrow AgCl(s) + NaNO_3(aq)$$

这个方程式是一个分子反应方程式，即反应中每种化合物均为完全中性的化学式的方程。我们也可写出在水溶液中发生的离子反应方程式，以说明含水离子化合物通常在溶液中解离。例如，我们可将前面的方程式写为

$$Ag^+(aq) + NO_3^-(aq) + Na^+(aq) + Cl^-(aq) \longrightarrow AgCl(s) + Na^+(aq) + NO_3^-(aq)$$

这样的方程表示反应物和产物在溶液中实际存在，是完整的离子方程式。

当书写完整的离子方程式时，只把含水的离子化合物分解成它们的组成离子。不要分离固体、液体或气体化合物。

注意，在完整的离子方程式中，溶液中的一些离子在方程式两侧都没有变化。这些离子被称为旁观离子，因为它们不参与反应：

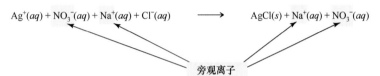

$$Ag^+(aq) + NO_3^-(aq) + Na^+(aq) + Cl^-(aq) \longrightarrow AgCl(s) + Na^+(aq) + NO_3^-(aq)$$

旁观离子

为了简化方程式，更清楚地显示正在发生的事情，可省略旁观离子：

$$Ag^+(aq) + Cl^-(aq) \longrightarrow AgCl(s)$$

又如，思考 HCl(aq)和 NaOH(aq)之间的反应。

HCl、NaOH 和 NaCl 以独立离子的形式存在于溶液中。这个反应的完整离子方程式是

$$H^+(aq) + Cl^-(aq) + Na^+(aq) + OH^-(aq) \longrightarrow H_2O(l) + Na^+(aq) + Cl^-(aq)$$

为了写出净离子方程式，我们去掉旁观离子，也就是那些在方程式两侧都没有变化的离子：

$$H^+(aq) + Cl^-(aq) + Na^+(aq) + OH^-(aq) \longrightarrow H_2O(l) + Na^+(aq) + Cl^-(aq)$$

旁观离子

净离子方程式为 $H^+(aq) + OH^-(aq) \longrightarrow H_2O(l)$。

小结

- 分子方程式是一个化学方程式，显示了一个反应中每种化合物的完整的、中性的方程式。
- 一个完整的离子方程式是一个化学方程式，它显示了溶液中所有的物质。
- 净离子方程式是指仅显示实际参与反应的物质的方程式。

概念检查站 7.6

以下哪个化学方程式是净离子方程式？

(a) $K_2SO_4(aq) + BaCl_2(aq) \longrightarrow BaSO_4(s) + 2\,KCl(aq)$。

(b) $2\,K^+(aq) + SO_4^{2-}(aq) + Ba^{2+}(aq) + 2\,Cl^-(aq) \longrightarrow$
$$BaSO_4(s) + 2\,K^+(aq) + 2\,Cl^-(aq)。$$

(c) $Ba^{2+}(aq) + SO_4^{2-}(aq) \longrightarrow BaSO_4(s)$。

例题 7.10 　写出完整的离子方程式和净离子方程式

思考水溶液中发生的如下沉淀反应：
$$Pb(NO_3)_2(aq) + 2\,LiCl(aq) \longrightarrow PbCl_2(s) + 2\,LiNO_3(aq)$$
写出反应的完整离子方程式和净离子方程式。

通过将含水的离子化合物分离成它们的组成离子，写出完整的离子方程式。$PbCl_2(s)$仍然是一个单位，因为它在溶液中不解离（不可溶）。	解 完整离子方程式 $Pb^{2+}(aq) + 2\,NO_3^-(aq) + 2\,Li^+(aq) + 2\,Cl^-(aq) \longrightarrow$ $\qquad\qquad PbCl_2(s) + 2\,Li^+(aq) + 2\,NO_3^-(aq)$
除去旁观离子，即反应中不变化的离子，写出净离子方程式。	净离子方程式 $Pb^{2+}(aq) + 2\,Cl^-(aq) \longrightarrow PbCl_2(s)$

▶ **技能训练 7.10**
写出水溶液中如下反应的完整离子方程式和净离子方程式。
$2\,HBr(aq) + Ca(OH)_2(aq) \longrightarrow 2\,H_2O(l) + CaBr_2(aq)$

7.8　中和反应和析气反应

▶ 认识中和反应并写出反应方程式。
▶ 识别析气反应并写出析气反应方程式。

▲ 氧化镁是碱性的，尝起来很苦

在溶液中发生的另外两种反应是：中和反应，即酸和碱混合后生成水的反应；析气反应，即放出气体的反应。像沉淀反应一样，当一种反应物的阳离子与另一种反应物的阴离子结合时，就会发生这些反应。如7.9 节所述，许多析气反应也恰好是中和反应。

7.8.1　中和反应

如第 5 章所述，酸是一种化合物，其特征是具有酸性，具有溶解某些金属的能力，且具有在溶液中生成 H^+ 离子的倾向。碱是一种化合物，其特点是味苦、有滑感，且在溶液中容易生成 OH^- 离子。表 7.3 中列出了一些常见的酸和碱。酸和碱也存在于许多日常物质中，如柠檬、酸橙和醋这样的食物中就含有酸，肥皂、咖啡和镁乳中都含有碱。

当酸和碱混合时，酸的 $H^+(aq)$ 和碱的 $OH^-(aq)$ 结合生成 $H_2O(l)$。思考前面提到的盐酸和氢氧化钠之间的反应：

$$\underset{\text{酸}}{HCl(aq)} + \underset{\text{碱}}{NaOH(aq)} \longrightarrow \underset{\text{水}}{H_2O(l)} + \underset{\text{盐}}{NaCl(aq)}$$

虽然咖啡总体上是酸的，但它含有一些天然碱（如咖啡因），使得它带有苦味。

▲ 识别并写出析气反应方程式

表 7.3	一些常见的酸和碱		
酸	化学式	碱	化学式
盐酸	HCl	氢氧化钠	NaOH
氢溴酸	HBr	氢氧化锂	LiOH
硝酸	HNO_3	氢氧化钾	KOH
硫酸	H_2SO_4	氢氧化钙	$Ca(OH)_2$
高氯酸	$HClO_4$	氢氧化钡	$Ba(OH)_2$
醋酸	$HC_2H_3O_2$		

常见食物和日常物质，如橘子、柠檬、醋和维生素 C 中都含有酸。

中和反应通常会生成水和一种离子化合物（称为盐），这种化合物通常也溶解在溶液中。许多中和反应的净离子方程式为

$$H^+(aq) + OH^-(aq) \longrightarrow H_2O(l)$$

另一个中和反应是发生在硫酸和氢氧化钾之间的反应：

$$\underset{酸}{H_2SO_4(aq)} + \underset{碱}{2\,KOH} \longrightarrow \underset{水}{2\,H_2O(l)} + \underset{盐}{K_2SO_4(aq)}$$

注意酸和碱反应生成水和盐的模式：

$$酸 + 碱 \longrightarrow 水 + 盐（酸碱中和反应）$$

书写中和反应方程式时，使用 5.5 节中给出的离子化合物的方程式书写盐的方程式。

例题 7.11　书写中和反应方程式

写出硝酸水溶液和氢氧化钙水溶液反应的分子和净离子方程式。

首先要知道这些物质是酸还是碱，然后按照酸加碱产生水和盐的一般规律写出基本反应方程式。	解 $\underset{酸}{HNO_3(aq)} + \underset{碱}{Ca(OH)_2(aq)} \longrightarrow \underset{水}{H_2O(l)} + \underset{盐}{Ca(NO_3)_2(aq)}$
接下来，平衡方程式。	$2\,HNO_3(aq) + Ca(OH)_2(aq) \longrightarrow 2\,H_2O(l) + Ca(NO_3)_2(aq)$
通过删除方程式两侧不反应的离子，写出净离子方程式。	$2\,H^+(aq) + 2\,OH^-(aq) \longrightarrow 2\,H_2O(l)$ 或简写为 $H^+(aq) + OH^-(aq) \longrightarrow H_2O(l)$

▶ 技能训练 7.11

为 H_2SO_4 水溶液和 KOH 水溶液之间发生的反应书写分子和净离子方程式。

7.8.2　析气反应

许多气体释放反应，如这个反应，也是酸碱反应。第 14 章中将介绍碳酸氢根这样的离子在水溶液中是如何作为碱的。

一些含水反应生成气体产物。如 7.1 节所述，这些反应是气体释放反应。当一种反应物的阳离子与另一种反应物的阴离子反应时，一些气体析出反应直接生成气态产物。例如，当硫酸与硫化锂反应时，会生成一硫化二氢气体：

$$H_2SO_4(aq) + Li_2S(aq) \longrightarrow \underset{气体}{H_2S(g)} + Li_2SO_4(aq)$$

其他气体释放反应生成中间产物，然后分解成气体。例如，当盐酸水溶液与碳酸氢钠水溶液混合时，会发生以下反应：

$$HCl(aq) + NaHCO_3(aq) \longrightarrow H_2CO_3(aq) + NaCl(aq) \longrightarrow \underset{气体}{H_2O(l) + CO_2(g)} + NaCl(aq)$$

中间产物 H_2CO_3 不稳定，分解形成 H_2O 和气态 CO_2。该反应与 7.1 节黏土火山中的反应几乎相同，涉及乙酸和碳酸氢钠的混合：

$$HC_2H_3O_2(aq) + NaHCO_3(aq) \longrightarrow H_2CO_3(aq) + NaC_2H_3O_2(aq)$$
$$\longrightarrow H_2O(l) + CO_2(g) + NaC_2H_3O_2(aq)$$

黏土火山冒泡是由新生成的二氧化碳气体引起的。

其他重要的析气反应都是由 H_2SO_3 或 NH_4OH 作为中间产物的：

$$HCl(aq) + NaHCO_3(aq) \longrightarrow H_2CO_3(aq) + NaCl(aq)$$
$$\longrightarrow H_2O(l) + SO_2(g) + NaCl(aq)$$

$$NH_4Cl(aq) + NaOH(aq) \longrightarrow NH_4OH(aq) + NaCl(aq)$$
$$\longrightarrow H_2O(l) + NH_3(g) + NaCl(aq)$$

表 7.4 中列出了发生气体析出反应的化合物类型。

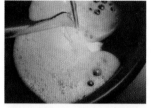

析气反应

$$HC_2H_3O_2(aq) + NaHCO_3(aq) \longrightarrow$$
$$H_2O(l) + CO_2(g) + NaC_2H_3O_2(aq)$$

▲ 在这个析气反应中，醋（醋酸的稀溶液）和小苏打（碳酸氢钠）产生二氧化碳

表 7.4　发生气体析出反应的化合物类型

反应物类型	中间产物	析气	举例
硫化物	无	H_2S	$2\,HCl(aq) + K_2S(aq) \longrightarrow H_2S(g) + 3\,KCl(aq)$
碳酸盐和碳酸氢盐	H_2CO_3	CO_2	$2\,HCl(aq) + K_2CO_3(aq) \longrightarrow H_2O(l) + CO_2(g) + 2\,KCl(aq)$
亚硫酸盐和亚硫酸氢盐	H_2SO_3	SO_2	$2\,HCl(aq) + K_2SO_3(aq) \longrightarrow H_2O(l) + SO_2(g) + 2\,KCl(aq)$
铵	NH_4OH	NH_3	$NH_4Cl(aq) + KOH(aq) \longrightarrow H_2O(l) + NH_3(g) + KCl(aq)$

例题 7.12　写出析气反应的方程式

书写混合硝酸水溶液和碳酸钠水溶液时发生的析气反应的分子方程式。

首先写一个基本方程式，其中包括一种反应物的阳离子与另一种反应物的阴离子结合时生成的反应物和产物。	解 $$HNO_3(aq) + Na_2CO_3(aq) \longrightarrow H_2CO_3(aq) + NaNO_3(aq)$$
需要知道 $H_2CO_3(aq)$ 分解成 $H_2O(l)$ 和 $CO_2(g)$，再写出相应的方程式。	$$HNO_3(aq) + Na_2CO_3(aq) \longrightarrow H_2O(l) + CO_2(g) + NaNO_3(aq)$$
最后，平衡方程式。	$$2\,HNO_3(aq) + Na_2CO_3(aq) \longrightarrow H_2O(l) + CO_2(g) + 2\,NaNO_3(aq)$$

▶ **技能训练 7.12**

书写混合含水氢溴酸和含水亚硫酸钾时发生的气体析出反应的分子方程式。

▶ **技能巩固**

为前面的反应书写净离子方程式。

化学与健康

中和多余的胃酸

胃灼热是指食道（连接喉咙和胃的管道）有疼痛的灼烧感。这种疼痛是由胃酸引起的，胃酸在消化过程中有助于分解食物。有时胃酸会进入食道，导致疼痛，尤其是在吃了一顿大餐后。这时，只需重复吞咽就可以缓解轻微的胃灼热。因为唾液中含有碳酸氢盐离子（HCO_3^-），它作为一种碱来中和酸。可以用抗酸剂来治疗更严重的胃灼热，这种非处方药物通过与胃酸发生反应并中和胃酸起作用。抗酸剂采用不同的碱作为中和剂，例如 Tums 采用 $CaCO_3$，镁乳采用 $Mg(OH)_2$，Mylanta 采用 $Al(OH)_3$。然而，它们都有相同的中和胃酸和缓解胃灼热的效果。

B7.1 你能回答吗？假设胃酸是 HCl，写出这些抗酸剂如何中和胃酸的方程式。

▲ 抗酸剂中的碱可以中和多余的胃酸，缓解胃灼热

▲ 抗酸剂中含有 $Mg(OH)_2$、$Al(OH)_3$ 和 $NaHCO_3$

7.9 氧化还原反应

▶ 认识氧化还原反应。
▶ 识别并写出燃烧反应方程式。

> 第 16 章中将详细讨论氧化还原反应。

涉及电子转移的反应是氧化还原反应。氧化还原反应是铁生锈、头发漂白和电池发电的原因。许多氧化还原反应涉及一种物质与氧的反应：

$$2\,H_2(g) + O_2(g) \longrightarrow 2\,H_2O(g)$$

（为航天飞机提供动力的反应）

$$4\,Fe(s) + 3\,O_2(g) \longrightarrow 2\,Fe_2O_3(s)$$

（铁生锈）

$$CH_4(g) + 2\,O_2(g) \longrightarrow CO_2(g) + 2\,H_2O(g)$$

（天然气燃烧）

然而，氧化还原反应并不总是需要氧气。例如，思考钠和氯之间生成食盐（NaCl）的反应：

$$2\,Na(s) + Cl_2(g) \longrightarrow 2\,NaCl(s)$$

除 Na_2O 外，钠和氧之间的反应还会形成其他氧化物。

这个反应类似于钠和氧之间的反应，可以生成氧化钠：

$$4\,Na(s) + O_2(g) \longrightarrow 2\,Na_2O(s)$$

这两种反应有什么共同之处？在这两种情况下，钠（一种有失去电子倾向的金属）与非金属（一种有获得电子倾向的非金属）发生反应。钠原子将电子转移给非金属原子。氧化的一个基本定义是失去电子，还原的一个基本定义是获得电子。

注意氧化和还原必须同时发生。如果一种物质失去电子（氧化），那么另一种物质必须获得电子（还原）。现在，我们只需要识别氧化还原反应。第 16 章中将详细地介绍它们。

氧化还原反应是指：

如果一个反应满足上述任何一个要求，那么它就可被归类为氧化还原反应。

- 一种物质与单质氧发生反应。
- 金属与非金属发生反应。
- 通常来说是一种物质将电子转移到另一种物质。

例题 7.13　识别氧化还原反应

下面哪些反应是氧化还原反应？

(a) $2\,Mg(s) + O_2(g) \longrightarrow 2\,MgO(s)$。

(b) $2\,HBr(aq) + Ca(OH)_2(aq) \longrightarrow 2\,H_2O(l) + CaBr_2(aq)$。

(c) $Ca(s) + Cl_2(g) \longrightarrow CaCl_2(s)$。

(d) $Zn(s) + Fe^{2+}(aq) \longrightarrow Zn^{2+}(aq) + Fe(s)$。

解

(a) 氧化还原反应；镁与元素氧反应。

(b) 不是氧化还原反应；这是一个中和反应。

(c) 氧化还原反应；金属与非金属反应。

(d) 氧化还原反应；Zn 将两个电子转移到 Fe^{2+}。

▶ 技能训练 7.13

下面哪些反应是氧化还原反应？

(a) $2\,Li(s) + Cl_2(g) \longrightarrow 2\,LiCl(s)$。

(b) $2\,Al(s) + 3\,Sn^{2+}(aq) \longrightarrow 2\,Al^{3+}(aq) + 3\,Sn(s)$。

(c) $Pb(NO_3)_2(aq) + 2\,LiCl(aq) \longrightarrow PbCl_2(s) + 2\,LiNO_3(aq)$。

(d) $C(s) + O_2(g) \longrightarrow CO_2(g)$。

根据反应条件的不同，燃烧反应形成的水可以是气态的(g)或液态的(l)。

燃烧反应是氧化还原反应的一种。它们很重要，因为我们的大部分能量来自燃烧反应。燃烧反应的特征是物质与氧气反应生成一种或多种含氧化合物，通常包括水。燃烧反应放热（反应放出热量）。例如，如 7.3 节所述，天然气（CH_4）与氧气反应生成二氧化碳和水：

$$CH_4(g) + 2\,O_2(g) \longrightarrow CO_2(g) + 2\,H_2O(g)$$

如 7.1 节所述，燃烧反应为汽车提供动力。例如，汽油的一种成分辛烷与氧气反应生成二氧化碳和水：

$$2\,C_8H_{18}(l) + 25\,O_2(g) \longrightarrow 16\,CO_2(g) + 18\,H_2O(g)$$

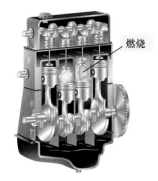

酒精饮料中的乙醇也与氧气发生燃烧反应，生成二氧化碳和水：

$$C_2H_5OH(l) + 3\,O_2(g) \longrightarrow 2\,CO_2(g) + 3\,H_2O(g)$$

含有碳、氢或碳、氢、氧的化合物燃烧后，总是生成二氧化碳和水。其他燃烧反应包括碳与氧反应生成二氧化碳：

$$C(s) + O_2(g) \longrightarrow CO_2(g)$$

▲ 辛烷在汽车发动机的汽缸中燃烧

氢和氧反应生成水：

$$2\,H_2(g) + O_2(g) \longrightarrow 2\,H_2O(g)$$

例题 7.14　书写燃烧反应方程式

写出液态甲醇（CH_3OH）燃烧的平衡方程式。	
写出 CH_3OH 与 O_2 反应生成 CO_2 和 H_2O 的基本方程式。	解 $$CH_3OH(l) + O_2(g) \longrightarrow CO_2(g) + H_2O(g)$$
使用 7.4 节中的规则平衡基本方程式。	$$2\,CH_3OH(l) + 3\,O_2(g) \longrightarrow 2\,CO_2(g) + 4\,H_2O(g)$$

▶ 技能训练 7.14

写出汽油中液体戊烷（C_5H_{12}）燃烧的平衡方程式。

▶ 技能巩固

写出液体丙醇（C_3H_7OH）燃烧的平衡方程。

7.10　化学反应分类

▶ 对化学反应进行分类。

前面介绍了不同类型的化学反应，并给出了沉淀反应、中和反应、气体析出反应、氧化还原反应和燃烧反应的例子。下面用流程图来组织这些不同类型的反应：

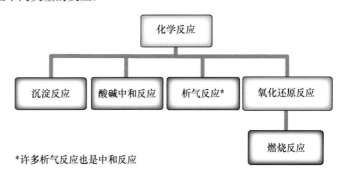

*许多析气反应也是中和反应

这种分类方案侧重于反应过程中发生的化学或现象的类型（如沉淀物的生成或电子的转移）。然而，对化学反应进行分类的另一种方法是按照原子或原子团的作用。

7.10.1　根据原子的作用对化学反应进行分类

在另一种对反应进行分类的方法中，我们通过将反应分为以下四类来关注反应的模式。在这种分类方案中，字母（A、B、C、D）代表原子或原子团。

反应类型	通用方程式
化合反应	$A + B \longrightarrow AB$
分解反应	$AB \longrightarrow A + B$
单置换反应	$A + BC \longrightarrow AC + B$
复分解反应	$AB + CD \longrightarrow AD + CB$

1. 化合反应

化合反应是指简单的物质结合生成更复杂的物质。简单的物质可能是元素，如钠和氯结合生成氯化钠：

$$2\,Na(s) + Cl_2(g) \longrightarrow 2\,NaCl(s)$$

简单的物质也可能是化合物，如氧化钙和二氧化碳结合生成碳酸钙：

$$CaO(s) + CO_2(g) \longrightarrow CaCO_3(s)$$

在任何一种情况下，化合反应都遵循基本方程式：

$$A + B \longrightarrow AB$$

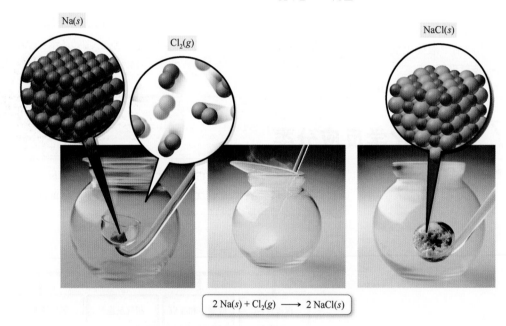

$$2\,Na(s) + Cl_2(g) \longrightarrow 2\,NaCl(s)$$

▲ 两种简单的物质结合生成一种更复杂的物质。当钠金属和氯气结合时，发生化合反应生成氯化钠

化合反应的其他例子包括：

$$2\,H_2(g) + O_2(g) \longrightarrow 2\,H_2O(l)$$
$$2\,Mg(s) + O_2(g) \longrightarrow 2\,MgO(s)$$
$$SO_3(g) + H_2O(l) \longrightarrow H_2SO_4(aq)$$

注意，前两个反应也是氧化还原反应。

2. 分解反应

在分解反应中，复杂的物质分解成简单的物质。简单的物质可能是元素，例如当电流通过水时，水分解成的氢气和氧气：

$$2\,H_2O(l) \xrightarrow{\text{电流}} 2\,H_2(g) + O_2(g)$$

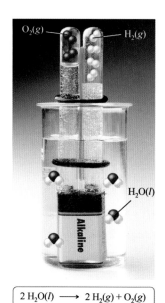

$$2 H_2O(l) \longrightarrow 2 H_2(g) + O_2(g)$$

▲ 当电流通过水时，水发生分解反应，生成氢气和氧气

简单物质也可以是化合物，如加热碳酸钙时生成氧化钙和二氧化碳：

$$CaCO_3(s) \xrightarrow{\text{热}} CaO(s) + CO_2(g)$$

在任何一种情况下，分解反应都遵循基本方程式：

$$AB \longrightarrow A + B$$

分解反应的其他例子包括：

$$2 HgO(s) \xrightarrow{\text{热}} 2 Hg(l) + O_2(g)$$

$$2 KClO_3(s) \xrightarrow{\text{热}} 2 KCl(s) + 3O_2(g)$$

$$CH_3I(g) \xrightarrow{\text{光}} CH_3(g) + I(g)$$

注意，这些分解反应需要热、电流或光等形式的能量才能发生。这是因为化合物通常是稳定的，分解它们需要能量。许多分解反应需要紫外线或紫外光，即光谱紫外区域的光。紫外光比可见光携带更多的能量，因此可以引发许多化合物分解（见第 9 章）。

3．单置换反应

置换或单置换反应是指化合物中的一种元素置换另一种元素。例如，当我们向氯化铜溶液中加入金属锌时，锌会取代铜：

$$Zn(s) + CuCl_2(aq) \longrightarrow ZnCl_2(aq) + Cu(s)$$

置换反应遵循基本方程式：

$$A + BC \longrightarrow AC + B$$

置换反应的其他例子包括：

$$Mg(s) + 2 HCl(aq) \longrightarrow MgCl_2(aq) + H_2(g)$$

$$2 Na(s) + 2 H_2O(l) \longrightarrow 2 NaOH(aq) + H_2(g)$$

若将水写成 HOH(l)，则后一个反应可以更容易地确定为置换反应：

$$2 Na(s) + 2 HOH(l) \longrightarrow 2 NaOH(aq) + H_2(g)$$

▶ 在单置换反应中，化合物中的一种元素置换另一种元素。当锌金属浸入氯化铜溶液时，锌原子取代溶液中的铜离子，铜离子覆盖在锌金属上

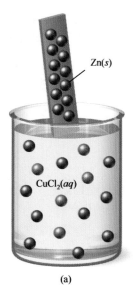

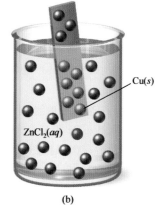

(a)　　　　　　(b)

4. 复分解反应

在复分解反应中，两种不同化合物中的两种元素或两组元素交换位置，生成两种新的化合物。例如，在水溶液中，硝酸银中的银以氯化钠中的钠和固体氯化银以及硝酸钠水溶液的形式发生变化：

这种复分解反应也是沉淀反应。

$$AgNO_3(aq) + NaCl(aq) \longrightarrow AgCl(s) + NaNO_3(aq)$$

复分解反应遵循基本方程式：

$$AB + CD \longrightarrow AD + CB$$

复分解反应的其他例子包括：

这些复分解反应也是酸碱反应。

$$HCl(aq) + NaOH(aq) \longrightarrow H_2O(l) + NaCl(aq)$$

$$2\,HCl(aq) + Na_2CO_3(aq) \longrightarrow H_2CO_3(aq) + 2\,NaCl(aq)$$

这种复分解反应也是析气反应和酸碱反应。

如 7.8 节所述，$H_2CO_3(aq)$ 不稳定，会分解成 $H_2O(l)$ 和 $CO_2(g)$，因此总方程式为

$$2\,HCl(aq) + Na_2CO_3(aq) \longrightarrow H_2O(l) + CO_2(g) + 2\,NaCl(aq)$$

7.10.2　分类流程图

化学反应分类方案的流程图如下所示：

没有某种分类方案是完美的，因为所有的化学反应在某种意义上都是独一无二的。然而，在这两种分类方案中，一种侧重于反应的化学类型，另一种侧重于原子或原子团的作用。这两种分类方式可以帮助我们了解化学反应之间的异同。

例题 7.15　根据原子的作用对化学反应分类

将下面的每个反应分为化合、分解、单置换或复分解反应。

(a) $Na_2O(s) + H_2O(l) \longrightarrow 2\,NaOH(aq)$。

(b) $Ba(NO_3)_2(aq) + K_2SO_4(aq) \longrightarrow BaSO_4(s) + 2\,KNO_3(aq)$。

(c) $2\,Al(s) + Fe_2O_3(s) \longrightarrow Al_2O_3(s) + 2\,Fe(l)$。

(d) $2\,H_2O_2(aq) \longrightarrow 2\,H_2O(l) + O_2(g)$。

(e) $Ca(s) + Cl_2(g) \longrightarrow CaCl_2(s)$。

解

(a) 化合反应；较复杂的物质由两种较简单的物质生成。

(b) 复分解反应；Ba 和 K 交换位置生成两种新的化合物。

(c) 单置换反应；在 Fe_2O_3 中，Al 取代了 Fe。

(d) 分解反应；复杂的物质分解成较简单的物质。

(e) 化合反应；两种简单的物质生成较复杂的物质。

▶ 技能训练 7.15

将下面的每个反应分为化合、分解、单置换或复分解反应。

(a) $2\ Al(s) + 2\ H_3PO_4(aq) \longrightarrow 2\ AlPO_4(aq) + 3\ H_2(g)$。

(b) $CuSO_4(aq) + 2\ KOH(aq) \longrightarrow Cu(OH)_2(s) + K_2SO_4(aq)$。

(c) $2\ K(s) + Br_2(l) \longrightarrow 2\ KBr(s)$。

(d) $CuCl_2(aq) \xrightarrow{\text{电流}} Cu(s) + Cl_2(g)$。

概念检查站 7.7

沉淀反应和中和反应也可分类为

(a) 化合反应。

(b) 分解反应。

(c) 单置换反应。

(d) 复分解反应。

关键术语

中和反应	置换反应	中和反应	单置换反应
水溶液	复分解反应	平衡方程	氧化还原反应
溶解度	规则	化合反应	气体释放反应
可溶的	燃烧反应	不可溶的	沉淀
旁观离子	完全离子方程	分子方程式	沉淀反应
强电解质溶液	分解反应	净离子方程式	化合反应

技能训练答案

技能训练 7.1

(a) 化学反应；热和光被释放

(b) 非化学反应；气态和液态丁烷都是丁烷

(c) 化学反应；热和光被释放

(d) 非化学反应；固态干冰由二氧化碳构成，二氧化碳升华（蒸发）为气态二氧化碳

技能训练 7.2

$$2\ Cr_2O_3(s) + 3\ C(s) \longrightarrow 4\ Cr(s) + 3\ CO_2(g)$$

技能训练 7.3

$$2\ C_4H_{10}(g) + 13\ O_2(g) \longrightarrow 8\ CO_2(g) + 10\ H_2O(g)$$

技能训练 7.4

$$Pb(C_2H_3O_2)_2(aq) + 2\ KI(aq) \longrightarrow$$
$$PbI_2(s) + 2\ KC_2H_3O_2(aq)$$

技能训练 7.5

$$4\ HCl(g) + O_2(g) \longrightarrow 2\ H_2O(l) + 2\ Cl_2(g)$$

技能训练 7.6

(a) 不可溶

(b) 可溶

(c) 不可溶

(d) 可溶

技能训练 7.7

$$2\ KOH(aq) + NiBr_2(aq) \longrightarrow Ni(OH)_2(s) + 2\ KBr(aq)$$

技能训练 7.8

$$NH_4Cl(aq) + Fe(NO_3)_3(aq) \longrightarrow 不反应$$

技能训练 7.9

$$K_2SO_4(aq) + Sr(NO_3)_2(aq) \longrightarrow$$
$$SrSO_4(s) + 2\ KNO_3(aq)$$

技能训练 7.10

完整的离子方程式：

$$2\ H^+(aq) + 2\ Br^-(aq) + Ca^{2+}(aq) + 2\ OH^-(aq) \longrightarrow$$
$$2\ H_2O(l) + Ca^{2+}(aq) + 2\ Br^-(aq)$$

净离子方程式：

$$2\ H^+(aq) + 2\ OH^-(aq) \longrightarrow 2\ H_2O(l)\ 或$$
$$H^+(aq) + OH^-(aq) \longrightarrow H_2O(l)$$

技能训练 7.11

分子方程式：

$H_2SO_4(aq) + 2\,KOH(aq) \longrightarrow 2\,H_2O(l) + K_2SO_4(aq)$

净离子方程式：

$$H^+(aq) + OH^-(aq) \longrightarrow H_2O(l)$$

技能训练 7.12

$2\,HBr(aq) + K_2SO_3(aq) \longrightarrow H_2O(l) + SO_2(g) + 2\,KBr(aq)$

技能巩固

$2\,H^+(aq) + SO_3^{2-}(aq) \longrightarrow H_2O(l) + SO_2(g)$

技能训练 7.13

(a)、(b)和(d)均为氧化还原反应；(c)为沉淀反应

技能训练 7.15

(a) 单置换反应；(b) 复分解反应

(c) 化合反应；(d) 分解反应

概念检查站答案

7.1 (a)。未发生反应，改变前后分子是一样的。

(b)。发生反应；分子发生了变化。

(c)。发生反应；分子发生了变化。

7.2 (b)。方程式左侧有 18 个氧原子，所以右侧也需要同样数量 $6+6\times2 = 18$ 的原子。

7.3 (a)。在平衡化学方程式的两侧，每种原子的数量必须相等。由于分子在化学反应中会发生变化，而分子的数量在(b)的两侧不相同，所有系数的和与(c)的也不相同。

7.4 (a)。由于氯化物通常是可溶的，Ba^{2+}也不例外，因此 $BaCl_2$ 是可溶的，并溶于水。当它溶解时，分解成它的组成离子，如(a)所示。

7.5 (b)。可能存在的反应产物有 MgS 和 $CaSO_4$，它们都不可溶。其他反应产物 Na_2S、$Ca(NO_3)_2$、Na_2SO_4 和 $Mg(NO_3)_2$ 都可溶。

7.6 (c)。净离子方程式仅表示实际参与反应的物质。

7.7 (d)。在沉淀反应中，阳离子和阴离子发生交换，至少产生一种产物。在中和反应中，H^+ 和 OH^- 结合生成水，它们的原结合离子相互配对生成盐。

第8章 化学反应中的计量

人不是靠力量而是靠理解来掌握自然的，这就是科学在魔法失败的地方取得成功的原因。

——雅各布·布朗诺夫斯基（1908—1974）

章节目录

8.1　温室效应

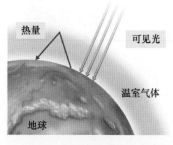

放出的热量被大气中的温室气体阻挡

热量　　可见光

温室气体

地球

▲ 图 8.1　温室效应。温室气体就像温室中的玻璃，允许可见光的能量进入大气层，防止热量泄漏

全球平均温度取决于入射的阳光（温暖地球）和反射到太空的热量（冷却地球）之间的平衡。地球大气中的某些气体被称为温室气体，它们通过扮演温室中玻璃的角色来影响这种平衡。它们允许阳光进入大气以温暖地球，但会防止热量逸出（◀图 8.1）。如果没有温室气体，就会逸出更多的热量，地球的平均温度将低于 15.5℃。另一方面，如果大气中温室气体的浓度增加，地球的平均温度将会上升。

近几十年来，因为大气中地球上最重要的温室气体二氧化碳（CO_2）的浓度正在上升，科学家们变得越来越担心。二氧化碳浓度的上升会提升大气保持热量的能力，使得地球平均温度增加，导致气候变化。自 1880 年以来，大气中的二氧化碳含量上升了 38%，地球平均温度增加了 0.8℃（▼图 8.2）。

大气中 CO_2 浓度上升的主要原因是化石燃料的燃烧。天然气、石油和煤炭等化石燃料提供了人类社会约 90%的能源。然而，化石燃料的燃烧会产生 CO_2。下面以汽油的组成成分辛烷（C_8H_{18}）的燃烧为例加以说明。

平衡化学方程式表明，每 2 mol C_8H_{18} 燃烧产生 16 mol 的 CO_2。根据世界每年的化石燃料消耗，我们可以估计世界每年的 CO_2 产量。简单的计算表明，世界上来自化石燃料燃烧的年度二氧化碳产量与测量的年度大气二氧化碳产量增长一致。这意味着化石燃料的燃烧确实是导致大气中二氧化碳含量增加的原因。

平衡化学方程式中化学量之间的数值关系称为反应化学计量法。化学计量法允许我们根据反应物的量来预测在化学反应中形成的产物的量。化学计

◀ 化石燃料如辛烷燃烧生成水和二氧化碳。二氧化碳是温室气体，多数气候学家认为它是导致气候变化的主要原因

量法还允许我们预测需要多少反应物来生成给定量的产物,或者需要多少反应物来与另一种反应物完全反应。这些计算是化学的核心,使得化学家能够计划和进行化学反应,以获得预期数量的产物:

$$2\ C_8H_{18}(l) + 25\ O_2(g) \longrightarrow 16\ CO_2(g) + 18\ H_2O(g)$$

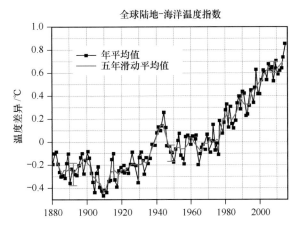

全球陆地-海洋温度指数

▲ 图 8.2　**气候变化**。年平均气温与120年的来平均气温的差异。自1880年以来,地球的平均温度增加了约0.8℃

8.2　煎饼

▶ 在平衡化学方程式中识别化学量之间的数值关系。

化学计量的概念类似于我们在遵循烹饪食谱时使用的概念。计算给定量的化石燃料燃烧产生的二氧化碳的量,类似于计算从给定数量的鸡蛋制作煎饼的数量。例如,假设我们使用以下煎饼配方:

为简单起见,该配方省略了液体成分。

1杯面粉 + 2个鸡蛋 + $\frac{1}{2}$ 茶匙发酵粉 → 5个煎饼

1杯面粉　　　　2个鸡蛋　　　$\frac{1}{2}$ 茶匙发酵粉　　　5个煎饼

▲ 以上配方给出了配料和煎饼数量之间的数值关系

这个配方显示了煎饼成分之间的数值关系。上面说,如果我们有两个鸡蛋和足够的其他食材,那么可以做 5 个煎饼。我们可将这种关系写为一个比例:

2个鸡蛋   5个煎饼

2 个鸡蛋 : 5 个煎饼

如果有 8 个鸡蛋呢？假设有足够的其他食材,那么能做多少个煎饼？利用前面的比例作为换算因子,可以确定 8 个鸡蛋足以做 20 个煎饼:

8个鸡蛋   20个煎饼

$$8 \text{ 个鸡蛋} \times \frac{5\text{个煎饼}}{2\text{个鸡蛋}} = 20\text{个煎饼}$$

制作煎饼的配方包含了煎饼成分和煎饼数量之间的换算因子。本配方的其他换算因子包括:

1 杯面粉 : 5 个煎饼

$\frac{1}{2}$ 茶匙发酵粉 : 5 个煎饼

这个配方还告诉了我们原材料本身之间的关系。例如,3 杯面粉需要多少发酵粉？根据配方可知:

1 杯面粉: $\frac{1}{2}$ 茶匙发酵粉

有了这个比例,就可以得到换算因子,计算出合适发酵粉的用量:

$$3 \text{ 杯面粉} \times \frac{\frac{1}{2}\text{茶匙发酵粉}}{1\text{杯面粉}} = \frac{3}{2}\text{茶匙发酵粉}$$

8.3 化学方程式中的摩尔数计算

▶ 根据平衡的化学方程式进行反应物和产物之间的摩尔数换算。

平衡化学方程式就像反应物如何结合形成产物的"配方"。例如,下面的方程式表示氢气和氮气如何结合形成氨气（NH_3）:

$$3 \text{ H}_2(g) + \text{N}_2(g) \longrightarrow 2 \text{ NH}_3(g)$$

这个平衡方程式表明 3 个 H_2 分子与 1 个 N_2 分子反应生成 2 个 NH_3 分子。我们可用下面的比例表示这些关系:

3 个 H_2 分子 : 1 个 N_2 分子 : 2 个 NH_3 分子

由于我们通常不处理单个分子,因此可用摩尔数表示相同的比例:

3 mol H_2 : 1 mol N_2 : 2 mol NH_3

如果有 3 mol N_2 和过量的 H_2,能合成多少 NH_3 呢？我们首先对问题中的信息进行分类整理。

已知: 3 mol N_2

求: NH_3 的摩尔数

转换图

$$\frac{2 \text{ mol NH}_3}{1 \text{ mol N}_2}$$

下面绘制从 N_2 到 NH_3 的摩尔数的转换图来制定策略。换算因子来自平衡方程式。

所用关系式

1 mol N_2 : 2 mol NH_3（来自平衡方程式）

解

进行转换：

$$3 \text{ mol N}_2 \times \frac{2 \text{ mol NH}_3}{1 \text{ mol N}_2} = 6 \text{ mol NH}_3$$

我们有足够的 N_2 制备 6 mol NH_3。

例题 8.1　摩尔数的转换

氯化钠（NaCl）由钠和氯气反应生成：

$$2 \text{ Na}(s) + \text{Cl}_2(g) \longrightarrow 2 \text{ NaCl}(s)$$

假设有足够的 Na，3.4 mol Cl_2 完全反应能够得到多少摩尔 NaCl？

信息分类 已知反应物（Cl_2）的摩尔数，求反应物完全反应会生成多少摩尔 NaCl。	已知：3.4 mol Cl_2 求：NaCl 的摩尔数
制定策略 建立以 Cl_2 的摩尔数开始的转换图，并使用化学计量换算因子计算氯化钠的摩尔数。换算因子来自平衡化学方程式。	转换图 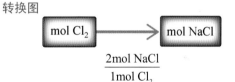 $$\frac{2\text{mol NaCl}}{1\text{mol Cl}_2}$$ 所用关系式 1 mol Cl_2 : 2 mol NaCl（来自平衡化学方程式）
求解问题 按照转换图求解问题。	解： $$3.4 \text{ mol Cl}_2 \times \frac{2 \text{ mol NaCl}}{1 \text{ mol Cl}_2} = 6.8 \text{ mol NaCl}_3$$ 有足够的氯气可以生成 6.8 mol 氯化钠。
检查结果 检查答案的单位是否正确，大小是否合理。	答案的单位是摩尔，正确。大小合理，因为每摩尔 Cl_2 生成两摩尔 NaCl。

▶ 技能训练 8.1

根据下面的平衡方程式，当氢气与氧气发生爆炸性反应时生成水：

$$O_2(g) + 2 H_2(g) \longrightarrow 2 H_2O(g)$$

假设有足够的 H_2 和 24.6 mol O_2 完全反应，能够得到多少摩尔 H_2O？

概念检查站 8.1

根据下面的反应方程式，知道甲烷（CH_4）燃烧的反应如下图所示：

$$CH_4(g) + 2 O_2(g) \longrightarrow CO_2(g) + 2 H_2O(g)$$

如果左边的图片表示可用于反应的氧气量，那么下列哪幅图片最能代表需要与所有氧气完全反应的 CH_4 的量？

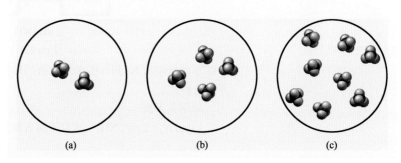

(a)　　　　　　　(b)　　　　　　　(c)

8.4　化学方程式中的质量计算

▶ 根据平衡化学方程式和摩尔质量进行反应物和产物之间的质量转换。

第 6 章中介绍了在化学反应式中如何包含换算因子，以便转换化合物的摩尔数和其组成元素的摩尔数。前面介绍了化学方程式是如何包含反应物摩尔数和产物摩尔数之间的换算因子的。然而，我们经常对反应物质量和产物质量之间的关系感兴趣。例如，我们可能想知道汽车每消耗 1 千克汽油时排放的二氧化碳质量，或者想知道在化合反应中获得一定质量的产物所需的每种反应物的质量。

这些计算类似于 6.5 节中所述的计算，当时我们在化合物的质量和组成元素的质量之间进行了转换。这类计算小结如下：

其中，A 和 B 是参与反应的两种不同物质。我们首先使用 A 的摩尔质量把 A 的质量转换为 A 的摩尔数，然后使用平衡方程式的比例把 A 的摩尔数转换为 B 的摩尔数，并用 B 的摩尔质量将 B 的摩尔数转换为 B 的质量。

例如，假设要计算 5.0×10^2 g 纯辛烷燃烧时释放的 CO_2 的质量。辛烷燃烧的平衡化学方程式是

$$2\,C_8H_{18}(l) + 25\,O_2(g) \longrightarrow 16\,CO_2(g) + 18\,H_2O(g)$$

我们首先对问题中的信息进行分类整理。

已知：5.0×10^2 g C_8H_{18}

求：CO_2 有多少克

注意，我们已知 C_8H_{18} 的质量，求 CO_2 的质量。然而，平衡化学方程式给出了 C_8H_{18} 和 CO_2 摩尔数之间的关系。因此，在使用这种关系之前，必须把克数转换为摩尔数。

转换图的大纲如下所示：

A 的质量 ⟶ A 的摩尔数 ⟶ B 的摩尔数 ⟶ B 的质量

其中，A 是辛烷，B 是二氧化碳。

转换图

我们通过绘制转换图来制定策略，它从辛烷的质量开始，以二氧化

碳的质量结束。

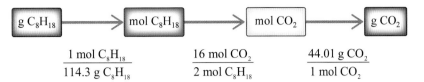

$$\frac{1\ \text{mol C}_8\text{H}_{18}}{114.3\ \text{g C}_8\text{H}_{18}} \qquad \frac{16\ \text{mol CO}_2}{2\ \text{mol C}_8\text{H}_{18}} \qquad \frac{44.01\ \text{g CO}_2}{1\ \text{mol CO}_2}$$

所用关系式

2 mol C_8H_{18} : 16 mol CO_2 （来自平衡方程式）

C_8H_{18} 的摩尔质量 = 114.3 g/mol

CO_2 的摩尔质量 = 44.01 g/mol

解

然后按照转换图求解问题，从 C_8H_{18} 的质量开始，通过消除单位求得 CO_2 的质量：

$$5.0 \times 10^2\ \text{g C}_8\text{H}_{18} \times \frac{1\ \text{mol C}_8\text{H}_{18}}{114.3\ \text{g C}_8\text{H}_{18}} \times \frac{16\ \text{mol C}_8\text{H}_{18}}{2\ \text{mol C}_8\text{H}_{18}} \times \frac{44.01\ \text{g CO}_2}{1\ \text{mol CO}_2} = 1.5 \times 10^3\ \text{g CO}_2$$

燃烧时，5.0×10^2 g C_8H_{18} 产生 1.5×10^3 g CO_2。

概念检查站 8.2

已知反应 A + 2B $\longrightarrow$ 3C。若 C 的摩尔质量是 A 的 2 倍，10.0 g A 完全反应生成的 C 的质量是多少？

(a) 10.0 g； (b) 30.0 g； (c) 60.0 g。

例题 8.2　质量转换

在光合作用中，植物发生反应将二氧化碳和水转换为葡萄糖（$C_6H_{12}O_6$）：

$$6\ CO_2(g) + 6\ H_2O(l) \xrightarrow{\text{阳光}} 6\ O_2(g) + C_6H_{12}O_6(aq)$$

假设有足够多的水可与所有的二氧化碳发生反应，58.5 g CO_2 可以合成多少克葡萄糖？

信息分类	已知：58.5 g CO_2
已知二氧化碳的质量，求二氧化碳完全反应时可能形成的葡萄糖的质量。	求：$C_6H_{12}O_6$ 有多少克

制定策略	转换图
转换图的大纲如下：A 的质量→A 的摩尔数→B 的摩尔数→B 的质量，其中 A 是二氧化碳，B 是葡萄糖。 主要换算因子是二氧化碳的摩尔数和葡萄糖的摩尔数之间的化学计量关系，这个换算因子来自平衡方程式，其他换算因子是二氧化碳和葡萄糖的摩尔质量之间的化学计量关系。	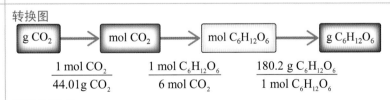 $$\frac{1\ \text{mol CO}_2}{44.01\text{g CO}_2} \quad \frac{1\ \text{mol C}_6\text{H}_{12}\text{O}_6}{6\ \text{mol CO}_2} \quad \frac{180.2\ \text{g C}_6\text{H}_{12}\text{O}_6}{1\ \text{mol C}_6\text{H}_{12}\text{O}_6}$$ 所用关系式 6 mol CO_2 : 1 mol $C_6H_{12}O_6$（来自平衡化学方程式） CO_2 的摩尔质量 = 44.01 g/mol $C_6H_{12}O_6$ 的摩尔质量 = 180.2 g/mol

求解问题	解
按照转换图求解问题。用二氧化碳的克数乘以适当的换算因子，就得到葡萄糖的克数。	$$58.5 \text{ g CO}_2 \times \frac{1 \text{ mol CO}_2}{44.01 \text{ g CO}_2} \times \frac{1 \text{ mol C}_6\text{H}_{12}\text{O}_6}{6 \text{ mol CO}_2} \times \frac{180.2 \text{ g C}_6\text{H}_{12}\text{O}_6}{1 \text{ mol C}_6\text{H}_{12}\text{O}_6}$$ $$= 39.9 \text{ g C}_6\text{H}_{12}\text{O}_6$$
检查结果 检查结果的单位是否正确、大小是否合理。	$C_6H_{12}O_6$ 的单位为 g，正确。答案的大小合理，因为其与给定的二氧化碳质量在数量级上是一致的。若得到的数量级不同，可能有误。

▶ **技能训练 8.2**

根据下面的反应可知，氧化镁乳中的活性成分氢氧化镁可以中和胃酸（主要是 HCl），5.50 g $Mg(OH)_2$ 可以中和多少克 HCl？

$$Mg(OH)_2(aq) + 2 \text{ HCl}(aq) \longrightarrow 2 \text{ H}_2O(l) + MgCl_2(aq)$$

例题 **8.3**　质量转换

酸雨（因空气污染而酸化的雨）的成分之一是硝酸，当污染物二氧化氮与氧和雨水反应时形成硝酸：

$$4 \text{ NO}_2(g) + O_2(g) + 2 \text{ H}_2O(l) \longrightarrow 4 \text{ HNO}_3(aq)$$

假设有足够的 O_2 和 H_2O，1.5×10^3 kg NO_2 污染物反应能生成多少千克 HNO_3？

信息分类 已知反应物二氧化氮的质量，求二氧化氮完全反应时可能形成的硝酸的质量。	已知：1.5×10^3 kg NO_2 求：HNO_3 的质量
制定策略 转换图的大纲为：A 的质量→A 的摩尔数→B 的摩尔数→B 的质量。 由于所给 NO_2 的质量以千克为单位，所以要首先转换为克。最后的量要求以千克为单位，因此必须在最后转换为千克。主要的换算因子是二氧化氮摩尔数与硝酸摩尔数之间的化学计量关系。这个换算因子来自平衡方程式。其他换算因子是二氧化氮和硝酸的摩尔质量之间及千克和克之间的关系。	转换图 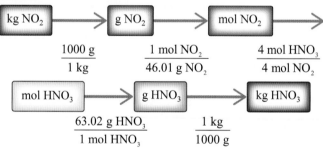 所用关系 4 mol NO_2 : 4 mol HNO_3（来自平衡方程式） NO_2 的摩尔质量 = 46.01 g/mol HNO_3 的摩尔质量 = 63.02 g/mol 1 kg = 1000 g
求解问题 按转换图求解问题。用二氧化氮的千克数乘以适当的换算因子就能得到硝酸的质量。	解 $$1.5 \times 10^3 \text{ kg NO}_2 \times \frac{1000 \text{ g}}{1 \text{ kg}} \times \frac{1 \text{ mol NO}_2}{46.01 \text{ g NO}_2} \times \frac{4 \text{ mol HNO}_3}{4 \text{ mol NO}_2} \times$$ $$\frac{63.02 \text{ g HNO}_3}{1 \text{ mol HNO}_3} \times \frac{1 \text{ kg}}{1000 \text{ g}} = 2.1 \times 10^3 \text{ kg HNO}_3$$
检查结果 检查结果的单位是否正确、大小是否合理。	HNO_3 的单位为 kg，正确。答案的大小合理，因为它与给定二氧化氮的质量在数量级上是一致的。若得到数量级不同的答案，则可能有误。

▶ 技能训练 8.3
酸雨的另一种成分是硫酸，由污染物二氧化硫与氧和雨水发生反应时形成：
$$2\,SO_2(g) + O_2(g) + 2\,H_2O(l) \longrightarrow 2\,H_2SO_4(aq)$$
假设有足够多的 O_2 和 H_2O，$2.6 \times 10^3\,kg\ SO_2$ 反应能够得到多少千克 H_2SO_4？

8.5 有限材料做出更多的煎饼

▶ 计算平衡化学方程式中的限制反应物、理论产率和实际产率。

下面我们回到煎饼的例子，了解在反应化学计量学中更重要的两个概念：限制反应物和产率。回顾可知煎饼的配方为

$$1\ \text{杯面粉} + 2\ \text{个鸡蛋} + \tfrac{1}{2}\ \text{茶匙发酵粉} \longrightarrow 5\ \text{个煎饼}$$

假设我们有 3 杯面粉、10 个鸡蛋和 4 茶匙发酵粉，我们能做多少个煎饼？全部面粉都用到时，有

$$3\ \text{杯面粉} \times \frac{5\ \text{个煎饼}}{1\text{杯面粉}} = 15\ \text{个煎饼}$$

全部鸡蛋都用到时，有

$$10\ \text{个鸡蛋} \times \frac{5\ \text{个煎饼}}{2\text{个鸡蛋}} = 25\ \text{个煎饼}$$

全部发酵粉都用到时，有

$$4\ \text{茶匙发酵粉} \times \frac{5\ \text{个煎饼}}{\frac{1}{2}\text{茶匙发酵粉}} = 40\ \text{个煎饼}$$

全部面粉够做 15 个煎饼，全部鸡蛋够做 25 个煎饼，全部发酵粉够做 40 个煎饼。因此，除非我们有更多的配料，否则只能做 15 个煎饼。面粉的数量限制了所能做的煎饼的数量。如果这是化学反应，面粉将是限制反应物，它在化学反应中限制生成物的量。注意，限制反应物仅是使得产物量最少的反应物。如果这是一个化学反应，15 个煎饼将是理论产量，即基于限制反应物的量在化学反应中产生的产物量。

术语"限制试剂"有时用来代替限制反应物。

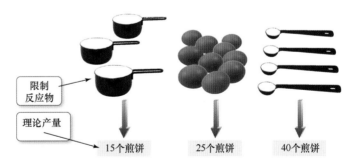

限制反应物

理论产量

15个煎饼   25个煎饼   40个煎饼

◀ 如果这是化学反应，面粉将是限制反应物，15 个煎饼将是理论产量

下面使这个类比更进一步。假设我们继续做煎饼，不小心烧焦了其中的三个，还有一个掉到了地上。因此，即使我们有足够的面粉来做 15 个煎饼，最终也只有 11 个煎饼。如果这是一个化学反应，那么 11 个煎饼将是我们的实际产量，即化学反应实际产生的产物量。最后，我们的实际产率（实际达到的理论收益率的百分比）将是

化学反应的实际产率必须通过实验来确定，通常取决于各种因素的反应条件。我们将探讨第 15 章中涉及的一些因素。

$$\text{实际产率} = \frac{11\ \text{个煎饼}}{15\ \text{个煎饼}} \times 100\% = 73\%$$

由于 4 个煎饼被毁，我们的实际产量只有理论产量的 73%。在化学反应中，实际产率总小于 100%，因为有些产物在生成过程中未形成或者丢失（类似于一些正在燃烧的煎饼）。

小结

限制反应物（或限制试剂）是指在化学反应中完全消耗的反应物。

理论产量是指基于限制反应物的量在化学反应中可产生的产物量。

实际产量是指反应实际产生的产物量。

$$实际产率 = \frac{实际产量}{理论产量} \times 100\%$$

考虑反应

$$Ti(s) + 2\,Cl_2(g) \longrightarrow TiCl_4(s)$$

设有 1.8 mol Ti 和 3.2 mol Cl_2 反应生成 $TiCl_4$，则该反应的限制反应物和理论产量是多少？我们首先根据标准的问题求解步骤对问题中的信息进行整理。

已知：1.8 mol Ti

　　　　3.2 mol Cl_2

求：限制反应物

　　理论产量

转换图

在煎饼示例中，我们通过计算每种反应物可以生成多少产物来确定限制反应物。使得产物量最少的反应物就是限制反应物。

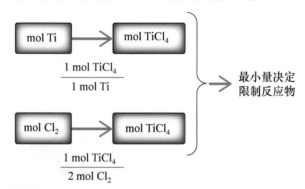

所用关系式

换算因子来自平衡化学方程式，并且表示了每种反应物与产物摩尔数之间的关系：

$$1\ mol\ Ti : 1\ mol\ TiCl_4$$
$$2\ mol\ Cl_2 : 1\ mol\ TiCl_4$$

解

$$1.8\ mol\ Ti \times \frac{1\ mol\ TiCl_4}{1\ mol\ Ti} = 1.8\ mol\ TiCl_4$$

$$3.2\ mol\ Cl_2 \times \frac{1\ mol\ TiCl_4}{2\ mol\ Cl_2} = 1.6\ mol\ TiCl_4$$

限制反应物　　　　　　　　　　　　最小产物量

在许多工业应用中，选择较昂贵的反应物或最难从产物混合物中除去的反应物作为限制反应物。

由于 3.2 mol Cl_2 产生最少量的 $TiCl_4$，所以 Cl_2 是限制反应物。注意，

虽然 Cl_2 的摩尔数比 Ti 的多，但由于与每摩尔 Ti 反应需要 2 mol Cl_2，Cl_2 仍然是限制反应物。该反应生成 $TiCl_4$ 的理论产量为 1.6 mol。

例题 8.4　限制反应物和理论产量

已知反应

$$2\,Al(s) + 3\,Cl_2(g) \longrightarrow 2\,AlCl_3(s)$$

若有 0.552 mol Al 和 0.887 mol Cl_2 进行反应，则限制反应物和 $AlCl_3$ 的理论产量是多少？

信息分类 已知铝和氯气的摩尔数，求该反应的限制反应物和氯化铝的理论产量。	已知：0.552 mol Al 　　　0.887 mol Cl_2 求：限制反应物 　　$AlCl_3$ 的理论产量
制定策略 绘制转换图，说明如何从每种反应物的摩尔数得到 $AlCl_3$ 的摩尔数。使 $AlCl_3$ 含量最少的反应物是限制反应物。换算因子是化学计量关系（来自平衡方程式）。	转换图 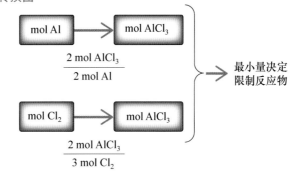 所用关系式 2 mol Al : 2 mol $AlCl_3$（来自平衡方程式） 3 mol Cl_2 : 2 mol $AlCl_3$（来自平衡方程式）
求解问题 按转换图求解问题。	解 $$0.552\ \text{mol Al} \times \frac{2\ \text{mol AlCl}_3}{2\ \text{mol Al}} = 0.552\ \text{mol AlCl}_3$$ 限制反应物　　　　　　　最小产物量 $$0.887\ \text{mol Cl}_2 \times \frac{2\ \text{mol AlCl}_3}{3\ \text{mol Cl}_2} = 0.591\ \text{mol AlCl}_3$$ 因为 0.552 mol Al 反应使 $AlCl_3$ 的量最少，所以铝是限制反应物。$AlCl_3$ 的理论产量为 0.552 mol。
检查结果 检查结果的单位是否正确、大小是否合理。	$AlCl_3$ 的单位是摩尔，正确。答案的大小合理，因为最终结果与 Al 和 Cl_2 的给定摩尔数的量级相同。若得到一个量级不同的答案，则答案可能有误。

▶ 技能训练 8.4

已知反应

$$2\,Na(s) + F_2(g) \longrightarrow 2\,NaF(s)$$

若 4.8 mol 钠和 2.6 mol 氟反应生成氟化钠，则限制反应物和氟化钠理论产量（摩尔数）是多少？

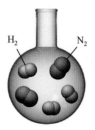

概念检查站 8.3

已知反应

$$N_2(g) + 3\,H_2(g) \longrightarrow 2\,NH_3(g)$$

如果左图中的烧瓶代表反应前的混合物，那么下列哪个烧瓶代表限制反应物完全反应后的产物？

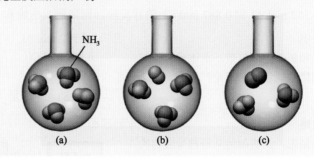

8.6 理论产率与实际产率

▶ 计算平衡化学方程式中的限制反应物、理论产率和实际产率。

在实验室工作时，我们通常以克为单位测量反应物的初始质量。为了从初始质量中找到限制反应物和理论产量，我们必须在计算中增加两个步骤。例如，已知以下化合反应：

$$2\,Na(s) + Cl_2(g) \longrightarrow 2\,NaCl(s)$$

设有 53.2 g Na 和 65.8 g Cl_2，求限制反应物和理论产量。我们首先对问题中的信息进行整理。

已知：　53.2 g Na

　　　　65.8 g Cl_2

求：限制反应物

　　理论产量

转换图

同样，我们计算每种反应物可以生成多少产物来找出限制反应物。初始量的单位是克，首先必须将其转换为摩尔数，然后转换为克。使产物量最少的反应物是限制反应物。

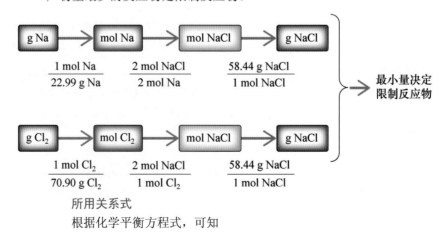

所用关系式

根据化学平衡方程式，可知

$$2\text{ mol Na} : 2\text{ mol NaCl}$$
$$1\text{ mol Cl}_2 : 2\text{ mol NaCl}$$

也可使用以下摩尔质量：

$$\text{Na 的摩尔质量} = \frac{22.99\text{ g Na}}{1\text{ mol Na}}$$

$$\text{Cl}_2\text{ 的摩尔质量} = \frac{70.90\text{ g Cl}_2}{1\text{ mol Cl}_2}$$

$$\text{NaCl 的摩尔质量} = \frac{58.44\text{ g NaCl}}{1\text{ mol NaCl}}$$

解

从每种反应物的实际量开始，我们按照转换图来计算每种反应物可以生成多少产物：

$$53.2\text{ g Na} \times \frac{1\text{ mol Na}}{22.99\text{ g Na}} \times \frac{2\text{ mol NaCl}}{2\text{ mol Na}} \times \frac{58.44\text{ g NaCl}}{1\text{ mol NaCl}} = 135\text{ g NaCl}$$

$$65.8\text{ g Cl}_2 \times \frac{1\text{ mol Cl}_2}{70.90\text{ g Cl}_2} \times \frac{2\text{ mol NaCl}}{2\text{ mol Cl}_2} \times \frac{58.44\text{ g NaCl}}{1\text{ mol NaCl}} = 108\text{ g NaCl}$$

限制反应物　　　　　　　　　最小产物量

> 还可计算每种反应物的氯化钠摩尔数而非克数来找到限制反应物。然而，由于理论产率通常是以克为单位计算的，因此我们将计算一直进行到克，以确定限制反应物。

由于 Cl_2 生成的产物量最少，所以它是限制反应物。注意，限制反应物不一定是质量最小的反应物。在这种情况下，虽然 Na 的量比 Cl_2 的要少，但 Cl_2 是限制反应物，因为它产生的 NaCl 更少。因此，NaCl 的理论产量为 108 g，这是基于限制反应物可能的产物量。

现在假设化合反应已完成，NaCl 的实际产量为 86.4 g，那么实际产率是多少？实际产率为

$$\text{实际产率} = \frac{\text{实际产量}}{\text{理论产量}} \times 100\% = \frac{86.4\text{ g}}{108\text{ g}} \times 100\% = 80.0\%$$

> 实际产率总低于理论产率，因为在反应过程中会有少量的产物损失或没有形成。

概念检查站 8.4

已知反应 A + 2B = 3C。B 的摩尔质量是 A 的 2 倍。将相等质量的 A 和 B 放到反应容器中，在 A 或 B 两种反应物中，哪种是限制反应物？

例题 **8.5**　限制反应物和理论产量

氨气（NH_3）可以通过以下反应合成：

$$2\text{ NO}(g) + 5\text{ H}_2(g) \longrightarrow 2\text{ NH}_3(g) + 2\text{ H}_2\text{O}(g)$$

45.8 g NO 和 12.4 g H_2 最多可合成多少克氨气？

信息分类	已知：45.8 g NO
已知两种反应物的质量，求生成的氨气的最大质量。虽然该问题并未特别要求限制反应物，但必须知道是用它来确定理论产量的，也就是可以合成的最大质量的氨气。	12.4 g H_2 求：NH_3 的最大质量（即理论产量）

制定策略	转换图
通过计算每种反应物可以产生多少产物来确定限制反应物。使产物量最少的反应物是限制反应物。由限制反应物形成的氨气的质量就是可合成的最大氨气量。	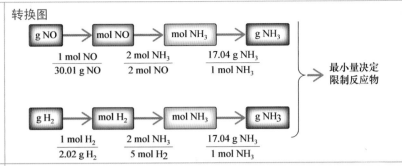

| 主要换算因子来自各反应物摩尔数与氨摩尔数之间的化学计量关系。其他换算因子是一氧化氮、氢气和氨气的摩尔质量。 | 所用关系式
2 mol NO : 2 mol NH₃，5 mol H₂ : 2 mol NH₃

$NO的摩尔质量 = \dfrac{30.01\ g\ NO}{1\ mol\ NO}$　　$H_2的摩尔质量 = \dfrac{2.02\ g\ H_2}{1\ mol\ H_2}$

$NH_3的摩尔质量 = \dfrac{17.04\ g\ NH_3}{1\ mol\ NH_3}$ |

求解问题	解
按转换图从给定的每种反应物的实际量开始，计算每种反应物的产物量。	$45.8\ g\ NO \times \dfrac{1\ mol\ NO}{30.01\ g\ NO} \times \dfrac{2\ mol\ NH_3}{2\ mol\ NO} \times \dfrac{17.04\ g\ NH_3}{1\ mol\ NH_3} = 26.0\ g\ NH_3$ 　　　　↑限制反应物　　　　　　　　　↑最小产物量 $12.4\ g\ H_2 \times \dfrac{1\ mol\ H_2}{2.02\ g\ H_2} \times \dfrac{2\ mol\ NH_3}{5\ mol\ H_2} \times \dfrac{17.04\ g\ NH_3}{1\ mol\ NH_3} = 41.8\ g\ NH_3$ 根据计算，45.8 g NO 能够生成 26.0 g NH₃，12.4 g H₂ 能够生成 41.8 g NH₃。因此，NO 是限制反应物，能产生的最大氨气量为 26.0 g，即理论产量。

检查结果	
检查结果的单位是否正确、大小是否合理。	氨气的单位是 g，正确。答案的大小合理，因为它与给定的 NO 和 H₂ 的质量的量级相同。如果量级不同，则答案可能有误。

▶ **技能训练 8.5**

也可通过如下反应合成氨气：

$$3\ H_2(g) + N_2(g) \longrightarrow 2\ NH_3(g)$$

25.2 g N₂ 和 8.42 g H₂ 可以合成的最大产量的氨气是多少克？

▶ **技能巩固**

5.22 kg H₂ 和 31.5 kg N₂ 可以合成的最大产量的氨气是多少克？

例题 8.6　限制反应物、理论产量和实际产率

已知反应

$$Cu_2O(s) + C(s) \longrightarrow 2\ Cu(s) + CO(g)$$

当 11.5 g C 与 114.5 g Cu₂O 反应时，得到 87.4 g Cu。请确定限制反应物、理论产量和实际产率。

信息分类	
已知反应物碳和氧化亚铜的质量，以及生成物铜的质量，求该反应的限制反应物、理论产量和实际产率。	已知：11.5 g C 　　　114.5 g Cu₂O 　　　生成物 87.4 g Cu 求：限制反应物 　理论产量 　实际产率

制定策略	转换图
转换图展示了如何通过氧化铜和碳的初始质量求出Cu的质量。使产物量最少的反应物是限制反应物，它决定了理论产量。	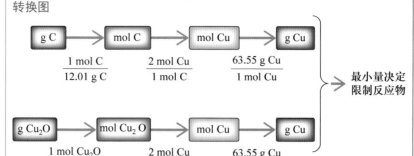

| 主要的换算因子是每种反应物的摩尔数与铜的摩尔数之间的化学计量关系。其他换算因子是氧化亚铜、碳和铜的摩尔质量。 | 所用关系式
$1 \text{ mol } Cu_2O : 2 \text{ mol } Cu$
$1 \text{ mol } C : 2 \text{ mol } Cu$
Cu_2O 的摩尔质量 $= 143.10$ g/mol
C 的摩尔质量 $= 12.01$ g/mol
Cu 的摩尔质量 $= 63.55$ g/mol |

求解问题	解
按转换图从每种反应物的实际量开始，计算每种反应物的产物量。 由于Cu_2O产生的产物量最少，所以Cu_2O是限制反应物。理论产量是根据限制反应物产生的产物量。实际产率是实际产量（87.4 g Cu）除以理论产量（101.7 g Cu）再乘以100%。	$$11.5 \text{ g C} \times \frac{1 \text{ mol C}}{12.01 \text{ g C}} \times \frac{2 \text{ mol Cu}}{1 \text{ mol C}} \times \frac{63.55 \text{ g Cu}}{1 \text{ mol Cu}} = 122 \text{ g Cu}$$ $$114.5 \text{ g Cu}_2\text{O} \times \frac{1 \text{ mol Cu}_2\text{O}}{143.10 \text{ g Cu}_2\text{O}} \times \frac{2 \text{ mol Cu}}{1 \text{ mol Cu}_2\text{O}} \times \frac{63.55 \text{ g Cu}}{1 \text{ mol Cu}} = 101.7 \text{ g Cu}$$ 限制反应物　　　　　　　　最小产物量 理论产量 $= 101.7$ g Cu 实际产率 $= \dfrac{\text{实际产量}}{\text{理论产量}} \times 100\%$ $= \dfrac{87.4 \text{ g}}{101.7 \text{ g}} \times 100\% = 85.9\%$

检查结果	理论产量的单位是克，正确。理论产量的大小合理，因为它与给定的碳和氧化亚铜的质量的量级相同。理论产率合理，因为它低于100%。任何超过100%的理论产率都不正确。
检查结果的单位是否正确、大小是否合理。	

▶ 技能训练 8.6

如下反应用于从铁矿石中获取铁：

$$Fe_2O_3(s) + 3 \, CO(g) \longrightarrow 2 \, Fe(s) + 3 \, CO_2(g)$$

已知 185 g Fe_2O_3 与 95.3 g CO 反应生成 87.4 g Fe。确定限制反应物、理论产量和实际产率。

概念检查站 8.5

一氧化氮和氢气反应可合成氨气：

$$2 \, NO(g) + 5 \, H_2(g) \longrightarrow 2 \, NH_3(g) + 2 \, H_2O(g)$$

某反应容器中最初含有 4.0 mol NO 和 15.0 mol H_2，假设反应尽可能完全反应，最终反应容器中有什么？

(a) 2 mol NO；5 mol H_2；2 mol NH_3；2 mol H_2O。

(b) 0 mol NO；0 mol H_2；6 mol NH_3；6 mol H_2O。

(c) 2 mol NO；0 mol H_2；4 mol NH_3；2 mol H_2O。

(d) 0 mol NO；5 mol H_2；4 mol NH_3；4 mol H_2O。

8.7 焓

▶ 计算化学反应中的放热量或吸热量。

3.9 节中描述了化学反应是如何放热的（此时的化学反应释放热能）或吸热的（此时的化学反应吸收热能）。化学反应在恒压条件下（常见于大多数日常反应中）释放的热量或吸收的热量可用一个称为焓的函数来量化。具体地说，我们将一个称为反应焓（ΔH_{rxn}）的量定义为反应在恒压下发生时释放或吸收的热量。

8.7.1 ΔH_{rxn} 的正负号

ΔH_{rxn} 的正负号取决于反应发生时热能流动的方向。如果在反应中热能流入周围环境（如在放热反应中），那么 ΔH_{rxn} 的符号为负。

例如，我们可以指定天然气中的主要成分甲烷燃烧的反应焓为

$$CH_4(g) + 2\,O_2(g) \longrightarrow CO_2(g) + 2\,H_2O(g), \qquad \Delta H_{rxn} = -802.3\ kJ$$

每日化学

本生燃烧器

在 实验室中，我们经常使用本生燃烧器作为热源。这类燃烧器通常由甲烷提供燃料。甲烷（CH_4）燃烧的平衡方程式为

$$CH_4(g) + 2\,O_2(g) \longrightarrow CO_2(g) + 2\,H_2O(g)$$

大多本生燃烧器都有一种调节与甲烷混合的空气量（即氧气量）的机制。如果将空气完全关闭时点燃燃烧器，那么会产生黄色的烟熏火焰。增加进入燃烧器的空气量时，

火焰变得更蓝，烟雾更少，温度更高。将空气调节达到最佳比例时，火焰内部会出现一个蓝色的三角形，没有烟雾，且足以热到很容易熔化玻璃。此时，如果继续增加空气，会导致火焰再次变冷，且可能使其熄灭。

B8.1 你能回答吗？ 你能否使用本章中的知识解释调节进气口时本生燃烧器火焰的变化？

(a) 无空气   (b) 少量空气   (c) 最优   (d) 过量空气

▲ 本生燃烧器火焰在不同阶段的进气调节

这个反应是放热的，因此有一个负反应焓。ΔH_{rxn} 的大小告诉我们，1 mol CH_4 与 2 mol O_2 反应时，释放了 802.3 kJ 的热量。

相反，如果反应吸收热能，即能量从周围环境流出（如吸热反应），那么 ΔH_{rxn} 为正。例如，我们指定氮气和氧气反应生成一氧化氮的反应焓为

$$N_2(g) + O_2(g) \longrightarrow 2NO(g), \qquad \Delta H_{rxn} = +182.6 \text{ kJ}$$

这个反应是吸热的，因此有正反应焓。当 1 mol N_2 与 1 mol O_2 反应时，会从周围环境中吸收 182.6 kJ 的热量。

我们可将化学系统的能量视为账户中的平衡收支。从化学反应中释放的能量就像取钱，符号为负，如▼图 8.3a 所示；流入系统的能量就像存钱，符号为正，如▼图 8.3b 所示。

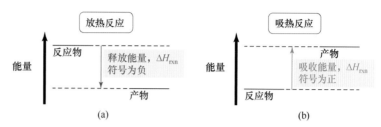

▲ 图 8.3 **放热和吸热反应**。(a)在放热反应中，能量被释放到周围环境中。(b)在吸热反应中，周围环境的能量被吸收

8.7.2 ΔH_{rxn} 的计量

当化学反应发生时，释放或吸收的热量取决于实际反应的反应物的量。如前所述，我们通常结合反应的平衡化学方程式来指定反应焓 ΔH_{rxn}。一般会写出反应焓的大小，用于计量反应物和生成物。

例如，丙烷（液化石油气所用燃料）燃烧的平衡方程式和 ΔH_{rxn} 为

$$C_3H_8(g) + 5\,O_2(g) \longrightarrow 3\,CO_2(g) + 4\,H_2O(g), \qquad \Delta H_{rxn} = -2044 \text{ kJ}$$

这意味着，当 1 mol C_3H_8 与 5 mol O_2 反应，生成 3 mol CO_2 和 4 mol H_2O 时，释放了 2044 kJ 的热量。我们可用表达化学计量关系的方式来书写这些关系，表示两个量之间的比例。对于这种反应中的反应物，可以按如下方式书写：

$$1 \text{ mol } C_3H_8 : -2044 \text{ kJ} \quad \text{或者} \quad 5 \text{ mol } O_2 : -2044 \text{ kJ}$$

这个比例表明，当 1 mol C_3H_8 与 5 mol O_2 完全反应时，会释放 2044 kJ 的热量。我们可用这些比例来构建反应物、产物量和释放的热量（用于放热反应）或吸收的热量（用于吸热反应）之间的换算因子。要求一定质量的 C_3H_8 燃烧时释放的热量，我们使用如下转换图：

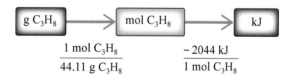

我们使用摩尔质量在单位克和摩尔之间进行转换，并使用 C_3H_8 的摩尔数和单位千焦耳之间的化学计量关系在摩尔和千焦耳之间进行转换，如例题 8.7 所示。

例题 **8.7**　涉及 ΔH_{rxn} 的化学计量

用于家庭烧烤的液化气罐含有 1.18×10^4 g 丙烷（C_3H_8）。计算罐中所有丙烷完全燃烧后释放的热量（单位为 kJ）。

$$C_3H_8(g) + 5\,O_2(g) \longrightarrow 3\,CO_2(g) + 4\,H_2O(g), \qquad \Delta H_{rxn} = -2044 \text{ kJ}$$

信息分类 已知丙烷的质量，求燃烧过程产生的热量（kJ）。	已知：1.18×10^4 g C_3H_8 求：kJ
制定策略 从给定质量的丙烷开始，利用其摩尔质量求出摩尔数。使用丙烷摩尔数和千焦耳热量之间的化学计量关系求释放的热量。	转换图 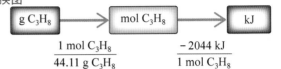 $$\frac{1 \text{ mol } C_3H_8}{44.11 \text{ g } C_3H_8} \qquad \frac{-2044 \text{ kJ}}{1 \text{ mol } C_3H_8}$$ 所用关系式 1 mol C_3H_8 : −2044 kJ（来自平衡方程式） C_3H_8 的摩尔质量 $= 44.11$ g/mol
求解问题 按转换图求解问题。将 1.18×10^4 g C_3H_8 乘以适当的换算因子，得到热量（kJ）。	解 $$1.18 \times 10^4 \text{ g } C_3H_8 \times \frac{1 \text{ mol } C_3H_8}{44.11 \text{ g } C_3H_8} \times \frac{-2044 \text{ kJ}}{1 \text{ mol } C_3H_8} = -5.47 \times 10^5 \text{ kJ}$$
检查答案 检查答案的单位是否正确、大小是否合理。	单位是 kJ，正确。结果为负数，因为该反应是放热反应，正确。

▶ 技能训练 8.7

氨气与氧气反应的平衡方程式如下：

$$4 \text{ NH}_3(g) + 5 \text{ O}_2(g) \longrightarrow 4 \text{ NO}(g) + 6 \text{ H}_2\text{O}, \qquad \Delta H_{rxn} = -906 \text{ kJ}$$

计算 155 g NH_3 完全反应所释放的热量（单位为 kJ）。

▶ 技能巩固

产生 1.5×10^3 kJ 的热量需要多少克丁烷？生成多少克 CO_2？

概念检查站 8.6

已知下面的一般反应：

$$2 \text{ A} + 3 \text{ B} \longrightarrow 2 \text{ C}, \qquad \Delta H_{rxn} = -100 \text{ kJ}$$

一种反应混合物最初有 5 mol A 和 6 mol B，反应发生到最大可能的程度时，会放出多少热量（单位为 kJ）？

(a) 100 kJ；(b) 150 kJ；(c) 200 kJ；(d) 300 kJ。

关键术语

实际产率	反应焓	限制反应物	理论产率	气候变化
焓	温室气体	化学计量		

技能训练答案

技能训练 8.1............. 49.2 mol H_2O	技能训练 8.6............. 限制反应物是 CO；理论产量为 127 g Fe，实际产率为 68.8%
技能训练 8.2............. 6.88 g HCl	
技能训练 8.3............. 4.0×10^3 kg H_2SO_4	
技能训练 8.4............. 限制反应物为 Na；理论产率为 4.8 mol NaF	技能训练 8.7............. -2.06×10^3 kJ
	技能巩固 .... 需要 33 g C_4H_{10}，产生 99 g CO_2
技能训练 8.5............. 30.7 g NH_3	
技能巩固 .... 29.4 kg NH_3	

概念检查站答案

8.1 (a)。两个 O_2 分子需要与 1 个 CH_4 分子反应，这里有 4 个 O_2 分子可供反应，需要两个 CH_4 分子才能完成反应。

8.2 (c)。1 mol A 产生 3 mol C，C 的摩尔质量是 A 的 3 倍时，产生的 C 的质量是 A 的 6 倍。

8.3 (c)。氢气是限制反应物。反应混合物包含 3 个 H_2 分子；因此，当反应物尽可能完全反应时，将形成两个 NH_3 分子。氮过剩，还有一个剩余的氮分子。

8.4 B 是限制反应物，因为 B 的摩尔质量较高，所以在含有同等质量的 A 和 B 的反应混合物中，B 的摩尔数较少。由于需要 2 mol B 与 1 mol A 反应，且 B 的摩尔数较少，所以 B 是限制反应物。

8.5 (d)。NO 是限制反应物。反应混合物最初含有 4 mol NO；因此，将消耗 10 mol H_2O，留下 5 mol 未反应的 H_2。产物是 4 mol NH_3 和 4 mol H_2O。

8.6 (c)。B 是限制反应物。若 4 mol B 反应，则会产生 200 kJ 的热量。

第9章

原子中的电子与元素周期表

> 不被量子力学震惊的人都不理解它的伟大。
>
> ——尼尔斯·玻尔（1885—1962）

9.1 飞艇、气球和原子模型

你可能见过一艘漂浮在空中的古德伊尔软式飞艇。古德伊尔软式飞艇经常出现在体育赛事中。软式飞艇固有的稳定性使得摄像机可以为电视和电影稳定地拍摄地上波澜壮阔的画面。

古德伊尔软式飞艇类似于一个大气球。飞机必须快速移动才能飞行，而软式飞艇或其他飞艇之所以能够漂浮在空中，是因为其中充满了密度小于空气的气体。古德伊尔软式飞艇中充满了氦气。然而，历史上的其他飞艇也有使用氢气为飞艇提供浮力的例子。例如，有史以来最大的飞艇兴登堡号用的就是氢气（一种活泼且易燃的气体），遗憾的是，1937年5月6日，当兴登堡号首次横渡大西洋后在新泽西着陆时，飞艇起火了。大火烧毁了飞艇，其中97名乘客中有36名遇难。显然，当兴登堡号着陆时，泄漏的氢气被点燃，引发爆炸，摧毁了这艘飞艇。古德伊尔软式飞艇不会发生类似的事故，因为它使用氦气为飞艇提供浮力，而氦气是一种惰性气体，火花甚至火焰遇到氦气时会被熄灭。

▲ 兴登堡号中充满了反应性的可燃氢气。是什么使氢气有反应性？

氦气为什么是惰性气体？氦原子是怎样让氦气变成惰性气体的？相比之下，氢为什么那么活泼？回想第5章可知，元素氢是以双原子元素的形式存在的。氢原子很活泼，所以它们相互反应形成氢分子。是什么让氢原子如此活泼？氢和氦的什么区别导致了了它们有不同的反应性？

◀ 现代飞艇中用的是氦气，氦气是一种惰性气体。氦原子的原子核（插图）中有两个质子，所以中性氦原子有两个电子——这是一种非常稳定的结构。本章介绍氦的惰性和其他元素的反应模型

这里的周期律是指门捷列夫最初修改后的提法。门捷列夫按照质量递增的顺序列出元素，而今天我们按照原子序数递增的顺序列出元素。

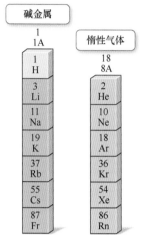

<table>
<tr><td>碱金属</td><td></td></tr>
</table>

碱金属		惰性气体	
1 1A		18 8A	
1 H			
3 Li		2 He	
11 Na		10 Ne	
19 K		18 Ar	
37 Rb		36 Kr	
55 Cs		54 Xe	
87 Fr		86 Rn	

▲ 惰性气体具有化学惰性，碱性金属具有化学反应性。为什么？（氢是 1A 族元素，但不被视为碱金属）

当我们研究氢和氦的性质时，我们就对自然界进行了观察。第 4 章中首先讨论的门捷列夫周期律总结了许多类似的元素性质的观察结果：

当元素按照原子序数增加的顺序排列时，某些性质会周期性地重复出现。

氢（1A 族的第一种元素）所表现出的反应性在其他 1A 族元素中也可以看到，如锂和钠。同样，氦（8A 族元素）的惰性在其他 8A 族元素如氖、氩和其他惰性气体中也可以看到。本章考虑有助于解释观察到的元素族行为的模型，如 1A 族金属和稀有气体。重点介绍两个重要的模型：玻尔模型和量子力学模型，它们为周期律提供了解释。这些模型解释了电子如何存在于原子中，以及这些电子如何影响元素的化学和物理性质。

本书前面介绍了许多关于元素行为的知识。例如，我们知道钠倾向于形成 1+ 离子，氟倾向于形成 1- 离子。我们知道有些元素是金属，有些元素是非金属；我们知道惰性气体通常是化学惰性的，碱金属是化学反应性的。但是，我们还未探索为什么会这样，本章中的模型解释了原因。

当玻尔模型和量子力学模型在 20 世纪初发展起来时，它们在物理科学中引起了一场革命，改变了我们对物质最基本的观点。设计这些模型的科学家（包括尼尔斯·玻尔、埃尔温·薛定谔和阿尔伯特·爱因斯坦）都对他们的发现感到困惑。玻尔声称："不被量子力学震惊的人都不理解它的伟大。"薛定谔哀叹道："我不喜欢它，我很抱歉我和它有任何关系。"爱因斯坦不相信，并且坚持"上帝不和宇宙玩骰子"。然而，量子力学模型具有如此强的解释能力，以至于今天很少有人质疑它。它构成了现代元素周期表和我们对化学键理解的基础。它的应用包括激光、计算机和半导体器件，它使我们发现了设计治疗疾病的药物的新方法。原子的量子力学模型在许多方面是现代化学的基础。

▲ 尼尔斯·玻尔（左）、欧文·施罗德（右）和阿尔伯特·爱因斯坦在量子力学的发展中发挥了重要作用，但他们对自己的发现都感到困惑

9.2 光

▶ 理解和解释电磁辐射的本质。

在我们探索原子模型之前，必须了解什么是光，因为对光与原子相互作用的观察有助于塑造这些模型。光是我们所有人都熟悉的，我们通过它才能看到这个世界，但是光是什么呢？与我们在本书中迄今为止遇到的大多数情况不同，光不是物质，它没有质量。光是电磁辐射的一种形式，是以 3.0×10^8 m/s 的恒定速度穿过空间的能量类型。以这种速度行进时，赤道上产生的闪光可在 1/7 秒内环游世界。这种极快的速度是我们

在听到烟花爆炸的声音之前就看到空中有烟花的部分原因。爆炸的烟火发出的光几乎瞬间就到达了我们的眼睛。声音传播得较慢，需要更长的时间。

在量子力学出现之前，光被专门描述为穿过空间的电磁能波。你可能对水波很熟悉（想想石头掉进平静的池塘时产生的波浪），或者你可能通过快速上下甩动绳子的末端在绳子上产生了波。在任何情况下，波在水中或沿绳子运动时都携带能量。

▲ 水面受到干扰时，会产生从中心向外辐射的波浪

波的特征之一是波长（λ），即相邻波峰之间的距离（▼图 9.1）。对于可见光，波长决定颜色。例如，橙光的波长比蓝光的长。由太阳或灯泡产生的白光包含一系列波长，因此也包含一系列颜色。当白光通过棱镜时，我们就会看到如下颜色：红色、橙色、黄色、绿色、蓝色、靛蓝色和紫色（▼图 9.2）。红光的波长为 750 nm（纳米），它在可见光中是波长最长的。波长为 400 nm 的紫光最短（$1 \text{ nm} = 10^{-9} \text{ m}$）。白光中颜色的存在是我们在日常生活中看到颜色的原因。例如，一件红色的衬衫因为反射红光，所以是红色的（▼图 9.3）。人眼只能看到反射光，这使得衬衫看起来是红色的。

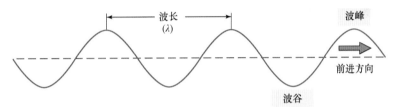

▲ 图 9.1　波长。光的波长是相邻波峰之间的距离

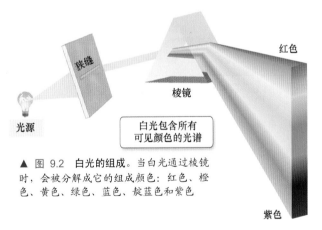

▲ 图 9.2　**白光的组成。** 当白光通过棱镜时，会被分解成它的组成颜色：红色、橙色、黄色、绿色、蓝色、靛蓝色和紫色

▲ 图 9.3　**物体的颜色。** 红色衬衫呈现红色，因为它吸收除红色外的所有颜色，红色是它反射的颜色

光波也常以频率（ν）为特征，即 1 秒内通过静止点的周期数或波峰数。波长与频率成反比——波长越短，频率越高。例如，蓝光的频率比红光的高。

20 世纪初，爱因斯坦等科学家发现，某些实验的结果只能通过描述光来解释，光不是波，而是粒子。例如，离开手电筒的光被视为粒子流。光的一个粒子称为光子，我们可将光子视为一个单独的光能包。光能包中携带的能量取决于光的波长——波长越短，能量越大。因此，紫光（波长较短）与红光（波长较长）相比，每个光子携带了更多的能量。

小结：

- 电磁辐射是一种以 3.0×10^8 m/s 的恒定速度在空间传播的能量形式，可以表现出波或粒子特性。
- 电磁辐射的波长决定了其中一个光子携带的能量。波长越短，光子的能量越大。
- 电磁辐射的频率和能量与其波长成反比。

概念检查站 9.1

下列哪个波长的光的频率最高？

(a) 350 nm；(b) 500 nm；(c) 750 nm。

9.3 电磁波谱

▶ 预测不同类型的光的相对波长、能量和频率。

电磁辐射的波长范围是从 10^{-16} m（伽马射线）到 10^6 m（无线电波）。可见光只占这个范围的很小一部分。电磁辐射的整个范围被称为电磁波谱。▼图 9.4 形象地表示了电磁波谱，右边是短波长、高频辐射，左边是长波长、低频辐射，可见光是中间的小长条。

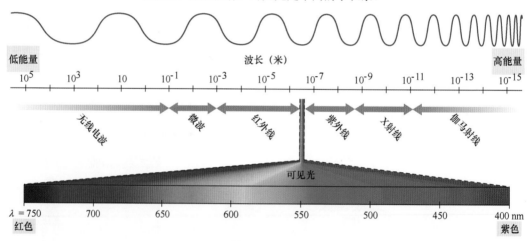

▲ 图 9.4 电磁波谱

记住，短波长光的每个光子携带的能量比长波长光的更多。最短波长（最高能量）的光子是伽马射线的光子，如图 9.4 的右侧所示。伽马射线由太阳、其他恒星和地球上某些不稳定的原子核产生。人们过度暴露在伽马射线下是危险的，因为伽马射线的光子的高能量会破坏生物分子。

在电磁波谱（▲图 9.4 的左侧）上，波长（和能量）比伽马射线稍长的是 X 光，我们很熟悉它的医学用途。X 光能够穿过许多阻挡可见光的物质，因此被用来对内部骨骼和器官成像。像伽马射线的光子一样，X 射线的光子携带的能量足以破坏生物分子。虽然每年几次暴露在 X 光下是相对无害的，但过度暴露在 X 光下会增加患癌症的风险。

位于 X 射线和可见光之间的是紫外线或紫外光，我们最熟悉的是紫外线，它会晒伤或晒黑皮肤。虽然不如伽马射线或 X 光的光子能量大，但紫外线光子仍然携带了足够的能量来破坏生物分子。过度暴露在紫外线下会增加患皮肤癌和白内障的风险，并会导致皮肤过早起皱。光谱中的下一种光是可见光，其范围是从紫色（波长较短，能量较高）到红色（波长较长，能量较低）。可见光的光子不会破坏生物分子。然而，它们确实会导致人眼中的分子重新排列，向大脑发送一个产生视觉的信号。

接下来是红外光，其波长甚至比可见光的还要长。当我们将手放在热物体附近时，我们感受到的热量是红外光。所有温暖的物体，包括人体，都会发出红外光。虽然红外光对人眼来说是不可见的，但红外传感器可以检测到它，且常用于夜视技术中，以便在黑暗中"看到"物体。在光谱的红外区域，温暖的物体（如人体）会发光，就像灯泡在光谱的可见光区域发光一样。

除了红外光，波长更长的还有微波，它用于雷达和微波炉。虽然微波的波长比可见光或红外光的长，因此每个光子的能量也低，但它能被水有效吸收，从而加热含水物质。因此，含水的物质，如食物，放在微波炉里会被加热，但不含水的物质，如盘子和杯子，则不会被加热。

最长波长的光是无线电波，它用于传输收音机、手机、电视的信号。

有些菜肴含有吸收微波辐射的物质，但大多数没有。

▲ 温暖的物体，如人体或动物，会发出红外光，这很容易用红外摄像机检测到。在红外照片中，最热的区域显示为红色，最冷的区域显示为深蓝色

正常照片

红外照片

化学与健康

癌症的放射治疗

X射线和伽马射线有时被称为电离辐射，因为它们的光子中含有高能电离原子和分子。当电离辐射与生物分子相互作用时，会永久改变甚至破坏它们。因此，我们通常要尽可能少地暴露在电离辐射下。然而，医生可用电离辐射破坏癌细胞内的分子。

在放射治疗（或放射疗法）中，医学专业人员将 X 光或伽马射线束对准癌性肿瘤。电离辐射破坏肿瘤细胞内携带遗传信息（细胞生长和分裂所需的信息）的分子，细胞死亡或停止分裂。电离辐射也会损害健康细胞内的分子；然而，癌细胞比健康细胞分裂得更快，因此使得癌细胞更易受到遗传损伤。尽管如此，健康细胞在治疗过程中经常会无意中受到损伤，导致患者出现副作用，如疲劳、皮肤损伤和脱发等。医生试图通过适当的屏蔽及从多个方向靶向肿瘤来减少健康细胞的暴露，同时扩大癌细胞的暴露面（▼图9.5）。

将健康细胞暴露在辐射下的另一个副作用是它们也可能会癌变。这样，对癌症的治疗就可能会导致癌症。那么我们为什么还要继续使用呢？与大多数其他疾病疗法一样，放射疗法也有风险。然而，我们一直在冒险，原因是需要冒这个风险。例如，每次我们开车时，都有受伤甚至死亡的风险，为什么我们还要开车？因为我们认为这种好处（如去杂货店购买食物）是值得冒风险的。在癌症治疗或其他治疗中，情况是相似的。

B9.1 你能回答吗？为什么可见光不用于破坏癌性肿瘤？

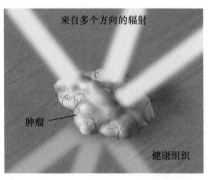

来自多个方向的辐射

肿瘤

健康组织

▲ 图 9.5 放射疗法。放射学家试图通过从多方向靶向肿瘤，限制放射对健康组织的损伤

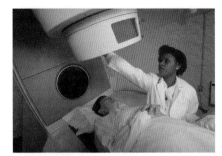

▲ 癌症患者接受放射治疗

例题 9.1　波长、能量和频率

按升序排列可见光、X 射线和微波：

(a) 波长；(b) 频率；(c) 每个光子的能量。

	解
(a) 波长。图 9.4 表示 X 射线的波长最短，其次是可见光，再次是微波。	X 射线，可见光，微波。
(b) 频率。由于频率和波长成正比（波长越长，频率越短），关于频率的顺序与波长的完全相反。	微波，可见光，X 射线。
(c) 每个光子的能量。每个光子的能量随着波长的增大而减小，但随着频率的增加而增多；因此，每个光子的能量顺序与频率的相同。	微波，可见光，X 射线。

▶ 技能训练 9.1

按升序排列可见光的颜色（绿色、红色和蓝色）：

(a) 波长；(b) 频率；(c) 每个光子的能量。

概念检查站 9.2

黄光的波长比紫光的长，因此：

(a) 黄光的每个光子的能量比紫光的大。

(b) 黄光的每个光子的能量比紫光的小。

(c) 黄光和紫光的每个光子的能量相同。

9.4　玻尔模型

▶ 理解并解释原子玻尔模型的关键特征。

　　当一个原子（以热、光或电的形式）吸收能量时，它通常以光的形式重新发射能量。例如，霓虹灯由一个或多个充满气态氖原子的玻璃管组成。当电流通过玻璃管时，氖原子吸收一些电能，并以霓虹灯熟悉的红光形式重新发射出来（▼图 9.6）。

　　原子对光的吸收和发射是由于光与原子中电子的相互作用。如果管内的原子不同，那么电子的能量不同，发出的光的颜色也不同。换句话说，每种独特元素的原子发出独特颜色（或独特波长）的光。例如，汞

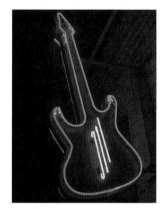

▲ 图 9.6 霓虹灯。玻璃管中的氖原子吸收电能，并以光的形式重新发射能量

原子发出蓝光，氢原子发出粉红光（▼图 9.7），氦原子发出黄橙光。

仔细观察氢、氦和氖原子发出的光时，会发现这些光包含几种不同的颜色或波长。就像可以通过棱镜将灯泡发出的白光分解成其组成波长一样，我们也可通过棱镜将氢、氦或氖发出的光分解成其组成波长（▼图 9.8）。结果是一个发射光谱。注意白光的发射光谱与氢、氦和氖的发射光谱之间的差异。白光的光谱是连续的，这意味着光强在整个可见光范围内是不间断的或平滑的——在所有波长下都有一些辐射，没有间隙。然而，氢、氦和氖的发射光谱不是连续的，它们由特定波长的亮点或线条组成，中间完全是黑色的。

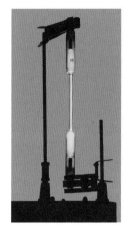

▶ 图 9.7 不同元素发出的光。从汞灯（左）发出的光是蓝色的，从氢灯（右）发出的光是粉红色的

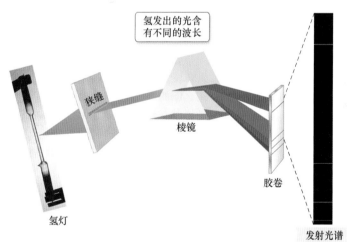

氢发出的光含有不同的波长

狭缝

棱镜

胶卷

氢灯

发射光谱

白光光谱

氢原子光谱

氦原子光谱

氖原子光谱

▶ 图 9.8 发射光谱。白光的光谱是连续的，在每个波长都有一些辐射发射。然而，单个元素的发射光谱只包括某些特定的波长（不同的波长显示为线，因为来自光源的光在进入棱镜前穿过了狭缝）。每种元素都产生独特的发射光谱

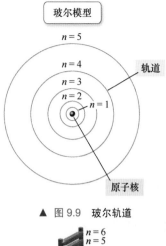

玻尔模型

$n = 5$

$n = 4$

$n = 3$

$n = 2$

$n = 1$

轨道

原子核

▲ 图 9.9 玻尔轨道

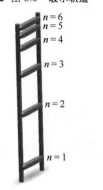

$n = 6$
$n = 5$
$n = 4$
$n = 3$
$n = 2$
$n = 1$

▲ 图 9.10 玻尔能量梯。玻尔轨道就像梯子上的台阶。站在各个台阶上是可能的，但站在台阶之间是不可能的

随着 n 的增大，玻尔轨道的半径越来越大，但能级越来越小。

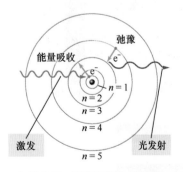

弛豫

能量吸收

e^-

e^-

$n = 1$

$n = 2$

$n = 3$

$n = 4$

$n = 5$

激发

光发射

▲ 图 9.11 激发和发射。当氢原子吸收能量时，电子被激发到更高能量的轨道上。然后电子弛豫到较低能量的轨道上，发出一个光子

因为原子中的光发射与原子中电子的运动有关，所以电子如何存在于原子中的模型必须考虑这些光谱。开发原子中电子模型的一个主要挑战是，发射光谱的离散或亮线性质。原子在受到能量激发时，为何只会发出特定波长的光？为什么它们不发出连续的光谱？尼尔斯·玻尔开发了一个简单的模型来解释这些结果。在他的模型中（现在被称为玻尔模型），电子以类似于行星绕太阳公转的圆形轨道绕原子核运行。然而，与绕太阳公转的行星不同，理论上它们可在离太阳任何距离的地方绕轨道运行，玻尔模型中的电子只能在离原子核特定的固定距离处绕轨道运行（◀图 9.9）。

每个玻尔轨道的能量都由量子数 $n = 1, 2, 3, \cdots$ 指定，因此是固定的，或者说是量子化的。每个轨道的能量随着 n 的增大而增加，但是随着 n 的增大，能级的间距变得更小。玻尔轨道就像梯子的阶梯（◀图 9.10），每个轨道都在离原子核特定距离的位置，每个轨道都有特定的能量。就像不可能站在台阶之间一样，在玻尔模型中，电子也不可能存在于轨道之间。例如，$n = 3$ 轨道上的一个电子比 $n = 2$ 轨道上的一个电子离原子核更远，能量更大。电子不能存在于两个轨道之间的中间距离或能量处——轨道是量子化的。只要一个电子保持在给定的轨道上，它就不吸收能量，也不发光，它的能量保持固定不变。

当原子吸收能量时，这些固定轨道中的一个电子会被激发或提升到离原子核更远的轨道上（▼图 9.11），因此能量更高（类似于在梯子上上移一步）。然而，在这个新位置，原子不太稳定，电子很快普会回落或弛豫到较低能量的轨道（类似于在梯子上下移一步）。当它这样做时，会释放一个包含精确能量的光子，称为能量量子，对应于两个轨道之间的能量差。

由于光子的能量与其波长直接相关，因此光子具有特定的波长。因此，受激原子发出的光由特定波长的特定谱线组成，每条谱线对应两个轨道之间的特定跃迁。例如，氢发射光谱中 486 nm 处的谱线对应于从 $n = 4$ 轨道弛豫到 $n = 2$ 轨道的电子（▼图 9.12）。同样，657 nm 处的谱线（波长较长，因此能量较低）对应于从 $n = 3$ 轨道弛豫到 $n = 2$ 轨道的电子。注意，离得更近的轨道之间的跃迁，比离得更远的轨道之间的跃迁，产生能量更低（因此波长更长）的光。

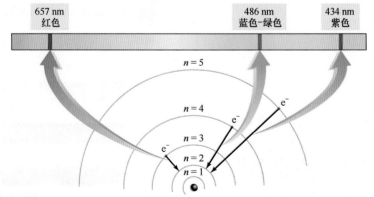

657 nm 红色　　486 nm 蓝色-绿色　　434 nm 紫色

$n = 5$

$n = 4$

$n = 3$

$n = 2$

$n = 1$

▲ 图 9.12 氢发射谱线。氢发射光谱的 657 nm 谱线对应于从 $n = 3$ 轨道弛豫到 $n = 2$ 轨道的电子。486 nm 谱线对应于从 $n = 4$ 轨道弛豫到 $n = 2$ 轨道的电子，434 nm 谱线对应于从 $n = 5$ 轨道弛豫到 $n = 2$ 轨道的电子

玻尔原子模型的巨大成功之处在于它预测了氢发射光谱的谱线。然而，它未能预测包含一个以上电子的其他元素的发射光谱。出于这个原因和其他原因，玻尔模型被一个更复杂的模型所取代，这个模型被称为量子力学模型或波动力学模型。

小结：

- 电子以特定且固定的能量及离原子核特定且固定的距离存在于量子化轨道中。
- 当能量进入原子时，电子被激发到更高能量的轨道上。
- 当原子中的电子从高能轨道弛豫（或下降）到低能轨道时，原子就会发光。
- 发射光的能量（因此波长）对应于跃迁中两个轨道之间的能量差。因为这些能量是固定的和离散的，所以发射光的能量（因此波长）是固定的和离散的。

概念检查站 9.3

在一次跃迁中，氢原子中的一个电子从 $n = 3$ 轨道下降到 $n = 2$ 轨道。在第二次跃迁中，氢原子中的一个电子从 $n = 2$ 轨道下降到 $n = 1$ 轨道。与第一次跃迁的辐射相比，第二次跃迁辐射具有：

(a) 较低的频率。

(b) 每个光子的能量较小。

(c) 更短的波长。

(d) 更长的波长。

9.5 量子力学模型

▶ 理解和解释原子的量子力学模型的关键特征。

20 世纪初，原子的量子力学模型取代了玻尔模型。在量子力学模型中，玻尔轨道被量子力学轨道取代。两个轨道并不相同，因为量子力学轨道代表的不是电子遵循的特定路径，而是显示电子可能被发现的统计分布的概率图，轨道的图像不易想象。量子力学彻底改变了物理学和化学，因为在量子力学模型中，电子的行为不像太空中飞行的粒子。一般来说，我们无法描述它们的确切路径。轨道是一个概率图，它显示了当原子被探测时，电子可能在哪里被发现，而不代表电子在太空中行进的确切路径。

9.5.1 棒球路径和电子概率图

为了理解轨道，下面对比棒球和电子的行为，想象棒球从投手扔给本垒板的接球手的情形（▼图 9.13）。棒球从投手到接球手的轨迹很容易追踪，接球手可以观察棒球在空中的轨迹，可以准确预测棒球将在哪里越过本垒板，甚至可以将手套放在正确的地方接住它。对于一个电子来说，这一系列事件是不可能的。像光子一样，电子表现出波粒二象性：有时是粒子，有时是波。这种二元性导致我们无法追踪电子的路径。如果一个电子从投手丘"抛"到本垒板，那么它每次都会落到不同的地方，即使以完全相同的方式抛出。棒球有可预测的路径，而电子没有。

▶ 图 9.13 **棒球遵循可预测的路径。** 棒球从投手到接球手有明确的路径

▲ 图 9.14 **电子不可预测。** 为了描述"被投掷"电子的行为，必须构建概率图，说明它将在哪里穿过本垒板

在电子的量子力学世界中，对于任何给定的投掷，接球手都不能准确地知道电子将在哪里穿过本垒板。接球手没有办法将手套放在正确的地方来接住它。然而，如果接球手能够追踪数百次电子投掷，那么他就可以观察到一个可重复的统计模式，即电子穿过本垒板的区域。接球手甚至可以在撞击区绘制地图，显示电子穿过某个区域的概率（◀图 9.14）。这些图被称为概率图。

9.5.2 从轨道到轨道

在玻尔模型中，轨道是一条圆形路径（类似于棒球的路径），显示了电子围绕原子核的运动。在量子力学模型中，轨道是一个概率图，类似于接球手绘制的概率图，显示了当原子被探测时，在不同位置发现电子的相对可能性。就像玻尔模型有不同半径的轨道一样，量子力学模型也有不同形状的轨道。

9.6 量子力学轨道与电子排布

▶ 写出原子的电子排布和轨道图。

$n = 4$
$n = 3$

$n = 2$

$n = 1$

能量

▲ 图 9.15 **主量子数。** 主量子数（$n = 1, 2, 3, \cdots$）决定氢量子力学轨道的能量

在原子的玻尔模型中，量子数（n）指定轨道。在量子力学模型中，一个数字和一个字母指定一个轨道（或多个轨道）。本节研究量子力学轨道和电子排布。电子排布是一种指定电子占据量子力学轨道的排列方式。

9.6.1 量子力学轨道

量子力学模型中的最低能量轨道类似于玻尔模型中的 $n = 1$ 轨道，是 $1s$ 轨道。我们用数字 1 和字母 s 指定它。数字是主量子数（n），它指定轨道的主电子层。主量子数越大，轨道能量越高。可能的主要量子数是 $n = 1, 2, 3, \cdots$，能量随着 n 的增大而增加（◀图 9.15）。因为 $1s$ 轨道具有最低可能的主量子数，所以它在较低能量层中，具有最低的能量。

字母表示轨道的能级层，并指定其形状。可能的字母有 s、p、d 和 f，每个字母对应不同的形状。例如，s 能级内的轨道是球形的。不像 n = 1 玻尔轨道显示的是电子的圆形轨迹，1s 量子力学轨道是一个三维概率图。我们有时用点来表示轨道（▼图 9.16），其中点密度与找到电子的概率成正比。

使用另一个类比可让我们更好地理解点表示的轨道。想象你可在 10~15 分钟内，每秒拍摄一张原子中的电子照片。在 1 秒内，电子可能离原子核非常近，但下一秒它就会离原子核非常远，以此类推。每张照片都显示一个点，代表当时电子相对于原子核的位置。拍摄数百张照片后，若将它们叠加在一起，就会得到如图 9.16 所示的图像——电子被发现的位置的统计图。注意，1s 轨道的电子密度在原子核附近最大，在离原子核较远的地方减小。这意味着电子更有可能在靠近原子核的地方被发现，而不是远离原子核的地方。

轨道也可表示为几何形状，几何形状包含大部分可能发现电子的空间体积。例如，我们将 1s 轨道表示为一个球体（▼图 9.17），它包含 90%的时间内发现的电子的位置。如果将 1s 轨道内的点叠加到球形图像上（▼图 9.18），那么可以看到大部分点都在球内，说明电子在 1s 轨道时最有可能在球内找到。

室温下不受干扰的氢原子的单电子处于 1s 轨道。这是氢原子的基态，或最低能量状态。然而，与玻尔模型一样，量子力学模型允许电子在吸收能量后跃迁到高能轨道。这些高能轨道是什么？它们看起来像什么？

> 这个类比纯属假设，用这种方法拍摄电子是不可能的。

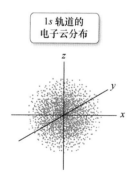

▲ 图 9.16　1s 轨道。图中电子云的点密度与找到电子的概率成正比。电子云靠近中间的点密度较大，表示在原子核附近找到电子的可能性更大

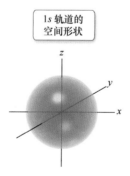

▲ 图 9.17　1s 轨道的形状。因为电子云关于图 9.16 中的原子核对称，因此在所有方向上都是一样的，我们可将 1s 轨道当作一个球体来对待

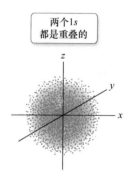

▲ 图 9.18　1s 轨道的电子云分布与轨道形状。1s 轨道的空间形状叠加在电子云上。我们看到，当电子在 1s 轨道上时，最有可能出现在球体内部

量子力学模型中的下一个轨道是主量子数 n = 2 的轨道。不像 n = 1 电子层只包含一个能级（指定为 s），n = 2 的电子层包含两个能级，指定为 s 和 p。

给定电子层中能级的个数等于 n 的值，因此，n = 1 的电子层有一个能级，n = 2 的电子层有两个能级，以此类推（▼图 9.19）。s 能级包含 2s 轨道，2s 轨道比 1s 轨道高，并且能量略大（▼图 9.20），但在其他方面（如形状）相似。p 能级包含 3 个 2p 轨道。3 个 2p 轨道都具有相同的

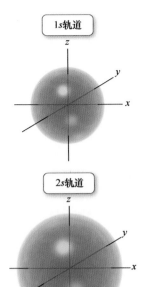

1s轨道

2s轨道

▲ 图 9.20 2s 轨道。2s 轨道类似于 1s 轨道，但尺寸更大

哑铃状形状，但每个轨道都有不同的方向（▼图 9.21）。

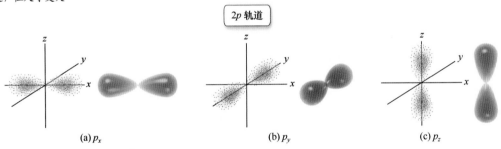

电子层	电子亚层（能级）数	指定能级的字母代号			
$n = 4$	4	s	p	d	f
$n = 3$	3	s	p	d	
$n = 2$	2	s	p		
$n = 1$	1	s			

▲ 图 9.19 电子亚层（能级）。给定电子层数中的能级数等于 n 值

电子层 $n = 3$ 包含由 s、p 和 d 指定的 3 个能级层。s 和 p 能级层包含 3s 和 3p 轨道，形状类似于 2s 和 2p 轨道，但能量更高。3d 能级包含 5 个 d 轨道（▼图 9.22）。电子层 $n = 4$ 包含由 s、p、d 和 f 指定的 4 个能级。电子层 $n = 4$ 的 s、p 和 d 能级类似于 $n = 3$ 中的能级。4f 能级包含 7 个轨道（称为 4f 轨道），本书中不考虑其形状。

2p 轨道

(a) p_x　　(b) p_y　　(c) p_z

▲ 图 9.21 2p 轨道。图中显示了每个 p 轨道的电子云分布（左）和空间形状（右）

3d 轨道

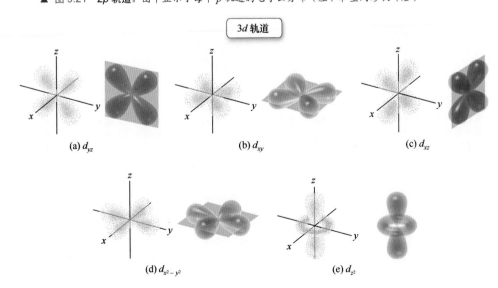

(a) d_{yz}　　(b) d_{xy}　　(c) d_{xz}

(d) $d_{x^2-y^2}$　　(e) d_{z^2}

▶ 图 9.22 3d 轨道。图中显示了每个 d 轨道的电子云分布（左）和空间形状（右）

概念检查站 9.4

$n = 3$ 电子层中有哪些能级？

(a) 只有 s 能级。

(b) 只有 s 和 p 能级。

(c) 只有 s、p 和 d 能级。

概念检查站 9.5

p 能级中有多少轨道？

(a) 1；(b) 3；(c) 5。

如前所述，氢的单电子通常在 $1s$ 轨道，因为电子通常占据可用的最低能量轨道。在氢原子中，其余的轨道通常是空的。然而，氢原子吸收能量会导致电子从 $1s$ 轨道上升（或跃迁）到更高能量的轨道。当电子处于高能轨道时，我们说氢原子处于激发态。

由于它们的能量较高，激发态是不稳定的，高能量轨道上的电子通常会下落（或弛豫）到低能量轨道。在这个过程中，电子通常会以光的形式发射能量。和玻尔模型一样，跃迁中涉及的两个轨道之间的能量差决定了发射光的波长（能量差越大，波长越短）。量子力学模型和玻尔模型一样能预测氢的原子光谱。然而，与玻尔模型不同，它还能预测其他元素的原子光谱。

9.6.2 电子排布：电子如何占领轨道

电子排布说明特定原子的电子占据轨道的情况。例如，基态（或最低能量）氢原子的电子排布式是

电子排布告诉我们氢的单电子在 $1s$ 轨道上。

另一种表示这种信息的方法是轨道图，它给出类似的信息，但在代表轨道的方框中使用箭头表示电子。基态氢原子的轨道图是

H $\boxed{\uparrow}$

$1s$

方框代表 $1s$ 轨道，方框内的箭头代表 $1s$ 轨道中的电子。在轨道图中，箭头的方向（向上或向下）代表电子的自旋，这是电子的基本属性，所有的电子都会自旋。泡利不相容原理指出，轨道只能容纳两个自旋方向相反的电子。我们将它表示为指向相反方向的两个箭头。

例如，氦原子有两个电子。氦的电子排布和轨道图是

电子排布 **轨道图**

既然我们知道电子会占据可用的最低能量轨道，且每个轨道只允许存在两个电子（自旋方向相反），那么只要知道轨道的能量排序，就可以继续为其余元素建立基态电子排布。▼图 9.23 中给出了多电子原子若干轨道的能量排序。

> 在多电子原子中，由于电子间的相互作用，电子层内的能级层不具有相同的能量。

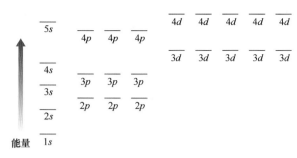

▶ 图 9.23 **多电子原子轨道的能量排序。** 同一主电子层层内的不同能级层具有不同的能量

注意，对于多电子原子（与只有一个电子的氢相反），电子层内的能级层没有相同的能量。在除氢外的元素中，能量排序并不仅由主量子数决定。例如，在多电子原子中，$4s$ 能级层的能量低于 $3d$ 能级层，尽管它的主量子数更高。利用这种相对能量排序，我们可以写出其他元素的基态电子排布和轨道图。

对于有 3 个电子的锂，电子排布和轨道图是

<table>
<tr><td>**电子排布**</td><td></td><td>**轨道图**</td></tr>
<tr><td>Li</td><td>$1s^22s^1$</td><td>⇅ ↑
$1s$ $2s$</td></tr>
</table>

对于有 6 个电子的碳，电子排布和轨道图为

<table>
<tr><td>**电子排布**</td><td></td><td>**轨道图**</td></tr>
<tr><td>C</td><td>$1s^22s^22p^2$</td><td>⇅ ⇅ ↑ ↑
$1s$ $2s$ $2p$</td></tr>
</table>

注意，$2p$ 电子单独占据 p 轨道（能量相等），而不在一个轨道上配对。这是洪特规则的结果，该规则指出，当填充能量相等的轨道时，电子首先以平行自旋的方式单个地填充它们。

在书写其他元素的电子排布之前，下面小结我们到目前为止学到的内容：

- 电子占据轨道，以使原子的能量最小；因此，低能轨道比高能轨道先填满。轨道按以下顺序填充：$1s\ 2s\ 2p\ 3s\ 3p\ 4s\ 3d\ 4p\ 5s\ 4d\ 5p\ 6s$（◀图 9.24）。
- 每个轨道只能容纳两个电子。当两个电子拥有相同的轨道时，它们一定有相反的自旋。这就是泡利不相容原理。
- 当相同能量的轨道可用时，这些轨道首先被平行自旋单独占据，而不成对占据。这就是洪特规则。

原子序数 3 到 10 的元素的电子排布和轨道图如下所示：

注意 p 轨道是如何填充的。洪特规则的结果是，p 轨道在填充成对电子之前先填充单个电子。氖的电子排布代表 $n=2$ 主电子层的完全填充。在书写除氖（或任何其他惰性气体）外的元素的电子排布时，我们通常用括号中惰性气体的符号来缩写前一种惰性气体的电子排布。

例如，钠的电子排布是

$$Na \quad 1s^22s^22p^63s^1$$

記住，原子中的电子数等于其原子序数。

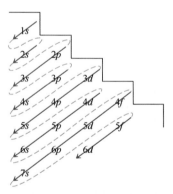

▲ 图 9.24 **轨道填充顺序。** 箭头表示轨道填充的顺序

符号 (#e⁻)	电子排布	轨道图
Li (3)	$1s^22s^1$	[↑↓] [↑]　　1s　2s
Be (4)	$1s^22s^2$	[↑↓] [↑↓]　　1s　2s
B (5)	$1s^22s^22p^1$	[↑↓] [↑↓] [↑][ ][ ]　　1s　2s　2p
C (6)	$1s^22s^22p^2$	[↑↓] [↑↓] [↑][↑][ ]　　1s　2s　2p
N (7)	$1s^22s^22p^3$	[↑↓] [↑↓] [↑][↑][↑]　　1s　2s　2p
O (8)	$1s^22s^22p^4$	[↑↓] [↑↓] [↑↓][↑][↑]　　1s　2s　2p
F (9)	$1s^22s^22p^5$	[↑↓] [↑↓] [↑↓][↑↓][↑]　　1s　2s　2p
Ne (10)	$1s^22s^22p^6$	[↑↓] [↑↓] [↑↓][↑↓][↑↓]　　1s　2s　2p

我们可用惰性气体的核心符号来书写：

$$Na \quad [Ne]\,3s^1$$

其中，[Ne]表示$1s^22s^22p^6$，即氖的电子排布式。

要写出一种元素的电子排布，首先要从元素周期表中找到它的原子序数——这个数等于中性原子中的电子数。然后，使用图 9.23 或图 9.24 中的填充顺序，将电子分配到适当的轨道上。记住，每个轨道最多能容纳两个电子。因此，

- s 能级只有 1 个轨道，只能容纳 2 个电子。
- p 能级有 3 个轨道，可以容纳 6 个电子。
- d 能级有 5 个轨道，可以容纳 10 个电子。
- f 能级有 7 个轨道，可以容纳 14 个电子。

例题 9.2　电子排布

写出下列元素的电子排布。

(a) Mg；(b) S；(c) Ga。

	解
(a) 镁有 12 个电子。将 2 个电子分配到 1s 轨道，2 个电子分配到 2s 轨道，6 个电子分配到 2p 轨道，2 个电子分配到 3s 轨道。 也可用惰性气体符号将电子排布写得更简洁。对于镁，使用[Ne]表示其中的 $1s^22s^22p^6$。	Mg　$1s^22s^22p^6$ 或 Mg [Ne] $3s^2$

(b) 硫有 16 个电子。将 2 个电子分配到 1s 轨道，2 个电子分配到 2s 轨道，6 个电子分配到 2p 轨道，2 个电子分配到 3s 轨道，4 个电子分配到 3p 轨道。可以用[Ne]表示 $1s^22s^22p^6$，将电子排布写得更简洁。	S $1s^22s^22p^63s^23p^4$ 或 S [Ne]$3s^23p^4$
(c) 镓有 31 个电子。将 2 个电子分配到 1s 轨道，2 个电子分配到 2s 轨道，6 个电子分配到 2p 轨道，2 个电子分配到 3s 轨道，6 个电子分配到 3p 轨道，2 个电子分配到 4s 轨道，10 个电子分配到 3d 轨道，1 个电子分配到 4p 轨道。注意，d 能级有 5 个轨道，因此可以容纳 10 个电子。可以用[Ar]表示 $1s^22s^22p^63s^23p^6$，将电子排布写得更简洁。	Ga $1s^22s^22p^63s^23p^64s^23d^{10}4p^1$ 或 Ga [Ar]$4s^23d^{10}4p^1$

▶ 技能训练 9.2

写出下列元素的电子排布：(a) Al；(b) Br；(c) Sr。

▶ 技能巩固

写出下列离子的电子排布（提示：为了确定离子电子排布中包含的电子数量，可根据需要增加或减少电子来计算离子的电荷）：(a) Al^{3+}；(b) Cl^-；(c) O^{2-}。

例题 9.3　画轨道图

画出硅的轨道图。

解

因为硅的原子序数是 14，所以它有 14 个电子。为每个轨道画一个方框，将最低能量的轨道（1s）放在最左边，然后向右排列更高能量的轨道。

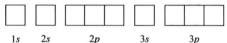

将 14 个电子分配到轨道中，每个轨道最多允许两个电子，并记住洪特规则。完整的轨道图是

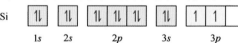

▶ 技能训练 9.3

画出氩的轨道图。

概念检查站 9.6

哪对元素在 p 轨道上的电子总数相同？

(a) Na 和 K；(b) K 和 Kr；(c) P 和 N；(d) Ar 和 Ca。

9.7　电子排布和元素周期表

▶ 识别价电子和芯电子。
▶ 根据元素在周期表中的位置为元素书写电子排布。

价电子是最外层电子层（主量子数最高的电子层 n）中的电子。这些电子很重要，因为如第 10 章所述，它们的束缚力最小，最容易丢失或被共享，从而参与化学键合。不在最外层电子层的电子是芯电子。例如，电子排布为 $1s^22s^22p^63s^23p^2$ 的硅，有 4 个价电子（位于 $n = 3$ 主电子层的电子）和 10 个芯电子：

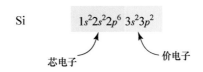

Si $\quad 1s^22s^22p^6\,3s^23p^2$

芯电子 ↗ 　　　 ↖ 价电子

例题 9.4　价电子和芯电子

写出硒的电子排布，识别价电子和芯电子。

解

由硒的原子序数（34）确定电子总数，并将它们分配给适当的轨道，写出硒的电子排布：

Se　$1s^22s^22p^63s^23p^64s^23d^{10}4p^4$

价电子是最外层电子层中的电子。对于硒来说，最外层的电子层是 $n=4$，它包含 6 个电子（2 个电子在 $4s$ 轨道上，4 个电子在 3 个 $4p$ 轨道上）。所有其他电子，包括 $3d$ 轨道上的电子，都是芯电子。

6个价电子

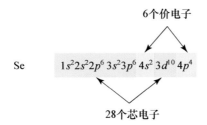

Se　$1s^22s^22p^6\,3s^23p^6\,4s^2\,3d^{10}\,4p^4$

28个芯电子

▶ **技能训练 9.4**

写出氯的电子排布，识别价电子和芯电子。

　　▼图 9.25 中显示了元素周期表中的前 18 种元素，每种元素下面都有一个最外层电子排布。沿行右移时，轨道仅以正确的顺序填充。沿列从上下移时，主量子数增加，但是每个能级层中的电子数保持不变。因此，列（或族）中的元素都具有相同数量的价电子和相似的最外层电子排布。

1A							8A
1 H $1s^1$	2A	3A	4A	5A	6A	7A	2 He $1s^2$
3 Li $2s^1$	4 Be $2s^2$	5 B $2s^22p^1$	6 C $2s^22p^2$	7 N $2s^22p^3$	8 O $2s^22p^4$	9 F $2s^22p^5$	10 Ne $2s^22p^6$
11 Na $3s^1$	12 Mg $3s^2$	13 Al $3s^23p^1$	14 Si $3s^23p^2$	15 P $3s^23p^3$	16 S $3s^23p^4$	17 Cl $3s^23p^5$	18 Ar $3s^23p^6$

▶ **图 9.25　前 18 种元素的价电子排布**

　　整个元素周期表也存在类似的模式（▼图 9.26）。注意，由于轨道的填充顺序，我们可将元素周期表分成代表特定能级填充的区。

- 元素周期表左边的前两列是 s 区，最外层电子排布为 ns^1（第一列）和 ns^2（第二列）。
- 元素周期表右侧的 6 列是 p 区，外电子排布分别为 ns^2np^1、ns^2np^2、ns^2np^3、ns^2np^4、ns^2np^5（卤素）和 ns^2np^6（惰性气体）。
- 过渡金属是 d 区。
- 镧系元素和锕系元素（也称内过渡金属）是 f 区。

注意，除了氢，任何主族元素的价电子数都等于其主族的族数。例

> 记住，主族元素是元素周期表中最左边的两列（1A、2A）和最右边的六列（3A～8A），见 4.6 节。

如，我们可以看出氯有 7 个价电子，因为它在 7A 族中。元素周期表中的周期数等于电子层的个数（n 值）。例如，因为氯在第 3 行，所以它的主电子层数是 $n = 3$。

过渡金属的核外电子排布与主族元素的趋势有些不同。当在 d 区沿行右移时，填充 d 轨道（▼图 9.26）。然而，在跃迁体系的每行中，被填充的 d 轨道的主量子数等于行数减 1（在第四行中，$3d$ 轨道被填充；在第五行中，$4d$ 轨道填满；以此类推）。对于第一个过渡系列元素，外电子排布为 $4s^2 3d^x$（$x = d$ 电子数），有两个例外：Cr 为 $4s^1 3d^5$，Cu 为 $4s^1 3d^{10}$。出现这些异常的原因是，半填充 d 能级和完全填充 d 能级都特别稳定。否则，当我们在一个周期内移动时，过渡金属元素中外层电子的数量不会改变。换句话说，过渡金属元素代表核心轨道的填充，外层电子的数量基本上是恒定的。

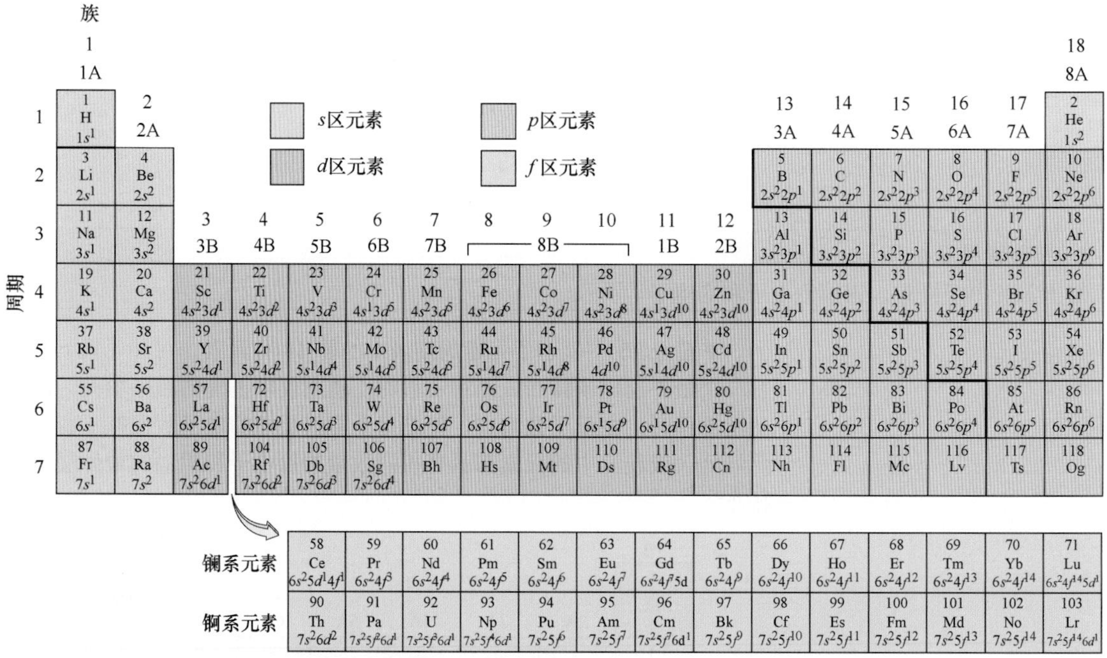

▲ 图 9.26 元素的最外层电子排布

我们现在可以看到，元素周期表的排列允许我们简单地根据元素在周期表中的位置来书写任何元素的电子排布。例如，假设我们想写 P 的电子排布，P 的芯电子是元素周期表中 P 之前的稀有气体 Ne 的电子。所以我们可用[Ne]来表示芯电子。通过追踪氖和磷之间的元素，并将电子分配给适当的轨道，我们得到其最外层的电子排布（▼图 9.27）。记住，最高的 n 值由周期数给出（磷为 3）。因此，我们从[Ne]开始，然后在穿过 s 区时加入两个 $3s$ 电子，再后在穿过 p 区到达 P 时加入三个 $3p$ 电子，P 在 p 区的第三列。电子排布为

$$\text{P} \quad [\text{Ne}]3s^2 3p^3$$

注意，P 在第 5A 列，因此有 5 个价电子，最外层电子排布为 $ns^2 np^3$。

根据元素在周期表中的位置为元素书写电子排布的小结如下：

- 任何元素的芯电子排布都是元素周期表中紧接该元素之前的稀有气体的电子排布。我们用括号中惰性气体的符号表示芯电子排布。

- 我们可以根据元素在元素周期表中特定区块（s、p、d 或 f）内的位置来确定价电子。追踪前面惰性气体和要求的元素，并将电子分配给适当的轨道。
- 最高主量子数（最高 n 值）等于元素在周期表中的周期数。
- 对于任何含有 d 电子的元素，最外层 d 电子的主量子数（n 值）等于该元素的周期数减 1。

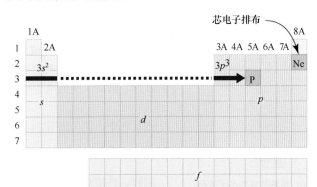

▶ 图 9.27　**磷的电子排布**。根据磷在元素周期表中的位置决定其电子排布

例题 **9.5**　**根据元素周期表写出电子排布**

根据砷在周期表中的位置写出砷的电子排布。

解

元素周期表中砷之前的稀有气体是氩，所以芯电子排布是[Ar]。通过追踪氩和砷之间的元素，并将电子分配给适当的轨道，获得价电子排布。记住，最高 n 值由周期数给出（砷为 4）。所以，从[Ar]开始，首先在穿过 s 区时加入两个 $4s$ 电子，然后在穿过 d 区时加入 10 个 $3d$ 电子（d 能级的 n 值等于周期数减 1），最后在穿过 p 区时加入 3 个 $4p$ 电子，砷在 p 区的第三列。电子排布为

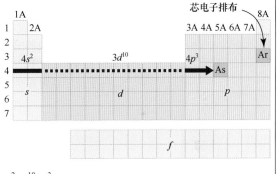

$$\text{As}\quad[\text{Ar}]4s^2 3d^{10} 4p^3$$

▶ **技能训练 9.5**

使用周期表确定锡的电子排布。

概念检查站 9.7

下列哪种元素的价电子数最少？
(a) B；(b) Ca；(c) O；(d) K；(e) Ga。

9.8　量子力学模型与元素的化学性质

▶ 解释元素的化学性质很大程度上取决于其所含价电子数的原因。

本章之初就断言量子力学模型能够解释元素的化学性质，如氦的惰性、氢的反应性和周期律。现在我们明白了元素的化学性质很大程度上取决于其所含价电子的数量。元素的性质以周期性的方式变化，因为价电子的数量是周期性的。

因为元素周期表内同一列中的元素具有相同数量的价电子，所以它

| 2 |
| He |
| $1s^2$ |
| 10 |
| Ne |
| $2s^22p^6$ |
| 18 |
| Ar |
| $3s^23p^6$ |
| 36 |
| Kr |
| $4s^24p^6$ |
| 54 |
| Xe |
| $5s^25p^6$ |
| 86 |
| Rn |
| $6s^26p^6$ |

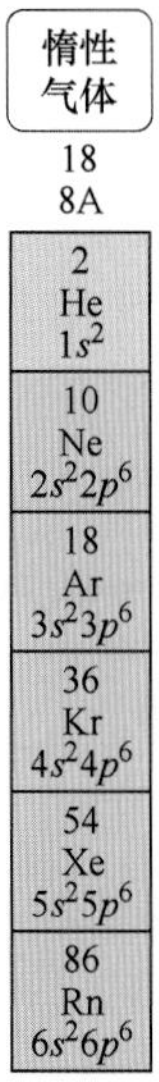

▶ 图 9.28 惰性气体的电子排布。惰性气体（除了氦）都有 8 个价电子和完全满的最外层电子层

们也具有相似的化学性质。例如，惰性气体都有 8 个价电子，只有氦有 2 个价电子（◀图 9.28）。虽然本书中不涉及量子力学模型的定量（或数值）方面，但计算表明，有 8 个价电子的原子（或有两个电子的氦原子）的能量特别低，因此是稳定的。惰性气体确实是化学稳定的，如量子模型所解释的一样，因此其表现出相对惰性或非反应性。

电子排布接近惰性气体的元素是最活泼的，因为它们可以通过损失或获得少量电子来获得惰性气体的电子排布。碱金属（IA 族）是最活泼的金属，因为它们的价电子排布（ns^1）比惰性气体的价电子排布多一个电子（▼图 9.29）。一种碱金属反应失去其 ns^1 电子后，就变成一种惰性气体结构。如第 4 章所述，这就解释了 1A 族金属倾向于形成 1+阳离子的原因。例如，钠的电子排布为

$$\text{Na} \quad 1s^22s^22p^63s^1$$

在反应中，钠失去其 $3s$ 电子，形成 1+离子，与氖的电子排布一样：

$$\text{Na}^+ \quad 1s^22s^22p^6$$
$$\text{Ne} \quad 1s^22s^22p^6$$

同样，外层电子排布为 ns^2 的碱土金属往往也是活泼金属。每种碱土金属都会失去两个 ns^2 电子，形成一个 2+阳离子（▼图 9.30）。例如，镁的电子排布是

$$\text{Mg} \quad 1s^22s^22p^63s^2$$

在反应中，镁失去两个 $3s$ 电子，形成一个具有氖的电子排布的 2+离子：

$$\text{Mg}^{2+} \quad 1s^22s^22p^6$$

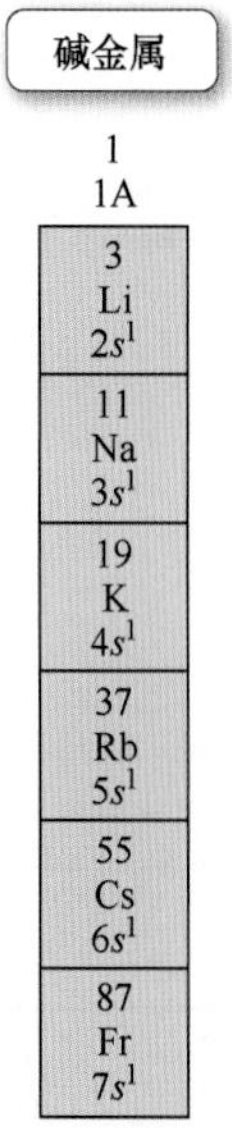

在周期表的另一边，卤素是最活泼的非金属，因为它们的电子排布是 ns^2np^5（▼图 9.31）。每种卤素离惰性气体结构只有一个电子，并倾向于反应获得那个电子，形成一个 1-离子。例如，氟的电子排布是

$$\text{F} \quad 1s^22s^22p^5$$

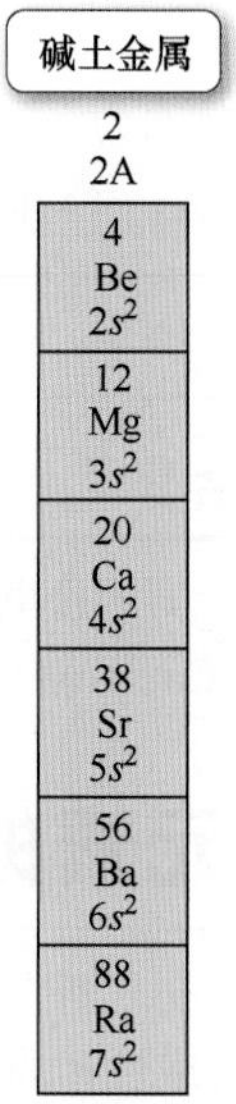

碱金属

1
1A

| 3 |
| Li |
| $2s^1$ |
| 11 |
| Na |
| $3s^1$ |
| 19 |
| K |
| $4s^1$ |
| 37 |
| Rb |
| $5s^1$ |
| 55 |
| Cs |
| $6s^1$ |
| 87 |
| Fr |
| $7s^1$ |

▲ 图 9.29 碱金属的电子排布。碱金属都具有 ns^1 电子排布，因此比稀有气体排布多一个电子。在反应中，它们倾向于失去那个电子，形成 1+离子并获得惰性气体的电子排布

碱土金属

2
2A

| 4 |
| Be |
| $2s^2$ |
| 12 |
| Mg |
| $3s^2$ |
| 20 |
| Ca |
| $4s^2$ |
| 38 |
| Sr |
| $5s^2$ |
| 56 |
| Ba |
| $6s^2$ |
| 88 |
| Ra |
| $7s^2$ |

◀图 9.30 碱土金属的电子排布。碱土金属都具有 ns^2 电子排布，因此比稀有气体的电子排布多两个电子。在反应时往往会失去两个电子，形成 2+离子，变成稀有气体的稳定电子排布

卤族元素

17
7A

| 9 |
| F |
| $2s^22p^5$ |
| 17 |
| Cl |
| $3s^23p^5$ |
| 35 |
| Br |
| $4s^24p^5$ |
| 53 |
| I |
| $5s^25p^5$ |
| 85 |
| At |
| $6s^26p^5$ |

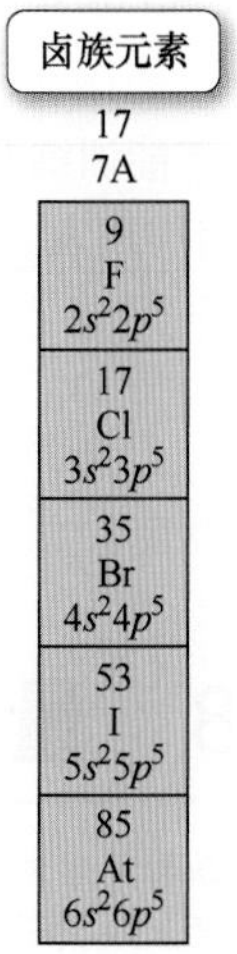

▶ 图 9.31 卤素的电子排布。卤素都具有 ns^2np^5 电子排布，因此比稀有气体的排布少一个电子。在反应中，它们倾向于获得一个电子，形成一个 1-离子，变成稀有气体的稳定电子排布

在反应中，氟获得一个额外的 $2p$ 电子，形成一个 1-离子，与氖的电子排布相同：

$$\text{F}^- \quad 1s^22s^22p^6$$

共享相同电子排布的原子和/或离子被称为等电子体。

形成可预测离子的元素如▼图 9.32 所示（第 4 章首次介绍），注意这些离子的电荷如何反映它们的电子排布。这些元素为了获得与惰性气体一样稳定的电子排布，形成离子。

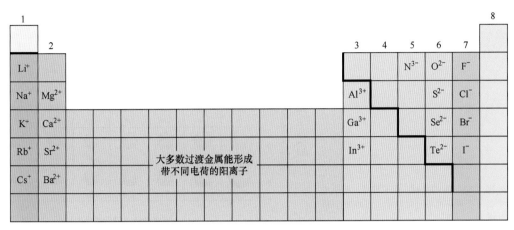

▲ 图 9.32 元素形成的可预测离子

概念检查站 9.8

下面是钙的电子排布：

$$Ca \quad 1s^2 2s^2 2p^6 3s^2 3p^6 4s^2$$

在反应中，钙往往形成 Ca^{2+} 离子。反应后会丢失哪些电子？
(a) 所有 $4s$ 电子；(b) $3p$ 电子中的两个；(c) 所有 $3s$ 电子；(d) $1s$ 电子。

9.9 周期性

▶ 学习并理解原子尺寸、电离能和金属特性的周期性趋势。

量子力学模型还解释了其他周期性趋势，如原子尺寸、电离能和金属特性。本节研究这些内容。

9.9.1 原子尺寸

原子尺寸由其最外层的电子和原子核之间的距离决定。当我们在元素周期表中移至下一个周期时，电子占据的具有相同主量子数 n 的轨道也会增加。由于主量子数在很大程度上决定了轨道的大小，因此电子填充的轨道数不会变化，所以我们期望原子尺寸在一个周期内也保持不变。然而，随着一个周期内元素的原子序数的增加，原子核中的质子数也增加。质子数量的增加导致原子核对电子的吸引力增加，进而导致原子尺寸实际上减小。因此，在元素周期表的一个周期内右移时，原子尺寸减小，如▼图 9.33 所示。

在周期表中下移一个周期时，最高的主量子数 n 增加。因为轨道尺寸随着主量子数的增加而增加，所以下移一个周期时，占据最外层轨道的电子离原子核更远。因此，在元素周期表的一族中下移一个周期时，原子尺寸增加，如图 9.33 所示。

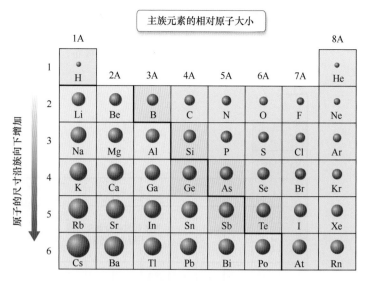

▶ 图 9.33　周期属性：原子尺寸。原子尺寸在一个周期内右移时减小，在族中下移时增大

主族元素的相对原子大小

原子的尺寸沿族向下增加

原子的尺寸沿周期向右减小

例题 **9.6**　原子尺寸

选择下列每对原子中较大的原子。

(a) C 或 O；(b) Li 或 K；(c) C 或 Al；(d) Se 或 I。

解

(a) C 或 O。碳原子比氧原子大，因为在元素周期表上沿碳和氧之间的路径移动时，在同一周期内右移。原子尺寸在一个周期内右移而减小。

(b) Li 或 K。钾原子比锂原子大，因为在元素周期表上追踪锂和钾之间的路径时，下移了一行。原子尺寸在一个周期内下移而增加。

(c) C 或 Al。铝原子比碳原子大，因为在元素周期表上追踪碳和铝之间的路径时，下移了一行（原子尺寸增加），然后左移了一列（原子尺寸增加）。这些影响加在一起就形成了整体的增大。

(d) Se 或 I。仅基于周期性质是无法分辨哪个原子更大的，因为追踪硒和碘之间的路径时，下移了一行（原子尺寸增加），然后向右穿过了一列（原子尺寸减小）。这些影响往往会相互抵消。

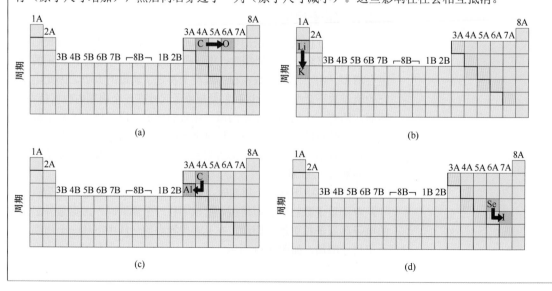

选择下列每对原子中较大的原子。

(a) Pb 或 Po；(b) Rb 或 Na；(c) Sn 或 Bi；(d) F 或 Se。

化学与健康

泵离子：原子尺寸和神经冲动

无论你此刻在做什么，组成你的身体的数万亿个细胞中的每个细胞都在努力工作。一些泵位于细胞膜上，将许多不同的离子移入和移出细胞。这些离子中最重要的是钠离子和钾离子，它们恰好被泵向相反的方向。钠离子被泵出细胞，钾离子被泵入细胞。结果是每个离子都有一个化学梯度：细胞外钠的浓度高于细胞内钠的浓度，而钾的浓度正好相反。

细胞膜内的离子泵类似于高层建筑中的水泵——克服重力将水泵入屋顶的水箱。膜内的其他结构，称为离子通道，就像建筑物的水龙头。当它们暂时打开时，钠离子和钾离子在浓度梯度的驱动下，穿过膜回流——钠流入，钾流出。这些离子脉冲是大脑、心脏和全身神经信号传输的基础。因此，你的每个举动或每个想法都是由这些离子的流动来调节的。

泵和通道如何区分钠离子和钾离子？离子泵是如何选择性地将钠移出细胞、将钾移入细胞的？为了回答这个问题，我们必须更

仔细地观察钠离子和钾离子。它们在哪些方面有所不同？两者都是 I 族金属的阳离子。所有 I 族金属都倾向于失去一个电子，形成带有 1+电荷的阳离子，因此电荷的大小不能成为决定性因素。但是在元素周期表中，钾（原子序数 19）位于钠（原子序数 11）的正下方，因此根据元素的周期特性，钾比钠大。钾离子的半径为 133 pm，钠离子的半径为 95 pm（1 pm = 10^{-12} m）。细胞膜内的泵和通道非常敏感，它们能够区分这两种离子的尺寸，并选择性地只允许其中一种通过。结果就是神经信号的传递，我们之所以可以阅读本页的内容，在某种意义上原因也是如此。

Na⁺   K⁺

B9.2 你能回答吗？其他离子，包括钙和镁，对神经信号传递也很重要。这四种离子按大小依次排列为 K⁺、Na⁺、Mg²⁺和 Ca²⁺。

9.9.2 电离能

原子的电离能是指从气态原子中去除电子所需的能量。例如，钠的电离表示为

$$Na + 电离能 \longrightarrow Na^+ + 1e^-$$

根据我们对电子排布的了解，可以预测电离能的趋势是什么？从钠中移除一个电子比从氯中移除一个电子需要更多的能量还是需要更少的能量？我们知道 Na 的价电子排布为 $3s^1$，Cl 的价电子排布为 $3s^23p^5$。由于从钠中移除一个电子会将其变成一种惰性气体的电子排布（而从氯中移除一个电子则不会），我们认为钠的电离能较低，事实也是如此。从钠中去除一个电子比从氯中去除一个电子容易。我们可以在如下陈述中概括这个想法：

当我们在周期表中右移时，电离能增加（▼图 9.34）。

当我们下移时，电离能会发生什么变化？如我们所知，主量子数 n

随着我们下移一行而增加。在给定的能级内，主量子数较高的轨道比主量子数较小的轨道大。因此，当我们沿一列下移时，最外层电子层中的电子离带正电的原子核更远，因此约束力较小。这会使得我们下移一行时，电离能量降低（电子约束得不那么紧时，更易拉开）。因此，当我们在元素周期表中下移一行时，电离能量减少（▼图9.34）。

注意电离能的趋势和原子尺寸的趋势是一致的。较小的原子更难电离，因为它们的电子约束得更紧。因此，当我们在一个周期内右移时，原子尺寸减小，电离能增加。类似地，当我们下移时，原子尺寸增加，电离能降低，因为电子离原子核更远，因此约束得不够紧。

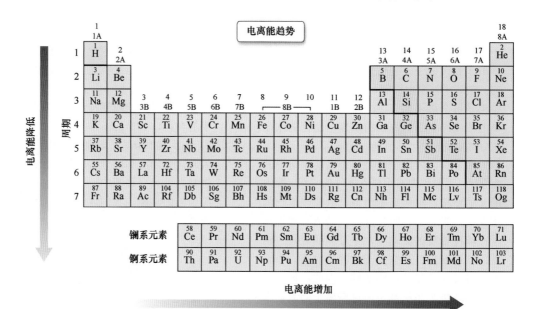

▶ 图9.34　周期属性：电离能。在一个周期内右移时，电离能增加，沿族下移时减小

例题 9.7　电离能

从下列每对元素中选择具有较高电离能的元素。
(a) Mg 或 P；(b) As 或 Sb；(c) N 或 Si；(d) O 或 Cl。

解

(a) Mg 或 P。P 的电离能比 Mg 的高，因为在周期表上追踪 Mg 和 P 之间的路径时，在同一周期内右移了，右移时电离能增加。

(b) As 或 Sb。砷的电离能比锑的高，因为在元素周期表中沿砷和锑之间的路径移动时，下移了一行，电离能降低。

(c) N 或 Si。N 的电离能比 Si 的高，因为在元素周期表上追踪 N 和 Si 之间的路径时，下移了一行（电离能降低），然后在一个周期内左移了一列（电离能降低）。这些影响加在一起导致整体上的电离能下降。

(d) O 或 Cl。仅根据周期性质无法分辨哪种元素的电离能更高，因为沿着氧和氯之间的路径下移了一行（电离能降低），然后又右移了一列（电离能增加）。这些影响往往会抵消。

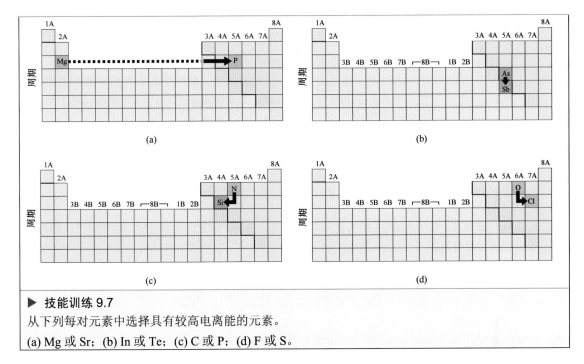

(a)

(b)

(c)

(d)

▶ 技能训练 9.7
从下列每对元素中选择具有较高电离能的元素。

(a) Mg 或 Sr；(b) In 或 Te；(c) C 或 P；(d) F 或 S。

9.9.3 金属性

如第 4 章所述，金属往往会失去电子，而非金属则倾向于获得电子。当我们在周期表的一个周期内右移时，电离能增加，这意味着电子更不容易在化学反应中丢失。因此，

在元素周期表上的一个周期中右移时，金属性减弱（▼图 9.35）。

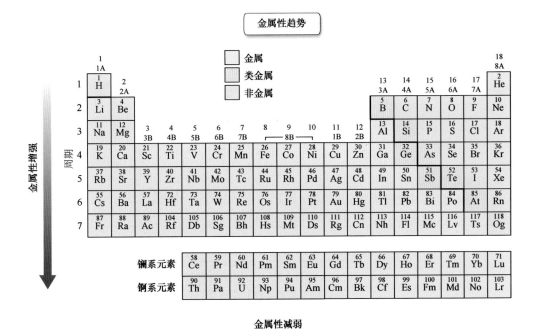

▲ 图 9.35 **周期属性：金属性**。在一个周期内右移时，金属性减弱，下移时金属性增强

在周期表中下移一行时，电离能降低，使得电子更有可能在化学反应中丢失。因此，

在元素周期表上下移时，金属性增强（▲图 9.35）。

基于量子力学模型的这些趋势，解释了我们在第 4 章中介绍的金属和非金属的分布。金属在元素周期表的左边，非金属（除了氢）在右上角。

例题 **9.8** | 金属性

从下列每对元素中选择更具金属性的元素。

(a) Sn 或 Te；(b) Si 或 Sn；(c) Br 或 Te；(d) Se 或 I。

解

(a) Sn 或 Te。Sn 比 Te 更有金属性，因为在周期表上追踪 Sn 和 Te 之间的路径时，将在同一周期内右移。金属性在右移时减弱。

(b) Si 或 Sn。Sn 比 Si 更有金属性，因为在周期表上追踪 Si 和 Sn 之间的路径时，下移了一行。金属性下移时增强。

(c) Br 或 Te。Te 比 Br 更有金属性，因为在周期表上追踪 Br 和 Te 之间的路径时，下移了一行（金属性增强），然后左移了一列（金属性增强）。这些效果加在一起，整体上增强了金属性。

(d) Se 或 I。仅基于周期属性无法判断哪种元素更有金属性，因为在追踪 Se 和 I 之间的路径时，下移了（金属性增加），然后在一个周期内右移了（金属性减弱）。这些影响往往会抵消。

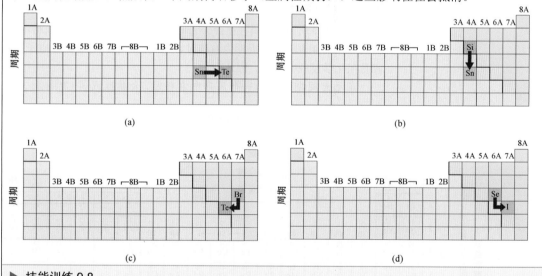

(a)

(b)

(c)

(d)

▶ 技能训练 9.8

从下列每对元素中选择更具金属性的元素。

(a) Ge 或 In；(b) Ga 或 Sn；(c) P 或 Bi；(d) B 或 N。

概念检查站 **9.9**

在周期表上的一个周期内右移时，哪些属性会增加？

(a) 原子尺寸；(b) 电离能；(c) 金属性。

关键术语

| 原子尺寸 | 激发态 | 泡利不相容原理 | 量子数 |

玻尔模型	频率	光子	无线电波
芯电子	伽马射线	主量子数	能级层
电磁辐射	基态	紫外光	洪特规则
电子层	电磁波谱	红外光	量子化的
价电子	电离能	量子	可见光
电子排布	金属特性	波长	电子自旋
微波	量子力学模型	X 射线	发射光谱
轨道	轨道图		

技能训练答案

技能训练 9.1............. (a) 蓝色、绿色、红色
(b) 红色、绿色、蓝色
(c) 红色、绿色、蓝色

技能训练 9.2

(a) Al $1s^22s^22p^63s^23p^1$ 或 $[Ne]3s^23p^1$

(b) Br $1s^22s^22p^63s^23p^64s^23d^{10}4p^5$ 或 $[Ar]4s^23d^{10}4p^5$

(c) Sr $1s^22s^22p^63s^23p^64s^23d^{10}4p^65s^2$ 或 $[Kr]5s^2$

技能巩固   从每个正电荷中减去 1 个电子。为每个负电加 1 个电子

(a) Al^{3+} $1s^22s^22p^6$

(b) Cl^- $1s^22s^22p^63s^23p^6$

(c) O^{2-} $1s^22s^22p^6$

技能训练 9.3

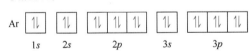

技能训练 9.4

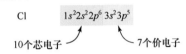

技能训练 9.5............. $[Kr]5s^24d^{10}5p^2$

技能训练 9.6 .... (a) Pb
(b) Rb
(c) 不能根据周期性来确定
(d) Se

技能训练 9.7............. (a) Mg
(b) Te
(c) 不能根据周期性来确定
(d) F

技能训练 9.8............. (a) In
(b) 不能根据周期性来确定
(c) Bi
(d) B

概念检查站答案

9.1 (a)。波长和频率成反比。因此，最短波长的频率最高。

9.2 (b)。波长与每个光子的能量成反比。由于黄光的波长较长，它的每个光子的能量比紫光的少。

9.3 (c)。高能级比低能级间隔更近，因此 $n = 2$ 和 $n = 1$ 之间的能量差大于 $n = 3$ 和 $n = 2$ 之间的能量差。所以，当电子从 $n = 2$ 下降到 $n = 1$ 时发射的光子携带更多的能量，对应于具有更短波长和更高频率的辐射。

9.4 (c)。$n = 3$ 电子层中包含三个能级：s、p 和 d。

9.6 (d)。两者在 $2p$ 轨道上都有 6 个电子，在 $3p$ 轨道上都有 6 个电子。

9.7 (d)。K 的最外层电子层是 $n = 4$，它只含有一个价电子 $4s^1$。

9.8 (a)。钙失去其 $4s$ 电子，并获得稀有气体的电子排布（氩的排布）。

9.9 (b)。在周期表上右移时，电离能增加。沿行右移时，原子尺寸和金属性都减小。

Indinavir

第 10 章　化学键

科学的魅力在于拓荒者们在未知领域进行的工作，但是要到达这个领域，人们必须经过人迹罕至的道路。

——吉尔伯特·路易斯（1875—1946）

10.1　化学键模型和艾滋病药物

第 19 章中将详细讨论蛋白质。

1989 年，研究人员发现了一种称为 HIV 蛋白酶分子的结构。HIV 蛋白酶是由人类免疫缺陷病毒（HIV）合成的一种蛋白质（一类生物分子），可引起艾滋病。HIV 蛋白酶对病毒复制自身的能力至关重要。如果没有 HIV 蛋白酶，艾滋病毒就不能在人体内传播，因为病毒不能复制自身，艾滋病也不会发展。

在对 HIV 蛋白酶结构的了解下，制药公司开始设计一种分子，通过连接到分子的工作部分（称为活性位点）来使蛋白酶失效。为了设计这样的分子，研究人员使用了价键理论（用于预测原子如何结合形成分子的模型）来模拟药物分子与蛋白酶分子可能的相互作用。到 20 世纪 90 年代初，这些公司开发出了几种有效的药物分子。由于这些分子抑制了 HIV 蛋白酶的作用，因此它们被称为蛋白酶抑制剂。在人类试验中，蛋白酶抑制剂与其他药物结合，将艾滋病毒感染者的病毒数降低到无法检测到的水平。虽然这些药物不能治愈艾滋病，但经常服用它们的艾滋病毒感染者现在可以活到几乎正常的寿命。蛋白酶抑制剂的使用范围扩大，治疗丙型肝炎时同样具有不错的效果。

价键理论是化学的核心，因为它们能预测原子如何结合在一起形成化合物。它们预测哪些原子组合能形成化合物，哪些组合不会形成化合物。价键理论预测了为什么食盐是氯化钠（NaCl）而不是氯化二钠（$NaCl_2$），以及为什么水是 H_2O 而不是 H_3O。价键理论还解释了分子的形状，这反过来决定了分子的许多物理和化学性质。

◀ 平板屏幕上的金色结构代表 HIV 蛋白酶。在中心位置显示的分子是一种蛋白酶抑制剂——英迪纳韦

本章介绍的价键理论是路易斯模型，它是以美国化学家 G. N. Lewis（吉尔伯特·牛顿·路易斯，1875—1946）的名字命名的。

在该模型中，我们将电子表示为点，并画出点结构或路易斯结构来表示分子。这些结构相当容易绘制，且具有巨大的预测能力。只需要几分钟就可应用路易斯模型来确定一组特定的原子是否会形成稳定的分子，以及该分子可能是什么样的。虽然现代化学家也使用更先进的价键理论来更好地预测分子的性质，但路易斯模型仍然是对分子进行快速、日常预测的最简方法。

10.2　用点表示价电子

▶ 写出元素的路易斯结构。

如第 9 章所述，价电子是最外层的主壳层中的电子。价电子在价键中最重要，也是路易斯模型的重点。在路易斯模型中，主族元素的价电子表示为围绕元素符号的点，此时得到一个路易斯结构或点结构。例如，O 的电子排布为

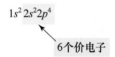

它的路易斯结构为

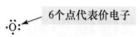

> 记住，任何主族元素的价电子的数量都等于元素所在的族数（除了氦，它有两个价电子，但属于 8A 族）。

每个点都代表一个价电子。我们将这些点放在元素的符号周围，每边最多有两个点。虽然点的确切位置不重要，但在本书中，我们首先单独填充这些点，然后将它们配对（除了氦，详见后面的描述）。

第二周期的元素的路易斯结构为

$$\text{Li}\cdot \quad \cdot\text{Be}\cdot \quad \cdot\dot{\text{B}}\cdot \quad \cdot\dot{\text{C}}\cdot \quad \cdot\dot{\text{N}}: \quad \cdot\ddot{\text{O}}: \quad :\ddot{\text{F}}: \quad :\ddot{\text{Ne}}:$$

路易斯结构使得我们能够很容易地看到原子中的价电子数量。有 8 个价电子的原子特别稳定，也很容易识别，因为它们有 8 个点，被称为八隅体。

氦是个例外。它的电子排布和路易斯结构为

$$1s^2 \quad \text{He:}$$

氦的路易斯结构包含两个成对的点（二隅体）。对于氦，二隅体代表了一个稳定的电子结构。

在路易斯模型中，化学键涉及电子的共享或转移，以获得成键原子的稳定电子排布。如果电子被转移，那么这个键就是一个离子键。如果电子被共享，那么这个键就是一个共价键。在任何一种情况下，成键原子都能达到稳定的电子排布。如我们看到的那样，稳定的结构通常由最外层或价层的 8 个电子组成。由该观察结果可以得出八隅体的规则：

> 在化学键合过程中，原子转移或共享电子以获得具有 8 个电子的外壳。

八隅体规则一般适用于除氢和氦外的所有主族元素。当这些元素的最外层有八个电子（一个八隅体）时，这些元素就都获得了稳定性。

例题 10.1 ░ **写出元素的路易斯结构**

写出磷元素的路易斯结构。

由于磷在周期表中属于 5A 族，所以它有 5 个价电子，将它们表示为磷符号周围的 5 个点。	解 $\cdot \overset{\cdot}{\underset{\cdot}{P}} \colon$

▶ **技能训练 10.1**

写出镁元素的路易斯结构。

概念检查站 10.1

以下选项中，哪两种元素具有最相似的路易斯结构？

(a) C 和 Si；(b) O 和 P；(c) Li 和 F；(d) S 和 Br。

10.3 离子化合物和电子转移

▶ 书写离子化合物的路易斯结构。

▶ 利用路易斯模型预测离子化合物的化学式。

回顾第 5 章可知，当金属与非金属结合时，电子从金属转移到非金属上。金属变成阳离子，非金属变成阴离子，阳离子和阴离子之间的吸引力会产生离子化合物。在路易斯模型中，我们将电子点从金属移动到非金属来表示转移。例如，钾和氯的路易斯结构为

$$K\cdot \quad \colon \overset{\cdot \cdot}{\underset{\cdot \cdot}{Cl}} \colon$$

当钾和氯键合时，钾将其价电子转移到氯上：

$$K\cdot \quad \colon \overset{\cdot \cdot}{\underset{\cdot \cdot}{Cl}} \colon \quad \longrightarrow \quad K^+ \; [\colon \overset{\cdot \cdot}{\underset{\cdot \cdot}{Cl}} \colon]^-$$

回顾 4.7 节可知，失去电子的原子带正电荷，获得电子的原子带负电荷。

电子转移使氯成为一个八隅体（表示为氯原子符号周围的 8 个点），并让钾在之前的主壳中（即现在的价壳中）留下一个八隅体。因为钾失去了一个电子，它变成正电荷，获得一个电子的氯变成负电荷。我们通常把阴离子的路易斯结构写在括号中，电荷在右上角（括号外）。正电荷和负电荷相互吸引，形成化合物 KCl。

例题 10.2 ░ **离子路易斯结构的书写**

写出化合物氧化镁（MgO）的路易斯结构。

通过在镁的符号周围画 2 个点，在氧的符号周围画 6 个点，来绘制镁和氧的路易斯结构。	解 $\cdot Mg \cdot \quad \cdot \overset{\cdot \cdot}{\underset{\cdot}{O}} \colon$
在 MgO 中，镁失去了 2 个价电子，产生 2 个正电荷，氧获得 2 个电子，获得 2 个负电荷和一个八隅体。	$Mg^{2+} \; [\colon \overset{\cdot \cdot}{\underset{\cdot \cdot}{O}} \colon]^{2-}$

▶ **技能训练 10.2**

写出化合物溴化钠（NaBr）的路易斯结构。

回顾 5.4 节可知，离子化合物并不作为不同的分子存在，而作为阳离子和阴离子交替的大型三维阵列（或晶格）的一部分。

路易斯模型预测了离子化合物的正确化学式。例如，对于 K 和 Cl 形成的化合物，路易斯模型预测每个氯阴离子对应一个钾阳离子，形成氯化钾（KCl）。另一个例子是，预测了钠和硫之间形成的离子化合物。钠和硫的路易斯结构为

$$Na\cdot \quad \cdot \overset{\cdot \cdot}{\underset{\cdot}{S}} \colon$$

注意，钠必须失去一个价电子才能得到一个八隅体（在之前的主壳中），

而硫必须获得两个电子才能获得一个八隅体。因此，在钠和硫形成的化合物中，每个硫原子对应两个钠原子。于是，路易斯结构为

$$Na^+ \quad [:\ddot{S}:]^{2-} \quad Na^+$$

两个钠原子各自失去一个价电子，而硫原子获得两个电子并得到一个八隅体。正确的化学式是 Na_2S。

例题 10.3　使用路易斯模型预测离子化合物的化学式

使用路易斯模型预测由钙和氯形成的化合物的化学式。	
通过在钙的符号周围画 2 个点，在氯的符号周围画 7 个点，来绘制钙和氯的路易斯结构。	解 　　　·Ca·　:Ċl:
钙必须失去它的两个价电子（才能在它之前的主壳中得到一个八隅体），而氯只需获得一个电子就能得到一个八隅体。因此，在 Ca 和 Cl 形成的化合物中，每个钙原子都对应两个氯原子。	[:Ċl:]⁻　Ca^{2+}　[:Ċl:]⁻ 因此化学式为 $CaCl_2$。

▶ **技能训练 10.3**
利用路易斯模型来预测镁和氮形成的化合物的化学式。

概念检查站 10.2

下列哪种非金属和铝形成离子化合物后，分子式为 Al_2X_3（其中 X 代表非金属）？

(a) Cl；(b) S；(c) N；(d) C。

10.4　共价化合物和电子共享

▶ 书写共价化合物的路易斯结构。

　　回顾第 5 章可知，当非金属与其他非金属结合时，产生分子化合物。分子化合物包含共价键，其中电子在原子之间共享而不转移。电子通常成对共享，形成单键、双键或三键。

10.4.1　单键

　　在路易斯模型中，相邻的原子共享一对价电子来获得一个八隅体（或氢的二隅体），进而表示一个共价键。例如，氢和氧的路易斯结构为

$$H· \quad ·\ddot{O}:$$

在化合物水中，氢和氧共享电子，这样，每个氢原子都成为一个二隅体，而氧原子成为一个八隅体：

$$H:\ddot{O}:H$$

出现在两个原子之间的共享电子，让两个原子成为八隅体或二隅体：

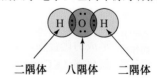

二隅体　八隅体　二隅体

　　两个原子之间共享的电子是成键电子对，而只在一个原子上的电子是孤对（或非键）电子：

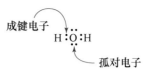

成键电子对通常用破折号表示，说明它是一种化学键：

$$H - \overset{..}{O} - H$$

记住，每个破折号都代表一对共享的电子。

　　路易斯模型还解释了为什么卤素形成双原子分子。例如，氯的路易斯结构为

$$:\overset{..}{\underset{..}{Cl}}:$$

如果两个 Cl 原子成对，那么它们可以分别获得一个八隅体：

$$:\overset{..}{\underset{..}{Cl}}:\overset{..}{\underset{..}{Cl}}: \quad \text{或者} \quad :\overset{..}{\underset{..}{Cl}} - \overset{..}{\underset{..}{Cl}}:$$

当我们检测元素氯时，发现如路易斯模型预测的那样，它确实作为一个双原子分子存在，其他的卤族元素同样如此。

　　同样，路易斯模型预测了氢，氢的路易斯结构如下：

$$H\cdot$$

氢应该以 H_2 的形式存在。当两个氢原子共享它们的价电子时，每个原子都是一个二隅体，形成稳定的结构：

$$H:H \quad \text{或} \quad H - H$$

同样，路易斯模型的预测也是正确的。在自然界中，元素氢以 H_2 分子的形式存在。

10.4.2　双键和三键

在路易斯模型中，原子可以共享多个电子对来获得一个八隅体。例如，回顾第 5 章可知氧以双原子分子 O_2 的形式存在。氧原子的路易斯结构为

$$\cdot \overset{..}{\underset{.}{O}} \cdot$$

若将两个氧原子配对，然后尝试写出路易斯结构，则没有足够的电子使得每个 O 原子都获得一个八隅体：

$$:\overset{..}{\underset{.}{O}}:\overset{..}{\underset{.}{O}}:$$

但是，可将孤对电子移动到键区域来将其转换成额外的成键电子对：

$$:\overset{..}{\underset{.}{O}}:\overset{.}{\underset{.}{O}}: \longrightarrow :\overset{..}{\underset{.}{O}}::\overset{..}{\underset{.}{O}}: \text{或者} :\overset{..}{\underset{.}{O}} = \overset{..}{\underset{.}{O}}:$$

现在每个氧原子都有一个八隅体，因为额外的成键电子对使得两个氧原子都获得了一个八隅体：

八隅体 ⟶ $:\overset{..}{O}::\overset{..}{O}:$ ⟵ 八隅体

当两个原子共享两个电子对时，产生的键是一个双键。一般来说，双键比单键更短、更强。例如，O—O 双键中的氧原子核之间的距离是 121 pm，而单键中氧原子核之间的距离是 148 pm。

1 pm = 10^{-12} m。

　　两个原子也可共享三个电子对。思考 N_2 的路易斯结构。由于每个 N 原子都有 5 个价电子，所以 N_2 的路易斯结构有 10 个电子。第一次尝试写出的 N_2 的路易斯结构为

$$:\overset{.}{\underset{.}{N}}:\overset{.}{\underset{.}{N}}:$$

和 O_2 一样，我们没有足够的电子来满足两个 N 原子的八隅体规则。但是，

如果将另外两个孤对电子转换为成键电子对，那么每个氮原子就都成为一个八隅体：

$$:\overset{\frown}{N}:N: \longrightarrow :N:::N: \quad \text{或} \quad :N\equiv N:$$

由此产生的键是一个三键，三键甚至比双键更短、更强。氮–氮三键中的氮原子核之间的距离是 110 pm。在双键中，距离是 124 pm。当我们检测到氮的本来面目时，发现它作为一个双原子分子存在，两个氮原子之间具有非常强的短键。这个短键非常强大，很难破坏，使得 N_2 成为化学性质相对不活泼的分子。

概念检查站 10.3

在 O_2 的路易斯结构中有多少个成键电子对？
(a) 2；(b) 4；(c) 6。

10.5 共价化合物路易斯结构的书写

▶ 写出共价化合物的路易斯结构。

书写共价化合物的路易斯结构的步骤如下。

1. 写出分子的正确结构。结构显示了原子的相对位置，但不显示电子，结构表示的原子必须位于正确位置。例如，如果氢原子相邻而氧原子在末端（HHO），就不能为水书写路易斯结构。本质上，氧是中心原子，两个氢原子是两边的末端原子，正确的结构是 HOH。

   要想完全了解任何分子的正确结构，唯一的方法是检测其本质上的结构。当然，我们可以通过记住两个指南来书写可能的结构。第一，氢原子总是在末端。由于氢只需要一个电子就成为二隅体，它永远都不是一个中心原子，因为中心原子必须能够形成至少两个键，而氢只能形成一个键。其次，许多分子往往是对称的，因此当一个分子包含几个相同类型的原子时，这些原子往往位于末端位置。但是，这种对称规则也有许多例外。在结构不清楚时，本文提供了正确的结构。

预测结构时，我们将较少的金属元素放在末端位置，而将较多的金属元素放在中心位置。卤素是最不具金属性的元素，几乎总是末端元素。

一些化合物中存在非末端氢原子。但这些氢原子很少见，且超出了本文的范围。

2. 通过求分子中每个原子的价电子的和来计算路易斯结构的电子总数。记住，任何主族元素的价电子数都等于其在周期表中的族数。如果正在为一个多原子离子书写路易斯结构，在计算电子的总数时，必须考虑离子的电荷。需要为每个负电荷加一个电子，并为每个正电荷减一个电子。

3. 将电子分布在原子之间，将尽可能多的原子变成八隅体（或氢的二隅体）。首先在每对原子之间放两个电子，这些都是价键电子的最小数量。然后将剩余的电子首先分配给末端原子，然后分配中心原子，给八隅体尽可能多的原子。

4. 如果有原子缺少电子而不能成为八隅体，必要时形成双键或三键以形成八隅体。通过将孤对电子从末端原子移动到中心原子的价键区域来实现这一点。

   该过程如下表中的左列所示。中间列和右列中的例题 10.4 和例题 10.5 给出了该过程的应用。

书写共价化合物的路易斯结构	例题 **10.4** 写出 CO_2 的路易斯结构。	例题 **10.5** 单位换算
1. 写出分子的正确骨架结构。	解 按照对称原则，书写如下： OCO	解 按照对称原则，书写如下： Cl Cl　C　Cl Cl
2. 通过求分子中每个原子的价电子的和来计算路易斯结构的电子总数。	路易斯结构的电子总数 =C的价电子数+O的价电子数 =4+2×6 =16	路易斯结构的电子总数 =C的价电子数+Cl的价电子数 =4+4×7 =32
3. 将电子分布在原子之间，给八隅体（或氢的二隅体）提供尽可能多的原子。从成键电子对开始，然后是末端原子上的孤对电子，最后是中心原子上的孤对电子。	从成键电子对开始： O:C:O （使用了16个电子中的4个） 然后是末端原子的孤对电子： :Ö:C:Ö: （使用了全部16个电子）	从成键电子对开始： Cl Cl:C:Cl Cl （使用了32个电子中的8个） 然后是末端原子的孤对电子： :Cl: :Cl:C:Cl: :Cl: （使用了全部32个电子）
4. 如果有原子缺少电子而不能形成八隅体，必要时形成双键或三键以形成八隅体。	将孤对从氧原子移动到成键区域，形成双键。 :Ö:C:Ö: ⟶ :O::C::O:	由于所有原子都是八隅体，所以路易斯的结构完整。
	▶ **技能训练 10.4** 书写 CO 的路易斯结构。	▶ **技能训练 10.5** 书写 H_2CO 的路易斯结构。

10.5.1　书写多原子离子的路易斯结构

可以按照同样的步骤书写多原子离子的路易斯结构，但在计算路易斯结构的电子数时，要特别注意离子的电荷。我们为每个负电荷加一个电子，为每个正电荷减一个电子。我们通常在括号内表示多原子离子的路易斯结构，并在右上角写下离子的电荷。例如，假设要书写 CN^- 离子的路易斯结构。我们先书写骨架：

$$CN$$

然后，通过求得每个原子的价电子数之和，再加一个负电荷来计算路易斯结构的电子总数：

路易斯结构中总电子数 = (# C原子中的价电子) + (#N原子中的价电子) + 1

$$= 4 + 5 + 1$$

加一个e^-来表明带1-电荷的离子

$$= 10$$

然后在每对原子之间放置两个电子：

$$C:N \quad （使用了10个电子中的2个）$$

并分配剩余的电子：

$$:\overset{..}{C}:\overset{..}{N}:\quad \text{(使用了全部10个电子)}$$

由于两个原子都没有形成八隅体，我们将两个孤对电子移动到成键区域形成三键，使两个原子获得八隅体。我们还需将路易斯结构放在括号内，并在右上角写下离子的电荷：

$$[:C:::N:]^- \quad 或 \quad [:C{\equiv}N:]^-$$

概念检查站 10.4

在 OH^- 的路易斯结构中有多少个电子？

(a) 6； (b) 7； (c) 8； (d) 9。

例题 10.6 ‖ 书写多原子离子的路易斯结构

书写 NH_4^+ 离子的路易斯结构。

首先写出骨架。氢原子必须位于末端，按照对称原则，氮原子应在中间被 4 个氢原子包围。	解
	
	        H
	   H N H
	        H

求出每个原子的价电子数之和，再减去一个正电荷，计算路易斯结构的电子总数。	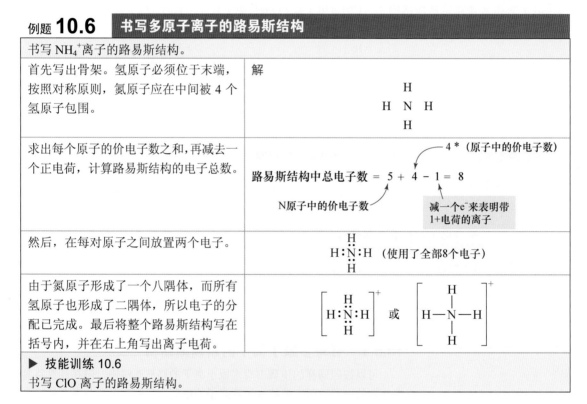 路易斯结构中总电子数 = 5 + 4 − 1 = 8 N原子中的价电子数　　4 * (原子中的价电子数) 减一个 e^- 来表明带 1+ 电荷的离子
然后，在每对原子之间放置两个电子。	$H:\overset{\displaystyle H}{\underset{\displaystyle H}{N}}:H$ （使用了全部8个电子）
由于氮原子形成了一个八隅体，而所有氢原子也形成了二隅体，所以电子的分配已完成。最后将整个路易斯结构写在括号内，并在右上角写出离子电荷。	$\left[H:\overset{\displaystyle H}{\underset{\displaystyle H}{N}}:H\right]^+$ 或 $\left[H-\overset{\displaystyle\vert H}{\underset{\displaystyle\vert H}{N}}-H\right]^+$

▶ **技能训练 10.6**

书写 ClO^- 离子的路易斯结构。

概念检查站 10.5

下列哪两个离子在它们的路易斯结构中具有相同数量的孤对电子？

(a) H_2O 和 H_3O^+； (b) NH_3 和 H_3O^+；

(c) NH_3 和 CH_4； (d) NH_3 和 NH_4^+。

10.5.2 八隅体规则的例外

路易斯模型的预测通常是正确的，但也有例外。例如，如果尝试为 NO 书写有 11 个电子的路易斯结构，那么最好的书写结构为

$$:\overset{.}{N}::\overset{..}{O}:\quad 或 \quad :\overset{.}{N}=\overset{..}{O}:$$

氮原子没有八隅体，所以这不是一个好的路易斯结构。但是，NO 存在于自然界，为什么路易斯模型不能解释 NO 的存在？和其他简单的理论一样，路易斯模型虽然不复杂，但也不是每次都正确。我们不可能为具有

奇数个电子的分子写出很好的路易斯结构，尽管其中一些分子存在于自然界中。在这种情况下，我们尽量写出最好的路易斯结构。八隅体规则的另一个重要例外是硼，硼倾向于形成在周围只有 6 个电子而非 8 个电子的化合物。例如，三氟化硼（BF_3）和硼烷（BH_3）都存在于自然界中，但是硼都不能形成八隅体：

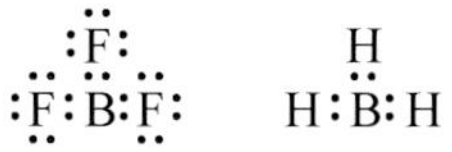

八隅体规则的第三种例外也很常见——许多分子在其路易斯结构的一个中心原子周围超过 8 个电子，如六氟化硫（SF_6）和五氯化磷（PCl_5）：

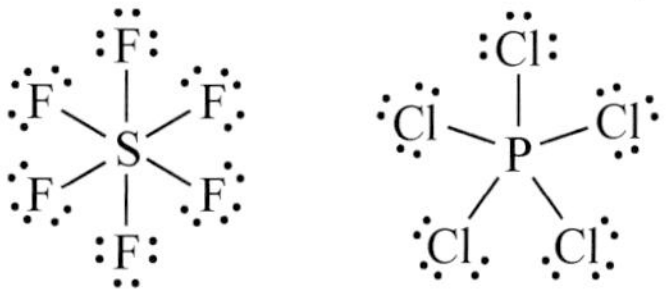

我们常将这些情况称为扩展八隅体。扩展八隅体可以形成第 3 周期及以后的元素。本书中并不涵盖扩展八隅体的知识。尽管有这些例外，路易斯模型仍然是理解化学键的一种强大且简单的方法。

10.6 共振

▶ 书写共振结构。

当书写路易斯结构时，我们可能会发现，对于某些分子可以写出多个路易斯结构。例如，为二氧化硫（SO_2）书写一个路易斯结构。首先写出骨架：

$$OSO$$

然后计算价电子数量之和。

路易斯结构中的总电子数

= S原子中的价电子数 + 2×O原子中的价电子数

= 6 + 2×6

= 18

再在每对原子之间放置两个电子：

O:S:O　　（使用了18个电子中的4个）

此后分配剩余电子，首先分配末端原子：

:Ö:S:Ö:　　（使用了18个电子中的16个）

最后分配中心原子：

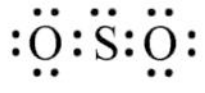

:Ö:S̈:Ö:　　（使用了全部18个电子）

由于中心原子缺少一个八隅体，我们把一个氧原子的一个孤对电子移动到成键区域，形成双键，使所有的原子获得八隅体：

:Ö::S̈:Ö:　　或　　:Ö=S̈—Ö:

但是，中心原子也可与其他氧原子形成双键：

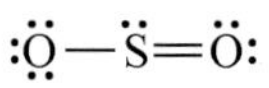

:Ö—S̈=Ö:

这两种路易斯的结构都是正确的。在这种情况下，我们可为同一个分子写出两个或更多等效（或几乎等效）的路易斯结构——我们发现该分子本质上作为两个路易斯结构之间的平均值或中间值存在。二氧化硫的两种路易斯结构都预测了二氧化硫包含两种不同类型的键（一种双键和一种单键）。然而，当我们检测二氧化硫的本质时，发现存在于双键和单键之间的是强度和长度上等效的键。

在路易斯模型中，这两种结构都可表示分子，称为共振结构，在它们之间有一个双头箭头：

$$\ddot{\text{O}}{=}\ddot{\text{S}}{-}\ddot{\text{O}}: \longleftrightarrow \ :\ddot{\text{O}}{-}\ddot{\text{S}}{=}\ddot{\text{O}}$$

二氧化硫真正的结构介于这两个共振结构之间，被称为共振混合体。共振结构总是具有相同的骨架（原子处于相同的相对位置），只有电子点的分布不同。

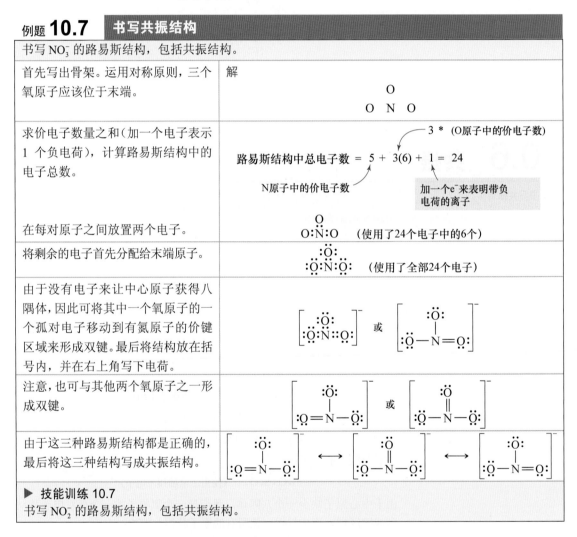

例题 **10.7** **书写共振结构**

书写 NO_3^- 的路易斯结构，包括共振结构。

首先写出骨架。运用对称原则，三个氧原子应该位于末端。	解 O O N O
求价电子数量之和（加一个电子表示 1 个负电荷），计算路易斯结构中的电子总数。	3 * (O原子中的价电子数) 路易斯结构中总电子数 = 5 + 3(6) + 1 = 24 N原子中的价电子数　　加一个 e^- 来表明带负电荷的离子
在每对原子之间放置两个电子。	O O:N:O　（使用了24个电子中的6个）
将剩余的电子首先分配给末端原子。	$:\ddot{\text{O}}:$ $:\ddot{\text{O}}:\ddot{\text{N}}:\ddot{\text{O}}:$　（使用了全部24个电子）
由于没有电子来让中心原子获得八隅体，因此可将其中一个氧原子的一个孤对电子移动到有氮原子的价键区域来形成双键。最后将结构放在括号内，并在右上角写下电荷。	$\left[:\ddot{\text{O}}: \atop :\ddot{\text{O}}:\!:\text{N}:\ddot{\text{O}}:\right]$　或　$\left[:\ddot{\text{O}}: \atop :\ddot{\text{O}}{-}\text{N}{=}\ddot{\text{O}}:\right]$
注意，也可与其他两个氧原子之一形成双键。	$\left[:\ddot{\text{O}}: \atop :\ddot{\text{O}}{=}\text{N}{-}\ddot{\text{O}}:\right]$　或　$\left[:\ddot{\text{O}}: \atop :\ddot{\text{O}}{-}\text{N}{-}\ddot{\text{O}}:\right]$
由于这三种路易斯结构都是正确的，最后将这三种结构写成共振结构。	$\left[:\ddot{\text{O}}: \atop :\ddot{\text{O}}{=}\text{N}{-}\ddot{\text{O}}:\right] \longleftrightarrow \left[:\ddot{\text{O}}: \atop :\ddot{\text{O}}{-}\text{N}{-}\ddot{\text{O}}:\right] \longleftrightarrow \left[:\ddot{\text{O}}: \atop :\ddot{\text{O}}{-}\text{N}{=}\ddot{\text{O}}:\right]$

▶ 技能训练 10.7
书写 NO_2^- 的路易斯结构，包括共振结构。

概念检查站 **10.6**

下面哪种结构不是 N_2O 的路易斯结构 $\ddot{\text{N}}{=}\text{N}{=}\ddot{\text{O}}:$ 的共振结构？
(a) $:\text{N}{\equiv}\text{N}{-}\ddot{\text{O}}:$；(b) $\ddot{\text{N}}{-}\text{N}{\equiv}\text{O}:$；(c) $\ddot{\text{N}}{-}\text{O}{\equiv}\text{N}:$。

10.7 预测分子的形状

▶ 预测分子的形状。

使用路易斯模型，结合价层电子对排斥力（VSEPR）理论，可以预测分子的形状。价层电子对排斥力理论认为，电子基团和孤对电子、单键或多键相互排斥。中心原子上电子基团的负电荷之间的斥力决定了分子的几何排布。例如，CO_2 的路易斯结构如下：

$$:\ddot{O}=C=\ddot{O}:$$

CO_2 的几何形状由中心碳原子上的两个电子基团（两个双键）之间的斥力决定。这两个电子基团尽可能地远离彼此，形成了 180° 的键角和 CO_2 的线性几何形状：

再来看 H_2CO 的路易斯结构：

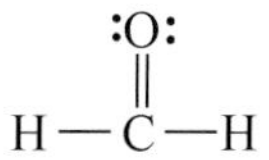

$$
\begin{array}{c}
:O: \\
\| \\
H-C-H
\end{array}
$$

这个分子在中心原子周围有三个电子基团。这三个电子基团尽可能地远离彼此，形成了 120° 的键角和平面三角形的几何形状：

这里显示的 H_2CO 的角度是近似的。碳氧双键比碳氢单键的电子密度更大，导致稍大的排斥力；因此 HCH 的键角实际上是 116°，而 HCO 的键角实际上是 122°。

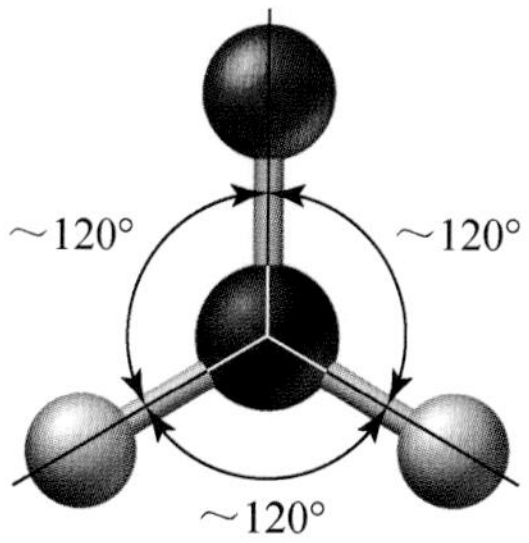

四面体是有 4 个三角形面的几何形状。

如果一个分子在中心原子周围有 4 个电子基团，例如甲烷，则它的几何形状是一个键角为 109.5° 的四面体：

这里显示的 CH_4 既有球棒模型（左），又有空间填充模型（右）。虽然空间填充模型更接近描绘分子，但球棒模型常被用来清楚地说明分子的几何形状。

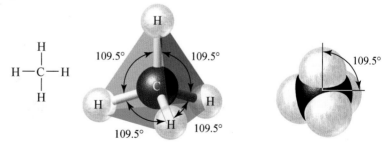

4 个电子基团的相互排斥形成了四面体的形状；四面体也使得 4 个电子基团形成了最大的分离。当在纸上写下甲烷的结构时，这个分子看起来应该是正方形的平面，键角为 90°。但是在三维空间中，电子基团可以通过形成四面体的几何形状来使彼此相距更远。

在前面的例子中，每个分子都只有中心原子周围的电子基团。在分子的中心原子周围有孤对电子时会发生什么？这些孤对电子也会排斥其他电子基团。例如，我们来看 NH_3 分子：

$$
\begin{array}{c}
\text{H} \\
| \\
\text{H} - \text{N} - \text{H}
\end{array}
$$

4 个电子基团（1 个孤对电子和 3 个成键电子对）相距尽可能远。如果只看电子，就会发现电子的几何排布，也就是电子基团的几何排列，呈四面体形状：

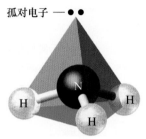

孤对电子 ——●●

但是它的分子几何排布，也就是原子的几何排列，呈三角方锥形状：

三角锥体结构

注意，虽然电子几何排布和分子几何排布不同，但电子几何排布与分子几何排布有关。也就是说，孤对电子会对成键电子对产生影响。

再看最后一个例子。水的路易斯结构为

$$
\text{H} - \ddot{\text{O}} - \text{H}
$$

由于它有 4 个电子基团，所以其电子几何排布也是四面体：

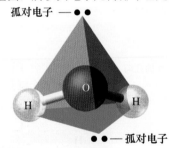

孤对电子 ——●●

●●—— 孤对电子

> NH_3 和 H_2O 中的键角实际上比理想的四面体键角小几度，因为孤对电子比成键电子对施加的排斥力略大一些。

然而，它的分子几何排布是弯曲的：

V形结构

表 10.1 根据电子基团的总数、成键电子对的数量和孤对电子的数量，小结了电子和分子的几何排布。

为了确定任何分子的几何形状，我们使用例题 10.8 和例题 10.9 左列中给出的步骤。像往常一样，应用该步骤的两个例题在中间列和右列中。

表 10.1　电子和分子的几何排布

电子基团*	成键电子对	孤对电子	电子几何排布	电子基团之间的角度**	分子几何排布	示　例
2	2	0	线形	180°	线形	$:\ddot{O}=C=\ddot{O}:$
3	3	0	平面三角形	120°	平面三角形	$\ddot{O}:$ 双键 $H-C-H$
3	2	1	平面三角形	120°	V 形	$:\ddot{O}=\ddot{S}-\ddot{O}:$
4	4	0	四面体	109.5°	四面体	H $H-C-H$ H
4	3	1	四面体	109.5°	三角方锥	$H-\ddot{N}-H$ H
4	2	2	四面体	109.5	V 形	$H-\ddot{O}-H$

* 只计算中心原子周围的电子基团。以下每个都被认为是电子基团：孤对电子、单键、双键和三键。

** 这里列出的角度是理想化的。特定分子的实际角度可能会有几度的变化。例如，氨的键角为 107°，水的键角为 104.5°。

	例题 **10.8**	例题 **10.9**
使用价层电子对排斥理论预测几何排布	预测 PCl_3 的电子和分子几何排布。	预测 $[NO_3]^-$ 的电子和分子几何排布。
1. 书写分子的路易斯结构。	解 PCl_3 有 26 个电子。 $:\ddot{Cl}:$ $:\ddot{Cl}:\ddot{P}:\ddot{Cl}:$	解 $[NO_3]^-$ 有 24 个电子。 $\begin{bmatrix} :\ddot{O}: \\ :\ddot{O}:\ddot{N}::O: \end{bmatrix}$
2. 确定中心原子周围的电子基团总数。孤对电子、单键、双键和三键都可视为电子基团。	中心原子（P）有 4 个电子基团。	中心原子（N）有 3 个电子基团（双键视为 1 个电子基团）。
3. 确定成键电子对的数量和中心原子周围孤对电子的数量。这两个数可从第二步的结果整合得出。成键电子对包括单键、双键和三键。	$:\ddot{Cl}:$ $:\ddot{Cl}:\ddot{P}:\ddot{Cl}:$ 孤对电子 P 周围的 4 个电子基团中有三个是成键电子对，另一个是孤对电子。	$\begin{bmatrix} :\ddot{O}: \\ :\ddot{O}:\ddot{N}::O: \end{bmatrix}$ 没有孤对电子 N 周围的 3 个电子基团都是成键电子对。
4. 参考表 10.1 确定电子几何排布和分子几何排布。	这个电子几何排布是四面体（4 个电子基团），分子几何排布是三角方锥（4 个电子基团、3 个成键电子对和 1 个孤对电子）。	电子几何排布是平面三角形（3 个电子基团），分子几何排布是三角平面（3 个电子基团、3 个键基，没有孤对电子）。
	▶ **技能训练 10.8** 预测 ClNO 的分子几何排布(N 是中心原子)。	▶ **技能训练 10.9** 预测 SO_3^{2-} 离子的分子几何排布。

以下哪种条件必然导致电子几何排布与分子几何排布相同？

(a) 中心原子和末端原子之间存在一个双键。

(b) 中心原子周围有两个或多个相同的末端原子存在。

(c) 在中心原子上存在一个或多个孤对电子。

(d) 中心原子上没有任何孤对电子存在。

10.7.1 在纸上表示分子几何排布

由于分子几何排布是三维的，通常很难在二维纸上表示。许多化学家使用以下符号表示化学键，以在二维纸面上表示三维结构：

直线	散列线	楔形
与纸张平面重合	位于纸张平面下方	位于纸张平面上方

本书中用到的主要分子几何排布使用的符号如下所示：

X—A—X

线形

平面三角形

V形

四面体

三角方锥

化学与健康

来自分子形状的愚弄

人工甜味剂，如阿斯巴甜（营养甜味剂），尝起来很甜，但卡路里含量很少，甚至没有。为什么？因为味道和热量值是食物两种完全不同的性质。

食物的热量取决于食物代谢时释放的能量。蔗糖（食糖）通过氧化生成二氧化碳和水进行代谢：

$$C_{12}H_{22}O_{11} + 6\,O_2 \longrightarrow 12\,CO_2 + 11\,H_2O$$

$$\Delta H = -5644\ kJ$$

当人体代谢 1 mol 葡萄糖时，会获得 5644 kJ 的能量。一些人工甜味剂，如糖精，根本不会被代谢，而会没有任何变化地通过人体，因此不会产生热量。其他人工甜味剂，如阿斯巴甜会代谢，产生的热量（对于一定量的甜味剂）比蔗糖低得多。

食物的味道与其新陈代谢无关。味觉来自舌头，舌头上有被称为味觉细胞的特殊细胞，是一种高度敏感的分子探测器。这些细胞可以区分一口食物中数千种不同类型的分子中的糖分子。这种区分能力的主要基础是分子的形状。

味觉细胞的表面含有一种被称为味觉受体的特殊蛋白质分子。每种特殊的味道都是一种可以品尝的分子，都能刚好放在味觉受体蛋白上的一个特殊口袋中，这些特殊口袋被称为活性位点，就像钥匙插入锁一样（见 15.12 节）。例如，一个糖分子只适合放在被称为 Tlr3 的糖受体蛋白的活性位点。当糖分子（钥匙）进入活性位点（锁）时，Tlr3 蛋白的不同亚基就会分裂。这种

分裂会导致一系列事件,最后引起神经信号传递到大脑并记录一种甜味。

人工甜味剂尝起来很甜,因为它们可以进入通常结合蔗糖的受体口袋。事实上,阿斯巴甜和糖精与 Tlr3 蛋白中的活性位点的结合都比糖类强!因此,人工甜味剂"比糖更甜"。触发味觉细胞传输相同数量的神经信号时,所需的蔗糖是阿斯巴甜的 200 倍。

这种介于一种蛋白质的活性位点和特定分子之间的钥匙,不仅对味觉的产生很重要,而且对许多其他生物学功能很重要。例如,免疫反应、嗅觉和许多类型的药物作用,都取决于分子和蛋白质之间的形状特异性的相互作用。科学家确定关键生物分子形状的能力是过去 50 年里发生的生物学革命的主要原因。

B10.1 你能回答吗?蛋白质是一种长链分子,其中每个链单元都是一个氨基酸。最简单的氨基酸是甘氨酸,它具有以下结构:

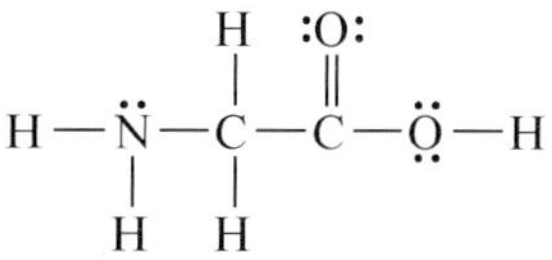

$$
\begin{array}{cccc}
& H & :O: \\
& | & || \\
H - & N - C - & \ddot{O} - H \\
& | & | \\
& H & H
\end{array}
$$

确定甘氨酸结构中每个内部原子周围的几何排布,并画出该分子的三维结构的草图。

10.8 电负性和极性

▶ 确定分子是否为极性分子。

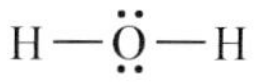

▲ 图 10.1 油和水不混合。为什么?

将油和水放在一个容器中,它们会形成不同的区域(◀图 10.1)。为什么?水分子的某种性质导致它们聚集在一个区域,而将油分子排斥到另一个区域。这种性质是什么?我们可通过检测水的路易斯结构找到答案:

$$H - \ddot{O} - H$$

O 和 H 之间的两个键都由一个电子对组成,也就是氧原子和氢原子之间共享的两个电子。氧原子和氢原子分别向这个电子对提供一个电子;然而,像大多数孩子那样,这些原子并不平等地分享电子对。这里,氧原子所占的电子对相对多一些。

10.8.1 电负性

一种元素在共价键内吸引电子的能力具有电负性。氧比氢更具电负性,这意味着,一般来说,共享电子更有可能在氧原子附近而非氢原子附近被发现。下面看看两种 OH 化学键之一:

9.6 节介绍了该图中描绘电子密度的表示法。

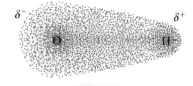

偶极矩

电负性的值使用相对标度,在该标度上,最具电负性的元素氟的电负性为 4.0。所有其他电负性都是相对氟定义的。

由于电子对是不平等共享的(氧所占的比例更大),所以氧原子有部分负电荷,用 δ^- 表示。氢原子(所占的份额较小)有部分正电荷,用 δ^+ 表示。电子共享不均匀导致的结果是产生偶极矩,即化学键内的电荷分离。我们称具有偶极矩的共价键为极性共价键。因此,偶极矩的大小和化学键的极性程度,取决于键中两种元素之间的电负性差和化学键的长度。当化学键长度固定时,电负性差越大,偶极矩越大,键的极性越大。

▼图 10.2 中显示了这些元素的相对电负性。注意,在元素周期表中,

元素的电负性越往右越高，沿周期表上的竖列向下而减小。如果两种具有相同电负性的元素形成一个共价键，那么它们就会平等地共享电子，且不存在偶极矩。例如，氯分子由两个氯原子（具有相同的电负性）组成，具有纯共价键，其中电子平等地共享（▼图 10.3）。该化学键没有偶极矩，且该分子也是非极性的。

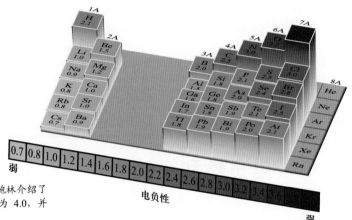

▶ 图 10.2　元素的电负性。莱纳斯·鲍林介绍了本图中所示的标度。他将氟的电负性设为 4.0，并计算了相对于氟的所有其他值

如果键中的两种元素之间有很大的电负性差，那么这种情况通常发生在金属和非金属之间，电子会完全转移，该化学键也是离子键。例如，钠和氯形成离子键（▼图 10.4）。

如果在两种元素之间存在中间的电负性差，那么这种情况通常发生在两种不同的非金属之间，该键是极性共价键。例如，氟化氢之间形成极性共价键（▼图 10.5）。

表 10.2 和图 10.6 中小结了以上概念。

▲ 图 10.3　纯共价键。在氯气中，两个 Cl 原子均匀地共享电子。这是一种纯共价键

▲ 图 10.4　离子键。在氯化钠中，Na 将电子完全转移到 Cl。这是一种离子键

表 10.2	电负性差异对价键类型的影响	
电负性差异（ΔEN）	价键类型	示　例
小或没有（0～0.4）	纯共价键	Cl_2
中等（0.4～2.0）	极性共价键	HF
大（2.0+）	离子键	NaCl

键极性度是一个连续函数。这里给出的数值是近似的。

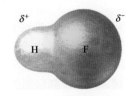

▲ 图 10.5　极性共价键。在氟化氢中，电子是共享的，但共享的电子相较 H 原子更偏向于 F 原子。该键是极性共价键

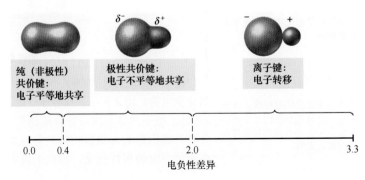

▲ 图 10.6　键类型的连续性。两个键原子之间的电负性差决定了键的类型（纯共价键、极性共价键或离子键）

下列每对原子之间形成的键是纯共价键、极性共价键还是离子键？

(a) Sr 和 F；(b) N 和 Cl；(c) N 和 O。

解

(a) 在图 10.2 中，可以找到 Sr（1.0）和 F（4.0）的电负性。电负性差（ΔEN）为

$$\Delta EN = 4.0 - 1.0 = 3.0$$

参见表 10.2，该键为离子键。

(b) 在图 10.2 中，可以找到 N（3.0）和 Cl（3.0）的电负性。电负性差（ΔEN）为

$$\Delta EN = 3.0 - 3.0 = 0$$

参见表 10.2，该键为非极性共价键。

(c) 在图 10.2 中，可以找到 N（3.0）和 O（3.5）的电负性。电负性差（ΔEN）为

$$\Delta EN = 3.5 - 3.0 = 0.5$$

参见表 10.2，该键为极性共价键。

▶ **技能训练 10.10**

下列每对原子之间形成的键是纯共价键、极性共价键还是离子键？

(a) I 和 I；(b) Cs 和 Br；(c) P 和 O。

概念检查站 10.8

HCl 和 HBr 的键哪个极性更大？

10.8.2 极性键和极性分子

一个分子中有一个或多个极性键时，总会形成一个极性分子吗？答案是否定的。极性分子与极性键加在一起，并不相互抵消而形成一个净偶极矩。对于双原子分子，我们可以很容易地区分极性分子和非极性分子。如果一个双原子分子中包含一个极性键，那么该分子是极性的。然而，对于有两个以上原子的分子，很难区分其是极性分子还是非极性分子，因为两个及以上的极性键可能会相互抵消。

例如，我们来看二氧化碳：

$$:\ddot{O}\!=\!C\!=\!\ddot{O}:$$

每个 C═O 都是极性键，因为氧和碳之间的电负性差是 1.0。然而，由于二氧化碳具有线性几何形状，一个键的偶极矩完全抵消了另一个键的偶极矩，所以该分子是非极性分子。我们可用一个类比来理解这个问题。想象每个极性键都是一根拉着中心原子的绳子。在二氧化碳中，我们可以看到拉动相反方向的两根绳子如何抵消彼此的效果：

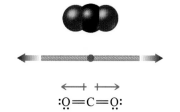

在偶极矩的矢量表示中，矢量指向带有部分负电荷的原子。

$$\delta^+ \qquad\qquad \delta^-$$

:Ö═C═Ö:

表 10.3　添加偶极矩来确定分子是否是极性的一些常见情况

非极性的

两个指向相反的相同极性键会被抵消，分子是非极性的

非极性的

120°处的三个相同的极性键会被相互抵消，所以分子是非极性的

极性的

三角锥形（109.5°）中的三个极性键不会相互抵消。分子是极性的

极性的

两个极性键之间的夹角小于180°，不会相互抵消。分子是极性的

非极性的

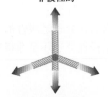

四面体中的四个相同的极性键（彼此相差109.5°）相互抵消。分子是非极性的

假设键是相同的，在所有极性键抵消时，分子是非极性的。如果一个或多个键与其他键不同，键不会相互抵消，分子是极性的。

也可用指向负极方向的箭头（或矢量）来表示极性键，正极有一个正号（就像我们刚才看到的二氧化碳）。如果箭头（或矢量）指向与二氧化碳中完全相反的方向，偶极矩就会被抵消。

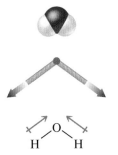

另一方面，水有两个不能抵消的偶极矩。如果将每个键都视为一根拉氧气的绳子，那么我们会看到，由于键之间的角度，两根绳子的拉力不会抵消，如图所示。

因此，水是一种极性分子。我们可用对称原则来确定一个包含极性键的分子是否是极性分子。高对称的分子往往是非极性的，即使它们有极性键，因为键的偶极矩（或绳子的拉力）倾向于抵消。包含极性键的不对称分子往往是极性的，因为键偶极矩（或绳子）往往不会抵消。表 10.3 中小结了一些常见的情况。

总之，要确定一个分子是否是极性的，就要：

- 确定该分子是否包含极性键。如果两个键原子具有不同的电负性，则键是极性的。如果没有极性键，那么该分子是非极性的。
- 确定这些极性键加在一起是否形成一个净偶极矩。首先必须使用价层电子对排斥理论来确定分子几何排布。然后将这个键视为一根拉着中心原子的绳子。分子是高度对称的吗？绳子的拉力消除了吗？如果是，那么就没有净偶极矩，该分子是非极性的。如果这个分子是不对称的，且绳子的拉力不会消失，那么这个分子就是极性的。

例题 **10.11**　确定分子是否是极性的

NH_3 是极性的吗？	
首先绘制 NH_3 的路易斯结构。由于 N 和 H 有不同的电负性，所以这些键是极性的。	**解**
NH_3 的几何形状是三角方锥（4 个电子基团、3 个键基和1 个孤对电子）。绘制NH_3 的三维图，将每个键视为一根被拉着的绳子。绳子的拉力不会抵消，所以这个分子是极性的。	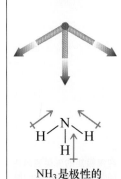 NH_3 是极性的

▶ 技能训练 10.11

CH_4 是否为极性分子？

极性很重要，因为极性分子的行为往往与非极性分子的不同。例如，水和油不混合，因为水分子是极性的，而油分子通常是非极性的。极性分子与其他极性分子的强相互作用，是因为一个分子的正端被另一个分子的负端吸引，就像一块磁铁的南极与另一块磁铁的北极相吸一样（▼图 10.7）。

一个分子的正极被另一个分子的负极吸引

▶ 图 10.7　偶极-偶极吸引。就像一块磁体的南极被另一块磁体的北极吸引一样，一个偶极分子的正端会被吸引到另一个偶极分子的负端

极性分子和非极性分子的混合物类似于磁性粒子和非磁性粒子的混合物。磁性粒子聚在一起，但不包括非磁性粒子，并分成不同的区域（◀图 10.8）。同样，极性水分子相互吸引，形成排除非极性油分子的区域（▼图 10.9）。

▲ 图 10.8　磁性粒子和非磁性粒子。磁性粒子（彩色玻璃球）相互吸引，而排斥非磁性粒子（透明玻璃球）。这种行为类似于极性分子和非极性分子

◀ 图 10.9　极性和非极性分子。极性和非极性分子的混合物，就像磁性和非磁性粒子的混合物，分离成不同的区域，因为极性分子相互吸引，不包括非极性分子。你能想到类似这种行为的一些例子吗？

每日化学

肥皂是如何工作的

想象你吃了一个油腻的芝士汉堡，但没有餐具或餐巾纸。用餐结束后，你的手上会沾满油脂和油。如果你只想用水清洗，手上就会一直保持油腻。然而，如果你加一点儿肥皂，油脂就会被洗掉。为什么？正如我们之前了解到的，水分子是极性的，组成油脂和油的分子是非极性的。因此，水和油脂相互排斥。

然而，组成肥皂的分子有一种特殊的结构，使得它们与水和油脂有强烈的相互作用。肥皂分子的一端是极性的，另一端是非极性的。

肥皂分子的极性端强烈吸引水分子，而非极性端强烈吸引油脂和油分子。肥皂是一种表面活性剂，一端与水相互作用，另一端与油脂相互作用。因此，肥皂可以让水和油脂混合，去除手上的油脂，然后冲洗到下水道中。

肥皂分子

极性的一头吸水　　非极性的一头吸油脂

B10.2　你能回答吗？看看下面的洗涤剂分子。你认为哪端是极性的，哪端是非极性的？

$$CH_3(CH_2)_{11}OCH_2CH_2OH$$

关键术语

二隅体	孤对电子	成键电子对	电子几何排布
分子几何排布	四面体	价键理论	电子基团
非极性	平面三角形	化学键	电负性
八隅体	三角方锥	共价键	离子键
八隅体规则	三键	偶极矩	路易斯模型
极性共价键	价层电子对排斥理论	点结构	路易斯结构
极性分子	双键	线性	共振结构

技能训练答案

技能训练 10.1 .... •Mg•

技能训练 10.2 .... Na$^+$ [:Br̈:]$^-$

技能训练 10.3 .... Mg$_3$N$_2$

技能训练 10.4 .... :C≡O:

技能训练 10.5 ....
$$\begin{matrix} :\ddot{O}: \\ \| \\ H-C-H \end{matrix}$$

技能训练 10.6 .... [:C̈l—Ö:]$^-$

技能训练 10.7 ....

[:Ö=N̈—Ö:]$^-$ ⟷ [:Ö—N̈=Ö:]$^-$

技能训练 10.8 .... V 形

技能训练 10.9 .... 三角方锥

技能训练 10.10 .... (a) 非极性共价键
   (b) 离子键
   (c) 极性共价键

技能训练 10.11 .... CH$_4$ 是非极性的

概念检查站答案

10.1 (a)。C 和 Si 在它们的路易斯结构中都有 4 个点，因为它们在元素周期表的同一列。

10.2 (b)。铝必须失去 3 个电子才能成为一个八隅体，硫必须获得 2 个电子才能成为一个八隅体。因此，每三个硫原子需要两个铝原子。

10.3 (b)。O$_2$ 的路易斯结构有一个双键，包含 4 个电子（都是成键电子）；因此，成键电子的数量是 4 个。

10.4 (c)。OH 的路易斯结构有 8 个电子：6 个来自氧，1 个来自氢，1 个来自负电荷。

10.5 (c)。NH$_3$ 和 H$_3$O$^+$ 都有一个孤对电子。

10.6 (b)。共振结构须有相同的结构。结构(c)不同于其他结构，因此不是共振结构。

10.7 (d)。如果中心原子上没有孤对电子，那么它的所有价电子都在键中涉及，所以分子几何形状一定和电子几何形状一样。

10.8 H-Cl 中的键比 H-Br 中的键极性大，因为 Cl 比 Br 的电负性大，所以 H 和 Cl 的电负性差大于 H 和 Br 的电负性差。

第11章 气体

大多数人习惯于用感官来判断事物。因为空气是看不见的，所以他们对它的观察很少，认为它只是一种虚无。

——罗伯特·波义耳（1627—1691）

11.1 超长的吸管

像大多数孩子一样，从小我就喜欢快餐，而不是在家里吃饭。我在汉堡餐厅最喜欢表演一个特技，即使用几根小吸管拼凑的一根超长吸管来喝橙味苏打水。

我会捏紧一根吸管的末端，然后将它插入另一根吸管的末端。通过这种方式将几根吸管粘在一起，就可将橙味苏打水放在地板上后，站在椅子上喝（由于某种原因，我的父母并不欣赏我的科学好奇心）。

有时我会提前计划，带一卷管道胶到餐厅，将连接的吸管接口密封起来。我弟弟和我竞争谁能做出最长的吸管，由于我年长，通常都是我赢。

我时常想，如果将吸管之间完美地密封起来，吸管能用多久？我能坐在树屋上喝地上的橙味苏打水吗？我能在十楼的顶部喝吗？看起来好像可以。但我错了。即使加长的吸管坚硬且密封性完美，即使可以创造完美的真空（没有空气），也不能用一根超过 10.3 m 的吸管喝到橙味苏打水。为什么？

吸管的工作原理是吮吸产生的吸管内部和外部间的压强差。本章后面将详细地定义压强及其单位；目前，我们可将压强视为气体分子与周围表面碰撞时，对单位区域施加的力（◀图 11.1）。就像球撞击墙时产生力一样，分子与周围表面碰撞时也会产生力。

压强来自气体分子与周围表面之间的碰撞

气体分子

海平面

▲ 图 11.1 **气体压强。** 压强是指气体分子与周围表面碰撞时所施加的力

◀ 通过吸管喝水时，会从吸管中吸出一些分子。这就在吸管内部和外部产生了压强差，导致液体被推到吸管上方。这些推动是由大气中的分子完成的，主要是氮气和氧气，如图所示

牛顿（N）是力的单位，1 N
等于 1kg m s⁻²。

这些碰撞的结果是形成压强。某气体样本施加的总压强取决于几个因素，包括样本中气体分子的浓度。在地球的海平面上，大气中气体分子的平均压强为 101325 N/m²。

当我们将一根吸管插入一杯苏打水时，吸管的内外压强相同，所以苏打水不会在吸管内上升（▼图 11.2a）。当我们吮吸吸管时，吸管内部的一些空气分子被吸出，分子发生碰撞的次数减少，从而降低吸管内部的压强（▼图 11.2b）。然而，吸管外的压强保持不变。这就导致了压强差——吸管外部的压强大于吸管内部的压强。外部压强大时，吸管内的液体上升。

外部压强更大时，能将吸管内的液体推至多高？如果吸管内形成了完美的真空，那么在海平面上，吸管外的气体压强足以将橙味苏打水（主要含量为水）推至约 10.3 m 的高度（▼图 11.3），因为 10.3 m 的水柱会对大气中的气体分子施加同样的压强：101325 N/m²。换句话说，橙味苏打水会在吸管中一直上升，直到水柱施加的压强等于大气中分子施加的压强。当两个压强相等时，液体停止上升（就像双臂平衡器的两个臂上的质量相等时，平衡器停止运动）。

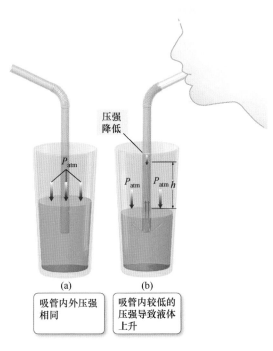

▲ 图 11.2 喝苏打水。(a) 将吸管插入一杯橙味苏打水时，吸管内外的压强相等，吸管内外的液位相同。(b) 吮吸吸管时，吸管内部的压强降低。吸管外液体的压强相对较大，向上推动吸管内的苏打水

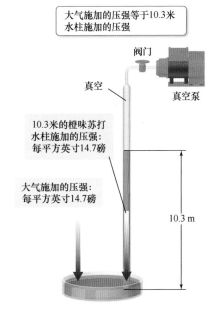

▲ 图 11.3 大气压。即使形成完美的真空，大气压也只能将橙味苏打水推至约 10.3 m 的高度，因为 10.3 m 高的水（或苏打水）与大气中的分子施加同样的压强

11.2 分子运动理论

▶ 描述动力学分子理论如何预测气体的主要性质。

前面介绍了模型或理论对理解自然的重要性。理解气体行为的一个简单模型是分子运动理论，它预测了大多数气体在不同条件下的正确行为。与其他模型一样，分子运动理论并不完美，在某些条件下甚至不成

立。在本书中，我们主要关注该理论成立的情况。

在实际情况下，气体分子之间的空间要比分子尺寸大很多。

分子运动理论

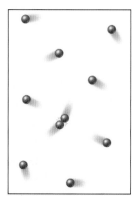

1. 不断运动的粒子的集合

2. 粒子之间没有吸引力或排斥力，像台球碰撞这样的碰撞

3. 与粒子本身的大小相比，粒子之间有很大的空间

4. 粒子运动的速度随着温度的升高而增加

▶ 图 11.4　理想气体的简单表示

分子运动理论做了如下假设（▲图 11.4）：

1. 气体是恒定直线运动的粒子（分子或原子）的集合。
2. 气体粒子之间不相互吸引或排斥——它们不相互作用。这些粒子相互碰撞，并与周围的表面发生碰撞，但它们会像理想状态下的台球一样弹回来。
3. 与气体粒子本身的大小相比，气体粒子之间有大量的空间。
4. 气体粒子运动引起的平均动能（见第 3 章）与气体温度（K）成正比。这意味着随着温度的升高，粒子移动得更快，因此有更多的能量。

分子运动理论与气体的性质一致，确实能预测气体的性质。回顾 3.3 节可知，气体有以下性质：

- 可压缩性。
- 气体具有其容器的形状和体积。
- 与液体和固体相比密度较低。

气体是可被压缩的，因为组成它们的原子或分子之间有很多空间。当我们对某气体样本施加外部压力时，会迫使原子或分子更紧密地结合在一起，进而压缩气体。相比之下，液体和固体是不可压缩的，因为组成它们的原子或分子是紧密接触的——它们无法更紧密地结合在一起。我们可以证明气体的可压缩性。例如，将活塞推向含有气体的气缸。活塞随外部压强增大而下移（◀图 11.5）。气缸中充满液体或固体时，活塞在推动时不会移动（◀图 11.6）。

气体具有其容器的形状和体积，因为气体原子或分子处于恒定的直线运动状态。固体或液体的原子或分子相互作用，气体中的原子或分子不相互作用（更确切地说，它们的相互作用可以忽略不计）。它们只是直线运动，相互碰撞，或与容器壁碰撞。因此，它们能够填充整个容器，整体呈容器的形状（▼图 11.7）。

与固体和液体相比，气体的密度很低，因为气体中的原子或分子之间有太多的空间。例如，若 350 mL 苏打水中的水转化为蒸汽（气态水），则蒸汽占 595 L（相当于 1700 罐）。

气体可被压缩

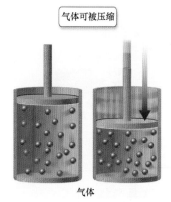

气体

▲ 图 11.5　气体的可压缩性。由于气体粒子之间的空隙可被压缩，所以气体具有可压缩性

液体不可被压缩

液体

▲ 图 11.6　液体的不可压缩性。液体是不可压缩的，因为液体粒子之间的空间很少

▲ 图 11.7 气体呈容器的形状。因为气体中分子之间的吸引力可以忽略不计，而且粒子不断运动，气体膨胀总是填充容器的体积

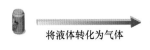

将液体转化为气体

1罐苏打水

1700罐苏打水

▲ 如果一罐 350 mL 的橙味苏打水中的所有水都转化为气态蒸汽（在 1 atm 压强和 100℃温度下），那么蒸汽的体积相当于 1700 罐（图中仅显示了 1700 罐中的一部分）

概念检查站 11.1

下列哪种说法与分子运动理论的假设不一致？
(a) 随着温度的升高，组成气体的粒子移动速度更快（平均来说）。
(b) 气体中粒子的大小对气体的特性产生显著影响。
(c) 气体的密度低于固体和液体。

11.3 压强

▶ 识别并解释压强、压强和面积之间的关系。
▶ 压强单位之间的换算。

较低的压强

较高的压强

▲ 图 11.8 压强。压强是气体粒子与其周围表面碰撞的结果，当给定体积内的粒子数量增加时(设温度不变)，压强增大

压强是气体中原子或分子与周围表面不断碰撞的结果。由于压强，我们可以通过吸管喝饮料，给篮球充气，让空气进出肺部。地球大气层中压强的变化会产生风，压强的变化有助于预测天气。压强就在我们的周围，甚至就在我们的身体内。我们将气体样本施加的压强定义为气体粒子与周围表面碰撞产生的单位面积的力：

$$压强 = \frac{压力}{面积}$$

气体施加的压强取决于几个因素，包括给定体积内气体粒子的数量（◀图 11.8）。气体粒子越少，压强就越小。例如，压强会随着海拔的升高而降低。当我们爬山或乘飞机上升时，空气中单位体积内的分子会更少，导致压强降低。因此，大多数机舱会采用人工增压的方法。

有时，我们会直观地感觉到压强的下降，如压强引起的耳疼（▼图 11.9）。例如，当我们爬山时，外部压强（周围的压强）下降，而耳道内的压强

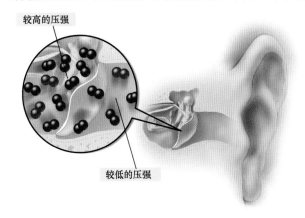

较高的压强

较低的压强

▲ 图 11.9 压强不平衡。在爬山或乘飞机上升时，耳痛是由耳道和外部空气之间的压强不平衡造成的

（内部压强）保持不变。这就会造成一种不平衡——较低的外部压强会导致鼓膜向外膨胀，造成疼痛。通过打哈欠，我们可让耳道内多余的空气消失，使得内部和外部压强达到平衡，进而缓解疼痛。

概念检查站 11.2

下列哪种气体的压强最低？假设所有粒子相同，且样本的温度相同。

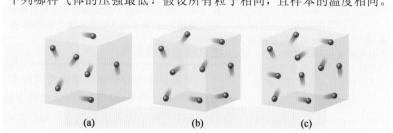

(a)　　　　　　　(b)　　　　　　　(c)

11.3.1　压强的单位

最常见的压强单位是气压（atm），即海平面上大气的平均压强。压强的国际单位是帕斯卡（Pa），它定义为 1 牛顿（N）每平方米：

$$1 \text{ Pa} = 1 \text{ N/m}^2$$

帕斯卡是一个极小的压强单位，1atm 等于 101325 Pa：

$$1 \text{ atm} = 101325 \text{ Pa}$$

充满气的山地自行车轮胎的压强约为 6 atm，而珠穆朗玛峰顶部的气压约为 0.31 atm。

第三个压强单位是毫米汞柱（mm Hg），其原理是用气压计测量压强（◀图 11.10）。气压计是一种真空玻璃管，其底端淹没在水银（汞）池中。回顾 11.1 节可知，液体被容器表面的大气压推入真空管。水能被海平面上的平均大气压推至约 10.3 m 的高度。

然而，汞的密度更大，只能被海平面的平均大气压推至 0.760 m 或 760 mm 的高度，这就使得毫米汞柱成为测量压强的简便方法。

在气压表中，汞柱会随着大气压的变化升高或下降。气压增加，汞柱升高；气压降低，汞柱下降。由于 1 atm 的压强能将汞柱推至 760 mm 的高度，因此 1 atm 和 760 mm 汞柱相等：

$$1 \text{ atm} = 760 \text{ mm Hg}$$

1 毫米汞柱也称 1 托（torr），这个单位是以意大利物理学家埃万杰利斯塔·托里拆利（1608—1647）的名字命名的，他发明了气压表：

$$1 \text{ mm Hg} = 1 \text{ torr}$$

其他常见的压强单位包括英寸汞柱和磅每平方英寸（psi）：

$$1 \text{ atm} = 29.92 \text{ in Hg} \qquad 1 \text{ atm} = 14.7 \text{ psi}$$

表 11.1 中列出了常用的压强单位。

概念检查站 11.3

某气压表中使用一种密度约为水的 2 倍的液体代替汞。使用此气压表时，正常大气压约为

(a) 0.38 m；(b) 1.52 m；(c) 5.15 m；(d) 20.6 m。

真空

玻璃管

760 mm
(29.92 in)

大气压

水银

▲ 图 11.10　汞柱气压计。海平面上的平均大气压将汞柱推到 760 mm 的高度。外部压强减小或增大时，汞柱的高度怎样变化？

由于汞的密度是水的 13.5 倍，所以其在大气压下的高度是水的 1/13.5 倍。

表 11.1　常用的压强单位	
单位	海平面上的平均气压
帕斯卡（Pa）	101325 Pa
气压（atm）	1 atm
毫米汞柱（mm Hg）	760 mm Hg（精确）
托（torr）	760 torr（精确）
磅每平方英寸（psi）	14.7 psi
英寸汞柱（in Hg）	29.92 in Hg

11.3.2　压强单位的换算

我们使用第 2 章中的单位换算方法进行压强单位的换算。例如，假设我们要将 0.311 atm（珠穆朗玛峰顶部的平均气压）换算为毫米汞柱。首先要对问题中的信息进行分类。

已知：0.311 atm

求：mm Hg

转换图

然后，通过绘制转换图来制定策略，展示如何从 atm 转换为 mm Hg：

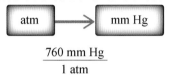

$$\dfrac{760\ \text{mm Hg}}{1\ \text{atm}}$$

所用关系式

$$1\ \text{atm} = 760\ \text{mm Hg（见表 11.1）}$$

解

参见 2.6 节中的单位换算。

为了求解这个问题，我们从已知条件（0.311 atm）开始，将其换算为毫米汞柱：

$$0.311\ \text{atm} \times \dfrac{760\ \text{mm Hg}}{1\ \text{atm}} = 236\ \text{mm Hg}$$

例题 **11.1**　**压强单位之间的换算**

某高性能公路自行车轮胎充气至总压强为 125 psi。以毫米汞柱表示时，该压强的值是多少？

信息分类 已知压强为 125 psi，求单位为毫米汞柱时的压强。	已知：125 psi 求：mm Hg
制定策略 从已知单位 psi 开始，首先使用换算因子转换为单位 atm，然后转换为 mm Hg。	转换图 psi → atm → mm Hg $$\dfrac{1\ \text{atm}}{14.7\ \text{psi}} \qquad \dfrac{760\ \text{mm Hg}}{1\ \text{atm}}$$ 所用关系式 1 atm = 14.7 psi（见表 11.1） 760 mm Hg = 1 atm（见表 11.1）
求解问题 按转换图求解问题。	解 $$125\ \text{psi} \times \dfrac{1\ \text{atm}}{14.7\ \text{psi}} \times \dfrac{760\ \text{mm Hg}}{1\ \text{atm}} = 6.46 \times 10^{3}\ \text{mm Hg}$$
检查答案 检查答案的单位是否正确，大小是否合理。	单位为毫米汞柱，正确。结果的大小合理，因为 mm Hg 值大于 psi 值；因此，以 mm Hg 为单位的压强值应大于以 psi 为单位的相同压强值。

▶ **技能训练 11.1**
将 173 in Hg 的压强换算为以磅每平方英寸为单位，结果是多少？

▶ **技能巩固**
将 23.8 in Hg 的压强转换为以千帕为单位，结果是多少？

11.4 波义耳定律

▶ 复习并应用波义耳定律。

气体样本产生的压强一部分取决于气体的体积。如果温度和气体量恒定，那么气体样本的压强在体积减小时增大，在体积增大时减小。简单的手动打气泵（用来给篮球或自行车轮胎打气的泵）的工作原理就是如此。手动打气泵基本上是装有可移动活塞的气缸（▼图 11.11）。向上拉动手柄（上冲程）时，气缸内的体积增大，向下推动手柄（下冲程）时，气缸内的体积减小。在上冲程，体积的增大导致内部压强（泵气缸内的压强）下降，这时通过单向阀将空气吸入泵气缸。在下冲程，体积的减小导致内部压强增大。内部压强增大迫使空气离开泵，通过另一个单向阀进入轮胎。

气体特性之间的关系，如压强和体积之间的关系，都由气体定律来描述。这些定律显示了其中一个属性的变化是如何影响一个或多个其他属性的。体积和压强之间的关系是由罗伯特·波义耳（1627—1691）发现的，被称为波义耳定律。

波义耳定律 气体的体积与其压强成反比。

波义耳定律假设温度恒定，气体粒子数量恒定。

$$V \propto \frac{1}{P}, \quad \propto \text{表示"成反比"}$$

每日化学

飞机机舱增压

大多数商用飞机在海拔 25000～40000 英尺的高度飞行。在此海拔上，大气压低于 0.50 atm，远低于人体习惯的正常大气压。压强降低产生的生理效应包括头晕、头痛、呼吸短促、无意识及相应的氧含量降低（见 11.9 节）。因此，商用飞机会给机舱的空气增压。由于某些原因机舱失压时，乘客会被引导通过氧气面罩吸氧。

机舱空气增压是机舱整体空气循环系统的一部分。当空气流入飞机的喷气发动机时，发动机前面的大型涡轮机压缩空气。大部分压缩（或增压）空气从发动机后部排出，产生向前推进飞机的推力。然而，有些增压空气会被引至机舱，在那里冷却并与现有的机舱空气混合，然后空气通过机舱的通风口循环。空气通过管道引导离开机舱，进入飞机下部。大约一半的排出空气与进入的增压空气混合，以便再次循环，另一半空气通过流出阀排出飞机，调节流出阀就可保持所需的机舱气压。法规要求商用客机的机舱气压高于 8000 英尺时的外部气压。一些较新的喷气机（如波音 787）以 6000 英尺的压强对机舱增压，以提高乘客的舒适度。

B11.1 你能回答吗？平均海拔 8000 英尺时的大气压约为 0.72 atm。将该压强转换为毫米汞柱、英寸汞柱和磅每平方英寸。500 mm Hg 压强的机舱是否符合联邦标准？

◀ 商用飞机机舱的压强必须大于海拔 8000 英尺的大气压

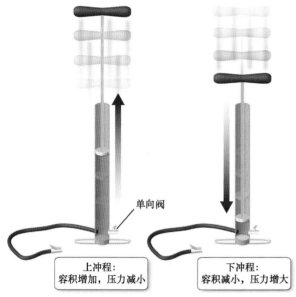

单向阀

上冲程：
容积增加，压力减小

下冲程：
容积减小，压力增大

▲ 图 11.11 手动打气泵的工作原理

当两个量成反比时，增大一个量会减小另一个（▼图 11.12）。如手动打气泵那样，当气体样本的体积减小时，其压强增大，反之亦然。分子运动理论解释了观察到的压强的变化。当气体样本的体积减小时，相同数量的气体粒子被挤压为较小的体积，导致与容器壁发生更多的碰撞，进而增大压强（▼图 11.13）。

潜水员在资格认证课程中会学习波义耳定律，因为该定律解释了在水中快速上升很危险的原因。潜水员每下降 10 m，由于上方水体的重量，会额外承受 1 atm 的压强（▼图 11.14）。潜水时要使用压强调节器输送空气，以同步外部压强；否则，潜水员就无法吸入空气。

例如，当潜水员在水深 20 m 时，调节器以 3 atm 的压强输送空气，与潜水员周围的 3 atm 压强保持一致——正常大气压的 1 atm 和 20 m 水柱重量导致的 2 atm 之和（▼图 11.15）。

▶ 图 11.12 体积与压强的关系。(a) 可以使用 J 形管测量不同压强下的气体体积。向 J 形管中加入汞会增大汞柱的高度（h），导致气体压强增大，体积减小。(b) 气体体积与压强的函数关系图

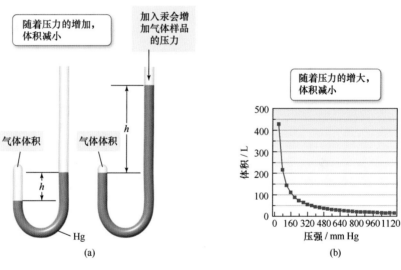

随着压力的增加，体积减小

加入汞会增加气体样品的压力

气体体积

气体体积

h

h

Hg

(a)

随着压力的增大，体积减小

体积 / L

压强 / mm Hg

(b)

▶ 图 11.13 体积与压强的关系。在分子视图中，可以看到随着气体体积的减小，气体分子与容器每平方米面积之间的碰撞次数增加，提高了气体施加的压强

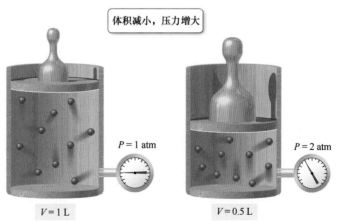

体积减小，压力增大

$P = 1\ atm$

$V = 1\ L$

$P = 2\ atm$

$V = 0.5\ L$

深度 = 0 m
P = 1 atm

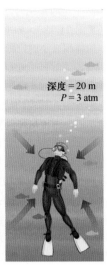

深度 = 20 m
P = 3 atm

假设潜水员吸入 3 atm 的空气，屏住呼吸迅速游到水面（压强下降到 1 atm）。他肺部的空气量会发生什么变化？由于压强下降了 3 倍，他肺部的空气体积增加了 3 倍，会严重损害他的肺部，甚至导致死亡。潜水员肺部体积的增加如此之大，以至于潜水员无法屏住呼吸到水面——空气会从嘴里出来。所以在潜水时最重要的规则是永远不要屏住呼吸，潜水员必须缓慢上升并持续呼吸，允许调节器在到达表面时将肺部的气压变成 1 atm。

◀ **图 11.14　深度与压强**。深度每下降 10 m，由于周围水的重量，潜水员会获得额外的 1 atm 压强。在 20 m 深处，潜水员承受的总压强为 3 atm（1 atm 来自大气压，另外 2 atm 来自水的重量）

当温度和气体的量保持不变时，可以使用波义耳定律来计算压强变化后气体的体积，或者气体体积变化后的压强。因此，我们将波义耳定律的公式做如下变换：

$$因为 V \propto \frac{1}{P}，所以 V = \frac{常量}{P}$$

▶ 图 11.15　(a) 潜水员在 20 m 深度时的外部压强为 3 atm，呼吸的空气压强也为 3 atm。(b) 潜水员的肺部充满 3 atm 的空气时，肺会随着外部压强下降到 1 atm 而膨胀

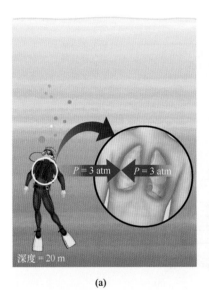

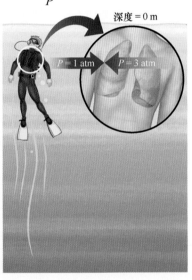

深度 = 0 m

P = 1 atm　P = 3 atm

P = 3 atm　P = 3 atm

深度 = 20 m

(a)　　　　　　　　　　(b)

将上式两边都乘以 P，得到

$$PV = 常量$$

这个公式是正确的，因为压强增大时，体积减小，但 PV 值总是一个不变的常数。对于两组不同的条件，我们可以说：

$$P_1V_1 = 常量 = P_2V_2 \quad 或 \quad \boxed{P_1V_1 = P_2V_2}$$

其中，P_1 和 V_1 是气体的初始压强和体积，P_2 和 V_2 是气体的最终压强和体积。例如，假设我们要将一种初始压强为 765 mm Hg、体积为 1.78 L 的气体压缩到 1.25 L，此时气体的压强是多少？我们首先对问题中的信息进行分类。

已知：P_1 = 765 mm Hg，V_1 = 1.78 L，V_2 = 1.25 L

求：P_2

根据波义耳定律，在进行任何计算前，P_2 是大于 P_1 还是小于 P_1？

转换图

然后绘制转换图，显示方程如何从已知量得到所求量。

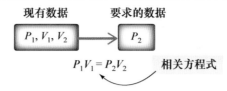

所用关系式

$$P_1V_1 = P_2V_2 \text{（波义耳定律）}$$

然后，根据该方程得到所求量 P_2，

$$P_1V_1 = P_2V_2, \qquad P_2 = \frac{P_1V_1}{V_2}$$

最后，将数值代入方程，计算结果：

$$P_2 = \frac{P_1V_1}{V_2} = \frac{765 \text{ mm Hg} \times 1.78 \text{ L}}{1.25\text{L}} = 1.09 \times 10^3 \text{ mm Hg}$$

例题 11.2　波义耳定律

配备可移动活塞的气缸，被施加的压强为 4.0 atm，容积为 6.0 L。施加的压强降至 1.0 atm 时，气缸的体积是多少？

信息分类	已知：$P_1 = 4.0$ atm，$V_1 = 6.0$ L，$P_2 = 1.0$ atm
已知初始压强、初始体积和最终压强，求最终体积。	求：V_2
制定策略	转换图
从已知量开始绘制转换图。波义耳定律表示了求最终体积所需的关系。	$\boxed{P_1, V_1, P_2} \longrightarrow \boxed{V_2}$ $$P_1V_1 = P_2V_2$$ 所用关系式 $$P_1V_1 = P_2V_2 \text{（波义耳定律）}$$
求解问题	解
根据方程求 V_2，并将数值代入方程算出结果。	$$P_1V_1 = P_2V_2$$ $$V_2 = \frac{V_1P_1}{P_2} = \frac{6.0 \text{ L} \times 4.0 \text{ atm}}{1.0 \text{ atm}} = 24\text{L}$$
检查答案	答案的单位为 L，正确。结果的大小合理，因为体积会随着压强的减小而增大。
检查答案的单位是否正确，大小是否合理。	

▶ **技能训练 11.2**

某潜水器将海平面上装有 16 mL 气体的注射器带到了某个未知深度，当时注射器内的气压为 1.0 atm。在该深度，注射器内的空气体积为 7.5 mL。该深度的压强是多少？若深度每增加 10 m，压强增加 1 atm，则潜水器有多深？

概念检查站 11.4

烧瓶内含有一种压强为 x 的气体样本。若气体温度和气体量恒定，而容器的体积翻倍，则体积变化后的气压是多少？
(a) $3x$；(b) $\frac{1}{3}x$；(c) $9x$。

每日化学

超长的潜水装置

在《摩登原始人》中，有几集讲述的是弗雷德·弗林斯通和巴尼·卢博潜水的故事。然而，他们潜水时使用的不是现代潜水装备，而是从水面向下伸到几米处的长芦苇。弗雷德和巴尼在深水里游来游去，通过超长芦苇提供的空气呼吸。这真的可行吗？如果人们能像弗雷德和巴尼那样简单地使用 10 m 长的芦苇浮潜器，为什么还要麻烦地使用潜水设备呢？

当我们呼吸时，肺的体积会扩大，肺内部的压强降低（波义耳定律）。然后，肺部外的空气流入肺部。弗雷德和巴尼使用的超长芦苇潜水器会因为深水的压强而起作用。

在 10 m 深处的潜水员会感到 2 atm 的压强，该压强会将肺部的空气压缩到 2 atm。如果潜水员有潜水器，它可以连接到气压为 1 atm 的水面，空气就会流出其肺部，而不进入肺部，使得其无法呼吸。

B11.2 你能回答吗？ 假设潜水员拿着一个体积为 2.5 L、气压为 1.0 atm 的气球潜到了压强为 3.0 atm 的 20 m 深处。气球的体积会发生什么变化？如果气球的末端接在一根长管上，长管的另一端接有另一个气球，如图所示，体积会怎么变化？当潜水员下降时，空气会以哪种方式流动？

▲ 卡通人物无法用芦苇呼吸水面的空气，因为深水的压强会将空气推出其肺部

▲ 两端都系有气球的长管的一端浸入水时，空气会向哪个方向流动？

11.5 查尔斯定律

▶ 复习并应用查尔斯定律。

回顾 2.10 节可知密度等于质量除以体积。当质量保持恒定时，体积增大，密度就会减小。

你有没有注意到热空气会上升？你可能从一楼走到楼上，感受到它比一楼暖和，或者你可能见过一个热气球起飞。填充热气球的空气被燃烧器加热，导致气球在周围较冷的空气中上升。热空气为什么上升？热空气上升是因为恒定压强下气体的体积随着温度的升高而增大。只要气体的量（因此其质量）保持不变，升温就会降低其密度，因为密度是质量除以体积。密度较低的气体漂浮在密度较高的气体中，就像木头漂浮在水中一样。

假设我们保持气体的压强不变，并在不同温度下测量其体积。许多这样的测量结果如▼图 11.16 所示。图中揭示了体积和温度之间的关系：气体的体积随着温度的升高而增大。还要注意，温度和体积是线性相关的。如果两个变量是线性相关的，那么它们的图形是一条直线。

▲ 加热热气球内的空气使其膨胀（查尔斯定律）。随着热空气体积的增大，其密度降低，使得热气球漂浮在周围较冷、密度较大的空气中

图 11.16 中的外推直线不能通过实验测量，因为在达到-273℃之前，所有气体都会凝结成液体。

3.10 节小结了三种不同的温标。

查尔斯定律假设压强恒定，气体量恒定。

▲ 将部分膨胀的气球放在温暖的烤面包机上，气球内的空气会因为变暖而膨胀

我们可将▶图 11.16 中的曲线从最低测量点向后延伸来预测物质的一种重要性质，即一个称为外推的过程。我们推断的曲线显示，气体在-273℃时的体积应为零。回顾第 3 章可知，-273℃对应于 0 K，这是可能的最低温度。我们的外推直线显示，在-273℃以下，气体的体积为负值，这在物理上是不可能的。因此，我们称 0 K 为热力学零度，且不存在更低的温度。

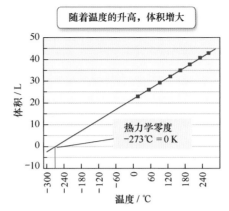

▲ 图 11.16 体积与温度的关系。气体的体积随着温度的升高而线性增加。这张图如何证明-273℃是可能的最低温度？

第一个仔细量化气体体积与其温度之间关系的人是法国数学家和物理学家查尔斯（1746—1823）。查尔斯是第一批乘坐充氢气球升空的人之一。他发现的规律被称为查尔斯定律。

查尔斯定律 气体的体积（V）与其开氏温度（T）成正比：

$$V \propto T$$

如果两个变量成正比，那么可将一个变量增大某个因子，将另一个变量增大相同的因子。例如，当气体的温度（单位为 K）增大一倍时，其体积也增大一倍；当温度增大两倍时，体积也增大两倍；以此类推。所观察到的气体的温度和体积之间的关系遵循分子运动理论。如果气体的温度升高，那么气体粒子运动得更快（它们有更多的动能）；如果压强保持不变，那么体积必然增大（▼图 11.17）。

▲ 图 11.17 体积与温度：分子视图。如果气球从冰水中移动到沸水中，由于温度升高，气球内的气体分子移动得更快（有更多的动能）。如果外部压强保持不变，那么这些分子就会使气球膨胀，占据更大的体积

我们可在温暖的烤面包机上举一个部分充气的气球，来体验查尔斯定律。当气球内的空气变暖时，我们可以感觉到气球在膨胀。我们也可在冰箱内放一个膨胀的气球，或者在很冷的天气（低于零度）下将其带到外面，看着它因逐渐冷却而变小。

我们可以用查尔斯定律来计算气体随温度变化的体积，或者气体随体积变化的温度，只要压强和气体量不变。对于这些计算，我们用不同

的方式来表达查尔斯定律：

$$\text{因为 } V \propto T, \text{ 所以 } V = \text{常数} \times T$$

上式两边同时除以 T，得到

$$\frac{V}{T} = \text{常数}$$

如果温度升高，体积就成正比地增大，因此 V/T 的商总是等于相同的常数。所以，对于两种不同的测量方法，我们可以说

$$\frac{V_1}{T_1} = \text{常数} = \frac{V_2}{T_2} \quad \text{或} \quad \frac{V_1}{T_1} = \frac{V_2}{T_2}$$

其中 V_1 和 T_1 是气体的初始体积和温度，V_2 和 T_2 是气体的最终体积和温度。所有温度的单位都要用开尔文表示。

例如，假设我们有一个 2.37 L 的气体样本，其温度为 298℃，然后加热到 354℃，压强不变。为了求气体的最终体积，我们首先对问题的信息进行分类。

已知：$T_1 = 298\ K$，$V_1 = 2.37\ L$，$T_2 = 354\ K$

求：V_2

> 根据查理斯定律，在做任何计算之前，V_2 比 V_1 是大还是小？

转换图

然后，绘制转换图来制定策略，图中显示了方程是如何从给定量得到未知量的。

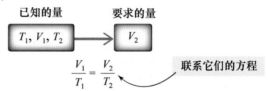

所用关系式

$$\frac{V_1}{T_1} = \frac{V_2}{T_2} \quad \text{（本节介绍的查尔斯定律）}$$

解

然后解我们所求的量（V_2）的方程：

$$\frac{V_1}{T_1} = \frac{V_2}{T_2}, \quad V_2 = \frac{V_1}{T_1} T_2$$

最后，将数值代入方程并算出答案：

$$V_2 = \frac{V_1}{T_1} T_2 = \frac{2.37\ L}{298\ K} 354K = 2.82\ L$$

例题 **11.3**　查尔斯定律

假设压强恒定，在未知温度下，气体样本的体积为 2.80 L。当样本浸没在 $t = 0℃$ 的冰水中时，其体积减至 2.57 L。其初始温度是多少（单位为开氏度和摄氏度，为了区分这两种温标，用 t 表示摄氏度，用 T 表示开氏度）？

信息分类 已知初始体积、最终体积和最终温度。求初始温度，单位是开氏度（T_1）和摄氏度（t_1）。	已知：$V_1 = 2.80\ L$，$V_2 = 2.57\ L$，$t_2 = 0℃$ 求：T_1 和 t_1

制定策略	转换图
从已知量开始画转换图。查尔斯定律表明了找到这个量的必要关系式。	$V_1, V_2, T_2 \longrightarrow T_1$ $$\frac{V_1}{T_1} = \frac{V_2}{T_2}$$ 所用关系式 $$\frac{V_1}{T_1} = \frac{V_2}{T_2} \quad (\text{本节介绍的查尔斯定律})$$
求解问题 解所求量（T_1）的方程。 在代入数值之前，先将温度换算为开氏度。记住，需要用开氏度来求解气体定律的问题。一旦将温度转换成开氏度，就将它代入方程得到 T_1，再将温度转换成摄氏度，求出 t_1。	解 $$\frac{V_1}{T_1} = \frac{V_2}{T_2}, \quad T_1 = \frac{V_1}{V_2}T_2$$ $$T_2 = 0 + 273 = 273 \text{ K}$$ $$T_1 = \frac{V_1}{V_2}T_2 = \frac{2.80 \text{ L}}{2.57 \text{ L}} \times 273\text{K} = 297 \text{ K}$$ $$t_1 = 297 - 273 = 24\text{°C}$$
检查答案 检查答案的单位是否正确、大小是否合理。	单位是 K 和℃，正确。答案合理，因为初始体积大于最终体积；因此，初始温度须高于最终温度。

▶ **技能训练 11.3**
带有可移动活塞的钢瓶内的气体的初始体积为 88.2 mL，将其从 35℃加热到 155℃后，最终体积是多少毫升？

概念检查站 11.5

一定体积的气体被限制在一端带有可自由移动活塞的气缸中。如果施加足够的热量使气体的开氏度加倍，会发生什么？（假设压强恒定。）

(a) 体积翻倍。

(b) 体积不变。

(c) 体积减小到初始体积的一半。

11.6 混合气体定律

▶ 复习并应用混合气体定律。

波义耳定律显示了 P 和 V 在恒压下的关系，查尔斯定律显示了 V 和 T 在恒压下的关系。然而，如果其中两个变量同时发生变化呢？例如，如果气体的压强和温度都发生变化，体积会发生什么变化？

由于体积与压强成反比（$V \propto 1/P$），且与温度成正比（$V \propto T$），因此可以写出

$$V \propto \frac{T}{P} \quad \text{或} \quad \frac{PV}{T} = \text{常数}$$

对于两组不同条件下的气体样本，我们运用如下的混合气体定律：

混合气体定律：$\dfrac{P_1V_1}{T_1} = \dfrac{P_2V_2}{T_2}$

> 混合气体定律包含了波义耳定律和查尔斯定律，我们可用它来代替它们。如果某一物理性质（P、V 或 T）是常数，使用混合气体定律时，就可以抵消它。

混合气体定律仅适用于气体量恒定时，我们要用开尔文来表示温度（如查尔斯定律）。

假设有一个带有可移动活塞的气缸，其初始体积为 3.65 L。放在山脚时，气缸内的压强为 755 mm Hg，温度为 302 K；放在山顶时，压强

为 687 mm Hg，温度为 291 K。在山顶时，气缸的体积是多少？我们首先对问题的信息进行分类。

已知：$P_1 = 755$ mm Hg，$T_2 = 291$ K

$V_1 = 3.65$ L，$P_2 = 687$ mm Hg，$T_1 = 302$ K

求：V_2

转换图

绘制转换图来制定策略，使用混合气体定律建立方程，从已知量求得最终结果。

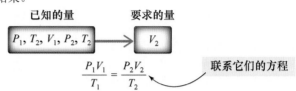

所用关系式

$$\frac{P_1V_1}{T_1} = \frac{P_2V_2}{T_2} \quad （本节介绍的混合气体定律）$$

解

然后，解所求的量（V_2）的方程：

$$\frac{P_1V_1}{T_1} = \frac{P_2V_2}{T_2}, \quad V_2 = \frac{P_1V_1T_2}{T_1P_2}$$

最后，代入适当的值并计算答案：

$$V_2 = \frac{P_1V_1T_2}{T_1P_2} = \frac{755 \text{ mm Hg} \times 3.65 \text{ L} \times 291 \text{ K}}{302 \text{ K} \times 687 \text{ mm Hg}} = 3.87 \text{ L}$$

例题 **11.4** 混合气体定律

在 735 mm Hg 的压强和 34℃的温度下，气体样本的初始体积为 158 mL。如果气体被压缩到 108 mL 并加热到 85℃，其最终压强是多少毫米汞柱？

信息分类 已知初始压强、温度和体积，以及最终温度和体积，求最终的压强。	已知：$P_1 = 735$ mm Hg $t_1 = 34℃$，$t_2 = 85℃$ $V_1 = 158$ mL，$V_2 = 108$ mL 求：P_2
制定策略 从已知量开始绘制转换图。混合气体定律表明了求出最终结果所需的关系。	转换图 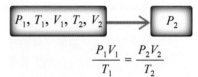 $$\frac{P_1V_1}{T_1} = \frac{P_2V_2}{T_2}$$ 所用关系式 $$\frac{P_1V_1}{T_1} = \frac{P_2V_2}{T_2} \quad （混合气体定律）$$
求解问题 求解方程得到（P_2）。 在代入数值之前，须将温度的单位转换为开尔文。当温度转换成开尔文后，用方程求得 P_2。	解 $$\frac{P_1V_1}{T_1} = \frac{P_2V_2}{T_2}, \quad P_2 = \frac{P_1V_1T_2}{T_1V_2}$$ $T_1 = 34 + 273 = 307$ K，$T_2 = 85 + 273 = 358$ K $$P_2 = \frac{735 \text{ mm Hg} \times 158 \text{ mL} \times 358 \text{ K}}{307 \text{ K} \times 108 \text{ mL}} = 1.25 \times 10^3 \text{ mm Hg}$$

检查答案	单位为 mm Hg，正确。结果合理，因为体积下降和
检查答案的单位是否正确、大小是否合理。	温度增加会导致最终压强高于初始压强。

▶ **技能训练 11.4**

气球在 1.1 atm 的压强和 30℃的温度下，体积为 3.7 L。当气球浸没在水中时，压强为 4.7 atm，温度为 15℃，此时气球的体积是多少（假设由气球引起的任何压强变化都忽略不计）？

概念检查站 11.6

某容器内装有一定体积的气体。加热该容器，使气体的开氏度翻倍，并将容器尺寸扩大到初始体积的两倍，压强如何变化？

(a) 压强翻倍。

(b) 压强降至初始值的一半。

(c) 压强与初始值相同。

11.7 阿伏伽德罗定律

▶ 复习并应用阿伏伽德罗定律。

阿伏伽德罗定律假设温度和压强恒定。

由于 $V \propto n$，所以 V/n 为常数。摩尔数增加，体积成正比地增加，所以商 V/n 总为相同的常数。因此，对两组不同的量，可以说 $V_1/n_1 =$ 常数 $= V_2/n_2$ 或 $V_1/n_1 = V_2/n_2$。

前面介绍了 V、P 和 T 之间的相互关系，但前提都是气体量保持不变。当气体的量发生变化时，会发生什么？如果改变气体样本的量摩尔数，且多次测量气体样本的体积，那么可能会得到▼图 11.18 所示的结果。我们看到，体积和摩尔数呈线性关系。外推可知，零摩尔对应零体积。这种线性关系最初由阿米迪奥·阿伏伽德罗（1776—1856）正式提出，因此被称为阿伏伽德罗定律。

阿伏伽德罗定律 气体的体积和气体的摩尔数（n）成正比：

$$V \propto n$$

当样本中的气体量增加时，其体积以相同的比例增加，这是分子运动理论的另一个预测。气体粒子的数量在恒压和恒温下增加时，这些粒子必定占据更大的体积。

例如，当我们给一个气球充气时，就会体验到阿伏伽德罗定律。每次充气时，我们都会在气球内部添加更多的气体粒子，从而增大气球的体积（▼图 11.19）。只要气体的压强和温度恒定，就可以用阿伏伽德罗定律来计算气体的量变化后的体积。对于这些计算，阿伏伽德罗定律表示为

$$\frac{V_1}{n_1} = \frac{V_2}{n_2}$$

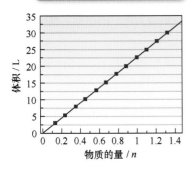

随着物质的量的增加，体积增大

◀ 图 11.18 **体积与摩尔数。** 气体样本的体积随样本摩尔数的增加而线性增加

▶ 图 11.19 **爆炸。** 向气球吹气时，气球内部增加了气体分子，体积增大

其中，V_1 和 n_1 是气体的初始体积和初始摩尔数，V_2 和 n_2 是气体的最终体积和最终摩尔数。在计算中，我们采用与其他气体定律相似的方法来运用阿伏伽德罗定律，如例题 11.5 所示。

例题 11.5　阿伏伽德罗定律

某 4.8 L 的氦气样本中含有 0.22 mol 氦。假设温度和压强保持恒定，需要在样本中添加多少摩尔氦气，才能达到 6.4 L 的体积？

信息分类 已知初始体积、初始摩尔数和最终体积，求最终摩尔数。	已知：$V_1 = 4.8$ L，$n_1 = 0.22$ mol，$V_2 = 6.4$ L 求：n_2
制定策略 从已知量开始画转换图。阿伏伽德罗定律表明了确定所求量时所需的关系。	转换图 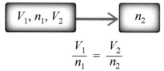 $$\frac{V_1}{n_1} = \frac{V_2}{n_2}$$ 所用关系式 $$\frac{V_1}{n_1} = \frac{V_2}{n_2}$$（本节介绍的阿伏伽德罗定律）
求解问题 解所求量（n_2）的方程，然后代入合适的量来计算 n_2。 由于气球中已含 0.22 mol 气体，所以用最终摩尔数减去 0.22，就能得到还需添加的摩尔数。	解 $$\frac{V_1}{n_1} = \frac{V_2}{n_2}$$ $$n_2 = \frac{V_2}{V_1}n_1 = \frac{6.4\ \text{L}}{4.8\ \text{L}} \times 0.22\ \text{mol} = 0.29\ \text{mol}$$ 添加的摩尔数 $= 0.29\ \text{mol} - 0.22\ \text{mol} = 0.07\ \text{mol}$
检查答案 检查答案的单位是否正确、大小是否合理。	单位是 mol，正确。答案合理，因为摩尔数的增加正比于给定体积的增加。

▶ 技能训练 11.5

在配备可移动活塞的气缸中发生化学反应后，生成了 0.58 mol 气体。如果气缸在反应前含有 0.11 mol 气体，且初始体积为 2.1 L，那么发生反应后的体积是多少？

概念检查站 11.7

下列每种气体样本的温度和压强相同，哪种样本的体积最大？
(a) 1 g O_2；(b) 1 g Ar；(c) 1 g H_2。

11.8　理想气体定律

▶ 复习并应用理想气体定律。

前面介绍的各类因素间的关系，可以组合为单一的法则。我们知道

$$V \propto 1/P\quad（波义耳定律）$$
$$V \propto T\quad（查尔斯定律）$$
$$V \propto n\quad（阿伏伽德罗定律）$$

结合这三个表达式，可以得出

$$V \propto \frac{nT}{P}$$

气体的体积和气体的摩尔数与气体的温度成正比，与气体的压强成反比。我们可用等号代替比例符号，并添加一个 R（被称为理想气体常数的比例常数）：

$$V = \frac{RnT}{P}$$

重新调整后，我们得到理想气体定律：

$$PV = nRT$$

理想气体常数 R 的值为

$$R = 0.0821 \times \frac{L \cdot atm}{mol \cdot K}$$

R 可用其他单位表示，但其数值会有不同。

理想气体定律包含了简单的气体定律。例如，波义耳定律指出，当气体的摩尔数（n）和气体的温度（T）保持恒定时，有 $V \propto 1/P$。为了推导波义耳定律，我们可以重新整理理想气体定律，如下所示：

$$PV = nRT$$

首先，两边同时除以 P 得

$$V = \frac{RnT}{P}$$

然后将保持恒定的量放在括号中，

$$V = (nRT) \cdot \frac{1}{P}$$

因为 n 和 T 在这种情况下是恒定的，且 R 总是一个常数，有

$$V = 常数 \cdot \frac{1}{P}$$

由此就得到了波义耳定律（$V \propto 1/P$）。

理想气体定律也显示了每组变量之间的相关性。例如，从查尔斯定律中，我们知道当压强与摩尔数保持不变时，体积与温度成正比。但是，当气体体积和摩尔数保持不变时，加热气体又会如何呢？这个问题适用于如发雾或除臭剂等气溶胶罐上的警告标签。

这些标签警告用户不要过度加热或焚烧气罐，即使气罐中的气体已用完。为什么？实际上，空气溶胶罐中仍然可能含有一定体积和一定量的气体。加热气罐会怎么样？让我们重新整理理想气体定律，以便清楚地看到当气体体积和摩尔数恒定时，压强和温度之间的关系：

$$PV = nRT$$

上式两边同时除以 V，得到

$$P = \frac{nRT}{V}$$

压强和温度之间的关系也称盖-吕萨克定律。

因为 n 和 V 是常数，R 也总是一个常数，有

$$P = 常数 \times T$$

随着一定体积和一定量的气体温度的升高，压强增大。在气溶胶罐中，这种压强的增大会导致气罐爆炸，这就是气溶胶罐不应被加热或焚烧的原因。表 11.2 中小结了所有简单气体定律与理想气体定律间的关系。

表 11.2　简单气体定律和理想气体定律间的关系

变　量	恒定量	变量-恒定量间的理想 气体定律公式	简单气体定律	简单定律名称
V 和 P	n 和 T	$PV = nRT$	$P_1V_1 = P_2V_2$	波义耳定律
V 和 T	n 和 P	$\dfrac{V}{T} = \dfrac{nR}{P}$	$\dfrac{V_1}{T_1} = \dfrac{V_2}{T_2}$	查尔斯定律
P 和 T	n 和 V	$\dfrac{P}{T} = \dfrac{nR}{V}$	$\dfrac{P_1}{T_1} = \dfrac{P_2}{T_2}$	阿伏伽德罗定律
P 和 n	n 和 T	$\dfrac{P}{n} = \dfrac{RT}{V}$	$\dfrac{P_1}{n_1} = \dfrac{P_2}{n_2}$	
V 和 n	T 和 P	$\dfrac{V}{n} = \dfrac{RT}{P}$	$\dfrac{V_1}{n_1} = \dfrac{V_2}{n_2}$	盖-吕萨克定律

已知其他三个变量时，可以使用理想气体定律来求四个变量（P、V、n、T）之一的值。然而，理想气体定律中的每个量都要用相应的单位来表示：

- 压强（P）的单位必须是大气压。
- 体积（V）的单位必须是升。
- 气体量（n）的单位必须是摩尔。
- 温度（T）的单位必须是开尔文。

例如，假设我们想知道在 298 K 时，1.2 L 烧瓶中 0.18 mol 气体的压强。我们首先对问题的信息进行分类。

已知：$n = 0.18$ mol，$V = 1.2$ L，$T = 298$ K

求：P

转换图

绘制转换图来制定策略，显示理想气体定律如何从已知量求所求量。

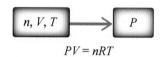

$$PV = nRT$$

所用关系式

$$PV = nRT \text{（理想气体定律）}$$

解

解方程得到 P，

$$PV = nRT, \quad P = \frac{nRT}{V}$$

代入数值，算出结果：

$$P = \frac{0.18 \text{ mol} \times 0.0821 \dfrac{\text{L} \cdot \text{atm}}{\text{mol} \cdot \text{K}} \times 298 \text{ K}}{1.2 \text{ L}} = 3.7 \text{ atm}$$

注意，除了需要的单位（atm），其他所有单位都要消除。

例题 **11.6**　理想气体定律

计算压强为 1.37 atm、温度为 315 K 时，0.845 mol 氮气的体积。	
信息分类 已知气体样本的摩尔数、压强和温度，求气体的体积。	已知：$n = 0.845$ mol，$P = 1.37$ atm，$T = 315$ K 求：V

制定策略 从已知量开始绘制转换图。理想气体定律表示了求最终结果所需的关系式。	转换图 $$\boxed{n, P, T} \longrightarrow \boxed{V}$$ $$PV = nRT$$ 所用关系式 $$PV = nRT \text{（理想气体定律）}$$
求解问题 解方程得到 V，代入相应数值算出 V。	解 $$PV = nRT$$ $$V = \frac{nRT}{P} = \frac{0.845\ \text{mol} \times 0.0821\ \dfrac{\text{L} \cdot \text{atm}}{\text{mol} \cdot \text{K}} \times 315\ \text{K}}{1.37\ \text{atm}} = 16.0\ \text{L}$$
检查答案 检查答案的单位是否正确，大小是否合理。	答案的单位正确。答案的大小较难判断。但是，在标准温度和压强下（$T = 0\,℃$ 或 273.15 K 和 $P = 1$ atm），1 mol 气体的体积为 22.4 L（见 11.10 节）。因此，在离标准温度和压强不太远的条件下，0.85 mol 气体对应 16.0 L 的体积似乎是合理的。

▶ **技能训练 11.6**

在 305 K 时，给某 8.5 L 的轮胎充满 0.55 mol 的气体。问轮胎中气体的压强是多少？

如果有关理想气体定律的问题中给出的单位与理想气体常数（atm、L、mol 和 K）的单位不同，就必须将其换算为正确的单位后，才能使用理想气体方程，如例题 11.7 所示。

例题 **11.7** ｜**理想气体定律的单位换算**

在 25℃ 下，某篮球中含有压强为 24.2 psi、体积为 3.2 L 的气体，求该气体的摩尔数。	
信息分类 已知气体样本的压强、体积和温度，求气体的摩尔数。	已知：$P = 24.2$ psi, $V = 3.2$ L, $t = 25\,℃$ 求：n
制定策略 从已知量开始绘制转换图。理想气体定律表明了求最终结果所需的关系式。	转换图 $$\boxed{P, V, T} \longrightarrow \boxed{n}$$ $$PV = nRT$$ 所用关系式 $$PV = nRT \text{（理想气体定律）}$$
求解问题 解方程求出 n。 在将数值代入方程之前，要将 P 和 t 换算为正确的单位（由于 1.6462 atm 是中间答案，需要标记有效数字，但是不要最后进行转换）。最后将数值代入方程求出 n。	解 $$PV = nRT, \quad n = \frac{PV}{RT}, \quad P = 24.2\ \text{psi} \times \frac{1\ \text{atm}}{14.7\ \text{psi}} = 1.6462\ \text{atm}$$ $$T = t + 273 = 25 + 273 = 298\ \text{K}$$ $$n = \frac{1.6462\ \text{atm} \times 3.2\ \text{L}}{0.0821 \times \dfrac{\text{L} \cdot \text{atm}}{\text{mol} \cdot \text{K}} \times 298\ \text{K}} = 0.22\ \text{mol}$$
检查答案 检查答案的单位是否正确、大小是否合理。	单位为摩尔，正确。答案的数值稍难判断。同样，在标准温度和压强（$T = 0\,℃$ 或 273.15 K 和 $P = 1$ atm）下，1 mol 气体的体积为 22.4 L（见例题 11.6）。在标准温度和压强（STP）下，3.2 L 气体样本的量约为 0.15 mol，因此在较大的压强下，样本量应大于 0.15 mol，与答案一致。

▶ **技能训练 11.7**

当气体压强为 715 mm Hg、温度为 58℃ 时，0.556 mol 气体的体积是多少？

▶ **技能巩固**

当温度为 32℃ 时，在 648 mL 容器中含有 0.133 g 氢气，求该气体的压强（毫米汞柱）。

11.8.1 使用理想气体定律求气体的摩尔质量

我们可以使用理想气体定律与质量测量相结合的方式来计算气体的摩尔质量。例如，气体样本的质量为 0.136 g，在温度为 298 K 和压强为 1.06 atm 时，其体积为 0.112 L。有了这些信息，就可以求其摩尔质量。

我们首先对问题中的信息进行分类。

已知：$m = 0.136$ g　　　$T = 298$ K

　　　$V = 0.112$ L　　　$P = 1.06$ atm

求：摩尔质量（g/mol）

转换图

绘制转换图来制定策略，在这种情况下，转换图包含两步。在第一步中，我们使用 P、V 和 T 来求气体的摩尔数。在第二步中，我们使用气体的摩尔数和已知质量来求摩尔质量。

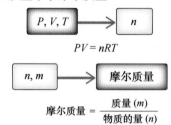

$$摩尔质量 = \frac{质量（m）}{物质的量（n）}$$

所用关系式

$$PV = nRT \quad （本节中介绍的理想气体定律）$$

$$摩尔质量 = \frac{质量}{摩尔数} \quad （6.3 节中摩尔质量的定义）$$

解

$$PV = nRT$$

$$n = \frac{PV}{RT} = \frac{1.06 \text{ atm} \times 0.112 \text{ L}}{0.0821 \dfrac{\text{L} \cdot \text{atm}}{\text{mol} \cdot \text{K}} \times 298 \text{ K}} = 4.8525 \times 10^{-3} \text{ mol}$$

$$摩尔质量 = \frac{质量（m）}{摩尔数（n）} = \frac{0.136 \text{ g}}{4.8525 \times 10^{-3} \text{ mol}} = 28.0 \text{ g/mol}$$

例题 11.8　摩尔质量、理想气体定律和测量质量

当温度为 55℃、压强为 886 mm Hg 时，气体的体积为 0.225 L。求气体的摩尔质量。	
分类 已知气体的质量、体积、温度和压强，求气体的摩尔质量。	已知：$m = 0.311$ g, $V = 0.225$ L, $t = 55$℃ 　　　$P = 886$ mm Hg 求：摩尔质量（g/mol）
在转换图的第一步中，运用理想气体定律从已知量求气体的摩尔数。 在第二步中，使用第一步中求得的摩尔数及已知质量，求摩尔质量。	转换图 $P, V, T \longrightarrow n$ $PV = nRT$ $n, m \longrightarrow 摩尔质量$ $$摩尔质量 = \frac{质量（m）}{物质的量（n）}$$ 所用关系式 $PV = nRT$ （本节中介绍的理想气体定律）

	摩尔质量 $= \dfrac{质量}{摩尔数}$　（6.3 节中摩尔质量的定义）
求解问题 首先，解理想气体定律方程求 n。 在将数值代入方程之前，将压强单位换算为 atm，将温度单位换算为 K，然后代入数值计算摩尔数 n。 最后，使用刚刚求出的摩尔数和已知质量（m）求出摩尔质量。	**解** $$PV = nRT, \quad n = \dfrac{PV}{RT}$$ $$P = 886 \text{ mm Hg} \times \dfrac{1 \text{ atm}}{760 \text{ mm Hg}} = 1.1\underline{6}58 \text{ atm}$$ $$T = 55^\circ\text{C} + 273 = 328 \text{ K}$$ $$n = \dfrac{1.1658 \text{ atm} \times 0.225 \text{ L}}{0.0821 \dfrac{\text{L} \cdot \text{atm}}{\text{mol} \cdot \text{K}} \times 328 \text{ K}} = 9.7\underline{4}06 \times 10^{-3} \text{ mol}$$ $$摩尔质量 = \dfrac{质量(m)}{摩尔数(n)} = \dfrac{0.311 \text{ g}}{9.7406 \times 10^{-3} \text{ mol}} = 31.9 \text{ g/mol}$$
检查答案 检查答案的单位是否正确、大小是否合理。	答案的单位为 g/mol，正确。结果的大小合理，因为该数值在普通化合物的摩尔质量范围内。

▶ **技能训练 11.8**

气体样本的质量为 827 mg，在温度为 88°C、压强为 975 mm Hg 时，体积为 0.270 L。求该气体的摩尔质量。

11.8.2 理想气体和非理想气体行为

　　虽然对理想气体定律进行完整的推导超出了本书的范围，但理想气体定律直接遵循气体的分子运动理论。因此，理想气体定律只在分子运动理论成立的条件下才成立。理想气体定律仅适用于理想作用的气体（▼图 11.20），这表明：(a) 气体粒子的体积比它们之间的空间小；(b) 气体粒子之间的作用力不显著。这些假设在高压（粒子之间的空间不再大于粒子本身的大小）或低温（气体粒子相互作用缓慢）下不成立（▼图 11.21）。对于在本书中遇到的所有问题，我们都可假设这是理想的气体行为。

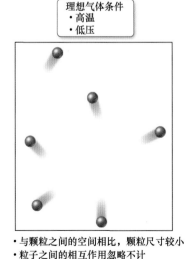

理想气体条件
· 高温
· 低压

· 与颗粒之间的空间相比，颗粒尺寸较小
· 粒子之间的相互作用忽略不计

▲ 图 11.20　理想气体行为。在高温和低压下，分子运动理论的假设适用

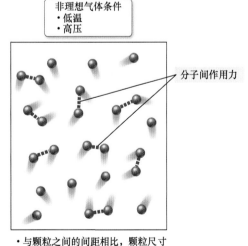

非理想气体条件
· 低温
· 高压

分子间作用力

· 与颗粒之间的间距相比，颗粒尺寸不能忽略不计
· 粒子之间的相互作用非常重要

▲ 图 11.21　非理想气体行为。在低温和高压下，分子运动理论的假设不适用

11.9 气体混合物

▶ 复习并应用道尔顿分压定律。

许多气体样本并不纯净，而由气体混合物组成。例如，大气就是气体混合物，它含有 78% 的氮气、21% 的氧气、0.9% 的氩气、0.04% 的二氧化碳（表 11.3）和一些其他数量较少的气体。根据分子运动理论，气体混合物中的每种成分都独立于其他成分作用。例如，空气中的氮分子施加一定的压强，占总强的 78%，这与混合物中其他气体的存在无关。同样，空气中的氧分子施加一定的压强，占总强的 21%，这也与混合物中其他气体的存在无关。

在混合气体中，任何独立成分造成的压强都是该成分的分压。任何成分的分压等于该成分所占百分比乘以混合物的总压（▼图 11.22）。

成分的分压：

$$= 成分所占百分比 \times 总压$$

例如，大气压为 1.0 atm 时，氮气的分压（P_{N_2}）为

$$P_{N_2} = 0.78 \times 1.0 \ atm = 0.78 \ atm$$

同样，当大气压为 1.0 atm 时，氧的分压为

$$P_{O_2} = 0.21 \times 1.0 \ atm = 0.21 \ atm$$

气体混合物中各成分的分压之和必须等于总压，用道尔顿分压定律表示如下。

道尔顿分压定律：

$$P_{tot} = P_a + P_b + P_c + \cdots$$

式中，P_{tot} 为总压，$P_a, P_b, P_c, \cdots$ 为各成分的分压。

当大气压为 1 atm 时，

$$P_{tot} = P_{N_2} + P_{O_2} + P_{Ar}$$
$$= 0.78 \ atm + 0.21 \ atm + 0.01 \ atm$$
$$= 1.00 \ atm$$

表 11.3 干燥空气的成分	
气　体	体积百分比/%
氮气（N_2）	78
氧气（O_2）	21
氩气（Ar）	0.9
二氧化碳（CO_2）	0.04

分数组成为百分比组成除以 100。

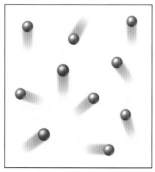

气体混合物（80% He ●, 20% Ne ●）
$P_{tot} = 1.0 \ atm$
$P_{He} = 0.80 \ atm$
$P_{Ne} = 0.20 \ atm$

◀ 图 11.22　分压。总压为 1.0 atm 的气体混合物由 80% 的氦和 20% 的氖组成，氦分压为 0.80 atm，氖分压为 0.20 atm

例题 11.9　总压与分压

氦、氖和氩气体混合物的总压为 558 mm Hg。如果氦的分压为 341 mm Hg，氖的分压为 112 mm Hg，那么氩的分压是多少？

已知气体混合物的总压和两种（共三种）成分的分压，求第三种成分的分压。	已知：$P_{tot} = 558 \ mm \ Hg$ $P_{He} = 341 \ mm \ Hg$ $P_{Ne} = 112 \ mm \ Hg$ 求：P_{Ar}
为了求解这个问题，使用道尔顿分压定律求出氩的分压，并代入正确数值算出最后结果。	解 $P_{tot} = P_{He} + P_{Ne} + P_{Ar}$ $P_{Ar} = P_{tot} - P_{He} - P_{Ne}$ $\quad = 558 \ mm \ Hg - 341 \ mm \ Hg - 112 \ mm \ Hg$ $\quad = 105 \ mm \ Hg$

▶ 技能训练 11.9

将氢气样本与水蒸气混合。该气体混合物的总压为 745 torr，水蒸气的分压为 24 torr，氢气的分压是多少？

11.9.1 分压和生理学

人类的肺已进化到能在 $P_{O_2} = 0.21$ atm 的分压下呼吸氧气。如果总压下降，就像我们爬山时发生的那样，那么氧气的分压也会降低。例如，在珠穆朗玛峰顶部，总压为 0.311 atm，氧气的分压仅为 0.065 atm。如前

所述，低氧含量会产生负面的生理影响，这种情况被称为缺氧或氧饥饿。轻度缺氧会引发头晕、头痛和呼吸急促。当 P_{O_2} 降至 0.1 atm 以下时，会出现严重缺氧，甚至导致昏迷或死亡。因此，建议攀登珠穆朗玛峰的登山者携带供氧设备进行呼吸。

高氧含量也有负面的生理影响。如 11.4 节所述，潜水员呼吸增压空气。在水下 30 m 处，潜水员以总压为 4.0 atm 的方式呼吸空气，使 P_{O_2} 约为 0.84 atm。氧气分压增大导致肺中的氧分子密度变大（▼图 11.23），进而导致身体组织中的氧浓度升高。当 P_{O_2} 增加到超过 1.4 atm 时，身体组织中氧浓度的增加会导致一种称为氧中

▲ 攀登珠穆朗玛峰的登山者需要氧气，因为气压太低，会导致登山者缺氧，这种情况严重时可能是致命的

毒的情况，其特征是肌肉抽搐、视线模糊（▼图 11.24）。在没有适当的预防措施时，冒险潜水太深的潜水员会因为氧气中毒而淹死。

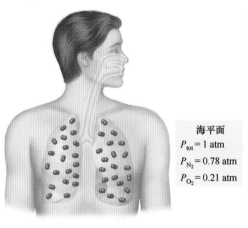

海平面
$P_{tot} = 1$ atm
$P_{N_2} = 0.78$ atm
$P_{O_2} = 0.21$ atm

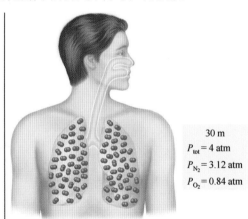

30 m
$P_{tot} = 4$ atm
$P_{N_2} = 3.12$ atm
$P_{O_2} = 0.84$ atm

▲ 图 11.23 过犹不及。当人呼吸压缩空气时，肺内会有更大的氧气分压。肺部较大的氧气分压会导致身体组织中产生更多的氧气。当氧气分压增加到超过 1.4 atm 时，会导致氧中毒（图中的红色分子是氧，蓝色分子是氮）

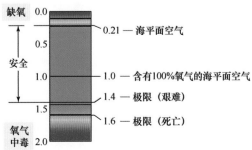

▶ 图 11.24 氧气分压限值。海平面空气中的氧气分压为 0.21 atm。该压强下降 50%时，会导致致命的缺氧。氧气分压增加 7 倍或更大的高氧含量也是有害的

缺氧 0.0

0.5

安全

1.0

1.5

氧气中毒 2.0

0.21 — 海平面空气

1.0 — 含有100%氧气的海平面空气

1.4 — 极限（艰难）

1.6 — 极限（死亡）

与呼吸增压空气相关的第二个问题是肺部氮气含量的增加。在水下30 m深处，潜水员在 P_{N_2} = 3.1 atm 时呼吸氮气，将导致身体组织和体液中的氮气浓度增大。当 P_{N_2} 增大到约 4atm 以上时，就会导致一种氮麻醉的情况，又称深海晕眩。潜水员将这种情况描述为感觉像是喝醉了。在60 m深处呼吸压缩空气的潜水员会觉得自己喝了过量的酒。

为了避免氧中毒和氮麻醉，冒险潜水超过50 m的深海潜水员呼吸一种特殊的气体混合物。这是一种常见的混合物，称为氦氧混合气体，它是氦和氧的混合物。这些混合物中含有的氧气比例比在空气中发现的要少，因此降低了氧中毒的风险。氦氧混合气体中含有氦气而不含氮气，因此消除了氮麻醉的风险。

例题 11.10　分压、总压和成分百分比

当潜水员在 90 m 深度时，压强为 10.0 atm，潜水员使用含有 2.0%氧气的氦氧混合气体呼吸，计算氧气的分压。

已知气体混合物的总压和氧气占混合气体的百分比，求氧气的分压。	已知：O_2 的百分比 = 2.0%，P_{tot} = 10.0 atm 求：P_{O_2}
气体混合物中各组分的分压等于该组分所占百分比乘以总压。计算氧气的比例时要用百分数除以100。最后用组分的分数乘以总压来算出氧气的分压。	解 组分分压 = 组分百分比×总压 O_2的分数组分 = $\dfrac{2.0}{100}$ = 0.020 P_{O_2} = 0.020×10.0 atm = 0.20 atm

▶ 技能训练 11.10

氦氧混合气体中的氧组分为 5.0%，潜水员想要调整总压，使 P_{O_2} = 0.21 atm。总压必须是多少？

11.9.2　在水蒸气中收集气体

当化学反应的产物呈气态时，它通常是在水蒸气中收集的。例如，假设以下反应被用作氢气的来源：

$$Zn(s) + 2\,HCl(aq) \rightarrow ZnCl_2(aq) + H_2(g)$$

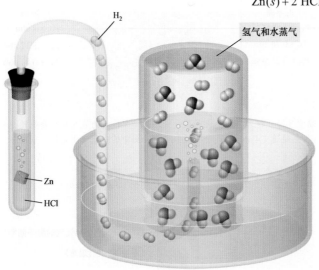

▲ 图 11.25　蒸汽压。当化学反应中的气体通过水收集时，水分子与气体分子混合。最终混合物中水的蒸汽压是水在气体收集温度下的蒸汽压

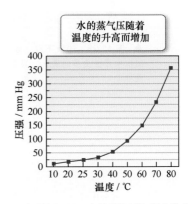

▲ 图 11.26　水的蒸汽压与温度的关系

第 12 章中详细讨论蒸汽压。

表 11.4　水的蒸汽压与温度的关系

温度（℃）	压强（mm Hg）
10	9.2
20	17.5
25	23.8
30	31.8
40	55.3
50	92.5
60	149.4
70	233.7
80	355.1

当氢气形成时，它在水中产生气泡并聚集在收集瓶中（▲图 11.25）。但是，以这种方式收集的氢气并不纯，而是与水蒸气的混合物——因为一些水分子蒸发并与氢气分子混合。混合物中水的分压称为蒸汽压（◀表 11.4 和▲图 11.26）。蒸汽压的大小取决于温度，它随着温度的升高而增大，因为温度的升高会导致更多的水分子蒸发。

假设我们在总压为 758 mm Hg、温度为 25℃的水中收集氢气。氢气的分压是多少？我们知道，总压为 758 mm Hg，水的分压为 23.8 mm Hg（其蒸汽压为 25℃），

$$P_{tot} = P_{H_2} + P_{H_2O}$$
$$758 \text{ mm Hg} = P_{H_2} + 23.8 \text{ mm Hg}$$

有

$$P_{H_2} = 758 \text{ mm Hg} - 23.8 \text{ mm Hg} = 734 \text{ mm Hg}$$

所以混合物中氢的分压为 734 mm Hg。

11.10　化学反应中的气体

▶ 将化学计量学原理应用于涉及气体的化学反应。

第 8 章中描述了如何将化学方程式中的系数作为反应物的量和产物的量之间的换算因子。例如，当反应物的量已知时，可以利用这些换算因子来确定化学反应中得到的产物的量，或者确定与给定量的一种反应物完全反应所需要的另一种反应物的量。这类计算的转换图一般是

A的量———→B的量

其中 A 和 B 是反应中涉及的两种不同的物质，它们之间的换算因子来自平衡化学方程式中的化学计量系数。

在涉及气体反应物或产物的反应中，气体的量通常由其在已知温度和压强下的体积来确定。在这种情况下，可以使用理想气体定律将压强、体积和温度转换为摩尔数：

$$n = \frac{PV}{RT}$$

然后使用化学计量系数将其转换为反应中的其他量。例如，以下是合成氨的反应：

$$3 \text{ H}_2(g) + \text{N}_2(g) \rightarrow 2 \text{ NH}_3(g)$$

在温度为 381 K、压强为 1.32 atm 时，2.5L 氢完全反应生成多少摩尔氨气？假设有足量的 N_2。

我们首先对问题的信息进行分类。

已知：$V = 2.5$ L，$T = 381$ K，$P = 1.32$ atm（H_2）

求：mol NH_3

转换图

我们通过绘制转换图来制定策略。这个问题的转换图类似于其他化学计量问题的转换图（见 8.3 节和 8.4 节）。首先使用理想气体定律由 P、

V 和 T 求出 H_2 的摩尔数，然后使用方程式中的化学计量系数将 H_2 的摩尔数转换为 NH_3 的摩尔数。

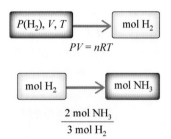

所用关系式

$PV = nRT$（11.8 节中的理想气体定律）

3 mol H_2 : 2 mol NH_3 （来自问题中的平衡方程式）

解

首先解理想气体定律方程求 n：

$$PV = nRT, \quad n = \frac{PV}{RT}$$

代入正确数值算出结果：

$$n = \frac{1.32 \text{ atm} \times 2.5 \text{ L}}{0.0821 \dfrac{\text{L} \cdot \text{atm}}{\text{mol} \cdot \text{K}} \times 381 \text{ K}} = 0.1\underline{0}55 \text{ mol } H_2$$

然后将 H_2 的摩尔数转换为 NH_3 的摩尔数：

$$0.1\underline{0}55 \text{ mol } H_2 \times \frac{2 \text{ mol } NH_3}{3 \text{ mol } H_2} = 0.070 \text{ mol } NH_3$$

H_2 足量时会产生 0.070 mol NH_3。

例题 11.11　化学反应中的气体

在下列反应中 294 g $KClO_3$ 完全反应，会生成多少升氧气？假设收集氧气时，$P = 755$ mm Hg，$T = 305$ K。

信息分类	已知：294 g $KClO_3$
已知化学反应中反应物的质量，求在一定压强和温度下产生的气体的体积。	$\quad\quad\quad P = 755$ mm Hg（O_2），$T = 305$ K 求：以升为单位的 O_2 的体积

制定策略

转换图包含两步。在第一步中，将 $KClO_3$ 的质量转换为摩尔数，然后转换为 O_2 的摩尔数。

在第二步中，运用理想气体定律，将 O_2 的摩尔数作为 n 来求出 O_2 的体积。

我们还需要 $KClO_3$ 的摩尔质量、$KClO_3$ 和 O_2 之间的化学计量关系（来自平衡化学方程式）。需要使用理想气体定律。

转换图

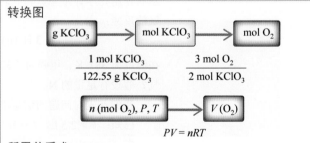

所用关系式

1 mol $KClO_3$ = 122.55 g（$KClO_3$ 的摩尔质量）

2 mol $KClO_3$: 3 mol O_2（来自问题中的平衡方程式）

$PV = nRT$（11.8 节中的理想气体定律）

求解问题	解
首先，将 $KClO_3$ 的质量转换为 $KClO_3$ 的摩尔数，再转换为 O_2 的摩尔数。 然后求解理想气体方程，得出 V。 在将数值代入该方程之前，将压强的单位转换为 atm。 最后，用已知量和刚刚算出的摩尔数计算体积。	$294 \text{ g KClO}_3 \times \dfrac{1 \text{ mol KClO}_3}{122.55 \text{ g KClO}_3} \times \dfrac{3 \text{ mol O}_2}{2 \text{ mol KClO}_3} = 3.60 \text{ mol O}_2$ $PV = nRT, \quad V = \dfrac{nRT}{P}$ $P = 755 \text{ mm Hg} \times \dfrac{1 \text{ atm}}{760 \text{ mm Hg}} = 0.99342 \text{ atm}$ $V = \dfrac{3.60 \text{ mol} \times 0.0821 \dfrac{\text{L} \cdot \text{atm}}{\text{mol} \cdot \text{K}} \times 305 \text{ K}}{0.99342 \text{ atm}} = 90.7 \text{ L}$
检查答案 检查答案的单位是否正确、大小是否合理。	单位为 L，正确。答案的大小稍难判断。同样，在标准温度和压强（$T = 0℃$ 或 273.15 K 和 $P = 1$ atm）下，1 mol 气体的体积为 22.4 L（见例题 11.6）。在 STP 下的 90.7 L 气体样本中含有约 4 mol 气体，因为从稍超过 2 mol $KClO_3$ 开始计算，且 2 mol $KClO_3$ 形成 3 mol O_2，所以对应于约 4 mol O_2 的答案是合理的。

▶ **技能训练 11.11**

在下列反应中，当压强为 745 mm Hg、温度为 308 K 时，生成了 4.58 L 的氧气。分解了多少克 Ag_2O？

11.10.1 标准温度和压强下的摩尔体积

回顾例题 11.6 可知，在 0℃（273.15 K）和 1 atm 时，1 mol 气体的体积为 22.4 L。这些条件被称为标准温度和压强（STP），在这些条件下，1 mol 气体的体积称为 STP 条件下的理想气体的摩尔体积。利用理想气体定律，可以求出 STP 条件下气体的摩尔体积为 22.4 L：

$$V = \dfrac{nRT}{P} = \dfrac{1.00 \text{ mol} \times 0.0821 \dfrac{\text{L} \cdot \text{atm}}{\text{mol} \cdot \text{K}} \times 273 \text{ K}}{1.00 \text{ atm}} = 22.4 \text{ L}$$

因此，在此标准条件下，我们可将下列比例用做换算因子：

$$1 \text{ mol} : 22.4 \text{ L}$$

在 STP 条件下，1 mol 气体的体积为 22.4 L。

22.4 L 摩尔体积仅适用于 STP 条件。

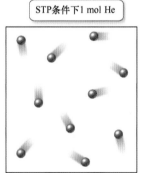

STP条件下1 mol He

体积 = 22.4 L
质量 = 4.00 g

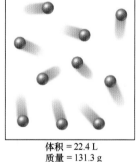

STP条件下1 mol Xe

体积 = 22.4 L
质量 = 131.3 g

例如，假设我们想计算 0.879 mol $CaCO_3$ 发生反应时，在 STP 条件下形成的二氧化碳气体的数量（升）：

$$CaCO_3(s) \rightarrow CaO(s) + CO_2(g)$$

我们首先要对问题中的信息进行分类。

已知：0.879 mol $CaCO_3$

求：以升表示的 $CO_2(g)$ 的体积

转换图

我们通过绘制转换图来制定策略，展示如何使用 STP 条件下的摩尔体积将 $CaCO_3$ 的摩尔数转换为 CO_2 的摩尔数，最后转换为 CO_2 的体积（升）。

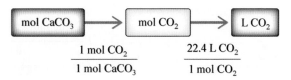

所用关系式

1 mol $CaCO_3$: 1 mol CO_2（来自问题中的平衡方程式）

1 mol = 22.4 L（STP 条件下的摩尔体积）

解

$$0.879 \text{ mol } CaCO_3 \times \frac{1 \text{ mol } CO_2}{1 \text{ mol } CaCO_3} \times \frac{22.4 \text{ L } CO_2}{1 \text{ mol } CO_2} = 19.7 \text{ L } CO_2$$

例题 11.12　在计算中使用摩尔体积

在 STP 条件下，1.24 L 氢气与氧气完全反应可生成多少克水？ $$2 H_2(g) + O_2(g) \longrightarrow 2 H_2O(g)$$	
信息分类 已知 STP 条件下反应物的体积，求产物的质量。	已知：1.24 L H_2 求：g H_2O
制定策略 在转换图中，使用摩尔体积将 H_2 的体积转换为 H_2 的摩尔数。然后用化学计量关系将其转换为水的摩尔数，最后用水的摩尔质量求出水的质量。	**转换图** L H_2 → mol H_2 → mol H_2O → g H_2O $\frac{1 \text{ mol } H_2}{22.4 \text{ L } H_2}$　$\frac{2 \text{ mol } H_2O}{2 \text{ mol } H_2}$　$\frac{18.02 \text{ g } H_2O}{1 \text{ mol } H_2O}$ **所用关系式** 1 mol = 22.4 L（STP 条件下的摩尔体积） 2 mol H_2 : 2 mol H_2O（问题中给出的平衡方程式） 18.02 g H_2O = 1 mol H_2O（H_2O 的摩尔质量）
求解问题 从 H_2 的体积开始，按转换图求出以克为单位的水的质量。	**解** $$1.24 \text{ L } H_2 \times \frac{1 \text{ mol } H_2}{22.4 \text{ L } H_2} \times \frac{2 \text{ mol } H_2O}{2 \text{ mol } H_2} \times \frac{18.02 \text{ g } H_2O}{1 \text{ mol } H_2O} = 0.998 \text{ g } H_2O$$
检查结果 检查答案的单位是否正确、大小是否合理。	单位为 g，正确。结果的大小合理，因为 1.24 L 气体约为 0.05 mol 反应物（STP 条件下），1 g H_2O 约为 0.05 mol（1 g/18 g/mol ≈ 0.05 mol）。由于反应生成 1 mol H_2O 和 1 mol H_2，所以预计生成的 H_2O 的摩尔数等于反应的 H_2 的摩尔数。

▶ 技能训练 11.12

生成 10.5 g H_2O 需要多少升氧气（STP 条件下）？

$$2 H_2(g) + O_2(g) \longrightarrow 2 H_2O(g)$$

环境中的化学

空气污染

世界上的主要城市都存在空气污染。这种污染有许多来源，包括发电、汽车和工业废物。虽然空气污染物种类较多，但主要的气态空气污染物包括：

二氧化硫（SO_2）。 二氧化硫主要是发电和工业金属冶炼的副产品。SO_2 对肺和眼睛产生刺激，是一种影响呼吸系统的气体，SO_2 也是酸雨的形成物之一。

一氧化碳（CO）。 一氧化碳是由化石燃料（石油、天然气和煤）的不完全燃烧形成的。它主要由机动车辆排放。一氧化碳会取代血液中的氧气，使得心脏和肺更难工作。CO 水平过高时，会导致感觉障碍、思维能力下降、无意识，甚至死亡。

臭氧（O_3）。 上层大气中的臭氧是环境的正常组成部分，它会过滤阳光中的部分有害紫外线。另一方面，低层大气或地面臭氧是阳光对机动车排放物作用造成的污染物，地面臭氧是一种眼睛和肺的刺激物，长期接触臭氧会永久地损害肺部。

二氧化氮（NO_2）。 机动车辆和发电厂排放的二氧化氮是一种橙棕色气体，它形成经常在污染城市看到的雾霾。二氧化氮是一种眼睛和肺的刺激物，也是酸雨的前身。

美国环境保护署（EPA）已为这些污染物制定了标准。20 世纪 70 年代，美国国会通过了《清洁空气法》及其修正案，要求美国城市减少污染，并保持在 EPA 规定的限制水平以下。由于这项立法，尽管车辆的数量有所增加，美国城市的污染物水平在过去的 40 年里显著下降。

例如，根据 EPA 的数据，1980—2010 年，美国主要城市中之前提到的所有四种污染物的水平都有所下降。表 11.5 中列出了这些下降的数量。

表 11.5　1980—2014 年美国主要城市污染物水平的变化	
污染物	1980—2014 年的变化
SO_2	-80%
CO	-85%
O_3	-33%
NO_2	-60%

由表 11.5 中可以看出，针对环境污染处理已经取得了很大的进展。大多数城市的污染物水平现在都达到或低于 EPA 规定的安全水平。这些趋势表明，良好的立法可以保持环境洁净。

B11.3　你能回答吗？计算 1.0 kg 含 4.0%的 S 的煤完全燃烧后的 SO_2 排放量（以克为单位）。在 STP 条件下，SO_2 的体积为多少升？

▲ 空气污染困扰着大多数大城市

关键术语

热力学零度	道尔顿分压定律	毫米汞柱	磅每平方英寸
大气压	阿伏伽德罗定律	缺氧	摩尔体积
压强	波义耳定律	理想气体常数	氮麻醉
标准温度和压强	查尔斯定律	理想气体定律	氧中毒
混合气体定律	分子运动理论	分压	托
帕斯卡	蒸汽压		

技能训练答案

技能训练 11.1............ 85.0 psi
技能巩固 .... 80.6 kPa
技能训练 11.2............ $P_2 = 2.1$ atm；深度约为 11 m
技能训练 11.3............ 123 mL
技能训练 11.4............ 0.82 L
技能训练 11.5............ 13 L
技能训练 11.6............ 1.6 atm

技能训练 11.7............ 16.1 L
技能巩固 .... 977 mm Hg
技能训练 11.8............ 70.8 g/mol
技能训练 11.9............ 721 torr
技能训练 11.10.......... $P_{tot} = 4.2$ atm
技能训练 11.11.......... 82.3 g
技能训练 11.12.......... 6.53 L O_2

概念检查站答案

11.1 (b)。粒子的大小与它们间的空间相比很小，粒子大小的变化不会显著改变气体的性质。

11.2 (a)。由于所有粒子都相同，且(a)中单位体积内粒子的数量最少，所以它的压强最小。

11.3 (c)。大气压支撑高为 10.3 m 的水柱。如果气压计中的液体的密度是水的 2 倍，那么这种液柱的重量会是水的 2 倍，它施加在底部的压强也是水的 2 倍。因此，大气压能够支撑的液柱只有它的一半高。

11.4 (b)。由于体积是 3 倍，且根据波义耳定律，体积和压强成反比，压强将降低 3 倍。

11.5 (a)。在恒压下，气体的体积与温度成正比。开氏度翻倍，体积也翻倍。

11.6 (c)。温度增一倍，压强增一倍，体积增一倍，压强减半。最终结果是压强等于其初始值。

11.7 (c)。因为氢气的摩尔质量最低，所以 1 g 氢气的摩尔数最大，体积也最大。

第12章 液体、固体和分子间作用力

人们发现，所有自然现象都有其起源，一切都取决于物质粒子之间的相互作用力。

——罗杰·约瑟夫·博斯科维奇（1711—1787）

12.1 水滴

当固态物体被扔到静止的水中时，通常会在撞击后立即形成一股小水柱（上升的小水柱）。将一枚硬币扔进一杯水中，仔细观察硬币落到水面下的瞬间，会看到特有的水柱向上飞溅。水柱的形成是因为固体在水中形成了一个圆柱形的坑。当圆柱体被重新填满时，塌陷的坑壁在其中心碰撞，水无处可去，只能上升，这些现象一直是摄像师和电视摄像制作人员努力捕捉的对象。许多照片还显示，当水柱开始回落时，水柱顶部会形成一个小水滴。如章首的图片所示，小水滴几乎是完美的球体。为什么水会在瞬间形成完美的球体？原因就是本章的主题——分子间作用力，即组成物质的粒子之间存在的吸引力。

水柱上升并开始下降后，水柱处于自由落体状态，没有重力的扭曲作用。这使得水分子之间的作用力决定了下落水柱的形状。这些力导致水分子之间相互吸引，就像一组小磁铁的相互吸引。这些吸引力使得水在室温下保持为液态（而非气态）；它们还导致处于自由落体状态下的水聚集成一个球体，我们可在水柱的顶部清楚地看到这个球体。球体是表面积与体积比最小的几何形状，通过形成球体，水分子之间的相互作用力最大，因为球体使液体表面的分子数量最少，在液体表面（与液体内部相比）发生的相互作用更少。

◀ 图中水滴的球形由分子间作用力引起，即存在于水分子之间的吸引力

分子间作用力不仅存在于水分子之间，而且存在于构成物质的所有粒子之间。这些力是液体和固体存在的原因。固体、液体或气体的状态取决于一定温度下样本中分子间作用力的大小。回顾 3.10 节可知，组成物质的分子和原子一直在不断地随机运动，这种运动随着温度的升高而增加，而与这种运动相关的能量是热能。在相同温度下，分子间作用力越弱，样本就越有可能为气态；分子间作用力越强，样本就越有可能为液态或固态。

12.2 液体和固体的性质

▶ 描述固体和液体的性质，并将它们与组成它们的原子和分子联系起来。

我们都熟悉固体和液体。水、汽油、外用酒精和洗甲水都是常见的液体，冰、干冰和钻石都是常见的固体。与气体中分子或原子之间的距离不同，组成液体和固体的分子或原子是紧密联系在一起的（▼图 12.1）。

气体　　　　液体　　　　固体

▶ 图 12.1　气体、液体和固体的状态

固体和液体的区别在于组成分子或原子的运动自由度。在液体中，即使原子或分子紧密接触，它们仍然可以自由地围绕彼此运动。在固体中，原子或分子固定在各自的位置上，但是热能使它们在某个固定点附近振动。固体和液体的这些分子性质导致了它们特有的宏观性质。

12.2.1　液体的性质

- 密度比气体的高。
- 形状不定，液体呈容器形状。
- 体积确定，液体不易压缩。

12.2.2　固体的性质

- 密度比气体的高。
- 形状确定，固体不呈容器形状。
- 体积确定，固体不易压缩。
- 可以是晶体（有序），或者是无定形的（无序）。

表 12.1 中小结了气体、液体和固体的性质。

表 12.1　气体、液体和固体的性质					
状 态	密 度	形 状	体 积	热力学作用导致的分子间作用力大小	举 例
气体	低	不定	不定	弱	气态二氧化碳（CO_2）
液体	高	不定	确定	中等	液态水（H_2O）
固体	高	确定	确定	强	糖（$C_{12}H_{22}O_{11}$）

液体的密度比气体的高，因为组成液体的原子或分子更紧密。例如，液态水的密度为 1.0 g/cm³（25℃），而气态水在 100℃ 和 1 atm 下的密度为 0.59 g/L，即 $5.9×10^{-4}$ g/cm³。液体之所以具有容器形状，是因为组成它们的原子或分子可以自由流动。当我们将水倒入烧瓶时，水会流动并呈烧瓶状（▼图 12.2）。液体不易被压缩，因为组成它们的分子或原子紧密接触，不能被推得更近。

和液体一样，固体的密度比气体的高，因为构成固体的原子或分子也靠得很近。固体的密度通常比相应液体的密度稍大。一个主要的例外是水，固态水（冰）比液态水的密度稍小。固体具有确定的形状，因为与液体或气体相比，构成固体的分子或原子是固定的（▼图 12.3），固体中的每个分子或原子只围绕一个固定点振动。同样，和液体一样，固体有一定的体积，不能被压缩，因为组成它们的分子或原子是紧密接触的。如 3.3 节所述，固体可以是晶体，在这种情况下，组成固体的原子或分子以有序的三维阵列排列；或者它们可能是无定形的，在这种情况下，组成固体的原子或分子不是长程有序的。

> 如 12.8 节所述，冰的密度比液态水的小，因为水有独特的晶体结构，结冰时会膨胀。

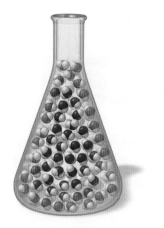

▲ 图 12.2　液体的形状与容器的形状相同。因为液态水中的分子可以自由地移动，因此呈现为容器状

▲ 图 12.3　固体有一定的形状。在冰这样的固体中，分子被固定在适当的位置，但是它们会围绕固定点振动

概念检查站 12.1

一种物质有确定的形状和体积，这种物质是什么状态？
(a) 固态；(b) 液态；(c) 气态。

12.3　表面张力和黏度

> ▶ 表面张力和黏度是液体分子间作用力的表现。

分子液体和固体的存在是分子间作用力最重要的表现，没有分子间作用力，分子固体和液体就不会存在（它们将是气体）。在液体中，我们可以观察到分子间作用力的其他几种表现形式，包括表面张力和黏度。

12.3.1 表面张力

▲ 图 12.4 **漂浮的诱饵**。尽管诱饵比水的密度大，但由于表面张力，它们会漂浮在溪流或湖泊的表面上

一名垂钓者小心地将小金属钩（上面有几根羽毛和绳子，以便看起来像一只昆虫）放在溪流的表面上。鱼钩浮在水面上，吸引鳟鱼（◀图 12.4）。鱼钩漂浮的原因是存在表面张力，它使得液体的表面积趋于最小，导致液体存在抵抗渗透的"表面"。为了让鱼钩下沉到水中，水的表面积必须稍微增大。这种增大会受到阻碍，因为与液体内部的分子相比，液体表面的分子与邻近分子的相互作用更少（▼图 12.5）。因为表面的分子与其他分子的相互作用较少，所以它们本质上不如内部的分子稳定。因此，液体倾向于使表面的分子数量最少，进而形成表面张力。我们可以通过在水面上放置回形针来观察表面张力（▼图 12.6）。尽管回形针的密度比水的大，但它还是浮在水面上。轻轻敲击回形针，克服表面张力，就会使回形针下沉。表面张力随着分子间作用力的增大而增大。例如，我们不能让回形针浮在汽油表面上，因为汽油的分子间作用力弱于水的分子间作用力。气油分子没有那么大的张力，所以不会形成"表面"。

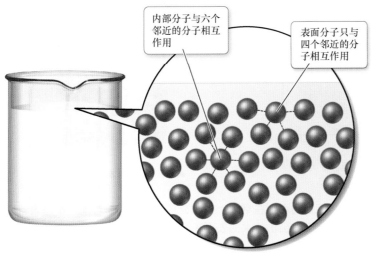

内部分子与六个邻近的分子相互作用

表面分子只与四个邻近的分子相互作用

▲ 图 12.5 **表面张力的来源**。液体表面的分子与液体内部的分子相互作用较少；相互作用的数量越少，表面分子的稳定性就越差

▲ 图 12.6 **表面张力的原理**。小心地将回形针放到水面上，由于表面张力的支撑，它会浮在水面上

12.3.2 黏度

分子间作用力的另一种表现形式是黏度，即液体流动的阻力。黏性液体比非黏性液体流动得更慢。例如，机油比汽油更黏稠，枫糖浆比水更黏稠（◀图 12.7）。分子间作用力较强的物质的黏度更大，因为分子不能自由移动，因此阻碍了流动。长链分子，如机油中的碳氢化合物，也容易因分子缠结（长链状分子缠结）在一起而形成黏性液体。

◀ 图 12.7 **黏度**。枫糖浆比水更黏，因为糖浆分子间作用力很强，不能轻易流动

12.4 蒸发和冷凝

▶ 描述、解释蒸发和冷凝的过程。

▶ 在计算中使用蒸发热。

将一杯水放在户外几天，杯中的水位就会慢慢下降。为什么？第一个原因是液体部分表面的水分子（对邻近分子的吸引力较小，因此保持得不太紧）会逃逸。第二个原因是液体中的所有分子在任何给定的温度下都有动能分布（▼图 12.8）。在任何给定的时刻，液体中一些分子的运动速度比平均速度快（能量更高），而另一些分子的运动速度更慢（能量更低）。一些运动速度更快的分子有足够的能量从表面逃逸，产生蒸发或汽化，这是物质从液态转化为气态的物理变化（▼图 12.9）。

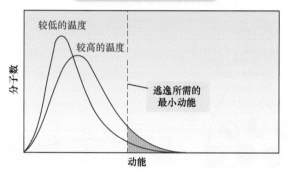

在更高的温度下，有足够能量逃逸的分子的比例增加

▲ 图 12.8 能量分布。在给定温度下，分子或原子的样本具有动能分布。有足够能量逃逸的分子的比例显示为紫色

表面的分子没有内部的分子那么紧，所以能量高的分子可以脱离为气体状态

▲ 图 12.9 蒸发

如果将等量的水倒在桌子上，水会蒸发得更快，可能几小时内就会蒸发掉。为什么？溢出的水的表面积更大，使得更多的分子蒸发。如果加热玻璃上的水，它会蒸发得更快，因为更多的热能导致更多的分子有足够的能量离开表面（▲图 12.8）。如果将杯子装满外用酒精而非水，液体会蒸发得更快，因为酒精分子间的分子间作用力比水分子间的分子间作用力要弱。一般来说，汽化率随以下因素增加：

在蒸发或汽化过程中，物质从液态转变为气态。

- 表面积增大
- 温度升高
- 分子间作用力的大小降低

易蒸发的液体是挥发性的，不易蒸发的液体是非挥发性的。例如，外用酒精比水更易挥发，机油在室温下几乎不挥发。

将水放到一个密闭的容器里，其水位保持不变，因为离开液体的分子被困在水面上方的空气中。这些气体分子经容器壁反弹，会再次撞击水面并重新冷凝。冷凝是物质从气态转化为液态的物理变化。

蒸发和冷凝是相互对立的：蒸发是指液体变成气体，冷凝是指气体变成液体。当我们最初将液态水放入一个封闭的容器时，蒸发比冷凝发动态平衡之所以如此命名，是因为单个分子的冷凝和蒸发都在继续，但速率相同。

不同温度下水的蒸汽压如表 11.4 所示。

生得多，因为水上方的空间中气态水分子很少（▼图 12.10a）。然而，随着气态水分子数量的增加，冷凝速率随之增大（▼图 12.10b）。当冷凝和蒸发速率相等时（▼图 12.10c），达到动态平衡，液体上方气态水分子的数量保持恒定。

液体的蒸汽压是其蒸汽与液体动态平衡时的分压。在 25℃时，水的蒸汽压为 23.8 mm Hg，蒸汽压随以下因素增加：

- 温度升高
- 分子间作用力的大小降低

蒸汽压与表面积无关，因为平衡时表面积的增大同样影响蒸发速率和冷凝速率。

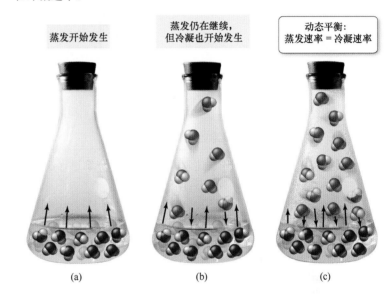

▶ 图 12.10 蒸发和冷凝过程。(a) 当水首次被放进封闭的容器时，水分子开始蒸发；(b) 随着气体分子数量的增加，一些分子开始与液体碰撞并被捕获，也就是说，它们重新冷凝成液体；(c) 当蒸发速率等于冷凝速率时，发生动态平衡，气体分子数保持恒定

12.4.1 沸腾

有时我们看到在低于 100℃的热水中会形成气泡。这些气泡是溶解的空气，而不是气态水。加热水时，溶解的空气从水中逃逸，因为气体在液体中的溶解度随温度的升高而降低（见 13.4 节）。

当我们在开放的容器中提高水温时，增加的热能会导致分子离开表面并以越来越快的速度蒸发。在沸点（液体的蒸汽压等于其上压强的温度），热能足以使液体内部的分子（不仅仅是表面的分子）分裂成气相（▼图 12.11）。水的正常沸点是 100℃（1 atm 压强下的沸点）。当水样达到 100℃时，可以看到液体中形成气泡，这些气泡是气态水。气泡迅速上升到液体表面，气泡中的水分子以气态水或蒸汽的形式离开。

▶ 图 12.11 沸腾。在沸腾过程中，热能足以使液体内部的水分子变成气态，形成含有气态水分子的气泡

一旦液体达到沸点，再进行加热只会导致更快的沸腾，而不会使液体的温度升高到沸点以上（▼图 12.12）。沸水和蒸汽混合物的温度总是 100℃（在 1 atm 压强下）。只有当所有的水都转化成蒸汽后，蒸汽的温度才能超过 100℃。

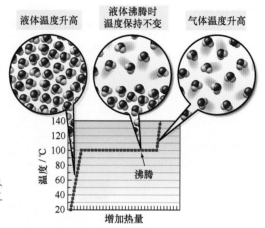

液体温度升高　液体沸腾时温度保持不变　气体温度升高

▶ 图 12.12　**沸腾加热曲线**。水从室温加热到沸点时的温度。在沸腾过程中，温度保持为 100℃，直到所有液体蒸发

概念检查站 12.2

对快速沸腾的水罐上的气体进行取样和分析。哪种物质占气体样本的大部分？

(a) $H_2(g)$；(b) $H_2O(g)$；(c) $O_2(g)$；(d) $H_2O_2(g)$。

12.4.2　蒸发和冷凝的能量学

在吸热过程中，热量被吸收；在放热过程中，热量被释放。

　　蒸发是吸热的。当液体转化为气体时吸收热量，因为将分子从液体的其余部分分离需要能量。想象一群液态水分子，当水被蒸发时，它会冷却，这是典型的吸热过程，因为只有移动得最快的分子脱离，留下移动得较慢的冷却分子。在一般情况下，水蒸发时温度的轻微下降被来自周围环境的热能转移所抵消，这使得水变暖。然而，如果蒸发的水与周围环境隔热，那么它会随着蒸发而继续冷却。

　　我们可以通过隔绝沸水锅下的热量来观察蒸发的吸热性质：由于蒸发损失的热量导致水冷却到沸点以下，水很快停止沸腾。人体就是利用蒸发的吸热特性来降温的。当人体过热时，就会出汗，导致皮肤被液态水覆盖。当水分蒸发时，它会从人体吸收热量，使人的体温下降。风扇加强了冷却效果，因为它把新蒸发的水从皮肤上吹走，让更多的汗水蒸发，导致冷却效果更强。然而，高湿度会减缓蒸发，阻碍冷却。当空气中已经含有大量的水蒸气时，汗水就不那么容易蒸发，空气中的水分会降低人体冷却系统的效率。

　　冷凝与蒸发相反，是放热的。当气体冷凝成液体时，就会释放热量。如果曾经不小心将手放在热气腾腾的水壶上，那么你可能经历过蒸汽烧伤。当蒸汽在皮肤上冷凝成液体时，会释放热量，导致严重烧伤。冷凝的放热性质也是沿海城市冬季夜间温度不像沙漠夜间温度那样低的原因，沿海城市的空气中往往有水蒸气，而沙漠的空气往往很干燥。随着沿海城市气温的下降，水从空气中冷凝，释放热量，从而

阻止温度进一步下降。在沙漠中，空气中几乎没有水分可以冷凝，所以温度下降更多。

12.4.3 蒸发热

蒸发 1 mol 液体所需的热量是蒸发热（ΔH_{vap}）。水在正常沸点（100℃）的蒸发热是 40.7 kJ/mol：

$$H_2O(l) \longrightarrow H_2O(g) \quad \Delta H = +40.7kJ \text{（在 100℃下）}$$

ΔH 为正，因为蒸发吸热，必须给水注入能量才能使它汽化。

当 1 mol 气体冷凝时，也会产生同样的热量，但会释放热量而非吸收热量：

$$H_2O(g) \longrightarrow H_2O(l) \quad \Delta H = -40.7kJ \text{（在 100℃下）}$$

此时，ΔH 为负，因为冷凝放热，水冷凝时释放热量。

不同的液体有不同的蒸发热（表 12.2）。蒸发热也与温度有关（它们随温度变化）。温度越高，给定液体越容易汽化，因此蒸发热就越低。

表 12.2　几种液体在其沸点和 25℃下的蒸发热				
液　体	化学分子式	正常沸点（℃）	沸点的蒸发热（kJ/mol）	25℃的蒸发热（kJ/mol）
水	H_2O	100.0	40.7	44.0
异丙醇（外用酒精）	C_3H_8O	82.3	39.9	45.4
丙酮	C_3H_6O	56.1	29.1	31.0
乙醚	$C_4H_{10}O$	34.5	26.5	27.1

我们可用液体的蒸发热来计算蒸发一定量的液体所需的热能。为此，我们将蒸发热作为液体的摩尔数和蒸发所需的热量之间的换算因子。例如，假设我们要计算 25.0 g 水在沸点时蒸发所需的热量，我们从整理问题陈述中的信息开始。

已知：25.0 g H_2O

求：热能（kJ）

转换图

我们通过绘制转换图来制定策略，从水的质量开始，以蒸发它所需的能量结束。

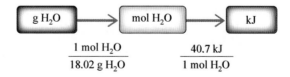

所用关系式

$$\Delta H_{vap}= 40.7 \text{ kJ/mol，} 100℃ \text{（表 12.2）}$$
$$1 \text{ mol } H_2O = 18.02 \text{ g } H_2O \text{（水的摩尔质量）}$$

解

$$25.0 \text{ g } H_2O \times \frac{1 \text{ mol } H_2O}{18.02 \text{ g } H_2O} \times \frac{40.7 \text{ kJ}}{1 \text{ mol } H_2O} = 56.5 \text{ kJ}$$

例题 **12.1** 在计算中使用蒸发热

计算以克为单位的水在其沸点用 155 kJ 的热量可以蒸发的量。

信息分类 已知热量的千焦数，求给定能量下能蒸发的水的质量。	已知：155 kJ 求：g H_2O
制定策略 绘制转换图，从能量单位千焦开始，转换为水的摩尔数，再转换为水的克数。	转换图 $\boxed{kJ} \longrightarrow \boxed{mol\ H_2O} \longrightarrow \boxed{g\ H_2O}$ $\dfrac{1\ mol\ H_2O}{40.7\ kJ} \qquad \dfrac{18.02\ g\ H_2O}{1\ mol\ H_2O}$ 所用关系式 $\Delta H_{vap} = 40.7$ kJ/mol，100℃（表 12.2） 18.02 g H_2O = 1mol H_2O（水的摩尔质量）
求解问题 根据转换图求解问题。	解 $155\ kJ \times \dfrac{1\ mol\ H_2O}{40.7\ kJ} \times \dfrac{18.02\ g}{1\ mol\ H_2O} = 68.6\ g$
检查答案 检查答案的单位是否正确、大小是否合理。	单位为 g，正确。答案的大小合理，因为每摩尔水在蒸发时会吸收约 40 kJ 的能量。因此，155 kJ 应蒸发近 4 mol 的水，与答案一致（4 mol 的水的质量约为 72 g）。

▶ **技能训练 12.1**

计算在沸点蒸发 2.58 kg 水所需的热量，单位为千焦。

▶ **技能巩固**

一滴质量为 0.48 g 的水冷凝在一块 55 g 的铝板表面，铝板的初始温度为 25℃。如果在冷凝过程中释放的热量只用于加热金属，金属块的最终温度是多少摄氏度？（铝的比热容见表 3.4，为 0.903 J/g℃。水的蒸发热为 40.7 kJ/mol。）

概念检查站 **12.3**

当水在一小块金属上冷凝时，金属块的温度会发生什么变化？

12.5 熔化、凝固和升华

▶ 描述熔化、冻结和升华的过程。

▶ 在计算中使用核聚变热。

随着固体温度的升高，热能导致组成固体的分子和原子振动得更快。到达熔点时，原子和分子有足够的热能来克服将它们保持在静止点的分子间作用力，固体就变成了液体。例如，冰的熔点是 0℃。一旦达到固体的熔点，额外的加热只会导致固体更快地熔化，而不会使固体的温度升高到熔点以上（▼图 12.13）。只有在所有的冰熔化后，额外的加热才能使液态水的温度超过 0℃。水和冰的混合物的温度总是 0℃（1 atm 压强下）。

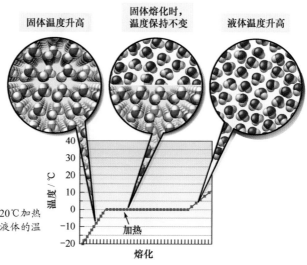

固体温度升高　固体熔化时，温度保持不变　液体温度升高

▶ 图 12.13　熔化过程中的温度曲线。冰从-20℃加热到 35℃时的温度图。在熔化过程中，固体和液体的温度保持在 0℃，直到整个固体熔化

12.5.1　熔化和结冰能量学

冷却饮料最常见的方法是往饮料中放几块冰。当冰融化时，饮料变冷，因为融化是吸热的。当固体转化为液体时，吸收热量，融化的冰从饮料中的液体吸收热量并冷却液体。熔化是吸热的，因为需要能量来部分克服固体分子之间的吸引力，并将它们转换到液体状态。

结冰与熔化相反，是放热的，当液体结冰成固体时释放热量。例如，当冰箱里的水变成冰时，释放热量，而这些热量必须通过冰箱的制冷系统来消除。如果制冷系统未去除热量，水就不会完全结冰。它开始结冰时释放的热量会使冰箱升温，防止进一步结冰。

12.5.2　熔化热

熔化 1 mol 固体所需要的热量是熔化热（ΔH_{fus}），水的熔化热是 6.02 kJ/mol：

$$H_2O(s) \longrightarrow H_2O(l), \quad \Delta H = +6.02 \text{ kJ}$$

ΔH 为正值，因为熔化吸热，必须给冰注入热量才能熔化它。

当 1 mol 液态水结冰时，产生同样的热量，但释放而不吸收热量：

$$H_2O(l) \longrightarrow H_2O(s), \quad \Delta H = -6.02 \text{ kJ}$$

此时ΔH 为负，因为结冰放热，水结冰时释放能量。

不同的物质有不同的熔化热（表 12.3）。注意，一般来说，熔化热明显小于蒸发热。熔化 1 mol 冰所需的能量比蒸发 1 mol 液态水所需的能量要少。为什么？汽化需要使一个分子与另一个分子完全分离，因此必须完全克服分子间作用力。另一方面，熔化只需要部分克服分子间作用力，允许分子在相互运动的同时仍然保持接触。

▶ 冰融化时，水分子从固体结构中挣脱出来，变成液体。只要冰和水同时存在，温度就是 0.0℃

表 12.3	几种物质的熔化热		
液 体	化学分子式	熔点（℃）	熔化热（kJ/mol）
水	H_2O	0.00	6.02
异丙醇（外用酒精）	C_3H_8O	−89.5	5.37
丙酮	C_3H_6O	−94.8	5.69
乙醚	$C_4H_{10}O$	−116.3	7.27

我们可用熔化热来计算熔化一定量的固体所需的热能，熔化热是固体的量和熔化它所需热量之间的一个换算因子。例如，假设我们要计算熔化 25.0 g 冰（在 0℃条件下）所需的热量。我们首先对问题陈述中的信息进行分类。

已知：25.0 g H_2O

求：热量（kJ）

转换图

然后绘制转换图，从水的质量开始，以熔化它所需的能量结束。

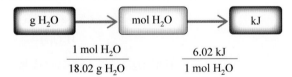

$$\frac{1\ mol\ H_2O}{18.02\ g\ H_2O} \qquad \frac{6.02\ kJ}{1\ mol\ H_2O}$$

所用关系式

$$\Delta H_{fus} = 6.02\ kJ/mol（表 12.3）$$
$$1\ mol\ H_2O = 18.02\ g\ H_2O（水的摩尔质量）$$

解

$$25.0\ g\ H_2O \times \frac{1\ mol\ H_2O}{18.02\ g\ H_2O} \times \frac{6.02\ kJ}{1\ mol\ H_2O} = 8.35\ kJ$$

例题 **12.2**　**在计算中使用熔化热**

计算冰在熔化（0℃）时吸收 237 kJ 热量的克数。	
信息分类 已知热量的千焦数，求熔化时吸收给定能量的冰的质量。	已知：237 kJ 求：g H_2O（冰）
制定策略 绘制转换图，从能量单位千焦开始，转换为水的摩尔数，再转换为水的克数。	**转换图** $\boxed{kJ} \longrightarrow \boxed{mol\ H_2O} \longrightarrow \boxed{g\ H_2O}$ 　　　　$\dfrac{1\ mol\ H_2O}{6.02\ kJ}$　　$\dfrac{18.02\ g}{1\ mol\ H_2O}$ **所用关系式** 　　$\Delta H_{fus} = 6.02\ kJ/mol$（表 12.3） 　　$1\ mol\ H_2O = 18.02\ g\ H_2O$（水的摩尔质量）
求解问题 根据转换图求解问题。	**解** $237\ kJ \times \dfrac{1\ mol\ H_2O}{6.02\ kJ} \times \dfrac{18.02\ g}{1\ mol\ H_2O} = 709\ g$
检查答案 检查答案的单位是否正确、大小是否合理。	单位为 g，正确。答案的大小合理，因为每摩尔水在熔化时吸收约 6 kJ 的能量。因此，237 kJ 应熔化近 40 mol 的水，与答案一致（40 mol 水的质量约为 720 g）。

▶ **技能训练 12.1**

计算 15.5 g 冰块熔化时（0℃）所吸收的热量。

▶ **技能巩固**

将一个 5.6 g 的冰块（0℃）放入 195 g 水（25℃）。如果熔化冰吸收的热量只来自 195 g 水，那么这 195 g 水的温度变化是多少？

概念检查站 **12.3**

下图显示了冰从−25℃开始到 125℃结束的温度曲线。将 i、ii 和 iii 部分与水的正确状态联系起来。

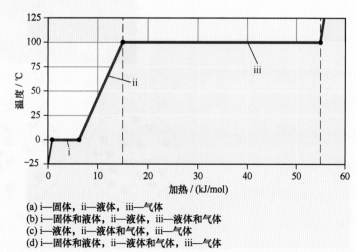

(a) i—固体，ii—液体，iii—气体
(b) i—固体和液体，ii—液体，iii—液体和气体
(c) i—液体，ii—液体和气体，iii—气体
(d) i—固体和液体，ii—液体和气体，iii—气体

第 12 章　液体、固体和分子间作用力　**263**

12.5.3 升华

升华是物质从固态直接变为气态的物理变化。当一种物质升华时，分子离开固体表面，在那里它们比在内部保持得更不紧密，并且变成气体。例如，干冰是固体二氧化碳，在大气压下（任何温度）都不会熔化。在-78℃时，CO_2 分子有足够的能量离开干冰表面变成气态。普通冰在0℃以下时会慢慢升华，我们可在寒冷的气候下观察到冰的升华。即使温度保持在 0℃ 以下，地面上的冰或雪也会逐渐消失。同样，即使冰箱中的冰总是低于 0℃，在冰箱里放置很长时间后，冰块也会慢慢变小。在这两种情况下，冰都在升华，直接变成水蒸气。

从冷冻食品中也可升华出冰。我们可在密封塑料袋里冷冻很长一段时间的食物中看到这一现象。在袋中形成的冰晶是从食物中升华出来并重新沉积在袋子表面的水。因此，冷藏太久的食物会变得干燥。这在一定程度上可以通过将食物冷冻到更低的温度（低于 0℃）来避免，这一过程被称为深度冷冻。温度越低，升华的速度越慢，食物保存的时间就越长。

▲ 干冰是固态二氧化碳。固体不熔化，而是升华。它直接从固态二氧化碳转化为气态二氧化碳

概念检查站 12.5

固态二氧化碳（干冰）描述如下。

以下哪张图片最能代表升华后的干冰？

(a)　　　(b)　　　(c)

12.6 分子间作用力

- 比较四类分子间的力：色散力、偶极力、氢键和离子偶极力。
- 确定化合物中分子间作用力的类型。
- 使用分子间作用力来确定相对熔点和沸点。

构成物质的分子或原子之间的分子间作用力的大小，决定了该物质在室温下的状态是固体、液体还是气体。强大的分子间作用力往往会产生液体和固体（具有高熔点和沸点）。微弱的分子间作用力往往产生气体（熔点和沸点较低）。本书着重介绍四类基本的分子间作用力。按照大小递增的顺序，它们是色散力、偶极力、氢键和离子偶极力。

12.6.1 色散力

色散力（也称伦敦力）是默认的分子间作用力，存在于所有分子和原子中。色散力是由分子或原子内电子分布的波动引起的。所有的原子和分子都有电子，所以它们都有色散力。原子或分子中的电子在任何时刻都可能不均匀地分布。例如，想象氢原子的各帧图像，其中每帧图像都捕获了氦原子的两个电子的位置（▼图 12.14）。在任何坐标系中，电子都不是对称地围绕原子核排列的。例如，在坐标系 3 中，氦的两个电子在氦原子的左侧。左侧带轻微的负电荷（δ）。原子的右侧没有电子，带轻微的正电荷（δ^+）。

▶ 图 12.14 **瞬时偶极子**。氦原子电子分布的随机波动导致瞬时偶极子形成

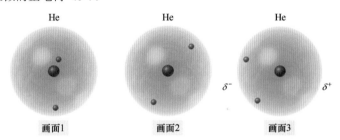

画面1   画面2   画面3

这种短暂的电荷分离被称为瞬时偶极子（或临时偶极子）。一个氦原子上的瞬时偶极子会在其邻近原子上产生瞬时偶极子，因为瞬时偶极子的正极端会吸引邻近原子中的电子（▼图 12.15）。当相邻的原子相互吸引时，就会产生色散力，一个瞬时偶极子的正极端吸引另一个偶极子的负极端。引发色散力的偶极子是瞬态的，随着电子云的波动不断出现和消失。

▶ 图 12.15 **色散力**。任何一个氦原子上的瞬时偶极子都会诱发邻近原子上的瞬时偶极子。然后相邻的原子相互吸引，这种吸引力称为色散力

弱吸引力

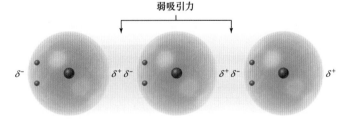

δ^- $\delta^+\delta^-$ $\delta^+\delta^-$ δ^+

色散力的大小取决于原子或分子中电子响应瞬时偶极子移动或极化的难易程度，而瞬时偶极子的运动或极化又取决于电子云的大小。电子云越大，色散力越大，因为电子被原子核束缚得没那么紧，因此更易被极化。当所有其他变量都是常数时，色散力随摩尔质量的增加而增加。例如，思考表 12.4 中列出的稀有气体的沸点。当惰性气体的摩尔质量增加时，它们的沸点随之增加。虽然摩尔质量不能单独决定色散力的大小，

表 12.4 惰性气体的沸点		
惰性气体	摩尔质量 (g/mol)	沸点 (K)
He	4.00	4.2
Ne	20.18	27
Ar	39.95	87
Kr	83.80	120
Xe	131.29	165

但在比较一系列相似元素或化合物中的色散力时，可作为有用的指标。

例题 12.3　色散力

Cl_2、I_2 中哪个的沸点更高？

解

Cl_2 的摩尔质量为 70.90 g/mol，I_2 的摩尔质量为 253.80 g/mol。由于 I_2 的摩尔质量更高，它的色散力更强，因此沸点也更高。

▶ 技能训练 12.3

CH_4、C_2H_6 中哪种碳氢化合物的沸点更高？

12.6.2 偶极力

偶极力存在于所有极性分子中。极性分子有永久偶极子（见 10.8 节），它与相邻分子的永久偶极子相互作用（◀图 12.16）。一个永久偶极子的正极端被另一个偶极子的负极端吸引，这种吸引力就是偶极力（▼图 12.17）。因此，极性分子比类似摩尔质量的非极性分子具有更高的熔点和沸点。所有分子（包括极性分子）都有色散力，此外，极性分子还有偶极力。相对于相似摩尔质量的非极性分子，这种额外的吸引力提高了它们的熔点和沸点。例如，思考甲醛和乙烷的化合物：

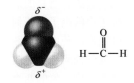

▲ 图 12.16　永久偶极子。甲醛等分子是极性的，因此具有永久偶极子

名称	分子式	摩尔质量 (g/mol)	结构	沸点 (℃)	熔点 (℃)
甲醛	CH_2O	30.0	H—C—H（含O）	-19.5	-92
乙烷	C_2H_6	30.1	H—C—C—H（含H）	-88	-172

甲醛是极性的，因此比非极性乙烷具有更高的熔点和沸点，即使这两种化合物的摩尔质量相同。

组成液体的分子的极性在决定液体的混溶性时也很重要，混溶性是指不分离成两相的混合能力。一般来说，极性液体与其他极性液体可混溶，但与非极性液体不能混溶。例如，极性液体水不能与非极性液体戊烷（C_5H_{12}）混溶（▼图 12.18）。同样，水和（非极性）油不能混溶。因此，手上或衣服上的油渍不能用普通的水洗掉。

极性分子的正端被相邻分子的负端吸引

▲ 图 12.17　偶极子吸引

▶ 图 12.18　极性化合物和非极性化合物。(a) 戊烷为非极性化合物，不与极性化合物水混溶；(b) 同样，沙拉酱中的油和醋往往会分成不同的层；(c) 油轮溢油明显表明石油与海水不能混溶

(a)　　(b)　　(c)

确定每个分子是否有偶极力：(a) CO_2；(b) CH_2Cl_2；(c) CH_4。

解

如果分子是极性的，它就有偶极力。要确定分子是否具有极性，必须：

1. 确定分子是否包含极性键。

2. 确定极性键是否叠加在一起形成净偶极矩（见 10.8 节）。

(a) 碳和氧的电负性分别为 2.5 和 3.5（见图 10.2），因此 CO_2 具有极性键。CO_2 的几何形状是线性的，因此极性键抵消，分子不是极性的，也没有偶极力。	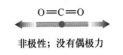 非极性；没有偶极力
(b) C、H、Cl 的电负性分别为 2.5、2.1、3.5。因此，CH_2Cl_2 有两个极性键（C—Cl）和两个几乎是非极性的键（C—H）。CH_2Cl_2 的几何结构是四面体。由于 C—Cl 和 C—H 是不同的，它们不会相互抵消，而是相加成为一个净偶极矩。因此，分子是极性的，具有偶极力。	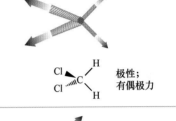 极性；有偶极力
(c) 由于 C 和 H 的电负性分别为 2.5 和 2.1，因此 C—H 键几乎是非极性的。此外，由于分子的几何结构是四面体，任何键可能具有的轻微极性都会抵消。因此，CH_4 是非极性的，没有偶极力。	 非极性；没有偶极力

▶ **技能训练 12.4**

确定如下分子是否有偶极力：(a) CI；(b) CH_3Cl；(c) HCl。

12.6.3 氢键

含有氢原子的极性分子直接与氟、氧或氮结合，表现出一种额外的分子间作用力，称为氢键。例如，HF、NH_3 和 H_2O 都能形成氢键。氢键是一种超偶极力。氢和这些电负性元素之间的大电负性差异，以及这些原子的小尺寸（邻近分子可以非常接近对方），导致这些分子中的 H 和相邻分子上的 F、O 或 N 之间产生强大的吸引力。一个氢原子和一个电负性原子之间的这种吸引力就是氢键。例如，在 HF 中，氢被邻近分子上的氟强烈吸引（◀图 12.19）。

不要把氢键和化学键混淆，化学键发生在分子中的单个原子之间，通常比氢键强得多。氢键的强度只有典型共价化学键的 2%～5%。氢键类似于色散力和偶极力，是发生在分子之间的分子间作用力。例如，在液态水中，氢键是短暂存在的，当水分子在液体中移动时，氢键不断形成、断裂和再形成。然而，氢键是很强的分子间作用力。由形成氢键的分子组成的物质的熔点和沸点，比根据摩尔质量预测的熔点和沸点要高得多。例如，思考甲醇和乙烷这两种化合物：

每个分子上的氢都被相邻分子上的氟强烈吸引

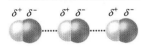

H—F ……… H—F ……… H—F

▲ 图 12.19 **氢键**。氢原子对电负性原子的分子间吸引力是氢键

名称	分子式	摩尔质量 (g/mol)	结构	沸点（℃）	熔点（℃）
甲醇	CH_2OH	32.0	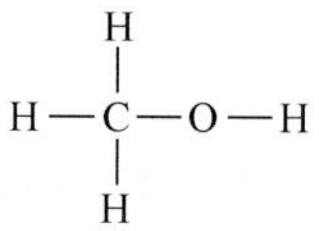 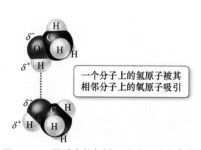	64.7	-97.6
乙烷	C_2H_6	30.1	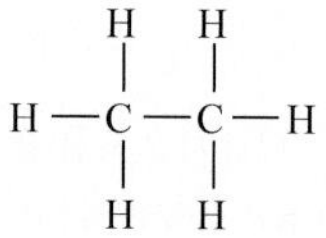	-89	-183

由于甲醇含有直接与氧结合的氢，因此其分子具有氢键作为分子间作用力，直接与氧结合的氢被邻近分子上的氧强烈吸引（◀图 12.20）。这种强大的吸引力使甲醇的沸点达到 64.7℃，因此，甲醇在室温下呈液态。水是以氢键作为分子间作用力的分子的另一个很好的例子（▼图 12.21）。对于水这样低摩尔质量（18.02 g/mol）的分子，水的沸点（100℃）非常高。氢键在生物分子中也很重要，蛋白质和核酸的形状很大程度上受氢键的影响，例如，DNA 的两半是通过氢键连接在一起的。

一个分子上的氢原子被其相邻分子上的氧原子吸引

每个水分子上的氢原子被其邻近的氧原子吸引

▲ 图 12.20　甲醇中的氢键。因为甲醇含有直接与氧结合的氢原子，所以甲醇分子彼此形成氢键

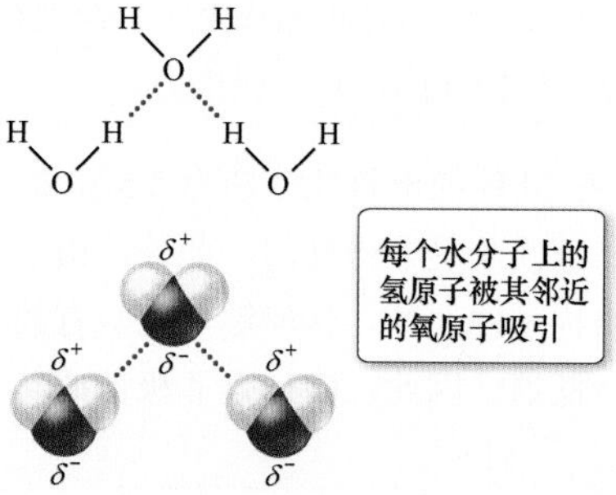

▲ 图 12.21　水中的氢键。水分子之间形成强氢键

例题 12.5　氢键

下列哪种个化合物在室温下是液体。为什么？

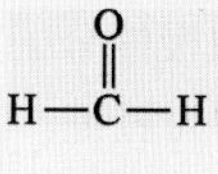

甲醛 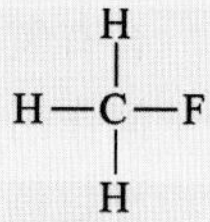　　　　　氟代甲烷 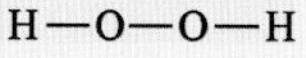　　　　过氧化氢

解

这三种化合物的摩尔质量相似：

甲醛	30.03 g/mol
氟代甲烷	34.04 g/mol
过氧化氢	34.02 g/mol

因此，它们的色散力的大小是相似的。这三种化合物都是极性的，所以它们都有偶极力。然而，过氧化氢是唯一一种包含 H 直接与 O 成键的化合物。因此，它存在氢键，最有可能是三者中沸点最高的。因为问题说只有一种化合物是液体，所以我们可以安全地假设过氧化氢是液体。注意，虽然氟代甲烷同时包含 H 和 F，但 H 不直接与 F 成键，所以氟代甲烷不具有氢键作为分子间作用力。类似地，虽然甲醛包含 H 和 O，但 H 不直接与 O 结合，所以甲醛也没有氢键。

在某些情况下，氢键可以发生在一个分子和另一个含有电负性原子的分子之间，在这个分子中，H 直接与 F、O 或 N 成键。

> ▶ 技能训练 12.5
> HF 和 HCl 中哪个的沸点高？为什么？

概念检查站 12.6

三种分子化合物 A、B 和 C 的摩尔质量几乎相同。物质 A 是非极性的，物质 B 是极性的，物质 C 是氢键。它们的沸点的相对顺序最有可能是什么？

(a) A < B < C；(b) C < B < A；(c) B < C < A。

钠离子的正电荷与水分子的负电荷相互作用，
氯离子的负电荷与水分子的正电荷相互作用

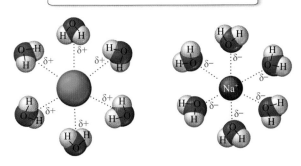

▲ 图 12.22　离子偶极力

12.6.4　离子偶极力

离子偶极力发生在离子化合物和极性化合物的混合物中，它在离子化合物的水溶液中尤其重要。例如，当氯化钠与水混合时，钠离子和氯离子通过离子偶极力与水分子相互作用，如◀图 12.22 所示。钠离子的正电荷与水分子的负电荷相互作用，氯离子的负电荷与水分子的正电荷相互作用。离子偶极力是所讨论的四种分子间作用力中最强的一种，它决定了离子化合物与水形成溶液的能力，我们将在第 13 章更详细地讨论水溶液。

表 12.5 中小结了不同类型的分子间作用力。记住，色散力是最弱的分子间作用力，存在于所有分子和原子中，并随着摩尔质量的增加而增加。这种力在小分子中很弱，但在高摩尔质量的分子中变得很强。偶极力只存在于极性分子中。氢键存在于直接与氟、氧或氮成键的氢的分子中，离子偶极力发生在离子化合物和极性化合物的混合物中。

表 12.5　分子间作用力的类型

力的类型	相对强度	出现位置	举例
色散力（伦敦力）	弱，随着摩尔质量的增加而增加	所有原子和分子	H_2　H_2
偶极力	中等	只有极性分子	HCl　HCl
氢键	强	含有 H 的分子直接与 F、O 或 N 成键	HF　HF
离子偶极力	很强	离子化合物和极性化合物的混合物	

DNA 中的氢键

DNA 是一种长链分子，是生物体的蓝图。DNA 的复制是从父母到后代的，这就是我们从父母那里继承特征的原因。一个DNA分子由数千个被称为核苷酸的重复单元组成（▼图 12.23）。每个核苷酸包含四种不同碱基中的一种：腺嘌呤、胸腺嘧啶、胞嘧啶和鸟嘌呤（分别缩写为 A、T、C 和 G）。DNA 中这些碱基的顺序编码了蛋白质（蛋白质是生物体中最重要的分子）如何在人体的每个细胞中生成的指令。蛋白质几乎决定了人类的所有特征，包括我们的外貌、我们如何对抗感染，甚至我们的行为方式。因此，人类 DNA 是人类形成的蓝图。

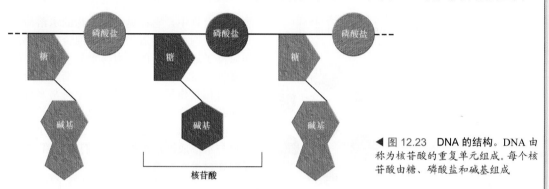

◀ 图 12.23　DNA 的结构。DNA 由称为核苷酸的重复单元组成。每个核苷酸由糖、磷酸盐和碱基组成

每次人类细胞分裂时，它都必须复制蓝图，也就是复制它的 DNA。这种复制机制与 1953 年由詹姆斯·沃森和弗朗西斯·克里克发现的 DNA 结构有关。DNA 由两条互相缠绕的互补链组成，它们形成了著名的双螺旋结构。每条链通过碱基之间的氢键相互连接。DNA 复制是因为每个碱基（A、T、C 和 G）都有一个互补的碱基，与之形成氢键（▼图 12.24）。腺嘌呤（A）

▶ 图 12.24　DNA 中的氢键。DNA 双螺旋的两半通过氢键结合在一起

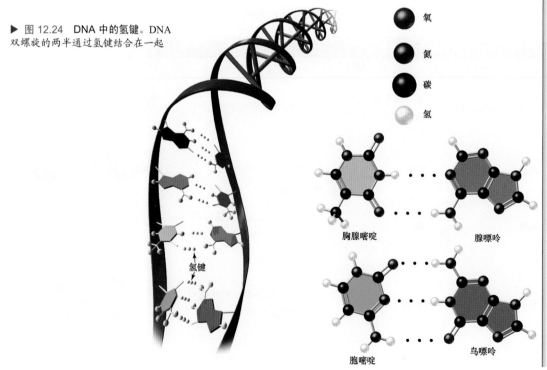

与胸腺嘧啶（T）形成氢键，胞嘧啶（C）与鸟嘌呤（G）形成氢键。氢键十分特殊，每个碱基只能与它的互补碱基配对。当细胞分裂时，DNA 会沿其长度方向上的氢键解开。然后，包含与每一半中的碱基互补的碱基的新核苷酸沿着每个半部分相加，并与它们的互补序列

形成氢键。然后生成与原始 DNA 相同的复制 DNA（见第 19 章）。

B12.1　你能回答吗？为什么色散力不能作为将 DNA 的两半结合在一起的方式？为什么共价键不起作用？

概念检查站 12.7

干冰升华时，克服了哪些力？
(a) 碳原子和氧原子之间的化学键。
(b) 二氧化碳分子之间的氢键。
(c) 二氧化碳分子之间的色散力。
(d) 二氧化碳分子之间的偶极力。

12.7　晶体

▶ 识别结晶固体的类型。

> 见 5.4 节对最简式的完整描述。

如 12.2 节所述，固体可以是晶体（显示有序的原子或分子排列），或者是无定形的（无序）。我们根据组成固体的单个单元将晶体分为分子、离子和原子三大类（▼图 12.25）。

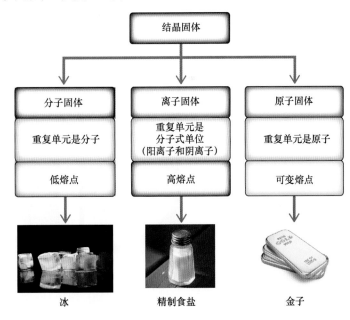

▶ 图 12.25　结晶固体的分类方案

12.7.1　分子固体

分子固体是指以分子为重复单元的固体。冰（固态 H_2O）和干冰（固态 CO_2）是分子固体的例子。分子固体是由分子间的各种力（色散、偶极力和氢键）聚集在一起的，这在 12.6 节中讨论过。例如，冰是由氢键连接在一起的，而干冰是由色散力连接在一起的。分子固体有低到中低熔点的趋势；冰在 0℃ 熔化，干冰在 -78.5℃ 升华。

12.7.2　离子固体

离子固体是指以分子式单位为重复单元的固体，分子式单位是构成化合物的阳离子和阴离子的最小电中性集合。食盐（NaCl）和氟化钙（CaF_2）是离子固体的例子。离子固体通过阳离子和阴离子之间的静电引力结合在一起。例如，在氯化钠中，Na^+ 和 Cl^- 之间的吸引力将固体晶格保持在一起，因为晶格由三维阵列中交替的 Na^+ 和 Cl^- 组成。换句话说，将离子固体结合在一起的力实际上是离子键。因为离子键比前面讨论的任何分子间作用力都强得多，所以离子固体的熔点往往比分子固体高得多。例如，氯化钠在 801℃ 熔化，而二硫化碳 CS_2（摩尔质量更高的分子固体）在 -110℃ 熔化。

12.7.3　原子固体

原子固体是指重复单元为单个原子的固体。金刚石（C）、铁（Fe）和固体氙（Xe）都是原子固体的例子。我们将原子固体分为三类：共价原子固体、非键原子固体和金属原子固体，每一类都通过不同的力聚集在一起（▼图 12.26）。

▶ 图 12.26　原子固体的分类方案

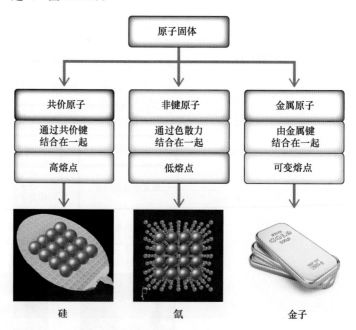

硅　　　　　　氙　　　　　　金子

共价的原子固体，如钻石，是由共价键结合在一起的。在金刚石（▼图 12.27）中，每个碳原子在一个四面体几何结构中与其他四个碳原子形成四个共价键。这种结构贯穿整个晶体，因此可以认为钻石晶体是由这些共价键连接在一起的巨大分子。由于共价键非常强，共价原子固体具有较高的熔点。据估计，钻石在 3800℃ 左右熔化。

非键的原子固体，如固体氙，是由相对较弱的色散力聚集在一起的。氙原子具有稳定的电子排布，彼此之间不形成共价键。因此，固体氙和其他非键合原子固体一样，熔点很低（约-112℃）。

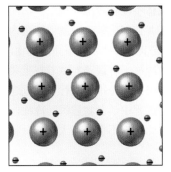

▲ 图 12.27 金刚石：共价原子固体。在金刚石中，碳原子以三维六边形形式形成共价键

▲ 图 12.28 金属原子固体的结构。在最简单的金属模型中，每个原子向"电子海洋"提供一个或多个电子。金属由带负电荷的电子海洋中的金属阳离子组成

金属原子固体（如铁）的熔点是可变的。金属是由金属键连接在一起的，在最简单的模型中，金属键由电子海洋中的正电荷离子组成（◀图 12.28）。金属键的强度各不相同，一些金属，如汞的熔点低于室温，而其他金属，如铁的熔点相对较高（铁的熔点为 1809℃）。

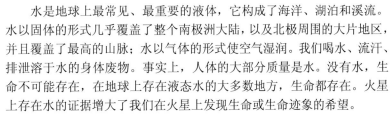

例题 12.6　识别结晶固体的类型

下列每种固体是分子、离子还是原子？

(a) $CaCl_2(s)$；(b) $Co(s)$；(c) $CS_2(s)$。

解

(a) $CaCl_2$ 是离子化合物（金属和非金属），因此形成离子固体（$CaCl_2$ 在 772℃熔化）。

(b) Co 是金属，因此形成金属原子固体（Co 在 1768℃熔化）。

(c) CS_2 是分子化合物（非金属与非金属结合），因此形成分子固体（CS_2 在-110℃熔化）。

▶ **技能训练 12.6**

下列每种固体是分子、离子还是原子？

(a) $NH_3(s)$；(a) $CaO(s)$；(c) $Kr(s)$。

12.8　神奇的水

▶ 描述水在分子中与众不同的特性。

▲ 图 12.29　水分子

水是地球上最常见、最重要的液体，它构成了海洋、湖泊和溪流。水以固体的形式几乎覆盖了整个南极洲大陆，以及北极周围的大片地区，并且覆盖了最高的山脉；水以气体的形式使空气湿润。我们喝水、流汗、排泄溶于水的身体废物。事实上，人体的大部分质量是水。没有水，生命不可能存在，在地球上存在液态水的大多数地方，生命都存在。火星上存在水的证据增大了我们在火星上发现生命或生命迹象的希望。

在液体中，水是独一无二的。它的摩尔质量很低（18.02 g/mol），但在室温下是液体。没有其他类似摩尔质量的化合物在室温下为液体。例如，氮气（28.02 g/mol）和二氧化碳（44.01 g/mol）在室温下都是气体。水的相对高沸点（因为它的摩尔质量低）可通过观察水分子的结构来理解（◀图 12.29）。水分子的弯曲几何形状和 O—H 键的高极性导致分子具有显著的偶极矩。水的两个 O—H 键（氢直接与氧结合）使水分子与其他水分子形成强大的氢键，从而产生相对较高的沸点。水的高极性也使得它能溶解许多其他极性和离子化合物。因此，水是生物体的主要溶

剂，能在体内运输营养物质和其他重要化合物。

水的结冰方式也是独一无二的。其他物质一结冰就收缩，水一结冰就膨胀。这个看似微不足道的现象有着重大的影响。因为液态水在结冰时会膨胀，所以冰的密度比液态水的小。因此，冰块和冰山都能漂浮在水面上。冬季湖泊表面的冰冻层使湖中的水免于进一步结冰。如果这一层冰下沉，就会害死生活在水底的水生生物，并有可能使湖水冻结成固体，几乎消灭湖中所有的水生生物。

然而，水在冷冻时的膨胀是大多数有机体不能在冷冻环境中存活的原因之一。当细胞内的水结冰时，它会膨胀并使细胞破裂，就像管道内的水结冰时会使管道破裂一样。许多食物，尤其是那些含水量高的食物，在冷冻后也不能很好地保鲜。你有没有试过冷冻一种蔬菜？试着把生菜或菠菜放到冰箱里，解冻时它会变得柔软和破损。冷冻食品行业通过速冻蔬菜和其他食品来解决这个问题。在这个过程中，食物被瞬间冷冻，防止水分子沉淀成它们喜欢的晶体结构。因此，水不会膨胀太多，食物基本上保持完好无损。

▲ 生菜会冻坏，因为水结冰导致的膨胀会使叶内的细胞破裂

环境中的化学

水污染与弗林特河水危机

水 的质量对人类健康至关重要。许多人类疾病（尤其是发展中国家的疾病）都是由不良的水质引起的。包括生物和化学污染物在内的几种污染物会进入供水系统。生物污染物是引起肝炎、霍乱、痢疾和伤寒等疾病的微生物。含有生物污染物的水对人类健康构成直接威胁，不应饮用。在发达国家，饮用水通常经过处理以杀死微生物。未经处理的水可以通过煮沸来去除大多数生物污染物。

化学污染物进入饮用水的来源包括工业排放、农药和化肥的使用，以及生活污水。这些污染物包括有机化合物，如四氯化碳和二噁英，以及无机元素和化合物，如汞、铅和硝酸盐。由于许多化学污染物既不像生物污染物那样易挥发，又不像生物污染物那样具有活性，所以不能通过煮沸来消除。

美国环境保护署（EPA）根据 1974 年的《安全饮用水法案》及其修正案，规定了水中近 100 种生物和化学污染物的最大污染水平（MCL）。服务人数超过 25 人的供水商必须定期检测他们提供给消费者的水是否含有这些污染物。如果含量超过了 EPA 规定的标准，供水商就必须通知消费者，并采取适当措施清除水中的污染物。根据 EPA 的说法，如果水来自为超过 25 人服务的供应商，那么它应是安全的，可在一生中使用。如果短时间内饮用不安全，就会通知消费者。然而，2014 年，该系统在密歇根州弗林特市的一次失败引发了人们对水资源管理的质疑。

2014 年 4 月，为了节省资金，密歇根州弗林特市的官员将水源从休伦湖改为弗林特河。在随后的几个月里，居民们开始抱怨水质有问题。然而，对特定家庭自来水的常规监测并没有发现任何问题，因为样本是在采集样本之前、预冲洗水龙头（让水流动一段时间）之后采集的。弗吉尼亚理工大学的一位教授及其学生独立测试了来自城市水龙头的水，并通过分析最初来自水龙头的水（所谓的首次抽取样本）收集了很多不同的数据。他们发现铅含量超过了 EPA 规定的最高污染物标准。

该市自来水中的铅是将休伦湖的水改为弗林特河的直接结果，弗林特河的水具有高

度腐蚀性。当弗林特河的水流经服务管道和家庭管道时，许多管道都含有铅，水会被铅污染。被污染的水最终被许多居民使用。这项独立调查的结果引发了一场全国性的丑闻，并导致对参与危机的几名官员的重罪指控。自那以后，市政当局又重新使用了腐蚀性小得多的休伦湖水源。对水中铅含量的持续可靠监测表明，铅含量回到了 FDA 的最大污染物水平以下。

B12.2 你能回答吗？假设某水样被一种非挥发性污染物（如铅）污染。为什么沸腾不能消除污染物？

▲ 安全饮用水对公共卫生和疾病的传播有重大影响。在世界上的许多地方，饮用水的供应是不安全的。在美国，EPA 负责维护水安全

关键术语

原子晶体	蒸发热	金属原子晶体	表面张力
沸点	混溶性	冷凝	氢键
分子晶体	汽化	共价原子晶体	瞬间偶极子
非键原子晶体	蒸汽压	黏度	色散力
分子间作用力	不易挥发	易挥发的	动态平衡
离子晶体	标准沸点	蒸发	离子偶极力
永久偶极子	熔化热	熔点	升华

技能训练答案

技能训练 12.1 .... 5.83×10^3 kJ
技能巩固 .... 47℃
技能训练 12.2 .... 5.18 kJ
技能训练 12.3 .... −2.3℃
技能训练 12.4 ....(a) 无偶极力
..................................(b) 是，有偶极力
..................................(c) 是，有偶极力
技能训练 12.5 ....HF，因为有氢键作为分子
..................................间的作用力
技能训练 12.6 ....(a) 分子
..................................(b) 离子
..................................(c) 原子

概念检查站答案

12.1 (a)。该物质有一定的体积和形状，因此一定是固体。

12.2 (b)。因为沸腾是物理变化而不是化学变化，水分子（H_2O）没有发生化学变化，只是从液态变为气态。

12.3 金属块的温度升高。冷凝放热，所以它向金属块释放热量，提高其温度。

12.4 (b)。在状态转换期间温度保持平缓，因此，由于水开始时是冰，第一个平坦的部分（i）对应于冰融化为液态水。升温段（ii）对应于水升温到沸点的过程。接下来的平坦部分（iii）对应于液态水沸腾成气态蒸汽。

12.5 (c)。由于升华是一种物理变化，二氧化碳分子不会分解成其他分子或原子，只是从固态变成气态。

12.6 (a)。所有三种化合物的摩尔质量几乎相同，因此在所有三种化合物中色散力的强度是相似的。A 是非极性的，它只有色散力和最低沸点。B 是极性的，它还有偶极力，因此它的沸点次高。C 还有氢键，因此它的沸点最高。

12.7 (c)。碳原子和氧原子之间的化学键不会因升华等状态变化而断裂。因为二氧化碳不含氢原子，不能形成氢键，而且因为分子是非极性的，不会经历偶极子相互作用。

第 13 章　溶液

科学的目标是弄清楚自然界的多样性。

——约翰·巴罗

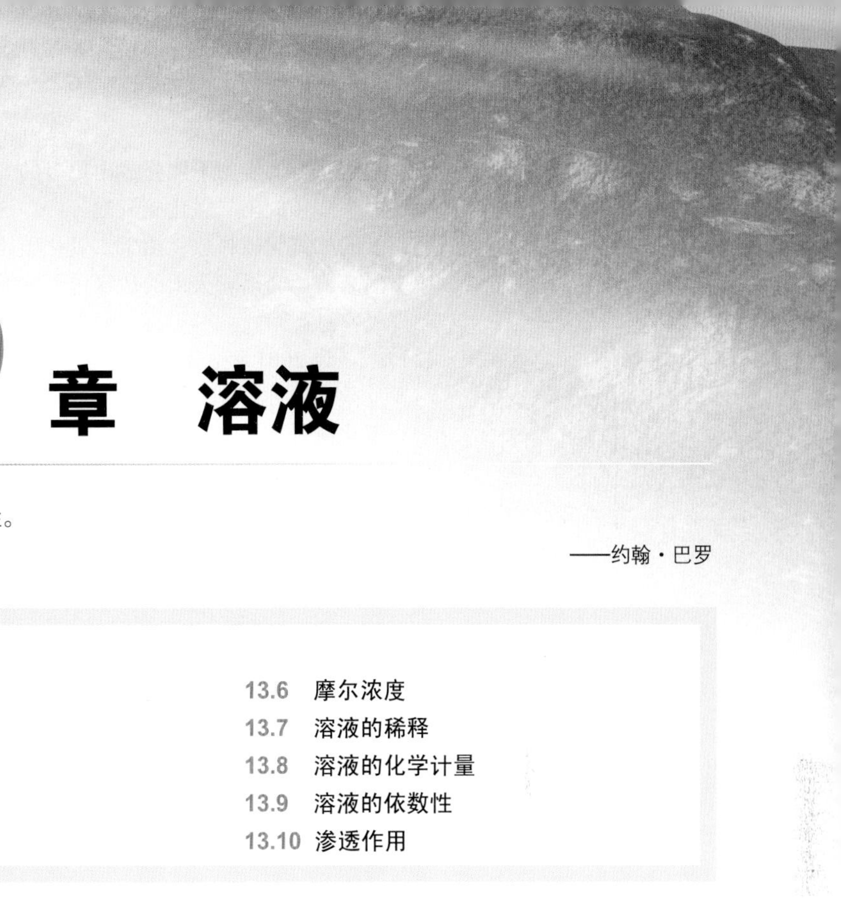

13.1　喀麦隆的悲剧

1986 年 8 月 22 日，大多数生活在西非喀麦隆尼奥斯湖附近的人开始了他们普通的一天。不幸的是，这一天以悲剧告终。那天晚上，大量二氧化碳气体从尼奥斯湖的深处冒出，导致 1700 多人和约 3000 头牛死掉。据幸存者讲述，当时闻到了臭鸡蛋的味道，并有一种温暖的感觉，然后就失去了知觉。在此之前的两年，就在 60 英里之外的莫农湖也发生了类似的悲剧，造成 37 人死亡。在这些事件之后，科学家们已采取措施防止这些湖泊再次冒出气体。

尼奥斯湖是一个充满水的火山口。在湖面下约 50 英里处，熔化的火山岩（岩浆）产生二氧化碳气体，通过火山的管道系统渗入湖中。二氧化碳随后与湖水混合。然而，如后所述，气体（如二氧化碳）在水中的浓度会随着压力的增大而增加。深湖底部的巨大压力使得二氧化碳的浓度变得非常高（就像汽水罐中的压力使未开封汽水中的二氧化碳浓度非常高那样）。随着时间的推移，湖底的二氧化碳和水的混合物变得十分集中，以至于因为浓度高或其他自然触发因素（如山体滑坡），导致一些气态二氧化碳逸出。上升的气泡扰乱湖水，导致湖底高度浓缩的二氧化碳和水的混合物上升，进而降低了混合物的压力。

◀ 1986 年夏末，二氧化碳从尼奥斯湖冒出，流入附近的山谷。二氧化碳来自湖底，在那里它被上方的压力保持在与水的混合物中。当湖中的冰层受到扰动时，由于压力的降低，二氧化碳从水中释放出来，带来致命的后果二氧化碳是一种无色无味的气体，它取代了尼奥斯湖周围低洼地区的空气，使居民无法呼吸到氧气。臭鸡蛋的味道表明存在额外的含硫气体。

混合物上的压力下降释放出更多的二氧化碳气泡，就像打开汽水罐时压力下降释放出二氧化碳气泡一样。这反过来又导致了进一步的扰动和更多的二氧化碳释放。由于二氧化碳比空气的密度更大，一旦从湖中释放出来，就会沿着火山的边缘进入附近的山谷，取代空气，使许多当地居民窒息。

到 2001 年，为了防止这些事件再次发生（即二氧化碳浓度又回到危险的高水平），科学家们建立了一个管道系统，慢慢地将湖底的二氧化碳排出。自 2001 年以来，该系统逐渐向大气释放二氧化碳，以防止悲剧重演。

▶ 工程师们看着从尼奥斯湖底部排出的二氧化碳形成间歇泉。从湖床上控制二氧化碳的释放是为了防止未来发生类似 1986 年导致 1700 多人死亡的灾难

13.2 溶液

▶ 定义溶液、溶质和溶剂。

尼奥斯湖底部的二氧化碳和水的混合物是一种溶液，溶液是两种或以上物质的均匀混合物。溶液十分常见，我们每天遇到的大多数液体和气体实际上都是溶液。当多数人想象一种溶液时，他们会想到一种溶解在水中的固体。例如，海洋是溶解在水中的盐和其他固体的溶液；血浆（去除了血细胞的血液）是几种固体（及一些气体）溶解在水中的溶液。除了这些溶液，还有许多其他类型的溶液。溶液可能由气体和液体（如尼奥斯湖的二氧化碳和水）、液体和另一种液体、固体和气体或其他组合而成（见表 13.1）。

表 13.1　常见的溶液类型

溶液类型	溶质相	溶剂相	例　子
气体溶液	气体	气体	空气（主要是氧气和氮气）
液体溶液	气体	液体	苏打水（二氧化碳和水）
	液体	液体	伏特加（乙醇和水）
	固体	液体	海水（盐和水）
固体溶液	固体	固体	黄铜（铜和锌）和其他合金

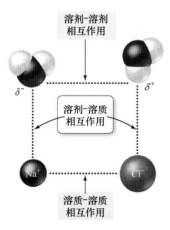

在固体/液体溶液中，不管组分的相对比例如何，液体通常被认为是溶剂。

参见 10.8 节和 12.6 节，回顾极性的概念。

最常见的溶液包含固体、液体或气体和水。这些水溶液对生命至关重要，也是本章的重点。水溶液的常见例子包括糖水和盐水，两者都是固体溶液和水的溶液。类似地，酒精（酒精饮料中的酒精）很容易与水混合，形成液体与水的溶液，前面讨论了尼奥斯湖的一个气水混合溶液的例子。

溶液至少有两种组分。溶液中的多数组分通常称为溶剂，少数组分称为溶质。在二氧化碳和水的溶液中，二氧化碳是溶质，水是溶剂；在盐和水的溶液中，盐是溶质，水是溶剂。因为地球上含有大量的水，所以它是一种常见的溶剂。然而，其他溶剂通常用于实验室，在工业甚至在家庭中，与非极性溶质形成溶液。例如，我们可以使用油漆稀释剂（一种非极性溶剂）去除自行车链条或滚珠轴承上的油脂。油漆稀释剂能溶解油脂（即与油脂形成溶液），将油脂从金属上去除。

一般来说，极性溶剂溶解极性或离子溶质，非极性溶剂溶解非极性溶质。我们采用类似于溶解的规则来描述这种趋势。这种说法意味着相似种类的溶剂溶解相似种类的溶质。表 13.2 中列出了实验室中一些常见的极性和非极性溶剂。

表 13.2　实验室中一些常见的极性和非极性溶剂	
极性溶剂	非极性溶剂
水（H_2O）	己烷（C_6H_{14}）
丙酮（CH_3COCH_3）	乙醚（$CH_3CH_2OCH_2CH_3$）
甲醇（CH_3OH）	甲苯（C_7H_8）

概念检查站 13.1

下列哪种化合物最难溶于水？
(a) CCl_4；(b) CH_3Cl；(c) NH_3；(d) KF。

13.3　冰糖的制作

▶ 将固体在水中的溶解度与温度联系起来。

前面讨论了固体溶于水的几个例子。例如，海洋是溶解在水中的盐和其他固体的溶液。一杯加糖的咖啡是糖和其他固体溶解在水中的溶液。血浆是几种固体（和一些气体）溶于水的溶液。然而，不是所有的固体都溶于水。我们知道非极性固体（如猪油和起酥油）不溶于水，碳酸钙和沙子等固体也不溶于水。

当固体被放入水中时，将固体聚集在一起的吸引力（溶质-溶质相互作用）和水分子与构成固体的颗粒之间的吸引力（溶剂-溶质相互作用）之间存在竞争。溶剂-溶质相互作用通常是第 12 章中讨论的分子间作用力。例如，将氯化钠放到水中时，Na^+阳离子和 Cl^-阴离子之间的相互吸引及 Na^+或 Cl^-与水分子之间的离子偶极力之间存在竞争，如图所示。钠离子的正电荷和水的偶极矩的负电荷间的吸引力如▼图 13.1 所示（见 10.8 节对偶极矩的介绍）。对于氯离子，吸引力在氯离子的负电荷和水的

◀ 将 NaCl 放到水中时，水分子与 Na^+和 Cl^-离子之间的吸引力（溶剂-溶质相互作用）超过了 Na^+和 Cl^-离子之间的吸引力（溶质-溶质相互作用）

偶极矩的正极之间。在 NaCl 中，离子对水的吸引力更强，氯化钠溶解（▼图 13.2）。相比之下，在碳酸钙（$CaCO_3$）中，Ca^{2+}离子和 CO_3^{2-}离子之间的吸引力更强，导致碳酸钙不溶于水。

▶ 图 13.1 离子固体如何溶解在水中

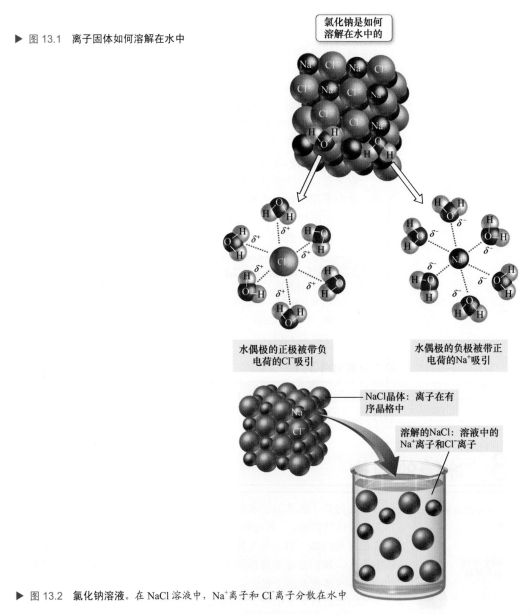

▶ 图 13.2 **氯化钠溶液**。在 NaCl 溶液中，Na^+离子和 Cl^-离子分散在水中

13.3.1 溶解度和饱和度

化合物的溶解度定义为溶解在一定量液体中的化合物的量，通常以克为单位。例如，氯化钠在 25℃的水中的溶解度为 36 g NaCl 每 100 g 水，而碳酸钙在水中的溶解度接近零。每 100 g 水中含有 36 g NaCl 的溶液是饱和 NaCl 溶液。饱和溶液在溶液条件下含有最大量的溶质。如果向饱和溶液中加入额外的溶质，它将不会溶解。不饱和溶液的溶质含量低于最大值，如果在不饱和溶液中加入额外的溶质，它将会溶解。过饱和溶液容纳的溶质超过正常的最大量。溶质通常会从过饱和溶液中沉淀出

过饱和溶液可在特殊情况下形成，例如汽水打开时压力突然释放。

▶ 过饱和溶液容纳的溶质超过正常的最大数量。在某些情况下，如图中的醋酸钠溶液，过饱和溶液可能会暂时稳定。然而，若有一些干扰，如滴入一小块固体醋酸钠(a)，就会导致固体从溶液中析出〔(b)和(c)〕

来。例如，当二氧化碳和水溶液从尼奥斯湖底部上升时，由于压力下降，溶液变得过饱和。多余的气体从溶液中析出，上升到湖面，并排放到周围的空气中。

(a)   (b)   (c)

回忆第 7 章（7.5 节中的表 7.2）中的溶解度规则可知，它提供了离子固体溶解度的定性描述。分子固体也可能溶于水，具体取决于固体是否是极性的。例如，蔗糖（$C_{12}H_{22}O_{11}$）是极性的，可溶于水。非极性固体，如猪油和植物起酥油，通常不溶于水。

13.3.2　电解质溶液：溶解了离子固体

氯化钠形成强电解质溶液（见 7.5 节）。第 14 章中将介绍强电解质溶液和弱电解质溶液。

糖溶液（含有分子固体）和盐溶液（含有离子固体）非常不同，如▼图 13.3 所示。在盐溶液中，溶解的粒子是离子，而在糖溶液中，溶解的粒子是分子。盐溶液中的离子是可移动的带电粒子，因此可以导电。如 7.5 节所述，含有分解成离子的溶质的溶液是电解质溶液。糖溶液中含有溶解的糖分子，不能导电，这是非电解质溶液。一般来说，可溶性离子固体形成电解质溶液，而可溶性分子固体形成非电解质溶液。

溶解离子（氯化钠）　　　　溶解分子（糖）

电解质溶液　　　　　非电解质溶液

▶ 图 13.3　电解质和非电解质溶液。电解质溶液含有溶解的离子（带电粒子），因此导电。非电解质溶液含有溶解的分子（中性粒子），因此不导电

13.3.3　溶解度如何随温度变化

你是否注意到在热茶中溶解糖比在冷茶中容易得多？固体在水中的溶解度很大程度上取决于温度。一般来说，固体在水中的溶解度随着温度的升高而增加（▼图 13.4）。例如，硝酸钾（KNO_3）在 20℃时的溶解度约为 30 g KNO_3 每 100 g 水。然而，在 50℃时，它的溶解度上升到 88 g KNO_3 每 100 g 水。

提纯固体的一种常用方法是重结晶。重结晶包括将固体放入热水或

其他高温溶剂。向溶剂中加入足够的固体，在高温下形成饱和溶液。随着溶液冷却，溶解度降低，导致一些固体从溶液中沉淀出来。如果溶液慢慢冷却，固体析出时会形成晶体。晶体结构倾向于排斥杂质，产生更纯的固体。

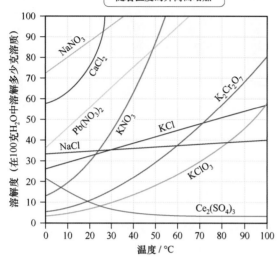

▲ 图 13.4　某些离子固体的溶解度与温度的关系

▲ 冰糖由重结晶形成的糖晶体组成

我们可以采用重结晶法来制作冰糖。要制作冰糖，需要在较高的温度下准备饱和的蔗糖溶液。在溶液中悬挂一根绳子，让它冷却并静置几天。随着溶液冷却，它变得过饱和，糖晶体在细绳上生长。几天后，绳子就会被美丽甜蜜的糖晶体覆盖，供人欣赏和享用。

13.4　起泡的汽水

▶ 将气体在液体中的溶解度与温度和压力联系起来。

尼奥斯湖底部的水和一罐汽水都是气体（二氧化碳）溶解在液体（水）中的溶液的例子。大多数暴露在空气中的液体都含有一些溶解的气体。例如，湖水和海水含有鱼类生存所必需的溶解氧；我们的血液中含有溶解的氮、氧和二氧化碳；甚至自来水也含有溶解的大气气体。

当我们在炉子上加热普通自来水时，可以看到其中溶解的气体。在水达到沸点之前，水中会产生小气泡，这些气泡是溶解在溶液中的空气（主要是氮气和氧气）。一旦水沸腾，气泡的产生就会变得更加剧烈（这些较大的气泡是由水蒸气组成的）。溶解的空气在加热时从溶液中逸出，因为它不像固体，其溶解度随温度的升高而增加，气体在水中的溶解度随温度的升高而降低。随着水温的升高，溶解的氮和氧的溶解度降低，这些气体从溶液中逸出，在锅底周围形成小气泡。

气体溶解度随温度的升高而降低，这是热汽水比冷汽水起泡更多的原因。二氧化碳在室温下比在较低温度下更快地从溶液中逸出（气泡更多），因为气体在室温下不太容易溶解。

冰汽水：二氧化碳更有可能停留在溶液中　热汽水：二氧化碳更有可能从溶液中冒出来

▲ 热汽水比冷汽水起泡更多，因为溶解的二氧化碳的溶解度随着温度的升高而降低

气体的溶解度也取决于压力。液体上方的压力越大，气体在液体中的溶解度就越大（▼图 13.5），这种关系被称为亨利定律。

在一罐汽水中及在尼奥斯湖的底部，高压使二氧化碳保持在溶液中。在汽水罐中，压力是由大量二氧化碳气体提供的，这些气体在密封前被泵入罐中。当我们打开罐子时，就会释放压力，二氧化碳的溶解度降低，导致起泡（▼图 13.6），这些气泡是在二氧化碳气体逸出时形成的。在尼奥斯湖，通过湖水的重量推压湖底富含二氧化碳的水来提供压力。当湖泊的各层受到扰动时，二氧化碳溶液上方的压力降低，二氧化碳的溶解度降低，导致过量二氧化碳气体的释放。

▶ 图 13.5　压力和溶解度。液体上方的压力越高，气体在液体中的溶解度就越大

气体在液体中的溶解度随压力的增加而增加

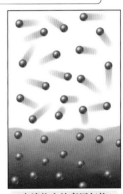

气体分子

溶解气体

在液体上的低压气体　　在液体上的高压气体

▶ 图 13.6　喷出的饮料。一罐汽水用二氧化碳加压。打开罐子时，压力释放，降低二氧化碳在溶液中的溶解度，使它以气泡的形式从溶液中逸出

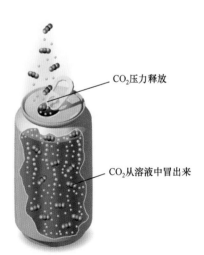

压力下的CO_2

溶解于溶液中的CO_2

CO_2压力释放

CO_2从溶液中冒出来

概念检查站 13.2

在 75℃时，氮气（N_2）和氯化钾（KCl）在溶液中饱和。当溶液冷却到室温时会发生什么？

(a) 溶液中有氮气起泡；　(b) 溶液中有一些氯化钾沉淀；
(c) (a)和(b)同时发生；　　(d) 什么也不发生。

13.5 质量百分比

▶ 计算质量百分比。

▶ 在计算中使用质量百分比。

如我们所见，溶液中溶质的量是溶液的一个重要性质。例如，尼奥斯湖湖底的二氧化碳含量是致命事件何时再次发生的重要预测指标。稀溶液是相对于溶剂含有少量溶质的溶液，如果尼奥斯湖底的水是稀释的二氧化碳溶液，就不会造成什么威胁。浓溶液是相对于溶剂含有大量溶质的溶液，如果尼奥斯湖底水中的二氧化碳变得浓缩（通过岩浆不断向湖中注入二氧化碳），就会成为一种威胁。报告溶液浓度的常用方法是质量百分比。

质量百分比是每 100 g 溶液中溶质的克数。例如，质量浓度为 14% 的溶液，每 100 克溶液中含有 14 克溶质。为了计算质量百分比，我们用溶质质量除以溶液质量（溶质和溶剂），再乘以 100%：

> 同样，常用的还有百万分之一（ppm），即每百万克溶液中溶质的克数，以及十亿分之一（ppb），即每十亿克溶液中溶质的克数。

> 注意分母是溶液的质量，而不是溶剂的质量。

$$质量百分比 = \frac{溶质质量}{溶质质量+溶剂质量} \times 100\%$$

假设我们要计算含有 15.3 g NaCl 和 155.0 g H_2O 的溶液中氯化钠的质量百分比。我们从整理问题陈述中的信息开始。

已知：15.3 g NaCl，155.0 g H_2O

求：质量百分比

解

为了求解这个问题，将正确的值代入刚才给出的质量百分比方程：

$$质量百分比 = \frac{溶质质量}{溶质质量+溶剂质量} \times 100\%$$

$$= \frac{15.3\ g}{15.3\ g+155.0\ g} \times 100\%$$

$$= \frac{15.3\ g}{170.3\ g} \times 100\% = 8.98\%$$

溶液是质量百分比为 8.98 %的 NaCl。

例题 13.1 计算质量百分比

计算含有 27.5 g 乙醇（C_2H_6O）和 175 mL H_2O 的溶液的质量百分比（假设水的密度为 1.00 g/mL）。

已知乙醇的质量和水的体积，求溶液的质量百分比。	已知：27.5 g C_2H_6O，175 mL H_2O，$d_{H_2O} = \frac{1.00\ g}{mL}$ 求：质量百分比
要求出质量百分比，可将质量百分比代入方程，方程需要乙醇和水的质量。使用密度作为换算因子，从水的体积获得水的质量。最后，将正确的量代入方程，计算质量百分比。	**解** $质量百分比 = \dfrac{溶质质量}{溶质质量+溶剂质量} \times 100\%$ $H_2O的质量 = H_2O的体积175\ mL \times \dfrac{1.00\ g}{mL} = 175g$ $质量百分比 = \dfrac{溶质质量}{溶质质量+溶剂质量} \times 100\%$ $= \dfrac{27.5\ g}{27.5\ g+175\ g} = \dfrac{27.5\ g}{202.5\ g} \times 100\% = 13.6\%$

▶ **技能训练 13.1**

计算含有 11.3 g 蔗糖和 412.1 mL 水的蔗糖溶液的质量百分比（假设水的密度为 1.00 g/mL）。

13.5.1　在计算中使用质量百分比

我们可以用溶液的质量百分比作为溶质质量和溶液质量之间的换算因子。以这种方式使用质量百分比的关键是将其写成分数形式：

$$质量百分比=\frac{g\ 溶质}{100\ g\ 溶液}$$

例如，含 3.5%氯化钠的溶液有以下换算因子：

$$\frac{3.5\ g\ NaCl}{100\ g\ 溶液}\qquad 溶液质量 \rightarrow NaCl\ 质量$$

这个换算因子从溶液的克数换算成氯化钠的克数。步骤相反的换算因子为

$$\frac{100\ g\ 溶液}{3.5\ g\ NaCl}\qquad NaCl\ 质量 \rightarrow 溶液质量$$

为了使用质量百分比作为换算因子，考虑来自尼奥斯湖底部的质量分数为 8.5%二氧化碳的水样。我们可以确定 28.6 L 水溶液中含有多少克二氧化碳（假设溶液的密度为 1.03 g/mL）。我们从整理问题陈述中的信息开始。

已知：质量分数为 8.5%的 CO_2

$$28.6\ L\ 溶液，\quad d=\frac{1.03\ g}{mL}$$

求：g CO_2

转换图

我们的策略是绘制转换图，从"L 溶液"开始，转换到"mL 溶液"，然后使用密度转换为"g 溶液"，再从"g 溶液"转换为"g CO_2"，使用质量百分比（以分数表示）作为换算因子。

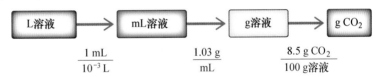

所用关系式

$$\frac{8.5\ g\ CO_2}{100\ g\ 溶液}\ （给定质量百分比，以分数表示）$$

$$\frac{1.03\ g}{mL}\ （给定溶液密度），\ 1\ mL=10^{-3}\ L\ （表 2.2）$$

解

根据转换图来计算答案：

$$28.6\ L\ 溶液 \times \frac{1\ mL}{10^{-3}\ L} \times \frac{1.03\ g}{mL} \times \frac{8.5\ g\ CO_2}{100\ g\ 溶液}=2.5\times10^{3}\ g\ CO_2$$

在这个例子中，我们用质量百分比将给定的溶液量转化为溶液中溶质的量。在例题 13.2 中，我们用质量百分比将给定的溶质量转化为含有该溶质的溶液量。

例题 13.2 在计算中使用质量百分比

软饮料中含有 11.5% 的蔗糖（$C_{12}H_{22}O_{11}$），多少毫升的软饮料中含有 85.2 g 蔗糖？（设浓度为 1.04 g/mL。）

信息分类 已知一杯软饮料中的蔗糖浓度和大量蔗糖，求有一定量蔗糖的软饮料的体积。	**已知：** 质量分数为 11.5% 的 $C_{12}H_{22}O_{11}$ 85.2 g $C_{12}H_{22}O_{12}$ $d = \dfrac{1.04\ g}{mL}$ **求：** mL 溶液（软饮料）
制定策略 绘制从 g 溶质（$C_{12}H_{22}O_{11}$）转化为 g 溶液的转换图，使用分数形式的质量百分比作为换算因子。使用密度转换为 mL。	**转换图** 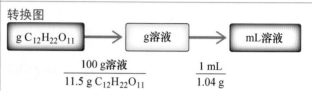 $$\frac{100\ g\ 溶液}{11.5\ g\ C_{12}H_{22}O_{11}} \qquad \frac{1\ mL}{1.04\ g}$$ **所用关系式** $\dfrac{11.5\ g\ C_{12}H_{22}O_{11}}{100\ 溶液}$ （给定质量百分比，以分数表示） $\dfrac{1.04\ g}{mL}$ （给定溶液密度）
求解问题 根据转换图求解问题。	**解** $$85.2\ g\ C_{12}H_{22}O_{11} \times \frac{100\ g\ 溶液}{11.5\ g\ C_{12}H_{22}O_{11}} \times \frac{1\ mL}{1.04\ g} = 712\ mL\ 溶液$$
检查答案 检查答案的单位是否正确、大小是否合理。	单位是 mL，正确。答案的大小合理，因为每 100 mL 溶液中含有 11.5 g 蔗糖；因此，712 mL 中的含量应略高于 77 g，这与已知 85.2 g 的含量很接近。

▶ **技能训练 13.2**
例题 13.2 中 355 mL 软饮料中含有多少克蔗糖（$C_{12}H_{22}O_{11}$）？

13.6 摩尔浓度

▶ 计算摩尔浓度。
▶ 在计算中使用摩尔浓度。
▶ 计算离子浓度。

第二种表示溶液浓度的方法是使用摩尔浓度（M），它定义为每升溶液中溶质的摩尔数。我们采用下面的方法计算溶液的摩尔浓度：

$$摩尔浓度（M）= \frac{溶质摩尔数}{溶液升数}$$

注意，摩尔浓度的缩写是大写的 M。

注意，摩尔浓度是每升溶液而非每升溶剂中溶质的摩尔数。我们将溶质放入烧瓶，然后加水到所需的溶液体积。例如，要制作 1.00 L 的 1.00 M NaCl 溶液，我们在烧瓶中加入 1.00 mol 的 NaCl，然后加水制作 1.00 L 的溶液（▼图 13.7）。我们不把 1.00 mol 的 NaCl 和 1.00 L 的水结合起来，因为这会导致总体积超过 1.00 L，因此摩尔浓度小于 1.00 M。

为了计算摩尔浓度，我们用溶质的摩尔数除以溶液（溶质和溶剂）的升数。例如，要计算蔗糖（$C_{12}H_{22}O_{11}$）溶液的摩尔浓度，可将 1.58 mol 蔗糖稀释成总体积为 5.0 L 的溶液，我们首先从问题陈述中的信息开始。

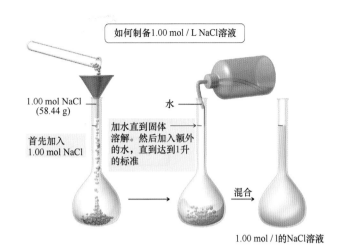

如何制备1.00 mol / L NaCl溶液

1.00 mol NaCl
(58.44 g)

首先加入
1.00 mol NaCl

水

加水直到固体
溶解。然后加入额外
的水，直到达到1升
的标准

混合

1.00 mol / l的NaCl溶液

▶ 图 13.7　确定物质的摩尔浓度。为了配制 1.00 L 的 1.00 M NaCl 溶液，向烧瓶中加入 1.00 mol（58.44 g）的氯化钠，然后稀释至总容积为 1.00 L。如果把 1.00 L 水加到 1mol 的氯化钠中会发生什么？得到的解是 1 M 吗？

已知：1.58 mol $C_{12}H_{22}O_{11}$，5.0 L 溶液
求：摩尔浓度（M）

解

将正确的值代入摩尔浓度方程并算出答案：

$$摩尔浓度（M）= \frac{溶质摩尔数}{溶液升数} = \frac{1.58 \text{ mol } C_{12}H_{22}O_{11}}{5.0 \text{ L 溶液}} = 0.32 \text{ M}$$

例题 13.3　计算摩尔浓度

将 15.5 g NaCl 放入烧杯，加水制成 1.50 L 的 NaCl 溶液，计算溶液的摩尔浓度。

已知氯化钠（溶质）的质量和溶液的体积，求溶液的摩尔浓度。	已知：15.5 g NaCl，1.50 L 溶液 求：摩尔浓度（M）
要计算摩尔浓度，可将正确的值代入方程并算出答案。必须先用 NaCl 的摩尔质量将 NaCl 的量从克转换为摩尔。	解 $mol \text{ NaCl} = 15.5 \text{ g NaCl} \times \dfrac{1 \text{ mol NaCl}}{58.44 \text{ g NaCl}} = 0.2652 \text{ mol NaCl}$ $摩尔浓度（M）= \dfrac{溶质摩尔数}{溶液升数}$ $\quad = \dfrac{0.2652 \text{ mol NaCl}}{1.50 \text{ L溶液}} = 0.177 \text{ M}$

▶ **技能训练 13.3**
将 55.8 g $NaNO_3$ 放入烧杯，稀释至 2.50 L，计算溶液的摩尔浓度。

13.6.1　在计算中使用摩尔浓度

我们可用溶液的摩尔浓度作为溶质的摩尔数和溶液的升数之间的换算因子。例如，0.500 M NaCl 溶液中每升溶液含有 0.500 mol NaCl：

$$\frac{0.500 \text{ mol NaCl}}{\text{L溶液}} \qquad \text{L 溶液} \rightarrow \text{mol NaCl}$$

这个换算因子将溶液升数转换为 NaCl 摩尔数。相反的换算因子为

$$\frac{\text{L溶液}}{0.500 \text{ mol NaCl}} \qquad \text{mol NaCl} \rightarrow \text{L 溶液}$$

例如，要求 1.72 L 的 0.758 M 蔗糖溶液中含有多少克蔗糖（$C_{12}H_{22}O_{11}$），首先从问题陈述中的信息开始。

已知：0.758 M $C_{12}H_{22}O_{11}$，1.72 L 溶液

求：g $C_{12}H_{22}O_{11}$

转换图

画出转换图，从"L 溶液"开始用摩尔浓度表示蔗糖的摩尔数，然后用摩尔质量表示蔗糖的质量。

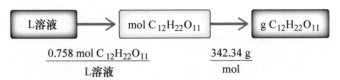

$$\underbrace{}_{\begin{array}{c}\dfrac{0.758\ \text{mol C}_{12}\text{H}_{22}\text{O}_{11}}{\text{L 溶液}}\end{array}} \qquad \underbrace{}_{\begin{array}{c}\dfrac{342.34\ \text{g}}{\text{mol}}\end{array}}$$

所用关系式

$$\frac{0.758\ \text{mol C}_{12}\text{H}_{22}\text{O}_{11}}{\text{L 溶液}} \quad （\text{已知溶液的摩尔浓度，记为分数}）$$

$$1\ \text{mol C}_{12}\text{H}_{22}\text{O}_{11} = 342.34\ \text{g} \quad （\text{蔗糖的摩尔质量}）$$

解

根据解公式计算答案：

$$1.72\ \text{L 溶液} \times \frac{0.758\ \text{mol C}_{12}\text{H}_{22}\text{O}_{11}}{\text{L 溶液}} \times \frac{342.34\ \text{g C}_{12}\text{H}_{22}\text{O}_{11}}{\text{mol C}_{12}\text{H}_{22}\text{O}_{11}} = 446\ \text{g C}_{12}\text{H}_{22}\text{O}_{11}$$

在这个例子中，我们用摩尔浓度将给定溶液的量转换为溶液中溶质的量。在例题 13.4 中，我们用摩尔浓度将给定溶质的量转换为含有该溶质的溶液的量。

例题 **13.4**　在计算中使用摩尔浓度

多少升 0.114 M 的 NaOH 溶液含有 1.24 mol 的 NaOH？	
信息分类 已知 NaOH 溶液的摩尔浓度和 NaOH 的摩尔数，求含有给定摩尔数的溶液的体积。	已知：0.114 M NaOH，1.24 mol NaOH 求：L 溶液
制定策略 转换图从 mol NaOH 开始，从摩尔浓度转换为溶液升数。	**转换图** $\boxed{\text{mol NaOH}} \longrightarrow \boxed{\text{L 溶液}}$ $\dfrac{1\ \text{L 溶液}}{0.114\ \text{mol NaOH}}$ **所用关系式** $\dfrac{0.114\ \text{mol NaOH}}{\text{L 溶液}}$ （已知溶液的摩尔浓度，记为分数）
求解问题 根据转换图求解问题。	**解** $1.24\ \text{mol NaOH} \times \dfrac{1\ \text{L 溶液}}{0.114\ \text{mol NaOH}} = 10.9\ \text{L 溶液}$
检查答案 检查答案的单位是否正确、大小是否合理。	单位为 L，正确。答案的大小合理，因为每升溶液的含量略大于 0.10 mol，因此约 10 L 所含的物质略大于 1 mol。

▶ **技能训练 13.4**

多少体积的 0.225 M KCl 溶液含有 55.8 g KCl？

13.6.2 离子浓度

当一种离子化合物溶解在溶液中时，一些正离子和负离子可能会配对，所以离子的实际浓度低于我们假设发生完全解离时的预期浓度。

含有分子化合物的溶液的浓度通常反映了溶质在溶液中的实际浓度。例如，1.0 M $C_6H_{12}O_6$（葡萄糖）溶液表示每升该溶液中含有 1.0 mol $C_6H_{12}O_6$。然而，含有离子化合物的溶液的浓度反映了溶质溶解前的浓度。例如，在 1.0 M $CaCl_2$ 溶液中，每升含有 1.0 mol Ca^{2+} 和 2.0 mol Cl^-。在含有离子化合物的溶液中，单种离子的浓度通常可近似为我们在例题 13.5 中计算的总浓度。

例题 13.5　计算离子浓度

在 1.50 M Na_3PO_4 溶液中测定 Na^+ 和 PO_4^{3-} 的摩尔浓度。	
已知一种离子溶液的浓度，求出组成离子的浓度。	已知：1.50 M Na_3PO_4 求：Na^+ 和 PO_4^{3-} 的摩尔浓度（M）
Na_3PO_4 的一个分子式单位含有 3 个 Na^+ 离子，所以 Na^+ 的浓度是 Na_3PO_4 的浓度的 3 倍。由于同一个分子式单元含有一个 PO_4^{3-} 离子，故 PO_4^{3-} 的浓度等于 Na_3PO_4 的浓度。	解 　　Na^+ 的摩尔浓度 $= 3 \times 1.50\ \text{M} = 4.50\ \text{M}$ 　　PO_4^{3-} 的摩尔浓度 $= 1.50\ \text{M}$

▶ **技能训练 13.5**
测定 0.75 M $CaCl_2$ 溶液中 Ca^{2+} 和 Cl^- 的摩尔浓度。

概念检查站 13.3

K_2SO_4 溶液浓度是 0.15 M。溶液中 K^+ 的浓度是多少？
(a) 0.075 M；(b) 0.15 M；(c) 0.30 M；(c) 0.45 M。

13.7 溶液的稀释

▶ 在计算中使用稀释方程。

稀释酸时，一定要将浓酸加入水中。不要在浓酸溶液中加入水。

为了节省储藏室的空间，溶液通常以浓缩形式存储，称为储备溶液。例如，盐酸通常以 12 M 的原液形式存储。然而，许多实验需要低浓度的盐酸溶液，所以化学家必须将原液稀释到所需的浓度。我们通常用水稀释一定量的原液。如何确定使用多少储备溶液？解决这个问题最简方法是使用稀释方程：

$$M_1V_1 = M_2V_2$$

其中 M_1 和 V_1 是初始溶液的摩尔浓度和体积，M_2 和 V_2 是稀释溶液的摩尔浓度和体积。这个方程是成立的，因为摩尔浓度乘以体积得到溶质的摩尔数（$M \times V = \text{mol}$），这在两种溶液中是相同的。

例如，假设一个实验需要 5.00 L 的 1.50 M KCl 溶液。应该如何从 120 M 的储备溶液中准备这种溶液？首先对问题中的信息进行分类整理。

已知：$M_1 = 12.0\ \text{M}$，$M_2 = 1.50\ \text{M}$，$V_2 = 5.00\ \text{L}$
求：V_1

解

公式 $M_1V_1 = M_2V$ 仅适用于溶液稀释，不适用于化学计量。

求解 V_1（稀释所需的原液体积）的溶液稀释方程，代入正确的值来计算 V_1：

$$M_1V_1 = M_2V_2, \qquad V_1 = \frac{M_2V_2}{M_1} = \frac{1.50\frac{mol}{L} \times 5.00\ L}{12.0\frac{mol}{L}} = 0.625\ L$$

因此，可将 0.625 L 的原液稀释为 5.00 L（V_2）。最终的解为 1.50 M 的 KCl（▼图 13.8）。

例题 13.6 溶液稀释

将 0.100 L 的 15 M NaOH 溶液稀释到什么体积，得到 1.0 M NaOH 溶液？	
已知 NaOH 溶液的初始体积和浓度及最终浓度，求将初始溶液稀释到给定最终浓度所需的体积。	已知：$V_1 = 0.100\ L$，$M_1 = 15\ M$，$M_2 = 1.0\ M$ 求：V_2
求解 V_2（最终溶液体积）的溶液稀释方程，代入所需量计算 V_2。 可将 0.100 L 的原液稀释为 1.5 L（V_2）。得到的溶液浓度为 1.0 M。	解 $M_1V_1 = M_2V_2,\quad V_2 = \dfrac{M_1V_1}{M_2} = \dfrac{15\frac{mol}{L} \times 0.100\ L}{1.0\frac{mol}{L}} = 1.5\ L$

▶ **技能训练 13.6**

要用多少 6.0 M NaNO$_3$ 溶液配制 0.585 L 的 1.2 M NaNO$_3$ 溶液？

▶ 图 13.8　通过稀释浓溶液来制备溶液

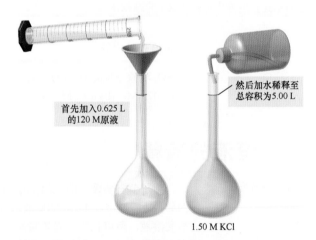

如何从 12.0 M 的原液得到 5.00 L 的 1.50 M KCl 溶液

首先加入 0.625 L 的 120 M 原液

然后加水稀释至总容积为 5.00 L

1.50 M KCl

$$M_1V_1 = M_2V_2$$
$$\frac{12.0\ mol}{\cancel{L}} * 0.625\cancel{L} = \frac{1.50\ mol}{\cancel{L}} * 5.00\cancel{L}$$
$$7.50\ mol = 7.50\ mol$$

概念检查站 13.4

将 100.0 mL 的 1.0 M KCl 稀释至 1.0 L 的溶液的摩尔浓度是多少？
(a) 0.10 M；(b) 1.0 M；(c) 10.0 M。

13.8 溶液的化学计量

▶ 使用体积和浓度来计算反应物或产物的量，然后使用化学计量系数将其转换为反应中的其他量。

如第 7 章所述，许多化学反应发生在水溶液中。例如，沉淀反应、中和反应和析气反应都发生在水溶液中。第 8 章中介绍了如何在化学计量计算中使用化学方程式中的系数作为反应物的量和产物的量之间的换算因子。我们常用这些换算因子来进行计算，例如，基于给定量的反应物或与给定量的另一种反应物完全反应所需的一种反应物的量，在化学反应中获得的产物的量。这类计算的一般求解方案是

参见 8.2 至 8.4 节，了解反应化学计量。

其中 A 和 B 是参与反应的两种不同的物质，它们之间的换算因子来自平衡化学方程式中的化学计量系数。

在涉及含水反应物和产物的反应中，根据反应物或产物的体积和浓度来计算它们的量一般来说是很方便的。我们可以用体积和浓度来计算反应物或产物的量，然后用化学计量系数将其转换成反应中的其他量。这类计算的一般求解方案是

其中体积和摩尔之间的转换是利用溶液的摩尔浓度实现的。

例如，中和硫酸的反应为

$$H_2SO_4(aq) + 2\,NaOH(aq) \longrightarrow Na_2SO_4(aq) + 2\,H_2O(l)$$

我们需要多少 0.125 M NaOH 溶液才能完全中和 0.225 L 0.175M H_2SO_4 溶液？我们从整理问题陈述中的信息开始。

已知：0.225 L H_2SO_4 溶液

0.175 M H_2SO_4，0.125 M NaOH

求：NaOH 溶液的体积（L）

转换图

我们通过绘制类似于其他化学计量问题的转换图来制定策略。首先，使用 H_2SO_4 溶液的体积和摩尔浓度得到 H_2SO_4 的摩尔数。然后，使用方程式中的化学计量系数将 mol H_2SO_4 转化为 mol NaOH。最后，使用 NaOH 的摩尔浓度计算 NaOH 溶液的体积（L）。

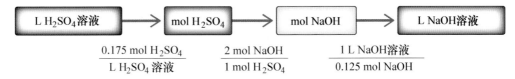

所用关系式

$$M(H_2SO_4) = \frac{0.175\ \text{mol}\ H_2SO_4}{L\ H_2SO_4 溶液}\quad（给定\ H_2SO_4\ 溶液的摩尔浓度，记为分数）$$

$$M(NaOH) = \frac{0.125\ \text{mol}\ NaOH}{L\ NaOH溶液}\quad（给定\ NaOH\ 溶液的摩尔浓度，记为分数）$$

1 mol H_2SO_4 : 2 mol NaOH（H_2SO_4 和 NaOH 之间的化学计量关系，来自平衡化学方程式）

解

为了求解问题，我们按照计算公式计算答案：

$$0.225 \text{ L H}_2\text{SO}_4 \text{溶液} \times \frac{0.175 \text{ mol H}_2\text{SO}_4}{\text{L H}_2\text{SO}_4 \text{溶液}} \times \frac{2 \text{ mol NaOH}}{1 \text{mol H}_2\text{SO}_4} \times$$

$$\frac{1 \text{ L NaOH溶液}}{0.125 \text{ mol NaOH}} = 0.630 \text{ L NaOH溶液}$$

需要 0.630 L 的 NaOH 溶液才能完全中和 H_2SO_4。

例题 13.7　溶液化学计量

思考下列沉淀反应：

$$2 \text{ KI}(aq) + \text{Pb(NO}_3)_2(aq) \longrightarrow \text{PbI}_2(s) + 2 \text{ KNO}_3(aq)$$

在 0.104 L 0.225 M $Pb(NO_3)_2$ 溶液中，需要多少 0.115 M KI 溶液（以升计）才能使 Pb^{2+}完全沉淀？

信息分类	已知：0.115 M KI，0.104 L $Pb(NO_3)_2$ 溶液，0.225 M $Pb(NO_3)_2$
已知化学反应中反应物 KI 的浓度，以及第二种反应物 $Pb(NO_3)_2$ 的体积和浓度，求第一种反应物的体积，以便与给定量的第二种反应物完全反应。	求：KI 溶液体积（L）
制定策略 这个问题的转换图类似于其他化学计量问题的转换图。首先用 $Pb(NO_3)_2$ 溶液的体积和摩尔浓度测定 mol $Pb(NO_3)_2$；然后利用该方程的化学计量系数将 mol $Pb(NO_3)_2$ 转换为 mol KI；最后，用 mol KI 求出 L KI 溶液。	转换图 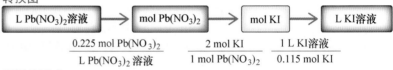 $$\frac{0.225 \text{ mol Pb(NO}_3)_2}{\text{L Pb(NO}_3)_2 \text{溶液}} \quad \frac{2 \text{ mol KI}}{1 \text{ mol Pb(NO}_3)_2} \quad \frac{1 \text{ L KI溶液}}{0.115 \text{ mol KI}}$$ 所用关系式 $$M \text{ KI} = \frac{0.115 \text{ mol KI}}{\text{L KI溶液}} \quad （已知 KI 溶液的摩尔浓度，记为分数）$$ $$M \text{ Pb(NO}_3)_2 = \frac{0.225 \text{ mol Pb(NO}_3)_2}{\text{L Pb(NO}_3)_2\text{溶液}} \quad （已知 Pb(NO_3)_2 溶液的摩尔浓度，记为分数）$$ 2 mol KI : 1 mol $Pb(NO_3)_2$（KI 和 $Pb(NO_3)_2$ 的化学计量关系，来自平衡化学方程式）
求解问题 根据转换图求解问题。从 $Pb(NO_3)_2$ 溶液的体积开始，消去单位得到 KI 溶液的体积。	解 $$0.104 \text{ L Pb(NO}_3)_2\text{溶液} \times \frac{0.225 \text{ mol Pb(NO}_3)_2}{\text{L Pb(NO}_3)_2\text{溶液}} \times \frac{2 \text{ mol kJ}}{\text{mol Pb(NO}_3)} \times$$ $$\frac{\text{L kJ溶液}}{0.115 \text{ mol KI}} = 0.407 \text{ L KI 溶液}$$
检查答案 检查答案的单位是否正确、大小是否合理。	单位为 L，正确。大小合理，因为硝酸铅溶液的浓度是碘化钾溶液的 2 倍，需要 2 mol 的碘化钾才能和 1 mol 的硝酸铅反应。因此，可以预计，钾溶液要完全与给定体积的 $Pb(NO_3)_2$ 溶液反应，所需的体积约为其 4 倍。

▶ 技能训练 13.7

多少毫升的 0.112 M Na_2CO_3 和 27.2 mL 的 0.135 M HNO_3 反应完全？

$$2 \text{ HNO}_3(aq) + \text{Na}_2\text{CO}_3(aq) \longrightarrow \text{H}_2\text{O}(l) + \text{CO}_2(g) + 2 \text{ NaCO}_3(aq)$$

▶ 技能巩固

25.0 mL 的 HNO_3 溶液样本需要 35.7 mL 0.108 M Na_2CO_3 才能与溶液中的所有 HNO_3 完全反应。HNO_3 溶液的浓度是多少？

思考在水溶液中发生的下列反应。

$$A(aq) + 2\ B(aq) \longrightarrow 产物$$

多少体积的 0.100 M B 溶液能和 50.0 mL 的 0.200 M A 溶液完全反应？
(a) 25.0 mL；(b) 50.0 mL；(c) 100.0 mL；(d) 200.0 mL。

13.9 溶液的依数性

▶ 计算质量摩尔浓度。
▶ 计算溶液的凝固点和沸点。

▲ 在结冰的道路上撒盐会降低水的凝固点，所以即使温度低于0℃，冰也会融化

> 质量摩尔浓度缩写为小写斜体 m，而摩尔浓度缩写为大写正体 M。

在冰激凌机中，向冰中加盐的原因是什么？为什么要将盐撒在结冰的路上？因为盐实际上降低了冰的融点。即使是在 0℃ 以下，盐和水的溶液仍然是液体。向冰中加入盐，就形成了冰、盐和水的混合物，温度可达到-10℃左右，足以冷冻奶油。在道路上，盐可以使冰融化，即使环境温度低于凝固点。

向液体中加入不易挥发的溶质（不易蒸发的溶质）可以扩大液体保持液体状态的温度范围。溶液比纯液体具有较低的熔点和较高的沸点，我们称这些作用为凝固点降低和沸点升高。凝固点的降低和沸点的升高只取决于溶液中溶质粒子的数量，而与溶质粒子类型无关。诸如此类的性质（依赖于溶质粒子的数量而非溶质粒子的类型）是具有依数性的。

13.9.1 凝固点降低

含有非挥发性溶质的溶液的凝固点低于纯溶剂的凝固点。例如，防冻剂是乙二醇（$C_2H_6O_2$）的水溶液，它被添加到发动机冷却剂中，以防止发动机在寒冷的气候下结冰。乙二醇降低了水溶液的凝固点。溶液的浓度越大，凝固点就越低。对于凝固点降低和沸点升高，溶液的浓度通常用质量摩尔浓度（m）表示，即每千克溶剂中溶质的摩尔数：

$$摩尔浓度（m）= \frac{溶质摩尔数}{溶剂质量（千克）}$$

注意，质量摩尔浓度是根据溶剂而非溶液的千克量定义的。

例题 13.8	计算质量摩尔浓度
计算 17.2 g $C_2H_6O_2$（乙二醇）溶解于 0.500 kg H_2O 的溶液的质量摩尔浓度。	
已知乙二醇的质量，单位是克；溶剂的质量，单位是千克。求最终溶液的摩尔浓度。	已知：17.2 g $C_2H_6O_2$ 　　　 0.500 kg H_2O 求：质量摩尔浓度（m）
要计算质量摩尔浓度，可将正确的值代入方程并计算答案。首先使用 $C_2H_6O_2$ 的摩尔质量将 $C_2H_6O_2$ 的量从克数转换为摩尔数。	解 $$mol\ C_2H_6O_2 = 17.2\ g\ C_2H_6O_2 \times \frac{1\ mol\ C_2H_6O_2}{62.08\ g\ C_2H_6O_2}$$ $$= 0.2771\ mol\ C_2H_6O_2$$ $$质量摩尔浓度 = \frac{溶质摩尔数}{溶剂质量（千克）}$$ $$= \frac{0.2771\ mol\ C_2H_6O_2}{0.500\ kg\ H_2O}$$ $$= 0.554\ m$$

计算含有 50.4 g 蔗糖（$C_{12}H_{22}O_{11}$）和 0.332 kg 水的蔗糖溶液的质量摩尔浓度（m）。

▲乙二醇是防冻剂的主要成分，可防止发动机冷却液在冬季结冰或在夏季沸腾

本节给出的凝固点降低和沸点升高的方程仅适用于非电解质溶液。

不同的溶剂有不同的 K_f 值。

概念检查站 13.6

实验室要制备 2.0 mol/kg 水溶液。一名学生不小心制备了 2.0 mol/L 水溶液。学生制备出的溶液：

(a) 太浓；(b) 太稀；(c) 恰到好处；(d) 取决于溶质的摩尔质量。

通过对摩尔浓度的理解，我们现在可以量化溶液的凝固点降低量。特定溶液的凝固点降低量由下式给出：

溶液凝固点降低量
$$\Delta T_f = m \times K_f$$

其中，ΔT_f 是凝固点温度的变化，单位为℃（从纯溶剂的凝固点开始）；m 是溶液的质量摩尔浓度，即 $\dfrac{\text{mol溶质}}{\text{kg溶剂}}$；$K_f$ 是溶剂的凝固点降低常数。

对于水，有

$$K_f = 1.86 \, \frac{\text{℃kg溶剂}}{\text{mol溶质}}$$

如例题 13.9 所示，计算溶液的凝固点需要将已知数据代入给定的方程。

每日化学

青蛙的防冻剂

树蛙看起来像其他的大多数青蛙，但上它们只有几英寸长，皮肤呈典型的绿褐色。然而，树蛙会以一种不同寻常的方式熬过寒冷的冬天——它们会部分结冰。在冷冻状态下，树蛙没有心跳，没有血液循环，没有呼吸，也没有大脑活动。然而，在解冻后的一到两小时内，这些重要的功能就会恢复，树蛙就能跳着去寻找食物。这怎么可能？

大多数冷血动物无法在凝固点下生存，因为它们的细胞内的水会结冰。如 12.8 节所述，水结冰后会膨胀，不可逆地破坏细胞。然而，当树蛙冬眠时，它会向血液和细胞内部分泌大量葡萄糖。当温度降至凝固点以下时，细胞外的体液，如树蛙腹腔中的体液，就会冻结成固体。然而，树蛙细胞内的液体仍然呈液态，因为高葡萄糖浓度降低了它们的凝固点。换句话说，细胞内浓缩的葡萄糖溶液充当防冻剂，防止里面的水结冰，让树蛙存活下来。

▲ 树蛙靠部分冰冻度过寒冬。树蛙细胞中的液体受到高浓度葡萄糖的保护，葡萄糖作为防冻剂，降低了它们的凝固点，使细胞内的液体保持为液态，温度低至-8℃

B13.1 你能回答吗？树蛙可以在低至-8.0℃的体温下存活。计算将水的凝固点降低至-8.0℃所需的葡萄糖（$C_6H_{12}O_6$）溶液的摩尔浓度。

例题 13.9 凝固点降低

计算 1.7 m 乙二醇溶液的凝固点。

已知水溶液的质量摩尔浓度，求凝固点降低。需要本节中提供的凝固点降低方程。	已知：1.7 m 溶液 求：凝固点
为了求解这个问题，将这些值代入凝固点降低方程，算出ΔT_f。 实际凝固点是纯水的凝固点（0.00℃）减ΔT_f。	解 $$\Delta T_f = m \times K_f = 1.74 \frac{\text{mol溶质}}{\text{kg溶剂}} \times 1.86 \frac{\text{℃kg溶剂}}{\text{mol溶质}} = 3.2\text{℃}$$ 凝固点 = 0.00℃ − 3.2℃ = −3.2℃

▶ 技能训练 13.9

计算 2.6 m 蔗糖溶液的凝固点。

13.9.2 沸点升高

含有非挥发性溶质的溶液的沸点高于纯溶剂的沸点。在汽车中，防冻剂不仅能防止寒冷气候下发动机缸体中冷却液的冻结，而且能防止炎热气候下发动机冷却液的沸腾。溶液沸点升高量由下式给出：

溶液沸点升高量
$$\Delta T_b = m \times K_b$$

其中，ΔT_b 是沸点温度的变化，单位为℃（从纯溶剂的沸点开始）；m 是溶液的质量摩尔浓度，单位是 $\frac{\text{mol溶质}}{\text{kg溶剂}}$；$K_b$ 是溶剂的沸点升高常数。

对于水，有

$$K_f = 0.512 \frac{\text{℃kg溶剂}}{\text{mol溶质}}$$

不同的溶剂有不同的 K_b 值。

如例题 13.10 所示，我们通过代入前面的方程来计算溶液的沸点。

例题 13.10 沸点升高

计算 1.7 m 乙二醇溶液的沸点。

已知水溶液的质量摩尔浓度，求其沸点。	已知：1.7 m 溶液 求：沸点
为了求解这个问题，将这些值代入沸点升高量方程，计算ΔT_b。 溶液的实际沸点是纯水沸点（100.00℃）加ΔT_b。	解 $$\Delta T_b = m \times K_b = 1.7 \frac{\text{mol溶质}}{\text{kg溶剂}} \times 0.512 \frac{\text{℃kg溶剂}}{\text{mol溶质}} = 0.87\text{℃}$$ 沸点 = 100.00℃ + 0.87℃ = 100.87℃

▶ 技能训练 13.10

计算 3.5 m 葡萄糖溶液的沸点。

概念检查站 13.7

下列哪种溶液的沸点最高？

(a) 0.50 m $C_{12}H_{22}O_{11}$；　　(b) 0.50 m $C_6H_{12}O_6$；

(c) 0.50 m $C_2H_6O_2$；　　(d) 这些溶液有相同的沸点。

13.10 渗透作用

▶ 说明渗透过程。

在海上漂流的人的周围都是水，然而饮用这些水只会加速他们脱水。为什么？原因是渗透作用，即溶剂从低浓度溶液流向高浓度溶液，盐水会导致脱水。含有高浓度溶质的溶液从含有低浓度溶质的溶液中提取溶剂。换句话说，含有高浓度溶质的水溶液，如海水，实际上是会令人口渴的水溶液，它们从其他低浓度的溶液（包括体液）中吸取水分（▼图 13.9）。

▶ 图 13.9　海水是令人口渴的溶液

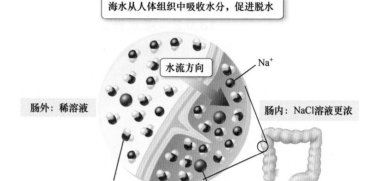

海水从人体组织中吸收水分，促进脱水

水流方向

肠外：稀溶液　　　　　　　　肠内：NaCl溶液更浓

Na^+

H_2O

Cl^-

▼图 13.10 所示为渗透单元。左边的细胞含有浓缩的盐水溶液，右边的细胞含有纯水。一种半透膜（允许某些物质通过但不允许其他物质通过的膜）将细胞分为两半。通过渗透作用，水从细胞的纯水侧流过半透膜进入盐水侧。随着时间的推移，细胞左侧的水位上升，而右侧的水位下降。这一过程一直持续到左侧水的重量产生的压力足以阻止渗透流动为止。停止渗透流动所需的压力是溶液的渗透压。渗透压与凝固点降低和沸点升高一样是依数性的；它只取决于溶质粒子的浓度，而不取决于溶质的类型。溶液越浓，其渗透压就越大。

▲ 图 13.10　渗透单元。在渗透池中，水通过半透膜从浓度较低的溶液流向浓度较高的溶液。结果是，流体在管道的一侧上升，直到多余流体的重量产生足够的压力来停止流动。这个压力就是溶液的渗透压

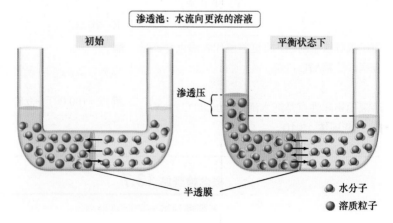

渗透池：水流向更浓的溶液

初始　　　　　　　　　　　平衡状态下

渗透压

半透膜

● 水分子
● 溶质粒子

活细胞的膜起半透膜的作用。因此，如果将一个活细胞放入海水，它就会通过渗透失去水分而脱水。▲图 13.11 显示了不同浓度溶液中的

红细胞。▼图 13.11a 中的细胞浸泡在与细胞内部溶质浓度相同的溶液中，具有正常的红细胞形状。▼图 13.11b 中的细胞在纯水中肿胀。因为细胞内的溶质浓度高于周围液体的浓度，渗透作用让水穿过细胞膜进入细胞。▼图 13.11c 中的细胞在比细胞内部更浓的溶液中，随着渗透作用将水吸出细胞，细胞开始萎缩。同样，如果我们喝海水，海水实际上是在通过胃和肠时将水吸出人体。所有多余的水分在肠道促进身体组织脱水和腹泻。因此，永远不要喝海水。

▶ 图 13.11　不同浓度溶液中的红细胞。(a) 当周围液体的溶质浓度等于细胞内的溶质浓度时，没有净渗透流量，红细胞呈正常形状。(b) 当细胞置于纯水中时，水渗透进入细胞使其肿胀，最终可能破裂。(c) 将细胞置于浓溶液中时，渗透作用将水吸出细胞，使其正常形状变形

| 正常红细胞 | 纯水中的红细胞：水流入细胞 | 萎缩红细胞：水从细胞中流出 |

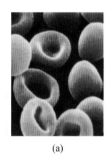  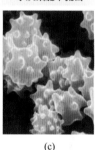

(a)　　　　　　　　(b)　　　　　　　　(c)

化学与健康

医学中的溶液

医生和其他在卫生领域工作的人经常给病人注射溶液。这些溶液的渗透压被控制，以达到对病人的预期效果。渗透压低于体液渗透压的溶液称为低渗溶液。当将人体细胞置于低渗溶液（如纯水）中时，水会进入细胞，有时会导致细胞破裂（▲图 13.11b）。渗透压大于体液渗透压的溶液称为高渗溶液。这些溶液往往会从细胞和组织中吸收水分。当人体细胞被置于高渗溶液中时，它通常会因水分流失到周围的溶液中而萎缩（▲图 13.11c）。

大多数液体通常是等渗盐水溶液（每 100 mL 溶液中含有 0.9 g NaCl）。在医学和其他与健康相关的领域，溶液浓度的单位通常表示给定体积溶液中溶质的质量。同样常见的是质量与体积的百分比，也就是溶质的质量（克）除以溶液的体积（毫升）乘以 100%。在这些单位中，等渗盐溶液的浓度为 0.9% 质量/体积。

B13.2　你能回答吗？等渗蔗糖（$C_{12}H_{22}O_{11}$）溶液的浓度为 0.30 m，计算其浓度（质量体积比）。

静脉注射液（直接注射到病人静脉中的溶液）必须具有与体液相等的渗透压。这些溶液被称为等渗溶液。当患者在医院接受静脉注射时，

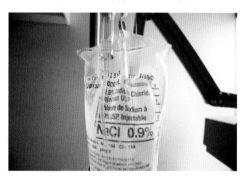

▲ 静脉输液主要由等渗生理盐水溶液组成，其渗透压与体液的渗透压相等。为何注射渗透压与体液不相当的静脉注射液有危险？

关键术语

沸点升高	亨利定律	渗透	溶质	依数性
质量分数	渗透压	溶液	浓溶液	重结晶
溶剂	稀溶液	细胞膜	饱和溶液	储备溶液
电解质溶液	质量摩尔浓度	半透膜	过饱和溶液	凝固点降低
摩尔浓度	非电解质溶液	溶解度	不饱和溶液	

技能训练答案

技能训练 13.1 .... 2.67%

技能训练 13.2 .... 42.5 g 蔗糖

技能训练 13.3 .... 0.263 M

技能训练 13.4 .... 3.33 L

技能训练 13.5 .... 0.75 M Ca^{2+}和 1.5 M Cl^-

技能训练 13.6 .... 0.12 L

技能训练 13.7 .... 16.4 mL

技能巩固 .... 0.308 M

技能训练 13.8 .... 0.443 m

技能训练 13.9 .... −4.8℃

技能训练 13.10 .... 101.8℃

概念检查站答案

13.1 (a)。CH_3Cl 和 NH_3 均为极性化合物，KF 为离子型。因此，与非极性的 CCl_4 相比，这三种物质与水分子（极性）的相互作用更强。

13.2 (b)。溶液中有一些氯化钾沉淀。大多数固体的溶解度随温度降低而降低。但随着温度的降低，气体的溶解度增加。因此，氮变得更容易溶解，不会起泡。

13.3 (c)。溶液是 0.30 M 的 K^+，因为化合物 K_2SO_4 在溶液中每溶解 1 mol 就生成 2 mol K^+。

13.4 (a)。原 100.0 mL 溶液中含有 0.10 mol，稀释后为 1.0 L。稀释溶液的摩尔浓度为 0.10 M。

13.5 (d)。B 的量是 A 的 2 倍，但由于 A 溶液的浓度是 B 的 2 倍，所以 B 的体积是 A 的 4 倍。

13.6 (a)。将 2 mol 溶质加入 1 kg 溶剂，制成 2.0 m 溶液。1 kg 水的体积是 1 L，但由于溶解的溶质，最终溶液的体积将略大于 1 L。相比之下，2.0 M 的溶液由恰好 1 L 溶液中的 2 mol 溶质组成。因此，2 M 的水溶液将略高于 2 m 的溶液。

13.7 (d)。由于沸点只取决于溶解粒子的浓度，所有这些溶液都有相同的沸点。

第 14 章 酸和碱

不同酸碱概念之间的区别并不在于哪个是"正确的"，而在于哪个在特定情况下使用最方便。

——詹姆斯·E. 修伊

14.1 儿童酸片糖和间谍电影

当我们说酸溶解金属时，意思是酸与金属反应，导致金属作为金属阳离子进入溶液。詹姆斯·邦德的笔是由黄金制成的，因为黄金是少数几种不会被大多数酸溶解的金属之一（见 16.5 节）。

软糖又甜又耐嚼，孩子和成年人都很喜欢。从最初的经典小熊软糖到蠕虫软糖，再到我们能想象到的任何形状的软糖，都非常受欢迎。酸软糖是一种常见的类似糖果，其中最著名的是儿童酸片糖。儿童酸片糖是一种形状像孩子的橡皮糖，外面涂有一层白色粉末。当我们首次将儿童酸片糖放到嘴里时，它尝起来非常酸。这种味道是由外层的白色粉末——柠檬酸和酒石酸的混合物引起的。像所有酸一样，柠檬酸和酒石酸尝起来是酸的。

许多其他食物也含有酸。柠檬和酸橙的酸味、酵母面包的味道和番茄的味道都是由酸引起的。酸是在溶液中产生 H^+ 离子的物质，这一定义将在本章后面详细介绍。当酸奶中的柠檬酸和酒石酸与口腔中的唾液结合时，产生 H^+ 离子。H^+ 离子和舌头上的蛋白质分子发生反应，蛋白质分子改变形状，向大脑发送电信号，于是我们就感受到了酸味（▼图 14.1）。

酸也因它们在间谍电影中的出现而闻名。例如，詹姆斯·邦德以随身携带一支装满酸性物质的金笔而被众人所知。当邦德被捕入狱时（在每部电影中至少不可避免地发生一次），他将酸从笔头射出，喷到牢房的铁栏杆上。酸能迅速溶解金属，让邦德逃脱。虽然酸不能像电影中描述的那样轻易溶解铁棒，但它们确实能溶解金属。例如，一小块铝放在盐酸中，大约 10 分钟后就会完全溶解（▼图 14.2）。如果有足够的酸，就有可能溶解牢房里的铁条，但所需的酸比一支笔的容量要多。

◄ 酸被用于间谍电影和其他惊悚片中，以溶解牢房的金属条

◀ 图 14.1　**酸尝起来有酸味。**当一个人吃酸的食物时，食物中酸的 H^+ 离子与舌头味觉细胞中的蛋白质分子发生反应。这种相互作用导致蛋白质分子改变形状，从而触发大脑的神经冲动，使人感受到酸味

▶ 图 14.2　**酸能溶解许多金属。**当铝放到盐酸中时，铝会溶解。铝原子会发生什么变化？它们去了哪里？

14.2　酸

▶ 识别常见的酸，描述它们的关键特征。

切勿品尝或触摸实验室化学品。

▲ 图 14.3　**酸使蓝色石蕊试纸变红**

有关酸的命名见 5.9 节。

酸具有以下特性：

- 有酸味。
- 能溶解许多金属。
- 能使蓝色石蕊试纸变红。

前面讨论了酸的酸味及它们具有溶解金属的能力的例子。酸也会使蓝色石蕊试纸变红，石蕊试纸含有一种在酸性溶液中会变红的染料（◀图 14.3）。在实验室中，石蕊试纸通常用来测试溶液的酸度。

表 14.1 中列出了一些常见的酸，大多数化学实验室都有盐酸。它在工业中用于清洁金属，制备和加工食品，以及提炼金属矿石。

HCl
盐酸

盐酸也是胃酸的主要成分。在胃中，盐酸分解食物，杀死可能通过食物进入人体内的有害细菌。有时，消化不良发生的反胃是由胃中的盐酸回流到食道（连接胃和嘴的管道）和喉咙中引起的。

表 14.1　一些常见的酸

名称	用途
盐酸（HCl）	清洗金属；食物制备；矿石冶炼；胃酸的主要成分
硫酸（H_2SO_4）	肥料和炸药制造；染料和胶水生产；汽车电池
硝酸（HNO_3）	肥料和炸药制造；染料和胶水生产
醋酸（$HC_2H_3O_2$）	塑料和橡胶制造；食物保存；醋的组成部分
碳酸（H_2CO_3）	碳酸饮料中的一种成分，因二氧化碳与水发生反应而产生
氢氟酸（HF）	金属清洗；玻璃磨砂和蚀刻

硫酸和硝酸通常用于实验室。此外，它们还用于制造肥料、炸药、染料和胶水。大多数汽车电池中也含有硫酸。

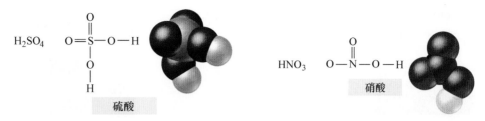

H_2SO_4

硫酸

HNO_3

硝酸

醋酸存在于醋中，也存在于存储不当的葡萄酒中。葡萄酒中含有醋被认为是一种严重的缺陷，因为这会使葡萄酒尝起来像沙拉酱。

▲ 醋是醋酸和水的溶液

$HC_2H_3O_2$

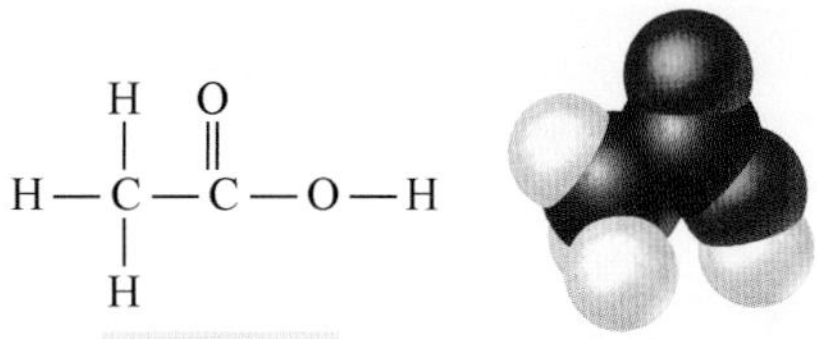

醋酸

醋酸是羧酸的一个例子，即一种含有被称为羧酸基团的原子的酸。

— COOH

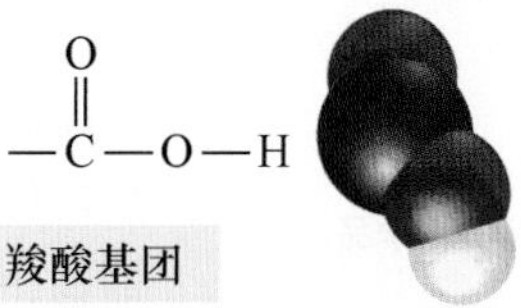

羧酸基团

我们经常在从生物体提取的物质中发现羧酸（见 18.15 节）。其他羧酸包括柠檬酸（柠檬和酸橙中的主要酸）和苹果酸（苹果、葡萄和葡萄酒中的一种酸）。

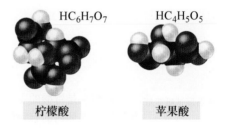

$HC_6H_7O_7$

$HC_4H_5O_5$

柠檬酸

苹果酸

14.3 碱

▶ 识别常见的碱并描述其关键特征。

不要品尝或触摸实验室的化学药品。

咖啡总体上是酸性的，但咖啡中存在的碱（如咖啡因）会带来苦味。

碱基具有以下特性：

• 有苦味。

• 有滑感。

• 能将红色石蕊试纸变成蓝色。

碱在食物中不如酸常见，因为它们有苦味，涂了一层碱的酸奶油永远也卖不出去。我们对碱的味道的厌恶可能是为了保护我们免受生物碱

▲ 这些商品都含有碱

▲ 图 14.4 碱将红色石蕊试纸变成蓝色

的伤害，生物碱是在植物中发现的有机碱。生物碱通常是有毒的，例如铁杉的有毒成分是生物碱，它们的苦味警告我们不要吃它们。尽管如此，一些食物，如咖啡，含有少量的碱（咖啡因是一种碱）。许多人喜欢咖啡的苦味，但要经过一段时间才能品尝到这种苦味。

$C_8H_{17}N$

毒芹碱

$C_8H_{10}N_4O_2$

咖啡因

碱摸起来很滑，因为它们与人体皮肤上的油脂反应形成皂状物。肥皂本身是碱性的，它的滑感是碱的特征。一些家用清洁剂，例如氨水，也是碱性的，具有碱的典型滑感。碱将红色石蕊试纸变成蓝色（◀图 14.4）。在实验室中，石蕊试纸通常用来测试溶液的碱性。

表 14.2 中列出了一些常见的碱。大多数化学实验室都有氢氧化钠和氢氧化钾。它们也用于加工石油和棉花，制造肥皂和塑料。氢氧化钠是德拉诺等产品的活性成分，可疏通下水道。碳酸氢钠在大多数家庭中以小苏打的形式存在，也是许多抗酸剂的活性成分。作为抗酸剂服用时，碳酸氢钠中和胃酸（见 14.5 节），缓解胃灼热。

表 14.2 一些常见的碱	
名　称	用　途
氢氧化钠（NaOH）	石油加工；肥皂和塑料制造业
氢氧化钾（KOH）	棉花加工；电镀；肥皂生产
碳酸氢钠（$NaHCO_3$）*	抗酸剂；小苏打成分；CO_2 的来源
氨（NH_3）	洗涤剂；肥料和炸药制造；合成纤维生产

*碳酸氢钠是一种盐，其阴离子 HCO_3^- 是弱酸的共轭碱（见 14.4 节），起碱的作用。

概念检查站 14.1

下列哪种物质最可能有酸味？
(a) HCl(aq)；(b) NH_3(aq)；(c) KOH(aq)。

14.4 酸和碱的分子定义

▶ 识别阿伦尼乌斯酸和碱。
▶ 识别布朗斯特–劳里酸和碱及其结合物。

前面介绍了酸和碱的某些特性。本节介绍两种解释酸和碱的行为的分子基础的模型：阿伦尼乌斯模型和布朗斯特-劳里模型。较早开发的阿伦尼乌斯模型的范围受到更多限制，布朗斯特-劳里模型是后来开发的，适用范围更广。

14.4.1 阿伦尼乌斯的定义

在 19 世纪 80 年代，瑞典化学家斯万特·阿伦尼乌斯（1859—1927）提出了酸和碱的下列分子定义。

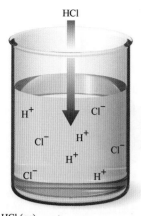

图 14.5 阿伦尼乌斯酸。HCl 是阿伦尼乌斯酸：它在溶液中产生 H^+ 离子。H^+ 离子与 H_2O 结合形成 H_3O^+ 离子

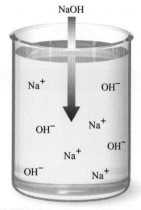

NaOH (aq) ⟶
$Na^+(aq)$ + $OH^-(aq)$

图 14.6 阿伦尼乌斯碱。NaOH 是阿伦尼乌斯碱：它在溶液中产生 OH^- 离子

> 离子化合物如 NaOH 是由正离子和负离子组成的。在溶液中，可溶的离子化合物解离成其组成离子。含有 OH 基团的分子化合物，如甲醇 CH_3OH，不能解离，因此不能作为碱。

> 在丹麦工作的约翰尼斯·布朗斯特（1879—1947）和在英国工作的托马斯·劳里（1874—1936）独立并同时发表了酸碱行为中质子转移的概念。

14.4.2 阿伦尼乌斯定义

酸——酸在水溶液中产生 H^+。

碱——碱在水溶液中产生 OH^-。

例如，根据阿伦尼乌斯定义，HCl 是阿伦尼乌斯酸，因为它在溶液中产生 H^+ 离子（◀图 14.5）：

$$HCl(aq) \longrightarrow H^+(aq) + Cl^-(aq)$$

HCl 是共价化合物，不含离子。然而，在水中它会电离形成 $H^+(aq)$ 离子和 $Cl^-(aq)$ 离子。氢离子具有很高的反应性。在水溶液中，它们根据以下反应与水分子结合：

H_3O^+ 是水合氢离子。在水中，H^+ 离子总与 H_2O 分子结合。然而，化学家经常交替使用 $H^+(aq)$ 和 $H_3O^+(aq)$ 来指代同一种东西，即水合氢离子。

在酸的分子式中，我们通常先写出可电离的氢。例如，我们写出甲酸的分子式如下：

$$HCHO_2$$

可电离的氢　　　不可电离的氢

然而，甲酸的结构并没有由上图的分子式表示出来。我们用甲酸的结构式表示甲酸的结构：

$$\overset{O}{\underset{HC-OH}{\|}}$$

可电离的氢

注意，结构式表明了原子是如何结合在一起的；相比之下，分子式只表示每种原子的数量。

NaOH 是阿伦尼乌斯碱，因为它在溶液中产生 OH^- 离子（◀图 14.6）：

$$NaOH(aq) \longrightarrow Na^+(aq) + OH^-(aq)$$

NaOH 是一种离子化合物，因此含有 Na^+ 和 OH^- 离子。将 NaOH 加到水中后，它会离解或分解成其组成离子。

根据阿伦尼乌斯的定义，酸和碱自然结合形成水，并在这个过程中相互中和：

$$H^+(aq) + OH^-(aq) \longrightarrow H_2O(l)$$

14.4.3 布朗斯特–劳里的定义

尽管阿伦尼乌斯对酸和碱的定义适用于许多情况，但不能很容易地解释为什么有些物质即使不含 OH^- 也可作为碱。阿伦尼乌斯的定义也不适用于非水溶剂。酸和碱的第二个定义称为布朗斯特-劳里定义，它于 1923 年引入，适用于更广泛的酸碱现象。这个定义着重于中和反应中 H^+ 离子的转移。由于 H^+ 离子是一个质子（一个失去电子的氢原子），这个定义集中在质子给体和质子受体的概念上。

14.4.4 布朗斯特–劳里酸碱定义

酸——酸是质子（H^+ 离子）供体。

碱——碱是质子（H^+ 离子）受体。

根据这一定义，HCl 是一种布朗斯特-劳里酸，因为在溶液中，它向水提供一个质子：

$$HCl(aq) + H_2O(l) \longrightarrow H_3O^+(aq) + Cl^-(aq)$$

这个定义更清楚地解释了酸中 H^+ 离子的变化：它与水分子结合形成 H_3O^+（水合氢离子）。布朗斯特-劳里定义也适用于不含 OH^- 离子但仍能在溶液中产生 OH^- 离子的碱（如 NH_3）。NH_3 是一种布朗斯特-劳里碱，因为它从水中接受一个质子：

$$NH_3(aq) + H_2O(l) \rightleftharpoons NH_4^+(aq) + OH^-(aq)$$

根据布朗斯特-劳里的定义，酸（质子供体）和碱（质子受体）总是一起出现。在盐酸和 H_2O 的反应中，盐酸是质子供体（酸），H_2O 是质子受体（碱）：

$$HCl(aq) + H_2O(l) \longrightarrow H_3O^+(aq) + Cl^-(aq)$$
酸　　　　　碱
（质子供体）（质子受体）

在 NH_3 和 H_2O 的反应中，H_2O 是质子供体（酸），NH_3 是质子受体（碱）：

$$NH_3(aq) + H_2O(l) \rightleftharpoons NH_4^+(aq) + OH^-(aq)$$
碱　　　　　酸
（质子受体）（质子供体）

注意，根据布朗斯特-劳里定义，一些物质（如前面两个方程式中的水）可以充当酸或碱。能充当酸或碱的物质是两性的。还要注意表示布朗斯特-劳里酸碱行为的方程式颠倒时会发生什么：

$$NH_4^+(aq) + OH^-(aq) \rightleftharpoons NH_3(aq) + H_2O(l)$$
酸　　　　　碱
（质子供体）（质子受体）

在这个反应中，NH_4^+ 是质子供体（酸），而 OH^- 是质子受体（碱）。作为碱的物质（NH_3）变成酸（NH_4^+），反之亦然。NH_4^+ 和 NH_3 通常被称为共轭酸碱对，这两种物质通过质子转移而相互关联（◀图 14.7）。回到最初的正向反应，我们可以如下确定共轭酸碱对：

$$NH_3(aq) + H_2O(l) \rightleftharpoons NH_4^+(aq) + OH^-(aq)$$
碱　　　　酸　　　　　共轭酸　　　　共轭碱

在中和反应中，碱接受质子，变成共轭酸。酸提供一个质子，变成共轭碱。

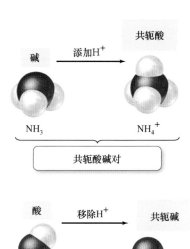

▲ 图 14.7　共轭酸碱对。通过质子转移而相互关联的任何两种物质都可以被认为是共轭酸碱对

例题 **14.1**　**识别布朗斯特–劳里酸和碱及其共轭物**

在下列反应中，确定布朗斯特-劳里酸、布朗斯特-劳里碱、共轭酸和共轭碱。

(a) $H_2SO_4(aq) + H_2O(l) \longrightarrow H_3O^+(aq) + HSO_4^-(aq)$

(b) $HCO_3^-(aq) + H_2O(l) \rightleftharpoons H_2CO_3(aq) + OH^-(aq)$

这个方程式中的双箭头表示反应未完成，14.7 节将详细讨论这个概念。

解

(a) 因为 H_2SO_4 在这个反应中给 H_2O 一个质子，所以它是酸（质子给体）。H_2SO_4 提供质子后，变成 HSO_4^-，即共轭碱。因为 H_2O 接受一个质子，所以它是碱（质子受体）。水接受质子后，变成 H_3O^+，即共轭酸。	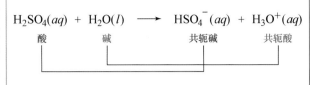
(b) 因为 H_2O 在这个反应中向 HCO_3^- 提供一个质子，所以它是酸（质子供体）。H_2O 提供质子后，变成 OH^-，即共轭碱。因为 HCO_3^- 接受一个质子，所以它是碱（质子受体）。HCO_3^- 接受质子后，变成 H_2CO_3，即共轭酸。	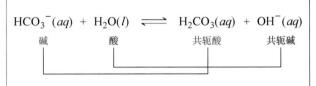

▶ **技能训练 14.1**

在下列反应中，确定布朗斯特-劳里酸、布朗斯特-劳里碱、共轭酸和共轭碱。

(a) $C_5H_5N(aq) + H_2O(l) \rightleftharpoons C_5H_5NH^+(aq) + OH^-(aq)$

(b) $HNO_3(aq) + H_2O(l) \longrightarrow NO_3^-(aq) + H_3O^+(aq)$

概念检查站 14.2

H_2SO_3 的共轭碱是哪个？

(a) $H_3SO_3^+$； (b) HSO_3^-； (c) SO_3^{2-}。

14.5 中和反应

▶ 写中和反应方程式。

▶ 写出酸与金属和金属氧化物的反应方程式。

酸和碱是典型的反应性物质。本节介绍它们如何相互反应，以及如何与其他物质反应。

14.5.1 中和反应

中和反应是酸和碱最重要的反应之一。当我们混合酸和碱时，酸的 $H^+(aq)$ 和碱的 $OH^-(aq)$ 结合形成 $H_2O(l)$。例如，思考盐酸和氢氧化钾之间的反应：

HCl 和 KOH 之间的反应也是一个复分解反应（见 7.10 节）。

$$HCl(aq) + KOH(aq) \longrightarrow H_2O(l) + KCl(aq)$$
酸　　　　碱　　　　水　　　盐

中和反应通常形成水和盐（一种离子化合物），盐通常仍然溶解在溶液中，盐含有碱的阳离子和酸的阴离子：

中和反应在 7.8 节中讨论。

包含碱的阳离子和酸的阴离子的离子化合物

酸 + 碱 ⟶ 水 + 盐

净离子方程式已在 7.7 节介绍。

大多中和反应的净离子方程式为

$$H^+(aq) + OH^-(aq) \longrightarrow H_2O(l)$$

一种略微不同但很常见的中和反应是酸与碳酸盐或重碳酸盐（含 CO_3^{2-} 或 HCO_3^- 的化合物）的反应。这种中和反应产生水、气态二氧化碳和一种盐。例如，盐酸和碳酸氢钠的反应为

$$HCl(aq) + NaHCO_3(aq) \longrightarrow H_2O(l) + CO_2(g) + NaCl(aq)$$

由于这个反应产生气态 CO_2，所以也称析气反应（见 7.8 节）。

$$HCl(aq) + NaHCO_3(aq) \longrightarrow$$
$$H_2O(l) + CO_2(g) + NaCl(aq)$$

▲ 碳酸盐或碳酸氢盐与酸的反应产生水、气态二氧化碳和一种盐

$$2\,HCl(aq) + Mg(s) \longrightarrow$$
$$H_2(g) + MgCl_2(aq)$$

▲ 酸和金属之间的反应通常产生氢气和含有金属离子的可溶解盐

例题 14.2 书写中和反应方程式

写出 HCl 水溶液和 Ca(OH)$_2$ 水溶液反应的分子方程式。

解	
首先确定酸和碱，写出生成水和盐的骨架反应。方程式中离子化合物的化学式必须是电荷中性的（见 5.5 节）。	$HCl(aq) + Ca(OH)_2(aq) \longrightarrow$ $H_2O(l) + CaCl_2(aq)$
平衡方程式。注意，1 mol Ca(OH)$_2$ 含有 2 mol OH$^-$，因此需要 2 mol H$^+$ 来中和它。	$2\,HCl(aq) + Ca(OH)_2(aq) \longrightarrow$ $2\,H_2O(l) + CaCl_2(aq)$

▶ **技能训练 14.2**

写出 H$_3$PO$_4$ 和 NaOH 反应的分子方程式。提示：H$_3$PO$_4$ 是一种三酸，也就是说 1 mol H$_3$PO$_4$ 需要 3 mol OH$^-$ 才能和它完全反应。

14.5.2 酸的反应

回顾 14.1 节可知，酸溶解金属，或者更准确地说，酸与金属反应的方式使金属进入溶液。酸和金属之间的反应通常产生氢气和含有金属离子作为阳离子的可溶解盐。例如，盐酸与金属镁反应生成氢气和氯化镁：

$$2\,HCl(aq) + Mg(s) \longrightarrow H_2(g) + MgCl_2(aq)$$
$$\text{酸} \qquad \text{金属} \qquad \text{氢气} \qquad \text{盐}$$

同样，硫酸与锌反应生成氢气和硫酸锌：

$$H_2SO_4(aq) + Zn(s) \longrightarrow H_2(g) + ZnSO_4(aq)$$
$$\text{酸} \qquad \text{金属} \qquad \text{氢气} \qquad \text{盐}$$

詹姆斯·邦德钢笔中的酸就是通过这种反应溶解牢房的栏杆的。如果栏杆是用铁做的，而笔里的酸是盐酸，那么反应是

$$2\,HCl(aq) + Fe(s) \longrightarrow H_2(g) + FeCl_2(aq)$$
$$\text{酸} \qquad \text{金属} \qquad \text{氢气} \qquad \text{盐}$$

然而，有些金属不容易与酸发生反应。例如，如果因禁詹姆斯·邦德的栏杆是用金做的，那么充满盐酸的笔就不能溶解金。16.5 节中将讨论确定特定金属是否能溶解在酸中的方法。

酸还与金属氧化物反应生成水和一种可溶解的盐。例如，盐酸与氧化钾反应生成水和氯化钾：

$$2\,HCl(aq) + K_2O(s) \longrightarrow H_2O(l) + 2\,KCl(aq)$$
$$\text{酸} \qquad \text{金属氧化物} \qquad \text{氢气} \qquad \text{盐}$$

类似地，氢溴酸与氧化镁反应生成水和溴化镁：

$$2\,HBr(aq) + MgO(s) \longrightarrow H_2O(l) + MgBr_2(aq)$$
$$\text{酸} \qquad \text{金属氧化物} \qquad \text{氢气} \qquad \text{盐}$$

例题 14.3 书写酸的反应方程式

为下列反应书写方程式。
(a) 氢碘酸与金属钾的反应；(b) 氢溴酸与氧化钠的反应。

解	
(a) 氢碘酸与金属钾反应生成氢气和盐。盐含有金属氧化物的阳离子（K$^+$）和酸的阴离子（I$^-$）。写出骨架方程式，然后平衡方程式。	$HI(aq) + K(s) \longrightarrow H_2(g) + KI(aq)$ $2\,HI(aq) + 2\,K(s) \longrightarrow H_2(g) + 2\,KI(aq)$
(b) 氢溴酸与氧化钠反应生成水和盐。盐含有金属氧化物的阳离子（Na$^+$）和酸的阴离子（Br$^-$）。写出骨架方程式，然后平衡方程式。	$HBr(aq) + Na_2O(s) \longrightarrow H_2O(l) + NaBr(aq)$ $2\,HBr(aq) + Na_2O(s) \longrightarrow H_2O(l) + 2\,NaBr(aq)$

▶ **技能训练 14.3**

为下列反应书写反应方程式。

(a) 盐酸与金属锶的反应；(b) 氢碘酸与氧化钡的反应。

每日化学

解酸药里有什么？

胃酸倒流到食道（连接胃和喉咙的管道）中会引起喉咙下部和胃上方的烧灼感。对大多数人来说，这种情况只是偶尔发生，并且通常是在一顿大餐之后。饭后的身体活动（如弯腰或举东西）也会加重胃灼热。有些人的食道和胃之间的通常用来防止胃酸反流的皮瓣受损，在这种情况下，胃灼热便很常见。

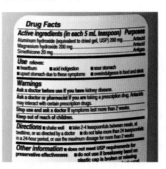

药店有很多产品可以减少胃酸的分泌或中和胃酸。解酸药（如妙兰达或菲利普斯的镁乳都含有碱）可以中和反流胃酸，减轻胃灼热。

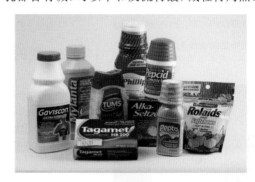

B14.1 你能回答吗？ 看看照片上显示的麦妙兰达标签。你能识别抗酸作用的碱吗？写出显示这些碱与胃酸（HCl）反应的化学方程式。

14.5.3 碱的反应

最重要的碱的反应是碱中和酸的反应。本节讨论的另一种碱反应是氢氧化钠与铝和水的反应。

$$2\ NaOH(aq) + 2\ Al(s) + 6\ H_2O(l) \longrightarrow 2\ NaAl(OH)_4(aq) + 3\ H_2(g)$$

铝是少数几种能溶于碱的金属之一。因此，只要管道不是铝制的，使用氢氧化钠（许多疏通排水口的产品中的主要成分）疏通排水口就是安全的。因此，通常情况下，使用铝制管道是被大多数建筑法规禁止的。

14.6 酸碱滴定法

▶ 使用酸碱滴定求未知溶液的浓度。

我们可将第 13 章中介绍的溶液化学计量原理应用到一种称为滴定法的常用实验过程中。在滴定法中，我们让一种已知浓度溶液中的物质与另一种未知浓度溶液中的物质发生反应。例如，思考盐酸和氢氧化钠之间的中和反应：

$$HCl(aq) + NaOH(aq) \longrightarrow H_2O(l) + NaCl(aq)$$

该反应的净离子方程式为

$$H^+(aq) + OH^-(aq) \longrightarrow H_2O(l)$$

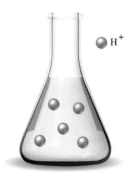
H^+

假设我们有 HCl 溶液，用左边的分子图表示（为了清楚起见，图中省略了与反应无关的 Cl^- 离子和 H_2O 分子）。

在滴定该样品时，我们缓慢地加入已知 OH^- 浓度的溶液。这个过程用以下分子图表示。

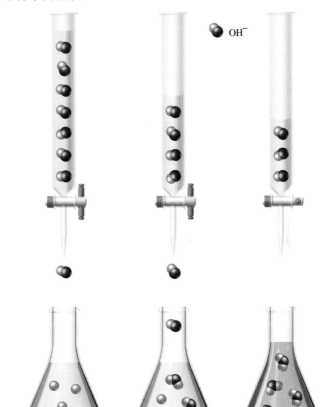
OH^-

滴定开始　　　　　　　　　　　　　　等当点

OH^- 溶液也含有 Na^+ 阳离子，为清晰起见，图中未显示。

在等当点，两种反应物都不过量，且都有极限。反应物的量与反应的化学计量有关（见第 8 章）。

当我们加入 OH^- 时，它与 H^+ 反应中和，形成水。在等当点，即滴定中加入的 OH^- 的物质的量等于原来溶液中 H^+ 的物质的量时，滴定完成。等当点通常用指示剂表示，指示剂的颜色取决于溶液的酸度（▼图 14.8）。

▶ 图14.8　酸碱滴定。在滴定中，将 NaOH 加到 HCl 溶液中

当NaOH和HCl达到化学计量当量时，指示剂变为粉红色，表示到达等当点

在大多数实验室滴定法中，一种反应物溶液的浓度是未知的，而另一种反应物溶液的浓度是已知的。仔细测量达到等当点所需的每种溶液的体积，就可以确定未知溶液的浓度，如例题 14.4 所示。

例题 14.4　酸碱滴定

滴定 10.00 mL 未知浓度的 HCl 溶液需要 12.54 mL 0.100 M 的 NaOH 溶液来达到等当点。未知 HCl 溶液的浓度是多少？

信息分类 已知滴定未知溶液所需的已知 HCl 溶液的体积和已知 NaOH 溶液的体积，求未知溶液的浓度。	已知：10.00 mL HCl 溶液 　　　12.54 mL 0.100 M NaOH 溶液 求：HCl 溶液的浓度（mol/L）
制定策略 首先写出酸和碱之间反应的平衡化学方程式（见例题 14.2）。 转换图有两步。第一步，用达到等当点所需的 NaOH 体积来计算溶液中 HCl 的量。最后的换算因子来自平衡的中和方程式。第二步，用 HCl 的量和 HCl 溶液的体积来求 HCl 溶液的摩尔浓度。	转换图 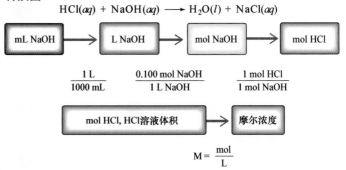 所用关系式 1 mol HCl : 1 mol NaOH（来自平衡化学方程式） 摩尔浓度（M）＝ $\dfrac{\text{mol 溶质}}{\text{L 溶液}}$　（摩尔浓度的定义，来自 13.6 节）
求解问题 根据转换图的第一步计算未知溶液中 HCl 的量。 要得到溶液的浓度，用 HCl 的量除以 HCl 溶液的体积（注意 10.00 mL 等于 0.01000 L）。因此，未知 HCl 溶液的浓度为 0.125 M。	解 $12.54\ \text{mL NaOH} \times \dfrac{1\ \text{L}}{1000\ \text{mL}} \times \dfrac{0.100\ \text{mol NaOH}}{1\ \text{L NaOH}} \times \dfrac{1\ \text{mol HCL}}{1\ \text{mol NaOH}}$ $= 1.25 \times 10^{-3}\ \text{mol HCL}$ 摩尔浓度 $= \dfrac{1.25 \times 10^{-3}\ \text{mol HCI}}{0.01000\ \text{L}} = 0.125\ \text{M}$
检查答案 检查答案的单位是否正确、大小是否合理。	单位是 M，正确。答案的大小合理，因为该反应是一对一的化学计量，且两种溶液的体积是相似的；因此，它们的浓度也应相似。

▶ 技能训练 14.4
滴定 20.0 mL 未知浓度的 H_2SO_4 溶液样品需要 22.87 mL 0.158 M KOH 溶液来达到等当点。未知 H_2SO_4 溶液的浓度是多少？

概念检查站 14.3

烧瓶里是要滴定的酸样品。

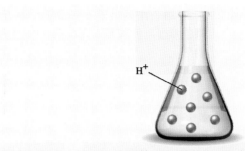

哪个烧杯含有滴定时达到等当点所需的 OH⁻ 的量？

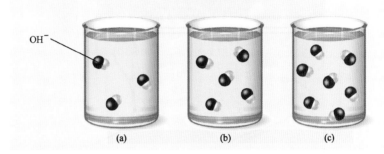

(a)   (b)   (c)

14.7 强酸、弱酸和碱

- ▶ 识别强酸和弱酸、强碱和弱碱。
- ▶ 测定酸性溶液中的[H₃O⁺]。
- ▶ 测定碱性溶液中的[OH⁻]。

根据酸和碱在水溶液中电离或离解的程度，我们将它们分为强酸或弱碱。本节首先介绍强酸和弱酸，然后讨论强碱和弱碱。

14.7.1 强酸

盐酸（HCl）和氢氟酸（HF）看起来相似，但这两种酸有一个重要的区别。盐酸是强酸的一个例子，它能在溶液中完全电离：

单箭头表示完全电离

$$HCl(aq) + H_2O(l) \longrightarrow H_3O^+(aq) + Cl^-(aq)$$

[X]表示 X 的摩尔浓度。

我们在方程式中用一个指向右边的箭头来表示 HCl 的完全电离。HCl 溶液中几乎没有完整的 HCl；几乎所有的 HCl 都与水反应生成 $H_3O^+(aq)$ 和 $Cl^-(aq)$（◀图 14.9）。因此，1.0 M HCl 溶液的 H_3O^+ 浓度为 1.0 M。我们通常将 H_3O^+ 的浓度简写为[H_3O^+]。使用这种符号时，1.0 M HCl 溶液中的[H_3O^+] = 1.0 M。

强酸也是一种强电解质（见 7.5 节的定义），它的水溶液是良好的电导体（▼图 14.10）。水溶液需要带电粒子的存在才能导电。强酸溶液也是强电解质溶液，因为每个酸分子都电离成正离子和负离子。这些可移动的离子是良好的电导体。纯水不是良好的电导体，因为它的带电粒子相对较少。坐在浴缸里使用电吹风之类的电子设备的危险在于，水很少是纯净的，通常含有溶解的离子。如果该设备与水接触，高强度的危险电流可能会流过水和人体。

当HCl溶解在水中时，它完全电离成 H⁺和Cl⁻离子

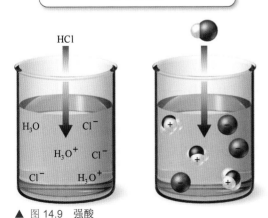

▲ 图 14.9 强酸

表 14.3 中列出了 6 种强酸，前五种酸是一元酸，只含有一种可电离的质子。硫酸是二元酸的一个例子，二元酸是含有两种可电离质子的酸。

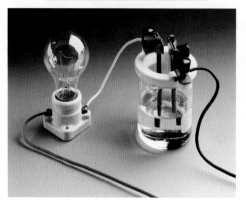

纯水不导电

强电解质溶液：HCl溶液中的离子导电，使灯泡发光

Cl⁻

H_3O^+

▲ 图 14.10　强电解质溶液的电导率

14.7.2　弱酸

与 HCl 相比，HF 是一种弱酸，在溶液中不会完全电离。

双箭头表示部分电离

$$HF(aq) + H_2O(l) \rightleftharpoons H_3O^+(aq) + F^-(aq)$$

为了说明 HF 在溶液中不完全电离，它的电离方程式有两个相反的箭头，说明在一定程度上发生了逆反应。HF 溶液中含有大量完整的 HF，也含有一些 $H_3O^+(aq)$ 和 $F^-(aq)$（◀图 14.11）。换句话说，在 1.0 M HF 溶液中，[H_3O^+] < 1.0 M，因为只有一些 HF 分子电离形成 H_3O^+。

弱酸也是一种弱电解质，这种物质的水溶液是不良的电导体（▼图 14.12）。弱酸溶液只含有较少的带电粒子，因为只有一小部分酸分子电离成正离子和负离子。

酸的阴离子（共轭碱）和氢离子之间的吸引力是酸的强弱的原因之一。假设 HA 是酸的一般分子式。以下反应正向进行的程度部分取决于 H⁺ 和 A⁻ 之间的吸引力大小：

$$HA(aq) + H_2O(l) \longrightarrow H_3O^+(aq) + A^-(aq)$$

酸　　　　　　　　　　　　　　　共轭碱

若 H⁺ 和 A⁻之间的吸引力较小，则反应倾向于正向，酸性较强（▼图 14.13a）。若 H⁺ 和 A⁻之间的引力较大，则反应倾向于相反方向，酸性较弱（▼图 14.13b）。

HF

HF

HF

H_3O^+

F⁻

HF

+

−

当HF溶解在水中时，只有一小部分溶解的分子电离成H⁺和F⁻

▲ 图 14.11　弱酸

弱电解质溶液：HF溶液中只含有一些离子，但大部分HF是完整的。灯泡只能发出微弱的光。

纯水不导电

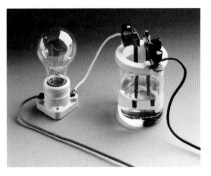 

▶ 图 14.12　弱电解质溶液的电导率

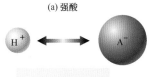

(a) 强酸

弱吸引导致完全电离

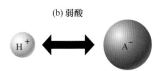

(b) 弱酸

强吸引导致部分电离

◀ 图 14.13　强酸和弱酸。(a) 在强酸中，H^+ 和 A^- 之间的吸引力很小，导致完全电离。(b) 在弱酸中，H^+ 和 A^- 之间的吸引力很大，导致部分电离

例如，在 HCl 中，共轭碱（Cl^-）对 H^+ 的吸引力相对较小，这意味着逆反应不会发生。另一方面，在 HF 中，共轭碱（F^-）对 H^+ 的吸引力更大，这意味着发生了明显的逆反应。一般来说，酸越强，共轭碱越弱，反之亦然。这意味着如果正反应（酸的反应）发生的可能性很大，那么逆反应（共轭碱的反应）发生的可能性就很小。表 14.4 中列出了一些常见的弱酸。

表 14.4　一些常见的弱酸

氢氟酸（HF）	亚硫酸（H_2SO_3）（二元酸）
乙酸（$HC_2H_3O_2$）	碳酸（H_2CO_3）（二元酸）
甲酸（$HCHO_2$）	磷酸（H_3PO_4）（三元酸）

注意表 14.4 中的两种弱酸是双质子的（它们有两种可电离的质子），还有一种是三质子的（它有三种可电离的质子）。下面回到关于硫酸的介绍（见表 14.3）。硫酸是一种二元酸，它的第一种可电离质子很强：

$$H_2SO_4(aq) + H_2O(l) \longrightarrow H_3O^+(aq) + HSO_4^-(aq)$$

但它的第二种可电离质子很弱：

$$HSO_4^-(aq) + H_2O(l) \rightleftharpoons H_3O^+(aq) + SO_4^{2-}(aq)$$

亚硫酸和碳酸的可电离质子都很弱，磷酸的三种可电离质子都很弱。

例题 **14.5**　　求酸溶液中的[H₃O⁺]

确定下列每种溶液中的 H_3O^+ 浓度。

(a) 1.5 M HCl；(b) 3.0 M $HC_2H_3O_2$；(c) 2.5 M HNO_3。

解

(a) 由于 HCl 是强酸，它完全电离。H_3O^+ 的浓度为 1.5 M，

$$[H_3O^+] = 1.5\ M$$

(b) 由于 $HC_2H_3O_2$ 是弱酸，它部分电离。H_3O^+ 的精确浓度的计算超出了本文的范围，但能知道它小于 3.0 M，

$[H_3O^+] < 3.0\,M$
(c) 由于 HNO_3 是强酸，它完全电离。H_3O^+ 的浓度是 2.5 M， 　　　　　　　　$[H_3O^+] = 2.5\,M$

> ▶ **技能训练 14.5**
> 求下列每种溶液中的 H_3O^+ 浓度。
> (a) 0.50 M $HCHO_2$；(b) 1.25 M HI；(c) 0.75 M HF。

概念检查站 14.4

分析下列三种酸溶液的分子视图。哪种酸是弱酸？

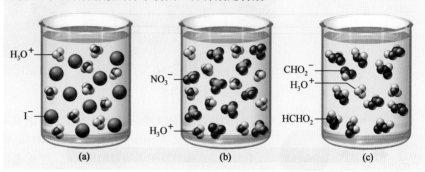

14.7.3　强碱

　　与强酸的定义类似，强碱是一种在溶液中完全离解的碱。例如，NaOH 是一种强碱，

$$NaOH(aq) \longrightarrow Na^+(aq) + OH^-(aq)$$

　　NaOH 溶液中不含完整的 NaOH，它已全部解离形成 $Na^+(aq)$ 和 $OH^-(aq)$（▼图 14.14），1.0 M NaOH 溶液的 $[OH^-] = 1.0\,M$，$[Na^+] = 1.0\,M$。表 14.5 中列出了一些常见的强碱。

▶ 图 14.14　强酸

> 当氢氧化钠溶解在水中时，它完全分解成 Na^+ 和 OH^-

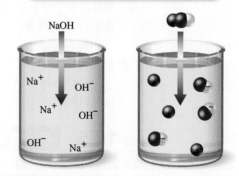

表 14.5　一些常见的强碱	
氢氧化锂（LiOH）	氢氧化锶（Sr(OH)$_2$）
氢氧化钠（NaOH）	氢氧化钙（Ca(OH)$_2$）
氢氧化钾（KOH）	氢氧化钡（Ba(OH)$_2$）

一些强碱，如 $Sr(OH)_2$，含有两个 OH^- 离子。这些碱完全解离，每摩尔碱产生 2 mol OH^-。例如，$Sr(OH)_2$ 的解离如下：

$$Sr(OH)_2(aq) \longrightarrow Sr^{2+}(aq) + 2\,OH^-(aq)$$

14.7.4 弱碱

弱碱类似于弱酸。与含有 OH^- 并在水中解离的强碱不同，最常见的弱碱通过从水中接受一个质子产生 OH^-，使水电离形成 OH^-：

$$B(aq) + H_2O(l) \rightleftharpoons BH^+(aq) + OH^-(aq)$$

在这个方程式中，B 是弱碱的通称。例如，氨可以根据反应使水离子化：

$$NH_3(aq) + H_2O(l) \rightleftharpoons NH_4^+(aq) + OH^-(aq)$$

双箭头表示电离尚未完成。NH_3 溶液包含 NH_3、NH_4^+ 和 OH^-（◀图 14.15）。1.0 M NH_3 溶液中的[OH^-] < 1.0 M。表 14.6 中列出了一些常见的弱碱。

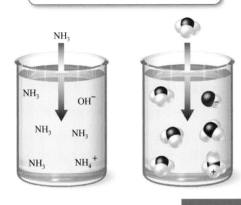

当NH3在水中溶解时，部分解离为NH4+和OH¯，但只有部分分子解离。

◀ 图 14.15 弱碱

表 14.6	一些常见的弱基
碱	电离反应
氨（NH_3）	$NH_3(aq)+H_2O(l) \rightleftharpoons NH_4^+(aq)+OH^-(aq)$
吡啶（C_5H_5N）	$C_5H_5N(aq)+H_2O(l) \rightleftharpoons C_5H_5NH^+(aq)+OH^-(aq)$
甲胺（CH_3NH_2）	$CH_3NH_2(aq)+H_2O(l) \rightleftharpoons CH_3NH_3^+(aq)+OH^-(aq)$
乙胺（$C_2H_5NH_2$）	$C_2H_5NH_2(aq)+H_2O(l) \rightleftharpoons C_2H_5NH_3^+(aq)+OH^-(aq)$
碳酸氢根离子（HCO_3^-）[*]	$HCO_3^-(aq)+H_2O(l) \rightleftharpoons H_2CO_3(aq)+OH^-(aq)$

[*]碳酸氢盐离子必须与一个带正电荷的离子（如 Na^+）一起出现，Na^+用于平衡电荷，但在电离反应中没有任何作用。正是碳酸氢根离子使碳酸氢钠（$NaHCO_3$）呈碱性。

例题 14.6　求碱溶液中的[OH]

求下列每种溶液中的 OH^- 浓度。

解

(a) 由于 KOH 是强碱，它在溶液中完全解离成 K^+ 和 OH^-。OH^- 的浓度为 2.25 M，

$$[OH^-] = 2.25M$$

(b) 由于 CH_3NH_2 是弱碱，它只能部分电离水。我们无法算出 OH^- 的确切浓度，但我们知道它小于 0.35 M，

$$[OH^-] < 0.35M$$

(c) 由于 $Sr(OH)_2$ 是强碱，它完全解离为 $Sr^{2+}(aq)$ 和 $2OH^-(aq)$。每摩尔 $Sr(OH)_2$ 生成 2 mol OH^-。因此，OH^- 的浓度是 $Sr(OH)_2$ 的 2 倍，

$$[OH^-] = 2 \times 0.025\ M = 0.050\ M$$

▶ 技能训练 14.6

求下列每种溶液中的 OH^- 浓度。

(a) 0.055 M $Ba(OH)_2$；(b) 1.05 M C_5H_5N；(c) 0.45 M NaOH。

14.8 水

▶ 从 K_w 计算[H₃O⁺]或[OH⁻]。

回顾可知，水和 HCl 反应时是碱，和 NH₃ 反应时是酸：

水起碱作用

$$HCl(aq) + H_2O(l) \longrightarrow H_3O^+(aq) + Cl^-(aq)$$

酸   碱
（质子给予体）   （质子受体）

水起酸作用

$$NH_3(aq) + H_2O(l) \rightleftharpoons NH_4^+(aq) + OH^-(aq)$$

碱   酸
（质子受体）   （质子给予体）

水是两性的，它既可作为酸，也可作为碱。即使是在纯水中，水本身也具有酸和碱的性质，这一过程称为自电离：

K_w 的单位通常会降低。

水既是酸又是碱

$$H_2O(l) + H_2O(l) \rightleftharpoons H_3O^+(aq) + OH^-(aq)$$

酸   碱
（质子给予体）   （质子受体）

在 25℃ 的纯水中，上述反应只是很小程度地发生，导致 H_3O^+ 和 OH^- 的浓度相等且很小：

$$[H_3O^+] = [OH^-] = 1.0 \times 10^{-7} M \quad (25℃纯水)$$

其中[H₃O⁺]是 H_3O^+ 的摩尔浓度，单位是 M；[OH⁻]是 OH^- 的摩尔浓度，单位也为 M。这两种离子在水溶液中的浓度之积就是水的离子积常数（K_w），

$$K_w = [H_3O^+][OH^-]$$

在中性溶液中，[H₃O⁺] = [OH⁻]。

我们可将前面列出的纯水的水合氢离子和氢氧化物的浓度相乘，得到 25℃ 下的 K_w 值，

$$K_w = [H_3O^+][OH^-] = (1.0 \times 10^{-7}) \times (1.0 \times 10^{-7}) = (1.0 \times 10^{-7})^2 = 1.0 \times 10^{-14}$$

上述方程适用于 25℃ 下的所有水溶液。H_3O^+ 的浓度乘以 OH^- 的浓度是 1.0×10^{-14}。在纯水中，由于 H_2O 是这些离子的唯一来源，所以每个 OH^- 离子都对应于一个 H_3O^+ 离子。因此，H_3O^+ 和 OH^- 的浓度相等。这样的溶液是中性溶液，

$$[H_3O^+] = [OH^-] = \sqrt{K_w} = 1.0 \times 10^{-7} M \quad (纯水)$$

酸性溶液中所含的酸会产生额外的 H_3O^+ 离子，导致[H₃O⁺]增大。然而，离子积常数仍然适用，

$$[H_3O^+][OH^-] = K_w = 1.0 \times 10^{-14}$$

在酸性溶液中，[H₃O⁺] > [OH⁻]。

如果[H₃O⁺]增大，那么[OH⁻]必须减小，离子积常数仍然保持为 1.0×10^{-14}。例如，假设[H₃O⁺] = 1.0×10^{-3} M，然后求解[OH⁻]的离子积表达式，得到[OH⁻]，

$$(1.0 \times 10^{-3})[OH^-] = 1.0 \times 10^{-14}$$

$$[OH^-] = \frac{1.0 \times 10^{-14}}{1.0 \times 10^{-3}} = 1.0 \times 10^{-11} M$$

在酸性溶液中，[H₃O⁺] > 1.0×10^{-7} M，[OH⁻] < 1.0×10^{-7} M。

在碱性溶液中，[H₃O⁺] < [OH⁻]。

碱性溶液中含有一种碱，它会产生额外的 OH^- 离子，导致[OH⁻]增大，[H₃O⁺]减小。例如，假设[OH⁻] = 1.0×10^{-2} M；我们可以求解[H₃O⁺]的离子

积表达式得到[H₃O⁺]，

$$[H_3O^+] \times (1.0 \times 10^{-2}) = 1.0 \times 10^{-14}$$

$$[H_3O^+] = \frac{1.0 \times 10^{-14}}{1.0 \times 10^{-2}} = 1.0 \times 10^{-12}\,M$$

在碱性溶液中，$[OH^-] > 1.0 \times 10^{-7}\,M$，$[H_3O^+] < 1.0 \times 10^{-7}\,M$。
因此，在25℃时（▼图14.16）：

- 在中性溶液中，$[H_3O^+] = [OH^-] = 1.0 \times 10^{-7}\,M$。
- 在酸性溶液中，$[H_3O^+] > 1.0 \times 10^{-7}\,M$，$[OH^-] < 1.0 \times 10^{-7}\,M$。
- 在碱性溶液中，$[H_3O^+] < 1.0 \times 10^{-7}\,M$，$[OH^-] > 1.0 \times 10^{-7}\,M$。
- 在所有水溶液中，$[H_3O^+]\,[OH^-] = K_w = 1.0 \times 10^{-14}\,M$。

▶ 图 14.16　酸性和碱性溶液

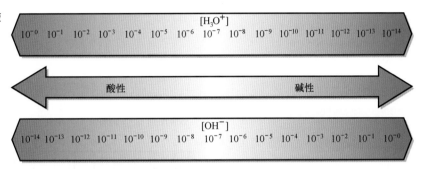

例题 14.7　在计算中使用 K_w

计算下列每种溶液的[OH⁻]，并确定溶液是酸性的、碱性的还是中性的。
(a) $[H_3O^+] = 7.5 \times 10^{-5}\,M$；(b) $[H_3O^+] = 1.5 \times 10^{-9}\,M$；(c) $[H_3O^+] = 1.0 \times 10^{-7}\,M$。

用离子积常数 K_w 来求[OH⁻]。将已知值代入[H₃O⁺]，求解[OH⁻]方程。由于[H₃O⁺] > 1.0×10^{-7} M 和[OH⁻] < 1.0×10^{-7} M，溶液为酸性。	解 (a) $[H_3O^+][OH^-] = K_w = 1.0 \times 10^{-14}$ $[7.5 \times 10^{-5}][OH^-] = K_w = 1.0 \times 10^{-14}$ $[OH^-] = \dfrac{1.0 \times 10^{-14}}{7.5 \times 10^{-5}} = 1.3 \times 10^{-10}\,M$ 酸性溶液
将[H₃O⁺]的已知值代入离子积常数方程，求解[OH⁻]方程。由于[H₃O⁺] < 1.0×10^{-7} M 和[OH⁻] > 1.0×10^{-7} M，溶液为碱性。	(b) $[H_3O^+][OH^-] = K_w = 1.0 \times 10^{-14}$ $[1.5 \times 10^{-9}][OH^-] = 1.0 \times 10^{-14}$ $[OH^-] = \dfrac{1.0 \times 10^{-14}}{1.5 \times 10^{-9}} = 6.7 \times 10^{-6}\,M$ 碱性溶液
将[H₃O⁺]的已知值代入离子积常数方程，求解[OH⁻]方程。由于[H₃O⁺] = 1.0×10^{-7} M 和[OH⁻] = 1.0×10^{-7} M，溶液为中性。	(c) $[H_3O^+][OH^-] = K_w = 1.0 \times 10^{-14}$ $[1.0 \times 10^{-7}][OH^-] = 1.0 \times 10^{-14}$ $[OH^-] = \dfrac{1.0 \times 10^{-14}}{1.0 \times 10^{-7}} = 1.0 \times 10^{-7}\,M$ 中性溶液

计算下列每种溶液中的[H_3O^+]，并确定溶液是酸性的、碱性的还是中性的。
(a) [OH^-] = 1.5×10^{-2} M；(b) [OH^-] = 1.0×10^{-7} M；(c) [OH^-] = 8.2×10^{-10} M。

概念检查站 14.5

下列哪种物质最不可能作为碱？
(a) H_2O；(b) OH^-；(c) NH_3；(d) NH_4^+。

14.9 pH 和 pOH

▶ 根据[H_3O^+]计算 pH 值。
▶ 根据 pH 计算[H_3O^+]值。
▶ 根据 pOH 计算[OH^-]值。
▶ 对比 pOH 值和 pH 值。

化学家设计了一种名为 pH 值的标度，根据氢离子浓度来表示溶液的酸碱度。在 25℃时，根据 pH 值，溶液具有以下一般特征：

- pH < 7，酸性溶液
- pH > 7，碱性溶液
- pH = 7，中性溶液

表 14.7 一些常见物质的 pH 值	
物　质	pH 值
胃酸	1.0～3.0
酸橙	1.8～2.0
柠檬	2.2～2.4
软饮料	2.0～4.0
李子	2.8～3.0
葡萄酒	2.8～3.8
苹果	2.9～3.3
桃子	3.4～3.6
樱桃	3.2～4.0
啤酒	4.0～5.0
雨水（未污染）	5.6
人血	7.3～7.4
蛋清	7.6～8.0
镁乳	10.5
家用氨水	10.5～11.5
4%的氢氧化钠溶液	14

表 14.7 中列出了一些常见物质的 pH 值。注意，如 14.1 节所述，许多食物，特别是水果，是酸性的，因此 pH 值很低。pH 值最低的食物是酸橙和柠檬，它们属于最酸的食物。然而，碱性食物相对较少。

pH 值是对数标度的；酸碱度每单位的变化相当于 H_3O^+ 浓度的十倍变化。例如，pH 值为 2.0 的酸橙比 pH 值为 3.0 的李子的酸性高十倍，比 pH 值为 4.0 的樱桃的酸性高百倍。pH 值每变化 1 对应于[H_3O^+]变化 10（▼图 14.17）。

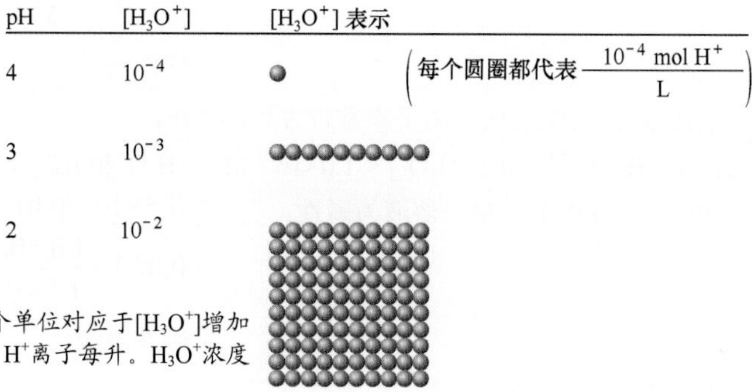

▶ 图 14.17 pH 值是对数标度的。pH 值降低 1 个单位对应于[H_3O^+]增加 10 倍。每个圆代表 10^{-4} mol H^+/L，或 6.022×10^{19} 个 H^+离子每升。H_3O^+浓度增加多少对应于 pH 值降低 2 个单位？

注意，pH 是用 log 函数（以 10 为底）定义的，它不同于自然对数（缩写为 ln）。

14.9.1 根据[H_3O^+]计算 pH 值

必须使用对数来计算 pH 值。回顾可知，一个数的对数是 10 的指数，要得到这个数，必须将 10 提升到这个指数，如下例所示：

$$\log 10^1 = 1, \ \log 10^2 = 2, \ \log 10^3 = 3$$

$$\log 10^{-1} = -1, \ \log 10^{-2} = -2, \ \log 10^{-3} = -3$$

我们将溶液的 pH 值定义为水合氢离子浓度对数的负数:

$$pH = -\log[H_3O^+]$$

$[H_3O^+] = 1.5 \times 10^{-7}$ M(酸性)的溶液的 pH 值为

$$pH = -\log[H_3O^+] = -\log(1.5 \times 10^{-7}) = -(-6.82) = 6.82$$

注意,pH 值在这里取小数点后两位。这是因为在对数中,只有小数点后面的数才有意义。因为最初的浓度值有两位有效数字,所以这个数字的对数应有两位小数:

两位小数

$$\log(\ 1.0\ :\ 10^{-3}\ ) = 3.00$$

原始浓度值有三位有效数字时,将对数值写到小数点后三位:

三位小数

$$-\log(\ 1.00\ :\ 10^{-3}\ ) = 3.000$$

$[H_3O^+] = 1.0 \times 10^{-7}$ M(中性)的溶液的酸碱度为

$$pH = -\log[H_3O^+] = -\log(1.0 \times 10^{-7}) = -(-7.00) = (7.00)$$

> 取一个量的对数时,结果的小数位数应与原始量中有效数字的位数相同。

例题 14.8　根据[H₃O⁺]计算 pH 值

计算下列每种溶液的 pH 值,指出溶液是酸性的还是碱性的。

(a) $[H_3O^+] = 1.8 \times 10^{-4}$ M ; (b) $[H_3O^+] = 7.2 \times 10^{-9}$ M 。

解 要计算 pH 值,将已知的[H₃O⁺]代入 pH 方程。因为 pH < 7,溶液是酸性的。	(a) $pH = -\log[H_3O^+] = -\log(1.8 \times 10^{-4}) = -(-3.74) = 3.74$
同样,把已知的[H₃O⁺]代入 pH 方程。因为 pH > 7,溶液是碱性的。	(b) $pH = -\log[H_3O^+] = -\log(7.2 \times 10^{-9}) = -(-8.14) = 8.14$

▶ **技能训练 14.8**

计算每种溶液的 pH 值,并指出溶液是酸性的还是碱性的。

(a) $[H_3O^+] = 9.5 \times 10^{-9}$ M ; (b) $[H_3O^+] = 6.1 \times 10^{-3}$ M 。

▶ **技能巩固**　计算$[OH^-] = 1.3 \times 10^{-2}$ M 的溶液的 pH 值,判断溶液是酸性的还是碱性的。提示:首先使用 K_w 求出$[H_3O^+]$。

14.9.2　根据 pH 值计算[H₃O⁺]

要根据 pH 值计算[H₃O⁺],我们可以撤销对数。在大多数计算器上,可以使用对数反函数(方法 1)或使用 10^x 键(方法 2)来撤销对数。两种方法的结果相同。

> $10^{\log x} = x$。

> $\text{invlog}(\log x) = x$。

方法 1:对数反函数	方法 2:10^x 函数
$pH = -\log[H_3O^+]$	$pH = -\log[H_3O^+]$
$-pH = \log[H_3O^+]$	$-pH = \log[H_3O^+]$
$\text{invlog}(-pH) = \text{invlog}(\log[H_3O^+])$	$10^{-pH} = 10^{\log[H_3O^+]}$
$\text{invlog}(-pH) = [H_3O^+]$	$10^{-pH} = [H_3O^+]$

> 对数反函数有时也称逆对数函数。

因此,要根据 pH 值计算[H₃O⁺],我们取 pH 值的负值的逆对数(方法 1)或取 pH 值负值的 10 次幂(方法 2)。

例题 14.9 根据 pH 值计算[H₃O⁺]

计算 pH 值为 4.80 的溶液的 H_3O^+ 浓度。

解

要由 pH 值求[H_3O^+]，需要撤销对数函数。使用方法 1 或方法 2。

方法 1：逆对数函数	方法 2：10^x 函数
$pH = -\log[H_3O^+]$	$pH = -\log[H_3O^+]$
$4.8 = -\log[H_3O^+]$	$4.80 = -\log[H_3O^+]$
$-pH = \log[H_3O^+]$	$-4.80 = \log[H_3O^+]$
$invlog(-4.8) = invlog(\log[H_3O^+])$	$10^{-4.80} = 10^{\log[H_3O^+]}$
$invlog(-4.8) = [H_3O^+]$	$10^{-4.80} = [H_3O^+]$
$[H_3O^+] = 1.6 \times 10^{-5}\,M$	$[H_3O^+] = 1.6 \times 10^{-5}\,M$

▶ **技能训练 14.9**
计算 pH 值为 8.37 的溶液的 H_3O^+ 浓度。

▶ **技能巩固**
计算 pH 值为 3.66 的溶液的 OH^- 浓度。

> 在一个数的逆对数函数中，有效数字的位数等于这个数的小数位数。

概念检查站 14.6

溶液 A 的 pH 值是 13，溶液 B 的 pH 值是 10。B 溶液中 H_3O^+ 的浓度是 A 溶液的多少倍？

(a) 0.001；(b) $\frac{1}{3}$；(c) 3；(d) 1000。

> 注意 p 是数学函数$-\log$，$pX = -\log X$。

14.9.3　pOH 值

pOH 值类似于 pH 值，但定义为[OH^-]而非[H_3O^+]。

$$pOH = -\log[OH^-]$$

溶液的[OH^-]为 $1.0 \times 10^{-3}\,M$（碱性），pOH 值为 3.00。在 pOH 量表中，pOH 值小于 7 为碱性，大于 7 为酸性，pOH = 7 为中性。我们可由 pOH 值求出[OH^-]，就像由 pH 值求出[H_3O^+]那样，如例题 14.10 所示。

例题 14.10 由 pOH 值计算[OH⁻]

计算 pOH 值为 8.55 的溶液中的[OH^-]。

解

要由 pOH 求出[OH^-]，需要撤销对销函数。使用方法 1 或方法 2。

方法 1：逆对数函数	方法 2：10^x 函数
$pOH = -\log[OH^-]$	$pOH = -\log[OH^-]$
$8.55 = -\log[OH^-]$	$8.55 = -\log[OH^-]$
$-8.55 = \log[OH^-]$	$-8.55 = \log[OH^-]$
$inv\log(-8.55) = invlog(\log[OH^-])$	$10^{-8.55} = 10^{\log[OH^-]}$
$invlog(-8.55) = [OH^-]$	$10^{-8.55} = [OH^-]$
$[OH^-] = 2.8 \times 10^{-9}\,M$	$[OH^-] = 2.8 \times 10^{-9}\,M$

▶ **技能训练 14.10**
计算 pOH 值为 4.25 的溶液的 OH^- 浓度。

▶ **技能巩固**
计算 pOH 值为 5.68 的溶液的 H_3O^+ 浓度。

$\log(AB) = \log A + \log B$。

我们可由 K_w 的表达式推导出 25℃ 下 pH 值和 pOH 值之间的关系：

$$[H_3O^+][OH^-] = 1.0 \times 10^{-14}$$

两边取对数得

$$\log\left\{[H_3O^+][OH^-]\right\} = \log(1.0 \times 10^{-14})$$
$$\log[H_3O^+] + \log[OH^-] = -14.00$$
$$-\log[H_3O^+] - \log[OH^-] = 14.00$$
$$pH + pOH = 14.00$$

pH 值和 pOH 值之和在 25℃ 下总是等于 14.00。因此，pH 值为 3 的溶液的 pOH 值为 11。

概念检查站 14.7

溶液的 pH 值是 5，其 pOH 值是多少？

(a) 5；(b) 10；(c) 14；(d) 9。

14.10 缓冲液

▶ 描述缓冲液如何抵抗 pH 值的变化。

大多数溶液在加入酸后很快变得更酸（低 pH 值），加入碱后变得更碱（高 pH 值）。然而，缓冲液通过中和添加的酸或碱来抵抗 pH 值的变化。例如，人血是一种缓冲剂。添加到血液中的酸或碱被血液中的成分中和，导致 pH 值几乎恒定。健康人的血液的 pH 值在 7.36 到 7.40 之间。如果血液的 pH 值低于 7.0 或高于 7.8，就会导致死亡。

缓冲液也可由弱碱及其共轭酸组成。

血液是如何维持这么小的 pH 值范围的？像所有缓冲液一样，血液中也含有大量的弱酸和共轭碱。当额外的碱加入血液时，弱酸与碱发生反应，使之中和。当血液中加入额外的酸时，共轭碱与酸发生反应，使其中和。通过这种方式，血液能保持恒定的 pH 值。

化学与健康

生物碱

生物碱是许多植物中天然存在的有机碱（见 14.3 节），通常具有药用特性。例如，吗啡是一种功能强大的生物碱药物，它存在于罂粟中（▼图 14.18），用于缓解严重的疼痛。吗啡是麻醉药的一个例子，麻醉药可钝化感官并诱发睡眠，可以缓解疼痛，让人对疼痛无动于衷。吗啡还可能产生欣快感和满足感，这些作用也导致了吗啡的滥用。吗啡在心理和生理上都极易上瘾。长时间滥用吗啡的人，身体上会依赖药物，且在终止使用后会出现严重的戒断症状。

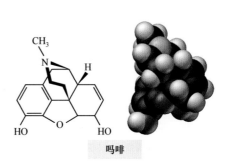

吗啡

▲ 图 14.18 罂粟。罂粟中含有生物碱吗啡和可卡因

安非他明是另一种与生物碱麻黄碱有关的强效药物。吗啡减缓神经信号传递，而安非他明增强神经信号传递。安非他明是兴奋剂的一个例子，兴奋剂是一种提高警觉性和清醒度的药物。安非他明被广泛用于治疗注意力缺陷多动障碍

（ADHD）。患有多动症的患者发现，安非他明有助于他们更有效地集中注意力。但是，由于安非他明产生警觉性和增加耐力，因此也常被滥用。

其他常见的生物碱包括咖啡因和尼古丁，两者都是兴奋剂。咖啡豆中含有咖啡因，烟草中含有尼古丁。虽然两者都有一些上瘾的品质，但尼古丁更容易上瘾。任何吸烟者都可以证明，尼古丁成瘾是最难戒除的。

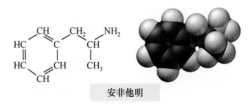

安非他明

B14.2 你能回答吗？安非他明和吗啡分子的哪部分使它们成为碱？

我们可将醋酸（$HC_2H_3O_2$）及其共轭碱乙酸钠（$NaC_2H_3O_2$）在水中混合制成简单的缓冲液（▼图 14.19）（醋酸钠中的钠只是一种旁观离子，并不能起到缓冲作用）。因为 $HC_2H_3O_2$ 是弱酸而 $C_2H_3O_2^-$ 是其共轭碱，同

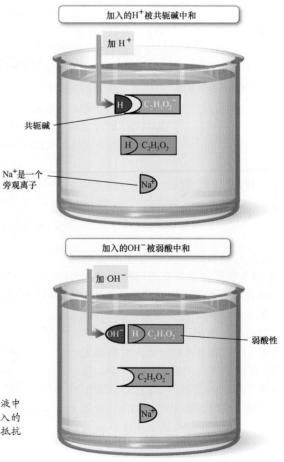

▶ 图 14.19 缓冲液如何抵抗 pH 值变化。缓冲液中含有大量的弱酸及其共轭碱。酸会消耗所有加入的碱，碱会消耗任何加入的酸。这样，缓冲液就可抵抗 pH 值的变化

时包含这两种物质的溶液就是缓冲液。注意，弱酸即使本身部分电离形成一些共轭碱，也不含有足够的碱作为缓冲液。缓冲液必须同时含有大量的弱酸及其共轭碱。如果在含醋酸和醋酸钠的缓冲溶液中加入更多的碱，如 NaOH，那么醋酸根据反应中和碱：

$$\underset{\text{碱}}{NaOH(aq)} + \underset{\text{酸}}{HC_2H_3O_2(aq)} \longrightarrow H_2O(l) + NaC_2H_3O_2(aq)$$

只要加入的 NaOH 的量小于溶液中 $HC_2H_3O_2$ 的量，溶液就会中和 NaOH，产生的 pH 值变化很小。

另一方面，假设我们向溶液中加入更多的酸，如 HCl。在这种情况下，共轭碱 $NaC_2H_3O_2$ 根据反应中和添加的 HCl：

$$\underset{\text{酸}}{HCl(aq)} + \underset{\text{碱}}{NaC_2H_3O_2(aq)} \longrightarrow HC_2H_3O_2(aq) + NaCl(aq)$$

只要加入的 HCl 的量小于溶液中 $NaC_2H_3O_2$ 的量，溶液就能中和 HCl，由此产生的 pH 值变化很小。

小结：

- 缓冲液可以抵抗 pH 值的变化。
- 缓冲液中含有大量的弱酸及其共轭碱。
- 缓冲液中的弱酸可以中和添加的碱。
- 缓冲液中的共轭碱可以中和添加的酸。

概念检查站 14.8

下列哪种溶液是缓冲溶液？

(a) $H_2SO_4(aq)$ 和 $H_2SO_3(aq)$；   (b) HF(aq) 和 NaF(aq)；
(c) HCl(aq) 和 NaCl(aq)；   (d) NaCl(aq) 和 NaOH(aq)。

化学与健康

防冻液的危险

汽车上使用的大多数防冻剂都是乙二醇溶液。每年，成千上万的狗和猫死于乙二醇中毒，因为它们食用了存储不当的防冻剂或散热器泄漏的防冻剂。防冻液的味道有点儿甜，会吸引好奇的狗或猫。儿童也有乙二醇中毒的风险。

乙二醇中毒的第一阶段是醉酒状态。乙二醇是一种酒精，它会像酒精饮料一样影响狗或猫的大脑。然而，一旦乙二醇开始代谢，第二个更致命的阶段就会开始。乙二醇在肝脏代谢成乙醇酸（$HC_2H_3O_3$），进入血液。如果抗冻液的原始用量很大，乙醇酸会使血液的自然缓冲系统过载，导致血液的 pH 值下降到危险的低水平。此时，猫或狗可能会开始用力换气，以克服酸性血液运输氧气的能力下降。如果不进行治疗，动物最终会陷入昏迷并死亡。

▲ 防冻剂含有乙二醇，它在肝脏中代谢形成乙醇酸

乙二醇中毒的一种治疗方法是服用乙醇（酒精饮料中的酒精）。代谢乙二醇的肝酶与代谢乙醇的肝酶相同，但对乙醇的亲和力比乙二醇的高。因此，该酶优先代谢乙醇，使未被代谢的乙二醇通过尿液排出。如果在症状早期服用，这种治疗可以挽救食用乙二醇的狗或猫的生命。

B14.3 你能回答吗？血液中发现的主要缓冲系统之一由碳酸（H_2CO_3）和碳酸氢根离子（HCO_3^-）组成。书写方程式，显示这个缓冲系统如何中和乙醇酸（$HC_2H_3O_3$），乙醇酸可能因乙二醇中毒而进入血液。假设一只猫的血液中含有 0.15 mol HCO_3^- 和 0.15 mol H_2CO_3。在猫血中的缓冲系统不堪重负之前，能中和多少克 $HC_2H_3O_3$？

关键术语

酸	布朗斯特-劳里酸	等当点	酸性溶液
布朗斯特-劳里碱	水和氢离子	生物碱	酸碱质子理论
指示剂	盐	离子积常数	强酸
阿伦尼乌斯酸	缓冲	强碱	阿伦尼乌斯基
羧酸	电离	强电解质	阿伦尼乌斯酸碱理论
共轭酸碱对	对数标度	滴定	一元酸
弱酸	碱	二元酸	中性溶液
弱碱	碱溶液	中和	弱电解质

技能训练答案

技能训练 14.1

(a) $\underset{\text{碱}}{C_5H_5N(aq)} + \underset{\text{酸}}{H_2O(l)} \rightleftharpoons \underset{\text{共轭酸}}{C_5H_5NH^+(aq)} + \underset{\text{共轭碱}}{OH^-(aq)}$

(b) $\underset{\text{酸}}{HNO(aq)} + \underset{\text{碱}}{H_2O(l)} \rightleftharpoons \underset{\text{共轭酸}}{H_3O^+(aq)} + \underset{\text{共轭碱}}{NO^-(aq)}$

技能训练 14.2

$H_3PO_4(aq) + 3NaOH(aq) \longrightarrow 3H_2O(l) + Na_3PO_4(aq)$

技能训练 14.3

(a) $2HCl(aq) + Sr(s) \longrightarrow H_2(g) + SrCl_2(aq)$

(b) $2HI(aq) + BaO(s) \longrightarrow H_2O(l) + BaI_2(aq)$

技能训练 14.4 .... 9.03×10^{-2} M H_2SO_4

技能训练 14.5 .... (a) $[H_3O^+] < 0.50$ M

(b) $[H_3O^+] = 1.25$ M

(c) $[H_3O^+] < 0.75$ M

技能训练 14.6 .... (a) $[OH^-] = 0.11$ M

(b) $[OH^-] < 1.05$ M

(c) $[OH^-] = 0.45$ M

技能训练 14.7

(a) $[H_3O^+] = 6.7 \times 10^{-13}$ M，碱性

(b) $[H_3O^+] = 1.0 \times 10^{-7}$ M，中性

(c) $[H_3O^+] = 1.2 \times 10^{-5}$ M，酸性

技能训练 14.8 .... (a) pH = 8.02，碱性

(b) pH = 2.21，酸性

技能巩固 .... pH = 12.11，碱性

技能训练 14.9 .... 4.3×10^{-9} M

技能巩固 .... 4.6×10^{-11} M

技能训练 14.10 .... 5.6×10^{-5} M

技能巩固 .... 4.8×10^{-9} M

概念检查站答案

14.1 (a)。盐酸是一种酸，酸有酸味。另外两种化合物是碱。

14.2 (b)。酸的共轭碱总是比酸少一个质子，且比酸低一个电荷单位（更负）。

14.3 (c)。图中酸性溶液含有 7 个 H^+ 离子；因此，需要 7 个 OH^- 离子才能达到等当点。

14.4 (c)。(a)和(b)均显示完全电离，因此是强酸。只有(c)中描述的酸经历部分电离，是弱酸。

14.5 (d)。其他每个选项都接受一个质子，从而充当碱。但 NH_4^+ 是 NH_3 的共轭酸，是酸而不是碱。

14.6 (d)。由于 pH 值是 H_3O^+ 浓度的负对数，较高的 pH 值对应于较低的$[H_3O^+]$，pH 的每个单位的变化代表浓度的十倍变化。

14.7 (d)。由于 pH 值为 5，pOH = 14 − 5 = 9。

14.8 (b)。缓冲溶液由弱酸及其共轭碱组成。在列出的化合物中，HF 是唯一的弱酸，F^-（溶液中的 NaF）是其共轭碱。

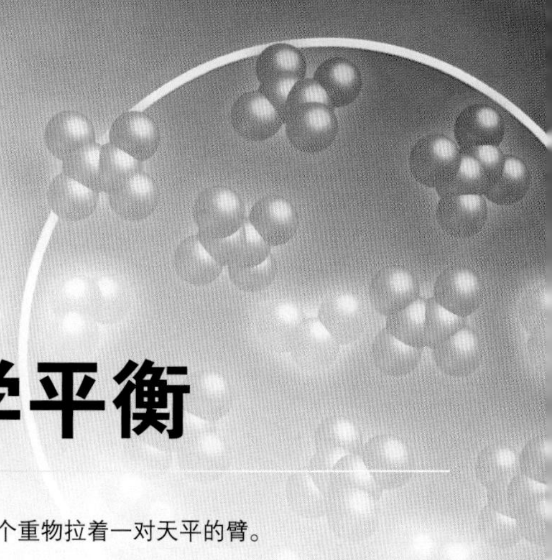

第 15 章 化学平衡

> 当组成系统的力以相互补偿的方式存在时，系统处于平衡状态，就像两个重物拉着一对天平的臂。
>
> ——鲁道夫·阿恩海姆（1904—2007）

15.1 生活中的平衡

你是否尝试过定义生物？如果是，那么会知道生物是很难定义的。生物和非生物有什么不同？我们可以试着将生物定义为可以移动的东西。当然，许多生物不会移动，如许多植物不会移动。然而，一些非生物，如冰川和地球本身，却会移动。因此，运动既不是生命的固有特征，又不是生命的决定性特征。我们可以试着将生物定义为那些可以繁殖的东西。然而，同样，很多生物，如骡子或不育的人类，是无法繁殖的，但都是生物。此外，一些非生物，如晶体，也会繁殖（在某种意义上）。那么生物有什么独特之处呢？

平衡的概念是生命定义的基础。我们很快会详细地定义化学平衡。目前，我们可将平衡视为相同和恒定。当一个物体与其周围环境处于平衡状态时，该物体的某些性质已达到与周围环境的相同，不再发生变化。例如，一杯热水与其周围环境的温度不平衡，如果不受干扰，这杯热水会慢慢冷却，直到它与周围环境达到平衡。此时，水温与周围环境的温度相同，并且不再变化。

所以平衡包含相同性和恒定性。因此，生物定义的一部分是生物与其周围环境不平衡。例如，人体温度与我们周围的温度不同。当我们跳

◀ 动态平衡涉及两个以相同速率发生的相反过程。图片在化学平衡（$N_2O_4 \rightleftharpoons 2\,NO_2$）和高速公路之间进行了类比，在化学平衡中，两个相反的反应以相同的速率发生，而在高速公路上，车辆以相同的速率向相反的方向移动

进游泳池时，我们的血液的酸碱度不会变得与周围水的酸碱度相同。生物，即使是最简单的生物，也与其环境保持一定程度的不平衡。

但是，我们必须增加一个概念，才能完成关于平衡的生物定义。一杯热水与其周围环境不平衡，但它不是生物。但是，这杯热水无法控制其不平衡，且会慢慢地与周围环境达到平衡。相比之下，只要生物还活着，就可以维持并控制其不平衡。例如，人体体温不仅与周围环境处于不平衡状态，而且处于受控的不平衡状态。人体将体温维持在与周围温度不平衡的特定范围内。

因此，生命的一种定义是，生物与其周围环境处于受控的不平衡状态。生命只有在死亡后才能与周围环境达到平衡。本章介绍平衡的概念，尤其是化学平衡，即一种包含相同性和恒定性的状态。

15.2 化学反应速率

▶ 识别并解释浓度、温度和化学反应速率之间的关系。

在深入探讨化学平衡的概念之前，我们必须先了解一些关于化学反应速率的知识。化学反应的速率定义为在给定时间内反应物转化为产物的量。速度快的反应进行得很快，大量反应物在一定时间内转化为产物（▼图 15.1a）；速度慢的反应进行得慢，在同一时间段内，只有少量的反应物转化为产物（▼图 15.1b）。

化学家试图控制许多化学反应的反应速率。例如，火箭可以由氢和氧反应生成水的反应推动。如果反应进行得太慢，火箭将不会升空；但是，如果反应进行得太快，那么火箭可能会爆炸。如果我们了解了影响反应速率的因素，那么可以控制反应速率。

15.2.1 碰撞理论

根据碰撞理论，化学反应是通过分子或原子之间的碰撞发生的。例如，考虑 $H_2(g)$ 和 $I_2(g)$ 之间形成 $HI(g)$ 的气相化学反应：

$$H_2(g) + I_2(g) \longrightarrow 2\,HI(g)$$

当 H_2 分子与 I_2 分子碰撞时，反应开始。如果碰撞发生时能量足够大，也就是说，如果碰撞分子移动得足够快，那么反应就可继续形成产物。如果碰撞发生时能量不足，那么反应物分子（H_2 和 I_2）就会相互反弹。气相分子的速度分布很广，所以碰撞发生时的能量分布很广。高能碰撞产生产物，低能碰撞不会产生产物。

高能碰撞更有可能产生产物，因为大多数化学反应都有活化能（或活化势垒）。15.12 节中将详细地讨论化学反应的活化能。现在，我们可将活化能视为反应进行必须克服的能量障碍。例如，在 H_2 与 I_2 反应形成 HI 的情况下，产物（HI）只能在 H—H 键和 I—I 键各自开始断裂后才开始形成。活化能是开始断裂这些键所需的能量。

分子通过高能碰撞反应时，我们知道影响反应速率的因素一定是影响单位时间内发生的高能碰撞数量的相同因素。这里，我们集中讨论影响碰撞的两个最重要的因素：反应分子的浓度和反应混合物的温度。

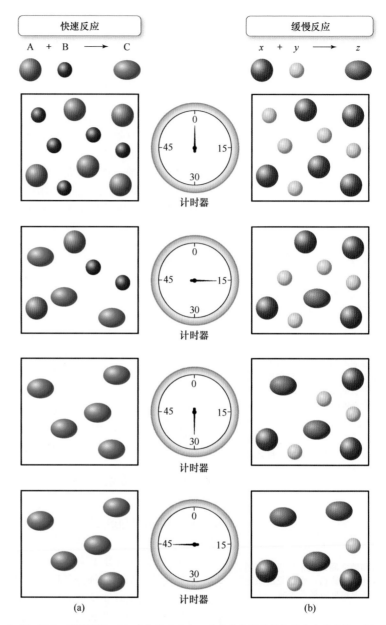

▲ 图 15.1 **反应速率**。(a) 在快速反应中，反应物在短时间内反应生成产物。(b) 在慢速反应中，反应物经过长时间反应形成产物

15.2.2 浓度如何影响反应速率

▼图 15.2 中显示了相同温度但不同浓度下 H_2 和 I_2 的各种混合物。如果 H_2 和 I_2 通过碰撞反应形成 HI，那么哪种混合物具有最高的反应速率？由于图 15.2c 中的 H_2 和 I_2 浓度最高，因此单位时间的碰撞次数最多，反应速率最快。这个想法适用于大多数化学反应：

化学反应的速率通常随着反应物浓度的增加而增加。

浓度增加和反应速率增加之间的确切关系因不同的反应而异，超出了本文的范围。为了达到我们的目的，我们只需要知道对于大多数反应，

反应速率随着反应物浓度的增加而增加。

有了这些知识，随着反应的进行，我们就可思考反应的速率如何变化。由于反应物在反应过程中会变成产物，所以它们的浓度会降低。因此，反应速率也降低。换句话说，随着反应的进行，反应物分子越来越少（因为它们已变成了产物），反应变慢。

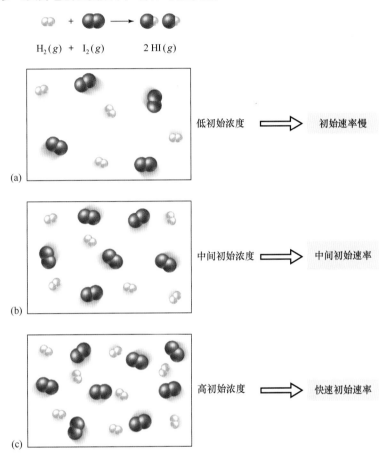

$H_2(g) + I_2(g) \longrightarrow 2HI(g)$

(a) 低初始浓度 $\Rightarrow$ 初始速率慢

(b) 中间初始浓度 $\Rightarrow$ 中间初始速率

(c) 高初始浓度 $\Rightarrow$ 快速初始速率

▲ 图 15.2　浓度对反应速率的影响。哪种反应混合物的初始反应速率最快？(c)中的混合物速度最快，因为其反应物浓度最高，因此碰撞率也最高

▲ 冷血动物在低温下行动迟缓，因为维持其新陈代谢的反应减慢了

15.2.3　温度如何影响反应速率

反应速率也取决于温度。图 15.3 中显示了相同浓度不同温度下 H_2 和 I_2 的不同混合物。哪种混合物会有最快的速度？回顾可知，升高温度会使分子运动得更快（见 3.10 节）。因此，它们在单位时间内经历更多的碰撞，从而产生更快的反应速率。此外，更高的温度导致更多的碰撞，这些碰撞（平均而言）具有更高的能量。因为产生产物的是高能碰撞，所以产生的速率也更快。因此，▼图 15.3c（温度最高）的反应速率最快。这种关系适用于大多数化学反应。

化学反应的速率一般随反应混合物温度的升高而增加。

冷血动物在较低温度下行动迟缓的原因是反应速率对温度的依赖性。它们思考和行动所需的反应变得很慢，导致行为迟缓。

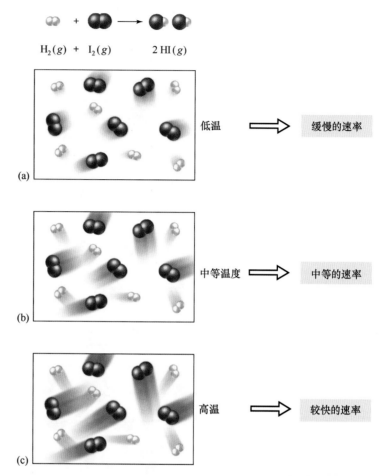

$$H_2(g) + I_2(g) \longrightarrow 2\,HI(g)$$

(a) 低温 ⇒ 缓慢的速率

(b) 中等温度 ⇒ 中等的速率

(c) 高温 ⇒ 较快的速率

▶ 图 15.3　温度对反应速率的影响。哪种反应混合物的初始速率最快？(c)中的混合物速度最快，因为它的温度最高

小结：
- 反应速率一般随反应物浓度的增加而增加。
- 反应速率一般随温度的升高而升高。
- 反应速率通常随着反应的进行而降低。

概念检查站 15.1

在两种气体之间的化学反应中，增加气体压强的结果会是什么？

(a) 反应速率增加；(b) 反应速率下降；(c) 对反应速率没有影响。

15.3 动态化学平衡

▶ 定义动态平衡。

如果 H_2 和 I_2 之间生成 HI 的反应可以正反两方向进行，会发生什么？

$$H_2(g) + I_2(g) \rightleftharpoons 2\,HI(g)$$

在这种情况下，H_2 和 I_2 碰撞反应生成两个 HI 分子，但两个 HI 分子也碰撞反应重新生成 H_2 和 I_2。一个可以正反两个方向进行的反应是可逆反应。

假设我们从容器中只有 H_2 和 I_2 开始（▼图 15.4a）。最初，会发生什么？H_2 和 I_2 分子开始反应形成 HI（▼图 15.4b）。随着 H_2 和 I_2 反应的进行，H_2 和 I_2 的浓度降低，导致正向反应的速率降低。同时，HI 开始形成。随着 HI 的浓度增加，反向反应开始以越来越快的速率发生，因为有更多的 HI 与其他 HI 分子碰撞。最终，反向反应的速率（增加）等于正向反应的速率（减少）。此时达到动态平衡（▼图 15.4c 和▼图 15.4d）。

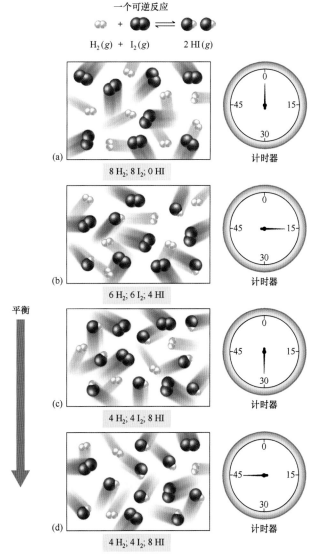

▲ 图 15.4 当反应物和生成物的浓度不再变化时，达到平衡

动态平衡：在化学反应中，正向反应的速率等于反向反应的速率。

这个条件不是静态的，而是动态的，因为正向反应和反向反应仍然在以相同的恒定速率发生。当达到动态平衡时，H_2、I_2 和 HI 的浓度不再变化。它们保持不变是因为反应物和生成物的消耗速度和它们形成的速度相同。

注意，动态平衡包括 15.1 节中讨论的相同性和恒定性的概念。达到动态平衡时，正向反应速率与反向反应速率相同。因为反应速率相同，所以反应物和产物的浓度不再改变（恒定）。但是，反应物和产物的浓度在平衡时不再变化，并不意味着反应物和产物的浓度在平衡时彼此相等。一些反应仅在大多数反应物形成产物后才达到平衡（回顾第 14 章中针对强酸的讨论）；另一些反应仅有一小部分反应物形成产物时达到平衡（回顾第 14 章中针对弱酸的讨论）。因此，这取决于不同的反应。

下面通过简单的类比来理解动态平衡。我们可将纳尼亚和中土世界视为相邻的两个王国。纳尼亚人口过剩，而中土人烟稀少。然而，有一天，两个王国之间的边界打开了，人们立即开始离开纳尼亚前往中土世界（这可称为正向反应）：

纳尼亚 ⟶ 中土世界（正向反应）

纳尼亚是电影《纳尼亚传奇》中的虚构世界，而中土世界则是电影《指环王》中的虚构世界。

原始的

✦ 代表人口

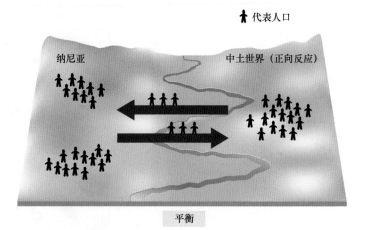

平衡

▶ 图 15.5 化学反应平衡过程的人口模拟

当两个王国达到动态平衡时，人口不再发生变化，因为迁出人口数量等于迁入人口数量。

随着中土世界人口的增加，纳尼亚的人口减少。然而，当人们离开纳尼亚时，他们离开纳尼亚的速度开始放慢（因为纳尼亚变得不那么拥挤）。另一方面，当人们迁入中土世界时，有些人觉得那里不适合他们，于是开始往回迁居（这称为反向反应）。

$$纳尼亚 \longleftarrow 中土世界（反向反应）$$

由于中土世界被填满，人们回到纳尼亚的速度加快。最终，迁出纳尼亚的人口比率（随着人口的离开而下降）等于迁入纳尼亚的人口比率（随着中土世界变得越来越拥挤而上升），实现了动态平衡：

$$纳尼亚 \rightleftharpoons 中土世界$$

注意，当两个王国达到动态平衡时，它们的人口不再变化，因为迁出人口数量等于迁入人口数量。然而，一个王国因为它的魅力，或其领导人的性格，或较低的税率，或其他任何原因，可能比另一个王国拥有更多的人口，即使是在达到动态平衡的情况下。

类似地，当一个化学反应达到动态平衡时，正向反应（类似于人们离开纳尼亚）的速率等于反向反应（类似于人们回到纳尼亚）的速率，反应物和生成物的相对浓度（类似于两个王国的相对人口）变得恒定。同样，就像两个王国一样，在平衡状态下，反应物和生成物的浓度不一定相等，就像两个王国的总数在平衡状态下不相等一样。

15.4 平衡常数

▶ 写出化学反应的平衡常数表达式。

前面说过，反应物和生成物的浓度在平衡时是不相等的；但是，正向反应和反向反应的速率相等。那么浓度呢？我们对它们有什么了解？平衡常数（K_{eq}）是一种量化平衡时反应物和生成物相对浓度的方法。思考一般的化学反应：

$$a\text{A} + b\text{B} \rightleftharpoons c\text{C} + d\text{D}$$

其中 A 和 B 是反应物，C 和 D 是生成物，a、b、c 和 d 是化学方程式中的化学计量系数。该反应的平衡常数（K_{eq}）定义为平衡时，生成物的浓度增加到其化学计量系数，除以反应物的浓度增加到其化学计量系数：

$$K_{eq} = \frac{[\text{C}]^c [\text{D}]^d}{[\text{A}]^a [\text{B}]^b}$$

产物

反应物

[A]表示 A 的摩尔浓度。

注意，平衡常数是平衡时反应物和生成物的相对浓度的度量；平衡常数越大，平衡时生成物相对于反应物的浓度就越大。

15.4.1 写出化学反应的平衡常数表达式

为了写出一个化学反应的平衡常数表达式，我们检查化学方程并遵循平衡常数的定义。例如，假设我们想要写出如下反应的平衡表达式：

$$2\text{N}_2\text{O}_5(g) \rightleftharpoons 4\text{NO}_2(g) + O_2(g)$$

平衡常数是$[\text{NO}_2]$的 4 次方乘以$[\text{O}_2]$的 1 次方再除以$[\text{N}_2\text{O}_5]$的 2 次方，即

$$K_{eq} = \frac{[NO_2]^4[O_2]}{[N_2O_5]^2}$$

注意，化学方程式中的系数变成了平衡表达式中的指数：

$$2\,N_2O_5(g) \rightleftharpoons 4\,NO_2(g) + O_2(g)$$

默认为 1

$$K_{eq} = \frac{[NO_2]^4[O_2]}{[N_2O_5]^2}$$

例题 15.1　写出化学反应的平衡常数表达式

写出如下化学方程式的平衡表达式：$CO(g) + 2H_2(g) \rightleftharpoons CH_3OH(g)$。

解

平衡表达式是产物浓度的化学计量系数次方除以反应物浓度的化学计量系数次方。注意这个表达式是生成物和反应物的比值。还要注意，化学方程中的系数是平衡表达式中的指数。

$$K_{eq} = \frac{[CH_3OH]}{[CO][H_2]^2}$$

产物

反应物

▶ **技能训练 15.1**

书写如下化学方程式的平衡表达式：$H_2(g) + F_2(g) \rightleftharpoons 2HF(g)$。

15.4.2　平衡常数的意义

平衡常数告诉我们什么？例如，大平衡常数（$K_{eq} \gg 1$）意味着什么？这表明正向反应在很大程度上是有利的，达到平衡时，产物比反应物多。例如，思考反应

$$H_2(g) + Br_2(g) \rightleftharpoons 2HBr(g) \qquad K_{eq} = 1.9 \times 10^{19}，25℃$$

这个反应的平衡常数很大，意味着平衡时，反应位于最右边。换句话说，在平衡状态下，有高浓度的产物和极低浓度的反应物（▼图 15.6）。

$$H_2(g) + Br_2(g) \rightleftharpoons 2\,HBr(g)$$

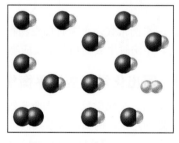

$$K_{eq} = \frac{[HBr]^2}{[H_2][Br_2]} = 常数很大$$

平衡常数大意味着平衡时生成物浓度高，反应物浓度低

▶ 图 15.6　大平衡常数的含义

相反，小平衡常数（$K_{eq} \ll 1$）是什么意思？这表明反向反应是有利的，达到平衡时，反应物比生成物多。例如，思考如下反应：

$$N_2(g) + O_2(g) \rightleftharpoons 2\,NO(g)，\qquad K_{eq} = 4.1 \times 10^{-31}，25℃$$

这个反应的平衡常数很小，意味着在平衡时，反应位于最左边，即反应物浓度高、产物浓度低（▼图 15.7）。这是有利的，因为 N_2 和 O_2 是空气的主要成分。如果这个平衡常数很大，空气中的大部分 N_2 和 O_2 会反应形成有毒气体一氧化氮：

$$N_2(g) + O_2(g) \rightleftharpoons 2\,NO\,(g)$$

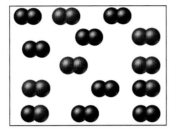

$$K_{eq} = \frac{[NO]^2}{[N_2][O_2]} = 常数很小$$

小平衡常数意味着高浓度的反应物和低浓度的平衡产物

▲ 图 15.7　小平衡常数的含义

小结：

- $K_{eq} \ll 1$ 时有利于反向反应；正向反应不会进行得很远。
- $K_{eq} \approx 1$ 时两个方向都不倾向；正向反应约进行了一半（大量反应物和生成物都处于平衡状态）。
- $K_{eq} \gg 1$ 时有利于正向反应；正向反应几乎完成。

概念检查站 15.2

思考反应物 A 直接转化为产物 B 的普通化学反应：

$$A(g) \rightleftharpoons B(g)$$

让反应在三种不同的温度下达到平衡，三种温度用三个圆表示。哪个温度下平衡常数最大？

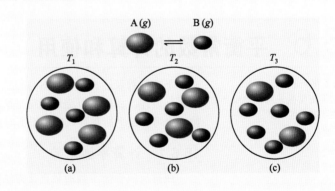

15.5　多相平衡

▶ 写出涉及固体或液体的化学反应的平衡表达式。

思考如下化学反应：

$$2\,CO(g) \rightleftharpoons CO_2(g) + C(s)$$

我们预判的平衡常数的表达式为

$$K_{eq} = \frac{[CO_2][C]}{[CO]^2} \quad (\text{错误})$$

然而，由于碳是固体，它的浓度是恒定的（即它的浓度不变）。向反应混合物中加入更多或更少的碳不会改变碳的浓度。固体的浓度不会改变，因为固体不会膨胀到填满容器。因此，固体的浓度只取决于其密度，只要存在某种固体，密度（除了因温度而产生的微小变化）就保持不变。因此，我们在平衡表达式中不包括纯固体［在化学方程式中用(s)标记的反应物或产物］。正确的平衡表达式是

> 我们将纯固体和纯液体的浓度排除在平衡表达式之外，因为它们是常数。

$$K_{eq} = \frac{[CO_2]}{[CO]^2} \quad (\text{正确})$$

同样，纯液体的浓度也不变。因此，我们也从平衡表达式中排除纯液体［那些在化学方程式中用(l)标记的反应物或产物］。例如，下面反应的平衡表达式是什么？

$$CO_2(g) + H_2O(l) \rightleftharpoons H^+(aq) + HCO_3^-(aq)$$

因为$H_2O(l)$是纯液体，所以从平衡表达式中省略了它：

$$K_{eq} = \frac{[H^+][HCO_3^-]}{[CO]^2}$$

例题 15.2　书写涉及固体或液体的反应的平衡表达式

为如下化学方程式写平衡表达式：$CaCO_3(s) \rightleftharpoons CaO(s) + CO_2(g)$。

解

因为$CaCO_3$和CaO都是固体，所以在平衡表达式中省略它们：

$$K_{eq} = [CO_2]$$

▶ **技能训练 15.2**

为如下化学方程式书写平衡表达式：$4\,HCl(g) + O_2(g) \rightleftharpoons 2\,H_2O(l) + 2\,Cl_2(g)$。

15.6　平衡常数的计算和使用

▶ 计算平衡常数。
▶ 用平衡常数求反应物或产物在平衡时的浓度。

平衡常数表达式是常数本身与平衡时反应物和产物的量之间的定量关系。因此，我们可以通过测量平衡时反应物和产物的量来计算平衡常数，也可以用平衡常数来确定平衡时反应物和产物的量。

15.6.1　计算平衡常数

获得反应平衡常数的最直接方法是测量平衡时反应混合物中反应物和产物的浓度。例如，思考反应：

$$H_2(g) + I_2(g) \rightleftharpoons 2\,HI(g)$$

> 平衡常数取决于温度，因此温度通常包含在平衡数据中。然而，温度不是平衡表达式的一部分。

假设H_2和I_2的混合物在445℃时达到平衡。测得的平衡浓度为$[H_2]$ = 0.11 M，$[I_2]$ = 0.11 M，$[HI]$ = 0.78 M。平衡常数的值是多少？我们从整理问题陈述中的信息开始。

已知：$[H_2]$ = 0.11 M，$[I_2]$ = 0.11 M，$[HI]$ = 0.78 M

求：K_{eq}

解

我们可由平衡方程式写出 K_{eq} 的表达式：

$$K_{eq}=\frac{[HI]^2}{[H_2][I_2]}$$

为了计算 K_{eq} 的值，我们将正确的平衡浓度代入 K_{eq} 的表达式：

$$K_{eq}=\frac{[HI]^2}{[H_2][I_2]}=\frac{[0.78]^2}{[0.11][0.11]}=5.0\times10^1$$

我们必须总是将浓度写在 K_{eq} 内，单位是 mol/L（M）。然而，我们通常在表示平衡常数时省略单位。

对于一个给定的反应，处于平衡状态的反应物和生成物的特定浓度并不总是相同的，具体取决于初始浓度。然而，在给定温度下，平衡常数总是相同的，而与初始浓度无关。例如，表 15.1 中显示了 H_2、I_2 和 HI 的几种不同的平衡浓度，每种都来自不同的初始浓度。注意平衡常数总是不变的，而不管初始浓度是多少。换句话说，无论初始浓度是多少，反应始终朝着一个方向进行，使平衡浓度（代入平衡表达式时）得到相同的 K_{eq}。

> 平衡表达式中的浓度应始终以摩尔浓度为单位，但单位本身通常会省略。

> 一个反应可以从任何方向接近平衡，具体取决于初始浓度，但它在给定温度下的 K_{eq} 总是相同的。

表 15.1　反应在 445℃时的初始浓度和平衡浓度

初始浓度			平衡浓度			平衡常数 $\frac{[HI]^2}{[H_2][I_2]}=K_{eq}$
$[H_2]$	$[I_2]$	$[HI]$	$[H_2]$	$[I_2]$	$[HI]$	
0.50	0.50	0.0	0.11	0.11	0.78	$\frac{[0.78]^2}{[0.11][0.11]}=50$
0.0	0.0	0.50	0.055	0.055	0.39	$\frac{[0.39]^2}{[0.055][0.055]}=50$
0.50	0.50	0.50	0.165	0.165	1.17	$\frac{[1.17]^2}{[0.165][0.165]}=50$
1.0	0.5	0.0	0.53	0.033	0.934	$\frac{[0.934]^2}{[0.53][0.033]}=50$

例题 15.3　平衡常数的计算

思考下列反应：

$$2\,CH_4(g)\rightleftharpoons C_2H_2(g)+3\,H_2(g)$$

CH_4、C_2H_2 和 H_2 的混合物在 1700℃时达到平衡。测量的平衡浓度是 $[CH_4]=0.0203\,M$，$[C_2H_2]=0.0451\,M$，$[H_2]=0.112\,M$。在该温度下平衡常数的值是多少？

已知平衡时反应物和生成物的浓度，求平衡常数。	已知：$[CH_4]=0.0203\,M$，$[C_2H_2]=0.0451\,M$ $[H_2]=0.112\,M$ 求：K_{eq}
由平衡的方程式写出 K_{eq} 的表达式。为了计算 K_{eq} 的值，将正确的平衡浓度代入 K_{eq} 的表达式。	解 $K_{eq}=\frac{[C_2H_2][H_2]^3}{[CH_4]^2}=\frac{[0.0451][0.112]^3}{[0.0203]^2}=0.154$

▶ 技能训练 15.3

思考反应：

$$CO(g) + 2H_2(g) \rightleftharpoons CH_3OH(g)$$

CO、H_2 和 CH_3OH 的混合物在 225℃时达到平衡。测量的平衡浓度是[CO] = 0.489 M，$[H_2]$ = 0.146 M，$[CH_3OH]$ = 0.151 M。在该温度下平衡常数的值是多少？

▶ **技能巩固**

假设先前的反应在不同的温度下进行，且反应物的初始浓度为[CO] = 0.500 M 和$[H_2]$ = 1.00 M。假定在反应开始和平衡时没有产物[CO] = 0.15 M，求该新温度下的平衡常数。提示：使用平衡方程式中的化学计量关系来计算 H_2 和 CH_3OH 的平衡浓度。

15.6.2　在计算中使用平衡常数

已知其他反应物或生成物的平衡浓度时，也可用平衡常数来计算反应物或生成物的平衡浓度。例如，思考反应：

$$2COF_2(g) \rightleftharpoons CO_2(g) + CF_4(g)，\quad K_{eq} = 0.00,\ 1000℃$$

在平衡混合物中，COF_2 的浓度为 0.255 M，CF_4 的浓度为 0.118 M。CO_2 的平衡浓度是多少？我们首先对问题陈述中的信息进行排序。

已知：$[COF_2]$ = 0.255 M，$[CF_4]$ = 0.118 M，K_{eq} = 2.00

求：$[CO_2]$

转换图

画出转换图，说明平衡常数的表达式如何提供从给定量到所求量的方程。

$$\boxed{[COF_2],\ [CF_4],\ K_{eq}} \longrightarrow \boxed{[CO_2]}$$

$$K_{eq} = \frac{[CO_2][CF_4]}{[COF_2]^2}$$

解

写出反应的平衡表达式，然后解出所求量（$[CO_2]$）：

$$K_{eq} = \frac{[CO_2][CF_4]}{[COF_2]^2}，\quad [CO_2] = K_{eq}\frac{[COF_2]^2}{[CO_4]}$$

用合适的数值计算$[CO_2]$：

$$[CO_2] = 2.00\frac{[0.255]^2}{[0.118]} = 1.10\ M$$

例题 15.4　在计算中使用平衡常数

有如下反应：

$$H_2(g) + I_2(g) \rightleftharpoons 2HI(g)，\quad K_{eq} = 69,\ 340℃$$

在平衡混合物中，H_2 和 I_2 的浓度都是 0.020 M。HI 的平衡浓度是多少？

信息分类 已知化学反应中反应物的平衡浓度及平衡常数值，求产物的浓度。	已知：$[H_2]$ = $[I_2]$ = 0.020 M，K_{eq} = 69 求：[HI]
制定策略 绘制转换图，显示平衡常数表达式如何给出给定	转换图

浓度和所求浓度之间的关系。	$$K_{eq} = \frac{[HI]^2}{[H_2][I_2]}$$
求解问题 求解[HI]的平衡表达式，代入适当的值进行计算。因为[HI]的值是平方的，所以必须取方程两边的平方根来求解[HI]，因为 $\sqrt{[HI]^2} = [HI]$。	解 $$K_{eq} = \frac{[HI]^2}{[H_2][I_2]}, \quad [HI]^2 = K_{eq}[H_2][I_2]$$ $$\sqrt{[HI]} = \sqrt{K_{eq}[H_2][I_2]}$$ $$[HI] = \sqrt{69(0.020)(0.020)} = 0.17 \text{ M}$$
检查答案 将答案代入 K_{eq} 的表达式来检查答案。	$$K_{eq} = \frac{[HI]^2}{[H_2][I_2]} = \frac{[0.17]^2}{[0.020][0.020]} = 72$$ K_{eq} 的计算值约等于给定的 K_{eq} 值（69），说明答案正确。这种细微的差别是由舍入误差造成的，这在此类问题中很常见。

▶ **技能训练 15.4**

根据如下反应，碘分子（I_2）在高温下分解形成 I 原子：

$$I_2(g) \rightleftharpoons 2\,I(g), \quad K_{eq} = 0.011, \quad 1200\text{℃}$$

在平衡混合物中，I_2 的浓度为 0.10 M，I 的平衡浓度是多少？

概念检查站 15.3

当反应 A(aq) $\rightleftharpoons$ B(aq) + C(aq)处于平衡状态时，三种化合物的浓度各为 2 M，这个反应的平衡常数是多少？

(a) 4；(b) 2；(c) 1；(d) 1/2。

15.7 勒夏特列原理

▶ 重述勒夏特列原理。

前面说过，未处于平衡状态的化学体系趋向于平衡，平衡状态下反应物和产物的浓度对应于平衡常数 K_{eq}。相比之下，已处于平衡状态的化学系统受到干扰时，会发生什么？勒夏特列原理指出，化学系统会做出反应，以尽量减少干扰。

勒夏特列原理指出：当处于平衡状态的化学系统受到干扰时，系统会向最小化干扰的方向移动。

换句话说，处于平衡状态的系统试图保持平衡，即受到干扰时，它会反击。

下面继续以纳尼亚与中土世界的类比来了解解勒夏特列的原理。假设纳尼亚和中土世界的人口处于平衡状态。这意味着纳尼亚的人口迁出率等于中土世界的人口迁出率，也意味着两个王国的人口是稳定的。现在想象破坏其平衡的情形（▼图 15.8）。假设我们增加中土世界的人口，这时会发生什么？由于中土世界突然变得拥挤，离开中土世界的人数增加，更多的人从中土世界进入纳尼亚。我们向中土世界增加更多的人口，破坏了平衡。该系统通过将人们迁出中土世界来做出响应，朝着使干扰最小化的方向移动。

另一方面，如果在纳尼亚增加额外的人口会发生什么？由于纳尼亚突然变得拥挤，离开纳尼亚的人的比例增加。更多的人离开纳尼亚，进入中土世界。我们在纳尼亚增加了人口，系统的反应是把人迁出纳尼亚。当处于平衡状态的系统受到干扰时，它们会做出反应来对抗干扰。化学系统的表现相似。有几种方法可以扰乱化学平衡中的系统。我们将在下面三节中分别考虑这些因素。

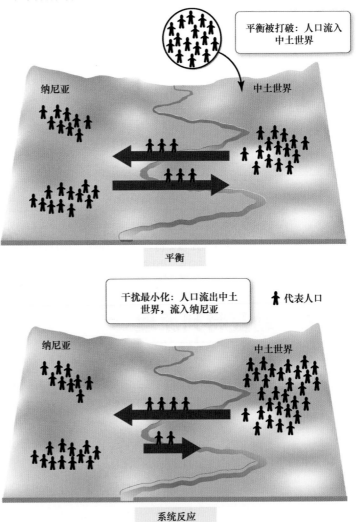

▶ 图 15.8 **勒夏特列原理的人口类比。** 当处于平衡状态的系统受到干扰时，它会使干扰最小化。在这种情况下，向中土世界增加人口（干扰）会导致人口迁出中土世界（最小化干扰）。如果将人口带出中土世界，扰乱平衡，会发生什么？人口会向哪个方向移动以减少干扰？

15.8 浓度变化对平衡的影响

▶ 在浓度变化时应用勒夏特列原理。

考虑化学平衡时的以下反应：

$$N_2O_4(g) \rightleftharpoons 2\,NO_2(g)$$

假设我们向平衡混合物中加入 NO_2 来扰乱平衡（▼图 15.9）。换句话说，我们增大 NO_2 的浓度会发生什么？根据勒夏特列原理，系统向最小化干扰的方向移动。这种变化是由 NO_2 浓度的增加引起的，NO_2 浓度的增加反过来又会增加反向反应的速率，因为反应速率通常随着浓度的增加而增加（见 15.2 节）。

反应向左移动（反向进行），消耗一些添加的 NO_2 并使其浓度降低：

$$N_2O_4(g) \quad \rightleftharpoons \quad 2\,NO_2(g)$$

反应向左移动   添加 NO_2

> 当我们说一个反应向左移动时，意思是它沿着相反的方向进行，消耗产物并形成反应物。

> 当我们说一个反应向右移动时，意思是它向前进行，消耗反应物并形成产物。

相比之下，如果添加额外的 N_2O_4，增加其浓度，会发生什么？在这种情况下，正向反应的速率增加，反应向右移动，消耗一些添加的 N_2O_4，并使其浓度降低（▼图 15.10）：

$$N_2O_4(g) \quad \rightleftharpoons \quad 2\,NO_2(g)$$

添加 N_2O_4 反应向右移动

在每种情况下，系统都向最小化干扰的方向移动。

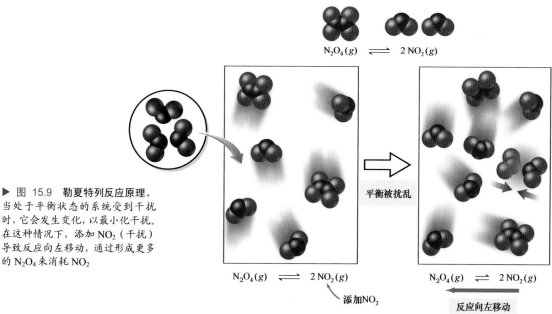

▶ 图 15.9 勒夏特列反应原理。当处于平衡状态的系统受到干扰时，它会发生变化，以最小化干扰。在这种情况下，添加 NO_2（干扰）导致反应向左移动，通过形成更多的 N_2O_4 来消耗 NO_2

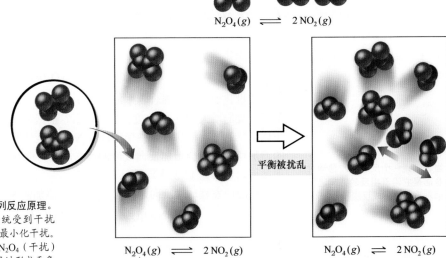

$$N_2O_4(g) \rightleftharpoons 2\,NO_2(g)$$

平衡被扰乱

$$N_2O_4(g) \rightleftharpoons 2\,NO_2(g)$$

添加 N_2O_4

$$N_2O_4(g) \rightleftharpoons 2\,NO_2(g)$$

反应向左移动

▶ 图 15.10　勒夏特列反应原理。当处于平衡状态的系统受到干扰时，它会发生变化，以最小化干扰。在这种情况下，添加 N_2O_4（干扰）导致反应向左移动，通过形成更多的 N_2O_4 来消耗 NO_2

总之，如果一个化学系统处于平衡状态：

- 增加一种或多种反应物的浓度会导致反应向右移动（朝产物方向）。
- 增加一种或多种产物的浓度会导致反应向左移动（朝反应物方向）。

例题 15.5　浓度变化对平衡的影响

考虑以下平衡反应：

$$CaCO_3(s) \rightleftharpoons CaO(s) + CO_2(g)$$

向反应混合物中加入更多的 CO_2 有什么影响？多加 $CaCO_3$ 有什么效果？

解

加入更多的 CO_2 会增加 CO_2 的浓度，导致反应向左移动。添加更多的 $CaCO_3$ 不会增加 $CaCO_3$ 的浓度，因为 $CaCO_3$ 是固体，因此具有恒定的浓度。因此，它不包含在平衡表达式中，对平衡位置没有影响。

▶ 技能训练 15.5

考虑以下平衡反应：

$$2\,BrNO(g) \rightleftharpoons 2\,NO(g) + Br_2(g)$$

向反应混合物中加入更多的 Br_2 有什么影响？添加更多的 BrNO 有什么影响？

▶ 技能巩固　从前面的反应混合物中去除一些 Br_2 的效果如何？

概念检查站 15.4

思考一氧化碳和氢气生成甲醇的平衡反应：

$$CO(g) + 2\,H_2(g) \rightleftharpoons CH_3OH(g)$$

假设这三种物质在平衡状态下进行反应。是一氧化碳的浓度加倍还是氢气的浓度加倍？

15.9 体积变化对平衡的影响

▶ 在体积变化时应用勒夏特列原理。

波义耳定律的描述见 11.4 节。

根据理想气体定律（$PV = nRT$）可知，降低气体的量（n）可在恒定温度和体积下得到较低的压强（P）。

处于化学平衡的系统是如何响应体积变化的？回顾第 11 章可知，改变气体（或气体混合物）的体积会导致压力的改变。还要记住，压力和体积是成反比的：体积减小导致压力增大，体积增大导致压力减小。所以，如果化学平衡时气体反应混合物的体积改变，那么压力改变，系统向一个方向移动以使变化最小。

例如，在装有可移动活塞的气缸中，思考下列平衡反应：

$$N_2(g) + 3\,H_2(g) \rightleftharpoons 2\,NH_3(g)$$

如果向下按压活塞，体积减小而压力升高会发生什么情况（▼图 15.11）？化学系统是如何降低压力的？仔细看配平后的方程式中的反应系数。如果反应往右移动，那么 4 mol 的气体粒子（1 mol N_2 和 3 mol H_2）转化为 2 mol 气体粒子（2 mol NH_3）。因此，当反应转向生成物时，压力就会降低（因为反应混合物中含有更少的气体粒子）。因此，系统会向右移动，使压力变小，进而使扰动最小。

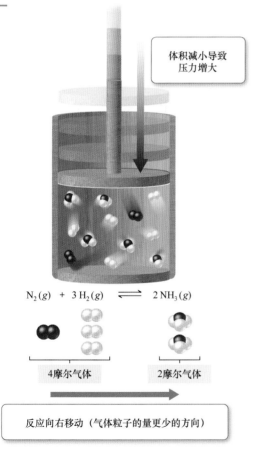

体积减小导致压力增大

$$N_2(g) \quad + \quad 3\,H_2(g) \quad \rightleftharpoons \quad 2\,NH_3(g)$$

| 4摩尔气体 | 2摩尔气体 |

反应向右移动（气体粒子的量更少的方向）

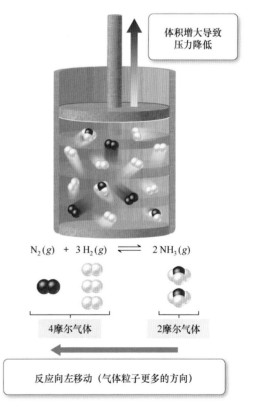

体积增大导致压力降低

$$N_2(g) \quad + \quad 3\,H_2(g) \quad \rightleftharpoons \quad 2\,NH_3(g)$$

| 4摩尔气体 | 2摩尔气体 |

反应向左移动（气体粒子更多的方向）

▲ 图 15.11 **体积减小对平衡的影响**。当平衡混合物的体积减小时，压力增大。系统的反应是（使压强下降）向反应的右边移动，即气体粒子的量更少的那一边

▲ 图 15.12 **体积增大对平衡的影响**。当平衡混合物的体积增大时，压力减小。系统的反应是（提高压力）向反应的左边移动，即反应中气体粒子更多的那一边

再次思考平衡时相同的反应混合物。如果这次向上拉活塞，增大体积，会发生什么情况？较大的体积导致较低的压力，系统响应将压力带回。它可以向左移动，将 2 mol 气体粒子转化为 4 mol 气体粒子。当反应转向反应物时，压力再次增大（因为反应混合物中含有更多的气体粒子），使扰动最小。

总之，如果一个化学系统处于平衡状态，那么

- 减小体积会导致反应向气体粒子的量更少的方向移动。
- 增大体积会导致反应向气体粒子的量更多的方向移动。

注意，如果一个化学反应的化学方程式两边的气体粒子的量相等，那么体积的变化没有影响。例如，考虑以下反应：

$$H_2(g) + I_2(g) \rightleftharpoons 2\,HI(g)$$

方程式两边都含有 2 mol 气体粒子，所以体积的变化对这个反应没有影响。另外，体积的变化对没有气态反应物或生成物的反应没有影响。

例题 15.6　体积变化对平衡的影响

思考如下平衡反应：

$$2\,KClO_3(s) \rightleftharpoons 2\,KCl(s) + 3\,O_2(g)$$

减小反应混合物体积的效果是什么？增大反应混合物的体积的效果是什么？

解

化学方程式的右边是 3 mol 气体，左边是 0 mol 气体。减小反应混合物的体积会增大压力，并导致反应向左移动（向气体粒子的量较少的一边移动）。增大反应混合物的体积会降低压力，并导致反应向右移动（向气体粒子的量更多的一边移动）。

▶ **技能训练 15.6**

思考如下平衡反应：

$$2\,SO_2(g) + O_2(g) \rightleftharpoons 2\,SO_3(g)$$

减小反应混合物体积的效果是什么？增加反应混合物体积的效果是什么？

化学与健康

发育中的胎儿如何从母体获得氧气

你是否想过子宫里的胎儿是如何获得氧气的？不像你我，胎儿不能呼吸。然而就像你我一样，胎儿需要氧气。那么氧气从哪里来？在成人体内，氧气在肺部被吸收，并由一种称为血红蛋白的蛋白质分子携至血液中，血红蛋白大量存在于红细胞中。血红蛋白（Hb）根据平衡方程与氧气反应：

$$Hb + O_2 \rightleftharpoons HbO_2$$

这个反应的平衡常数既不大又不小。因此，根据氧气的浓度，反应向右或向左移动。当血液流经氧气浓度高的肺部时，反应向右移动，血红蛋白装载氧气。

肺部的[O_2]高

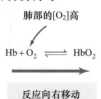

反应向右移动

随着血液流经使用氧气的肌肉和器官（氧气浓度耗尽），平衡向左移动——血红蛋白卸载氧气。

$$\text{肌肉中的}[O_2]\text{低}$$

$$Hb + O_2 \rightleftharpoons HbO_2$$

←

反应向左移动

胎儿有自己的血液循环系统。母亲的血液永远不会流入胎儿体，胎儿在子宫里得不到任何空气。那么胎儿是如何获得氧气的呢？

答案在于胎儿血红蛋白（HbF）与成人血红蛋白略有不同。像成人血红蛋白一样，胎儿血红蛋白与氧气处于平衡状态：

$$HbF + O_2 \rightleftharpoons HbFO_2$$

然而，胎儿血红蛋白的平衡常数大于成人血红蛋白的平衡常数。换句话说，胎儿血红蛋白的氧含量低于成人血红蛋白。所以，当母亲的血红蛋白流经胎盘时，它将氧气卸载到胎盘中。婴儿的血液也流入胎盘，尽管婴儿的血液从未与母亲的血液混合，但婴儿血液中的胎儿血红蛋白装载氧气（母亲血红蛋白卸载的氧

气）并将其输送给婴儿。因此，大自然设计了一个化学系统，母亲的血红蛋白可以有效地将氧气传递给婴儿的血红蛋白。

▲ **人类胎儿。** 问题：胎儿如何获得氧气？

B15.1 你能回答吗？如果胎儿血红蛋白与氧气反应的平衡常数与成人血红蛋白的相同，会发生什么？

概念检查站 15.5

思考如下反应：

$$H_2(g) + I_2(g) \rightleftharpoons 2\,HI(g)$$

哪种变化会导致反应向右（产物）移动？

(a) 减小体积；(b) 增大体积；(c) 增大氢气浓度；(d) 减小氢气浓度。

15.10 温度变化对平衡的影响

▶ 在温度变化时应用勒夏特列原理。

根据勒夏特列原理，如果一个系统在平衡状态下的温度发生变化，那么这个系统应向与这种变化相反的方向移动。因此，如果温度升高，那么反应应向试图降低温度的方向移动，反之亦然。回忆 3.9 节可知，能量变化通常与化学反应有关。如果我们想预测温度变化时反应移动的方向，就必须了解反应的移动如何影响温度。

在 3.9 节中，我们根据化学反应在反应过程中是否吸收或释放热量来对化学反应进行分类。回顾可知，放热反应（负 ΔH_{rxn} 反应）释放热量：

放热反应： $A + B \rightleftharpoons C + D + \text{热量}$

在放热反应中，我们可把热量视为一种产物。因此，提高放热反应的温度（视为增加热量）会导致反应向左移动。

例如，氮与氢生成氨的反应是放热的：

$$N_2(g) + 3H_2(g) \rightleftharpoons 2NH_3(g) + 热量$$

2）反应向左移动　　　　1）吸收热量

升高这三种气体的平衡混合物的温度会导致反应向左移动，吸收一些额外的热量。相反，降低这三种气体的平衡混合物的温度会导致反应向右移动，释放热量：

$$N_2(g) + 3H_2(g) \rightleftharpoons 2NH_3(g) + 热量$$

2）反应向右移动　　　　1）释放热量

相比之下，吸热反应（带有正 ΔH_{rxn} 的反应）吸收热量：

吸热反应：　$A + B + 热量 \rightleftharpoons C + D$

在吸热反应中，我们可将热量视为反应物。因此，升高温度（或增加热量）会导致吸热反应向右移动。

例如，以下反应是吸热的：

无色　　　　　　　　棕色
$$N_2O_4(g) + 热量 \rightleftharpoons 2NO_2(g)$$

1）吸收热量　　2）反应向右移动

升高这两种气体的平衡混合物的温度会导致反应向右移动，吸收一些额外的热量。因为 N_2O_4 是无色的，NO_2 是棕色的，我们可以看到改变这个反应温度的效果（▼图 15.13）。

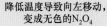

放热反应
$$N_2O_4(g) \rightleftharpoons 2NO_2(g)$$

降低温度导致向左移动，　　　升高温度导致向右移动，产生
变成无色的 N_2O_4　　　　　　棕色的 NO_2

▶ 图 15.13　平衡与温度的关系

另一方面，降低这两种气体的反应混合物的温度会导致反应向左移动，释放热量：

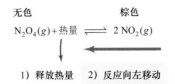

无色　　　　　　棕色

$$N_2O_4(g) + 热量 \rightleftharpoons 2\,NO_2(g)$$

1）释放热量　2）反应向左移动

小结

在放热化学反应中，热量是一种产物，并且：

- 温度升高导致反应向左移动（向反应物方向）。
- 降低温度导致反应向右移动（向产物方向）。

在吸热化学反应中，热量是一种反应物，并且：

- 温度升高导致反应向右移动（向产物方向）。
- 降低温度导致反应向左移动（向反应物方向）。

例题 15.7　温度变化对平衡的影响

以下反应是吸热的：

$$CaCO_3(s) \rightleftharpoons CaO(s) + CO_2(g)$$

提高反应混合物的温度有什么作用？降低反应混合物的温度呢？

解

因为反应是吸热的，我们将热量视为反应物。

$$热量 + CaCO_3(s) \rightleftharpoons CaO(s) + CO_2(g)$$

升高温度时增加热量，导致反应向右移动。降低温度带走热量，导致反应向左移动。

▶ **技能训练 15.7**

下面的反应是放热的：

$$2\,SO_2(g) + O_2(g) \rightleftharpoons 2\,SO_3(g)$$

提高反应混合物的温度有什么作用？降低反应混合物的温度呢？

概念检查站 15.6

考虑如下吸热反应：

$$Cl_2(g) \rightleftharpoons 2\,Cl(g)$$

如果反应混合物处于平衡状态，那么哪种扰动增加的产物的量最多？

(a) 升高温度并增大体积；(b) 升高温度并减小体积；

(c) 降低温度并增大体积；(d) 降低温度并减小体积。

15.11　溶度积常数

▶ 用 K_{sp} 测定摩尔溶解度。
▶ 写出溶度积常数的表达式。

回忆 7.5 节可知，如果一种化合物溶于水，那么认为它是可溶的；如果不溶于水，那么认为它是不可溶的。此外，应用溶解度规则（表 7.2），我们可将许多离子化合物分为可溶性的或不溶性的。我们可用平衡的概念更好地理解离子化合物的溶解度。离子化合物溶解的过程是一个平衡过程。例如，我们可用下面的化学方程式来表示氟化钙在水中的溶解：

$$CaF_2(s) \rightleftharpoons Ca^{2+}(aq) + 2\,F^-(aq)$$

代表离子化合物溶解的化学方程式的平衡表达式是溶度积常数

（K_{sp}）。对于 CaF_2，溶度积常数为

$$K_{sp} = [Ca^{2+}][F^-]^2$$

注意，如 15.5 节所述，平衡表达式中忽略了固体。

因此，K_{sp} 值是一种化合物的溶解度的量度。大 K_{sp}（正向反应有利）意味着该化合物非常容易溶解。小 K_{sp}（有利于反向反应）意味着该化合物不是很容易溶解。表 15.2 中列出了许多离子化合物的 K_{sp} 值。

K_{sp} 值通常仅用于微溶或不可溶化合物。

表 15.2　许多离子化合物的 K_{sp} 值

化合物	化学式	K_{sp}
硫酸钡	$BaSO_4$	1.07×10^{-10}
碳酸钙	$CaCO_3$	4.96×10^{-9}
氟化钙	CaF_2	1.46×10^{-10}
氢氧化钙	$Ca(OH)_2$	4.68×10^{-6}
硫酸钙	$CaSO_4$	7.10×10^{-5}
硫化铜	CuS	1.27×10^{-36}
碳酸铁	$FeCO_3$	3.07×10^{-11}
氢氧化铁	$Fe(OH)_2$	4.87×10^{-17}
氯化铅	$PbCl_2$	1.17×10^{-5}
硫酸铅	$PbSO_4$	1.82×10^{-8}
硫化铅	PbS	9.04×10^{-29}
碳酸镁	$MgCO_3$	6.82×10^{-6}
氢氧化镁	$Mg(OH)_2$	2.06×10^{-13}
氯化银	$AgCl$	1.77×10^{-10}
铬酸银	Ag_2CrO_4	1.12×10^{-12}
碘化银	AgI	8.51×10^{-17}

例题 15.8　写出 K_{sp} 表达式

写出下列离子化合物的 K_{sp} 表达式。

(a) $BaSO_4$；　(b) $Mn(OH)_2$；　(c) Ag_2CrO_4。

解

要写出 K_{sp} 的表达式，首先要写出显示固体化合物与其溶解的水离子平衡的化学反应式，然后根据这个方程式写出平衡表达式。

(a) $BaSO_4(s) \rightleftharpoons Ba^{2+}(aq) + SO_4^{2-}(aq)$，　　$K_{sp} = [Ba^{2+}][SO_4^{2-}]$

(b) $Mn(OH)_2(s) \rightleftharpoons Mn^{2+}(aq) + 2\,OH^-(aq)$，　$K_{sp} = [Mn^{2+}][OH^-]^2$

(c) $Ag_2CrO_4(s) \rightleftharpoons 2\,Ag^+(aq) + CrO_4^{2-}(aq)$，　$K_{sp} = [Ag^+]^2[CrO_4^{2-}]$

▶ **技能训练 15.8**

写出如下离子化合物的 K_{sp} 的表达式：(a) AgI；(b) $Ca(OH)_2$。

15.11.1 用 K_{sp} 法测定摩尔溶解度

回忆 13.3 节可知，化合物的溶解度是化合物在一定量液体中的溶解量。摩尔溶解度是以摩尔每升为单位的溶解度。我们可以直接由 K_{sp} 计算化合物的摩尔溶解度。

例如，考虑氯化银：

$$AgCl(s) \rightleftharpoons Ag^+(aq) + Cl^-(aq)，\quad K_{sp} = 1.77 \times 10^{-10}$$

首先，K_{sp} 不是摩尔溶解度，而是溶度积常数。其次，注意平衡时 Ag^+ 和 Cl^- 的浓度等于溶解的 AgCl 的量。我们从平衡方程式中的化学计量系数的关系得知

$$1 \text{ mol AgCl} : 1 \text{ mol A}^+ : 1 \text{ mol Cl}^-$$

因此，为了求溶解度，我们需要找到平衡时的$[Ag^+]$和$[Cl^-]$。我们可以通过写出溶度积常数的表达式来实现：

$$K_{sp} = [Ag^+][Cl^-]$$

因为 Ag^+ 和 Cl^- 都来自氯化银，所以它们的浓度必须相等。由于氯化银的溶解度等于任一溶解离子的平衡浓度，因此可以写出

$$溶解度 = S = [Ag^+] = [Cl^-]$$

代入溶解度常数表达式得

$$K_{sp} = [Ag^+][Cl^-] = S \times S = S^2$$

因此有

$$S = \sqrt{K_{sp}} = \sqrt{1.77 \times 10^{-10}} = 1.33 \times 10^{-5} \text{ M}$$

所以 AgCl 的摩尔溶解度为 1.33×10^{-5} mol/L。

> 本文中将摩尔溶解度的计算限于化学方程式中含有一个阳离子和一个阴离子的离子化合物。

概念检查站 15.7

下列哪种物质更易溶解？

(a) $CaSO_4$，$K_{sp} = 7.10 \times 10^{-5}$； (b) $AgCl$，$K_{sp} = 1.77 \times 10^{-10}$。

例题 **15.9** 由 K_{sp} 计算摩尔溶解度

计算 $BaSO_4$ 的摩尔溶解度。

解	
首先写出固体 $BaSO_4$ 溶解成其含水离子的反应。	$BaSO_4(s) \rightleftharpoons Ba^{2+}(aq) + SO_4^{2-}(aq)$
然后写出 K_{sp} 的表达式。	$K_{sp} = [Ba^{2+}][SO_4^{2-}]$
定义平衡时的摩尔溶解度（S）为$[Ba^{2+}]$或$[SO_4^{2-}]$。	$S = [Ba^{2+}] = [SO_4^{2-}]$
将 S 代入平衡表达式，求解它。	$K_{sp} = [Ba^{2+}][SO_4^{2-}] = S \times S = S^2$ 因此 $S = \sqrt{K_{sp}}$。
最后查表 15.2 找到 K_{sp} 的值，计算 S。$BaSO_4$ 的摩尔溶解度为 1.03×10^{-5} mol/L。	$S = \sqrt{K_{sp}} = \sqrt{1.07 \times 10^{-10}} = 1.03 \times 10^{-5} \text{ M}$

▶ **技能训练 15.9**

计算 $CaSO_4$ 的摩尔溶解度。

15.12 反应路径和催化剂

▶ 描述活化能与反应速率的关系，以及催化剂在反应中所起的作用。

警告：氢气是爆炸性气体，未经适当训练不能进行处理操作。

平衡常数描述了化学反应会进行到什么程度。反应速率描述了它到达那里的速度。

活化能有时称为活化势能。

前面说过，平衡常数描述了化学反应的最终结果。平衡常数大表明反应有利于生成产物，平衡常数小表明反应有利于反应物。然而，平衡常数本身并不能说明一切

例如，氢气和氧气反应生成水：

$$2\,H_2(g) + O_2(g) \rightleftharpoons 2\,H_2O(g)\,, \quad K_{eq} = 3.2 \times 10^{81}\,, \quad 25\,℃$$

这个反应的平衡常数很大，意味着正向反应是非常有利的。然而，我们可在室温下将氢气和氧气混合在一个气球中而不发生反应。氢气和氧气在气球内和平共处，几乎不形成水。为什么？

为了回答这个问题，我们重新讨论本章开头的一个主题——反应速率。在 25℃时，氢气和氧气之间的反应速率几乎为零。即使平衡常数很大，反应速率很小，也没有反应发生。氢与氧之间的反应速率较慢，是因为反应的活化能较大。一个反应的活化能（或活化阈能）是指反应物转化为生成物所必须克服的能量。

大多数化学反应都存在活化能，因为在新键开始形成之前，原始键必须开始断裂，这需要能量。例如，H_2 和 O_2 反应形成 H_2O，在新键形成之前，H—H 键和 O=O 键必须开始断裂。H_2 键和 O_2 键的初始弱化需要能量，这就是反应的活化能。

15.12.1 活化能如何影响反应速率

我们可用一个反应能量过程的图表来说明活化能是如何影响反应速率的（▼图 15.14）。在图中，产物的能量比反应物的小，所以我们知道反应是放热的（反应发生时释放能量）。然而，在反应发生之前，必须先增加一些能量（反应物的能量必须增加一个量，我们称之为活化能）。活化能是一种通常存在于反应物和产物之间的"能量峰"。

我们可用一个简单的类比来解释这个概念：让化学反应发生就像试图把一堆巨石推上小山一样（▼图 15.15a）。我们可将反应物分子之间发生的每次碰撞都视为试图把一块巨石滚下山。两个分子之间的成功碰撞（生成一个产物分子）就像一次成功的尝试：将一块巨石滚过山丘，再滚下另一边。

山越高，越难让巨石滚过山丘，在给定的时间内滚过山丘的巨石数量越少。同样，对于化学反应，活化能越高，越过屏障的反应物分子越少，反应速率越慢。一般来说：

在给定温度下，化学反应的活化能越高，反应速率越慢。

有什么方法可以加快慢反应（一个活化能高的反应）？在 15.2 节中，我们讨论了两种提高反应速率的方法。第一种方法是增大反应物的浓度，使得单位时间内出现更多的碰撞。这类似于在给定时间内将更多的巨石推向山丘。第二种方法是提高温度，使得单位时间内出现更多的碰撞和更高能量的碰撞，这类似于用更大的力推动巨石，使得单位时间内有更多的巨石滚过山坡，也就是反应速率更快。然而，还有第三种方法可以加速缓慢的化学反应：使用催化剂。

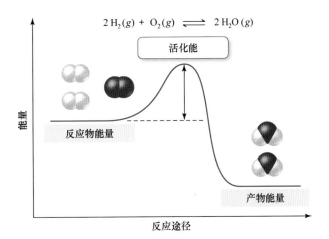

$$2\,H_2(g) + O_2(g) \rightleftharpoons 2\,H_2O(g)$$

活化能

能量

反应物能量

产物能量

反应途径

▶ 图 15.14 **活化能**。该图代表沿着反应过程（当反应发生时）的反应物和产物的能量。注意，产物的能量低于反应物的能量，因此是一个放热反应。但要注意的是，反应物必须越过一个能量峰（称为活化能）才能从反应物转化为产物

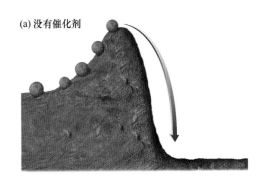

(a) 没有催化剂

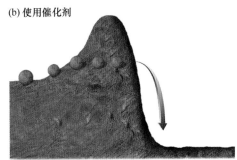

(b) 使用催化剂

▲ 图 15.15 **活化能的山峰类比**。有几种方法可以让这些巨石尽快越过山丘。(a) 一种方法是在山上推更多的巨石，或者推得更用力，这类似于化学反应的浓度或温度增加；(b) 另一种方法是找到一条绕过山丘的路径，这类似于化学反应的催化剂作用

概念检查站 15.8

反应 A 的活化能为 35 kJ/mol，反应 B 的活化能为 55 kJ/mol。在室温下，这两个反应中的哪个可能具有更快的反应速率？

15.12.2 催化剂降低了活化能

> 催化剂不会改变平衡的位置，只改变达到平衡的速率。

催化剂是一种能提高化学反应速率但不会被反应消耗的物质。催化剂的作用是降低反应的活化能，使反应物更容易越过能量壁垒（▼图 15.16）。在我们的巨石类比中，催化剂为巨石创造了另一条路径，即一条带有较小山丘的路径（▲图 15.15b）。

例如，思考高层大气中臭氧的非催化破坏：

$$O_3 + O \longrightarrow 2\,O_2$$

臭氧层能够保护我们，因为臭氧分解反应有相当高的活化能，因此进行得相当慢。臭氧层不会迅速分解成 O_2。

> 高层大气臭氧形成一道屏障，阻挡有害的紫外线，否则紫外线会进入地球大气层。

然而，向高层大气中添加 Cl（来自合成含氯氟烃）导致了 O_3 被破坏的另一条路径。这条路径的第一步称为臭氧的催化破坏，是 Cl 与 O_3 反应形成 ClO 和 O_2：

$$Cl + O_3 \longrightarrow ClO + O_2$$

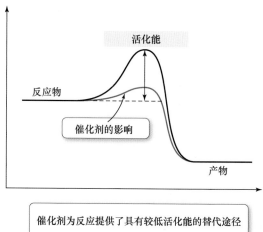

活化能

反应物

催化剂的影响

产物

催化剂为反应提供了具有较低活化能的替代途径

▶ 图 15.16　催化剂的功能

接下来的第二步是 ClO 与 O 反应，生成 Cl：

$$ClO + O \longrightarrow Cl + O_2$$

注意，如果将两个反应相加，那么总反应与非催化反应相同：

$$Cl + O_3 \longrightarrow ClO + O_2$$
$$ClO + O \longrightarrow Cl + O_2$$
$$\overline{O_3 + O \longrightarrow 2\,O_2}$$

然而，该路径中两个反应的活化能比第一个未催化路径的活化能小得多，因此反应发生的速度快得多。氯在整个反应中未被消耗，这是催化剂的特征。

在催化破坏臭氧的情况下，催化剂加速了我们不想发生的反应。然而，在大多数时候，我们使用催化剂来加速我们需要发生的反应。例如，大多数汽车的排气系统中都有一个催化转化器。催化转化器包含一种催化剂，可将废气（如一氧化碳）转化为危害较小的物质（如二氧化碳）。这些反应只有在催化剂的帮助下才会发生，因为它们发生得太慢了。

催化在化学中的作用十分重要。没有催化剂，化学将是另外一番面貌。对于许多反应来说，以另一种方式提高反应速率（比如提高温度）是完全不可行的。许多反应物是热敏性的，升高温度会破坏它们的结构，适用于加速许多反应的唯一方法是使用催化剂。

催化剂不改变反应的 K_{eq} 值，只影响反应速率。

15.12.3　酶：生物催化剂

也许化学催化的最好例子是在活的生物体中发现的。在正常温度下，生物生存所必须发生的成千上万种反应中的大多数都太慢了。因此，用酶（提高生化反应速率的生物催化剂）来活化生物体的反应。

例如，当我们吃蔗糖时，身体必须将其分解成两种更小的分子：葡萄糖和果糖。该反应的平衡常数很大，有利于产生产物。然而，在室温下，甚至在体温下，蔗糖不会分解成葡萄糖和果糖，因为活化能高，导致反应速率慢。换句话说，即使蔗糖与葡萄糖和果糖反应的平衡常数相对较大，它在室温下仍然是蔗糖（▼图 15.17）。

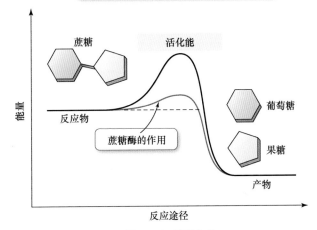

蔗糖酶为蔗糖转化为葡萄糖和果糖创造了一条活化能较低的途径

▲ 图 15.17 酶催化剂

在人体内，一种称为蔗糖酶的酶催化蔗糖转化为葡萄糖和果糖。蔗糖酶有一个口袋（称为活性位点），蔗糖可以舒适地放入其中（就像锁中的钥匙）。当蔗糖位于活性位点时，葡萄糖和果糖单元之间的键减弱，降低了反应的活化能，提高了反应速率（▼图 15.18）。然后，反应可以在更低的温度下朝着有利于产品的平衡方向进行。

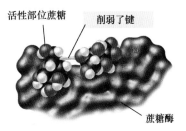

▲ 图 15.18 酶的工作原理。蔗糖酶有一个称为蔗糖结合的活性位点的口袋。当蔗糖分子进入活性位点时，葡萄糖和果糖之间的键被削弱，降低了反应的活化能

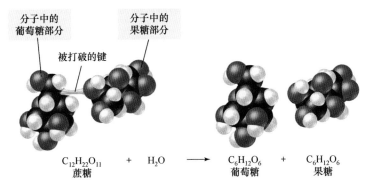

$C_{12}H_{22}O_{11}$ + H_2O ⟶ $C_6H_{12}O_6$ + $C_6H_{12}O_6$
蔗糖   葡萄糖   果糖

酶不仅能让缓慢的反应以合理的速率进行，还能让生物体对反应的发生和时间有极大的控制。酶是非常特殊的，每种酶只催化一个反应。要启动一个特定的反应，一个生物体只需要产生或激活正确的酶来催化这个反应。

关键术语

活化能	酶	摩尔溶解度	催化剂
平衡常数	反应速率	溶度积常数	碰撞理论
动态平衡	勒夏特列原理		

技能训练答案

技能训练 15.1 .... $K_{eq} = \dfrac{[HF]^2}{[H_2][F_2]}$

技能训练 15.2 .... $K_{eq} = \dfrac{[Cl_2]^2}{[HCl]^4[O_2]}$

技能训练 15.3 .... $K_{eq} = 14.5$

技能巩固 .... $K_{eq} = 26$

技能训练 15.4 .... 0.033 M

技能训练 15.5 .... 加 Br_2 会使反应左移；加 $BrNO$ 会使反应左移

技能巩固 .... 移除 Br_2 使反应右移

技能训练 15.6 .... 增大体积使反应右移；增大体积会反应左移

技能训练 15.7 .... 升高温度使反应左移；降低温度使反应右移

技能训练 15.8 .... (a) $K_{sp} = [Ag^+][I^-]$

(b) $K_{sp} = [Ca^{2+}][OH^-]^2$

技能训练 15.9 .... 8.43×10^{-3} M

概念检查站答案

15.1 (a)。根据气体定律（第 11 章），增大压力会升高温度，减小体积，或者两者都增大。升高温度会增大反应速率。减小体积会增大反应物的浓度，增加反应速率。因此，增大压力会加速反应。

15.2 (c)。由于(c)中图像的生成量最大，平衡常数在 T_3 时一定最大。

15.3 (b)。$K_{eq} = [B][C]/[A] = 2 \times 2/2 = 2$。

15.4 氢浓度加倍会导致更大的产物转移，因为分母中氢的浓度是平方的。

15.5 (c)。增大反应物的浓度会导致反应右移。对于该反应，改变体积没有影响，因为方程式两边的气体粒子数相等。

15.6 (a)。由于反应是吸热的，温度的升高会加速正向反应。由于反应左边有 1 mol 粒子，右边有 2 mol 粒子，所以增大体积会加速正向反应。因此，提高温度和增大体积将产生最大量的产品。

15.7 硫酸钙更易溶解，因为它的 K_{sp} 更大。

15.8 反应 A 很可能有更快的速率。一般来说，在给定温度下，活化能越低，反应速率越快。

第 16 章　氧化和还原

我们必须学会理解自然，而不仅仅是观察它，忍受它强加给我们的一切。

——约翰·戴斯蒙德·贝尔纳（1901—1971）

16.1　内燃机的末日

我们有可能在有生之年看到内燃机时代的终结。尽管为飞机、汽车和火车提供了良好的动力，但内燃机的时间不多了。什么将取代它？如果汽车不用汽油，那用什么来驱动它们？这些问题的答案还没有完全解决，但是新的和更好的技术业已出现，其中最有希望的是为电动汽车提供动力的燃料电池。这种没有噪音、环境友好的超级跑车现在已在一些建有加氢站的地区上市。

2015 年，丰田公司开始在美国销售其燃料电池汽车迈瑞（◀图 16.1）。这款四人座汽车的功率为 151 马力，单箱燃料最多可行驶 312 英里。与特斯拉公司等生产的电动汽车充电需要数小时不同，迈瑞只需要充电 5 分钟。电动马达由氢气驱动，以压缩气体的形式存储，唯一的排放物是干净到可以饮用的水。其他汽车制造商也在研发类似的车型。此外，世界各地的几个城市（包括加棕榈泉、华盛顿特区、温哥华、惠斯勒和圣保罗）目前正在运行燃料电池驱动的公共汽车。

燃料电池技术之所以可能实现，是因为某些元素有从其他元素获得电子的趋势。最常见的燃料电池类型——氢氧燃料电池就基于氢和氧之间的反应：

$$2\,H_2(g) + O_2(g) \longrightarrow 2\,H_2O(g)$$

在这个反应中，氢和氧相互形成共价键。回忆 10.2 节可知，单个共价键是一个共享的电子对。然而，由于氧的电负性比氢的大（见 10.8 节），

▲ 图 16.1　**燃料电池汽车。** 迈瑞是第一辆量产的燃料电池汽车。它由氢气提供动力，排放物是水

◀ 如图所示，燃料电池汽车（FCV）可能有一天会取代由内燃机驱动的汽车。燃料电池汽车只产生水作为废物

氢氧键中的电子对被不平等地共享，氧得到了更多的部分。实际上，氧在 H_2O 中的电子比在 O_2 中的电子要多（氧在反应中获得了电子）。

在氢和氧的典型反应中，氧原子在反应过程中直接从氢原子获得电子。在氢氧燃料电池中，也会发生同样的反应，但是氢和氧是分开的，迫使电子通过外部的导线从氢移动到氧。这些移动的电子构成了电流，用来为燃料电池汽车的电动机提供动力。实际上，燃料电池利用氧气获得电子的趋势和氢气失去电子的趋势，迫使电子通过导线，生成为汽车提供动力的电力。

涉及电子转移的反应是氧化还原反应。除了在燃料电池汽车上的应用，氧化还原反应在自然界、工业和许多日常过程中都很普遍。例如，铁的生锈、头发的漂白以及电池中发生的反应都涉及氧化还原反应。氧化还原反应也为我们的身体提供运动、思考和生存所需的能量。

16.2　氧化和还原的定义

▶ 定义、识别氧化和还原。

▶ 识别氧化剂和还原剂。

思考以下氧化还原反应：

$$2\,H_2(g) + O_2(g) \longrightarrow 2\,H_2O(g)\ （氢氧燃料电池的反应）$$

$$4\,Fe(s) + 3\,O_2(g) \longrightarrow 2\,Fe_2O_3(s)\ （铁生锈）$$

$$CH_4(g) + 2\,O_2(g) \longrightarrow CO_2(g) + 2\,H_2O(g)\ （甲烷燃烧）$$

它们有什么共同点？每种反应都涉及一种或多种元素获得氧原子。在氢氧燃料电池反应中，氢在变成水的过程中获得氧原子。在铁生锈的过程中，铁在变成氧化铁时获得氧原子，即我们熟悉的橙色铁锈（▼图 16.2）。在甲烷燃烧的过程中，碳获得氧原子，形成二氧化碳，产生我们在煤气炉上看到的亮蓝色火焰（▼图 16.3）。在每种情况下，获得氧气的物质在反应中被氧化。氧化的一种定义是获得氧（虽然不是最基本的定义）。

▲ 图 16.2　缓慢氧化。锈是由铁氧化形成氧化铁而产生的

▲ 图 16.3　快速氧化。煤气炉上的火焰是由天然气中碳的氧化产生的

氧化和还原的这些定义是有用的，因为它们说明了"氧化"一词的起源，并且能够让我们快速地将涉及单质氧的反应确定为氧化和还原反应。然而，这些定义并不是最基本的。

下面反过来考虑这三个相同的反应：

$$2\,H_2(g) \longrightarrow 2\,H_2O(g) + O_2(g)$$

$$2\,Fe_2O_3(s) \longrightarrow 4\,Fe(s) + 3\,O_2(g)$$

$$CO_2(g) + 2\,H_2O(g) \longrightarrow CH_4(g) + 2\,O_2(g)$$

每个反应都涉及氧的损失。在第一个反应中，氢失去了氧；在第二个反应中，铁失去氧；在第三个反应中，碳失去氧。在上述三种情况下，失去氧的物质在反应中还原。还原的一种定义是失去氧。

然而，氧化还原反应不需要氧气。例如，考虑如下两个反应的相似之处：

在金属和非金属之间的氧化还原反应中，金属被氧化而非金属被还原。

$$4\,Li(s) + O_2(g) \longrightarrow 2\,Li_2O(s)$$

$$2\,Li(s) + Cl_2(g) \longrightarrow 2\,LiCl(s)$$

在这两种情况下，锂（一种有很强失去电子倾向的金属）与电负性非金属（有获得电子倾向的非金属）发生反应。在这两种情况下，锂原子失去电子成为正离子（锂被氧化）：

$$Li \longrightarrow Li^+ + e^-$$

锂失去的电子由非金属得到，它们变成负离子，即非金属被还原：

$$O_2 + 4e^- \longrightarrow 2\,O^{2-}$$

$$Cl_2 + 2e^- \longrightarrow 2\,Cl^-$$

于是，氧化的一个更基本的定义是失去电子，而还原的一个更基本的定义是获得电子。

注意氧化和还原必须同时发生。如果一种物质失去电子（氧化），那么另一种物质必须获得电子（还原）（◀图 16.4）。被氧化的物质是还原剂，因为它引起其他物质的还原。同样，被还原的物质是氧化剂，因为它引起其他物质的氧化。

例如，考虑氢氧燃料电池反应：

$$2\,H_2(g) + O_2(g) \longrightarrow 2\,H_2O(g)$$
$$\text{还原剂}\ \ \text{氧化剂}$$

在该反应中，氢气被氧化，所以它是还原剂。氧气被还原，所以它是氧化剂。像氧气这样的物质，很容易吸引电子，它们是很好的氧化剂，往往会引起其他物质的氧化。氢气等具有很强的电子释放倾向的物质是良好的还原剂，它们易于引起其他物质的还原。

在氧化还原反应中，一种物质失去电子而另一种物质获得电子

失去电子的物质被氧化　　得到电子的物质被还原

▲ 图 16.4 氧化还原

氧化剂可以是本身被还原的元素，也可以是含有被还原元素的化合物或离子。还原剂可以是本身被氧化的元素，也可以是含有被氧化元素的化合物或离子。

小结：

- 氧化——失去电子。
- 还原——获得电子。
- 氧化剂——被还原的物质。
- 还原剂——被氧化的物质。

例题 16.1　识别氧化和还原

指出每个反应中被氧化的物质和被还原的物质。

(a)　$2\,Mg(s) + O_2(g) \longrightarrow 2\,MgO(s)$。

(b)　$Fe(s) + Cl_2(g) \longrightarrow FeCl_2(s)$。

(c)　$Zn(s) + Fe^{2+}(aq) \longrightarrow Zn^{2+}(aq) + Fe(s)$。

解

(a)　Mg 获得氧气而失去电子给氧气，因此 Mg 被氧化，O_2 被还原。

(b)　金属（Fe）与电负性非金属（Cl_2）发生反应。铁失去电子被氧化，而 Cl_2 获得电子被还原。

(c)　电子从 Zn 转移到 Fe^{2+}。锌失去电子而被氧化。Fe^{2+} 获得电子并被还原。

> ▶ **技能训练 16.1**
> 指出每个反应中被氧化的物质和被还原的物质。
> (a) $2\,K(s)+Cl_2(g)\longrightarrow 2\,Kcl(s)$。
> (b) $2\,Al(s)+3\,Sn^{2+}(aq)\longrightarrow 2\,Al^{3+}(aq)+3\,Sn(s)$。
> (c) $C(s)+O_2(g)\longrightarrow CO_2(s)$。

例题 16.2　识别氧化剂和还原剂

指出每个反应中的氧化剂和还原剂。
(a) $2\,Mg(s)+O_2(g)\longrightarrow 2\,MgO(s)$。
(b) $Fe(s)+Cl_2(g)\longrightarrow FeCl_2(s)$。
(c) $Zn(s)+Fe^{2+}(aq)\longrightarrow Zn^{2+}(aq)+Fe(s)$。

解

在前面的例子中，我们确定了这些反应中被氧化和还原的物质。回顾可知，被氧化的物质是还原剂，被还原的物质是氧化剂。

(a) Mg 被氧化，是还原剂；氧气被还原，是氧化剂。

(b) Fe 被氧化，是还原剂；Cl_2 被还原，是氧化剂。

(c) Zn 被氧化，是还原剂；Fe^{2+}被还原，是氧化剂。

> ▶ **技能训练 16.2**
> 指出每个反应中的氧化剂和还原剂。
> (a) $2\,K(s)+Cl_2(g)\longrightarrow 2\,Kcl(s)$。
> (b) $2\,Al(s)+3\,Sn^{2+}(aq)\longrightarrow 2\,Al^{3+}(aq)+3\,Sn(s)$。
> (c) $C(s)+O_2(g)\longrightarrow CO_2(s)$。

概念检查站 16.1

氧化剂：
(a) 总是被氧化。
(b) 总是被还原。
(c) 根据反应的不同，可以被氧化或还原。

16.3 氧化态

▶ 指定氧化态。
▶ 用氧化态来识别氧化和还原。

对于许多氧化还原反应，如那些涉及氧或其他电负性高的元素的反应，我们可以很容易地识别被氧化和被还原的物质。对于其他的氧化还原反应，识别则比较困难。

例如，思考碳和硫之间的氧化还原反应：
$$C+2\,S\longrightarrow CS_2$$

这里氧化了什么？还原了什么？为便于识别氧化和还原，化学家设计了一种方案来跟踪电子及其在化学反应中的位置。在这种方案中，就像电子记账一样，我们将所有共享的电子分配给电负性最高的元素。然后，我们根据分配给每种元素的电子数，为每种元素计算一个数（称为氧化态或氧化数）。

不要混淆氧化态和离子电荷。一种物质不一定非得是离子才能有指定的氧化态。

刚才描述的过程在实践中有点烦琐。但是，我们可以用一系列的规则来小结其主要结果。确定氧化态最简单的方法就是遵循这些规则。

这些规则是分级的。如果任何两个规则发生冲突，请遵循列表中较高的规则。

氧化态		
非金属	平衡浓度	例子
氟	−1	MgF_2 −1 氧化态
氢	+1	H_2O +1 氧化态
氧化态	−2	CO_2 −2 氧化态
7A 族	−1	CCl_4 −1 氧化态
6A 族	−2	H_2S −2 氧化态
5A 族	−3	NH_3 −3 氧化态

氧化态分配规则	例 子
1. 自由元素中原子的氧化态是 0	Cu Cl_2 0 氧化态 0 氧化态
2. 单原子离子的氧化态等于它的电荷量	Ca^{2+} Cl^- +2 氧化态 −1 氧化态
3. 所有原子氧化态的总和： • 中性分子或分子式单位为 0 • 离子的等于这个离子的电荷	H_2O 2（H 氧化态）+ 1（O 氧化态）= 0 NO_3^- 1（N 氧化态）+ 3（O 氧化态）= −1
4. 在它们的化合物中， • I 族金属的氧化态为+1 • II 族金属的氧化态为+2	NaCl +1 氧化态 CaF_2 +2 氧化态
5. 在它们的化合物中，根据左图所示的层次表分配非金属的氧化态，表上部的项优先于表下部的项	

例题 16.3　氧化态分配

赋予每种物质的每个原子一个氧化态。
(a) Br_2；(b) K^+；(c) LiF；(d) CO_2；(e) SO_4^{2-}；(f) Na_2O_2。

Br_2 是自由元素，所以两个 Br 原子的氧化态都是 0（规则 1）。	解 (a) Br_2 　　Br　Br 　　0　　0
K^+ 是单原子离子，所以 K^+ 的氧化态是+1（规则 2）。	(b) K^+ 　　K^+ 　　+1
Li 的氧化态是+1（规则 4），F 的氧化态是−1（规则 5）。这是一种中性化合物，所以氧化态之和是 0（规则 3）。	(c) LiF 　　Li　F 　　+1　−1　　总和：+1 −1 = 0
氧的氧化态是−2（规则 5）。从规则 3 推出碳的氧化态，规则 3 说所有原子的氧化态之和必须是 0。因为有两个氧原子，所以可以用氧的氧化态乘以 2 来计算总和。	(d) CO_2 　　(C 氧化态) + 2(O 氧化态) = 0 　　(C 氧化态) + 2(−2) = 0 　　(C 氧化态) − 4 = 0 　　C　O_2 　+4　−2 　　总和：+4 + 2(−2) = 0

氧的氧化态是-2（规则 5）。S 的氧化态预计是-2（规则 5）。然而，如果是这样，氧化态的总和不等于离子的电荷。由于 O 在列表上的位置更高，它具有优先权，可以通过将所有氧化态的总和设为-2（离子的电荷）来计算硫的氧化态。	(e) SO_4^{2-} (S 氧化态) + 4(O 氧化态) = -2 (S 氧化态) + 4(-2) = -2 （氧优先于硫） (S 氧化态) $- 8 = -2$ S 氧化态 $= -2 + 8$ S 氧化态 $= +6$ $S \quad O_4^{2-}$ $+6 \quad -2$ 总和：$+6 + 4(-2) = -2$
钠的氧化态是+1（规则 4）。氧的氧化态预计是-2（规则 5）。然而，Na 优先计算，可以将所有氧化态的和设为 0 来推导氧的氧化态。	(f) Na_2O_2 2(Na 氧化态) + 2(O 氧化态) = 0 2(+1) + 2(O 氧化态) = 0 （钠优先于氧） +2 + 2(O 氧化态) = 0 O 氧化态 $= -1$ $Na_2 \quad O_2$ $+1 \quad -1$ 总和：$2(+1) + 2(-1) = 0$

▶ 技能训练 16.3

赋予每种物质的每个原子一个氧化态。

(a) Zn；(b) Cu^{2+}；(c) $CaCl_2$；(d) CF_4；(e) NO_2^-；(f) SO_3。

每日化学

头发的漂白

在大多数校园里，学生染头发很常见。许多学生使用药房和超市提供的家庭漂白工具对自己的头发进行漂白。这些工具通常包含过氧化氢（H_2O_2），这是一种出色的氧化剂。当应用于头发时，过氧化氢会氧化黑色素而赋予头发颜色。黑色素一旦被氧化，就不再赋予头发深色，而使头发具有熟悉的漂白外观。

过氧化氢还可以氧化头发的其他成分。例如，头发中的蛋白质分子包含称为硫醇的 SH 基团，硫醇通常很滑（它们相互滑动）。过氧化氢将这些硫醇基团氧化为磺酸基团（-SO_3H）。磺酸基团更黏，使头发更容易缠结。因此，头发严重漂白的人经常使用护发素。护发素中的化合物会在发干上形成薄而润滑的涂层，防止缠结，使头发更柔软、更易于处理。

B16.1 你能回答吗？赋予 H_2O_2 原子的氧化态。当 H_2O_2 氧化头发时，你认为 H_2O_2 中的哪个原子会改变氧化态？

▲ 双氧水是一种很好的氧化剂，可以漂白头发

现在让我们回到最初的问题。在接下来的反应中，什么被氧化了？什么被还原了？

$$C + 2\,S \longrightarrow CS_2$$

我们使用氧化态规则将方程两边的所有元素的氧化态赋值为

$$\underset{0}{C} + 2\,\underset{0}{S} \longrightarrow \underset{+4\ -2}{CS_2}$$

碳的氧化态从 0 变为 +4。根据我们的电子记帐方案（指定的氧化态），碳失去电子而被氧化，硫的氧化态由 0 变为 -2，硫获得电子并被还原：

$$\underset{0}{C} + 2\,\underset{0}{S} \longrightarrow \underset{+4\ -2}{CS_2}$$

还原 ↑
氧化 ↑

根据氧化态，我们将氧化和还原定义如下：

氧化—氧化态的增加。

还原—氧化态的降低。

例题 16.4　使用氧化态识别氧化和还原

用氧化态来确定如下氧化还原反应中被氧化的元素和被还原的元素。

$$Ca(s) + 2\,H_2O(l) \longrightarrow Ca(OH)_2(aq) + H_2(g)$$

已知反应中每个原子的氧化态。Ca 的氧化态增加，这是氧化。H 的氧化态降低，这是还原（注意。氧在方程式两边的氧化态是相同的，因此既未被氧化又未被还原）。

解

氧化态

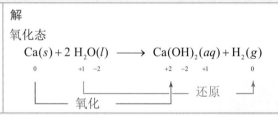

$$\underset{0}{Ca(s)} + 2\,\underset{+1\ -2}{H_2O(l)} \longrightarrow \underset{+2\ -2\ +1}{Ca(OH)_2(aq)} + \underset{0}{H_2(g)}$$

氧化 —— 还原

▶ **技能训练 16.4**

用氧化态来确定如下氧化还原反应中被氧化的元素和被还原的元素。

$$SN(s) + 4\,HNO_3(aq) \longrightarrow SnO_2(s) + 4\,NO_2(g) + 2\,H_2O(g)$$

概念检查站 16.2

氮在如下哪种物质中的氧化态最低？

(a) N_2；(b) NO；(c) NO_2；(d) NH_3。

16.4　平衡氧化还原方程

▶ 平衡氧化还原反应。

　　第 7 章中介绍了如何通过检验来配平化学方程。我们可用这种方法平衡一些氧化还原反应。然而，在水溶液中发生的氧化还原反应通常很难通过检验来平衡，而需要一种特殊的过程，称为半反应平衡法。在这个过程中，我们将整个方程分解为两个半反应：一个是氧化反应，另一个是还原反应。我们首先分别平衡半反应，然后把它们加在一起。

　　例如，考虑氧化还原反应：

$$Al(s) + Ag^+(aq) \longrightarrow Al^{3+}(aq) + Ag(s)$$

我们给所有原子分配氧化态，以确定什么被氧化、什么被还原：

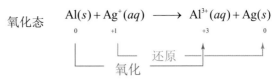

氧化态

$$Al(s) + Ag^+(aq) \longrightarrow Al^{3+}(aq) + Ag(s)$$

然后把这个反应分成两个半反应，一个是氧化反应，另一个是还原反应：

氧化：$Al(s) \longrightarrow Al^{3+}(aq)$

还原：$Ag^+(aq) \longrightarrow Ag(s)$

接下来分别平衡两个半反应。这时半反应在质量上已达到平衡，即每个半反应两侧的每种原子数相同。但是，在氧化半反应中，方程的电荷并不平衡，左侧有 0 个电荷，右侧有+3 个电荷；在还原半反应中，左侧有+1 个电荷，右侧有 0 个电荷。下面加入适当数量的电子使两侧的电荷相等，以分别平衡每个半反应的电荷：

$$Al(s) \longrightarrow Al^{3+}(aq) + 3e^-$$ （两侧电荷为零）

$$1e^- + Ag^+(aq) \longrightarrow Ag(s)$$ （两侧电荷为零）

由于这些半反应必须同时发生，氧化半反应中失去的电子数必须等于还原半反应中获得的电子数。通过将一个或两个半反应乘以适当的整数，以平衡失去的电子和获得的电子，使它们相等。在这种情况下，我们将还原半反应乘以 3：

$$Al(s) \longrightarrow Al^{3+}(aq) + 3e^-$$

$$3 \times [1e^- + Ag^+(aq) \longrightarrow Ag(s)]$$

然后将这些半反应加在一起，必要时抵消电子和其他物质：

$$Al(s) \longrightarrow Al^{3+}(aq) + 3e^-$$

$$\underline{3e^- + 3\,Ag^+(aq) \longrightarrow 3\,Ag(s)}$$

$$Al(s) + 3\,Ag^+(aq) \longrightarrow Al^{3+}(aq) + 3\,Ag(s)$$

反应物	产　物
1 Al	1 Al
3 Ag	3 Ag
+3 个电荷	+3 个电荷

最后，验证方程的质量和电荷是平衡的，如图所示。注意，电荷不需要在方程两边都为零，只需要在方程两边相等，方程就到了平衡。

下面的例子演示了平衡氧化还原反应的一般过程。因为水溶液通常是酸性的或碱性的，这一过程必须考虑到 H^+ 离子或 OH^- 离子的存在。我们将在例题 16.5 到例题 16.7 中介绍酸性溶液，并在例题 16.8 中演示如何在碱性溶液中平衡氧化还原反应。

用半反应法配平氧化还原方程	例题 **16.5**	例题 **16.6**
	平衡氧化还原反应。	平衡氧化还原反应。
1. 确定所有原子的氧化态，以并确定被氧化和还原的物质。	**解** $Al(s) + Cu^{2+}(aq) \longrightarrow$ $Al^{3+}(aq) + Cu(s)$	**解** $Fe^{2+}(aq) + MnO_4^-(aq) \longrightarrow$ $Fe^{3+}(aq) + Mn^{2+}(aq)$

2. 把整个反应分成两个半反应,一个是氧化反应,另一个是还原反应。	氧化　$Al(s) \longrightarrow Al^{3+}(aq)$ 还原　$Cu^{2+}(aq) \longrightarrow Cu(s)$	氧化　$Fe^{2+}(aq) \longrightarrow Fe^{3+}(aq)$ 还原　$MnO_4^-(aq) \longrightarrow Mn^{2+}(aq)$
3. 按以下顺序平衡各半反应的质量: • 平衡除 H 和 O 之外的所有元素。 • 通过添加 H_2O 来平衡 O。 • 通过添加 H^+ 来平衡 H。	除了氢和氧,所有的元素都是平衡的,所以可以进行下一步。 没有氧;执行下一步操作。 没有氢;执行下一步操作。	除了氢和氧,所有的元素都是平衡的,所以可以进行下一步。 $Fe^{2+}(aq) \longrightarrow Fe^{3+}(aq)$ $MnO_4^-(aq) \longrightarrow Mn^{2+}(aq) + 4H_2O(l)$ $Fe^{2+}(aq) \longrightarrow Fe^{3+}(aq)$ $8\,H^+(aq) + MnO_4^-(aq) \longrightarrow$ $\qquad Mn^{2+}(aq) + 4H_2O(l)$
4. 通过在氧化半反应的右侧和还原半反应的左侧添加电子来平衡每个半反应与电荷的关系（方程两边电荷之和应相等）。	$Al(s) \longrightarrow Al^{3+}(aq) + 3e^-$ $2e^- + Cu^{2+}(aq) \longrightarrow Cu(s)$	$Fe^{2+}(aq) \longrightarrow Fe^{3+}(aq) + 1e^-$ $5e^- + 8\,H^+(aq) + MnO_4^-(aq) \longrightarrow$ $\qquad Mn^{2+}(aq) + 4H_2O(l)$
5. 用一个或两个半反应乘以一个小整数,使两个半反应中的电子数相等。	$2\times[Al(s) \longrightarrow Al^{3+}(aq) + 3e^-]$ $3\times[2e^- + Cu^{2+}(aq) \longrightarrow Cu(s)]$	$5\times[Fe^{2+}(aq) \longrightarrow Fe^{3+}(aq) + 1e^-]$ $5e^- \times 8\,H^+(aq) + MnO_4^-(aq) \longrightarrow$ $\qquad Mn^{2+}(aq) + 4\,H_2O(l)$
6. 把两个半反应加在一起,必要时抵消电子和其他物质。	$2\,Al(s) \longrightarrow 2\,Al^{3+}(aq) + 6e^-$ $6e^- + 3\,Cu^{2+}(aq) \longrightarrow 3\,Cu(s)$ ───────────────── $2\,Al(s) + 3\,Cu^{2+}(aq) \longrightarrow$ $\qquad 2\,Al^{3+}(aq) + 3\,Cu(s)$	$5\,Fe^{2+}(aq) \longrightarrow 5\,Fe^{3+}(aq) + 5e^-$ $5e^- + 8\,H^+(aq) + MnO_4^-(aq) \longrightarrow$ $\qquad Mn^{2+}(aq) + 4\,H_2O(l)$ ───────────────── $5\,Fe^{2+}(aq) + 8\,H^+(aq) + MnO_4^-(aq)$ $\longrightarrow 5\,Fe^{3+}(aq) + Mn^{2+}(aq) + 4\,H_2O(l)$
7. 证明这个反应在质量和电荷上是平衡的。	<table><tr><th>反应物</th><th>产　物</th></tr><tr><td>2 Al</td><td>2 Al</td></tr><tr><td>3 Cu</td><td>3 Cu</td></tr><tr><td>+6 个电荷</td><td>+6 个电荷</td></tr></table>	<table><tr><th>反应物</th><th>产　物</th></tr><tr><td>5 Fe</td><td>5 Fe</td></tr><tr><td>8 H</td><td>8 H</td></tr><tr><td>1 Mn</td><td>1 Mn</td></tr><tr><td>4 O</td><td>4 O</td></tr><tr><td>+17 个电荷</td><td>+17 个电荷</td></tr></table>

▶ 技能训练 16.5

平衡酸性溶液中发生的氧化还原反应。

$$H^+(aq) + Cr(s) \longrightarrow H_2(g) + Cr^{3+}(aq)$$

▶ 技能训练 16.6

平衡酸性溶液中发生的氧化还原反应。

$$Cu(s) + NO_3^-(aq) \longrightarrow Cu^{2+}(aq) + NO_2(g)$$

例题 16.7 平衡氧化还原反应

平衡以下发生在酸性溶液中的氧化还原反应。

$$I^-(aq) + Cr_2O_7^{2-}(aq) \longrightarrow Cr^{3+}(aq) + I_2(s)$$

1. 采用半反应法平衡氧化还原反应，从氧化态开始。	解 $$I^-(aq) + Cr_2O_7^{2-}(aq) \longrightarrow Cr^{3+}(aq) + I_2(s)$$ -1 　　$+6$ -2 　　　　$+3$ 　　0 └──────── 还原 ──────↑ └───────── 氧化 ─────────↑
2. 把整个反应分成两个半反应。	氧化　$I^-(aq) \longrightarrow I_2(s)$ 还原　$Cr_2O_7^{2-}(aq) \longrightarrow Cr^{3+}(aq)$
3. 平衡每个半反应与质量的关系。 • 平衡除 H 和 O 外的所有元素。 • 通过添加 H_2O 来平衡 O。 • 通过添加 H+ 来平衡 H。	$2\,I^-(aq) \longrightarrow I_2(aq)$ $Cr_2O_7^{2-}(aq) \longrightarrow 2\,Cr^{3+}(s)$ $2\,I^-(aq) \longrightarrow I_2(s)$ $Cr_2O_7^{2-}(aq) \longrightarrow 2\,Cr^{3+}(aq) + 7\,H_2O(l)$ $2\,I^-(aq) \longrightarrow I_2(s)$ $14\,H^+(aq) + Cr_2O_7^{2-}(aq) \longrightarrow 2\,Cr^{3+}(aq) + 7\,H_2O(l)$
4. 用电荷平衡每个半反应。	$2\,I^-(aq) \longrightarrow I_2(s) + 2\,e^-$ $6\,e^- + 14\,H^+(aq) + Cr_2O_7^{2-}(aq) \longrightarrow 2\,Cr^{3+}(aq) + 7\,H_2O(l)$
5. 使两个半反应中的电子数相等。	$3\times[2\,I^-(aq) \longrightarrow I_2(s) + 2\,e^-]$ $6\,e^- + 14\,H^+(aq) + Cr_2O_7^{2-}(aq) \longrightarrow 2\,Cr^{3+}(aq) + 7\,H_2O(l)$
6. 把这些半反应加起来。	$6\,I^-(aq) \longrightarrow 3\,I_2(s) + 6e^-$ $6e^- + 14\,H^+(aq) + Cr_2O_7^{2-}(aq) \longrightarrow 2\,Cr^{3+}(aq) + 7\,H_2O(l)$ ──────────────────────────────── $6\,I^-(aq) + 14\,H^+(aq) + Cr_2O_7^{2-}(aq) \longrightarrow 3\,I_2(s) + 2\,Cr^{3+}(aq) + 7\,H_2O(l)$
7. 验证反应是平衡的。	<table><tr><td>反应物</td><td>产　物</td></tr><tr><td>6 I</td><td>6 I</td></tr><tr><td>14 H</td><td>14 H</td></tr><tr><td>2 Cr</td><td>2 Cr</td></tr><tr><td>7 O</td><td>7 O</td></tr><tr><td>+6 个电荷</td><td>+6 个电荷</td></tr></table>

▶ 技能训练 16.7

平衡发生在酸性溶液中的氧化还原反应。

$$Sn(s) + MnO_4^-(aq) \longrightarrow Sn^{2+}(aq) + Mn^{2+}(aq)$$

当氧化还原反应在碱性溶液中发生时，我们遵循相同的一般步骤，只加一个步骤：用 OH^- 中和 H^+。如例题 16.8 所示，H^+ 和 OH^- 结合形成水。

例题 16.8　平衡碱性溶液中的氧化还原反应

平衡碱性溶液中的氧化还原反应。

$$Cn^-(aq) + MnO_4^-(aq) \longrightarrow CNO^-(aq) + MnO_2(s)$$

1. 采用半反应法平衡氧化还原反应，从氧化态开始。	**解** $Cn^-(aq) + MnO_4^-(aq) \longrightarrow CNO^-(aq) + MnO_2(s)$ 氧化态：+2 −3 ; +7 −2 ; +4 −3 −2 ; +4 −2 还原（MnO₄ → MnO₂），氧化（Cn → CNO）
2. 把整个反应分成两个半反应。	氧化　$Cn^-(aq) \longrightarrow CNO^-(aq)$ 还原　$MnO_4^-(aq) \longrightarrow MnO_2(s)$
3. 平衡每个半反应与质量的关系。 • 平衡除 H 和 O 外的所有元素。 • 通过添加 H_2O 来平衡 O。 • 通过添加 H^+ 来平衡 H。 • 通过添加 OH^- 来中和 H^+。方程两边各加相同数量的 OH^- 以保持质量平衡。 • 抵消半反应两边的任何水分子。	$CN^-(aq) + H_2O(l) \longrightarrow CNO^-(aq)$ $MnO_4^-(aq) \longrightarrow MnO_2(s) + 2\,H_2O(l)$ $CN^-(aq) + H_2O(l) \longrightarrow CNO^-(aq) + 2\,H^+(aq)$ $MnO_4^-(aq) + 4\,H^+(aq) \longrightarrow MnO_2(s) + 2H_2O(l)$ $CN^-(aq) + H_2O(l) + 2\,OH^-(aq) \longrightarrow CNO^-(aq) + \underbrace{2\,H^+(aq) + 2\,OH^-(aq)}_{2\,H_2O(l)}$ $MnO_4^-(aq) + \underbrace{4H^+(aq) + 4\,OH^-(aq)}_{4\,OH_2O(l)} \longrightarrow MnO_2(s) + 2\,H_2O(l) + 4\,OH^-(aq)$ $CN^-(aq) + H_2O(l) + 2\,OH^-(aq) \longrightarrow CNO^-(aq) + 2\,H_2O(l)$ $MnO_4^-(aq) + 2\,4\,H_2O(l) \longrightarrow MnO_2(s) + 2\,H_2O(l) + 4\,OH^-(aq)$
4. 用电荷平衡每个半反应。	$CN^-(aq) + 2\,OH^-(aq) \longrightarrow CNO^-(aq) + H_2O(l) + 2\,e^-$ $3\,e^- + MnO_4^-(aq) + 2\,H_2O(l) \longrightarrow MnO_2(s) + 4\,OH^-(aq)$
5. 使两个半反应中的电子数相等。	$3 \times [CN^-(aq)\,2\,OH^-(aq) \longrightarrow CNO^-(aq) + H_2O + 2\,e^-]$ $2 \times [3\,e^- + MnO_4^-(aq) + 2\,H_2O(l)(aq) \longrightarrow MnO_2(s) + 4\,OH^-(aq)]$
6. 将两个半反应相加，然后消去。	$3\,CN^-(aq) + 6\,OH^-(aq) \longrightarrow 3\,CNO^-(aq) + 3\,H_2O(l) + 6e^-$ $6e^- + 2MnO_4^-(aq) + 4\,H_2O(l) \longrightarrow 2\,MnO_2(s) + 2\,8\,OH^-(aq)$ $\overline{3\,CN^-(aq) + 2\,MnO_4^-(aq) + H_2O(l) \longrightarrow 3\,CNO^-(aq) + 2\,MnO_2(s) + 2\,OH^-(aq)}$
7. 验证反应是平衡的。	<table><tr><td>反应物</td><td>产　物</td></tr><tr><td>3 C</td><td>3 C</td></tr><tr><td>3 N</td><td>3 N</td></tr><tr><td>2 Mn</td><td>2 Mn</td></tr><tr><td>9 O</td><td>9 O</td></tr><tr><td>2 H</td><td>2H</td></tr><tr><td>−5 个电荷</td><td>−5 个电荷</td></tr></table>

▶ 技能训练 16.8

平衡碱性溶液中的氧化还原反应。

$$H_2O_2(aq) + ClO_2(aq) \longrightarrow ClO_2^-(aq) + O_2(g)$$

环境化学

光合作用和呼吸作用

所有的生物都需要能量，而大部分的能量来自太阳。太阳能以电磁辐射的形式到达地球（见第 9 章），这种辐射使得地球保持温度，使生命茁壮地成长。然而，构成可见光的波长在维持生命方面还有另外一个非常重要的作用。植物捕捉这种光并利用它制造富含能量的有机分子，如碳水化合物（这些化合物将在第 19 章中详细讨论）。动物通过吃植物或吃其他动物来获取能量。所以归根结底，生命的所有能量都来自阳光。

但是，从化学角度来讲，这些能量是如何被捕获，从一个生物体转移到另一个生物体并被加以利用的呢？这些过程中的关键反应都涉及氧化和还原。

大多数生物都通过一种称为呼吸作用的过程来使用化学能。在呼吸作用中，以葡萄糖为代表的高能量分子在一种反应中"燃烧"，我们总结如下：

$$C_6H_{12}O_6 + 6 O_2 \longrightarrow 6 H_2O + 6 CO_2 + 能量$$
葡萄糖　氧气　　　水　二氧化碳

我们很容易看出呼吸作用是一种氧化还原反应。在最简单的层面上，很明显葡萄糖中的一些原子获得了氧。更准确地说，我们可以用这些规则来指定氧化态，以说明葡萄糖中碳的氧化态从 0 氧化到二氧化碳中的氧化态+4。

呼吸作用也是一种放热反应（释放能量）。如果在试管中燃烧葡萄糖，能量就会以热量的形式损失。生物已经设计出了各种方法来捕获释放的能量，并利用这些能量来为它们的生命过程提供动力，如运动、生长和合成其他维持生命的分子。

呼吸作用是一个大循环的一半；另一半是光合作用。光合作用是指绿色植物通过一系列的反应获取阳光的能量，并将其作为化学能存储在化合物中，如葡萄糖。我们将光合作用总结如下：

$$6 CO_2 + 6 H_2O + 能量（阳光）\longrightarrow$$
二氧化碳　水
$$C_6H_{12}O_6 + 6 O_2$$
葡萄糖　氧气

这种反应（与呼吸完全相反）是在呼吸作用中被氧化的分子的最终来源。就像呼吸作用的关键过程是碳的氧化一样，光合作用的关键过程是碳的还原。这种还原是由太阳能驱动的，太阳能存储在产生的葡萄糖分子中。生物在循环的一半即呼吸过程中"燃烧"葡萄糖，从而获得能量。

因此，氧化和还原反应是地球上所有生命的核心。

B16.2 你能回答吗？二氧化碳、水和氧气中的氧原子的氧化态是什么？关于光合作用和呼吸作用的反应，这些信息告诉你什么？

▲ 植物在光合作用中捕获的阳光是地球上几乎所有生物的化学能的最终来源

16.5 金属活性顺序

▶ 预测自发氧化还原反应。
▶ 预测一种金属是否溶于酸。

正前所述，氧化还原反应依赖于一种物质获得电子而另一种物质失去电子。有没有办法预测某种氧化还原反应是否自发地发生？假设我们知道物质 A 比物质 B 具有更大的失去电子的倾向（A 比 B 更容易被氧化）。然后，我们可以预测，如果将 A 与 B 的阳离子混合，那么会发生氧化还原反应，其中 A 失去的电子（A 被氧化）为 B 的阳离子（B 阳离子被还原）。

例如，Mg 比 Cu 更容易失去电子。因此，如果将固体 Mg 放入含有 Cu^{2+} 离子的溶液中，那么 Mg 被氧化，而 Cu^{2+} 被还原：

$$Mg(s)+Cu^{2+}(aq)\longrightarrow Mg^{2+}(aq)+Cu(s)$$

我们可观察到蓝色（Cu^{2+} 离子在溶液中的颜色）的消失、固体镁的溶解和固体铜在剩余镁表面上生长的现象（▼图 16.5）。这个反应是自发的，即当 Mg(s) 和 $Cu^{2+}(aq)$ 接触时，它自发地发生。

▶ 图 16.6 Mg^{2+} 不氧化铜。将固体铜放入含有 Mg^{2+} 离子的溶液中时，无反应发生。为什么？

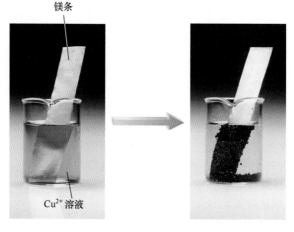

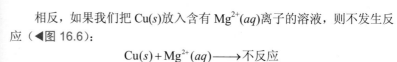

$$Mg(s)+Cu^{2+}(aq)\longrightarrow Mg^{2+}(aq)+Cu(s)$$

▲ 图 16.5 Cu^{2+} 与氧化镁。当我们将镁条放到 Cu^{2+} 溶液中时，镁被氧化为 Mg^{2+}，而铜（II）离子被还原为 Cu(s)。注意溶液中蓝色的褪去（由于 Cu^{2+} 离子）和镁带上固体铜的外观

相反，如果我们把 Cu(s) 放入含有 $Mg^{2+}(aq)$ 离子的溶液，则不发生反应（◀图 16.6）：

$$Cu(s)+Mg^{2+}(aq)\longrightarrow 不反应$$

如前所述，无反应发生是因为 Mg 原子比 Cu 原子更容易失去电子；因此，Cu 原子不会失去电子给 Mg^{2+} 离子。

16.5.1 金属活性顺序

表 16.1 中给出了金属的活性顺序，表中按失去电子的递减趋势列出了金属的活性顺序。排在列表顶端的金属失去电子的趋势最大（最易被氧化），因此也最活泼。排列表底部的金属失去电子的倾向最低（最难氧化），因此是最不活泼的。用来制作珠宝的金属，如银和金，在序列中几

▲ 黄金的活性很低。因为它很难被氧化，所以能够抵抗活性更高金属所经历的变色和腐蚀

乎是垫底的，这并非巧合。它们是最不活泼的金属之一，因此不容易形成化合物。相反，它们倾向于以纯银和纯金的形式存在，而不是被环境中的元素（如氧气）氧化成银和金的阳离子。

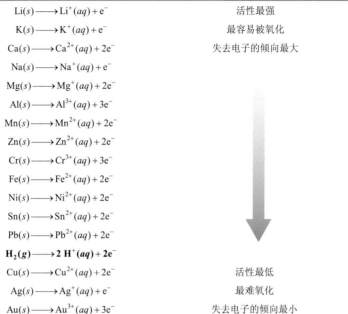

表 16.1　金属的活性顺序	
$Li(s) \longrightarrow Li^+(aq) + e^-$	活性最强
$K(s) \longrightarrow K^+(aq) + e^-$	最容易被氧化
$Ca(s) \longrightarrow Ca^{2+}(aq) + 2e^-$	失去电子的倾向最大
$Na(s) \longrightarrow Na^+(aq) + e^-$	
$Mg(s) \longrightarrow Mg^+(aq) + 2e^-$	
$Al(s) \longrightarrow Al^{3+}(aq) + 3e^-$	
$Mn(s) \longrightarrow Mn^{2+}(aq) + 2e^-$	
$Zn(s) \longrightarrow Zn^{2+}(aq) + 2e^-$	
$Cr(s) \longrightarrow Cr^{3+}(aq) + 3e^-$	
$Fe(s) \longrightarrow Fe^{2+}(aq) + 2e^-$	
$Ni(s) \longrightarrow Ni^{2+}(aq) + 2e^-$	
$Sn(s) \longrightarrow Sn^{2+}(aq) + 2e^-$	
$Pb(s) \longrightarrow Pb^{2+}(aq) + 2e^-$	
$\mathbf{H_2(g) \longrightarrow 2\,H^+(aq) + 2e^-}$	
$Cu(s) \longrightarrow Cu^{2+}(aq) + 2e^-$	活性最低
$Ag(s) \longrightarrow Ag^+(aq) + e^-$	最难氧化
$Au(s) \longrightarrow Au^{3+}(aq) + 3e^-$	失去电子的倾向最小

表 16.1 中以粗体显示了 H_2，因为它是表中唯一的非金属，也是活性顺序中常见的参考点。

活性顺序中的每个反应都是一个氧化半反应。顶部的半反应最可能发生在正向，在底部的半反应最可能发生在反向。因此，如果将列表顶端的半反应和列表底部的半反应的反面配对，就能得到一个自发反应。更具体地说，列表上的任何半反应都是自发的，与列表上低于它的任何半反应相反。

例如，考虑两个半反应：

$$Mn(s) \longrightarrow Mn^{2+}(aq) + 2e^-$$
$$Ni(s) \longrightarrow Ni_2 + (aq) + 2e^-$$

当 Ni^{2+} 还原时，Mn 的氧化是自发的：

$$Mn(s) \longrightarrow Mn^{2+}(aq) + 2\,e^-$$
$$\underline{Ni^{2+}(aq) + 2\,e^- \longrightarrow Mn^{2+}(aq) + 2\,e^-}$$
$$Mn(s) + Ni^{2+}(aq) \longrightarrow Mn^{2+}(aq) + Ni(s) \quad （自发反应）$$

相反，如果将列表中的半反应与上面的半反应相反配对，就不发生反应：

$$Mn(s) \longrightarrow Mn^{2+}(aq) + 2\,e^-$$
$$\underline{Mg^{2+}(aq) + 2\,e^- \longrightarrow Mg(s)}$$
$$Mn(s) + Mg^{2+}(aq) \longrightarrow 不反应$$

没有反应发生，因为 Mg 比 Mn 更容易被氧化。因为它在反应中已经被氧化了，所以没有别的反应发生。

确定如下氧化还原反应是否是自发的。

(a) $Fe(s) + Mg^{2+}(aq) \longrightarrow Fe^{2+}(aq) + Mg(s)$

(b) $Fe(s) + Pb^{2+}(aq) \longrightarrow Fe^{2+}(aq) + Pb(s)$

解

(a) $Fe(s) + Mg^{2+}(aq) \longrightarrow Fe^{2+}(aq) + Mg(s)$

这个反应涉及 Fe 的氧化：

$$Fe(s) \longrightarrow Fe^{2+}(aq) + 2\ e^-$$

与上面的活性顺序中的半反应相反：

$$Mg^{2+}(aq) + 2\ e^- \longrightarrow Mg(s)$$

因此，反应不是自发的。

(b) $Fe(s) + Pb^{2+}(aq) \longrightarrow Fe^{2+}(aq) + Pb(s)$

这个反应涉及 Fe 的氧化：

$$Fe(s) \longrightarrow Fe^{2+}(aq) + 2\ e^-$$

在活性顺序中，它下面有一个与半反应方向相反的反应：

$$Pb^{2+}(aq) + 2\ e^- \longrightarrow Pb(s)$$

因此，反应是自发的。

▶ **技能训练 16.9**

确定如下氧化还原反应是否是自发的。

(a) $Zn(s) + Ni^{2+}(aq) \longrightarrow Zn^{2+}(aq) + Ni(s)$

(b) $Zn(s) + Ca^{2+}(aq) \longrightarrow Zn^{2+}(aq) + Ca(s)$

概念检查站 16.3

以下哪种金属最容易被氧化？
(a) Na；(b) Cr；(c) Au。

16.5.2　预测金属是否会在酸中溶解

第 14 章说过酸能溶解金属。大多数酸溶解金属是通过将 H^+ 离子还原成氢气及将相应的金属氧化成离子实现的。例如，如果将固体锌放到盐酸中，就会发生以下反应：

$$Zn(s) \longrightarrow Zn^{2+}(aq) + 2\ e^-$$
$$\underline{2\ H^+(aq) + 2\ e^- \longrightarrow H_2(g)}$$
$$Zn(s) + 2\ H^+(aq) \longrightarrow Zn^{2+}(aq) + H_2(g)$$

我们能观察到锌的溶解和氢气的冒泡现象（◀图 16.7）。锌被氧化，H^+ 离子被还原，溶解了锌。注意，这个反应涉及锌的氧化半反应与活性顺序上低于锌的半反应（H^+ 的还原）的反向配对。因此，这个反应是自发的。

相反，如果将 Cu 的氧化和 H^+ 的还原配对，会发生什么？这个反应不是自发的，因为它涉及铜的氧化与排在其前面的活性顺序的半反应的反向配对。因此，铜不与 H^+ 反应，也不溶于酸，如 HCl。一般来说，活性顺序上高于 H_2 的金属溶于酸，低于 H_2 的金属不溶于酸。

$Zn(s) + 2\ H^+(aq) \longrightarrow$

$Zn^{2+}(aq) + H^2(g)$

▲ 图 16.7　锌在盐酸中溶解。金属锌被氧化成 Zn^{2+} 离子，H^+ 离子被还原成氢气

这一规律的一个重要例外是硝酸（HNO_3），它通过不同的还原半反应溶解了活性顺序中 H_2 以下的一些金属。

例题 16.10　预测金属是否会在酸中溶解

铬能溶解于盐酸吗？

解

是的。由于 Cr 在活性顺序中高于 H_2，所以溶解于 HCl。

▶ **技能训练 16.10**

银能溶解于氢溴酸吗？

概念检查站 16.4

有人认为，罗马帝国衰落的一个原因是普遍存在的慢性中毒。可疑来源是常用于存储和供应酸性物质（如葡萄酒）的容器中的一种金属。你认为哪种金属会造成这样的危险？

(a) 银；(b) 金；(c) 铅；(d) 铜。

16.6　化学电池

▶ 描述电池的功能。

▶ 比较各种电池。

▲ 图 16.8　电流。电流是电荷的流动。图中的电子通过导线流动

16.1 节讨论的燃料电池是一种电化学电池。

盐桥构成完整的电路，它允许离子在两个半电池之间流动。

电流是电荷的流动（◀图 16.8）。电子流过导线或离子流过溶液都是电流的例子。由于氧化还原反应涉及电子从一种物质到另一种物质的转移，因此它们可以产生电流。

例如，思考如下的自发氧化还原反应：

$$Zn(s) + Cu^{2+}(aq) \longrightarrow Zn^{2+}(aq) + Cu(g)$$

当我们将金属 Zn 放到 Cu^{2+} 溶液中时，Zn 被氧化，Cu^{2+} 被还原，电子直接从 Zn 转移到 Cu^{2+}。假设我们分离反应物，迫使电子通过一根导线从 Zn 游动到 Cu^{2+}。流动的电子构成电流，可用来做功。这一过程通常在电化学电池中进行，电化学电池是一种通过自发氧化还原反应（或利用电流驱动非自发氧化还原反应）产生电流的装置。通过自发反应产生电流的电化学电池是伏打电池或原电池。

思考▼图 16.9 中的光伏电池。在这块电池中，固体 Zn 带被放到 $Zn(NO_3)_2$ 溶液中形成一个半电池。同样，固体 Cu 带被放到 $Cu(NO_3)_2$ 溶液中形成第二个半电池。两个半电池用一根导线从锌通过灯泡或其他电气设备连接到铜。Zn 氧化的自发趋势和 Cu^{2+} 还原的自发趋势使电子流过金属丝。流动的电子构成了照亮灯泡的电流。

在电池中，发生氧化的金属带是负极，用负号（−）标记。发生还原的金属带是正极，用（+）符号标记。电子从负极流向正极。

当电子从负极流出时，在氧化半电池中形成正离子（前面的示例中形成 Zn^{2+}）。当电子流入正极时，正离子作为电荷中性原子沉积在还原半电池上［前面的示例中 Cu^{2+} 沉淀为 Cu(s)］。然而，如果这是唯一的电荷流动，那么这种流动很快就会停止，因为正电荷在负极积累，负电荷在正极积累。电路必须用盐桥来完成，盐桥是一个倒 U 形管，它连接两个半电池，并含有如 KNO_3 这样的强电解质。盐桥可让离子流动以中和两极的电荷不平衡。盐桥内的负离子流动以中和负极上正电荷的积累，而正离子流动中和正极上负电荷的积累。

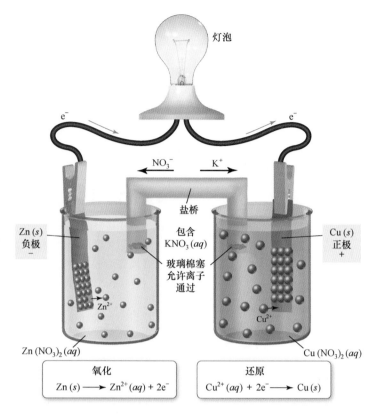

▶ 图 16.9 光伏电池。为什么电子
在图中从左向右流动？

灯泡

e⁻   e⁻

NO₃⁻ ←   → K⁺

盐桥

包含
KNO₃ (aq)

玻璃棉塞
允许离子
通过

Zn (s)
负极
−

Cu (s)
正极
+

Zn²⁺

Cu²⁺

Zn (NO₃)₂ (aq)

Cu (NO₃)₂ (aq)

氧化	还原
$Zn(s) \longrightarrow Zn^{2+}(aq) + 2e^-$	$Cu^{2+}(aq) + 2e^- \longrightarrow Cu(s)$

电流在导线中流动就像水在河道中流动一样（▼图 16.10）。流过导线的电子的数量（电流）类似于流过河道的水的数量。导致电子流过导线的驱动力（电位差或电压）类似于使水在河流中流过的重力。高电压类似于急速下降的河床（▼图 16.11）。

电子在导线中的流动类似于河水的流动

e⁻   e⁻   e⁻

▲ 图 16.10   河道电流模拟

高电压的电类似于河流的陡坡

e⁻ → e⁻ → e⁻ → e⁻ → e⁻

▲ 图 16.11   河道电压模拟

电池的电压取决于反应物进行氧化和还原的相对倾向。将活性顺序中的高金属氧化与低金属离子还原相结合，可产生具有相对高电压的电池。例如，Li(s)的氧化与 $Cu^{2+}(aq)$ 的还原结合会导致相对较高的电压。另一方面，结合活性顺序中金属的氧化与其下方金属离子的还原，可产生电压相对较低的光伏电池。将活性顺序中金属的氧化与其上方金属离子

372   基础化学与生活（第 6 版）

的还原相结合，不会产生伏打电池。例如，不能通过氧化 Cu(s)和还原
Li$^+$(aq)来制造电池。这种反应不是自发的，也不产生电流。

　　为什么电池在长时间使用后会失效？如前面的简单电池，锌电极溶
解，因为锌被氧化成锌离子。同样，Cu^{2+}溶液中 Cu^{2+}离子以固体 Cu 的形
式沉积时会被耗尽（▼图 16.12）。一旦锌电极溶解，Cu^{2+}离子耗尽，电
池就会失效。有些伏打电池，如可充电电池中使用的那些伏打电池，可
以从外部电源以相反的方向运行电流来充电。这可使反应物再生，进而
可以重复使用电池。

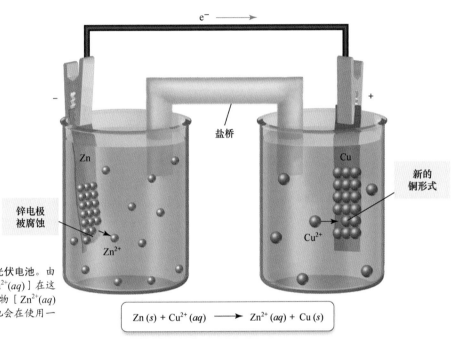

▶ 图 16.12　所用的光伏电池。由
于反应物［Zn(s)和 Cu^{2+}(aq)］在这
种情况下耗尽，而产物［Zn^{2+}(aq)
和 Cu(s)］积累，电池会在使用一
段时间后失效

$$Zn\,(s) + Cu^{2+}\,(aq) \longrightarrow Zn^{2+}\,(aq) + Cu\,(s)$$

16.6.1　干电池

　　手电筒电池被称为干电池，因为其中不含液态水。干电池有几种常
见的类型。最便宜的干电池是由作为阳极的锌壳组成的（◀图 16.13）。
锌根据以下反应被氧化：

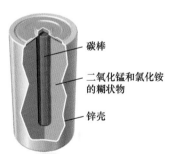

碳棒

二氧化锰和氯化铵
的糊状物

锌壳

▲ 图 16.13　常见的干电池

　　　　负极反应：Zn(s)$\longrightarrow$Zn^{2+}(aq)$+$2 e$^-$（氧化反应）

　　正极是一根浸入二氧化锰糊状物中的碳棒，二氧化锰糊状物中还含
有氯化铵。二氧化锰根据以下反应被还原成三氧化二锰：

　　　　正极反应：2 MnO$_2$(s)$+$2 NH$_4^+$(aq)$+$2 e$^-$ $\longrightarrow$

　　　　　　　　　Mn$_2$O$_3$(s)$+$2 NH$_3$(g)$+$H$_2$O(l)（还原反应）

　　这两个半反应产生约 1.5 V 的电压。两个或多个这样的电池可以串联
（正极连接到负极），以产生更高的电压。

　　较昂贵的碱性电池采用的碱的半反应稍有不同（因此称为碱性电
池）。碱性电池中的反应如下：

　　负极反应：Zn(s)$+$2 OH$^-$(aq)$\longrightarrow$Zn(OH)$_2$(s)$+$2 e$^-$（氧化反应）

　　正极反应：2 MnO$_2$(s)$+$2 H$_2$O(l)$+$2 e$^-$ $\longrightarrow$

　　　　　　　　2 MnO(OH)(s)$+$2 OH$^-$(aq)（还原反应）

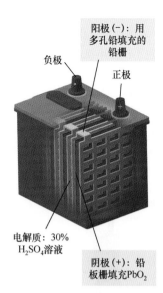

负极

阳极 (−)：用多孔铅填充的铅栅

正极

电解质：30% H_2SO_4溶液

阴极 (+)：铅板栅填充PbO_2

▲ 图 16.14 铅酸蓄电池。为什么这样的电池会耗尽？它们是如何充电的？

铅酸蓄电池铅阳极的多孔性增大了电子从固体铅转移到溶液中的表面积。

碱性电池比非碱性电池具有更长的工作寿命和更长的保质期。

16.6.2 铅酸蓄电池

大多数汽车的电池都是铅酸蓄电池。这些电池由 6 块串联的电化学电池组成（◄图 16.14）。每块电池都产生 2 V 的电压，总计电压为 12 V。每块电池都包含一个多孔铅阳极，它通过以下反应进行氧化：

负极反应： $Pb(s) + SO_4^{2-}(aq) \longrightarrow PbSO_4(s) + 2\,e^-$ （氧化反应）

每块电池还包含一个氧化铅阴极，它通过以下反应进行还原：

正极反应： $PbO_2(s) + 4\,H^+(aq) + SO_4^{2-}(aq) + 2e^- \longrightarrow$
$$PbSO_4(s) + 2\,H_2O(l) \text{ （还原反应）}$$

负极和正极都浸在硫酸（H_2SO_4）中。当从电池中汲取电流时，负极和正极都被 $PbSO_4(s)$ 覆盖。电池长时间运行时，会产生过多的 $PbSO_4(s)$，电池会没电。然而，铅酸蓄电池可由反向电流充电。电流必须来自外部来源，如汽车中的交流发电机。这会导致上述的反应反向发生，将 $PbSO_4(s)$ 转换回 $Pb(s)$ 和 $PbO_2(s)$，进而给电池充电。

16.6.3 燃料电池

如 16.1 节所述，由燃料电池驱动的电动汽车有朝一日可能会取代内燃机汽车。燃料电池就像电池，但其反应物是不断补充的。正常的电池在使用过程中会失去电压，因为电流流出电池时，反应物就会耗尽。在燃料电池中，反应物（即燃料）不断流过电池，在经历氧化还原反应时产生电流。

最常见的燃料电池是氢氧燃料电池（▼图 16.15）。在这种电池中，氢气流过阳极（涂有铂催化剂的筛网）并经历氧化过程：

负极反应： $2\,H_2(g) + 4\,OH^-(aq) \longrightarrow 4\,H_2O(l) + 4\,e^-$

氧气流过阴极（类似的筛网）并进行还原：

正极反应： $O_2(g) + 2\,H_2O(l) + 4\,e^- \longrightarrow 4\,OH^-(aq)$

半反应合并为以下总反应：

总反应： $2\,H_2(g) + O_2(g) \longrightarrow 2\,H_2O(l)$

▶ 图 16.15 氢氧燃料电池

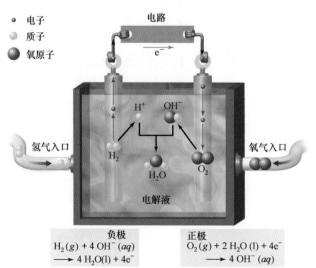

○ 电子
○ 质子
● 氧原子

电路

e^-

H^+ OH^-

氢气入口

H_2

H_2O O_2

氧气入口

电解液

负极
$H_2(g) + 4\,OH^-\,(aq)$
$\longrightarrow 4\,H_2O(l) + 4e^-$

正极
$O_2(g) + 2\,H_2O\,(l) + 4e^-$
$\longrightarrow 4\,OH^-\,(aq)$

注意，唯一的产物是水。在航天飞机项目中，氢氧燃料电池提供电力，宇航员饮用由此产生的水。

概念检查站 16.5

假设你正在制造一块电池，它由一根插入铅（II）离子糊状物中的碳棒组成，碳棒充当负极，包裹电池的金属外壳充当正极。外壳应该用哪种金属才能实现电压最高的电池？

(a) Mg；(b) Zn；(c) Ni。

16.7　电解池

▶ 描述电解过程和电解池的工作原理。

当电流通过电极时，液态水分解成氢气（右管）和氧气（左管）

▲ 图 16.16　水的电解

在伏打电池中，自发的氧化还原反应产生电流。在电解过程中，电流用于驱动原本不自发的氧化还原反应。用于电解的电化学电池是电解池。前面介绍邓氢与氧形成水的反应是自发的，以及如何将其用在燃料电池中产生电流。通过提供电流，我们可以引发逆反应，将水分解为氢气和氧气（▼图 16.16）：

$$2\,H_2(g)+O_2(g)\longrightarrow 2\,H_2O(l)$$

（自发：产生电流；发生在伏打电池中）

$$2\,H_2O(l)\longrightarrow 2\,H_2(g)+O_2(g)$$

（非自发：消耗电流；发生在电解池中）

与燃料电池广泛应用相关的一个问题是氢气的缺乏。驱动这些燃料电池的氢气从哪里来？一种可能的答案是，氢气可以通过太阳能或风力电解从水中获得。换句话说，当阳光明媚或刮风时，太阳能或风力电池可从水中制造氢气。氢气然后可在需要时转化为水来发电。以这种方式制造的氢气也可用来驱动燃料电池汽车。

电解还有许多其他的应用。例如，大多数金属在地壳中以金属氧化物的形式存在。将它们转化为纯金属需要还原金属，这是一个非自发的过程。电解可以得到这些金属。电解也可用来将金属镀在其他金属上。例如，我们可用▼图 16.17 中的电解池将银镀在另一种较便宜的金属上。在这块电池中，我们将银电极放在含有银离子的溶液中，然后电流使银在阳极氧化（补充溶液中的银离子），使银离子在阴极还原（用固体银覆盖普通金属）：

阳极反应：

$$Ag(s)\longrightarrow Ag^+(aq)+e^-$$

阴极反应：

$$Ag^+(aq)+e^-\longrightarrow Ag(s)$$

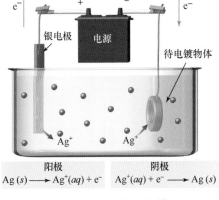

银在电池左侧被氧化，在右侧被还原。当它被还原时，银沉淀在待电镀物体上

阳极	阴极
$Ag(s)\longrightarrow Ag^+(aq)+e^-$	$Ag^+(aq)+e^-\longrightarrow Ag(s)$

▲ 图 16.17　镀银电解槽

16.8 腐蚀

▶ 描述腐蚀过程和各种防锈方法。

腐蚀是金属的氧化。最常见的腐蚀是铁生锈。每年生产的铁的很大一部分被用来替换生锈的铁。生锈是一种氧化还原反应，其中铁被氧化，氧被还原。

氧化反应： $2\,Fe(s) \longrightarrow 2\,Fe^{2+}(aq) + 4\,e^-$

还原反应： $O_2(g) + 2\,H_2O(l) + 4\,e^- \longrightarrow 4\,OH^-(aq)$

总反应： $2\,Fe(s) + O_2(g) + 2\,H_2O(l) \longrightarrow 2\,Fe(OH)_2(s)$

每日化学

燃料电池酒精测试仪

警察使用酒精测试仪来测量酒驾嫌疑人血液中的乙醇（C_2H_5OH）含量。

酒精测试仪的工作原理是，呼出气体中乙醇的量与血液中乙醇的量成正比。有一种酒精测试仪使用燃料电池来测量呼出气体中的酒精含量。燃料电池由两个铂电极组成（▼图 16.18）。当嫌疑人向酒精测试仪呼气时，气体中的乙醇在阳极被氧化成乙酸。

阳极反应：

$$\underset{\text{乙醇}}{C_2H_5OH} + 4\,OH^-(aq) \longrightarrow$$

$$\underset{\text{醋酸}}{CH_3COOH(aq)} + 3H_2O + 4\,e^-$$

在阴极，氧气被还原。

阴极反应：

$$O_2(g) + 2\,H_2O(l) + 4\,e^- \longrightarrow 4\,OH^-(aq)$$

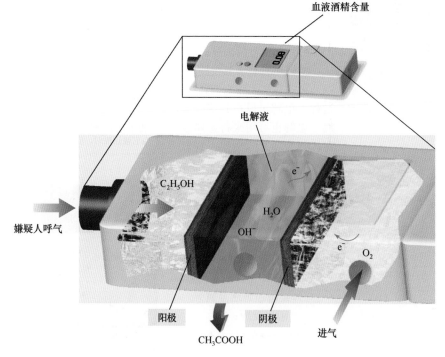

▶ 图 16.18 燃料电池酒精测试仪的示意图

总反应是乙醇氧化成乙酸和水。

总反应:

$$C_2H_5OH(g) + O_2(g) \longrightarrow$$
$$CH_3COOH(g) + H_2O$$

产生的电流量取决于呼出气体中的酒精量。电流越大,血液的酒精含量越高。如果校准正确,燃料电池酒精测试仪可以精确测量酒驾嫌疑人的血液酒精含量。

B16.3 你能回答吗?在燃料电池酒精测试仪的总反应方程式中,给反应物和产物中的每种元素指定氧化态。什么元素在反应中被氧化?什么元素在反应中被还原?

▲ 酒驾嫌疑人向燃料电池酒精测试仪的顶部吹气,可以测定血液中的酒精含量

在整个反应过程中形成的 $Fe(OH)_2$ 经历了几次其他反应,形成了 Fe_2O_3(一种我们称为铁锈的橙色物质)。Fe_2O_3 的主要问题之一是它会从其下方的固体铁上脱落,使更多的铁进一步生锈。在适当的条件下,整块铁都会生锈。

铁不是唯一会氧化的金属。大多数其他金属,如铜和铝,也会氧化。然而,铜和铝的氧化物不会像氧化铁那样脱落。当形成氧化铝时,氧化铝实际上在其下方的金属上形成一层坚韧的透明保护层,这种保护层可以保护下方的金属不被进一步氧化。

防止铁生锈是一个热门行业。防止生锈最有效的方法是保持铁干燥,没有水,氧化还原反应就不会发生。另一种防止生锈的方法是在铁上涂一层不透水的物质。例如,喷漆在汽车上达到密封效果以防止生锈,但油漆上的划痕会导致其下方的铁生锈。

将牺牲阳极与铁接触也可防止生锈。牺牲阳极必须由活性顺序中铁以上的金属组成。牺牲阳极代替铁氧化,保护铁不被氧化。另一种防止铁生锈的方法是在铁上面涂一层活性更高的金属。例如,镀锌钉子被涂上了一层薄薄的锌,因为锌比铁更有活性,所以它代替了下面的铁氧化(就像牺牲阳极一样)。氧化锌不易脱落,会留在钉子上作为保护层。

▲ 油漆可防止下方的铁生锈。但在油漆上出现划痕时,铁会在暴露的地方生锈。为什么?

概念检查站 16.6

下面哪种金属不能用作牺牲阳极来防止生锈?

(a) Mg;(b) Mn;(c) Zn;(d) Sn。

关键术语

金属活性顺序	电化学电池	铅酸蓄电池	氧化还原反应
碱性电池	电解	阳极	电解池
氧化	还原剂	阴极	燃料电池
氧化态	还原	腐蚀	半电池
盐桥	干电池	半反应	氧化剂
电压	电流	伏打电池	

技能训练答案

技能训练 16.1.................(a) K 被氧化,Cl_2 被还原;
(b) Al 被氧化,Sn^{2+} 被还原;(c) C 被氧化;O_2 被还原

技能训练 16.2.................(a) K 是还原剂,Cl_2 是氧化剂;(b) Al 是还原剂,Sn^{2+} 是氧化剂;(c) C 是还原剂;O_2 是氧化剂

技能训练 16.3.................(a) $\underset{0}{Zn}$, (b) $\underset{}{Cu^{2+}}$, (c) $\underset{+2\ -1}{CaCl_2}$, (d) $\underset{+4\ -1}{CF_4}$ (e) $\underset{+3\ -2}{NO_2^-}$, (f) $\underset{+6\ -2}{SO_3}$

技能训练 16.4.................Sn 被氧化（0→4）；N 被还原（+5→+4）

技能训练 16.5
$$6\,H^+(aq) + 2\,Cr(s) \longrightarrow 3\,H_2(g) + 2\,Cr^{3+}(aq)$$

技能训练 16.6
$$Cu(s) + 4\,H^+(aq) + 2\,NO_3^-(aq) \longrightarrow$$
$$Cu^{2+}(aq) + 2\,NO_2(g) + 2\,H_2O(l)$$

技能训练 16.7
$$5\,Sn(s) + 16\,H^+(aq) + 2\,MnO_4^-(aq) \longrightarrow$$
$$5\,Sn^{2+}(aq) + 2\,Mn^{2+}(aq) + 8\,H_2O(l)$$

技能训练 16.8
$$H_2O_2(aq) + 2\,ClO_2(aq) + 2\,OH^-(aq) \longrightarrow$$
$$O_2(g) + 2\,ClO_2^-(aq) + 2\,H_2O(l)$$

技能训练 16.9.................(a)是；(b)否

技能训练 16.10...............否

概念检查站答案

16.1 (b)。氧化剂氧化另一种物质，其本身总被还原。

16.2 (d)。根据规则 1 可知 N_2 的氧化态是 0。根据规则 3，化合物中所有原子的氧化态之和等于 0。所以，应用规则 5，可以确定 NO 中氮的氧化态为+2，NO_2 中氮的氧化态为+4，NH_3 中氮的氧化态为-3。

16.3 (a)。钠在活性顺序中最高，因此最易氧化。

16.4 (c)。铅是唯一一种在活性顺序中高于氢的金属，因此也是唯一一种溶于酸性溶液的金属。

16.5 (a)。镁会导致最高电压，因为它在活性顺序中最高。在列出的金属中，它最易氧化，因此在与 Pb^{2+} 离子的还原结合时产生最高的电压。

16.6 (d)。锡是清单中活性唯一低于铁的金属。因此锡比铁更难氧化，不能阻止铁的氧化。

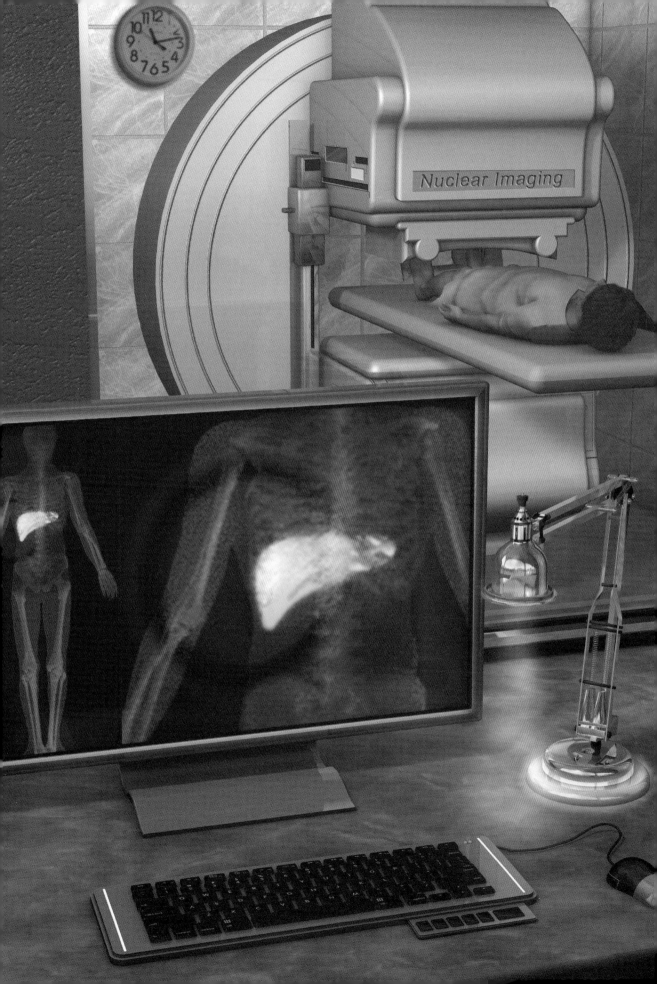

第 17 章　放射性与核化学

核能的能量比我们今天使用的分子能大得多，但我们缺少点燃篝火的火柴，科学家们正在寻找这根火柴。

——温斯顿·斯潘塞·丘吉尔（1874—1965），1931

章节目录

17.1　阑尾炎的诊断

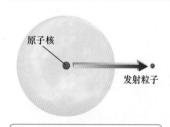

放射现象是某些原子的原子核发射粒子的现象

▲ 图 17.1　放射性

几年前，我醒来时感到胃部右下侧隐痛。疼痛持续了几小时，所以我去了医院急诊室做检查。医生给我做了检查，他说这可能是阑尾炎，即阑尾的炎症。阑尾是一个从大肠右侧延伸出来的小袋，其功能尚不清楚。有时它会受到感染，需要手术切除。

阑尾炎患者通常有很高的白细胞数，所以医院做了血检来测定我的白细胞数。检测结果是阴性——我的白细胞计数正常。虽然我的症状与阑尾炎相符，但血液测试的阴性让诊断变得模糊不清。医生让我在切除阑尾（尽管有可能是健康的）和做额外的检查以确诊阑尾炎之间做出选择。我选择了额外的检查。

额外的检查涉及核医学，这是一个使用放射性来诊断和治疗疾病的医疗实践领域。放射性是指某些原子的原子核发射出微小的、看不见的粒子（◀图 17.1）。这样的粒子可以直接穿过许多物质。发射这些粒子的原子被称为放射性原子。

为了进行检查，我的血液中被注射了标记有放射性原子的抗体（一种天然产生的抗感染分子）。由于抗体攻击感染原，因此它们会迁移到存在感染原的身体区域。如果阑尾被感染，抗体会在那里聚集。等待约1小时后，我被带到一个房间，躺在一张桌子上。一张胶卷插在我上

◀ 在核医学中，放射性有助于医生获得内部器官的清晰图像。

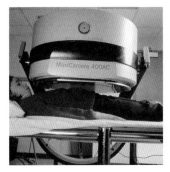

▲ 图 17.2 核医学。在阑尾炎试验中，给患者注射放射性标记抗体。如果病人的阑尾感染，抗体就会在那里积聚，发出的放射性就会被检测到

方的嵌板上。虽然放射线是肉眼看不见的，但它会使胶卷曝光。如果我的阑尾确实受到感染，它将含有高浓度的放射性标记抗体，而胶片将在阑尾的位置显示一个亮点（◀图 17.2）。在这个检查中，我（确切地说是我的阑尾）就是用来曝光胶片的放射性源。然而，测试结果是阴性的，我的阑尾没有放射物，很健康。几小时后，疼痛平息，我回家了，阑尾和所有的东西都保留着。我现在也不知道疼痛的原因。

放射性被用于诊断和治疗许多疾病，包括癌症、甲状腺疾病、肾功能和膀胱功能异常及心脏病。这些医学上的例子只是放射性在众多应用中的一小部分。自然产生的放射性也使我们能够估计化石和岩石的年龄。放射性还用于发电和核武器的核裂变。本章探讨放射性是如何被发现的，它是什么，以及它是如何被使用的。

17.2 放射性的发现

▶ 解释贝克勒尔和居里夫人的实验如何导致了放射性的发现。

1896 年，一位名叫安东尼-亨利·贝克勒尔（1852—1908）的法国科学家发现了放射性，贝克勒尔当时并不是在寻找放射性物质。相反，他对新发现的 X 射线很感兴趣（见 9.3 节），这成了他那个时代物理学研究的热门话题。他假设 X 射线和磷光一起发出，磷光是一种长期存在的光发射，有时在一些原子和分子吸收光之后发出。磷光可能是我们最熟悉的夜光玩具，当其中一个玩具暴露在光下时，它会重新发出一些光，通常是波长稍长一些的光。如果关灯或将玩具置于黑暗之中，我们就可以看到发出的绿光。贝克勒尔假设，可见的绿光与（看不见的）X 射线发射有关。

为了验证他的假设，贝克勒尔将由硫酸铀酰钾（一种已知的磷光化合物）组成的晶体放在包裹在黑布上的感光板上（▼图 17.3）。然后，他将包裹好的盘子和水晶放在户外，让它们暴露在阳光下。他知道这些晶体会发出磷光，因为当他把它们带回黑暗时，能看到它们发出的光。如果这些晶体也发出 X 射线，X 射线就会穿过黑布，曝光下面的感光板。贝克勒尔做了几次实验，总是得到相同的结果：感光板在晶体所在的地方显示出一个明亮的曝光点。贝克勒尔相信他的假设是正确的，他向法国科学院提交了磷光和 X 射线相关联的结果。

▲ 居里夫人和她的两个女儿。艾琳（右）凭借自己的能力成为了一名杰出的核物理学家，并于 1935 年获得了诺贝尔奖。伊芙（左）写了一本备受赞誉的母亲传记

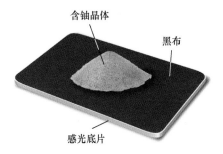

含铀晶体

黑布

感光底片

◀ 图 17.3 贝克勒尔实验

▲ 过去，镭被添加到一些用于表盘的油漆中。镭使刻度盘发光

96 号元素（锔）是为了纪念居里夫人及其对我们了解放射性所做的贡献而命名的。

然而，贝克勒尔后来收回了他的研究结果，因为他发现含有相同晶体的感光板，即使将感光板和晶体放在黑暗的抽屉里，不暴露在阳光下，也会显示出明亮的曝光点。贝克勒尔意识到，这些晶体本身不断发出某种物质（与它们是否磷化无关），从而使感光板曝光。贝克勒尔得出结论，晶体中的铀是放射物的来源，他将放射物称为铀射线。

贝克勒尔发现铀射线后不久，一位名叫玛丽·斯克罗多夫斯卡·居里（1867—1934）的年轻研究生（法国第一批尝试博士工作的女性之一），决定在其博士论文中研究铀射线。她的第一个任务是确定除铀（当时已知最重的元素）外，是否还有其他物质发射出这些射线。在她的研究中，居里夫人发现了两种新元素，这两种元素都能发射出铀射线。居里夫人用她的祖国波兰的名字来命名她新发现的一种元素钋，而将另一种元素命名为镭，因为它产生了极高的放射性。镭的放射性非常强，它在黑暗中会温和地发光，并释放出大量的热量。现在已经清楚这些射线不是铀所独有的，所以居里夫人就把铀射线的名字改为放射性。1903 年，居里夫人、贝克勒尔及居里夫人的丈夫皮埃尔·居里共同获得了诺贝尔物理学奖，因为她发现了放射性。1911 年，居里夫人再次获得诺贝尔奖，这次是化学奖，因为她发现了两种新元素。

17.3 放射性的类别

▶ 写出用于 α 衰变的核方程。
▶ 写出 β 衰变的核方程。
▶ 写出正电子发射的核方程。

原子序数等于质子数，质量数等于质子数加中子数。

当居里夫人专注于发现不同种类的放射性元素时，欧内斯特·卢瑟福（1871—1937）和其他人专注于确定放射性本身的特征。这些科学家发现，放射物是由放射性原子的原子核产生的。这些核是不稳定的，会释放出自己的小块以获得稳定。这就是贝克勒尔和居里所探测到的粒子。有几种不同类型的放射性放射物：阿尔法(α)射线、贝塔(β)射线、伽马(γ)射线和正电子。

为了理解这些不同类型的放射性，我们需要简单回顾 4.8 节中介绍的标记同位素的符号。回顾可知，我们可以用这样的符号来表示任何同位素：

例如，符号

$$^{21}_{10}\text{Ne}$$

表示含有 10 个质子和 11 个中子的氖同位素。符号

$$^{20}_{10}\text{Ne}$$

表示含有 10 个质子和 10 个中子的氖同位素。记住，许多元素都有几种不同的同位素。

我们也用类似的符号表示主要的亚原子粒子——质子、中子和电子：

质子符号 $^{1}_{1}\text{p}$　　中子符号 $^{1}_{0}\text{n}$　　电子符号 $^{0}_{-1}\text{e}$

17.3.1 阿尔法辐射

当一个不稳定的原子核释放出由 2 个质子和 2 个中子组成的一个小部分时，阿尔法(α)辐射就发生了（▼图 17.4）。因为 2 个质子和 2 个中子相当于一个氦-4 原子核，所以 α 粒子的符号和氦-4 的符号是相同的。

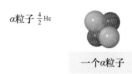

α粒子 $_2^4\text{He}$

一个α粒子

当一个原子释放一个粒子时，它就变成了一个更轻的原子。我们用一个核方程来表示这个过程，这个方程代表了在放射性和其他核反应过程中发生的变化。例如，铀 238 的衰变的核方程为

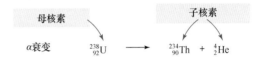

母核素   子核素

α衰变 $_{92}^{238}\text{U} \longrightarrow \ _{90}^{234}\text{Th} + \ _2^4\text{He}$

原始的原子是母核素，产物是子核素。当一种元素释放出阿尔法粒子时，其原子核中的质子数就会发生变化，从而转变为另一种元素。在这里显示的例子中，铀 238 变成了钍 234。与化学反应不同，在化学反应中，元素保持它们的特性，而核反应经常改变所涉及元素的特性。然而，就像化学方程一样，核方程也须配平。

核方程两边的原子序数之和必须相等，两边的质量数之和也必须相等：

$$_{92}^{238}\text{U} \longrightarrow \ _{90}^{234}\text{Th} + _2^4\text{He}$$

左 边	右 边
质量数之和 = 238	质量数之和 = 234 + 4 = 238
原子序数之和 = 92	原子序数之和 = 90 + 2 = 92

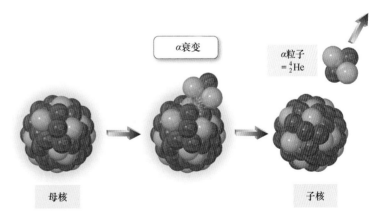

α衰变

α粒子 $= _2^4\text{He}$

母核   子核

▶ 图 17.4　**阿尔法辐射**。当一个不稳定的原子核释放出 2 个质子和 2 个中子组成的粒子时，就会产生阿尔法辐射。一个元素的原子序数在粒子发射后发生了什么？

我们可以推导出未知子核素的质量数和原子序数，因为方程必须配平：

当原子核太大或中子与质子的比例不平衡时，原子核是不稳定的。小原子核需要 1 个中子和 1 个质子才能稳定，而大原子核需要 1.5 个中子和 1 个质子才能稳定。

在核化学中，我们主要对原子核内的变化感兴趣；因此，对于 α 粒子，氦原子核的 2+电荷被忽略。

核素一词在核化学中用来表示一种特定的同位素。

$$\overset{x+4=232;\; x=228}{\overbrace{{}^{232}_{90}\text{Th} \longrightarrow {}^{x}_{y}? + {}^{4}_{2}\text{He}}}$$
$$\underbrace{\phantom{{}^{232}_{90}\text{Th} \longrightarrow {}^{x}_{y}? + {}^{4}_{2}\text{He}}}_{y+2=90;\; y=88}$$

因此，

$$^{232}_{90}\text{Th} \longrightarrow {}^{288}_{88}? + {}^{4}_{1}\text{He}$$

原子序数是 88，质量数是 228。最后，我们可从子核素的原子序数推导出子核素的身份及其符号。原子序数是 88，所以子核素是镭（Ra）：

$$^{232}_{90}\text{Th} \longrightarrow {}^{288}_{88}\text{Ra} + {}^{4}_{1}\text{He}$$

例题 17.1 写出阿尔法衰变的核方程

写出 Ra-224 衰变的核方程。	
解 方程左边的符号是 Ra-224，右边的符号是 α 粒子。	$^{224}_{88}\text{Ra} \longrightarrow {}^{x}_{y}? + {}^{4}_{2}\text{He}$
通过为未知子核素写出适当的质量数和原子序数，使方程两边的质量数和原子序数之和相等。	$^{224}_{88}\text{Ra} \longrightarrow {}^{220}_{86}? + {}^{4}_{2}\text{He}$
从原子序数推断出未知子体核素的身份。由于原子序数是 86，子核素是氡（Rn）。	$^{224}_{88}\text{Ra} \longrightarrow {}^{220}_{86}\text{Rn} + {}^{4}_{2}\text{He}$

▶ **技能训练 17.1**

写出 Po-216 衰变的核方程。

> 回顾卢瑟福在发现原子核时使用 α 粒子来探测原子的结构（4.3 节）。

> 电离意味着产生离子（带电粒子）。

阿尔法辐射是放射性的半成品。迄今为止，α 粒子是放射性核发射的所有粒子中质量最大的粒子。因此，阿尔法射线最有可能与包括生物分子在内的其他分子相互作用并对其造成破坏。放射性通过电离其他分子和原子与它们相互作用。如果放射性使生物体细胞内的分子电离，这些分子就会受损，细胞就会死亡或者开始异常繁殖。放射性使得分子和原子电离的能力就是它的电离能力。在所有类型的放射性中，阿尔法射线具有最高的电离能力。

由于体积大，阿尔法射线的穿透能力最低，没有穿透物质的能力（想象一辆卡车试图通过堵塞的交通）。为了使放射性破坏活细胞内的重要分子，放射粒子必须穿透细胞。阿尔法粒子不容易穿透细胞，纸张、衣服甚至空气都能阻止它。因此，保持在体外的低浓度阿尔法放射源是相对安全的。然而，如果阿尔法粒子被摄入或吸入，就会变得非常危险，因为阿尔法粒子可以直接接触组成器官和组织的分子。

小结

- 阿尔法粒子由 2 个质子和 2 个中子组成。
- 阿尔法粒子的符号是 $^{4}_{2}\text{He}$。
- 阿尔法粒子有很高的电离能力。
- 阿尔法粒子的穿透能力较低。

17.3.2 贝塔放射性

> 由于带负电荷，贝塔辐射也称 β^{-} 辐射。

当一个不稳定的原子核释放一个电子时，就会产生贝塔（β）放射性（▼图 17.5）。只有质子和中子的原子核是如何发射电子的呢？电子是由中子转化为质子而产生的。换句话说，在一些不稳定的原子核中，中子转变为质子并在这个过程中释放电子：

记住，质量数是质子数和中子数之和。因为电子没有质子和中子，所以它的质量数是零。

$$\beta \text{ 衰变 } \quad \text{中子} \rightarrow \text{质子} + \text{电子}$$

核方程中贝塔(β)粒子的符号为

贝塔(β)粒子 $\quad _{-1}^{0}e$ ●

左上角的 0 表示电子的质量数。左下角的-1 反映了电子的电荷，它相当于原子核方程中的原子序数-1。当一个原子释放一个粒子时，它的原子序数增 1，因为它现在有了一个额外的质子。例如，镭 228 的衰变的核方程是

$$_{88}^{228}\text{Ra} \longrightarrow _{89}^{228}\text{Ac} + _{-1}^{0}e$$

注意，核方程已经配平——两边的质量数之和相等，两边的原子序数之和相等。

左 边		右 边
$_{88}^{228}\text{Ra}$	$\longrightarrow$	$_{89}^{228}\text{Ac} + _{-1}^{0}e$
质量数之和 = 228		质量数之和 = 228 + 0 = 228
原子序数之和 = 88		原子序数之和 = 89 - 1 = 88

我们可以确定任何贝塔衰变的子核素的身份和符号，其方式类似于我们用于阿尔法衰变的方法，如例题 17.2 所示。

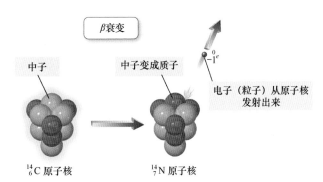

▶ 图 17.5 **贝塔衰变**。不稳定核发射电子时发生衰变。发射时，中子变为质子。发射贝塔粒子时，元素的原子数发生什么？

例题 **17.2** **写出贝塔衰变的核方程**

写出 Bk-249 衰变的核方程。

解 方程左边是 Bk-249 的符号，右边是贝塔粒子的符号。	$_{97}^{249}\text{Bk} \longrightarrow _{y}^{x}? + _{-1}^{0}e$
通过为未知子核素写出适当的质量数和原子序数，使方程两边的质量数之和与原子序数之和相等。	$_{97}^{249}\text{Bk} \longrightarrow _{98}^{249}? + _{-1}^{0}e$
从原子序数推断出未知体核素的身份。因为原子序数是98，所以子核素是锎（Cf）。	$_{97}^{249}\text{Bk} \longrightarrow _{98}^{249}\text{Cf} + _{-1}^{0}e$

▶ **技能训练 17.2**
写出 Ac-228 衰变的核方程。

▶ **技能巩固**
写出三个核方程来表示核衰变序列：从 U-235 的阿尔法衰变开始，接着是子核素的贝塔衰变，然后是另一个阿尔法衰变。

贝塔辐射是放射性中的"中型车"。贝塔粒子比阿尔法粒子的质量小得多，因此具有较低的电离能力。然而，由于体积较小，粒子具有较大的穿透能力；需要一块金属或一块厚木头才能阻挡它们。因此，体内低水平的贝塔放射源比阿尔法放射源的风险更高。然而，在人体内部，贝塔放射性体比阿尔法放射性体造成的伤害要小。

小结
- 贝塔粒子是当中子变成质子时从原子核中发射出来的电子。
- 贝塔粒子的符号是 $_{-1}^{0}e$。
- 贝塔粒子具有中等的电离能力。
- 贝塔粒子具有中等的穿透能力。

概念检查站 17.1

原子序数为 84 的元素依次经历 α 衰变和 β 衰变。在这两次衰变之后，子核素的原子序数是多少？

(a) 81；(b) 82；(c) 83；(d) 84。

17.3.3　伽马辐射

见 9.3 节对电磁辐射的回顾。

伽马(γ)辐射与 α 或 β 辐射明显不同。伽马辐射不是物质，而是电磁放射性。伽马射线是高能（短波长）光子。伽马射线的符号为

伽马 (γ) 射线　　$_{0}^{0}\gamma$

伽马射线没有电荷，也没有质量。当伽马射线从放射性原子发射出来时，它不会改变元素的质量数或原子序数。伽马射线通常与其他类型的射线一起发射。例如，U-238 的阿尔法辐射（前面讨论过）也伴随着伽马射线的发射：

$$_{92}^{238}U \longrightarrow {}_{90}^{234}Th + {}_{2}^{4}He + {}_{0}^{0}\gamma$$

伽马射线相当于具有放射性的"摩托车"。它们的电离能力最低，但穿透能力最高（想象一辆摩托车在塞车时疾驰的情景）。阻止伽马射线需要几英寸厚的铅屏蔽或厚混凝土板。

小结
- 伽马射线是电磁放射性——高能短波光子。
- 伽马射线的符号是 $_{0}^{0}\gamma$。
- 伽马射线具有较低的电离功率。
- 伽马射线具有高穿透能力。

17.3.4　正电子发射

正电子发射可认为是 β 发射的一种。有时称其为 β^+ 发射。

当一个不稳定的原子核发射一个正电子时，就会发生正电子辐射（▼图 17.6）。正电子的质量与电子的相同，但带有 1+ 的电荷。在一些不稳定的原子核中，质子转变为中子，并在这个过程中释放出正电子。

正电子发射　　质子 → 中子 + 正电子

在核方程中，正电子的符号为

正电子　　　$_{+1}^{0}e$ ●

左上角的 0 表示正电子的质量数为 0。左下角的+1 反映了正电子的电荷，它相当于原子核方程中的原子序数为+1。当一个原子释放一个正电子后，它的原子序数减 1，因为它少了 1 个质子。例如，磷 30 的正电子发射的核方程为

$$_{15}^{30}\text{P} \longrightarrow {}_{14}^{30}\text{Si} + {}_{+1}^{0}e$$

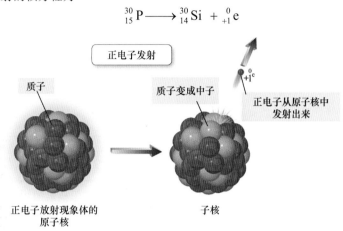

▶ 图 17.6　**正电子发射。** 当一个不稳定的原子核发射一个正电子时，发生正电子发射。发射发生时，一个质子变成了一个中子。一个元素的原子序数在正电子发射时发生了什么？

我们可用类似于阿尔法衰变和贝塔衰变的方法来确定任何正电子发射子核素的身份和符号，如例题 17.3 所示。正电子发射在其电离和穿透能力方面与贝塔发射相似。表 17.1 中小结了本章中涉及的各种放射性。

表 17.1　放射性衰变的选择类型

衰变模式	过　程	电离能力	穿透力	举　例
α	母核素 → 子核素 + ${}_2^4\text{He}$ α粒子	高	低	$_{92}^{238}\text{U} \longrightarrow {}_{90}^{234}\text{Th} + {}_2^4\text{He}$
β	中子　母核素 → 中子变成质子　子核素 + ${}_{-1}^{0}e$ β粒子	中等	中等	$_{88}^{228}\text{Ra} \longrightarrow {}_{89}^{228}\text{Ac} + {}_{-1}^{0}e$
γ	活泼的核素 → 稳定的核素 + ${}_0^0\gamma$ 光子	低	高	$_{90}^{234}\text{Th} \longrightarrow {}_{90}^{234}\text{Th} + {}_0^0\gamma$
正电子发射	中子　母核素 → 质子变成中子　子核素 + ${}_{+1}^{0}e$ 正电子	中等	中等	$_{15}^{30}\text{P} \longrightarrow {}_{14}^{30}\text{Si} + {}_{+1}^{0}e$

写出钾 40 的正电子发射的核方程。

解 从方程左边的 K-40 符号和右边的正电子符号开始。	$^{40}_{19}K \longrightarrow \, ^{x}_{y}? \; + \; ^{0}_{+1}e$
通过为未知子核素写出适当的质量数和原子序数,使方程两边的质量数和原子序数之和相等。	$^{40}_{19}K \longrightarrow \, ^{40}_{18}? \; + \; ^{0}_{+1}e$
从原子序数推断出未知子核素的身份。因为原子序数是 18,所以子核素是氩(Ar)。	$^{40}_{19}K \longrightarrow \, ^{40}_{18}Ar \; + \; ^{0}_{+1}e$

▶ **技能训练 17.3**

写出钠 22 的正电子发射的核方程。

概念检查站 **17.2**

哪种放射衰变会改变母核素的质量数?
(a) 阿尔法衰变;　　(b) 贝塔衰变;
(c) 伽马衰变;　　(d) 正电子衰变。

17.4 放射性的检测

▶ 描述并解释检测放射性的方法。

放射核发射的粒子含有大量的能量,因此很容易被探测到。放射性探测器通过它们与原子或分子的相互作用来探测这些粒子。最常见的放射性探测器是热致发光剂量计(▼图 17.7a),它适用于与放射性物质打交道或靠近放射性物质的人员。这些剂量计含有由电离放射性激发的盐晶体,如氟化钙。被激发的电子被有意引入晶体的杂质捕获。当晶体受热时,电子放松到基态,发出光。发出的光的量与暴露的放射性成正比。定期收集和处理这些剂量计,就可以监测人员的暴露情况。

使用盖革-米勒计数器(▼图 17.7b)等设备可以立即检测到放射性。在这种仪器(通常简称为盖革计数器)中,放射核发射的粒子穿过充满氩气的腔室。高能粒子通过腔室时会产生一束电离的氩原子。如果施加的电压足够高,那么这些新形成的离子会产生电信号,这种电信号可以在仪表上检测到,或者转变成一种可听见的嘀嗒声。每个嘀嗒都对应于穿过氩气室的放射性粒子。这种嘀嗒声是大多数人联想到放射性探测器的典型声音。

第二个常用来立即检测放射性的装置是闪烁计数器。在闪烁计数器中,放射线通过一种物质(如 NaI 或 CsI),这种物质在高能粒子的激发下会发出紫外线或可见光。这种光被探测到,并转化为电信号,在仪表上读取。

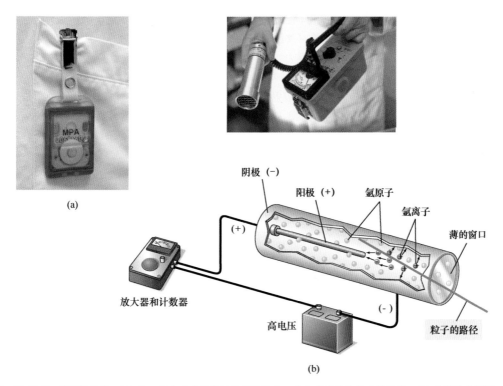

▲ 图 17.7　检测放射性。(a) 向工作中存在放射性暴露风险的工作人员发放热释光剂量计。(b) 盖革计数器记录了放射核发射的单个高能粒子通过充满氩气的腔室的过程。当一个氩原子被电离时，产生的离子被吸引到阳极上，移动的电子被吸引到阴极上，从而产生可以记录的微小电流

17.5　天然放射性和半衰期

▶ 使用半衰期将放射性样品量与经过的时间联系起来。

　　放射性是环境的自然组成部分。我们脚下的地面很可能含有放射性原子，它们向周围的空气发出放射性。我们所吃的食物中含有残留的放射性原子，它们会进入体液和组织。来自太空的少量放射性穿过大气层，不断轰击地球。人类和其他生物在这种环境中进化与适应。在环境中产生放射性的一个原因是超出原子序数 83（铋）的所有原子核的不稳定性。此外，一些质子数少于 83 的元素的同位素也是不稳定的和放射性的。

17.5.1　半衰期

衰变事件是单个放射性核素放射出的放射性。

　　不同的放射性核素以不同的速度衰变为子核素。有些核素衰变很快，而有些则衰变缓慢。放射性样品中母核素的一半衰变为子核素所需要的时间，就是半衰期。衰变快的核素半衰期短且非常活跃（单位时间内衰变事件很多），而缓慢衰变的核素半衰期长且活动较少（单位时间内衰变的情况较少）。

　　例如，Th-232 是一种根据核反应进行衰变的阿尔法放射体：

$$^{232}_{90}\text{Th} \longrightarrow {}^{288}_{88}\text{Ra} + {}^{4}_{2}\text{He}$$

　　Th-232 的半衰期为 1.4×10^{10} 年或 140 亿年，所以它不是特别活跃。如果我们从一个含有 100 万个原子的 Th-232 样品开始，那么这个样品将

在 140 亿年后衰变为 50 万个原子，再在 140 亿年后衰变为 25 万个原子，以此类推（▼图 17.8）：

$$\underset{\text{Th-232 原子}}{100\text{ 万}} \xrightarrow{\ 14\text{亿年}\ } \underset{\text{Th-232 原子}}{50\text{ 万}} \xrightarrow{\ 14\text{亿年}\ } \underset{\text{Th-232 原子}}{25\text{ 万}}$$

注意，放射性样品在两个半衰期后不会衰变为零个原子——不能将两个半衰期加在一起以获得"整个"寿命。半衰期后剩余的数量始终是开始时的一半。两个半衰期后，剩余的数量是开始时的 1/4，以此类推。

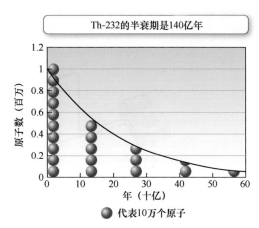

▶ 图 17.8　半衰期的概念。一个最初含有 100 万个原子的样品中，Th-232 原子的数量与时间的函数关系图

> 每种放射性核素都有独特的半衰期，不受物理条件或化学环境的影响。

有些核素的半衰期很短。例如，氡 220 的半衰期约为 1 分钟。如果我们有一个含有 100 万个原子的氡 220 样品，它将在两分钟内减少到 1400 万个氡-220 原子：

$$\underset{\text{Rn-220 原子}}{10\text{ 万}} \xrightarrow{\ 1\text{分钟}\ } \underset{\text{Rn-232 原子}}{50\text{ 万}} \xrightarrow{\ 1\text{分钟}\ } \underset{\text{Rn-232 原子}}{25\text{ 万}}$$

Rn-220 比 Th-232 活跃得多，因为它在给定的时间内经历了更多的衰变事件。有些核素的半衰期甚至更短。表 17.2 中列出了几种核素及其半衰期。

概念检查站 17.3

下图显示了放射性核素的量与时间的函数关系。核素的半衰期是多少？

表 17.2

核 素	半衰期	衰变类型
$^{232}_{90}\mathrm{Th}$	1.4×10^{10} 年	阿尔法
$^{238}_{92}\mathrm{U}$	4.5×10^{9} 年	阿尔法
$^{14}_{6}\mathrm{C}$	5715 年	贝塔
$^{220}_{86}\mathrm{Rn}$	55.6 秒	阿尔法
$^{219}_{90}\mathrm{Th}$	1.05×10^{-6} 秒	阿尔法

例题 **17.4** | 半衰期

1.80 mol 的 Th-228（半衰期为 1.9 年）样品衰变到 0.225 mol 需要多长时间？

解

画一张表格，显示 Th-228 的量与半衰期的函数关系。对于每个半衰期，Th-228 的量都除以 2。

Th-228 的数量	半衰期数量	时间（年）
1.80 mol	0	0
0.900 mol	1	1.9
0.450 mol	2	3.8
0.225 mol	3	5.7

样品衰减到 0.225 mol 需要三个半衰期或 5.7 年。

▶ **技能训练 17.4**

镭 226 样品最初有 0.112 mol。6400 年后样品中还剩下多少镭-226？镭 226 的半衰期为 1600 年。

化学和健康

环境中的氡

放射性气体氡是铀的放射性衰变系列的产物之一。只要地下有铀，就有可能有氡渗入空气。氡及其子核素（附着在灰尘颗粒上）因此可被吸入肺部，在那里它们会衰变并增加患肺癌的风险。氡的放射性衰变是人类放射性暴露的最大来源。

建在地下有大量铀矿的地区的房屋构成最大的风险。这些家庭可能会积累超过环境保护局（EPA）认为安全的氡水平。简单的测试套件可用于测试室内空气和确定氡水平。氡水平越高，风险越大。住在这些房子里的吸烟者的健康风险更高。过高的室内氡水平要求安装通风系统来清除室内的氡。低层可以通过保持门窗打开来通风。

B17.1 你能回答吗？ 假设一间房子里含有 1.80×10⁻³ mol 的氡 222（半衰期为 3.8 天）。如果没有新的氡进入室内，氡衰变到 4.50×10⁻⁴ mol 需要多长时间？

▲ 显示氡水平的美国地图。地区 1 的水平最高，地区 3 的水平最低

17.5.2 天然放射性衰变系列

环境中的放射性元素都在经历放射衰变。它们总是存在于环境中，因为它们要么有很长的半衰期（几十亿年），要么是通过环境中的其他过程不断形成的。在许多情况下，放射衰变的子核素本身是放射性的，并反过来产生另一个具有放射性的子核素，以此类推，产生一系列放射衰变现象。

例如，铀（原子序数为 92）是最重的天然元素。U-238 是一种阿尔法辐射源，衰变为 Th-234，半衰期为 44.7 亿年：

$$^{238}_{91}U \longrightarrow {}^{234}_{90}Th + {}^{4}_{2}He$$

子核素 Th-234 本身具有放射性，它是一种贝塔辐射源，衰变为半衰期为 24.1 天的 Pa-234：

$$^{234}_{90}Th \longrightarrow {}^{234}_{91}Pa + {}^{0}_{-1}He$$

Pa-234 也有放射性，通过 β 射线衰变为 U-234，半衰期为 244500 年。这个过程一直持续到产生稳定的 Pb-206。

▼ 图 17.9 显示了整个铀 238 衰变系列。环境中所有的铀 238 都在慢慢衰变为铅。然而，由于该系列第一步的半衰期太长，环境中仍有大量铀 238。衰变系列中的所有其他核素也以不同的数量存在于环境中，这取决于它们的半衰期。

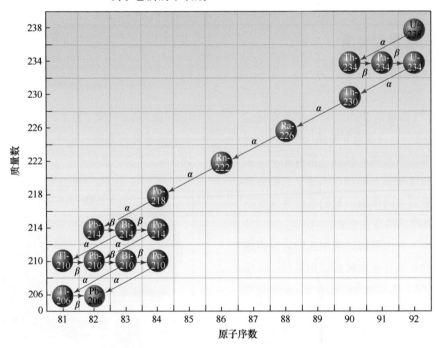

▶ 图 17.9 铀 238 衰变系列。红色箭头代表阿尔法衰变，蓝色箭头代表贝塔衰变

概念检查站 17.4

从一个特定的放射性同位素的 100 万个原子开始，需要多少个半衰期才能将未衰变的原子数减少到少于 1000 个？

(a) 10；(b) 100；(c) 1000；(d) 1001。

17.6 放射性碳定年法

▶ 利用碳 14 的含量确定化石或器物的年代。

考古学家、地质学家、人类学家和其他科学家利用环境中存在的天然放射性，采用一种称为放射性碳定年法的技术来估计化石和文物的年龄。例如，1947 年，年轻的牧羊人在死海（耶路撒冷以东）附近寻找一头迷路的山羊，他进入一个洞穴，发现了塞在罐子里的古代卷轴。这些卷轴（后来被命名为死海卷轴）是 2000 年前的圣经手稿，比其他现存的手稿早了将近 1000 年。

死海卷轴像其他古代文物一样，包含一个显示其年龄的放射性标记。这一特征是由环境中存在具有放射性的碳 14 所致。碳 14 是通过氮的中子轰击在高层大气中不断形成的。

$$^{14}_{7}N + ^{1}_{0}n \longrightarrow ^{14}_{6}C + ^{1}_{1}H$$

碳 14 通过贝塔放射衰变回氮，半衰期为 5715 年：

$$^{14}_{6}C \longrightarrow ^{14}_{7}N + ^{0}_{-1}e$$

大气中碳 14 的连续形成及其连续退回到氮 14 的过程，使大气中碳 14 的平衡浓度几乎保持恒定。碳 14 被氧化为二氧化碳，然后通过光合作用进入植物体内再进入动物体内，因为动物最终要以植物为食（它们吃植物或吃其他食用植物的动物）。因此，所有活生物体都残留有碳 14。当活生物体死亡时，它将停止将新的碳 14 掺入其组织中。死亡时存在的碳 14 的衰变半衰期为 5715 年。由于许多人工制品，如死海古卷，都是由曾经生活的材料制成的，如纸莎草、木材以及其他动植物衍生物，因此这些人工制品中的碳 14 含量表明了它们的年龄。

所有生物体内碳 14 的浓度相同。

例如，假设一件古代文物的碳 14 浓度是活生物体的 50%。该文物存在了多少年？因为它含有的碳 14 是活生物体的一半，所以它一定是一个半衰期，或者说是 5715 岁。如果这种人工制品的碳 14 浓度是活生物体的 25%，那么它的年龄是两个半衰期或 11430 岁。表 17.3 中列出了基于碳 14 含量的物体年龄。小于一个半衰期或介于整个半衰期之间的年龄也可以计算，但计算方法超出了本书的范围。

我们知道碳 14 年代测定法是准确的，因为我们会对照采用其他方法得知年龄的物体。例如，可以通过对树干中的年轮进行计数并通过碳 14 测年来对旧树进行定年。两种方法的误差通常在百分之几内。但是，碳 14 年代测定法对寿命超过 50000 年的物体并不可靠，因为碳 14 的量变得太少而无法测量。

表 17.3

碳 14 的浓度（相对于活生物体）	年龄（岁）
100.0	0
50.0	5715
25.00	11430
12.50	17145
6.250	22860
3.125	28575
1.563	34290

媒体中的化学

都灵的裹尸布

保存在意大利都灵大教堂的都灵裹尸布是一块旧亚麻布，上面有一个似乎被钉在十字架上的人的肖像。

如果拍摄裹尸布并将其视为底片，图像会变得更清晰。许多人认为裹尸布是耶稣基督最初的埋葬布，因此奇迹般地印上了他的形象。1988 年，罗马天主教会选择了三个独立的实验室对裹尸布进行放射性碳年代测定。实验室从裹尸布上取样，测量碳 14 的含量。他们都得出了相似的结果——裹尸布是由大约公元 1325 年的亚麻布制成的。虽然有些人对结果有争议，尽管没有科学测试是 100% 可靠的，但世界各地的报纸很快宣布裹尸布不可能是耶稣的埋葬布。

B17.2 你能回答吗？据说一件手工制品起源于公元前 3000 年，通过对手工制品中碳 14 含量的检测发现，其碳 14 含量是生物体内碳 14 含量的 55%。这件工艺品是真品吗？

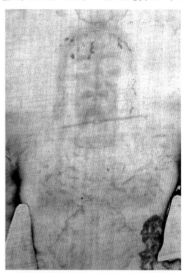

▲ 都灵裹尸布

例题 17.5　放射性碳年代测定法

人们发现了早期人类的头骨，其碳 14 的含量是生物体中碳 14 含量的 3.125%。这个头骨有多久了？

解

检查表 17.3，确定在活生物体中发现的碳 14 含量为 3.125%，对应的年龄为 28575 岁。

▶ **技能训练 17.5**

据称一份古代卷轴起源于公元前 500 年左右的希腊学者，对其碳 14 含量的测量显示，它含有生物体内碳 14 含量的 100.0%。卷轴是真迹吗？

17.7　裂变和原子弹#

▶ 解释费米、迈特纳、施特拉斯曼和哈恩的实验如何导致了核裂变的发现。

为了纪念恩里科·费米，这种原子序数为 100 的元素被命名为 Fermium。

20 世纪 30 年代中期，意大利物理学家恩里科·费米（1901—1954）试图用中子轰击铀（当时已知的最重的元素）来合成一种新元素。费米假设，如果把一个中子并入铀原子的原子核，原子核可能会发生衰变，即将一个中子转变成一个质子。如果发生这种情况，一个原子序数为 93 的新元素将首次被合成。该过程的核方程为

$$^{238}_{92}U + ^{1}_{0}n \longrightarrow ^{239}_{92}U \longrightarrow ^{239}_{93}X + ^{0}_{-1}e$$

中子　　　　　　　　　　　新合成的元素

为了纪念利兹·迈特纳,原子序数为 109 的元素被命名为 Mitnerium。

▲ 在奥特·哈恩的柏林实验室的利兹·迈特纳

费米进行了实验,并探测到了贝塔粒子的发射。然而,他的结果是不确定的。他合成了一种新元素吗?费米从未用化学方法检测过这些产物的成分,因此也不能肯定地说他是否合成了。

德国的三名研究人员——利兹·迈特纳(1878—1968)、弗里茨·斯特拉斯曼(1902—1980)和奥托·哈恩(1879—1968)重复了费米的实验,然后对产品进行了仔细的化学分析。他们在产品中发现的比铀轻的几种元素将永远改变世界。

1939 年 1 月 6 日,迈特纳、施特拉斯曼和哈恩报告说,中子对铀的轰击导致了核裂变(原子的分裂)。受中子轰击的铀原子的原子核分裂成钡、氪和其他较小的产物。他们还意识到这个过程会释放出大量的能量。下面的核裂变反应的核方程显示了铀是如何分裂成子核素的:

$$^{235}_{92}\text{U} + ^{1}_{0}\text{n} \longrightarrow ^{142}_{56}\text{Ba} + ^{91}_{36}\text{Kr} + 3^{1}_{0}\text{n} + \text{能量}$$

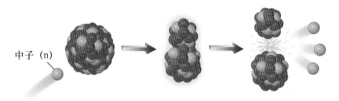

中子 (n)

注意,在核方程中,最初的铀原子是 U-235 同位素,它只占所有天然铀的不到 1%。最丰富的铀同位素是 U-238,它不会裂变。因此,核反应中用作燃料的铀必须在 U-235 中浓缩(它所含的 U-235 必须超过天然铀的百分比)。还要注意,这个过程会产生三个中子,这些中子有可能引发其他三个 U-235 原子的裂变。

美国科学家很快意识到,以 U-235 浓缩的铀会发生连锁反应,一个铀核裂变产生的中子会导致其他铀核裂变(▼图 17.10)。

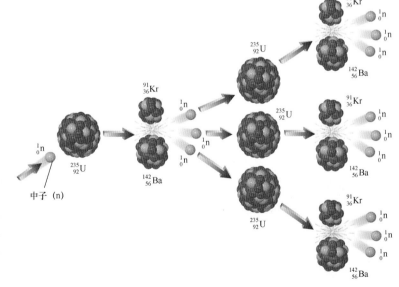

▲ 1945 年在新墨西哥州阿拉莫戈多进行的世界上第一枚核弹试验

▲ 图 17.10 **裂变链式反应**。一个铀核的裂变产生的中子引起其他铀核的裂变,产生自放大反应。为什么每个裂变事件必须产生一个以上的中子来维持链式反应?

其结果是能够产生大量能量的自放大反应——原子弹。但是，要制造炸弹，必须要有一定数量的 U-235（足以使 U-235 产生自我维持的反应）。由于担心纳粹德国制造这种炸弹，几位美国科学家说服了当时最著名的科学家阿尔伯特·爱因斯坦（1879—1955）于 1939 年给富兰克林·罗斯福总统写了一封信，说明警示这种可能性。爱因斯坦写道："尽管不太确定，但是可以想象到，一种新型威力极大的炸弹可能因此被制造出来。一枚这种类型的炸弹，由船只携带，在一个港口爆炸，很可能摧毁整个港口和周围的一些领土。"

罗斯福被爱因斯坦的信说服了，1941 年，他聚集了各种资源，开始了有史以来最昂贵的科学项目。这项绝密计划被称为曼哈顿计划，其主要目标是在德国人之前制造出原子弹。该项目由物理学家 J·R·奥本海默（1904—1967）领导，总部设在新墨西哥州洛斯·阿拉莫斯的一个高度安全的研究机构。

4 年后，即 1945 年 7 月 16 日，世界上第一枚核武器在新墨西哥的一个试验场成功引爆。第一颗原子弹爆炸的威力相当于 18000 吨炸药。这时没有成功制造核弹的德国人已被打败。相反，原子弹被用在了日本身上。第一颗原子弹投在广岛，第二颗原子弹投在长崎。两颗原子弹共造成约 20 万人死亡，日本被迫投降。第二次世界大战结束了，原子时代开始了。

17.8　核能

▶ 核电厂如何利用核裂变发电。

核动力汽车确实是一种假设，因为铅笔大小圆柱体中 U-235 的含量不足以达到临界质量并产生自我维持的反应。

核反应，比如裂变，会产生巨大的能量。在核弹中，能量是一次性释放的。这些能量还可以被更缓慢地释放出来，用于发电等其他用途。在美国，约 20% 的电力是由核裂变产生的。在其他一些国家，多达 70% 的电力是由核裂变产生的。为了了解核裂变过程中释放的能量，我们假设一辆核动力汽车。假设这辆汽车的燃料是一个铅笔大小的铀圆筒。你多久给汽车加一次油？铀瓶的能量相当于约 1000 个 20 加仑汽油罐。如果每周给汽油动力汽车加一次油，那么核动力汽车在加油之前可以行驶 1000 周，差不多 20 年。我们可以想象铅笔大小的燃料棒可以使用 20 年的情景。

同样，核动力发电厂可以用少量燃料产生大量电力。核电站通过裂变产生热量来发电（▼图 17.11）。热量被用来烧开水，产生蒸汽，然后带动发电机上的涡轮机发电。裂变反应本身发生在核电站的核心或反应堆。反应堆核心由铀燃料棒组成，铀燃料棒浓缩到约 3.5% 的 U-235，中间散布着可伸缩的吸收中子的控制棒。当控制棒从燃料棒总成完全缩回时，连锁反应有增无减地发生。然而，当控制棒完全插入燃料组件时，它们会吸收导致裂变的中子，从而关闭链式反应。

操作员通过插入或收回控制棒来控制裂变的速率。如果需要更多的热量，控制棒会略微收缩。如果裂变反应开始变得太热，控制棒就会再插入一些。通过这种方式，裂变反应被控制在可产生发电所需的适量热量上。在电源故障的情况下，燃料棒自动落入燃料棒组件，关闭裂变反应。

▲ 技术人员正在检查核反应堆的堆芯，堆芯里装着燃料棒和控制棒

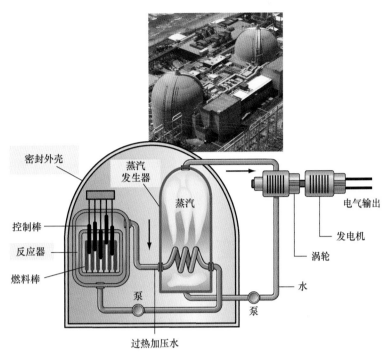

▶ 图 17.11 核电站。在核电站中，裂变产生的热量用来烧开水，产生蒸汽。蒸汽带动发电机上的涡轮机发电。注意，从反应堆核心输送热量的过热水包含在独立的管道中，不直接与驱动涡轮机的蒸汽接触

一座常规的核电站每天要用约 50 千克的燃料，为一个人口约 100 万的城市提供足够的电力。相比之下，一座燃煤电厂要用 200 万千克燃料为同一个城市提供电力。一方面，核电站不产生空气污染和温室气体。另一方面，燃煤电厂会排放一氧化碳、氮氧化物和硫氧化物等污染物，还会排放温室气体二氧化碳。

美国的反应堆堆芯不是石墨做的，不能像切尔诺贝利的堆芯那样燃烧。

然而，核能发电并非没有潜在风险。其中最重要的是核事故，尽管采取了安全措施，核电厂发生的裂变反应还是会出现过热现象。这类事故最著名的例子发生在 1986 年 4 月 26 日的苏联切尔诺贝利核电站和 2011 年 3 月的日本福岛第一核电站。

在切尔诺贝利事故中，核电站的操作人员正在进行一项旨在降低维护成本的实验。为了进行实验，反应堆堆芯的许多安全特性都被禁用。结果实验失败了，这是一场灾难。部分由石墨组成的核芯过热并开始燃烧。事故直接导致 31 人死亡，并引发火灾，放射性碎片散落到大气中，使周围的土地不适合居住，并且后续因罹患癌症的总死亡人数仍有很大的争议。

▲ 2011 年，日本福岛第一核电站因海啸引发的 9.0 级地震而过热，海啸淹没了沿海核电站，导致冷却系统泵失效

在 2011 年日本的事故中，一场 9.0 级的地震引发了海啸，淹没了沿海核电站，并导致核电站的冷却系统泵失灵。核电站内的三个核堆芯急剧过热，并使得部分熔毁（燃料温度太高以至于熔化）。燃料存储池中的水流失加剧了事故的严重性，导致存储在池中的燃料过热。

尽管核事故很严重，但核电站不可能成为核弹。用于发电的 U-235 的浓度不足以产生核爆炸。此外，美国核电站有额外的安全功能，旨在防止类似事故的发生。例如，美国核电站有大型的安全壳结构，旨在在

发生事故时容纳放射性碎片。

与核能有关的第二个问题是废物处理。尽管与其他燃料相比，用于发电的核燃料数量较少，但反应的废物仍具有放射性，半衰期很长（数千年或更久）。如何处理这些废物？目前，在美国，核废料被存储在核电电站的现场。内华达州的尤卡山正在开发一个永久性处置场。该基地原计划在 2010 年投入使用，但后来被推迟到 2017 年。然而，奥巴马政府认为尤卡山的项目不可行，于 2010 年撤回了开发该站点的许可。奥巴马总统后来成立了一个委员会，负责开发尤卡山的替代方案。委员会提出了几项重要的建议，包括开发一个临时的地上存储设施和一个永久性的地下设施。然而，委员会还未就尤卡山作为存储设施的潜在地点作出任何决定。

17.9 核聚变

▶ 比较核裂变和核聚变。

正如我们所知，核裂变是将一个重原子核分裂成两个或更多的轻原子核。相比之下，核聚变是两个轻核结合形成一个较重的核。核聚变和裂变都释放大量的能量。核聚变是包括太阳在内的恒星的能源来源。在恒星中，氢原子融合在一起形成氦原子，在这个过程中释放出能量。

核聚变也是被称为氢弹的现代核武器的基础。一颗现代氢弹的爆炸力是第一颗原子弹的 1000 倍。这些炸弹采用以下聚变反应：

$$\,^2_1H + \,^3_1H \longrightarrow \,^4_2He + \,^1_0n$$

在这个反应中，氘（氢的有一个中子的同位素）和氚（氢的有两个中子的同位素）结合形成氦 4 和一个中子。因为核聚变反应需要两个带正电荷的原子核（它们相互排斥）熔合在一起，所以需要极高的温度。在氢弹中，首先引爆一个小型裂变弹，为核聚变提供足够高的温度。

核聚变已被广泛研究为一种发电方式。由于能产生更高的能量（聚变提供的每克燃料能量比裂变多 10 倍），并且由于反应产物的危险性低于裂变，因此聚变有望成为未来的能源。然而，尽管付出了巨大的努力，聚变发电仍然难以实现，其中的一个主要问题是发生核聚变所需的高温，没有材料能承受这些温度。聚变是否会成为一种可行的能源还有待观察。

概念检查站 17.5

核裂变和核聚变的主要区别是什么？
(a) 裂变是两个核结合成一个，而聚变是一个核分裂成两个。
(b) 聚变是两个核结合成一个，而裂变是一个核分裂成两个。
(c) 裂变释放能量，而核聚变吸收能量。

17.10 放射性对生命的影响

▶ 描述辐射暴露如何影响生物分子及如何测量暴露的辐射。

放射性可使生物分子中的原子电离，引发可以改变分子的反应。当放射性破坏活细胞中的重要分子时，就会出现问题。摄入放射性物质（尤

其是 α 和 β 放射粒子）特别危险，因为放射衰变发生在体内，比外部放射性造成的损害更大。放射性的影响分为三种不同类型：急性辐射损伤、癌症风险增加和遗传影响。

17.10.1　急性辐射损伤

急性辐射损伤是短时间内暴露于大量辐射下造成的。这种暴露的主要来源是核弹或暴露的核反应堆堆芯，由此产生的高水平放射性杀死了大量细胞。快速分裂的细胞，如免疫系统和肠道内壁的细胞，最容易受到影响。因此，暴露在高水平放射性下的人会削弱免疫系统，降低从食物中吸收营养的能力。在病情较轻的病例中，随着时间的推移康复是可能的。但在更极端的情况下，死亡往往是由未经控制的感染造成的。

17.10.2　癌症风险增加

DNA 及其功能详见第 19 章。

长时间的低剂量放射性会增加患癌症的风险，因为辐射会破坏 DNA，DNA 是细胞中携带细胞生长和复制指令的分子。当细胞内的 DNA 受损时，细胞通常会死亡。但是，有时候 DNA 的变化会导致细胞异常生长并癌变。这些癌细胞会长成可扩散的肿瘤，在某些情况下会导致死亡。癌症风险随着辐射暴露的增加而增加。但是，癌症是很普遍的，并且有很多令人费解的原因，以致难以用确切的阈值来确定因辐射照射而导致癌症增加的风险。

17.10.3　遗传影响

辐射暴露的另一个可能影响是后代的遗传。如果放射性破坏了生殖细胞（如卵子或精子）的 DNA，那么由这些细胞发育出来的后代可能会有基因异常。在暴露于高水平放射性的实验动物中已经观察到这种类型的遗传缺陷。然而，这种与放射性暴露有明确因果关系的基因缺陷，甚至在对广岛幸存者的研究中，还没有在人类身上观察到。

17.10.4　测量放射性

常见的放射性单位包括：居里，它定义为每秒 3.7×10^{10} 个衰变事件；伦琴，它定义为每千克空气产生 2.58×10^{-4} C 电荷的放射性量。人体受到的辐射经常以雷姆（rem）为单位。雷姆是人定的伦琴当量，是放射性暴露的一种加权测量方法，它反映了不同类型放射性的电离能力。平均而言，美国每个人每年都受到天然资源辐射的 1/3。它需要比天然放射性更多的辐射才能对人体产生可衡量的健康影响。第一个可测量的现象是白细胞数量减少，发生在大约 20 rem 的瞬时暴露下（表 17.4）。暴露于 100 rem 下会明显增大患癌的风险，而暴露于 500 rem 以上通常会导致死亡。

表 17.4

剂量（雷姆）	可能的结果
20～100	白细胞计数减少；可能增大患癌症的风险
100～400	放射性病；皮肤损伤；癌症风险增加
5000	死亡

17.11 放射性在医学中的应用

▶ 描述放射性在疾病诊断和治疗中的应用。

放射性经常被认为是危险的；然而，它对医生诊断和治疗疾病是非常有用的。我们可以将放射性的用途大致分为同位素扫描和放射治疗。

17.11.1 同位素扫描

回顾 17.1 节可知，同位素扫描是指将一种放射性同位素引入人体，并检测该同位素发出的放射性。由于不同的同位素被不同的器官或组织所吸收，同位素扫描具有多种用途。例如，放射性同位素磷 32 被癌变组织优先吸收。给癌症患者这种同位素，医生就可定位和识别癌症肿瘤。其他在医学上常用的同位素包括碘 131（用于诊断甲状腺疾病）和锝 99（可产生几种不同内脏器官的图像）（◀图 17.12）。

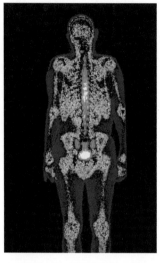

▲ 图 17.12 同位素扫描。锝 99 常被用作骨扫描的放射源，比如这张图

17.11.2 放射疗法

因为放射性可以杀死细胞，而且它在杀死快速分裂的细胞方面特别有效，所以它常被用作癌症的治疗方法（癌细胞比正常细胞分裂得更快）。射线聚焦于内部肿瘤并杀死它们（▼图 17.13）。伽马射线束通常从多个不同的角度对准肿瘤，以最大限度地杀死肿瘤，同时也最大限度地杀死了肿瘤周围的健康组织。尽管如此，接受放射治疗的癌症患者通常会出现放射病症状，包括呕吐、皮肤烧伤和脱发。

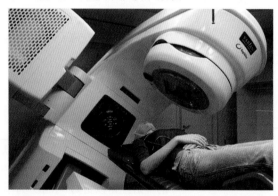

▲ 图 17.13 放射治疗癌症。这种治疗包括将恶性肿瘤暴露于伽马射线中，通常是钴 60 等放射性同位素。光束在肿瘤周围以圆形模式移动，以最大限度地杀死癌细胞，同时尽量减少对健康组织的破坏

有些人困惑为什么放射性（众所周知会导致癌症）被用来治疗癌症，答案在于风险分析。癌症患者通常受到约 100 rem 的放射性剂量，这样的剂量会使患癌症的风险增加约 1%。然而，如果病人死于癌症的概率为 100%，那么这样的风险就是可以接受的，特别是因为这样就有很大的机会治愈癌症。

概念检查站 17.6

哪种放射性最有可能被用于同位素扫描？
(a) 阿尔法；(b) 贝塔；(c) 伽马。

关键术语

核反应方程	正电子发射	核裂变	放射性
核聚变	盖革计数器	母核素	连锁反应
半衰期	穿透能力	放射疗法	临界质量
电离能力	磷光现象	子核素	同位素扫描
正电子	闪烁计数器		

技能训练答案

技能训练 17.1.................. $^{216}_{84}Po \longrightarrow {}^{212}_{82}Pb + {}^{4}_{2}He$

技能训练 17.2.................. $^{228}_{89}Ac \longrightarrow {}^{228}_{90}Th + {}^{0}_{-1}e$

技能巩固 .... $^{235}_{92}U \longrightarrow {}^{231}_{90}Th + {}^{4}_{2}He$ ；

$^{231}_{90}Th \longrightarrow {}^{231}_{91}Pa + {}^{0}_{-1}e$ ；

$^{231}_{91}Pa \longrightarrow {}^{227}_{89}Ac + {}^{4}_{2}He$

技能训练 17.3.................. $^{22}_{11}Na \longrightarrow {}^{22}_{10}Ne + {}^{0}_{+1}e$

技能训练 17.4.......................7.00×10^{-3} mol

技能训练 17.5.................不，上面的碳 14 含量表明卷轴来自近代

概念检查站答案

17.1 (c)。阿尔法衰变将原子序数减少 2～82，而贝塔衰变将原子序数增加 1～83。

17.2 (a)。在阿尔法衰变中，原子核失去一个氦原子核（2 个质子和 2 个中子），质量数减少 4。所列其他形式的衰变涉及电子或正电子，与没有质量的核粒子或伽玛射线光子相比，它们的质量微不足道。

17.3 半衰期是 100 年。

17.4 (a)。将 1000000 除以 2，然后将余数除以 2，再重复这一过程 8 次，大约剩下 977 个原子。

17.5 (b)。融合即合并；裂变是分裂的。

17.6 (b)。伽马放射性具有最强的穿透能力，因此它最容易穿透身体组织，以便于检测。

第 18 章　有机化学

原子以不同的顺序和位置聚集在一起，就像字母一样，虽然它们很少，但通过以不同的方式放置在一起，就产生了无数的单词。

——伊壁鸠鲁（公元前 341—公元前 270）

18.1　我们闻到的气味

香水公司花费数百万美元试图制造出最诱人的香味。气味是什么原因导致的？答案是分子。当我们吸入某些分子时，它们会与鼻子里的分子受体（称为嗅觉受体）结合，这种互动向大脑发送神经信号，使得我们感受到气味。有些气味，例如花香，是令人愉快的；有些气味，如腐烂的鱼的气味，是令人恶心的。哪些分子会产生气味？许多分子根本没有气味。例如，氮气、氧气、水和二氧化碳分子不断地通入我们的鼻子，但它们却不产生气味。我们闻到的大部分气味都是由有机分子引起的，这些分子包含碳和其他一些元素，如氢、氮、氧和硫。含碳分子是玫瑰、香草、肉桂、杏仁、茉莉、体味和腐烂鱼的气味的罪魁祸首。

当我们在法式吐司上撒上肉桂时，一些肉桂醛（肉桂中的一种有机化合物）会蒸发到空气中。我们吸入一些肉桂醛分子，就可以体验到肉

◀ 茉莉的芳香是由有机化合物乙酸苄酯产生的。当你闻到茉莉花时，从花中释放出的醋酸苄酯分子与鼻子中的分子感受器结合，触发到大脑的神经信号，让你感觉到这是一种甜蜜的气味

物质的气味并不能判断什么东西好吃。

桂独特的气味。当我们在海滩上路过一条腐烂的鱼时，会吸入三乙胺（腐烂的鱼释放出的一种有机化合物）并感受到那种独特而难闻的气味。我们对某些气味的反应，不管是积极的还是消极的，可能是一种进化适应。肉桂的香味告诉我们它很好吃；腐烂的鱼散发出难闻的气味，告诉我们它已经变质，我们应该避开它。

有机化学是研究含碳化合物及其反应的学科。除了普遍存在于气味和香味中，有机化合物在食品、药品、石油产品和杀虫剂中也很常见。有机化学也是生物学的基础。生命是在含碳化合物的基础上进化而来的，这使得有机化学在理解生命有机体方面至关重要。

$$CH_3 - CH_2 - N - CH_2 - CH_3$$
$$|$$
$$CH_2$$
$$|$$
$$CH_3$$

三乙胺

▲ 含碳分子是死鱼散发气味的来源（尤其是三乙胺）

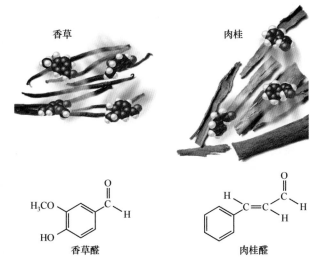

香草　　　　　　　肉桂

香草醛　　　　　　肉桂醛

▲ 含碳分子是香草豆（香草醛）和肉桂棒（肉桂醛）的气味的来源

18.2 有机物与无机物的区别

▶ 解释沃勒的实验是如何成为有机化学发展的基础的。

到 18 世纪末，化学家们把化合物分为两大类：有机化合物和无机化合物。有机化合物来自生物，例如从甘蔗或甜菜中提取的糖是一种有机化合物。无机化合物来自地球，例如从地下开采或从海洋中提取的盐是无机化合物。

早期的化学家认识到有机化合物和无机化合物不仅在来源不同，而且性质也不同。有机化合物很容易分解。例如，糖在加热时很容易分解成碳和水。无机化合物更难分解。盐在分解前必须加热到非常高的温度。更令这些早期化学家奇怪的是，他们无法在实验室合成单一的有机化合物。他们可以在实验室里很容易地合成许多无机化合物，但在合成有机化合物方面却不成功。

活力论认为，生物体内含有一种非物质的"力量"，可以合成有机化合物

有机化合物的起源和性质使得早期的化学家假设有机化合物是活生物体所独有的。他们假定生物有一种生命力（一种神秘的、超自然的力量），这种生命力使得这些生物能够产生有机化合物。他们认为不可能在活的有机体之外产生有机化合物。这种后来被称为"活力论"的观念被认为解释了为何没有一名化学家能在实验室里成功地合成有机化合物。

有机的   无机的

▶ 从甘蔗或甜菜中提取的糖是一种有机化合物。从盐矿或海洋中获得的盐是一种无机化合物。有机化合物和无机化合物的主要区别是什么?

1828 年,德国化学家弗里德里希·沃勒(1800—1882)进行的一项实验证明活力论是错误的。沃勒把氰酸铵(一种无机化合物)加热后生成了尿素(一种有机化合物):

$$NH_4OCN \xrightarrow{\text{加热}} H_2NCONH_2$$

氰酸铵   尿素

尿素是一种已知的有机化合物,以前只能从活生物体的尿液中分离出来。尽管当时还没有意识到,但沃勒简单的实验是将有机生命开放给科学研究的关键一步。他表明,构成活生物体的化合物像其他化合物一样遵循科学规律,可以研究和理解。今天,已知的有机化合物数以百万计,有机化学是一个广阔的领域,可以生产各种各样的物质,如药物、石油和塑料。

18.3 碳

▶ 识别碳形成如此大量化合物的独特性质。

路易斯结构已经在第 10 章介绍。

为什么生命的进化基于碳的化学性质?为什么生命不基于其他元素?答案可能不简单,但我们知道,生命要存在,就必须具有复杂性。很明显,碳的化学性质是复杂的。含碳的化合物的数量大于元素周期表中所有其他元素的化合物的数量之和。产生这种复杂化学的一种原因是,碳(含 4 个价电子)可以形成 4 个共价键。回顾可知碳和一些常见碳化合物的路易斯结构:

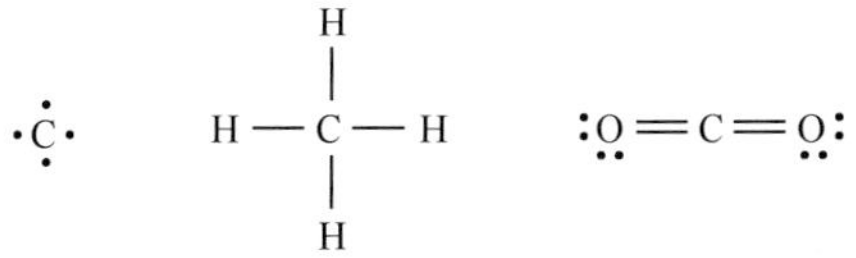

当我们学习画有机化合物的结构时,需要记住碳总是形成四个键。

碳具有复杂化学性质的第二种原因是,碳比其他任何元素都更能与自身结合形成链、支链和环结构,如下所示:

丙烷   异丁烷   环己烷

媒体中的化学

生命的起源

活力论的消亡（以及它的起源）使生命本身向化学研究打开了大门。如果有机化合物可以在实验室里制造出来，如果生物是由有机化合物组成的，那么在实验室里制造生命可能吗？模拟地球上生命的起源有可能吗？

1953 年，一位名叫斯坦利·米勒（1930—2007）的年轻科学家在芝加哥大学与哈罗德·C. 尤里（1893—1981）一起进行了一个实验，以试图回答这个问题。米勒在一个装有水和一些气体（包括甲烷、氨和氢）的烧瓶中创造了与原始地球类似的环境，这些气体在当时都被认为是早期大气的组成部分。他让电流通过系统来模拟闪电。几天后，米勒分析了烧瓶里的东西。他的发现成了头条新闻，烧瓶中不仅含有有机化合物，甚至含有对生命至关重要的有机化合物——氨基酸。如第 19 章所述，氨基酸是生物蛋白质的组成部分。显然，在早期地球的条件下，生命的基本化合物可以简单地合成。

受到米勒研究结果的启发，其他一些科学家开始着手了解生命的起源，也许还会重新创造生命的起源。一些人认为，在实验室中创造生命迫在眉睫。但事实并非如此，米勒的开创性实验已经过去了 60 多年，但我们仍在努力理解生命是如何开始的。斯坦利·米勒是加州大学圣地亚哥分校的化学教授，在他生命的最后，他说："生命起源的问题比我和大多数人预想的要困难得多。"

大多数研究生命起源的科学家对生命可能是如何开始的都有一个基本假设。一组分子发展了自我复制的能力，但并不完美——一些复制的分子含有可遗传的错误。在少数情况下，这些改变使分子"后代"能够更有效地复制。通过这种方式，化学进化产生了一代又一代的分子，这些分子在组装成更复杂的结构时，自我复制能力慢慢提高。这个过程最终产生了一个活细胞，这是一个非常有效的自我复制机器。

尽管这一基本假设仍被广泛接受，但其细节还远不清楚。这些早期的分子是什么？它们是如何形成的？它们是如何复制的？早期的生命起源理论认为，复制分子是现今存在于生物体中的分子的原始形式，如蛋白质、RNA 和 DNA（见第 19 章）。然而，由于这些分子的复杂性以及它们无法相互独立复制，一些研究人员开始关注可能与这一过程有关的其他物质，如黏土和含硫化合物。尽管努力不断，但还没有一种理论得到广泛接受，而且生命的起源是一个正在进行的研究领域。

B18.1 你能回答吗？ 对活力论的信赖会如何抑制对生命起源的研究？

▲ 艺术家对早期地球的构想。米勒的实验就是为了模拟这种环境而设计的

第 10 章包含了分子几何和价层电子对互斥理论。

这种多功能性使碳成为数百万种不同化合物的骨架,这正是生命存在所需要的。

当碳形成四个单键时,它的周围有四个电子基团,而价层电子对互斥理论(10.7 节)预测了四面体的几何形状:

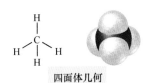

四面体几何

当碳形成一个双键和两个单键时,每个碳原子周围都有三个电子基团,而价层电子对互斥理论预测了一个三角平面几何形状:

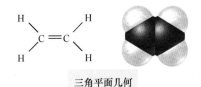

三角平面几何

当碳形成一个三键和一个单键(或两个双键)时,每个碳原子周围有两个电子基团,形成线性几何形状:

线性几何

18.4 碳氢化合物

▶ 根据分子式区分烷烃、烯烃和炔烃。

碳氢化合物(仅含碳和氢的化合物)是最简单的有机化合物。然而,因为碳原子用途广泛,所以存在许多不同种类的碳氢化合物。碳和氢原子以不同的数量和方式结合在一起,形成数百万种不同的化合物。#

碳氢化合物通常用作燃料。蜡烛、油、汽油、液态丙烷(LP)气、天然气都是由碳氢化合物组成的。碳氢化合物也是合成许多不同消费品的原料,包括织物、肥皂、染料、化妆品、药物、塑料和橡胶。#

18.5 节和 18.8 节中解释饱和烃和不饱和烃的区别。

如▼图 18.1 所示,我们将碳氢化合物大致分为四种不同的类型:烷烃、烯烃、炔烃和芳香烃。烷烃是饱和烃,而烯烃、炔烃和芳烃都是不饱和烃。我们可以根据分子式来区分烷烃、烯烃和炔烃:

这些分子式仅适用于长链(非环)烃。

烷烃 C_nH_{2n+2} 烯烃 C_nH_{2n} 炔烃 C_nH_{2n-2}

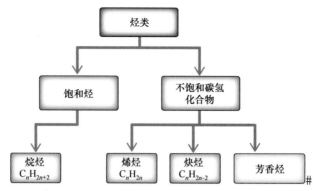

▶图 18.1 碳氢化合物分类流程图。这些分子式仅适用于长链（非环状）碳氢化合物

例题 18.1　根据分子式区分烷烃、烯烃和炔烃

根据分子式确定非环烃是烷烃、烯烃还是炔烃。

(a) C_7H_{14}；(b) $C_{10}H_{22}$；(c) C_3H_4。

解

(a) C_7H_{14}。碳数为 7；因此 $n = 7$。如果 $n = 7$，那么 14 是 $2n$。分子是一种烯烃。

(b) $C_{10}H_{22}$。碳数为 10；因此 $n = 10$。如果 $n = 10$，那么 22 就是 $2n + 2$。分子是烷烃。

(c) C_3H_4。碳数为 3；因此 $n = 3$。如果 $n = 3$，那么 4 是 $2n - 2$。分子是炔烃。

▶ 技能训练 18.1

根据分子式确定非环烃是烷烃、烯烃还是炔烃：(a) C_6H_{12}；(b) C_8H_{14}；(c) C_5H_{12}。

概念检查站 18.1

哪种化合物是烯烃？（假设化合物都是非环的。）
(a) $C_{10}H_{20}$；(b) C_9H_{20}；(c) $C_{11}H_{20}$。

18.5　烷烃

▶ 写出正构烷烃的分子式。

烷烃是只含单键的碳氢化合物。烷烃也称饱和烃，因为它们被氢占据了所有键（满负荷）。最简单的烷烃是甲烷 CH_4，即天然气的主要成分：

甲烷　　CH_4　　（结构式）　　（空间填充模型）

化学式　　　结构式　　　空间填充模型

中间甲烷的分子式是一个结构式，这个分子式不仅显示了分子中每个原子的数量和类型，而且显示了其结构。结构式并不像空间填充模型那样是分子的三维表示，而是显示哪些原子结合在一起的二维表示。结构式类似于路易斯结构，但它通常将成键电子对表示为横线，从而省略了孤对电子。

媒体化学

与碳氢化合物燃烧相关的环境问题

碳燃料也称化石燃料，因为它们起源于史前时代地球上存在的植物和动物。化石燃料的主要类型是天然气、石油和煤。化石燃料是一种方便的能源形式，因为它们相对便宜，易于运输，且易于燃烧以释放大量能量。然而，化石燃料的使用也带来了一些问题，如储量有限、烟雾、酸雨和全球变暖。

化石燃料的问题之一是化石燃料的储量是有限的。按照目前的消耗速度，石油和天然气供应将在40~60年内耗尽。虽然有足够的煤可以使用更长时间，但它是一种污染更大的燃料，而且比石油和天然气更不方便，因为它是固体。

与化石燃料燃烧相关的第二个问题是烟雾。当化石燃料燃烧产物排放到空气中时，就会产生烟雾。其中包括氮氧化物（NO 和 NO_2）、硫氧化物（SO_2 和 SO_3）、臭氧（O_3）和一氧化碳（CO）。这些物质会污染城市上空的空气并使之变成棕色。它们还会刺激人们的眼睛和肺部，给心脏和肺部带来压力。然而，由于开始立法和制备出了催化转换器，这些污染物在大多数城市的水平正在下降。即便如此，在许多城市，这一水平仍然超过了美国环境保护署（EPA）认为的安全水平。

第三个问题是酸雨。排放到空气中的氮氧化物和硫氧化物使雨水呈酸性。这种酸雨落入湖泊和溪流，使它们也呈酸性。有些水生生物不能忍受酸性的增加而死亡。酸雨也会影响森林和建筑材料。同样，有益的立法已经解决了酸雨问题（特别是1990年的清洁空气修正案），在过去的 25 年里，美国的氧化硫排放量一直在减少。我们可以期待在未来几年看到湖泊和河流减少的积极影响。

与化石燃料使用有关的第四个问题是气候变化，8.1 节中说过。化石燃料燃烧的主要产物之一是二氧化碳（CO_2）。二氧化碳是一种温室气体；它吸收来自太阳的可见光进入地球大气层，但阻止热量（以红外光的形式）逸出。本质上，二氧化碳就像毯子一样，让地球保持温暖。由于化石燃料的燃烧，大气中的二氧化碳含量一直在稳步上升，这一上升预计会提高地球的平均温度。目前的观测表明，由于大气中二氧化碳含量增加了约 38%，地球比 20 世纪变暖了约 0.7℃。计算机模型显示，如果二氧化碳排放得不到控制，那么全球变暖将会恶化。

B18.2　你能回答吗？为汽油的成分辛烷的燃烧写一个平衡方程。每燃烧 1 摩尔辛烷（C_8H_{18}）产生多少摩尔二氧化碳？燃烧 1 千克辛烷产生多少千克二氧化碳？

◀ 汽油等化石燃料是十分方便的能源形式，因为它们相对便宜，易于运输，燃烧时会释放大量能量

另一个非常简单的烷烃是乙烷（C_2H_6）。为了画出乙烷的结构式，我们从甲烷中去掉一个氢原子，用甲基（-CH_3）取代：

乙烷　C_2H_6

化学式　　　　结构式　　　　空间填充模型

乙烷是天然气中的少量组分。

仅次于乙烷的下一个简单的烷烃是丙烷（C_3H_8），它是 LP（液化石油）气体的主要成分：

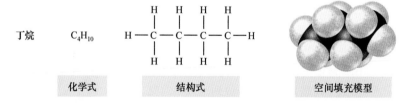

丙烷　C_3H_8

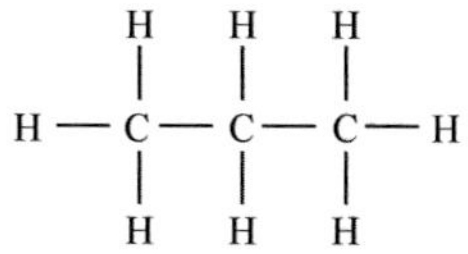

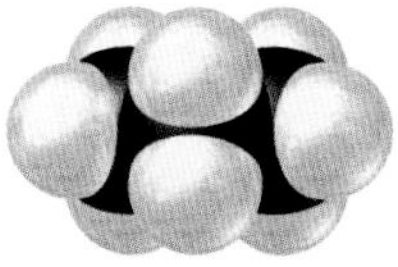

化学式　　　　结构式　　　　空间填充模型

对于许多有机化合物，写出简写结构式是比较方便的。简写结构式是一种简写结构式的方法，它将许多或所有的键和类似原子的基团排列在一起。例如，丙烷的简写结构式为

$$CH_3CH_2CH_3$$

这并不是 C—H—H—H—C—H—H—C—H—H—H 这样的结构。这种结构不可能存在，因为我们知道，碳原子必须形成四个键，而氢原子只能形成一个键。相反，简写结构式只是前面所示丙烷的真正结构式的一种较短的写法

简单烷烃系列的下一个是丁烷 C_4H_{10}，它打火机液体内的主要成分：

丁烷　C_4H_{10}

化学式　　　　结构式　　　　空间填充模型

像我们刚才看到的那样，由碳原子组成的没有任何分支的直链烷烃称为正构烷烃。具有三个或以上碳原子的正构烷烃具有一般结构：

$$CH_3(CH_2)_mCH_3$$

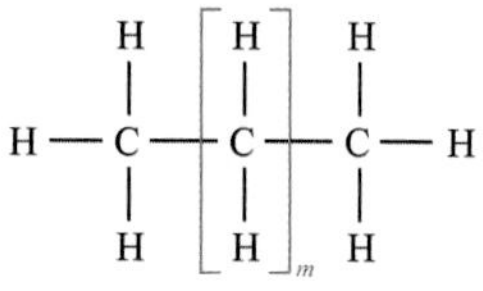

简写结构式　　　　结构式

随着正构烷烃中碳原子数量的增加，它们的沸点也随之增加。甲烷、乙烷、丙烷和丁烷在室温下都是气体，但系列中的下一个正烷烃（正戊烷）在室温下是液体：

▲ 丁烷是打火机内液体的主要成分

m 是—CH_2—基团的数量。

烷　烃	沸点（℃）
甲烷	−161.5
乙烷	−88.6
丙烷	−42.1
丁烷	−0.5
戊烷	36.0
己烷	68.7
庚烷	98.5
辛烷	125.6

| 戊烷 | C$_5$H$_{12}$ | | |
| 化学式 | | 结构式 | 空间填充模型 |

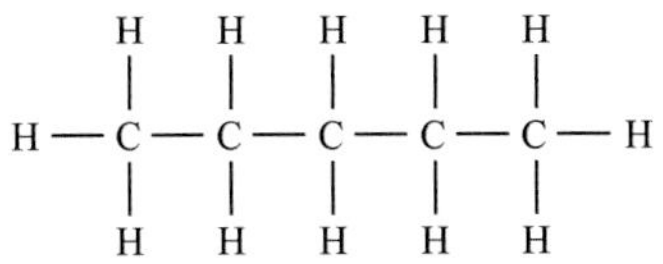

戊烷是汽油的一种成分。表 18.1 中小结了正构烷烃到癸烷，包含 10 个碳原子。和戊烷一样，正己烷到癸烷都是汽油的组成部分。表 18.2 中小结了碳氢化合物的许多用途。

表 18.1

n	名称	分子式 (C$_n$H$_{2n+2}$)	结构式	简写结构式
1	甲烷	CH$_4$	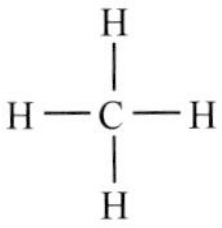	CH$_4$
2	乙烷	C$_2$H$_6$	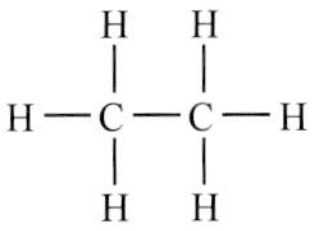	CH$_3$CH$_3$
3	丙烷	C$_3$H$_8$	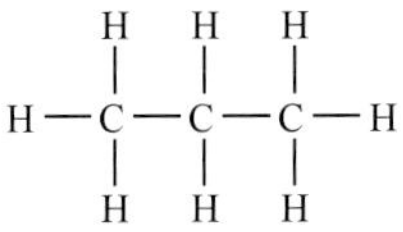	CH$_3$CH$_2$CH$_3$
4	正丁烷	C$_4$H$_{10}$	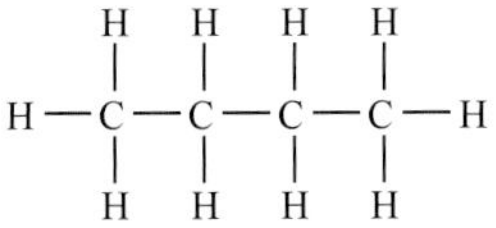	CH$_3$CH$_2$CH$_2$CH$_3$
5	正戊烷	C$_5$H$_{12}$	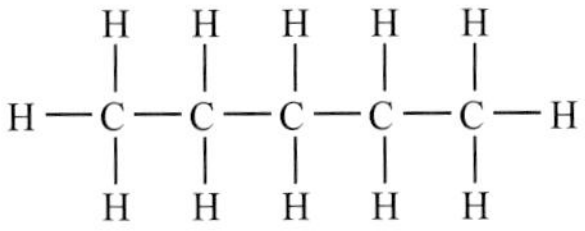	CH$_3$CH$_2$CH$_2$CH$_2$CH$_3$
6	正己烷	C$_6$H$_{14}$	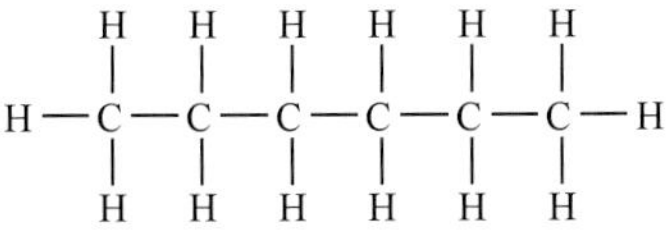	CH$_3$CH$_2$CH$_2$CH$_2$CH$_2$CH$_3$
7	正庚烷	C$_7$H$_{16}$	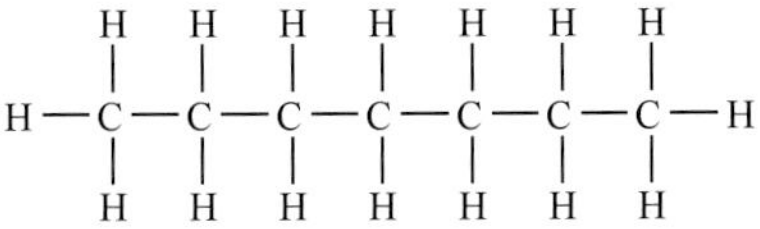	CH$_3$CH$_2$CH$_2$CH$_2$CH$_2$CH$_2$CH$_3$
8	正辛烷	C$_8$H$_{18}$	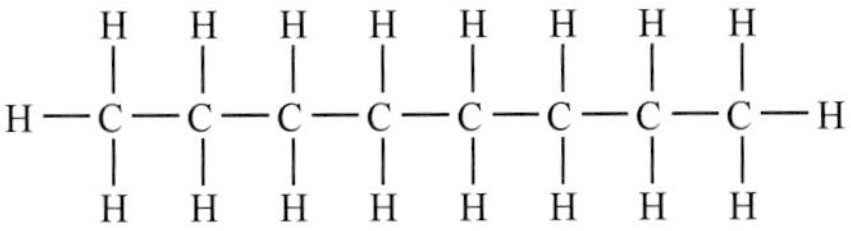	CH$_3$CH$_2$CH$_2$CH$_2$CH$_2$CH$_2$CH$_2$CH$_3$

n	名称	分子式 (C_nH_{2n+2})	结构式	简写结构式
9	正壬烷	C_9H_{20}	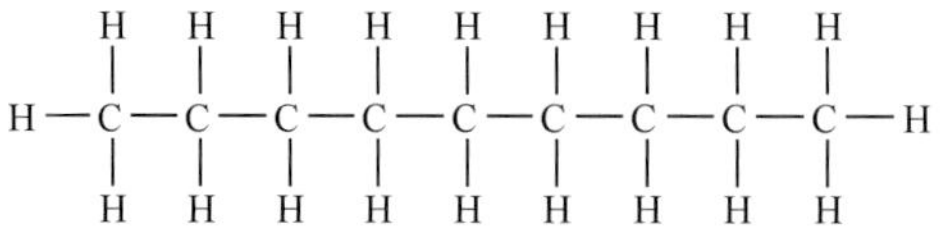	$CH_3CH_2CH_2CH_2CH_2CH_2CH_2CH_3$
10	正癸烷	$C_{10}H_{22}$	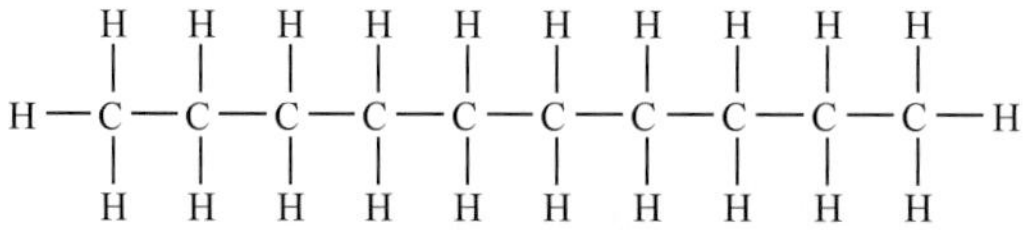	$CH_3CH_2CH_2CH_2CH_2CH_2CH_2CH_2CH_3$

表 18.2

碳原子数	室温下的状态	主要用途
1～4	气体	加热燃料，烹饪燃料 
5～7	沸点低的液体	溶剂、汽油 
6～18	液体	汽油 
12～24	液体	航空燃料，便携式炉子燃料 
18～50	高沸点的液体	柴油、润滑油、取暖油 
50+	固体	凡士林、石蜡 

例题 18.2 　写出正链烷烃的公式

写出正辛烷（C_8H_{18}）的结构式和简写结构式。

写出这个结构式的第一步是写出有 8 个碳的碳骨架。方程左边是 Bk-249 的符号，右边是贝塔粒子的符号。	**解** C—C—C—C—C—C—C—C
下一步是添加 H 原子，使所有的碳都有 4 个键。	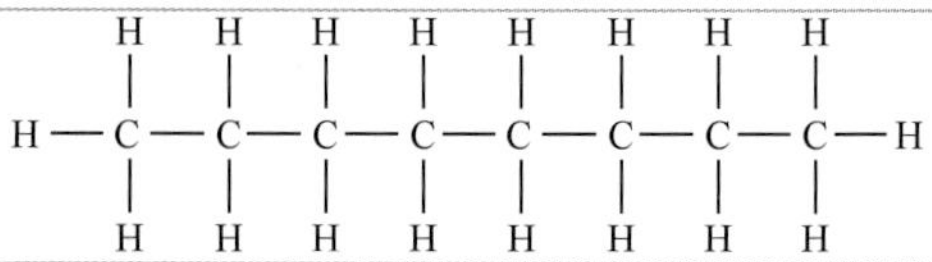
要写出简写结构式，可把氢原子和每个碳原子的键直接写在碳原子的右边。用下标表示正确的氢原子数。	$CH_3CH_2CH_2CH_2CH_2CH_2CH_2CH_3$

► 技能训练 18.2
写出 C_5H_{12} 的结构式和简写结构式。

18.6 异构体

► 写出烃类同分异构体的结构式。

碳原子除了以直链连接形成正构烷烃，还会形成称为支链烷烃的支链结构。最简单的支链烷烃是异丁烷，其结构如下所示：

异丁烷 C_4H_{10}

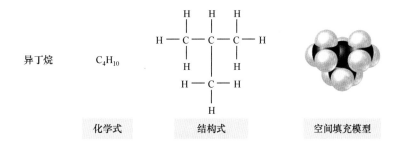

化学式   结构式   空间填充模型

异丁烷和丁烷是异构体，分子式相同但结构不同。由于它们的结构不同，它们的性质也不同。实际上，它们是不同的化合物。异构现象在有机化合物中很常见。我们知道丁烷有两个同分异构体，戊烷（C_5H_{12}）有三个同分异构体，己烷（C_6H_{14}）有五个同分异构体，而癸烷（$C_{10}H_{22}$）有七十五个同分异构体。

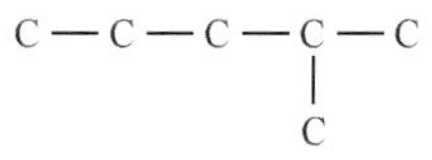

和

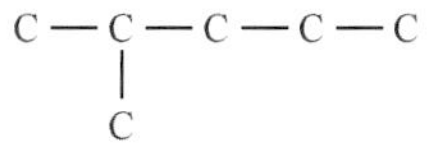

```
C—C—C—C—C
        |
        C


C—C—C—C—C
    |
    C
```

例题 18.3   写出同分异构体的结构式

画出己烷的五个同分异构体。

解

首先，画出碳主链。第一种异构体是直链异构体，C—C—C—C—C—C。
通过其他四种独特的方式排列碳原子来确定其他异构体的碳骨架结构。

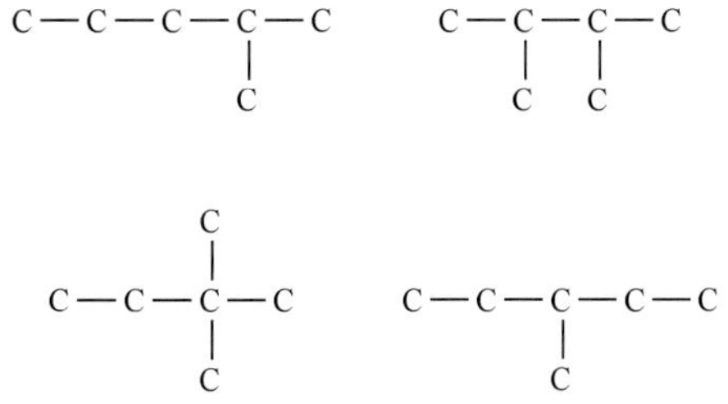

```
C—C—C—C—C          C—C—C—C
      |                |   |
      C                C   C


        C
        |
C—C—C—C—C          C—C—C—C—C
        |                |
        C                C
```

填入所有的氢原子，使每个碳有 4 个键。

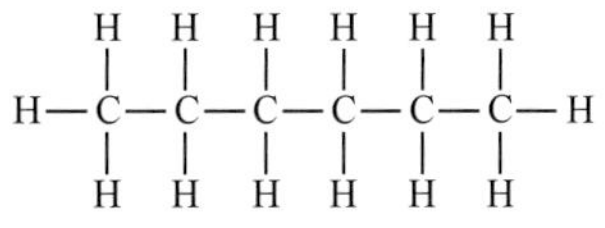

```
  H  H  H  H  H  H
  |  |  |  |  |  |
H—C—C—C—C—C—C—H
  |  |  |  |  |  |
  H  H  H  H  H  H
```

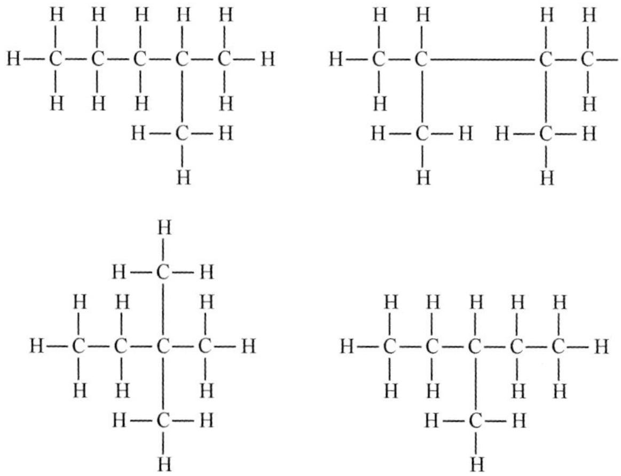

▶ 技能训练 18.3

画出戊烷的三种异构体。

概念检查站 18.2

下面哪两个分子是同分异构体？

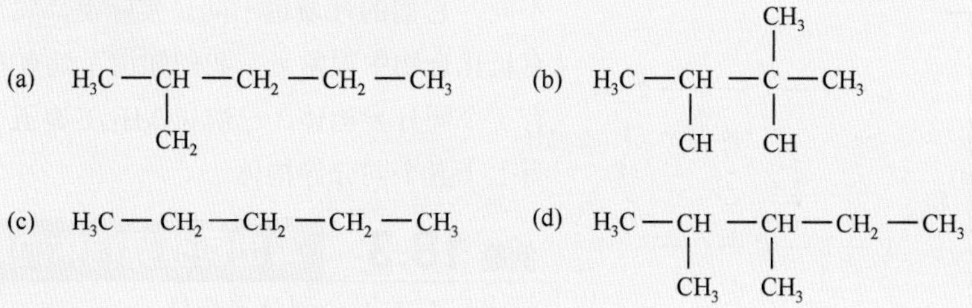

(a) $H_3C-CH-CH_2-CH_2-CH_3$
              |
              CH_2

(b) CH_3
                     |
    $H_3C-CH-C-CH_3$
             | |
             CH CH

(c) $H_3C-CH_2-CH_2-CH_2-CH_3$

(d) $H_3C-CH-CH-CH_2-CH_3$
             | |
            CH_3 CH_3

18.7 烷烃的命名

▶ 命名烷烃。

许多有机化合物都有类似的名字，只有熟悉后才能分辨。正因为有如此多的有机化合物，所以需要一种系统的命名方法。本书中采用国际纯化学和应用化学联合会（IUPAC）推荐的命名体系，该体系在世界范围内广泛使用。在这个系统中，有机化合物的基本名称由前缀和结尾组成。前缀由主链（碳原子最长的连续链）中的碳原子数决定。表 18.3 中列出了 1～10 个碳原子的主链的前缀。从主链分支出来的碳原子的基团是烷基，我们称它们为取代基。

取代基是有机化合物中被氢原子取代的一个原子或一组原子。表 18.4 中显示了常见的烷基。

表 18.3

碳原子数	前缀
1	甲基-
2	乙基-
3	丙基-
4	丁基-
5	戊基-
6	己基-
7	庚基-
8	辛基-
9	壬基-
10	癸基-

表 18.4

简写结构式	命名
—CH_3	甲基
—CH_2CH_3	乙基

简写结构式	命　名
—CH₂CH₂CH₃	丙基
—CH₂CH₂CH₂CH₃	丁基
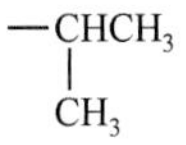 —CHCH₃ 　　│ 　　CH₃	异丙基
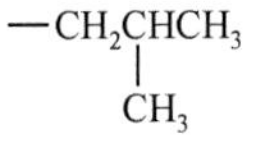 —CH₂CHCH₃ 　　　│ 　　　CH₃	异丁基
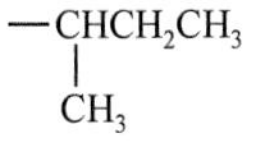 —CHCH₂CH₃ 　│ 　CH₃	仲丁基
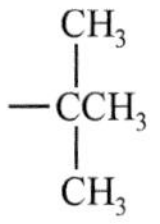 　　CH₃ 　　│ —CCH₃ 　　│ 　　CH₃	叔丁基

例题 18.4 和例题 18.5 中展示的规则可使我们系统地命名许多烷烃。规则在左列，如何应用规则的两个例题在中间列和右列。

命名烷烃	例题 **18.4** **命名烷烃** 说出下列烷烃的名称。 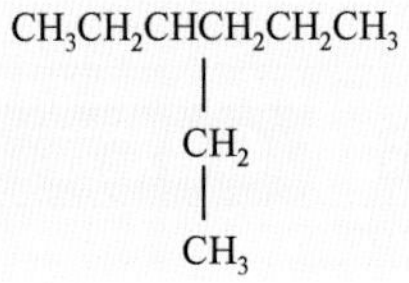 CH₃CH₂CHCH₂CH₂CH₃ 　　　　　│ 　　　　　CH₂ 　　　　　│ 　　　　　CH₃	例题 **18.5** **命名烷烃** 说出下列烷烃的名称。 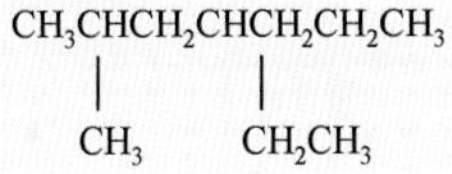 CH₃CHCH₂CHCH₂CH₃ 　　│　　　│ 　　CH₃　　CH₂CH₃
1. 计算最长连续碳链中的碳原子数，确定化合物的基本名称。在表 18.3 中找到对应这个原子数的前缀。	解 这种化合物的最长链有六个碳原子。 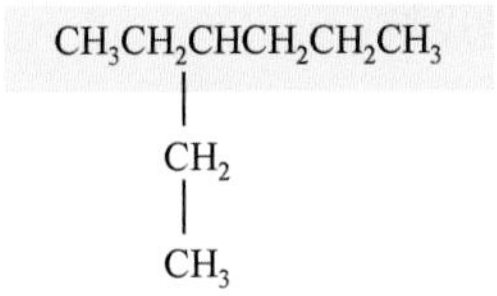 CH₃CH₂CHCH₂CH₂CH₃ 　　　　│ 　　　　CH₂ 　　　　│ 　　　　CH₃ 由表 18.3 中对应的前缀，基本名为己烷。	解 这种化合物的最长链有七个碳原子。 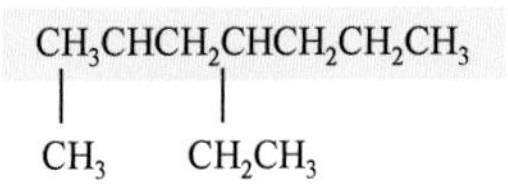 CH₃CHCH₂CHCH₂CH₃ 　　│　　　│ 　　CH₃　　CH₂CH₃ 由表 18.3 中对应的前缀，基本名为庚烷。
2. 把基本链的每个分支都视为一个取代基。根据表 18.4 命名每个取代基。	这种化合物有一个取代基，称为乙基。 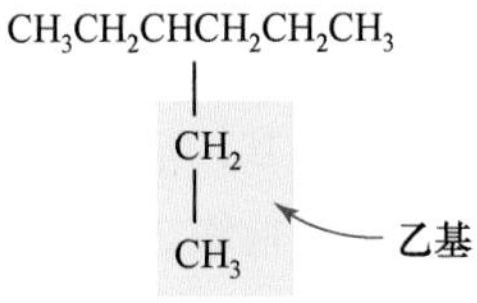 CH₃CH₂CHCH₂CH₂CH₃ 　　　　│ 　　　　CH₂ 　　　　│ 　　　　CH₃　← 乙基	这种化合物有一个取代基，即甲基，一个是乙基。 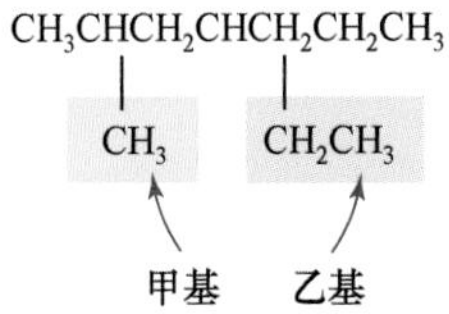 CH₃CHCH₂CHCH₂CH₃ 　　│　　　│ 　　CH₃　　CH₂CH₃ 　　↑　　　↑ 　　甲基　　乙基

3. 从最靠近分支的一端开始，给主链上的碳原子编号，并给每个取代基编号（如果两个取代基的距离相等，就从下一个取代基确定从哪端开始编号）。	主链编号如下：
	
	1 2 3 4 5 6
	CH₃CH₂CHCH₂CH₂CH₃
	   |
	   CH₂
	   |
	   CH₃
	
	把乙基取代基编号为 3。
		主链编号如下：
		
		1 2 3 4 5 6 7
		CH₃CHCH₂CHCH₂CH₃
		
		  CH₃ CH₂CH₃
		
		把甲基取代基记为 2，乙基取代基记为 4。

4. 用以下格式写化合物的名称：（基团位置数）-（基团名称）（主链名称）。如果有两个或多个取代基，可给每个取代基一个数字，按字母顺序列出它们，并在单词和数字之间加连字符。	这种化合物的命名为 3-乙基己烷。	这种化合物的名称是 4-乙基-2-甲基庚烷，在甲基之前先列乙基，因为取代基是按字母顺序排列的。

5. 如果化合物有两个或多个相同的取代基，可在取代基名称前指定前缀为 2-、3-或 4-的相同取代基的数量。用逗号分隔表示取代基相对于彼此的位置的数字。按字母顺序排列时，请勿考虑前缀。	不适用于此化合物。
	
	▶ 技能训练 18.4
	烷烃的命名。
	
	CH₃CHCH₃
	  |
	  CH₃
		不适用于此化合物。
		
		▶ 技能训练 18.5
		烷烃的命名。
		
		   CH₃
		   |
		CH₃CHCHCH₂CH₃
		  |
		  CH₂CH₃

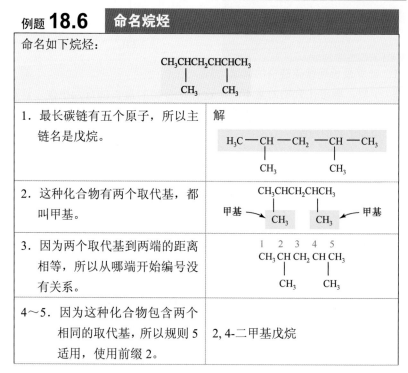

例题 **18.6**   命名烷烃

命名如下烷烃：

CH₃CHCH₂CHCHCH₃
  \| \|
  CH₃ CH₃

1. 最长碳链有五个原子，所以主链名是戊烷。	解
	
	H₃C — CH — CH₂ — CH — CH₃
	   | |
	   CH₃ CH₃

2. 这种化合物有两个取代基，都叫甲基。	CH₃CHCH₂CHCH₃ 甲基 → CH₃ CH₃ ← 甲基

3. 因为两个取代基到两端的距离相等，所以从哪端开始编号没有关系。	1 2 3 4 5
	CH₃ CH CH₂ CH CH₃
	   | |
	   CH₃ CH₃

4~5. 因为这种化合物包含两个相同的取代基，所以规则 5 适用，使用前缀 2。	2,4-二甲基戊烷

> ▶ 技能训练 18.6
>
> 命名下面的烷烃：
>
> 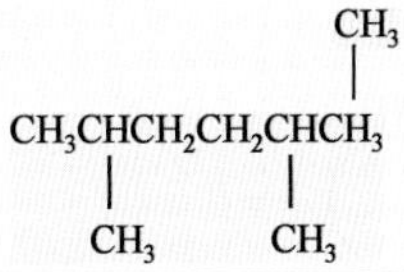

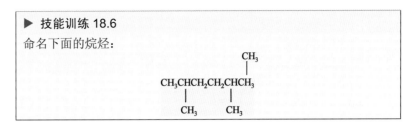

概念检查站 18.3

下面哪种化合物是 2, 3-二甲基戊烷？

(a) 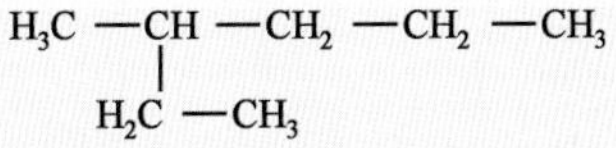

(b) 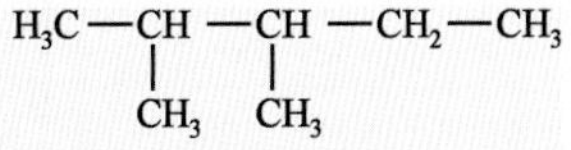

(c) 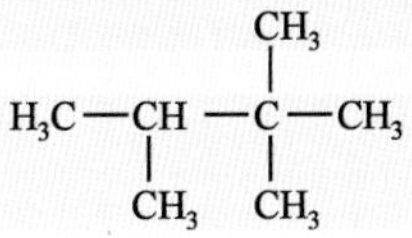

(d) 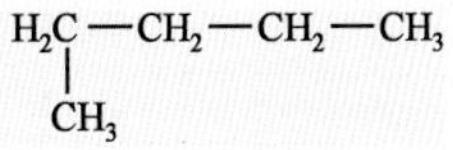

18.8 烯烃和炔烃

▶ 烯烃和炔烃的命名。

▲ 香蕉成熟时会释放乙烯。它作为一种化学信息，诱导一串香蕉一起成熟

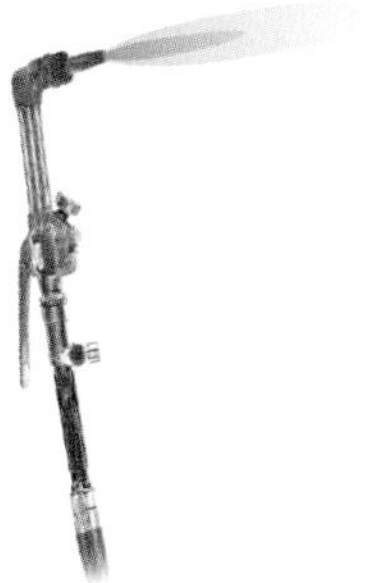

▲#乙炔用作焊枪的燃料

烯烃是碳原子间至少含有一个双键的碳氢化合物。炔烃是碳原子间至少含有一个三键的碳氢化合物。由于含有双键或三键，烯烃和炔烃的氢原子比相应的烷烃少。我们称它们为不饱和碳氢化合物，因为它们没有满负荷氢。如前所述，烯烃的分子式是 C_nH_{2n}，炔烃的分子式是 C_nH_{2n-2}。

18.8.1 关于烯烃和炔烃

最简单的烯烃是乙烯（C_2H_4）：

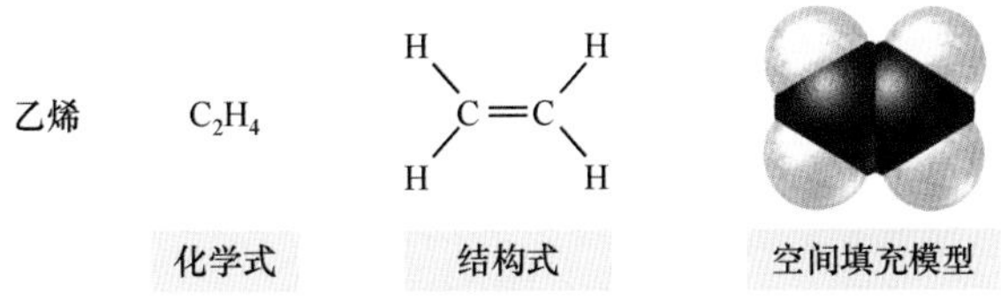
乙烯
C2H4
化学式
结构式
空间填充模型

乙烯中每个碳原子的几何形状是三角形平面，这使得乙烯成为一个扁平的刚性分子。乙烯是水果中的催熟剂。例如，当一串香蕉中的一根香蕉开始成熟时，它会释放乙烯。乙烯随后导致串中的其他香蕉成熟。蕉农通常采摘绿色的香蕉，以便于运输。当香蕉到达目的地后，它们通常会被乙烯“充气”，以诱发成熟，从而准备出售。表 18.5 中列出了其他几种烯烃的名称和结构。大多数烯烃除了作为燃料的组分，没有专门的用途。

最简单的炔烃是乙炔 C_2H_2，也称乙炔：

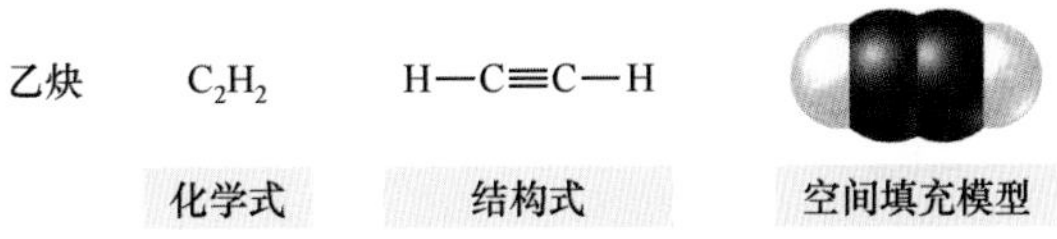
乙炔
C2H2
H—C≡C—H
化学式
结构式
空间填充模型

表 18.5

n	名称	分子式（C_nH_{2n}）	结构式	简写结构式
2	乙烯	C_2H_4	$\text{H}_2\text{C}=\text{CH}_2$	$CH_2=CH_2$
3	丙烯	C_3H_6	$\text{H}_2\text{C}=\text{CH}-\text{CH}_3$	$CH_2=CHCH_3$
4	丁烯	C_4H_8	$\text{H}_2\text{C}=\text{CH}-\text{CH}_2-\text{CH}_3$	$CH_2=CHCH_2CH_3$
5	戊烯	C_5H_{10}	$\text{H}_2\text{C}=\text{CH}-\text{CH}_2-\text{CH}_2-\text{CH}_3$	$CH_2=CHCH_2CH_2CH_3$
6	己烯	C_6H_{12}	$\text{H}_2\text{C}=\text{CH}-\text{CH}_2-\text{CH}_2-\text{CH}_2-\text{CH}_3$	$CH_2=CHCH_2CH_2CH_2CH_3$

乙炔中每个碳原子的几何形状是线性的，这使得乙炔成为线性分子。乙炔通常用作焊炬的燃料。表 18.6 中列出了其他几种炔烃的名称和结构。像烯烃一样，炔烃除了作为汽油的少数组分，没有其他常见的用途。

表 18.6

n	名称	分子式（C_nH_{2n-2}）	结构式	简写结构式
2	乙炔	C_2H_2	$\text{H}-\text{C}\equiv\text{C}-\text{H}$	$CH\equiv CH$
3	丙炔	C_3H_4	$\text{H}-\text{C}\equiv\text{C}-\text{CH}_3$	$CH\equiv CCH_3$
4	丁炔	C_4H_6	$\text{H}-\text{C}\equiv\text{C}-\text{CH}_2-\text{CH}_3$	$CH\equiv CCH_2CH_3$
5	戊炔	C_5H_8	$\text{H}-\text{C}\equiv\text{C}-\text{CH}_2-\text{CH}_2-\text{CH}_3$	$CH\equiv CCH_2CH_2CH_3$
6	己炔	C_6H_{10}	$\text{H}-\text{C}\equiv\text{C}-\text{CH}_2-\text{CH}_2-\text{CH}_2-\text{CH}_3$	$CH\equiv CCH_2CH_2CH_2CH_3$

18.8.2 命名烯烃和炔烃

烯烃和炔烃的命名方式与烷烃的相同，但有以下例外：

- 主链是包含双键或三键的最长的连续碳链。
- 基本名称的结尾是烯烃的-烯和炔烃的-炔。
- 对主链进行编号，使双键或三键的数目尽可能少。
- 一个指示双键或三键位置的数字（最低可能的数字）被插入到主链名称的前面。比如，

$$CH \equiv CCH_2CH_3$$
1-丁炔

$$CH_3CH_2CH = CCH_3$$
$$\qquad\qquad\quad | $$
$$\qquad\qquad\quad CH_3$$
2-甲基-2-戊烯

例题 18.7 命名烯烃和炔烃

命名下面的化合物。

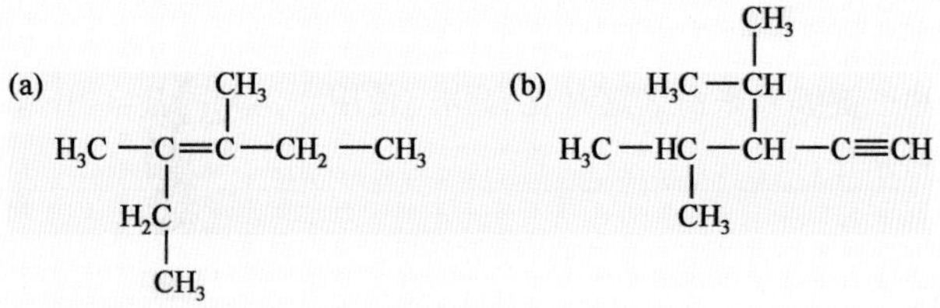

(a)

$$H_3C-C=C-CH_2-CH_3$$
（带 CH_3 支链和 H_2C—CH_3 支链）

(b)

$$H_3C-CH-CH-C \equiv CH$$
（带 H_3C—CH 和 CH_3 支链）

(a) 遵循烷烃命名程序，注意烯烃命名的例外情况。	
1. 包含双键的最长的连续碳链有六个碳原子，因此主链名称是己烯。	**解** 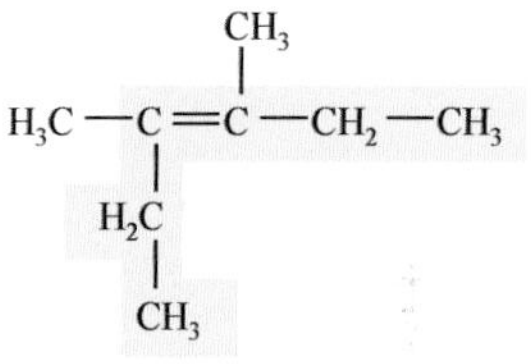 $H_3C-C=C-CH_2-CH_3$ （带 CH_3 和 H_2C—CH_3 支链）
2. 两个取代基都是甲基。	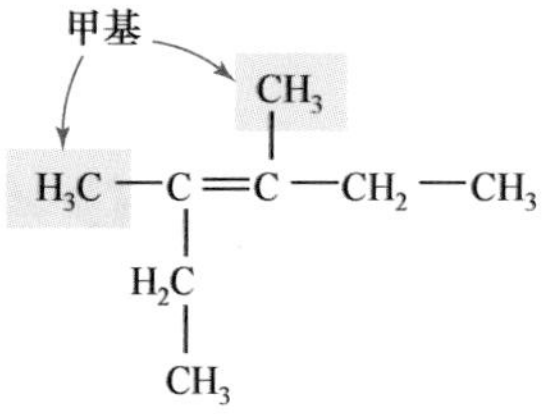 甲基 → $H_3C-C=C-CH_2-CH_3$ （带 CH_3 和 H_2C—CH_3 支链）
3. 给烯烃命名的例外之一是给链编号时，使双键的编号最低。在这种情况下，双键到两端的距离相等，所以我们将它命名为3。	$H_3C-C=C-CH_2-CH_3$ 3 4 5 6 （带 CH_3 支链和 H_2C(2)—CH_3(1) 支链）
4. 通过给每个甲基和双键编号来命名这种化合物。使用连字符将数字与名称分开。	3,4-二甲基-3-己烯
(b) 遵循烷烃命名程序，记住命名炔烃的例外情况。	

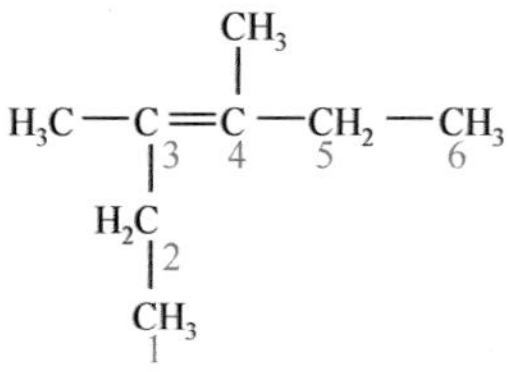

1. 含三键的最长连续碳链有五个碳长，因此基名是戊炔。	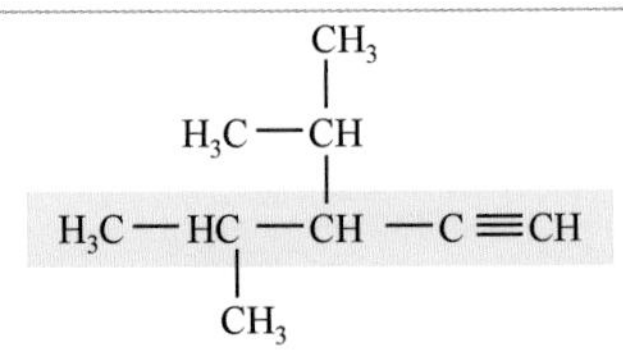
2. 有两个取代基，一个甲基，一个异丙基。	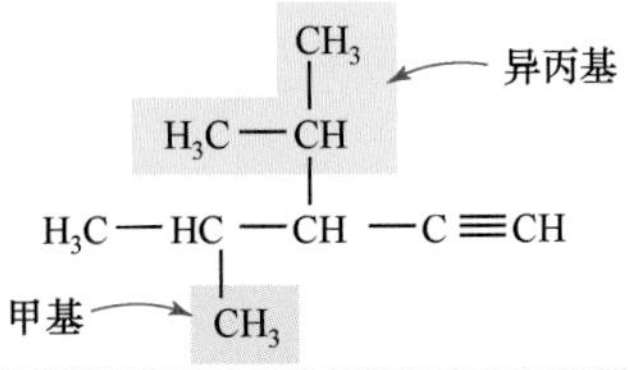
3. 给基本链编号，给最低的三键编号 1。	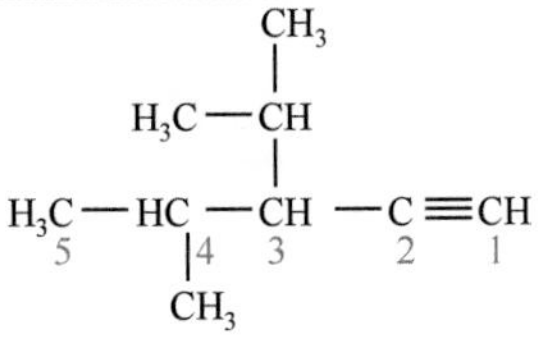
4. 通过给每个取代基和三键编号来命名这种化合物。使用连字符将数字和名称分开。	3-异丙基-4-甲基-1-戊炔

▶ **技能训练 18.7**
命名下面的烯烃和炔烃。

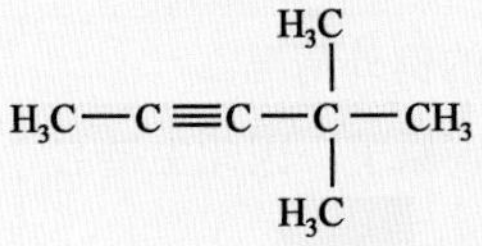

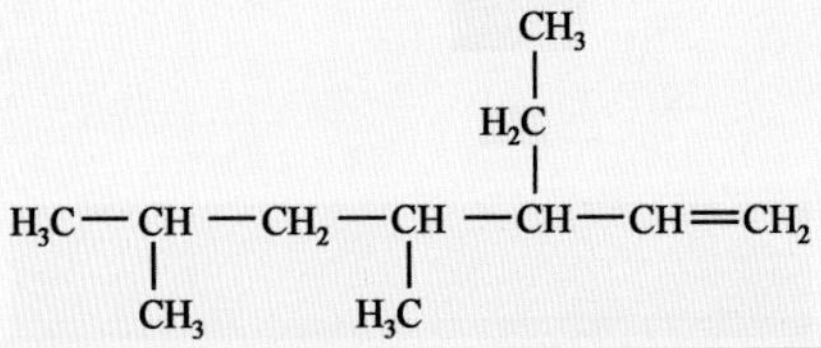

18.9 碳氢化合物的反应

▶ 对比燃烧、取代和加成反应。

最常见的碳氢化合物反应之一是燃烧，即碳氢化合物在氧气存在下的燃烧。烷烃、烯烃和炔烃都发生燃烧。在燃烧反应中，碳氢化合物与氧气反应生成二氧化碳和水：

$$CH_3CH_2CH_3(g) + 5O_2(g) \longrightarrow 3CO_2(g) + 4H_2O(g)$$
（烷烃燃烧）

7.9 节中介绍了燃烧反应。

$$CH_2 = CHCH_2CH_3(g) + 6O_2(g) \longrightarrow 4CO_2(g) + 4H_2O(g)$$
（烯烃燃烧）

$$CH \equiv CCH_3(g) + 4O_2(g) \longrightarrow 3CO_2(g) + 2H_2O(g)$$
（炔烃燃烧）

碳氢化合物的燃烧反应是高度放热的。这些热量可以用来给房屋和建筑供暖，用来发电，或者使气缸中的气体膨胀，从而驱动汽车前进。在美国，大约 90% 的能源是由碳氢化合物燃烧产生的。

18.9.1 烷烃置换反应

回顾第 4 章可知，卤素包括 F、Cl、Br 和 I。

除燃烧外，烷烃还发生取代反应，其中烷烃上的一个或多个氢原子被一个或多个其他类型的原子取代。最常见的取代反应是卤素取代反应。例如，甲烷与氯气反应生成氯甲烷：

$$CH_4 (g) + Cl_2 (g) \xrightarrow{\text{光或热}} CH_3Cl (g) + HCl (g)$$

乙烷与氯气反应生成氯乙烷：

$$CH_3CH_3 (g) + Cl_2 (g) \xrightarrow{\text{光或热}} CH_3CH_2Cl (g) + HCl (g)$$

卤素取代反应的一般形式是

$$R—H + X_2 \longrightarrow R—X + HX$$
链烷　卤素　　卤代烷　卤化氢

在这个方程中，R 代表一个烃基。

多卤代反应可以发生，因为卤素可以取代一个烷烃上的多个氢原子。

18.9.2 烯烃和炔烃加成反应

烯烃和炔烃发生加成反应，其中原子通过多重键加成。例如，乙烯与氯气反应生成二氯乙烷：

$$CH_2 = CH_2 (g) + Cl_2 (g) \longrightarrow CH_2ClCH_2Cl (g)$$
乙烯　　　　　　　　　1, 2-二氯乙烷

注意氯的加入把碳碳双键变成了单键，因为现在每个碳原子都和一个氯原子形成了一个新键。烯烃和炔烃在氢化反应中也能加入氢。例如，在适当催化剂的存在下，丙烯与氢气反应生成丙烷：

▲ 许多食品中含有部分氢化植物油。这个名字的意思是这些分子的碳链中的一些双键被氢的加入转化为单键

$$CH_3CH = CH_2 (g) + H_2 (g) \xrightarrow{\text{催化剂}} CH_3CH_2CH_3 (g)$$

加氢反应将不饱和烃转化为饱和烃。你曾经在食品成分标签上读到过部分氢化植物油吗？植物油是一种不饱和脂肪，它的碳链含有双键。不饱和脂肪在室温下往往是液体。通过氢化反应，通过双键加入氢，将不饱和脂肪转化为饱和脂肪，饱和脂肪在室温下趋于固态。

小结：
- 所有碳氢化合物都发生燃烧反应。
- 烷烃发生取代反应。
- 烯烃和炔烃发生加成反应。

关于脂肪和油脂的更多信息可以在第 19 章找到。

18.10 芳香烃

▶ 芳烃名称。

可以想象，确定有机化合物的结构并不总是容易的。19 世纪中期，化学家们试图确定一种名为苯的特别稳定的有机化合物的结构，它的分子式为 C_6H_6。1865 年，弗里德里希·奥古斯特·凯库勒（1829—1896）做了一个梦，他把碳原子链想象成蛇，蛇在他面前跳舞，其中一条蛇扭头咬它的尾巴。基于这一观点，凯库勒提出了苯的如下结构：

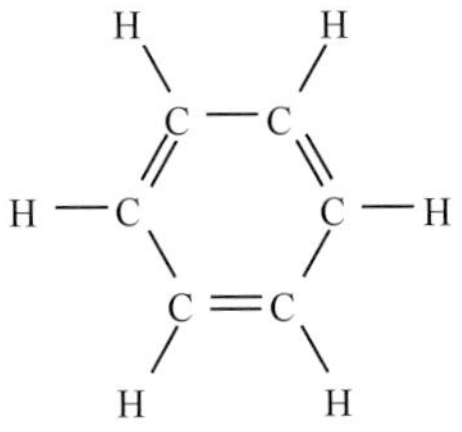

10.6 节中介绍了共振结构的概念。

这种结构包括交替的单键和双键。当我们研究苯的键长时，发现所有的键都是一样长的。换句话说，每个碳碳键都是一样的。

因此，苯的结构可以用下列共振结构更好地表示：

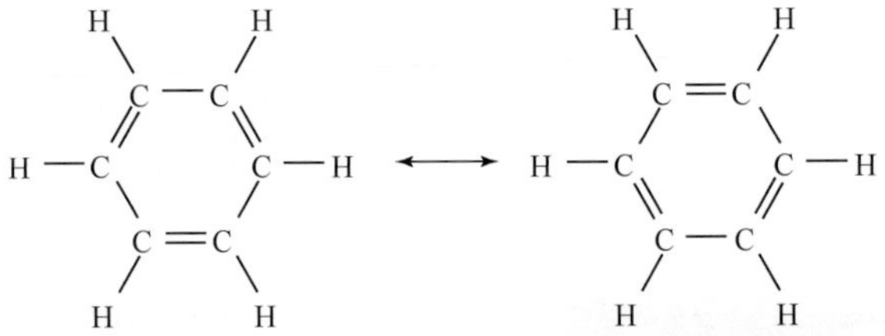

回顾可知，共振结构表明，苯的真正结构是两个结构之间的平均值。换句话说，苯中所有的碳碳键都是等价的，且处于单键和双键之间。苯的填充模型为

我们经常用这些简写符号来表示苯：

苯的常用表示方法

六边形中的每点都代表一个碳原子和一个氢原子相连。

苯的环结构存在于许多有机化合物中。一个原子或一组原子可以取代六个氢原子中的一个或多个而形成取代苯。取代苯的两个例子是氯苯和苯酚：

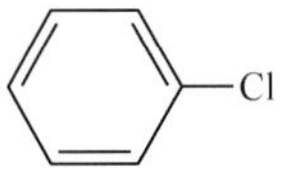

氯苯 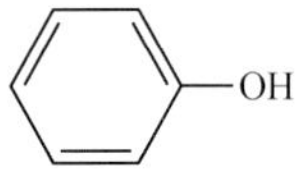   苯酚

因为许多含有苯环的化合物都有怡人的香气，所以苯环也称芳香环，含有苯环的化合物称为芳香化合物。例如，肉桂、香草、茉莉花的香味都是由芳香化合物引起的。

18.10.1　命名芳烃

一取代苯（只有一个氢原子被取代的苯）通常被称为苯的衍生物：

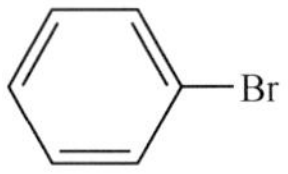

溴化苯 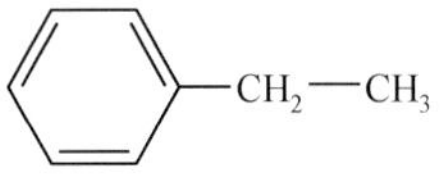   乙苯

一取代苯的名称有一般形式：

（取代基的名字）苯

但是，许多单取代苯也具有通用名称，只有通过熟悉才能知道：

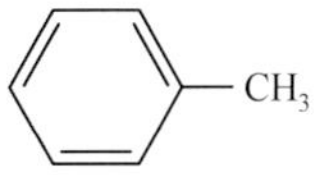

甲苯 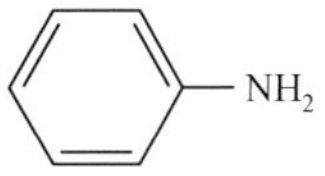   苯胺 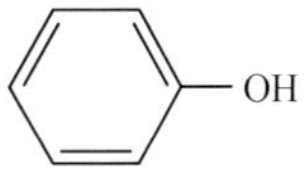   苯酚 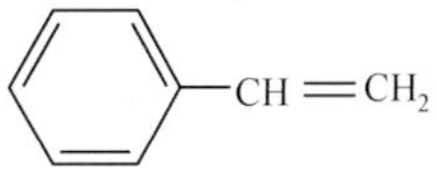   苯乙烯

一些取代苯，特别是那些具有大取代基的苯，是通过将苯环作为取代基来命名的。在这些情况下，我们将苯取代基称为苯基：

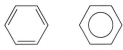
苯基

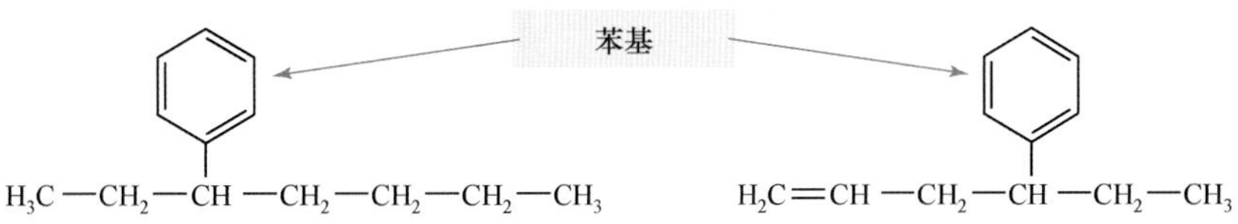

$H_3C-CH_2-CH-CH_2-CH_2-CH_2-CH_3$
3-苯基庚烷

$H_2C=CH-CH_2-CH-CH_2-CH_3$
4-苯基-1-己烯。

对二取代苯（其中两个氢原子已被取代的苯）进行编号，并按字母顺序列出取代基。然后，根据取代基的字母顺序确定环内编号的顺序：

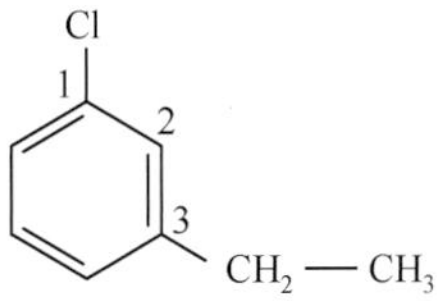

1-氯-3-乙基苯 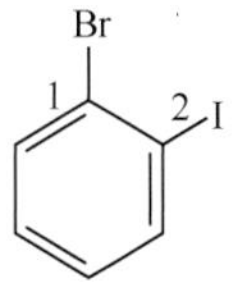   1-溴-2-碘苯

当两个取代基相同时，使用前缀 2-。

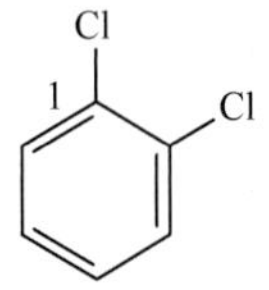

1, 2-二氯苯 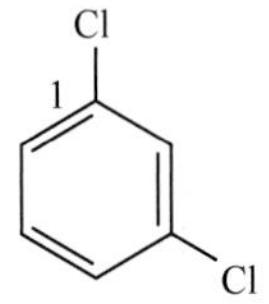   1, 3-二氯苯    1, 4-二氯苯

替代编号的常用前缀还有邻位（1, 2 二取代）、间位（1, 3 二取代）和对位（1, 4 二取代）：

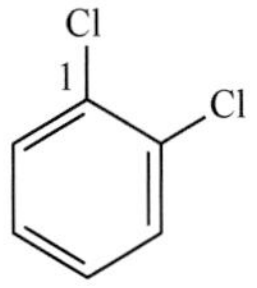

邻二氯苯 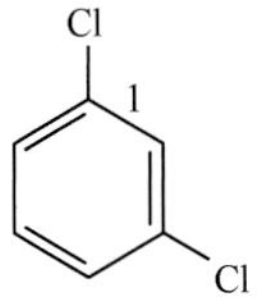   间二氯苯 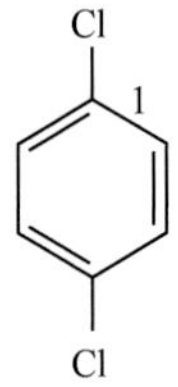   对二氯苯

例题 18.8   命名芳香化合物

命名下面的化合物：

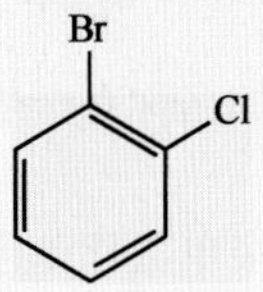

解

苯衍生物以一般形式（取代基名称）苯命名。由于此衍生物具有两个取代基，因此需要对取代基进行编号并按字母顺序列出。两个取代基是溴和氯。

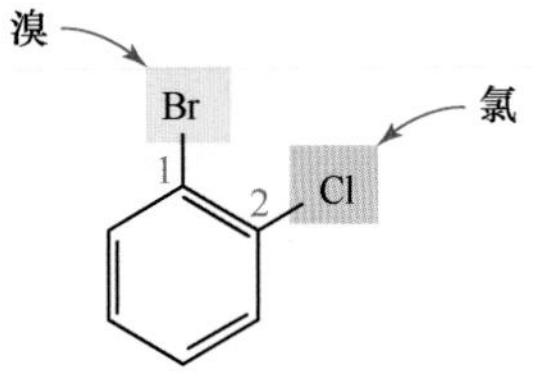

因为溴（bromo-）按字母顺序排在第一位，所以将它命名为 1，将氯（chloro）命名为 2。这个化合物的名字是 1-溴-2-氯苯。也可以将这种化合物命名为邻溴氯苯。

▶ 技能训练 18.8

命名下面的化合物：

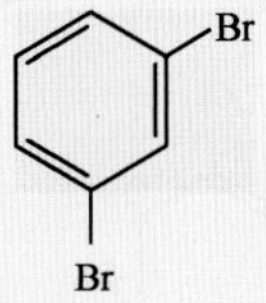

18.11 官能团

▶ 识别常见的有机化合物官能团和家族。

我们可将几个有机化合物家族视为碳氢化合物，其中一个官能团（一个或一组具有特征的原子）被插入碳氢化合物。我们用字母 R 来代表一个烃基。如果字母 G 代表一个官能团，那么有机化合物族的通用公式为

$$\text{烃基} \quad R\!-\!\boxed{G} \quad \text{官能团}$$

具有相同官能团的一组有机化合物形成一个家族。例如，醇族的成员具有—OH 官能团和通式 R—OH。醇的一些具体实例是甲醇和异丙醇：

$$\text{烃基} \quad CH_3\!-\!\boxed{OH} \quad \text{—OH官能团}$$
甲醇

$$\text{烃基} \quad \overset{CH_3}{\underset{}{CH_3\!-\!CH}}\!-\!\boxed{OH} \quad \text{—OH官能团}$$
2-丙醇或异丙醇

在碳氢化合物中插入官能团通常会显著地改变化合物的性质。例如，甲醇在室温下是一种极性的、氢键结合的液体，它可以被认为是甲烷的一个氢原子被一个羟基取代了。而甲烷是一种非极性气体。虽然家族中的每个成员都是独特的，但家族中共同的官能团使其成员在物理和化学性质上都有一些相似之处。表 18.7 中列出了一些常见的官能团、它们的通式和示例。

表 18.7

家族	通式	简写公式	举例	名称
醇类	$R\!-\!\boxed{OH}$	ROH	$CH_3CH_2\!-\!\boxed{OH}$	乙醇（酒精）
醚类	$R\!-\!\boxed{O}\!-\!R$	ROR	$CH_3\!-\!\boxed{O}\!-\!CH_3$	二甲醚
醛	$R\!-\!\overset{\overset{O}{\|}}{C}\!-\!H$	RCHO	$H_3C\!-\!\overset{\overset{O}{\|}}{C}\!-\!H$	乙醛
酮类	$R\!-\!\overset{\overset{O}{\|}}{C}\!-\!R$	RCOR	$H_3C\!-\!\overset{\overset{O}{\|}}{C}\!-\!CH_3$	丙酮
羧酸	$R\!-\!\overset{\overset{O}{\|}}{C}\!-\!OH$	RCOOH	$H_3C\!-\!\overset{\overset{O}{\|}}{C}\!-\!OH$	乙酸（醋酸）
酯类	$R\!-\!\overset{\overset{O}{\|}}{C}\!-\!OR$	RCOOR	$H_3C\!-\!\overset{\overset{O}{\|}}{C}\!-\!OCH_3$	乙酸甲酯
胺类	$R\!-\!\overset{\overset{R}{\|}}{N}\!-\!R$	R_3N	$H_3CH_2C\!-\!\overset{\overset{H}{\|}}{N}\!-\!H$	乙基胺

18.12 醇

▶ 识别酒精及其特性。

▲ 乙醇是酒精饮料中的酒精。

如前所述，醇是含有—OH官能团的有机化合物。它们有一个通式R—OH。除了甲醇和异丙醇（如上所示），其他常见的醇包括乙醇和1-丁醇：

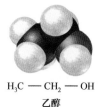
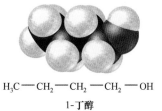

$$H_3C — CH_2 — OH$$
乙醇

$$H_3C — CH_2 — CH_2 — CH_2 — OH$$
1-丁醇

18.12.1 命名醇

我们以类似于烷烃的方式命名醇，但有以下几种例外：

- 主链是最长的含有—OH官能团的连续碳链。
- 基本名称以醇结尾。
- 对主链进行编号，以使—OH基的编号尽可能低。
- 在基本名称之前插入一个数字，表示—OH基团的位置。例如，

$$CH_3CH_2CH_2CHCH_3$$
$$|$$
$$OH$$
2-戊醇

$$CH_2CH_2CHCH_3$$
$$|\qquad\quad|$$
$$OH\quad\ CH_3$$
3-甲基-1-丁醇

18.12.2 关于醇

▲ 外用酒精是异丙醇（2-丙醇）

最常见的一种酒精是乙醇，即酒精饮料中的酒精。乙醇通常是由水果和谷物中的葡萄糖等糖的酵母发酵而成的：

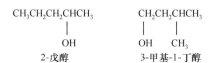

$$C_6H_{12}O_6 \xrightarrow{发酵} 2\ CH_3CH_2OH + 2\ CO_2$$
葡萄糖 乙醇

含酒精的饮料主要包含乙醇和水，以及其他一些构成味道和颜色的成分。啤酒通常含有3%～6%的乙醇；葡萄酒含有12%～15%的乙醇；烈酒饮料（如威士忌、朗姆酒或龙舌兰酒）含有从40%～80%的乙醇，具体取决于其品种。酒精饮料的酒精度是其乙醇含量的两倍，因此酒精度为80的威士忌含有40%的乙醇。乙醇还可以用作汽油添加剂，因为它可以提高汽油的辛烷值（与汽油燃烧的平稳程度有关）并促进其完全燃烧，从而减少某些污染物，例如一氧化碳和臭氧的前体。

可以在任一药店购买异丙醇（或2-丙醇）作为外用酒精。它通常用于消毒伤口和对医疗器械进行消毒。异丙醇禁止在内服，因为它有剧毒，几盎司的异丙醇会导致死亡。第三种常见的醇是甲醇，也称木醇。甲醇用作实验室溶剂和燃料添加剂。像异丙醇一样，甲醇是有毒的，切勿食用。

18.13 醚

▶ 识别常见的醚。

醚是具有通式 R—O—R 的有机化合物。R 基团可以相同或不同。普通的醚包括二甲醚、乙基甲基醚和二乙醚：

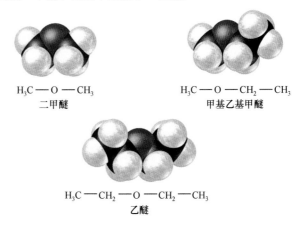

H$_3$C — O — CH$_3$
二甲醚

H$_3$C — O — CH$_2$ — CH$_3$
甲基乙基甲醚

H$_3$C — CH$_2$ — O — CH$_2$ — CH$_3$
乙醚

18.13.1 命名醚

IUPAC 对醚的名称超出了本文的范围。醚的通用名称的格式如下：

（烃基 1）（烃基 2）醚

如果两个 R 基团不同，那么分别使用它们的名称（见表 18.4）。如果两个 R 基团相同，那么就用前缀 2-。例如，

H$_3$C — CH$_2$ — CH$_2$ — O — CH$_2$ — CH$_2$ — CH$_3$
二丙醚

H$_3$C — CH$_2$ — O — CH$_2$ — CH$_2$ — CH$_3$
乙基丙基醚

18.13.2 关于醚

最常见的醚是乙醚。乙醚经常被用作实验室溶剂，因为它能够溶解许多有机化合物，且沸点低（34.6℃）。低沸点可在必要时轻松除去溶剂。多年以来，二乙醚也被用作全身麻醉剂。吸入后，乙醚会压制中枢神经系统，导致意识不清和对疼痛不敏感。但是，由于其他化合物具有相同的麻醉作用且副作用（如恶心）较小，因此近年来作为麻醉剂的用途有所减少。

18.14 醛和酮

▶ 认识醛、酮及其性质。

醛类和酮类的通式是

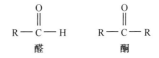

R — $\overset{\overset{\displaystyle O}{\|}}{C}$ — H

醛

R — $\overset{\overset{\displaystyle O}{\|}}{C}$ — R

酮

醛类的简写结构式为 RCHO，酮类的简写结构式为 RCOR。在酮中，R 基团可以相同也可以不同。

醛和酮均含有羰基（）。酮在羰基的两侧均带有一个 R 基团，而醛在羰基的一侧具有 R 基，在另一侧具有一个氢原子（甲醛是个例外，它是在羰基上连接有两个 H 原子的醛）：

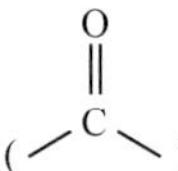

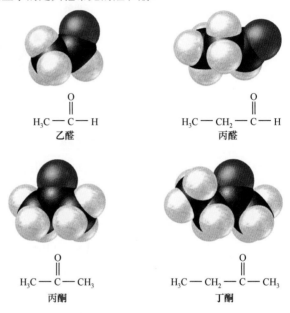

甲醛

下面显示的是其他常见的醛和酮。

乙醛

丙醛

丙酮

丁酮

18.14.1 命名醛和酮

许多醛和酮具有通用名称，只有熟悉它们才能知道。根据包含羰基的最长连续碳链中的碳原子数，系统地命名简单醛。基本名称由相应烷烃的名称组成。

根据包含羰基的最长连续碳链系统地命名简单的酮。对于酮，必要时对链进行编号以使羰基的编号尽可能少：

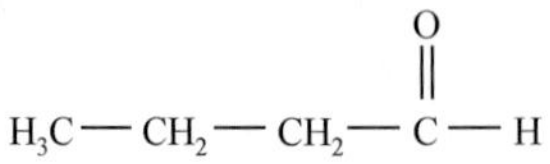

正丁醛

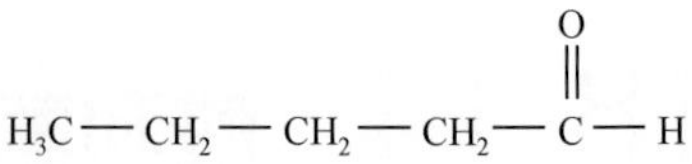

戊醛

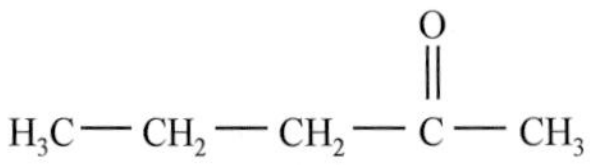

2-戊酮

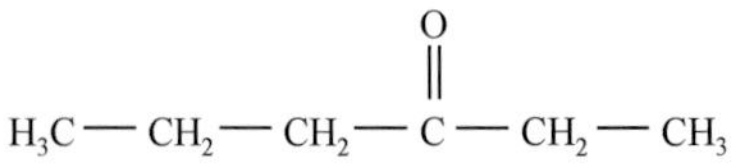

3-己酮

苯甲醛

▲ 苯甲醛是造成杏仁气味的原因　　　▲ 洗甲水主要是丙酮

18.14.2　关于醛和酮

　　最常见的醛可能是甲醛，它本节前面已经展示。甲醛是一种具有刺激性气味的气体。它通常与水混合制成福尔马林，这是一种防腐剂和消毒剂。木材产生的烟雾中也含有甲醛，这也是烟熏食物得以长时间保存的原因（甲醛杀死了细菌）。芳香醛也含有芳香环，有着好闻的香味。例如，肉桂醛是肉桂的甜味成分，苯甲醛是杏仁的气味，香草醛是香草的气味：

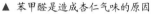

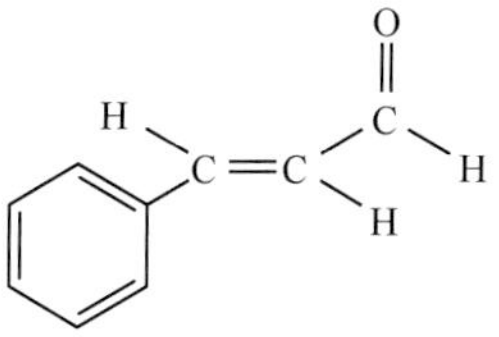

肉桂醛 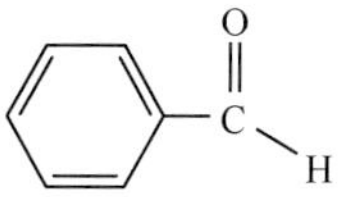　　　　　　　苯甲醛

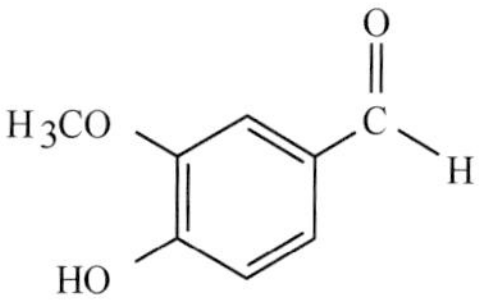

香草醛

　　最常见的酮是丙酮，它是洗甲水的主要成分。许多酮也有令人愉快的香味。例如，2-庚酮是丁香的气味的来源，香芹酮是荷兰薄荷的气味的来源，紫罗兰酮是树莓的气味的来源：

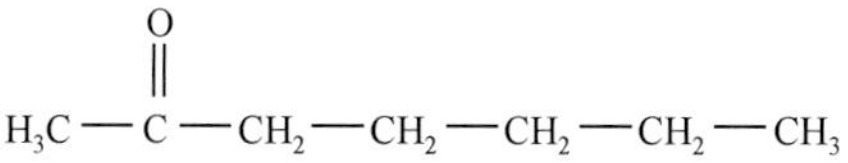

2-庚酮 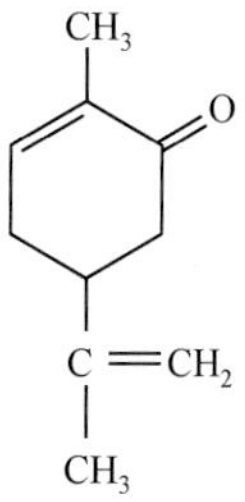　　　　　　　香芹酮 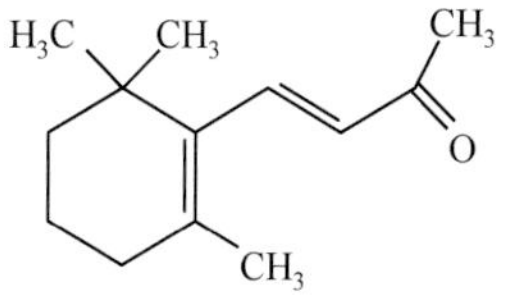　　　　　　　紫罗兰酮

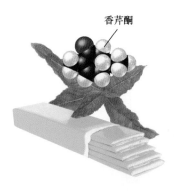

▲ 留兰香薄荷的气味是由
香芹酮产生的

▲ 紫罗兰酮（一种酮）是树莓
气味的主要来源

18.15 羧酸和酯

▶ 识别羧酸和酯及其性质。

羧酸的简写结构式为 RCOOH，
酯类的简写结构式为 RCOOR。
酯中的 R 基团可以相同也可以
不同。

羧酸和酯的通式为

$$\underset{\text{羧酸}}{R-\overset{\displaystyle\overset{O}{\|}}{C}-OH} \qquad \underset{\text{酯}}{R-\overset{\displaystyle\overset{O}{\|}}{C}-OR}$$

下面显示了其他常见的酸和酯：

$$\underset{\text{乙酸}}{H_3C-\overset{\displaystyle\overset{O}{\|}}{C}-OH} \qquad \underset{\text{丁酸}}{H_3C-CH_2-CH_2-\overset{\displaystyle\overset{O}{\|}}{C}-OH}$$

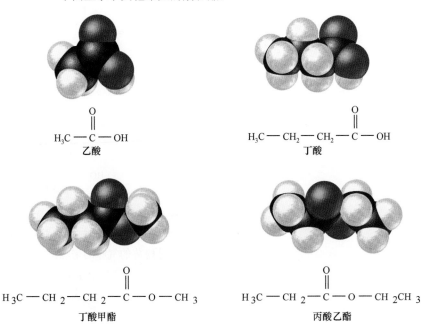

$$\underset{\text{丁酸甲酯}}{H_3C-CH_2-CH_2-\overset{\displaystyle\overset{O}{\|}}{C}-O-CH_3} \qquad \underset{\text{丙酸乙酯}}{H_3C-CH_2-\overset{\displaystyle\overset{O}{\|}}{C}-O-CH_2CH_3}$$

羧酸的一般简写结构式是 RCOOH。根据以下方程，羧酸在溶液中充
当弱酸：

$$RCOOH(aq) + H_2O(l) \rightleftharpoons H_3O^+(aq) + RCOO^-(aq)$$

18.15.1 命名羧酸和酯

我们根据包含—COOH 官能团的最长链中的碳原子数,系统地命名羧酸:

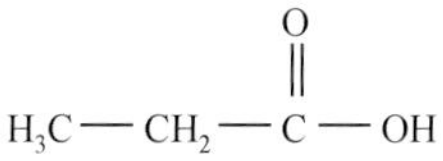

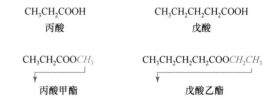

通过将烷基上的 OH 取代成 H,酯的系统命名就好像它们是从羧酸衍生而来的。来自母体酸的 R 基团形成该化合物的基本名称:

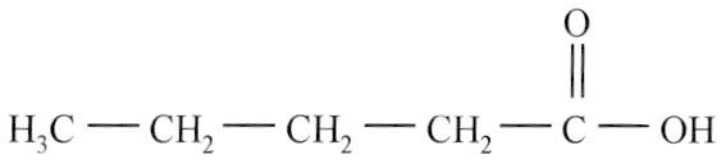

CH₃CH₂COOH
丙酸

CH₃CH₂CH₂CH₂COOH
戊酸

CH₃CH₂COO*CH₃*
↓
丙酸甲酯

CH₃CH₂CH₂CH₂COO*CH₂CH₃*
↓
戊酸乙酯

18.15.2 关于羧酸和酯

像所有的酸一样,羧酸也有酸味。最常见的羧酸是乙酸,俗称醋酸,醋中存在醋酸。它可能是由乙醇氧化形成的,这就是葡萄酒暴露在空气中会变酸的原因。一些酵母和细菌在代谢面包或面团中的糖时也会形成乙酸,这类酵母、细菌经常被添加到面包面团中,制成酸面团面包。其他常见的羧酸是甲酸,这种酸存在于蜜蜂和蚂蚁的叮咬中;柠檬酸,是存在于酸橙、柠檬和橙子中的酸;乳酸,是一种在剧烈运动后引起肌肉酸痛的酸:

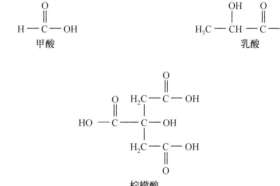

酯类因其甜美的气味而闻名。例如,丁酸乙酯是菠萝的气味和味道的来源,丁酸甲酯是苹果的气味和味道的来源:

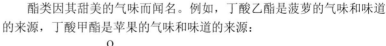

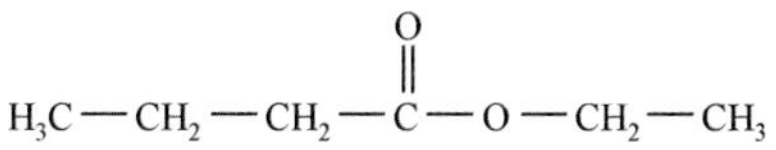

醋酸

▲ 醋是醋酸和水混合的溶液

柠檬酸

▲ 柠檬酸是造成酸橙等柑橘类水果呈酸味的原因

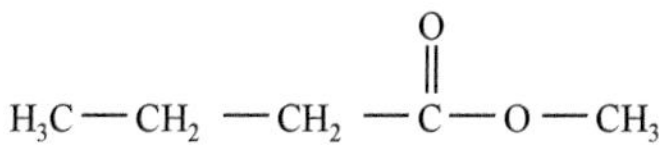

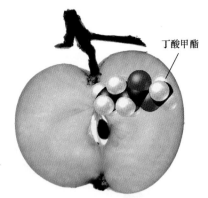

丁酸甲酯

▶ 丁酸甲酯是苹果中的一
种酯

问题：你能想到其他可能含有柠檬酸的水果吗？

羧酸和醇反应生成酯：

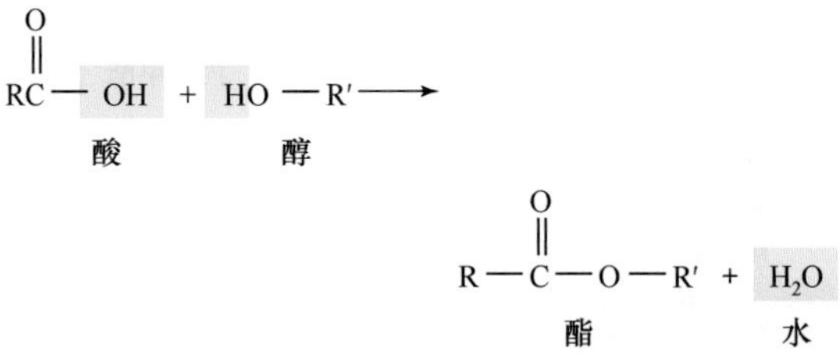

$$RC\overset{O}{\underset{}{\parallel}}{-}OH \ + \ HO{-}R' \longrightarrow$$

酸　　　　醇

$$R\overset{O}{\underset{}{\parallel}}{-}C{-}O{-}R' \ + \ H_2O$$

酯　　　水

这种反应的一个重要例子是由乙酸和水杨酸（最初从柳树的树皮中获得）形成乙酰水杨酸（阿司匹林）。

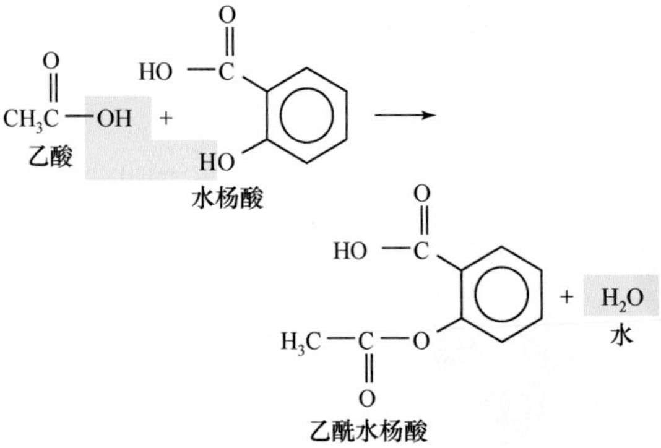

$$CH_3{-}C{-}OH \ +$$
乙酸

水杨酸

乙酰水杨酸　　+　H_2O
水

概念检查站 18.4

下列哪个术语不能用于所示化合物？

(a) 不饱和的。

(b) 芳香族的。

(c) 酸。

(d) 有机的。

$$HO{-}\overset{O}{\underset{}{\parallel}}CCH_2CH{=}CHCH_3$$

18.16 胺

▶ 识别胺及其性质。

胺是一类含氮的有机化合物。最简单的含氮化合物是氨（NH_3）。所有其他胺都是氨的衍生物，其中一个或多个氢原子被烷基取代。根据与氮原子相连的烃基，对它们进行系统命名：

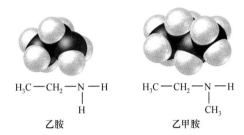

$$H_3C-CH_2-\underset{\underset{H}{|}}{N}-H$$
乙胺

$$H_3C-CH_2-\underset{\underset{CH_3}{|}}{N}-H$$
乙甲胺

胺以其难闻的气味而闻名。当生物体死亡后，以其蛋白质为食的细菌会释放出胺。例如，三甲胺是腐鱼气味的一种成分，尸胺和腐胺是腐烂动物肉气味的原因：

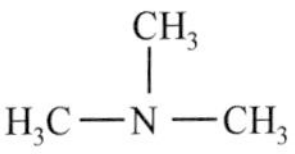

$$H_3C-\underset{\underset{CH_3}{|}}{\overset{\overset{CH_3}{|}}{N}}-CH_3$$
三甲胺

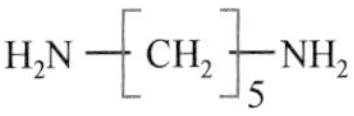

$$H_2N-[CH_2]_5-NH_2$$
尸胺

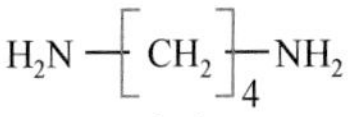

$$H_2N-[CH_2]_4-NH_2$$
腐胺

18.17 聚合物

▶ 确定聚合物的独特性能。

▲ 聚乙烯被广泛用于装饮料的容器。

聚合物是由重复单元组成的长链状分子。各个重复单元称为单体。在第 19 章中，我们将学习天然聚合物，例如淀粉、蛋白质和 DNA。这些天然聚合物在生物体内起着重要作用。本节讨论合成聚合物。合成聚合物构成许多经常遇到的塑料产品，如 PVC 管、聚苯乙烯泡沫塑料咖啡杯、尼龙绳和有机玻璃窗户。聚合物材料在我们的日常生活中很常见，从计算机到玩具再到包装材料都可以找到。

最简单的合成聚合物可能是聚乙烯。聚乙烯单体是乙烯（也称乙基烯）：

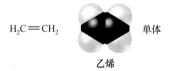

$$H_2C=CH_2$$
乙烯

单体

乙烯单体可以相互反应，打破碳之间的双键，连接在一起形成一个长的聚合物链：

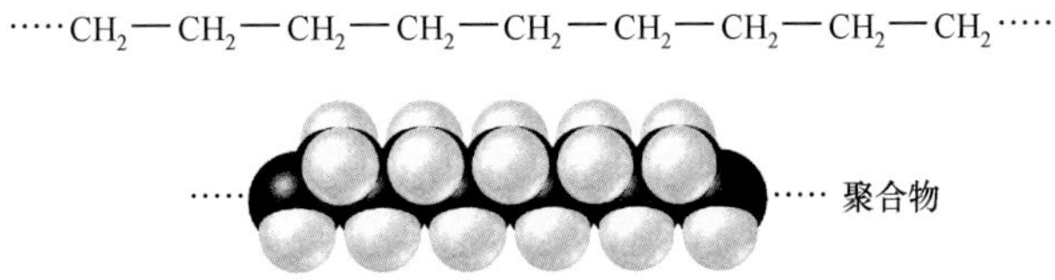

$$\cdots CH_2-CH_2-CH_2-CH_2-CH_2-CH_2-CH_2-CH_2-CH_2 \cdots$$

聚合物

聚乙烯

聚乙烯是构成牛奶罐、果汁容器和垃圾袋的塑料。它是加成聚合物的一个例子，在这种聚合物中，单体连接在一起而不消除任何原子。

取代聚乙烯包括一整类聚合物。例如，聚氯乙烯（PVC）——用于制造某些管道和卫生设备的塑料——由单体组成，其中一个氯原子取代了乙烯中的一个氢原子：

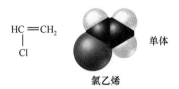

单体

氯乙烯

这些单体一起反应形成 PVC：

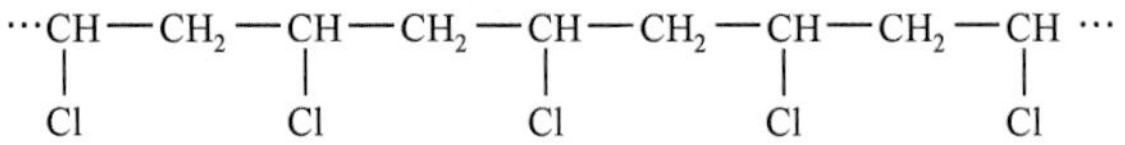

聚合物

聚氯乙烯

表 18.8 中显示了其他几种取代的聚乙烯聚合物。

▶ 聚氯乙烯（PVC）用于管道和管道配件

表 18.8		
聚合物	结构	用途
加成聚合物 聚乙烯	$\left(CH_2-CH_2\right)_n$	薄膜、包装、瓶子
聚丙烯	$\left[\begin{matrix}CH_2-CH\\\ \ \ \ \ \ \ CH_3\end{matrix}\right]_n$	厨房用具、纤维、器具

聚合物	结　构	用　途
聚苯乙烯	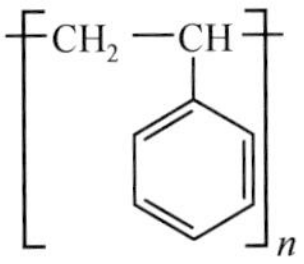 $\left[\!\begin{array}{c}CH_2\!-\!CH\\ \\ \bigcirc\end{array}\!\right]_n$	包装、一次性食品容器、绝缘材料
聚氯乙烯	$\left[\!\begin{array}{c}CH_2\!-\!CH\\ \quad\ \ |\\ \quad\ \ Cl\end{array}\!\right]_n$	管件、肉类包装用透明薄膜
缩聚物聚氨酯	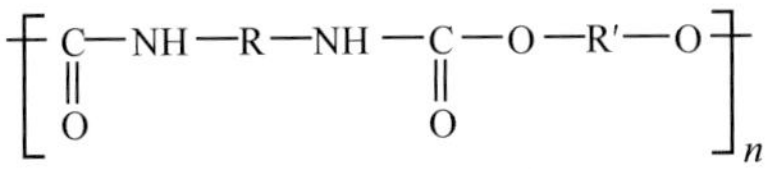 $\left[\!\begin{array}{c}C\!-\!NH\!-\!R\!-\!NH\!-\!C\!-\!O\!-\!R'\!-\!O\\ \| \qquad\qquad\qquad \|\\ O \qquad\qquad\qquad O\end{array}\!\right]_n$ $R, R' = -CH_2-CH_2-$（示例）	"泡沫"家具填料、喷涂隔热材料、汽车零件、鞋类、防水涂层
聚对苯二甲酸乙二醇酯（聚酯）	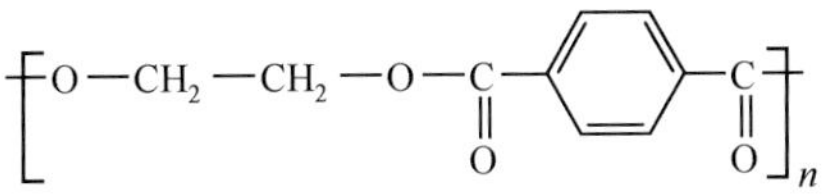 $\left[\!\begin{array}{c}O\!-\!CH_2\!-\!CH_2\!-\!O\!-\!C\!-\!\bigcirc\!-\!C\\ \qquad\qquad\qquad\ \ \|\qquad\quad\ \|\\ \qquad\qquad\qquad\ \ O\qquad\quad\ O\end{array}\!\right]_n$	轮胎绳、磁带、服装、软饮料瓶
尼龙	$\left[\!NH\!-\!(CH_2)_6\!-\!NH\!-\!C\!-\!(CH_2)_4\!-\!C\right]_n$ 　　　　　　　　　　$\underset{O}{\|}$　　　　$\underset{O}{\|}$	家居用品、服装、地毯纤维、鱼线、聚合物混合物

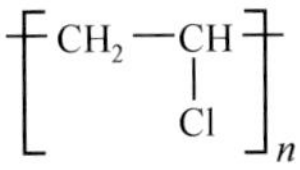

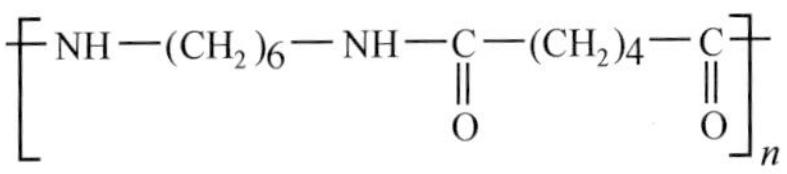

一些聚合物（称为共聚物）由两种不同的单体组成。例如，构成尼龙 6, 6 的单体是六亚甲基二胺和己二酸。这两种单体通过消除单体之间形成的每个键的水分子而结合在一起。在聚合过程中消除一个原子或一小组原子的聚合物是缩聚物。

每日化学

凯夫拉尔：比钢铁更强

1965 年，斯蒂芬妮·克沃莱克（1923—2014）为杜邦公司开发新的聚合物纤维，她注意到聚合反应产生了一种奇怪的浑浊物。一些研究人员可能放弃了这种产品，但奎莱克坚持更仔细地检查它的特性。结果令人惊讶：当聚合物被纺成纤维时，它比以前已知的任何其他纤维都强。克沃莱克发现了凯夫拉尔纤维，这种材料的强度是钢的五倍。

凯夫拉尔是一种含有芳香环和酰胺键的缩聚物：

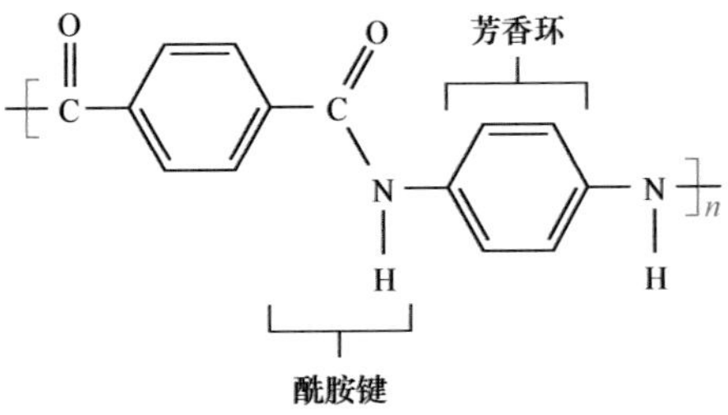

酰胺键是芳环之间的羰基（C=O）和氮键。凯夫拉尔纤维中的聚合物链以平行排列的方式结晶（就像盒子里的干面条一样），由于氢键作用，相邻链之间有很强的作用力。氢键发生在一条链上的—N—H 基团与相邻链上的 C=O 基团之间：

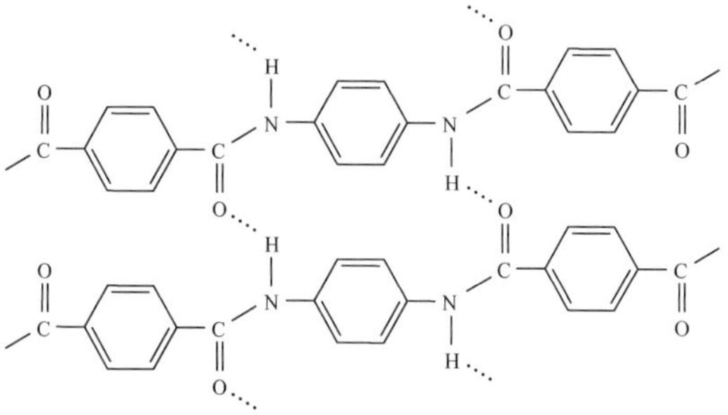

这种结构是凯夫拉尔纤维具有优异强度和其他性能的原因，包括耐化学性和阻燃性。

如今，杜邦每年销售价值数亿美元的凯夫拉尔纤维。凯夫拉尔纤维因其在防弹背心中的应用而闻名。光是这项应用，克沃莱克的发现就挽救了成千上万人的生命。此外，凯夫拉尔纤维还被用于制造头盔、子午线轮胎、刹车片、赛车帆、吊桥电缆、滑雪板以及高性能徒步旅行和露营装备。

B18.3 你能回答吗？检查凯夫拉尔纤维聚合物的结构。一些聚合物是缩聚物，在缩合反应之前画出单体的结构。

▲ 凯夫拉尔纤维的高强度使其成为制造防弹背心的理想材料

两种单体反应形成的产物称为二聚体。下面显示的聚合物（尼龙 6, 6）是随着二聚体继续添加更多的单体而形成的。尼龙 6, 6 和其他类似的尼龙可以被拉伸成纤维，用于制造消费品，如裤袜、地毯纤维和钓鱼线。表 18.8 中显示了其他缩聚物。

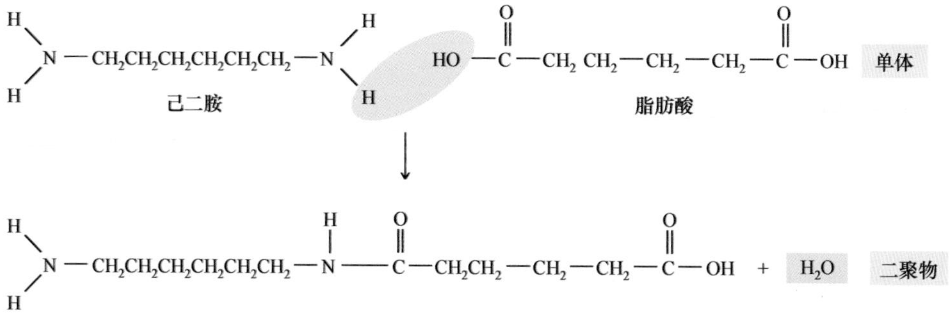

己二胺 · · · 脂肪酸 · · · 单体

二聚物 + H_2O

关键术语

加成聚合物	炔烃	燃烧	双取代苯
加成反应	胺	缩聚物	乙醇
芳香环	酯	乙醛	主链
结构简式	醚	烷烃	支链烷烃
族	烯烃	羰基	共聚物
烷烃基团	羧酸	二聚体	化石燃料

技能训练答案

技能训练 18.1.................(a) 烯烃
         (b) 炔烃
         (c) 烷烃

技能训练 18.2

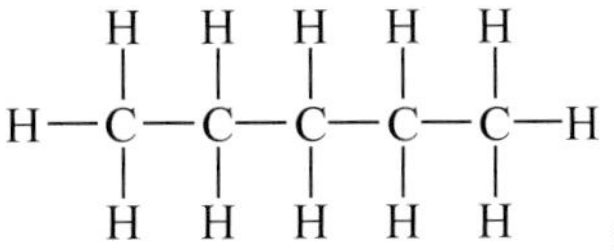

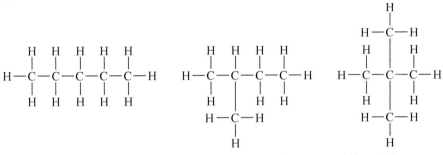

, $CH_3CH_2CH_2CH_2CH_3$

技能训练 18.3

技能训练 18.4.................甲基丙烷

技能训练 18.5.................3-乙基-2-甲基戊烷

技能训练 18.6.................2, 3, 5-三甲基己烷

技能训练 18.7.................(a) 4, 4-二甲基-2-戊炔;

(b) 3-乙基-4, 6-二甲基-1-庚烯

技能训练 18.8.................1, 3-二溴苯，间二溴苯，
           间二溴苯

概念检查站答案

18.1 (a)。烯烃具有通式 C_nH_{2n}。对于(a)有 $C_{10}H_{20}$，$n = 10$。

18.2 (b)。和(d)即异构体具有相同的分子式（在本例中为 C_7H_{16}），但结构不同。(a)中的化合物具有化学式 C_6H_{14}，且(c)中的化合物具有化学式 C_5H_{12}。因此，(a)和(c)不是同分异构体，(b)和(d)也不是同分异构体。

18.3 (b)。2, 3-二甲基戊烷有两个甲基，一个在戊烷主链的 2 号碳上，另一个在 3 号碳上。

18.4 (b)。所示化合物是有机的（碳基）、不饱和的（碳链中含有一个双键）和酸的（包括一个—COOH 基团）。然而，它不含苯环，因此不被归类为芳香族化合物。

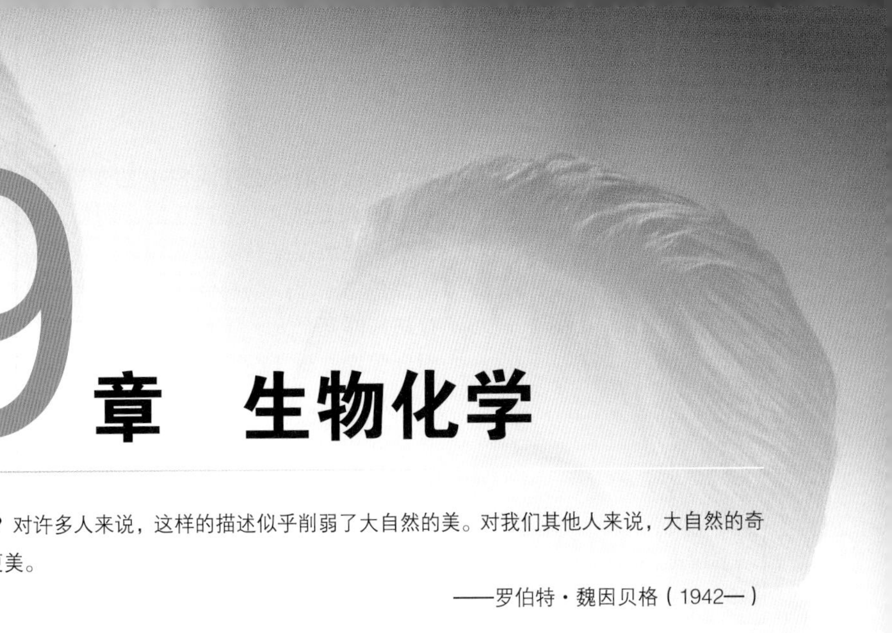

第 19 章 生物化学

生命能否也应该用分子来描述？对许多人来说，这样的描述似乎削弱了大自然的美。对我们其他人来说，大自然的奇妙和美并不比亚微观的生活计划中更美。

——罗伯特·魏因贝格（1942— ）

19.1　人类基因组项目

19.7 节中定义核苷酸，现在可将它们视为组成基因的单位。

1990 年，美国能源部（DOE）和美国国家卫生研究院（NIH）开始了一项为期 15 年的项目——绘制人类基因组和人类的所有遗传物质。本章后面会详细地定义遗传物质和基因。现在，我们可将遗传物质视为制造生物体的可继承的蓝图，而将基因视为该蓝图的特定部分。每个生物体都有其独特的蓝图。例如，人类的基因组是人类所独有的，且不同于其他生物体。当生物体繁殖时，它们会将其遗传物质传递给下一代。

然而，在生物体的某种特定遗传物质中，个体之间会存在差异。例如，你的眼睛是棕色的还是蓝色的，取决于你从父母那里遗传而来的眼睛颜色的特定基因。许多特征，比如外表、智力、对某些疾病的易感性、对某些药物治疗的反应，甚至是性情，至少部分是由我们的特定基因决定的。因此，理解人类基因组是理解人类自身的一部分。

2003 年，人类基因组项目完成。继续被分析的结果中包含了一些惊喜。例如，人类基因组的地图显示，人类只有 2~2.5 万个基因。这个数字似乎很大，但科学家最初期望的更大。在这个项目之前，科学家估计人类约有 10 万个基因，这个数字显然太大了。人类的基因数量并不比许多简单生物体的基因数量多多少。例如，圆虫体内的基因数量接近 2 万个。因此，人类独特不在于其基因组中的基因数量。

对结果的持续分析包括绘制不同人群 DNA 之间的具体差异。人们对

◀ 父母和孩子之间的相似之处是由基因造成的，基因是制造有机体的可遗传蓝图。这张图片底部的结构是 DNA，这是基因信息的分子基础

称为单核苷酸多态性或 SNP 的变异体特别感兴趣。SNP 可以帮助识别个人，如谁更易患上某些疾病。例如，你现在可以进行基因测试，以了解你是否易患上某些类型的癌症。然后可以采取预防性措施，甚至采取预防性药物治疗，以避免真正得癌症。对 SNP 的知识也允许医生定制药物疗法来匹配个人。基因测试可能会让医生给你一种最有效的药物。例如，对乳腺癌肿瘤（癌型 DX）的检测可以预测肿瘤的侵袭性，并指导治疗。

　　对人类基因组的分析也有望以两种方式导致新药的研发。首先，了解基因功能可以进行智能药物设计。特定基因的知识允许科学家们设计药物，而不是通过试验和错误来执行与该基因相关的特定功能，进而开发药物。其次，人类基因本身可为某些类型的药物提供蓝图。例如，干扰素是一种多发性硬化症患者服用的药物，是一种通常在人类中发现的复杂化合物。制造干扰素的蓝图属于人类基因组。科学家们已能将这一蓝图从人类细胞中提取出来，变成细菌，然后合成所需的药物。

> 干扰素是一种蛋白质。19.5 节和 19.6 节中将讨论蛋白质。

　　人类基因组项目之所以成为可能，是因为几十年的生物化学研究，即研究在植物、动物和微生物中发生的化学物质和过程。本章介绍那些使生命成为可能的化学物质，以及由这种理解而产生的一些新技术。

19.2　细胞及其主要化学成分

▶ 识别细胞的关键化学成分

　　细胞是与生命相关特性的生物的最小结构单位（▼图 19.1）。细胞可以是独立的生物有机体，也可以是更复杂的生物有机体的基石。高等动物中的大多数细胞都包含一个细胞核，它是细胞的控制中心和细胞中包含遗传物质的部分。细胞由一个容纳细胞内容物的细胞膜包裹，细胞核和细胞膜之间的区域是细胞质。细胞质中包含许多特殊的结构，可以执行细胞的大部分工作。细胞的主要化学成分分为四类：碳水化合物、脂类、蛋白质和核酸。

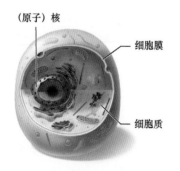

（原子）核
细胞膜
细胞质

▶ 图 19.1　一个典型的动物细胞。该细胞是生物体中最小的结构单元。主要的遗传物质存储在细胞核中

19.3　碳水化合物

▶ 识别碳水化合物，比较单糖、二糖和多糖。

　　碳水化合物是负责生物体中短期能量存储的主要分子。它们也构成植物的主要结构成分。碳水化合物，意为碳和水，通常有一般分子式

$(CH_2O)_n$。在结构上，我们将碳水化合物确定为含有多个—OH（羟基）的醛或酮。例如，分子式为 $C_6H_{12}O_6$ 的葡萄糖具有如下结构：

如 18.14 节所述，醛具有一般结构 R—CHO，酮具有一般结构 R—CO—R。

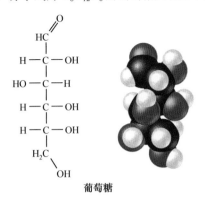

葡萄糖

注意，葡萄糖是醛（含有—CHO 基团），大多数碳原子上含有—OH。许多—OH 使葡萄糖溶于水（因此溶于血液），这是葡萄糖作为细胞主要燃料的重要作用。葡萄糖很容易在血液中运输，并可溶于细胞内的水中。

19.3.1 单糖

葡萄糖是单糖的一个例子，即一种碳水化合物，它不能分解成更简单的碳水化合物。单糖如葡萄糖在水溶液中重新排列，形成环状结构（▼图 19.2）。

葡萄糖（环）

▶ 图 19.2 葡萄糖从直链到环状的重排。能否验证葡萄糖的直链形式和环状是同分异构体？

单糖的命名如下：三碳糖—三糖；四碳糖—四糖；五碳糖—戊糖；六碳糖—己糖；七碳糖—庚糖。

葡萄糖是一种六聚糖，即一种六碳糖。单糖的一般名称有一个取决于碳原子数量的前缀，然后是后缀-糖。生物体中最常见的单糖是戊糖和己糖。

其他环状的单糖包括果糖和半乳糖：

果糖

▲ 果糖是水果中的主要糖

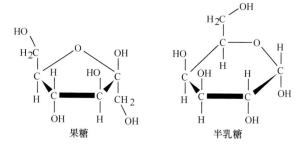

果糖   半乳糖

果糖，也称水果糖，是在许多水果和蔬菜中发现的六糖，也是蜂蜜的主要组成部分。半乳糖，也称红糖，是一种己糖，通常与其他单糖结合存在，如乳糖。半乳糖也存在于大多数动物的大脑和神经系统中。

19.3.2　二糖

两种单糖可以发生反应，消除水形成碳氧碳键，称为糖基键，它连接两个环。由此得到的化合物是一种双糖，即一种碳水化合物，可以分解成两种更简单的碳水化合物。例如，葡萄糖和果糖连接在一起，形成蔗糖，通常被称为食用糖。

蔗糖

▲ 蔗糖是一种二糖

葡萄糖　　　　　　　　　　果糖

配糖键

蔗糖

$+H_2O$

消化过程中单糖之间的联系被打破，单糖可以通过肠壁进入血液（▼图 19.3）。

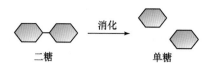

二糖　　　消化　　　单糖

▶ 图 19.3　在消化过程中，双糖被分解为单个单糖单位

19.3.3 多糖

18.17 节中讨论了聚合物。

单糖可以连接在一起形成多糖，多糖是由许多单糖单元组成的长链状分子，多糖是聚合物——由长链中的重复结构单元组成的化合物。单糖和二糖是简单碳水化合物，多糖是一种复合碳水化合物。常见的多糖包括淀粉和纤维素，它们都由重复的葡萄糖单元组成。

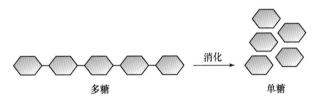

淀粉　　　　　　　　　阿尔法糖苷键

淀粉和纤维素的区别在于葡萄糖单元之间的联系。在淀粉中，连接相邻葡萄糖单元的氧原子相对于环的平面指向下方，这种排布称为 α 键。在纤维素中，氧原子大致平行于环平面，但稍微指向上方，导致一种称为 β 键的排布。这种连接的差异导致了淀粉和纤维素性质的差异。

在土豆和谷物中都含有淀粉。它是一种柔软、柔韧的物质，人类可以很容易咀嚼和吞咽。在消化过程中，单个葡萄糖单位之间的连接断裂，使葡萄糖分子通过肠壁进入血液（▼图 19.4）。

多糖　　　　消化　　　　单糖

▶ 图 19.4　多糖的消化。在消化过程中，多糖分解成单糖单位

支链淀粉是淀粉的一种形式，它也有分支，但分支比糖原的少。

另一方面，纤维素（也称纤维）是一种坚硬的物质。纤维素是植物的主要结构成分，纤维素的单糖之间的结合方式使它无法被人类消化。当我们吃纤维素时，它会直接穿过肠道，为粪便提供体积，防止便秘。第三种多糖是糖原。糖原的结构类似于淀粉，但其链的支化程度很高。在动物体内，血液中多余的葡萄糖被存储为糖原，直到需要时才会释放。

例题 19.1　识别碳水化合物

确定下面的哪些分子是碳水化合物，将每种碳水化合物归类为单糖、双糖或多糖。

(a)

(b)

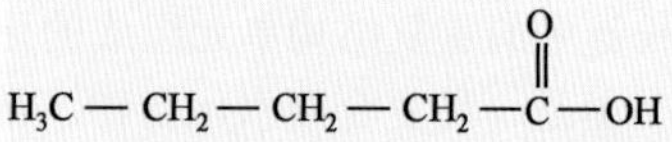

$$H_3C - CH_2 - CH_2 - CH_2 - C\overset{\displaystyle O}{\underset{\displaystyle}{\|}} - OH$$

(c)

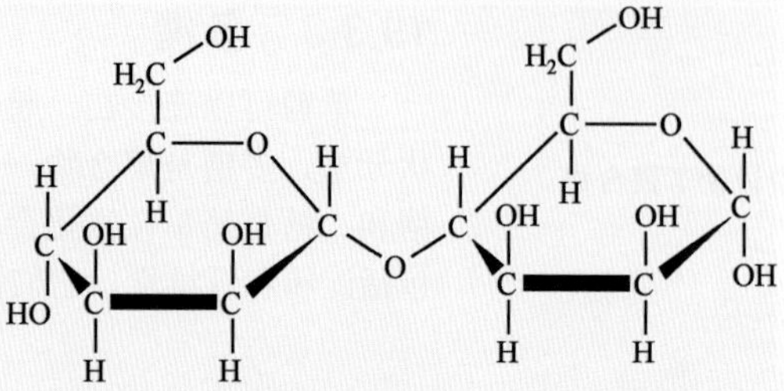

(d)

解

我们可将碳水化合物视为带有多个羟基的醛或酮，或视为一个或多个包括一个氧原子的碳原子环，也有羟基附着在大多数碳原子上。(a)、(b)和(d)中的分子是碳水化合物。(a)和(b)中的分子都是单糖，(d)中的分子都是双糖。(c)中的分子不是碳水化合物，因为它只有一个羧酸基，这不是碳水化合物的特征。

▶ **技能训练 19.1**

确定下列哪些分子是碳水化合物，并将每种碳水化合物分类为单糖、双糖或多糖。

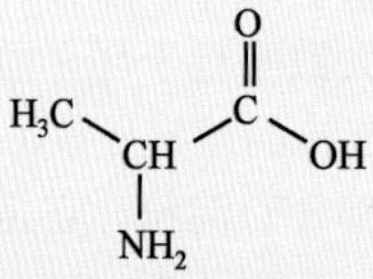

(a)

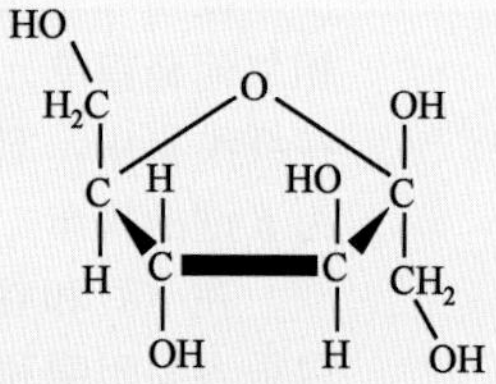

(b)

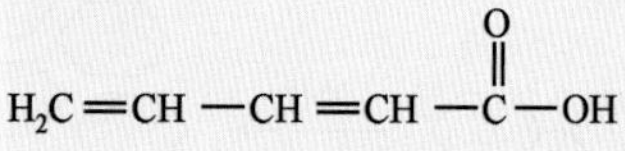

(c)

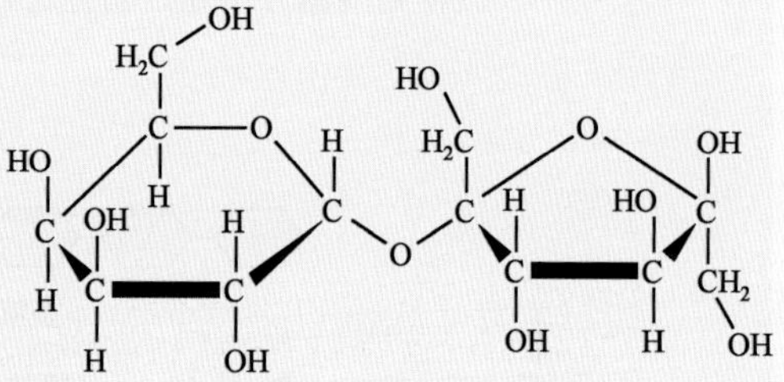

(d)

19.4 脂类

▶ 识别脂类。
▶ 比较饱和与不饱和甘油三酯。

脂类是细胞的化学成分，它不溶于水，但溶于非极性溶剂。脂类包括脂肪酸、脂肪、油类、磷脂、糖脂和类固醇。脂类在水中的不溶性使其成为细胞膜的理想结构成分，从而将细胞内部与外部环境分离。脂类也用于长期存储能量，如我们以脂类的形式存储从食物中获得的额外热量。

19.4.1 脂肪酸

18.15 节中定义了羧酸。

脂肪酸是脂类的一种，是具有长烃尾的羧酸。脂肪酸的一般结构是

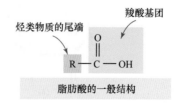

脂肪酸的一般结构

其中，R 代表一个含有 3～19 个碳原子的烃链。脂肪酸只在其 R 基团中有所不同。

一种常见的脂肪酸是肉豆蔻酸，其中的 R 基团是 $CH_3(CH_2)_{12}$—：

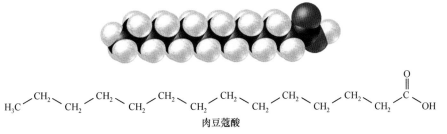

肉豆蔻酸

肉豆蔻酸存在于乳脂和椰子油中。肉豆蔻酸是饱和脂肪酸的一个例子——它的碳链没有双键。其他脂肪酸（称为单不饱和脂肪酸或多不饱和脂肪酸）在其碳链上分别有一个或多个双键。例如，在橄榄油、花生油和人体脂肪中发现的油酸就是单不饱和脂肪酸的一个例子。

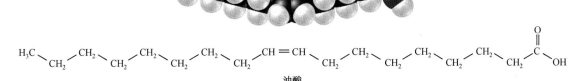

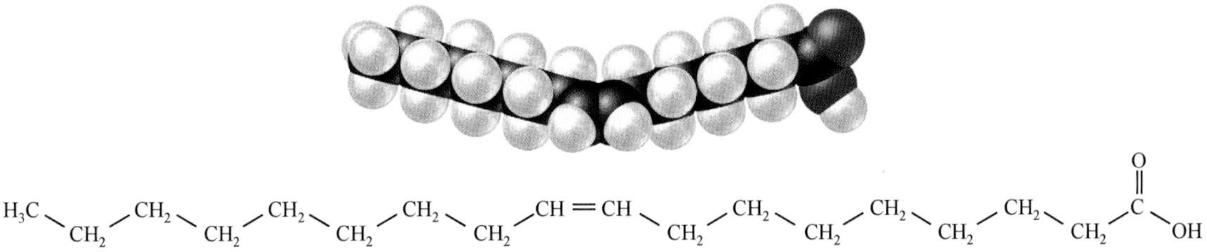

油酸

脂肪酸的长烃尾使它们不溶于水。表 19.1 中列出了几种不同的脂肪酸及常见来源。

表 19.1			
饱和脂肪酸			
名　称	碳原子的数量	结　构	来　源
丁酸	4	$CH_3CH_2CH_2COOH$	乳脂
癸酸	10	$CH_3(CH_8)COOH$	乳脂，鲸油
豆蔻酸	14	$CH_3(CH_2)_{12}COOH$	乳脂，椰油
棕榈酸	16	$CH_3(CH_2)_{14}COOH$	牛脂肪，乳脂
硬脂酸	18	$CH_3(CH_2)_{16}COOH$	牛脂肪，乳脂

不饱和脂肪酸				
名　称	碳原子的数量	双键数量	结　构	来　源
油酸	18	1	$CH_3(CH_2)_7CH = CH(CH_2)_7COOH$	橄榄油，花生油
亚油酸	18	2	$CH_3(CH_2)_4(CH = CHCH_2)_2(CH_2)_6COOH$	亚麻籽油，玉米油
亚麻酸	18	3	$CH_3CH_2(CH = CHCH_2)_3(CH_2)_6COOH$	亚麻籽油，玉米油

19.4.2 脂肪和油

脂肪和油最典型的是甘油三酯，它由甘油和三种脂肪酸组成，如下图所示。

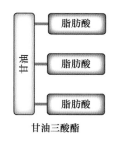

甘油三酸酯

甘油三酯由甘油与三种脂肪酸反应形成：

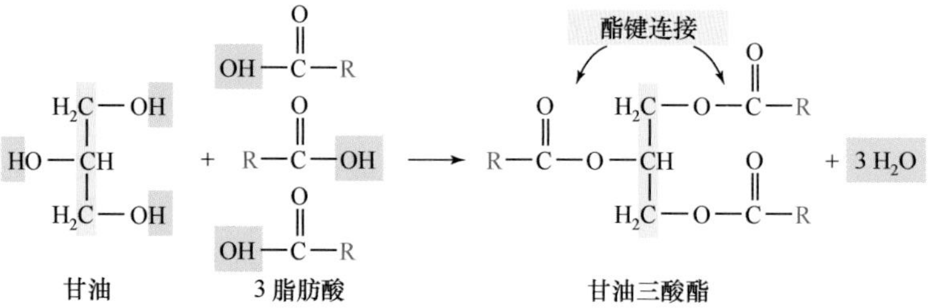

酯在 18.15 节中定义，其一般结构为 R—COO—R。甘油的结构如下：

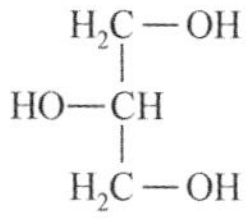

$$H_2C—OH$$
$$HO—CH$$
$$H_2C—OH$$

甘油 + 3 脂肪酸 ⟶ 甘油三酸酯 + 3 H_2O

酯键连接

连接甘油和脂肪酸的键是酯键。三硬脂酸甘油酯（牛肉脂肪的主要成分）是由甘油和三个硬脂酸分子反应形成的：

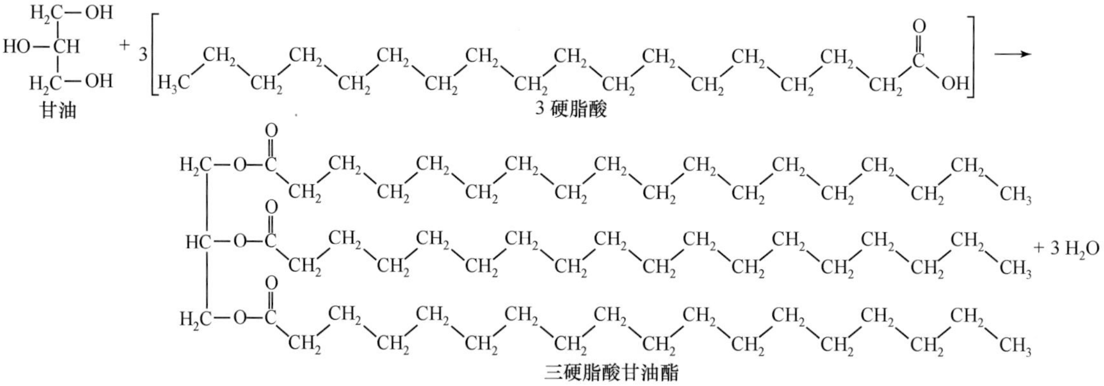

甘油 + 3 硬脂酸 ⟶

三硬脂酸甘油酯 + 3 H_2O

甘油三酯中的脂肪酸是饱和的，所以甘油三酯是一种饱和脂肪，它在室温下往往是固体的。猪油和许多动物脂肪都是饱和脂肪的例子。然而，如果甘油三酯中的脂肪酸是不饱和的，那么甘油三酯就是不饱和脂肪或油，它在室温下往往是液态的。油菜籽油、橄榄油和大多数其他植物油都是不饱和脂肪的例子。

例题 19.2 识别甘油三酯

识别甘油三酯，并将每个甘油三酯分类为饱和的或不饱和的。

(a) $H_3C—CH_2—CH=CH—C(=O)—OH$

(b)

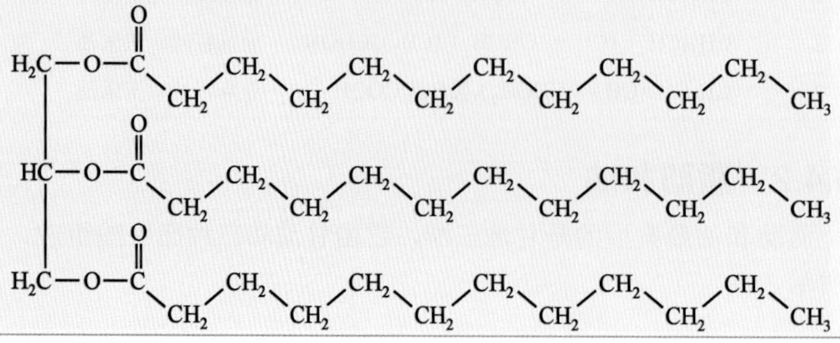

(c)

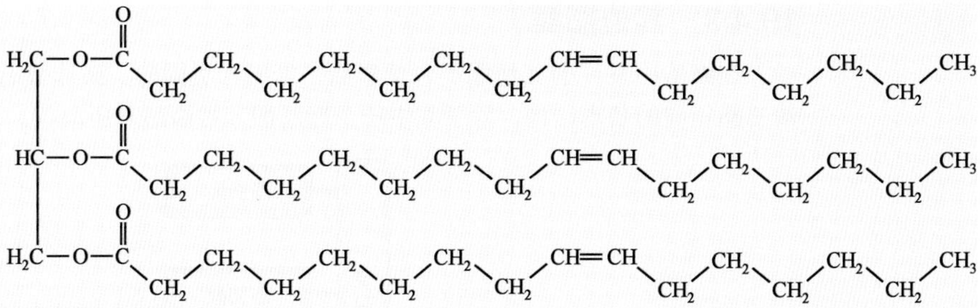

(d)

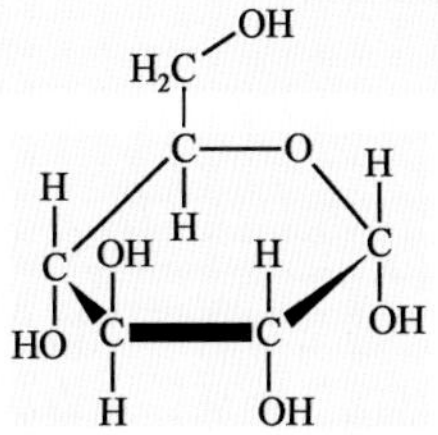

解

甘油三酯是具有长脂肪酸链的三碳骨架。(b)和(c)均为甘油三酯。(b)中的甘油三酯是饱和脂肪，因为其碳链上没有任何双键。(c)中的甘油三酯是一种不饱和脂肪，因为其碳链中含有双键。(a)和(d)都不是甘油三酯。

▶ 技能训练 19.2

识别甘油三酯，并将每种甘油三酯分类为饱和的或不饱和的。

(a)

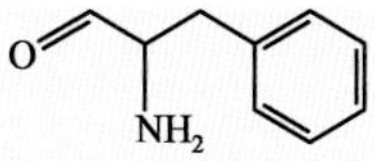

(b)

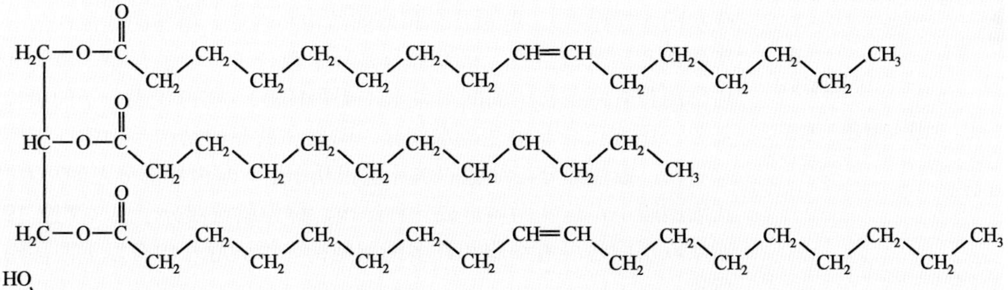

(c)

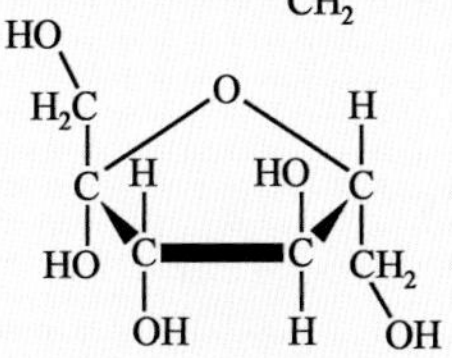

(d)

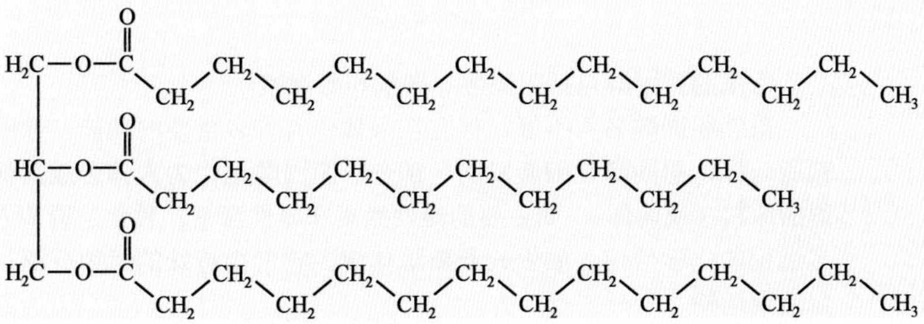

19.4.3 其他脂类

在细胞中发现的其他脂类包括磷脂、糖脂和类固醇。磷脂具有与甘油三酯相同的基本结构，除了其中一个脂肪酸基被磷酸基所取代。

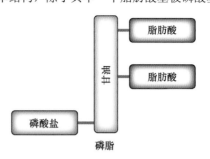

与非极性的脂肪酸不同，磷酸基是极性的，通常有另一个极性基。因此，磷脂分子有一个极性截面和一个非极性截面。例如，观察磷脂酰胆碱的结构，即一种高等动物细胞膜中发现的磷脂：

▲ 图 19.5　磷脂和甘脂示意图。将这个分子放在水中，你认为它是如何存在的？

分子的极性部分是亲水的（对水有很强的亲和力），而非极性部分是疏水的（排斥水）。糖脂具有相似的结构和性质。糖脂的非极性部分由脂肪酸链和碳氢链组成。极性部分是一个糖分子，如葡萄糖。磷脂和糖脂通常用带有两条长尾的圆来表示（◀图 19.5）。圆形代表分子的极性亲水部分，尾部代表非极性疏水部分。磷脂和糖脂的结构是构建细胞膜的理想材料；极性部分与细胞的水环境相互作用，非极性部分之间相互作用。在细胞膜中，这些脂质形成一种结构，称为脂质双分子层（▼图 19.6）。脂质双层膜包裹着细胞和许多细胞结构。类固醇是含有以下四环结构的脂质：

常见的类固醇包括胆固醇、睾酮和雌激素。

虽然胆固醇名声不好，但它在人体中有许多重要的功能。像磷脂和糖脂一样，胆固醇是细胞膜的一部分。胆固醇也作为人体合成其他类固醇的原料（或前体），如主要的雄性激素和雌性激素。激素是调节人体许多过程的化学信使，如生长和新陈代谢。它们由特殊的组织分泌，并在血液中运输。

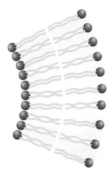

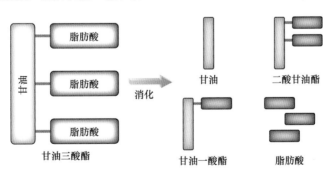
胆固醇

睾酮

雌激素

▲ 图 19.6 **脂质双分子层膜**。细胞膜由脂质双层组成，其中磷脂或糖脂形成双层。在这个双分子层中，分子的极性头向外，非极性尾向内

膳食脂肪

我们的饮食中的大多数脂肪和油都是甘油三酯。在消化过程中，甘油三酯被分解为脂肪酸、甘油、单甘油酯和二甘油酯。这些产品首先通过肠壁，然后在被血液吸收之前重新组装成甘油三酯。然而，这个过程比其他类型的食物的消化速度要慢，因此吃脂肪和油会给人一种持久的饱腹感。

脂肪和油脂对健康的影响一直备受争议。有些饮食要求大幅减少每日脂肪和油的摄入量；另一些饮食则要求增加脂肪和油。美国食品和药物管理局（FDA）建议，脂肪和油脂在总热量摄入中所占的比例应低于30%。然而，因为每克脂肪和油比其他食物含有更高的热量，所以很容易吃太多。FDA 还建议饱和脂肪的摄入量不应超过 1/3（总热量摄入的 10%）。这是因为饱和脂肪含量高的饮食会增加动脉阻塞的风险，进而导致中风和心脏病发作。相比之下，单不饱和脂肪可能有助于抵御这些威胁。

$$H_2C-O-\overset{\displaystyle O}{\overset{\|}{C}}-CH_2\overset{\displaystyle}{\ }CH_2\overset{\displaystyle}{\ }CH_2\overset{\displaystyle}{\ }CH_2\overset{\displaystyle}{\ }CH_2\overset{\displaystyle}{\ }CH_2\overset{\displaystyle}{\ }CH_2\overset{\displaystyle}{\ }CH_2\overset{\displaystyle}{\ }CH_2\overset{\displaystyle}{\ }CH_2\overset{\displaystyle}{\ }CH_3$$

三硬脂酸甘油酯

$$H_2C-O-\overset{\displaystyle O}{\overset{\|}{C}}-CH_2\ CH_2\ CH_2\ CH_2\ CH_2\ CH_2\ CH=CH\ CH_2\ CH=CH\ CH=CH\ CH_2\ CH_3$$

三亚麻精

　　饱和脂肪在室温下趋于固态，而不饱和脂肪趋于液态。饱和脂肪好吃的一个原因是它们容易在嘴里融化。由于不饱和脂肪在室温下是液态的，它们没有同样的效果。检查饱和甘油三酯三硬脂酸和不饱和甘油三酯三亚麻脂酸的结构。从结构上找到原因，三硬脂酸在室温下更倾向于固体，而三脂亚麻酸更倾向于液体。（提示：想想分子之间的相互作用。你认为哪种分子可以和邻近的分子更好地相互作用？）

19.5 蛋白质

▶ 识别蛋白质。
▶ 描述氨基酸是如何连接在一起形成蛋白质的。

有关催化剂和酶的更多信息见 15.12 节。

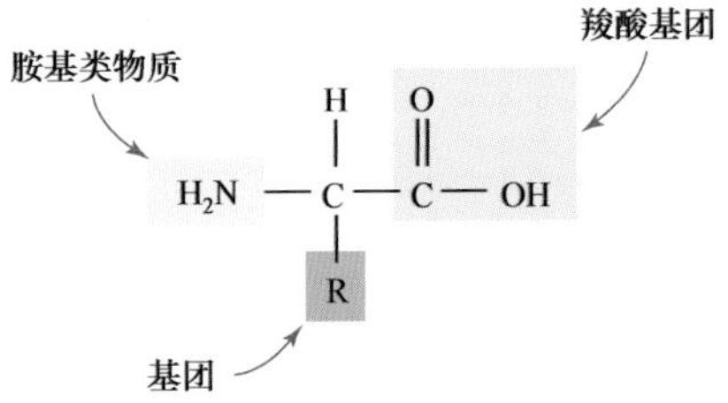

当大多数人想到蛋白质时，会想到饮食中的蛋白质来源，如牛肉、鸡蛋、家禽和豆类。然而，从生物化学的角度来看，蛋白质有一个更广泛的定义。在生物体内，蛋白质从事维持生命的工作。例如，大多数发生在生物体内的化学反应都是由蛋白质催化或促成的。作为催化剂的蛋白质是酶。如果没有酶，生命就不可能存在。但是，作为酶只是蛋白质的众多功能之一。蛋白质是肌肉、皮肤和软骨的结构成分。它们还在血液中输送氧气，作为对抗疾病的抗体，并作为激素来调节代谢过程。蛋白质作为生命的工作分子有着很重要的地位。什么是蛋白质？蛋白质是氨基酸的聚合物。氨基酸是指含有胺基团、羧酸基团和 R 基团（也称侧链）的分子。氨基酸的一般结构是

在蛋白质中，R 基团不一定意味着纯烷基。常用 R 基团见表 19.2。

胺基类物质 **羧酸基团**

$$H_2N - \underset{\underset{R}{|}}{\overset{\overset{H}{|}}{C}} - \overset{O}{\overset{||}{C}} - OH$$

基团

氨基酸的一般结构

氨基酸只在其 R 基团中彼此不同。丙氨酸是一种简单的氨基酸，其中的 R 基团是一个甲基（—CH₃）：

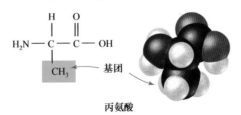

$$H_2N - \underset{\underset{CH_3}{|}}{\overset{\overset{H}{|}}{C}} - \overset{O}{\overset{||}{C}} - OH$$

基团

丙氨酸

其他氨基酸包括丝氨酸，$R = CH_2OH$；天冬氨酸，$R = CH_2COOH$；赖氨酸，$R = CH_2(CH_2)_3NH_2$。

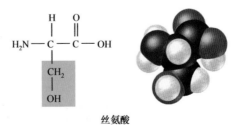

$$H_2N - \underset{\underset{CH_2}{|} \atop \underset{OH}{|}}{\overset{\overset{H}{|}}{C}} - \overset{O}{\overset{||}{C}} - OH$$

丝氨酸

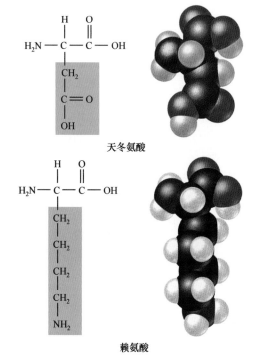

天冬氨酸

赖氨酸

注意，不同氨基酸的 R 基团或侧链在化学上可能非常不同。例如，丙氨酸有非极侧链，而丝氨酸有极侧链。天冬氨酸有一个酸性的侧链，而赖氨酸因为含有氮，有一个极性的侧链。氨基酸被串在一起形成一个蛋白质，这些差异决定了蛋白质的结构和性质。表 19.2 中显示了蛋白质中最常见的氨基酸。

一个氨基酸的氨基酸端与另一个氨基酸的羧酸端发生反应，氨基酸就连接在一起。

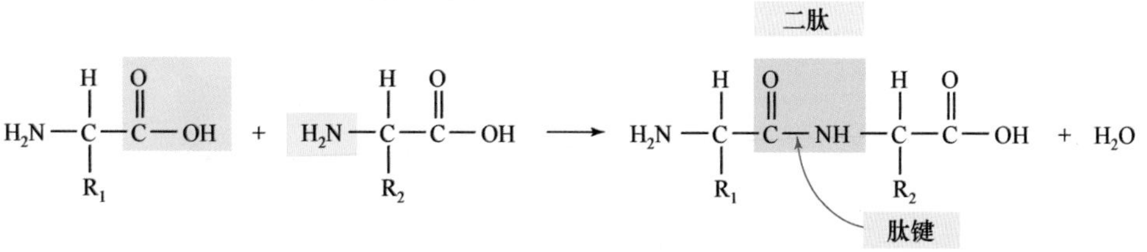

二肽

$$H_2N-\overset{\overset{H}{|}}{C}-\overset{\overset{O}{\|}}{C}-OH \ + \ H_2N-\overset{\overset{H}{|}}{C}-\overset{\overset{O}{\|}}{C}-OH \ \longrightarrow \ H_2N-\overset{\overset{H}{|}}{C}-\overset{\overset{O}{\|}}{C}-NH-\overset{\overset{H}{|}}{C}-\overset{\overset{O}{\|}}{C}-OH \ + \ H_2O$$

肽键

由此产生的键是一个肽键，由此产生的两个氨基酸连接在一起的分子称为二肽。二肽可以与第三个氨基酸连接，形成三肽，等等。短链的氨基酸通常被称为多肽。功能蛋白通常包含数百甚至数千个由肽键连接的氨基酸。

例题 19.3　　肽键

写出甘氨酸和丙氨酸形成肽键的反应。

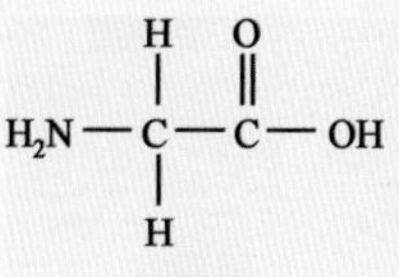

$$H_2N-\overset{\overset{H}{|}}{\underset{\underset{H}{|}}{C}}-\overset{\overset{O}{\|}}{C}-OH \qquad\qquad H_2N-\overset{\overset{H}{|}}{\underset{\underset{CH_3}{|}}{C}}-\overset{\overset{O}{\|}}{C}-OH$$

甘氨酸 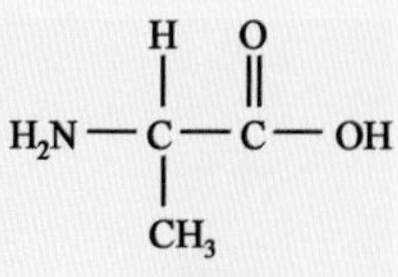　　　　　　　　丙氨酸

解

当一个氨基酸的羧基端与第二个氨基酸的胺端反应形成二肽和水时，就会形成肽键。

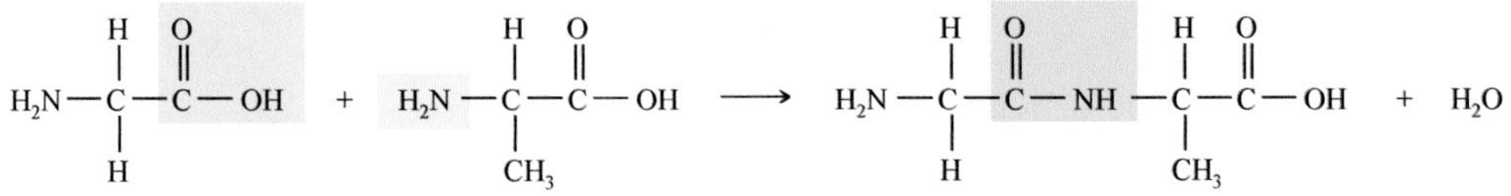

这种反应也可发生在甘氨酸的—NH_2端和丙氨酸的—COOH端之间，产生一种稍有不同的二肽（氨基酸顺序相反的二肽）。

▶ 技能训练 19.3

写出缬氨酸和亮氨酸形成肽键的反应。

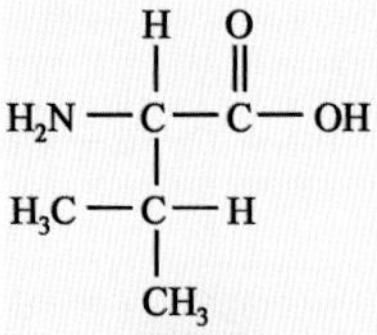

缬氨酸 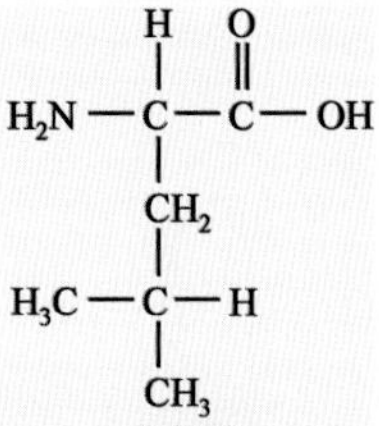　　　　　亮氨酸

表 19.2

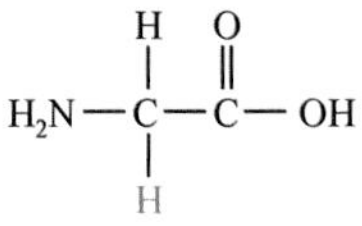

甘氨酸 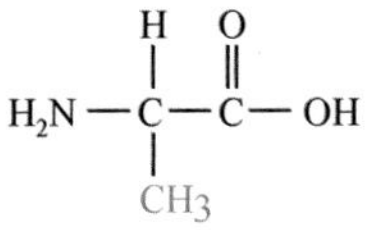　　丙氨酸 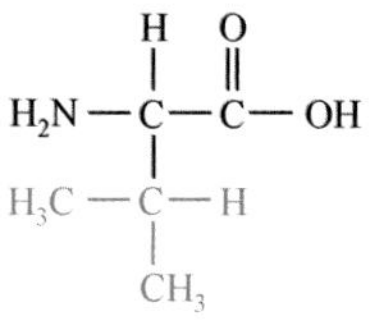　　缬氨酸 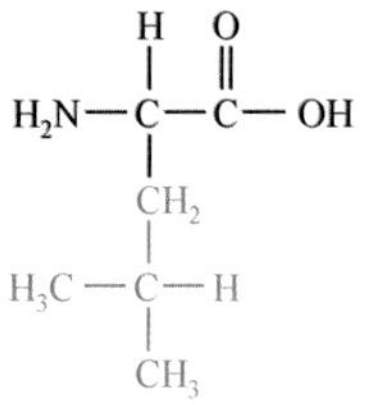　　亮氨酸

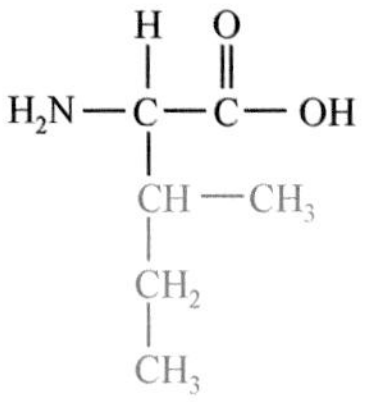

异亮氨酸 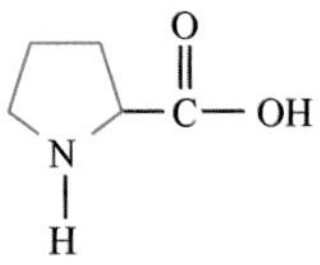　　脯氨酸 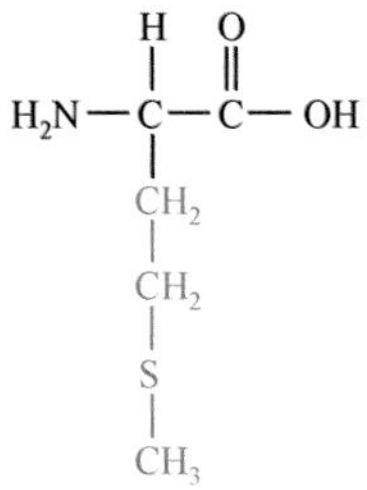　　甲硫氨酸 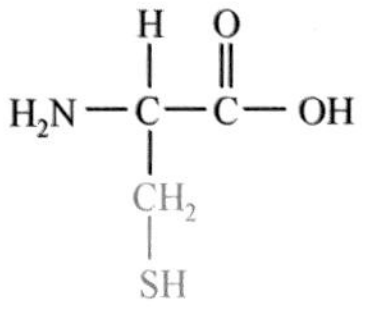　　半胱氨酸

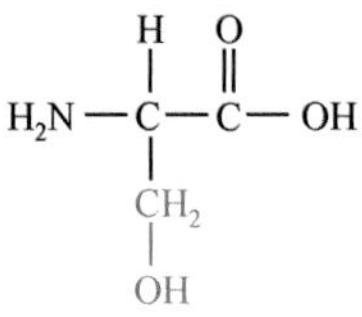

丝氨酸 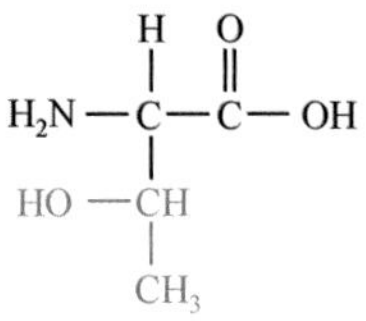　　三氨酸 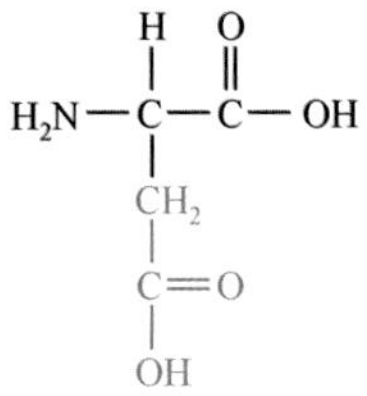　　天冬氨酸 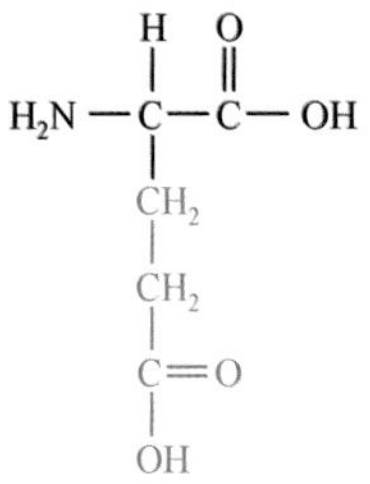　　谷氨酸

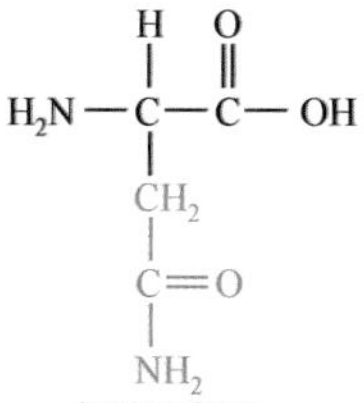

氨羧丙氨酸 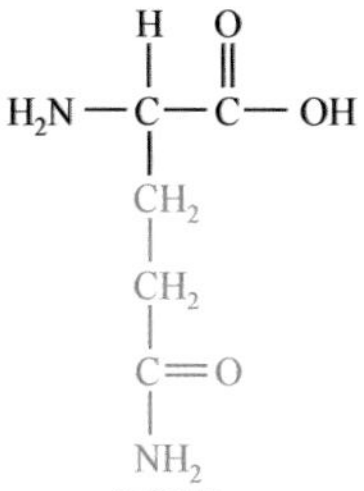　　　谷氨酸 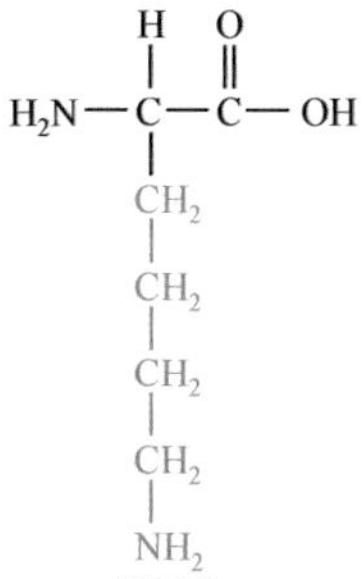　　　赖氨酸 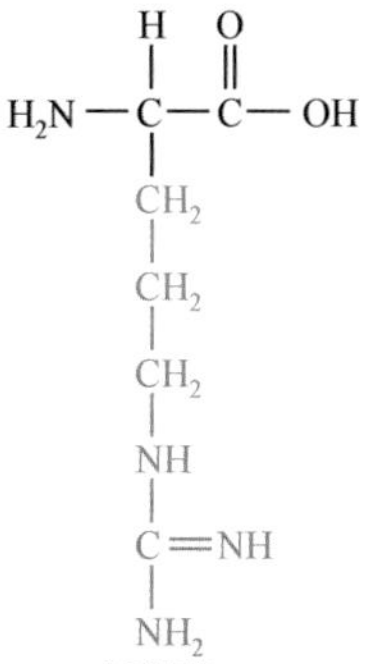　　　精氨酸

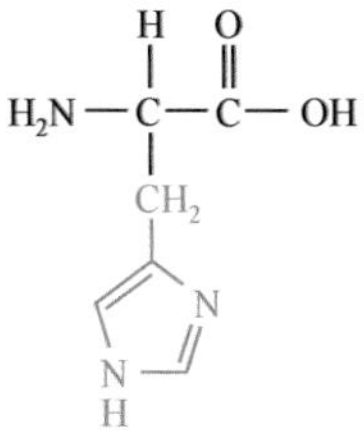

组氨酸 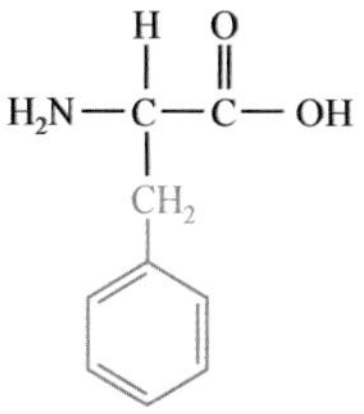　　　苯丙氨酸 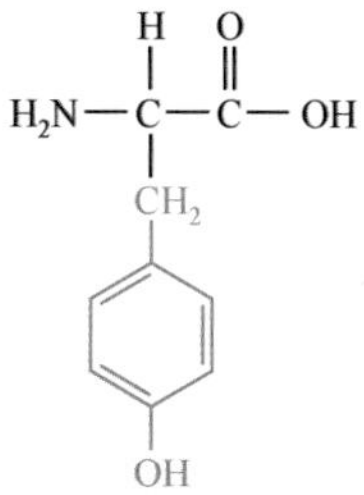　　　酪氨酸 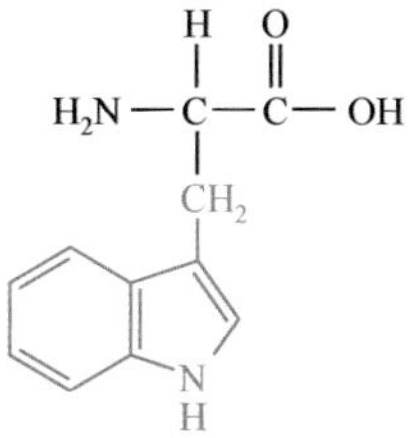　　　色氨酸

19.6　蛋白质结构

▶ 描述蛋白质的一级结构、二级结构、三级结构和四级结构。

当氨基酸彼此相互作用连接在一起形成蛋白质时，蛋白质链会以一种非常特殊的方式扭曲和折叠。蛋白质的确切形状取决于氨基酸的类型及它们在蛋白质链中的顺序。不同的氨基酸和不同的序列产生不同的形状，而这些形状极其重要。例如，胰岛素是一种蛋白质，它能促进葡萄糖从血液中被肌肉细胞吸收，而肌肉细胞需要葡萄糖作为能量。胰岛素能识别肌肉细胞是因为它们的表面含有胰岛素受体，胰岛素受体是一种适合胰岛素蛋白质特定部分的分子。如果胰岛素是另一种形状，它就不会附着在肌肉细胞的胰岛素受体上，因此就不能发挥作用。所以蛋白质的形状或排布对它们的功能至关重要。我们可以通过四个层次来了解蛋白质的结构：一级结构、二级结构、三级结构和四级结构（▼图 19.7）。

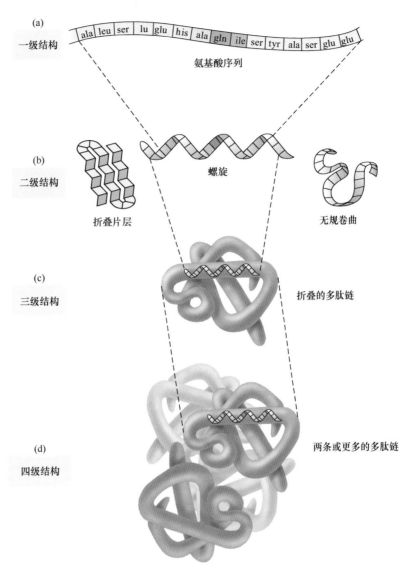

(a)
一级结构

ala | leu | ser | lu | glu | his | ala | gln | ile | ser | tyr | ala | ser | glu | glu

氨基酸序列

(b)
二级结构

螺旋

折叠片层

无规卷曲

(c)
三级结构

折叠的多肽链

(d)
四级结构

两条或更多的多肽链

▶ 图 19.7　蛋白质结构。(a)一级结构为氨基酸序列；(b)二级结构指小规模的重复结构，如螺旋线或折叠片；(c)三级结构指蛋白质的大规模弯曲和折叠；(d)四级结构是单个多肽链的排布

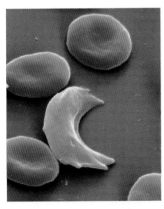

▲ 一种被正常红细胞包围的镰状红细胞（中间）。镰状细胞是镰状细胞性贫血的特征，它脆弱易损。它们更僵硬，因此易卡在微小的毛细血管中，妨碍血液流向组织和器官

19.6.1　一级结构

蛋白质的一级结构是其链上氨基酸的序列。一级结构是由单个氨基酸之间的共价肽键维持的。例如，胰岛素蛋白的一个部分的序列为

Gly-Ile-Val-Glu-Cys-Cys-Ala-Ser-Val-Cys

每个三字母缩写代表一个氨基酸（见表 19.2）。蛋白质的第一个氨基酸序列是在 20 世纪 50 年代确定的。今天，成千上万种蛋白质的氨基酸序列已被发现。蛋白质氨基酸序列的改变，即使是微小的改变，也会对蛋白质的功能产生非常大的影响。例如，血红蛋白是一种在血液中运输氧气的蛋白质。它由四条蛋白质链组成（每条链通常称为一个亚基），每条链包含 146 个氨基酸（▼图 19.8），共有 584 个氨基酸。谷氨酸在这两条链上的一个位置取代缬氨酸，就会导致镰状细胞性贫血，红细胞呈镰状，最终导致主要器官的损伤。过去，镰状细胞性贫血是致命的，通常在 30 岁之前——因为 584 个氨基酸中的两个氨基酸发生了变化。

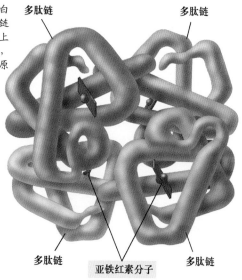

▶ 图 19.8 **血红蛋白。**血红蛋白是由四条链组成的蛋白质，每条链含有 146 个氨基酸单位。每条链上都有一个称为亚铁血红素的分子，亚铁血红素的中心含有一个铁原子，氧与铁原子结合

多肽链

多肽链

多肽链

亚铁红素分子

多肽链

19.6.2　二级结构

　　二级蛋白质结构通常指的是蛋白质链上的某些短程周期性结构。二级结构由蛋白质链的线性序列中相当接近的氨基酸或相邻链上彼此相邻的氨基酸之间的相互作用来维持。这些结构中最常见的是阿尔法(α)-螺旋（▼图 19.9）。在 α-螺旋结构中，氨基酸链缠绕成紧密的线圈，其侧链从线圈向外延伸。该结构由氨基酸中肽主链之间的 NH 和 CO 基团形成的氢键的相互作用来维持。一些蛋白质，如角蛋白——头发的主要组成部分，一个 α-螺旋结构贯穿整个蛋白质链。其他蛋白质的链上只有很少或没有 α-螺旋结构，具体取决于具体的蛋白质种类。

▶ 图 19.9　**α-螺旋结构。**α-螺旋由蛋白质链线性序列中彼此接近的氨基酸肽主链之间的相互作用维持

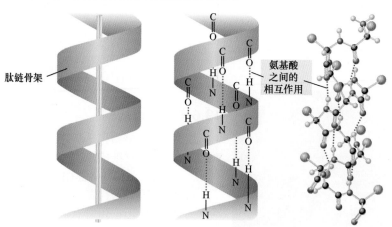

肽链骨架

氨基酸之间的相互作用

　　蛋白质二级结构中的第二种常见结构是贝塔(β)-折叠片状结构（▼图 19.10）。在这种结构中，氨基酸链延展开（与盘绕相反），形成类似手风琴褶的之字形图案。氨基酸链的肽主链通过氢键相互作用，以保持折叠片状结构。在一些蛋白质如丝绸中，β-折叠结构贯穿整个蛋白质链。由于蛋白质链在 β-折叠结构上完全伸展，所以丝绸是无弹性的。然而，在许多蛋白质中，一些部分是 β-折叠结构，其他部分是 β-螺旋结构，还有一些部分具有不太规则的结构，称为随机线圈。

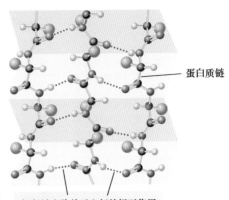

蛋白质链

相邻链上肽单元之间的相互作用

▶ 图 19.10 β-折叠片状蛋白质结构。β-折叠结构由相邻蛋白质链的肽主链之间的相互作用维持

每日化学

为什么头发湿了会变长?

你是否注意到头发湿了后会变长一些?为什么会这样?头发是由一种称为角蛋白的蛋白质组成的。角蛋白的整条链都是由 α-螺旋二级结构组成的,这意味着该蛋白具有缠绕的螺旋结构。正前所述,α-螺旋结构是通过氢键维持的。单根毛发纤维由几股互相缠绕的角蛋白组成,当头发干燥时,角蛋白紧密卷曲,形成我们熟悉的长发。然而,

当头发变湿后,水分子会干扰维持 α-螺旋结构的氢键。结果是 α-螺旋结构的松弛和毛发纤维的延长。湿透的头发比干头发长 10%～12%。

B19.2 你能回答吗?将卷发器放入湿头发中并让湿头发变干时,头发会倾向于保持卷发器的形状。你能解释为什么会这样吗?

▲ 湿头发比干头发长 10%～12%

19.6.3 三级结构

三级蛋白质结构是由蛋白质链大规模的弯曲和折叠组成的,这是由于在蛋白质链的线性序列中相隔很远的氨基酸的 R 基团之间的相互作用(▼图 19.11)。这些相互作用包括:

- 氢键
- 二硫键(不同 R 基团上硫原子之间的共价键)

- 疏水作用（大的非极性基团之间的吸引力）
- 盐桥（酸性和碱性基团之间的酸碱相互作用）

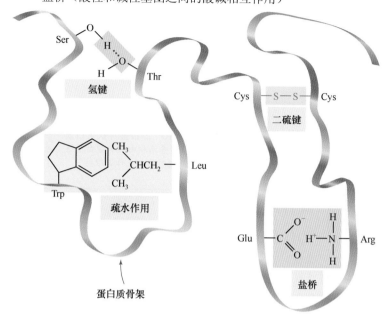

▶ 图 19.11 **相互作用产生三级和四级结构。** 蛋白质的三级结构由蛋白质链线性序列中相隔很远的氨基酸 R 基团之间的相互作用维持。这些相互作用包括氢键、二硫键、疏水作用和盐桥（图中显示了每种相互作用的典型示例）。相同的相互作用也可将不同的氨基酸链固定在一起（四级结构）

蛋白质骨架

具有结构功能的蛋白质，如上述的构成头发的角蛋白，或构成肌腱和大部分皮肤的胶原蛋白，其中卷曲的氨基酸链往往构成大致相互平行排列的三级结构，形成长的不溶于水的纤维，这类蛋白质是纤维状蛋白质。具有非结构功能的蛋白质，如携带氧气的血红蛋白或对抗感染的溶菌酶，其中氨基酸链往往构成自身折叠的三级结构，形成水溶性小球，可以通过血流传播，这类蛋白质是球状蛋白质。蛋白质的整体形状看起来可能是随机的，但事实并非如此。如前所述，它由氨基酸序列决定，这也对它的功能至关重要。

19.6.4 四级结构

许多蛋白质由一个以上的氨基酸链组成，如，血红蛋白由四个氨基酸链（或亚单位）组成。四级蛋白质结构描述了这些亚单位是如何结合在一起的。氨基酸之间相同种类的相互作用维持着四级结构和三级结构。

蛋白质结构小结如下：
- 一级结构是氨基酸序列，它由连接氨基酸的肽键维持。
- 二级结构是指蛋白质中常见的小规模重复结构，由通过氨基酸的肽主链之间的相互作用维持，这些肽主链在链序列中紧密相连，或者在相邻链上彼此相邻。
- 三级结构是指蛋白质内部的大规模弯曲和折叠，由通过在链序列中相隔很远的氨基酸 R 基团之间的相互作用来维持。
- 四级结构是指蛋白质中链（或亚单位）的排列，由单个链上氨基酸之间的相互作用来维持。

概念检查站 19.1

某蛋白质的一部分具有下列氨基酸序列：

ser-gly-glu-phe-ser-ala-leu

这个序列是哪个层次结构？

(a) 一级结构；(b) 二级结构；(c) 三级结构；(d) 四级结构。

19.7 核酸

▶ 描述核酸在决定蛋白质中氨基酸顺序的作用。

前面介绍了氨基酸序列在决定蛋白质结构和功能中的重要性。如果蛋白质中的氨基酸序列不正确，那么蛋白质就不太可能正常发挥功能。人体如何不断合成生存所需的成千上万种不同的蛋白质，并保证每种蛋白质都有正确的氨基酸序列？是什么确保了蛋白质具有正确的氨基酸序列？这些问题的答案在于核酸。核酸包含一个化学代码，它为蛋白质指定了正确的氨基酸序列。核酸分为两类：一类称为脱氧核糖核酸（DNA），主要存在于细胞核中；另一类称为核糖核酸（RNA），它们遍布于整个细胞内部。像蛋白质一样，核酸也是聚合物，构成核酸的单位是核苷酸。每个核苷酸都有三个部分：一个磷酸盐、一个糖和一个碱基（▼图 19.12）。在脱氧核糖核酸中，糖是脱氧核糖，而在核糖核酸中，糖是核糖。

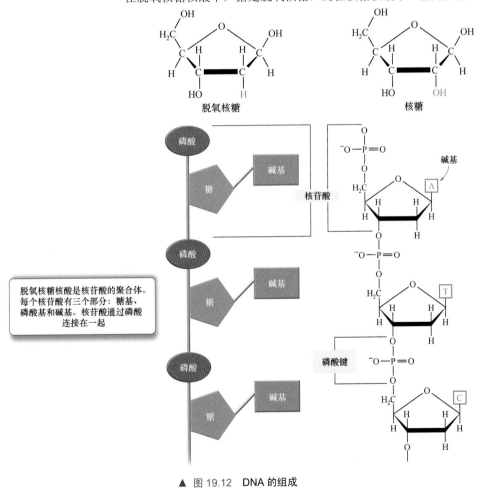

脱氧核糖核酸是核苷酸的聚合体。每个核苷酸有三个部分：糖基、磷酸基和碱基。核苷酸通过磷酸连接在一起

▲ 图 19.12　DNA 的组成

核苷酸通过磷酸连接在一起形成核酸。脱氧核糖核酸中的每个核苷酸都有相同的磷酸盐和糖，但每个核苷酸可有四个不同碱基之一。在 DNA 中，四个碱基是腺嘌呤（A）、胞嘧啶（C）、鸟嘌呤（G）和胸腺嘧啶（T）。

腺嘌呤   胞嘧啶   鸟嘌呤   胸腺嘧啶

在 RNA 中，碱基尿嘧啶（U）取代胸腺嘧啶。

尿嘧啶

核酸链中，碱基的顺序决定了蛋白质中氨基酸的顺序。然而，因为只有四个碱基，且必须指定约 20 个不同的氨基酸，所以单个碱基不能编码单个氨基酸。它需要一个由三个碱基组成的序列（称为密码子）来编码一个氨基酸（▼图19.13）。遗传密码（由特定密码子编码的特定氨基酸的密码）于 1961 年被发现。它几乎是通用的，几乎所有生物中都由相同的密码子指定相同的氨基酸。例如，在脱氧核糖核酸中，序列 AGT 编码丝氨酸氨基酸，序列 TGA 编码苏氨酸氨基酸。无论是老鼠、细菌还是人类，密码子都是一样的。

▲ 图 19.13　密码子。由三个核苷酸及其相关碱基组成的序列是一个密码子。每个密码子编码一个氨基酸

基因是编码单一蛋白质的脱氧核糖核酸分子中的一系列密码子。因为蛋白质的大小从 50 到数千个氨基酸不等，所以基因的长度也从 50 到数千个密码子不等。例如，蛋清溶菌酶是一种由 129 个氨基酸组成的蛋白质。因此，溶菌酶基因包含 129 个密码子，溶菌酶蛋白中每个氨基酸对应一个密码子。每个密码子就像一个指定一个氨基酸的三字母单词，将正确数量的密码子按照正确的顺序串在一起，就有了一个基因（蛋白质中氨基酸序列的说明）。基因包含在称为染色体的结构中（人类是 46 条），存在于细胞核内（▼图 19.14）。

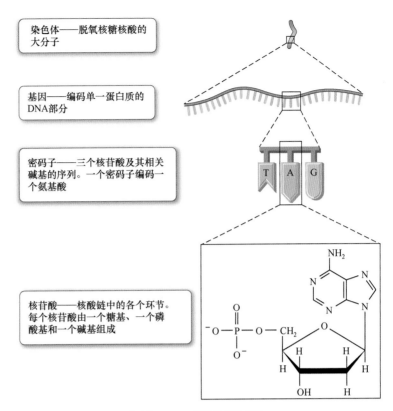

染色体——脱氧核糖核酸的大分子

基因——编码单一蛋白质的DNA部分

密码子——三个核苷酸及其相关碱基的序列。一个密码子编码一个氨基酸

核苷酸——核酸链中的各个环节。每个核苷酸由一个糖基、一个磷酸基和一个碱基组成

▶ 图 19.14　遗传物质的结构

概念检查站 19.2

在含有 51 个氨基酸的蛋白质中，编码氨基酸所需的 DNA 碱基数是：
(a) 17；(b) 20；(c) 51；(d) 153。

19.8　DNA 和蛋白质的合成

▶ 总结 DNA 复制和蛋白质合成的过程。

　　人体内的大多数细胞中都包含一套完整的指令（在细胞核的脱氧核糖核酸中），以制造人体所需的所有蛋白质。然而，任何一个细胞都不会合成其基因指定的每种蛋白质，细胞只合成对其功能重要的蛋白质。例如，胰腺细胞在其细胞核内的胰岛素基因的指导下合成胰岛素。但是，胰腺细胞不合成角蛋白，即使角蛋白基因也包含在它们的细胞核中。另一方面，头皮中的细胞（细胞核中也有胰岛素和角蛋白基因）合成角蛋白，但不合成胰岛素。细胞只合成对其功能特异的蛋白质。人类的大部分细胞是如何进行完整的 DNA 复制的？答案在于 DNA 结构和复制。

19.8.1　DNA 的结构

　　细胞通过分裂繁殖，即一个母细胞分裂成两个子细胞。当它分裂时，它会为每个子细胞复制完整的 DNA，DNA 自我复制的能力与其结构有关。脱氧核糖核酸以双链螺旋的形式存储在细胞核中（▼图19.15）。每条脱氧核糖核酸链上的碱基都指向螺旋的内部，在那里它们与另一条链上的碱基形成氢键。然而，碱基之间的氢键不是随机的。碱基都是互补的，每个碱基都只与另一个特定的碱基精确配对。

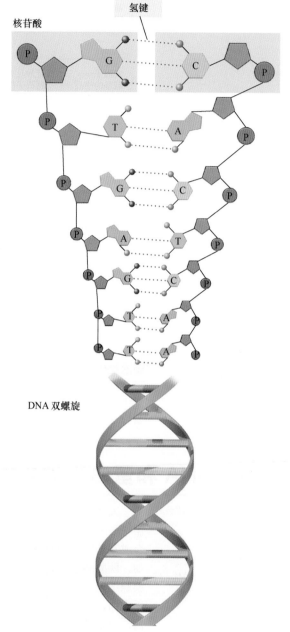

▲ 图 19.15 **DNA 分子的结构**。DNA 具有双链螺旋结构，每对碱基都互补

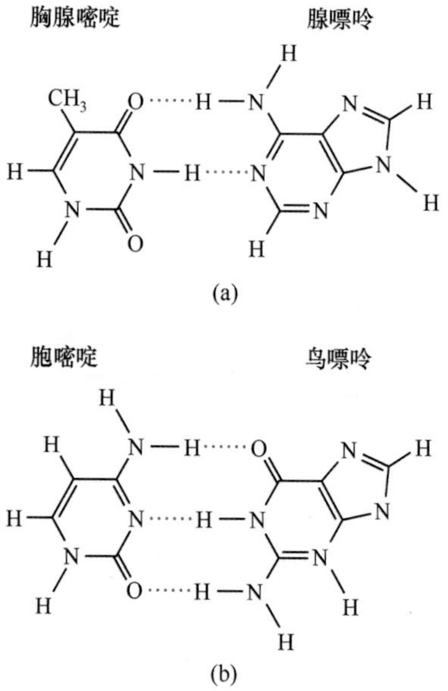

▲ 图 19.16 **互补性** DNA 的互补性与碱基通过氢键相互作用的独特方式有关。腺嘌呤与胸腺嘧啶形成氢键（a），胞嘧啶与鸟嘌呤形成氢键（b）。

腺嘌呤（A）只与胸腺嘧啶（T）形成氢键，胞嘧啶（C）只与鸟嘌呤（G）形成氢键（◀图19.16）。例如，观察一段包含以下碱基的脱氧核糖核酸：

其互补链具有以下碱基序列：

两条互补的链被紧紧地包裹成螺旋线圈，这就是著名的脱氧核糖核酸双螺旋结构。

例题 19.4　　互补的 DNA 链

下列 DNA 链的互补链的序列是什么？

解

画出互补链，记住 A 与 T 成对，C 与 G 成对。

▶ **技能训练 19.4**

下列 DNA 链的互补链的序列是什么？

19.8.2　DNA 复制

当一个细胞即将分裂时，其细胞核内的脱氧核糖核酸展开，连接互补碱基的氢键断裂，形成两条单一的亲本链。在酶的帮助下，具有正确的互补碱基形成与每条亲本链互补的子链（▼图 19.17）。然后，链之间的氢键重新形成，生成与原始脱氧核糖核酸完全一样的两个复制体，每个子细胞各自得到一个。

19.8.3　蛋白质的合成

人类和其他动物必须由食物中的蛋白质合成生存所需的蛋白质。膳食蛋白质在消化过程中会被分解成组成它的氨基酸，然后这些氨基酸在生物体细胞中被重组为正确的蛋白质（特定生物体所需的蛋白质）。核酸指导这一过程。当一个细胞需要制造一种特定的蛋白质时，基因（编码这种特定蛋白质的那部分脱氧核糖核酸）就会解链。对应于该基因的脱氧核糖核酸片段作为模板，以另一种核酸、信使核糖核酸（或核糖核酸）的形式合成该基因的互补链段。这种基因从细胞核转移到细胞质内称为

▲ 计算机生成的 DNA 双螺旋结构模型。黄色原子是糖磷酸链，蓝色原子组成成对的互补碱基

核糖体的细胞结构中，在核糖体上发生蛋白质合成。编码蛋白质的基因链穿过核糖体，当核糖体"阅读"每个密码子时，相应的氨基酸就会就位，并与前一个氨基酸形成肽键（▼图 19.18）。当 mRNA 穿过核糖体时，蛋白质（或多肽）就形成了。

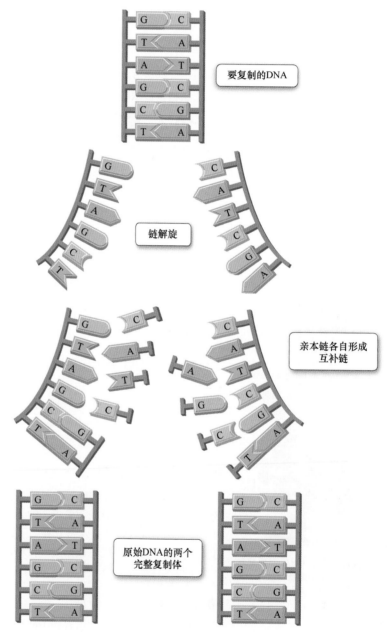

要复制的DNA

链解旋

亲本链各自形成互补链

原始DNA的两个完整复制体

▲ 图 19.17　DNA 的复制

小结：
- 脱氧核糖核酸包含蛋白质中氨基酸序列的编码。
- 密码子——三个核苷酸及其碱基，一个密码子编码一个氨基酸。
- 脱氧核糖核酸链由四个碱基组成，每个碱基都与另一个特定碱基精确配对。

- 一个基因是一系列密码子，编码一种蛋白质。
- 染色体是在细胞核中发现的 DNA 分子。人类有 46 条染色体。
- 当一个细胞分裂时，每个子细胞都会在母细胞的细胞核中获得一份完整的脱氧核糖核酸复制体，这个复制体含有人类的全部 46 条染色体。
- 当细胞合成一种蛋白质时，编码该蛋白质的基因的碱基序列被转移到 mRNA 上。然后，mRNA 移到核糖体，在那里氨基酸以正确的顺序连接，合成蛋白质。一般顺序是

DNA→RNA→蛋白质

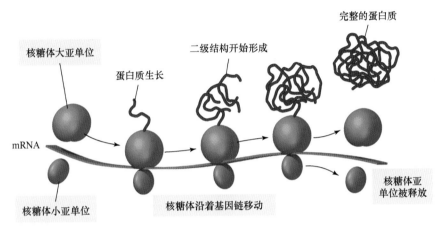

▲ 图 19.18　**蛋白质的合成**。编码蛋白质的 mRNA 链穿过核糖体。在每个密码子上，正确的氨基酸被放在适当的位置，并与前一个氨基酸结合

概念检查站 19.3

下列哪些生物分子不是聚合物？

(a) 蛋白质；(b) 类固醇；(c) 核酸；(d) 多糖。

化学与健康

治疗糖尿病的药物

糖尿病是一种人体不能制造足够胰岛素的疾病，胰岛素是一种促进从血液中吸收糖的物质。因此，糖尿病患者的血糖水平很高，随着时间的推移，会导致许多并发症，包括肾衰竭、心脏病发作、中风、失明和神经损伤。糖尿病的一种治疗方法是注射胰岛素，这有助于控制血糖水平，降低这些并发症的风险。胰岛素是一种人类蛋白质，在实验室里不易合成。那么糖尿病患者从哪里获

得救命的胰岛素呢？多年来，主要来源是动物，尤其是猪和牛。尽管动物胰岛素可以降低血糖水平，但一些患者无法忍受它。今天，糖尿病患者注射的都是人类胰岛素。它是从哪里来的？它的来源是生物技术的成功故事之一。科学家能够从健康人体细胞样本中得到胰岛素基因。他们将该基因注射到细菌中，细菌将该基因整合到它们的基因组中。当细菌繁殖时，它们将基因的精确复制传递给后

代，结果是一群细菌都含有人类胰岛素基因。更令人惊奇的是，细菌内部的化学机制表达了这个基因——这意味着细菌利用这个基因编码合成了人类胰岛素。如今，胰岛素是从细胞培养物中获取的，然后装瓶分发给糖尿病患者。数百万糖尿病患者用这种方法制造的人类胰岛素来治疗他们的疾病。

B19.3　你能回答吗？所有药物都可这样制造吗？用这些技术可制成什么样的药物？

关键术语

二糖	信使 RNA	氨基酸	脱氧核糖核酸
单糖	核糖核酸	生物化学	核酸
饱和脂肪	碳水化合物	脂肪酸	核苷酸
细胞	纤维状蛋白质	细胞核	细胞膜
基因	肽键	单糖	纤维素
球蛋白	磷脂	染色体	糖原
多肽	淀粉	密码子	糖酯
多糖	类固醇	互补碱基	糖苷键
复合糖	人类基因组	蛋白质	甘油三酯
细胞质	脂类	不饱和脂肪	二肽

技能训练答案

技能训练 19.1....................(b) 单糖；(d) 二糖
技能训练 19.2....................(b) 不饱和脂肪；(d) 饱和脂肪
技能训练 19.3

技能训练 19.4

概念检查站答案

19.1 (a)。氨基酸序列是一级结构的一个例子。

19.2 (d)。51 个氨基酸中的每个都由一个密码子编码。密码子由三个核苷酸组成，每个都含有一个碱基。

19.3 (b)。蛋白质是氨基酸的聚合物；核酸是核苷酸的聚合物；多糖是单糖的聚合物。但是，类固醇不是具有某种重复单元的链。